浙江省高职院校"十四五"重点立项建设教材

U0647014

PRINCIPLES OF CHEMICAL ENGINEERING

化工原理

主 编 李 浩 史海波

ZHEJIANG UNIVERSITY PRESS
浙江大学出版社
·杭州·

图书在版编目（CIP）数据

化工原理 / 李浩，史海波主编. -- 杭州：浙江大学出版社，2024.6（2025.7重印）.
ISBN 978-7-308-25066-5

Ⅰ. TQ02

中国国家版本馆 CIP 数据核字第 2024N30H33 号

化工原理

HUAGONG YUANLI

李　浩　史海波　主编

策划编辑	徐　霞（xuxia@zju.edu.cn）	
责任编辑	徐　霞	
责任校对	秦　瑕	
封面设计	春天书装	
出版发行	浙江大学出版社	
	（杭州市天目山路 148 号　邮政编码 310007）	
	（网址：http://www.zjupress.com）	
排　　版	杭州晨特广告有限公司	
印　　刷	杭州高腾印务有限公司	
开　　本	787mm×1092mm　1/16	
印　　张	25.75	
字　　数	626 千	
版 印 次	2024 年 6 月第 1 版　2025 年 7 月第 2 次印刷	
书　　号	ISBN 978-7-308-25066-5	
定　　价	69.00 元	

前 言

"化工原理"是高职高专院校化工类专业的核心课程,本书是为满足"化工原理"课程教学需要而编写的,是浙江省高职院校"十四五"首批重点立项建设教材。

本书以习近平新时代中国特色社会主义思想和党的二十大精神为指导,坚持以立德树人为根本任务,彰显职业教育注重实践能力培养的特色,以项目化形式重构教学内容,精简理论、删除复杂烦琐的公式推导和纯理论计算,增加化工生产相关的应用实例,注重工程知识应用和工程观点培养,引导读者建立工程概念、树立工程经济意识。本书分为10个项目,包括绪论、流体流动基础知识、流体输送技术、传热技术、蒸发技术、非均相物系分离技术、蒸馏技术、吸收技术、液-液萃取技术、干燥技术、膜分离技术,以及相关附录。

本书强调工程技术分析和训练,注意启迪思维,引导创新,叙述通俗易懂,便于自学,在每节前设立了任务目标和技能要求,突出应用能力和综合素质的培养。在内容设计上,贯彻理论知识以必需、够用为度的原则,突出实用性和实践性,对典型化工单元设备结构、工艺流程等通过图片、3D动画进行辅助教学,借助二维码技术以方便读者更好阅读。每个项目后还列出了一定数量的习题和思考题,用于巩固本项目内容。

本书由宁波职业技术学院李浩、史海波担任主编。绪论、项目一和附录由宁波职业技术学院李浩编写,项目二由宁波职业技术学院袁正勇编写,项目三由宁波职业技术学院汪泠编写,项目四由宁波职业技术学院陈艳君编写,项目五由台州职业技术学院蒋旻昀编写,项目六由宁波职业技术学院史海波编写,项目七由浙江国际海运职业技术学院秦传高编写,项目八由衢州职业技术学院王珏编写,项目九由宁波职业技术学院王楷编写,项目十由宁波职业技术学院施美霞编写。教材中二维码链接的典型设备和流程素材资料由北京欧倍尔软件技术开发有限公司提供。

本书既可以作为高职高专化工类专业的教材,也可作为化工企业高技能人才的培训教材。

本书编写参考了国内多部《化工原理》教材,在此一并致以诚挚感谢。由于水平有限、经验不足,书中错误在所难免,不妥之处恳请批评指正。

编者

2024 年 5 月

目　　录

绪　论

0.1　化工生产过程概述

化学工业是过程工业,化工生产是通过将原料大规模加工处理,使其在物理、化学和机械性质上发生变化,并经化学加工后获得新的、符合要求的工业化学品的过程。虽然化工产品种类繁多,生产过程复杂多变,形成了数以万计的化工生产工艺过程,但是归纳起来,总是可以将化工生产过程分为原料预处理过程、化学反应过程和反应产物后处理过程三个基本环节。现代大型化工企业设备林立,其核心装置是化学反应器,其中占主导的装置则是为保证化学反应高效进行的预处理和后处理设备,这些设备的投资和操作费用往往是影响化工企业生产过程的经济效益的重要因素。

例如,精对苯二甲酸(PTA)是重要的大宗有机原料之一,是生产聚酯产品(如聚酯纤维、聚酯薄膜、聚酯瓶等)的主要基础原料,广泛用于化学纤维、轻工、电子、建筑等国民经济的各方面,与人民生活息息相关。在我们国家,随着聚酯工业的高速发展,PTA 的需求量持续增长。目前工业上生产 PTA 使用最多的方法是 Amoco 公司的两步法:第一步,将对二甲苯(PX)氧化,制得粗对苯二甲酸(CTA)(见图 0-1);第二步,将 CTA 精制成 PTA(见图 0-2)。

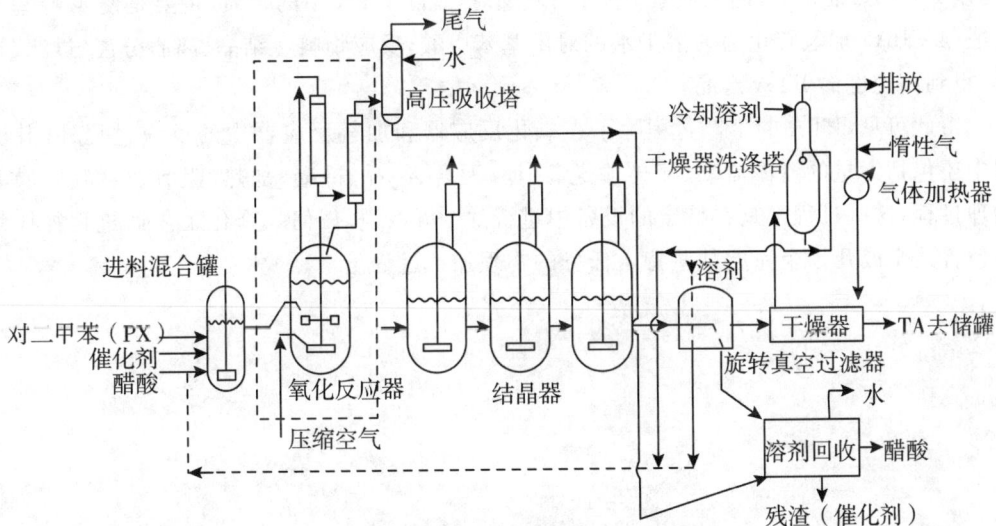

图 0-1　Amoco 公司 CTA 生产氧化工艺流程

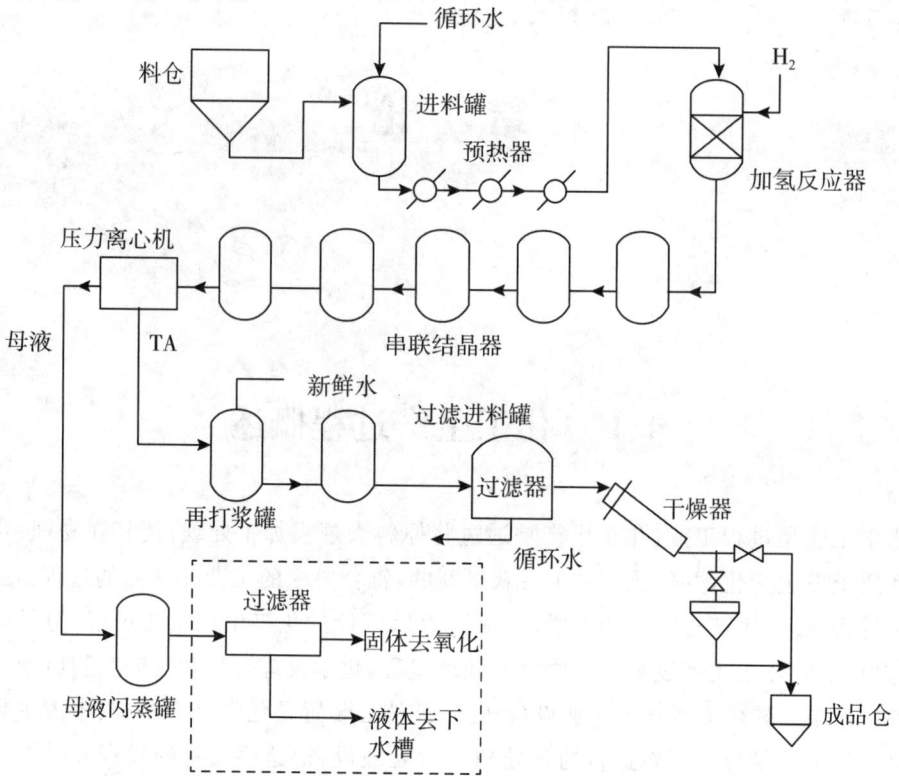

图 0-2 Amoco 公司 PTA 生产精制工艺流程

第一步如图 0-1 所示,将 PX 氧化成 CTA。以醋酸为溶剂溶解 PX,并以一定比例的醋酸钴和醋酸锰为催化剂、溴化氢或四溴乙烷为促进剂,在一定的压力和温度下,PX 与空气反应生成对苯二甲酸(TA)。反应器出来的浆料经结晶、过滤、分离、干燥等操作,可以得到混杂着副产物的 CTA。

第二步如图 0-2 所示,CTA 的精制。将 CTA 溶解于纯水中,并在 285℃、9MPa 条件下,以 Pd/C 为催化剂,通入氢气,进行加氢反应,脱除 CTA 中的杂质,主要是使 4-羟基苯甲醛(4-CBA)加氢转化为易溶于水的对甲基苯甲酸,反应物料经结晶、离心分离、过滤、干燥,得到高纯度的 PTA 产品。

由此可见,PTA 的生产过程除了在氧化反应器和加氢反应器中的反应过程外,其流程中还包括大量的流体流动、流体输送、过滤、混合、结晶、冷凝、加热、吸收、精馏、干燥等物理过程,这些过程都是在特定的设备中进行的。可以说,任何一个化工生产过程往往都会包含几个或几十个完成某些特定任务的物理加工过程。

0.2　单元操作

0.2.1　单元操作的分类

习惯上,我们把化学反应操作称为化工单元过程,把物理操作称为**化工单元操作**,简称**单元操作**。"化工原理"是研究单元操作共性规律的课程,其名字来源于 1923 年 W. H. Walker 教授编写的第一部教材 ——*Principles of Chemical Engineering*。其奠定了化学工程作为一门独立工程学科的基础,完成了从化工生产工艺到单元操作的发展,是认识上的一次飞跃。我国于 1927 年由李寿恒教授在浙江大学建立了第一个化工系,并开设"化工原理"课程。1949 年后,我国相继出版了以单元操作为主线的《化工原理》《化工过程与设备》《化工单元操作》等教材,相关课程至今一直沿用"化工原理"这个名称。20世纪60年代提出了"三传一反"的概念,系统概括了化工生产过程的全部特征,开辟了化学工程发展过程的第二个历程。

化工单元操作以"三传"为理论基础,动量传递过程遵循流体动力基本规律,用动量传递理论进行研究,如流体输送、沉降、过滤、固体流态化等;热量传递过程遵循传热基本规律,用热量传递理论进行研究,如传热、冷凝、蒸发等;质量传递过程遵循传质基本规律,用质量传递理论进行研究,如蒸馏、吸收、萃取、结晶、干燥等。常用的单元操作已有几十种之多,典型的单元操作见表 0-1。

表 0-1　典型单元操作的名称和分类

类别	名称	功能与用途
流体流动及输送技术	流体流动及输送	将流体从一个设备输送到另一个设备,提高或降低气体的压力
传热技术	传热	升温、降温或改变相态
	冷冻	将物料温度冷却到环境温度以下
分离技术	沉降	从气体或液体中分离悬浮的固体颗粒、液滴或气泡
	过滤	从气体或液体中分离悬浮的固体颗粒
	蒸发	使非挥发性物质中的溶剂汽化,溶液增浓
	干燥	使固体湿物料中所含湿分汽化除去
	蒸馏	利用组分的挥发度不同,分离均相混合液体
	吸收	利用气体在液体(吸收剂)中的溶解度不同,分离气相混合物
	萃取	利用液体在液体(萃取剂)中的溶解度不同,分离液相混合物
	结晶	使溶液中的某种溶质变成晶体析出
	膜分离	利用固体或液体的膜来分离气体或液体混合物
	吸附	利用组分在固体吸附剂上的吸附量不同,分离气相或液相混合物

0.2.2　单元操作与工程观

"化工原理"的内容通常来源于实际的化工生产过程,本课程的学习目的就是应用所学的基本概念和知识,具体地去解决某个特定的化工生产过程,因此课程具有强烈的工程性。

(1)过程影响因素多。其影响因素包括物性因素(如密度、黏度、表面张力、热导率等)、操作因素(如温度、压强、流量、流速、物料组成等)和结构因素(如构件的形状、尺寸和相对位置等)三类。

(2)过程制约条件多。实际化工生产过程受众多客观条件的制约,如原料来源、冷却水的来源、设备材料规格、当地的温度和气压、安全防火要求、环保要求、设备的加工／安装和维修等。

(3)经济效益。自然科学研究的目的是发现新规律,而工程生产的目的则是取得经济效益和社会效益的最大化,因此一项工程是否合理或者成功,应注重对其效益的评价。

(4)经验数据与经验公式的应用。由于化工生产过程的复杂性,有时候单纯依靠理论计算只能给出定性判断,需要结合工业性试验才能得出定量的结果,因此要熟记一些经验数据,灵活运用各类经验公式。

综上所述,针对实际化工生产工程问题,务必了解实际问题的特点,并从工程角度出发,灵活运用化工原理的基础知识,学会从经济角度去思考技术问题。这也是本课程教学的一项重要任务。

0.3　单元操作中常用的基本概念

在分析和计算单元操作的问题时,经常会用到物料衡算、能量衡算、平衡关系和过程速率这四个基本概念,它们贯穿了本课程始终,我们应熟练掌握这些概念,并能做到灵活运用。下面简单介绍这四个基本概念。

0.3.1　物料衡算

根据质量守恒定律,进入与离开某一系统的物料的质量之差等于积累在该系统中的物料质量,即

$$\sum G_1 - \sum G_2 = G_A \tag{0-1}$$

式中: $\sum G_1$——单位时间内输入系统的物料量之和, kg/h ;

$\quad\quad \sum G_2$——单位时间内输出系统的物料量之和, kg/h ;

$\quad\quad G_A$——积累在系统中的物料量, kg/h 。

在进行物料衡算时,应注意以下几点:

（1）选择合适的衡算系统。式（0-1）既适用于一个生产过程,也适用于一个单元设备或若干个单元设备的组合,甚至适用于设备中的一个微元。因此,在计算过程中,应先确定衡算系统,再列衡算式。

（2）确定衡算基准。基准的选择具有一定的任意性,为了简化计算,一般选择不再变化的量作为衡算的基准。对于间歇操作,可用一批原料或单位质量（或单位物质的量）原料作为基准;对于连续操作,通常以单位时间内处理的物料量为基准。

（3）确定对象的物理量和单位。物料量通常采用质量或物质的量表示,一般不采用体积表示,因为体积会随温度和压强的变化而变化。衡算式中必须注意保持各项的单位一致。

【例 0-1】　将流量为 1000kg/h 的糖液送入一个连续生产的蒸发器内,在 378K 温度下从 8% 浓缩至 50%,请问水分蒸发量 W 和获得的 50% 的糖液量 P 各为多少?

解:依据题意画出示意图并标注数据,如图 0-3 所示。

划定蒸发器为衡算范围,见图 0-3 中的虚线框。

以 1h 为衡算基准,因为该过程为连续生产过程,则有:

总物料　　　　$G_1 = G_2 = W + P$

含糖量　　　　$G_1 \times 8\% = P \times 50\%$

代入数据,可得

$$1000 = W + P$$

$$1000 \times 8\% = P \times 50\%$$

解得　　　　　$P = 160(\text{kg/h}), \quad W = 840(\text{kg/h})$

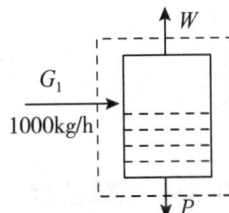

图 0-3　例 0-1 附图

0.3.2　能量衡算

本书涉及的能量衡算主要为机械能衡算和热量衡算,机械能衡算将在流体输送章节进行介绍,热量衡算将在传热、蒸馏、干燥等章节进行介绍。

热量衡算是在物料衡算基础上进行的,其衡算步骤和注意事项与物料衡算基本相同。进行热量衡算时,相同的是也要划定合适的衡算范围、选择衡算基准;不同的是,除了选择时间或物料量作为基准外,还需选定物流焓的基准。这是热量衡算与物料衡算最大的不同。

0.3.3　平衡关系

物系在自然变化的过程中,总是趋向于一定的方向。如果任由其发展,那么在特定的条件下,这一变化过程最终会达到一个极限状态,即平衡状态。例如,温度不同的两个物体接触,热量必定会从高温物体往低温物体传递,直到两者温度相等为止。这就是传热过程的极限。

但是,任何一种平衡状态的建立都是有条件的,当条件改变时,原有的平衡状态也会被破坏并发生移动,直至在新的条件下建立新的平衡。

因此,平衡关系可以被用来判断过程是否能够进行,以及进行的方向和能够达到的极限。

0.3.4 过程速率

单位时间内过程的变化率称为**过程速率**,它可用来表示过程进行的快慢。如传质过程速率用单位时间内单位面积传递的物质量来表示。在工程上,过程速率往往比平衡关系更为重要,显然,过程速率越大,设备的生产能力越大。过程速率通常可以用以下关系式表示:

$$过程速率 = \frac{过程推动力}{过程阻力}$$

过程推动力是指过程在某个瞬间距离平衡状态的差值,如传质过程推动力为实际浓度与平衡浓度的差值。过程阻力则取决于过程机理,如操作条件、物料的物性等。

0.4　物理量的单位制与单位换算

0.4.1 单位制

任何物理量都是由数字和单位组合起来表示的,两者缺一不可。物理量的单位可以分为基本单位和导出单位两类。在众多物理量中,独立的物理量称为基本量,其单位就叫作**基本单位**,如时间、长度、质量等;不独立的物理量称为导出量,其单位就叫作**导出单位**,如密度、黏度、速度等。通常,基本单位仅有少数几个,而导出单位数量众多,且都是由基本单位组成的。

基本单位加上导出单位称为单位制。由于历史和地区原因,对基本单位的选择略有不同,因而产生了不同的单位制,如绝对单位制(包括物理单位制和米制)、重力单位制(工程单位制)、英制和国际单位制(SI)等。

长期以来,同一个物理量在不同单位制中具有不同的数值和单位,这给计算和交流带来了极大的麻烦,也更容易导致出错。随着科技的迅速发展和国际学术交流的日益频繁,1960 年召开的第 11 届国际计量大会制定了一种统一的国际单位制,代号为 SI。国际单位制的单位由 7 个基本单位(见表 0-2)和包括辅助单位在内的具有专门名称的导出单位(见表 0-3)构成。

表 0-2　国际单位制中的基本单位

量的名称	长度	质量	时间	电流	热力学温度	物质的量	发光强度
单位名称	米	千克	秒	安[培]	开[尔文]	摩[尔]	坎[德拉]
单位符号	m	kg	s	A	K	mol	cd

表 0-3　国际单位制中具有专门名称的导出单位(仅列部分本书常用单位)

量的名称	单位名称	单位符号	用国际单位制基本单位和导出单位表示
[平面]角	弧度	rad	$rad = m/m = 1$
立体角	球面度	sr	$sr = m^2/m^2 = 1$
频率	赫[兹]	Hz	$Hz = s^{-1}$
力	牛[顿]	N	$N = kg \cdot m/s^2$
压力/压强	帕[斯卡]	Pa	$Pa = N/m^2 = kg/(m \cdot s^2)$
功	焦[耳]	J	$J = N \cdot m = kg \cdot m^2/s^2$
功率	瓦[特]	W	$W = J/s = kg \cdot m^2/s^3$
摄氏温度①	摄氏度	℃	

注:① 摄氏温度按式$(t = T - 273.15)$定义,式中 t 为摄氏温度,T 为热力学温度。

我国于 1984 年确定了统一的法定计量单位,实行以国际单位制为基础的法定单位制,并依据我国实际情况,适当增加了一些其他单位(见表 0-4)。本书主要采用法定单位制,并兼顾各单位之间的换算。

表 0-4　我国法定单位制增加的与国际单位制并用的单位(仅列部分本书常用单位)

量的名称	单位名称	单位符号	换算关系和说明
时间	分	min	$1min = 60s$
	[小]时	h	$1h = 60min = 3600s$
	日(天)	d	$1d = 24h = 86400s$
[平面]角	度	°	$1° = (\pi/180)\ rad$
	分	′	$1' = (1/60)° = (\pi/10800)\ rad$
	秒	″	$1'' = (1/60)' = (\pi/648000)\ rad$
体积	升	L;l	$1L = 1dm^3 = 10^{-3}\ m^3$
转速	转每分	r/min	$1r/min = (1/60)s^{-1}$
质量	吨	t	$1t = 10^3\ kg$

0.4.2　单位换算

在具体计算中,一个计算式中各项的单位必须保持一致,这也是检验计算正确性的一项判据。单位换算看似简单,但即使是经验丰富的工程师,稍有疏忽也可能会出差错。养成在计算时写出每个物理量的单位并检查单位一致性的习惯是大有裨益的。例如,在国际单位制中,力的基本单位是 N,但在工程单位制中,是将作用于 1kg 质量上的重力,即以 1kgf 作为力的基本单位,且 $1kgf = 9.81N$。

在进行单位换算时,我们只需要用新单位代替原单位,用新数值代替原数值即可:

$$新数值 = 原数值 \times 换算因数$$

式中:换算因数表示一个原单位相当于多少个新单位,即换算因数 $= \dfrac{原单位}{新单位}$。

【例0-2】 在国际单位制中,压力的单位为Pa(帕斯卡),即$N \cdot m^{-2}$。已知1个标准大气压(1atm)的压力相当于$1.033 kgf \cdot cm^{-2}$,试以SI制单位表示1个标准大气压的压力。

解:首先确定换算因数,即

$$\frac{kgf}{N} = 9.81, \qquad \frac{cm}{m} = 10^{-2}$$

则

$$1atm = 1.033 \frac{kgf}{cm^2} = \frac{1.033 \times 9.81 N}{(10^{-2} m)^2} = 1.013 \times 10^5 N \cdot m^{-2}$$

$$= 1.013 \times 10^5 (Pa)$$

0.4.3 量纲分析

量纲与单位,两者的概念不同,如长度的单位有米、分米、厘米、毫米等,但为了明确长度的特性,可以用量纲L表示。将一个物理导出量以若干个基本物理量的幂次方的乘积来表示的式子称为该物理量的量纲式,简称量纲(过去称为因次)。其中,基本物理量的量纲为其本身。

国际单位制的基本单位包括长度、时间、质量、电流、热力学温度、物质的量、发光强度,其基本量纲的符号分别为L、T、M、I、Θ、N、J。而其他物理量,如速度是指单位时间内前进的距离,其量纲为LT^{-1};加速度是速度随时间的变化率,其量纲为LT^{-2};力是质量与加速度的乘积,其量纲为MLT^{-2};功是力与距离的乘积,其量纲为ML^2T^{-2}。

在一个完整的物理量方程中,等式两边各项的量纲必定相同,这称为**量纲一致性**。因此,我们可以利用量纲一致性来判断某一物理方程是否合理。在实际化工生产过程中,如流体流动、传热和传质等单元操作中,经常会遇到涉及较多影响因素的情形,当不能推导出理论方程时,通常会采用量纲分析法通过工程实验建立经验关联式。

此外,在分析和计算单元操作问题时,我们经常会用到各种无量纲数(或无因次数)来反映过程或事物的某些基本特征。与过程相关的若干物理量之间的一定组合,使其量纲积内基本物理量的量纲指数均为零,称为无量纲数。

项目一 流体流动基础知识

气体和液体统称为**流体**,在化工生产中,所用的原料或加工所得的产品多为流体,这些流体需要贮存和输送。为满足生产工艺的要求,经常会遇到流体的流动,将流体物料从一设备输送至另一设备,从上一工序输送至下一工序。化工企业通过管路的纵横排列与各种设备相连接,完成流体输送的任务。因此流体流动在化工生产中起着重要作用。

此外,化工生产中的传热、传质等单元操作也基本都是在流体流动的情况下进行的,流体的流动状况直接影响传热和传质效率。因此,流体流动过程又是其他单元操作的基础。

本项目在讨论流体基本性质的基础上,着重讨论流体流动过程的基本原理,并运用这些原理和规律解决流体的输送问题。

1.1 概述

任务目标

- 理解连续介质的假定;
- 掌握密度和黏性的概念;
- 了解流体的压缩性。

技能要求

- 掌握密度的不同计算方法;
- 掌握黏性的表达方式。

1.1.1 连续介质模型

流体由运动的分子组成,分子间有一定的间隙,且总是处于随机运动状态。因此,从微观角度看,流体的物理量在时间和空间上的分布是不连续的。但在工程技术领域,人们感兴趣的不是单个分子的微观运动,而是流体的宏观特性,因此引入了流体的**连续介质模型**,即将流体视为充满所占空间的、由无数彼此间没有间隙的流体质点(或微团)组成的连续介质。有了这样的连续性介质假定后,就能把对流体的研究起点放在"质点"上,流体的物理性质和运动参数也都具有连续变化的特性,从而可以用连续函数和微积分等数学工具来描述流体流动的规律。

应该指出,连续介质模型对大多数工程情况是适用的,但对于高真空、催化剂微孔道内的气体扩散等情况,该模型就不再适用。

1.1.2 流体的密度

1. 密度的定义

单位体积流体所具有的质量称为**密度**，用 ρ 表示，单位为 kg/m^3。其表达式为

$$\rho = \frac{m}{V} \tag{1-1}$$

式中：m——流体的质量，kg；

V——流体的体积，m^3。

不同的流体，其密度是不同的。对于任何一种流体，都可将密度视为压强和温度的函数。其中，液体的密度随压强变化很小，常可忽略其影响；而气体的密度随温度、压强的不同有较大的变化。

2. 液体密度的计算

对于纯组分液体的密度，可通过查找本书附录或有关手册获得。

对于混合液体的密度，在无实测数据时，可用一些近似公式进行估算。假定混合液体为理想液体，混合前后总体积不变，液体混合物的组成通常用质量分数表示，故混合液体的密度 ρ_{ml} 可表示为

$$\frac{1}{\rho_{ml}} = \frac{w_1}{\rho_1} + \frac{w_2}{\rho_2} + \cdots + \frac{w_n}{\rho_n} \tag{1-2}$$

式中：$w_1, w_2, \cdots, w_n$——液体混合物中各组分的质量分数；

$\rho_1, \rho_2, \cdots, \rho_n$——液体混合物中各组分的密度，$kg/m^3$。

【**例 1-1**】 某理想混合溶液由 A、B 两组分组成，其中 A 的质量分数为 0.30。已知，常压、25℃下 A 和 B 的密度分别为 $740kg/m^3$ 和 $1046kg/m^3$。试求该条件下混合液体的密度。

解：混合液体为理想溶液，其密度可按式（1-2）计算：

$$\frac{1}{\rho_{ml}} = \frac{w_A}{\rho_A} + \frac{w_B}{\rho_B} = \frac{0.3}{740} + \frac{1-0.3}{1046} = 1.075 \times 10^{-3}$$

故 $$\rho_{ml} = 930(kg/m^3)$$

3. 气体密度的计算

一般，在温度不太低、压力不太高时，气体可按理想气体进行处理，根据理想气体状态方程：

$$pV = nRT = \frac{m}{M}RT$$

于是 $$\rho = \frac{m}{V} = \frac{pM}{RT} \tag{1-3}$$

式中：n——气体的物质的量，kmol；

p——气体的绝对压力，kPa；

T——气体的绝对温度，K；

M——气体的千摩尔质量，kg/kmol；

R——通用气体常数，$R = 8.314kJ/(kmol \cdot K)$。

因此，对于理想气体在某操作状态(p、T)下的密度ρ，可以根据标准状态($p_0 = 1\text{atm}$，$T_0 = 273\text{K}$)下的ρ_0换算获得，即

$$\rho = \rho_0 \frac{T_0}{T} \times \frac{p}{p_0} \tag{1-4}$$

当计算混合气体的密度时，对于理想气体，可以假设混合物各组分在混合前后质量不变。混合气体的组成通常用摩尔分数表示，则气体混合物的密度ρ_{mg}可由下式计算：

$$\rho_{mg} = \rho_1 y_1 + \rho_2 y_2 + \cdots + \rho_n y_n \tag{1-5}$$

式中：$y_1, y_2, \cdots, y_n$——气体混合物中各组分的摩尔分数，对于理想气体，摩尔分数等于体积分数；

$\rho_1, \rho_2, \cdots, \rho_n$——气体混合物中各组分的密度，$\text{kg/m}^3$。

理想气体混合物的密度也可直接按下式计算：

$$\rho_{mg} = \frac{pM_m}{RT} \tag{1-6}$$

式中：p——气体混合物的总压强，kPa；

M_m——混合气体的平均千摩尔质量，kg/kmol，可由式(1-7)计算：

$$M_m = M_1 y_1 + M_2 y_2 + \cdots + M_n y_n \tag{1-7}$$

式中：$M_1, M_2, \cdots, M_n$——气体混合物中各组分的千摩尔质量，kg/kmol。

【例1-2】 假设空气是由21%氧气和79%氮气组成的混合气体，求干空气在1atm、20℃下的密度。

解：混合气体可视为理想气体，用下标"1"表示氧气，下标"2"表示氮气，则干空气的平均千摩尔质量可由式(1-7)求得：

$$M_m = M_1 y_1 + M_2 y_2 = 32 \times 0.21 + 28 \times 0.79 = 28.84(\text{kg/kmol})$$

故

$$\rho_{mg} = \frac{pM_m}{RT} = \frac{101.3 \times 28.84}{8.314 \times 293} = 1.20(\text{kg/m}^3)$$

1.1.3 流体的黏性

1. 流体的易流动性与黏性

流体与固体的主要差别在于它们抵抗外力的能力不同。固体内部分子间距很小，内聚力大，当外力作用于固体时，能够产生相应的形变以抵抗外力；相反，流体内部分子间距较大，内聚力小，静止的流体在切向力的作用下将发生连续不断的变形，这一性质称为流体的流动性。

静止的流体虽然不能承受切向力，但在流动时，相邻流体层间会产生互相抵抗的作用。速度快的流体层会对速度慢的流体层起带动作用，而速度慢的流体层会对速度快的流体层起拖曳作用。这种作用于运动着的流体内部相邻流体层间、大小相等、方向相反的相互作用力称为**剪切力**或**内摩擦力**。流体在流动时产生内摩擦力的性质，称为**流体的黏性**。

黏性是流体的固有属性之一，无论是处于静止状态还是流动状态的流体，都具有黏性。但是，不同类别的流体黏性差异较大，例如液体的黏性比气体大很多，而油的黏性又比水要大。

2. 黏度

黏度是反映流体黏性大小的物理量,用符号 μ 表示,它是流体的物性。在同样的流动情况下,流体的黏度越大,流体流动时产生的内摩擦力越大。

在国际单位制中,黏度的单位为 Pa·s,在一些工程手册中,黏度的单位也用 P(泊)、cP(厘泊)表示,它们之间的换算关系为

$$1Pa \cdot s = 10P = 10^3 cP$$

流体的黏度值是由实验测定的。黏度不仅与流体类别有关,还与温度、压力有关。液体的黏度随温度的升高而降低,而压力对其影响可忽略不计;气体的黏度随温度的升高而增加,一般情况下压力的影响也可忽略,只有在相当高或极低的压力条件下才考虑其影响。

一些纯流体的黏度可在本书附录或有关手册中查取。混合物的黏度在缺乏实验数据时,可参阅有关资料,选用适当的经验公式进行估算。

(1)对分子不缔结的混合液体的黏度,可按下式计算:

$$\lg\mu_m = \sum_{i=1}^{n}(x_i\lg\mu_i) \tag{1-8}$$

式中:μ_m——混合物的黏度,Pa·s;

x_i——混合液体中 i 组分的摩尔分数;

μ_i——混合液体中 i 组分的黏度,Pa·s。

(2)常压下气体混合物的黏度,可按下式计算:

$$\mu_m = \frac{\sum_{i=1}^{n}(y_i\mu_i M_i^{1/2})}{\sum_{i=1}^{n}(y_i M_i^{1/2})} \tag{1-9}$$

式中:y_i——混合气体中 i 组分的摩尔分数;

M_i——混合气体中 i 组分的千摩尔质量,kg/kmol。

1.1.4 流体的膨胀性与压缩性

流体的体积随压力而变化的特性称为流体的压缩性,随温度变化的特性则称为热膨胀性。

由于气体的密度随温度和压力变化较大,因此通常情况下气体是可压缩流体;而大多数液体的密度随压力变化不大,因此可视为不可压缩流体。

需要指出的是,实际上流体都是可压缩的,不可压缩流体只是为了便于处理某些密度变化较小的流体而作的假设。

此外,如果流体流动时温度变化不大,热膨胀性的影响通常可以不考虑。

1.2　流体静力学

  任务目标 • 掌握压强的概念； • 掌握静力学方程的表达式及其应用。	技能要求 • 掌握不同压强表示方式的转换； • 能利用静力学方程进行压强差的测定、液位的测定和液封高度的测定等。

1.2.1　流体的压强

1. 压强的定义

垂直作用于流体单位面积上的压力称为流体的**压强**，以 p 表示，俗称**压力**，表示静压力的强度。其表达式为

$$p = \frac{P}{A} \tag{1-10}$$

式中：P——垂直作用于流体表面的力，N；

　　A——作用面的面积，m^2；

　　p——流体的压强，N/m^2，即 Pa（帕斯卡）。

在国际单位制中，压强的单位是 Pa。习惯上还会使用其他压强单位，如物理大气压（atm）、工程大气压（kgf/cm^2）、巴（bar）、液体柱高（如 $mmHg$、mmH_2O 等）等，它们之间的换算关系为

$1atm = 1.033kgf/cm^2 = 1.013bar = 760mmHg = 10.33mmH_2O = 1.013 \times 10^5 Pa$

2. 压强的表示方法

（1）绝对压强（简称绝压）是指流体的真实压强，它是以绝对真空为基准测得的流体压强。

（2）表压强（简称表压）是以当时当地大气压强为基准，测量得到的绝对压强高出大气压强的差值，即

$$表压强 = 绝对压强 - 大气压强$$

（3）真空度是指当被测流体的绝对压强小于当地大气压强时，其低于大气压强的数值，即

$$真空度 = 大气压强 - 绝对压强$$

在这种条件下，真空度值相当于负的表压值。

绝对压强、表压强和真空度之间的关系，如图 1-1 所示。为避免混淆，在工程计算中，

必须对表压强和真空度加以标注。如 100kPa（表压）、50kPa（真空度）等，若无标注通常视为绝对压强。

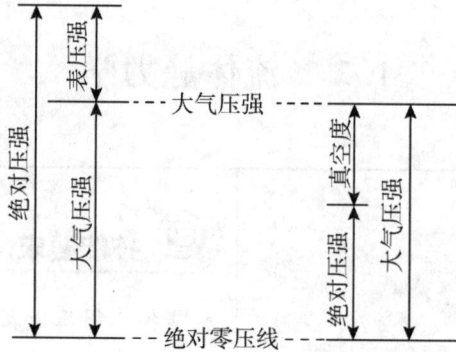

图 1-1　绝对压强、表压强和真空度的关系

【例 1-3】　某设备的入口处装有真空表，出口处装有压强表，其读数分别为 50kPa（真空度）和 120kPa（表压）。当地大气压强为 100kPa，试求出、入口处的绝对压强差。

解： 出口处的绝压为

$$p_2（绝压）= p_2（表压）+ p_0 = 120 + 100 = 220（kPa）$$

入口处的绝压为

$$p_1（绝压）= p_0 - p_1（真空度）= 100 - 50 = 50（kPa）$$

所以

$$\Delta p = p_2（绝压）- p_1（绝压）= 220 - 50 = 170（kPa）$$

1.2.2　流体静力学基本方程

流体静力学研究的是流体处于静止状态下的力的平衡关系，其基本方程是用来描述静止流体内部的压力随高度变化的数学表达式。

对于不可压缩流体，密度不随压强变化，其静力学方程可以用下述方法推导。如图 1-2 所示，在容器内盛有密度为 ρ 的静止液体，液面上受外压强 p_0 的作用，任取一垂直液柱，其上、下端截面积为 A，以容器底为基准水平面，则该液柱的上、下端面与基准水平面的垂直距离分别为 z_1 和 z_2，并以 p_1 和 p_2 分别表示高度为 z_1 和 z_2 处的压强。

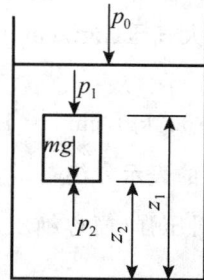

图 1-2　流体静力学基本方程的推导

该液柱在垂直方向上受到的作用力有：

（1）作用在液柱上端面的方向向下的总压力：

$$P_1 = p_1 A$$

（2）作用在液柱下端面的方向向上的总压力：

$$P_2 = p_2 A$$

（3）该液柱的重力：
$$G = mg = \rho g A(z_1 - z_2)$$
由于液柱处于静止状态，因此垂直方向上的上述三个力的合力应为零，即
$$p_1 A + \rho g A(z_1 - z_2) = p_2 A$$
化简，并消去 A 可得**静力学基本方程**：
$$p_2 = p_1 + \rho g(z_1 - z_2) = p_1 + \rho g h \tag{1-11}$$
式中：h——液柱高度，m。

当液柱上端面为液面时，h 则为由液面开始的液柱高度，此时液柱底部的压强 p 为：
$$p = p_0 + \rho g h \tag{1-11a}$$
该式可以用来计算液体内部任意水平面处的压强。

由式(1-11)和式(1-11a)可知：

（1）当液面上方的压力 p_0 一定时，静止液体内部任一点处的压强大小仅与液体本身的密度和该点距液面的深度有关，而与水平位置无关，且深度越深，压强越大。换言之，在同一静止连续的液体内，处于同一水平面上的各点，其压强都是相等的。这些压强相等的点组成的水平面称为**等压面**。

（2）当液面上方的压力 p_0 发生变化时，液体内部所有点的压力 p 将同样发生变化，即液面上方所受压力能以同样大小传递到液体内部的任一点。

（3）式(1-11)可以改写为
$$\frac{p_2 - p_1}{\rho g} = h \tag{1-11b}$$
由上式可知，压强差的大小可以用液柱高度来表示，但必须注明是何种液体。

静力学基本方程虽然是基于液体推导的，其密度可视为常数，然而对于气体而言，其密度会随压力变化而变化。不过考虑到气体密度随容器高低变化极小，通常也可将其视为常数。因此，静力学基本方程也可以适用于气体。

值得注意的是，静力学方程只适用于静止的、连续的同一种流体。

【例 1-4】　如图 1-3 所示，某开口容器内盛有油和水。油层高度 $h_1 = 0.7\text{m}$、密度 $\rho_1 = 800\text{kg/m}^3$，水层高度 $h_2 = 0.6\text{m}$、密度 $\rho_2 = 1000\text{kg/m}^3$。（1）判断下列关系是否成立：$p_A = p_{A'}$，$p_B = p_{B'}$；（2）计算水在玻璃管内的高度 h。

解：（1）$p_A = p_{A'}$ 的关系成立。因为 A 与 A' 两点在静止的、连通着的同一流体内，并在同一水平面上，所以截面 A—A' 称为等压面。

$p_B = p_{B'}$ 的关系不能成立。因 B 与 B' 两点虽在静止流体的同一水平面上，但连通着的不是同一种流体，即截面 B—B' 不是等压面。

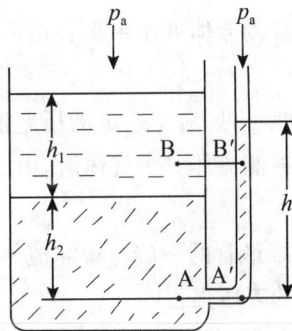

图 1-3　例 1-4 附图

（2）由上述讨论知，$p_A = p_{A'}$，而 p_A、$p_{A'}$ 都可以用流体静力学基本方程计算，即
$$p_A = p_a + \rho_1 g h_1 + \rho_2 g h_2$$

$$p_{A'} = p_a + \rho_2 gh$$

于是
$$p_a + \rho_1 gh_1 + \rho_2 gh_2 = p_a + \rho_2 gh$$

简化上式并将已知值代入,得

$$800 \times 0.7 + 1000 \times 0.6 = 1000 \times h$$

解得
$$h = 1.16(\text{m})$$

1.2.3　流体静力学基本方程的应用

流体静力学方程的应用十分广泛,常用于某处流体表压或流体内部两点间压强差的测量、液体在贮罐内液位的测量、设备液封高度的计算等,以下举例说明。

1. 压强及压强差的测定

1)U 形管压差计

U 形管压差计的结构如图 1-4 所示,在一根 U 形玻璃管中装入指示液 A,U 形管的两端与被测流体 B 的两个测压点相连接,由于测压点存在压力差,指示液 A 在 U 形管两侧便呈现出一定的高度差 R。

对于指示液 A 的选择,要求与被测流体 B 不互溶、不发生化学反应,且 $\rho_A > \rho_B$。常用的指示液有水、四氯化碳和水银等。

由图 1-4 可知,3、3' 两点处于同一水平面,且为连通的同一种静止流体,因此这两点的压强相等,即 $p_3 = p_{3'}$。运用静力学基本方程,并以 3—3' 为基准面,可得:

图 1-4　U 形管压差计

$$p_3 = p_1 + \rho_B g(m + R)$$

$$p_{3'} = p_2 + \rho_B g(m + Z) + \rho_A gR$$

因此
$$p_1 + \rho_B g(m + R) = p_2 + \rho_B g(m + Z) + \rho_A gR$$

化简可得
$$p_1 - p_2 = (\rho_A - \rho_B)gR + \rho_B gZ$$

若被测流体处于水平管道内,则 $Z = 0$,上式可以简化为

$$p_1 - p_2 = (\rho_A - \rho_B)gR \tag{1-12}$$

由此可见,对于一定的压差值,$\rho_A - \rho_B$ 越小,R 值将越大,测量也将更精确。

当被测流体 B 为气体时,由于气体的密度远小于指示液 A 的密度,式(1-12)可简化为

$$p_1 - p_2 = \rho_A gR \tag{1-12a}$$

若 U 形管的一端与被测流体连接,另一端与大气连通,此时读数 R 反映的则是该处被测流体的表压强。

2)倾斜 U 形管压差计

当被测流体的压差值很小时,为了放大压差计读数,可采用如图 1-5 所示的倾斜 U 形管压差计。此时,压差计的读数 R' 与 U 形管压差计的读数 R 的关系为

$$R' = \frac{R}{\sin\alpha} \tag{1-13}$$

式中:α—— 倾斜角,α 值越小,读数 R' 越大。

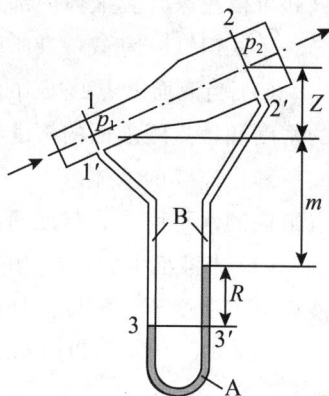

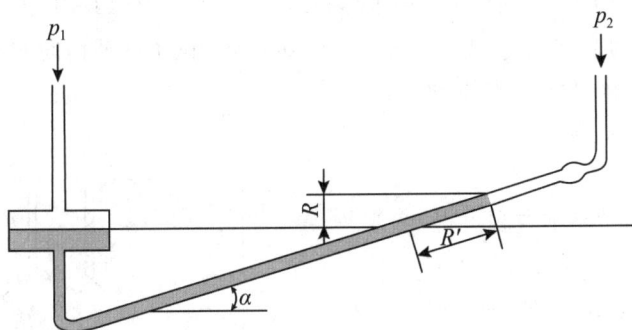

图 1-5　倾斜 U 形管压差计

3）倒 U 形管压差计

当被测系统为液体时,也可选用比被测液体密度小的流体作为指示剂,采用如图 1-6 所示的倒 U 形管压差计进行测量。此时,运用静力学基本方程可得

$$p_1 - p_2 = (\rho_B - \rho_A)gR \tag{1-14}$$

当指示剂 A 选用气体(一般为空气)时,由于 $\rho_B \gg \rho_A$,因此

$$p_1 - p_2 = \rho_B gR \tag{1-14a}$$

4）双液柱微差计

当被测系统的压差值非常小时(一般为气体系统),即使采用倾斜 U 形管压差计测量也很难改进读数的精度,此时可在 U 形压差计顶部增加两个扩大室,扩大室的内径与 U 形管内径之比一般应大于 10。在 U 形管下部装入指示液 A,上部装入指示液 C(满足指示液 A 与 C 互不相溶,且 $\rho_A > \rho_C$),构成如图 1-7 所示的双液柱微差计。由于扩大室的截面积比 U 形管的截面积要大得多,故当测量微压差时,R 的变化对扩大室内指示液 C 的液面高度的影响极小,基本可以认为是等高的。根据流体静力学方程可得

$$p_1 - p_2 = (\rho_A - \rho_C)gR \tag{1-15}$$

显然,当 $p_1 - p_2$ 值很小时,为获得较大的读数 R,应当选择密度接近的指示液 A 和 C。

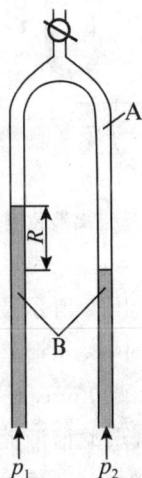

图1-6　倒 U 形管压差计

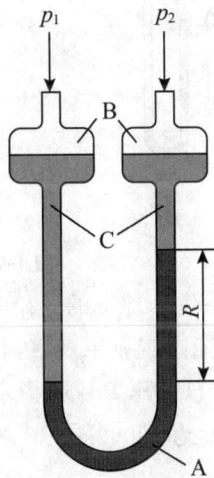

图1-7　双液柱微差计

【例 1-5】 如图 1-8 所示,在一输水异径水平管段两截面(1—1′、2—2′)连一倒 U 形管压差计,其指示剂为空气,压差计读数 $R = 200$mm。试求两截面间的压强差。

解: 根据流体静力学基本原理,截面 3—3′ 为等压面,因此有

$$p_3 = p_{3'}$$

又由流体静力学基本方程可得

$$p_3 = p_1 - \rho g M$$

$$p_{3'} = p_2 - \rho g (M - R) - \rho_{空} g R$$

联立以上三式,并整理得

$$p_1 - p_2 = (\rho - \rho_{空}) g R$$

由于 $\rho \gg \rho_{空}$,上式可简化为

$$p_1 - p_2 = \rho g R$$

所以

图 1-8 例 1-5 附图

$$p_1 - p_2 = 1000 \times 9.81 \times 0.2 = 196.2 \text{(Pa)}$$

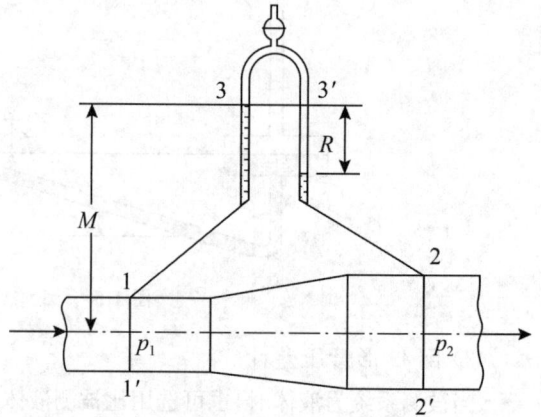

2. 液位的测量

化工生产中经常要了解各类容器的贮存量,或控制设备里的液面,这就要对液面进行测定。液面测定是依据单相静止液体连通器内同一水平面上各点压强相等的原理来设计的。图 1-9(a) 是利用液柱压差计来测量液位的一种方式,在 U 形管底部装入指示液 A,U 形管两端分别接在贮槽的顶端和底部,同时 U 形管右端上方接一扩大室(平衡室),利用 U 形管压差计上的读数 R,就可以得出容器内液面的高度,所测液面高度与压差计的玻璃管粗细无关。当容器或设备远离操作室时,可采用远距离液位测量方式,如图 1-9(b) 所示。

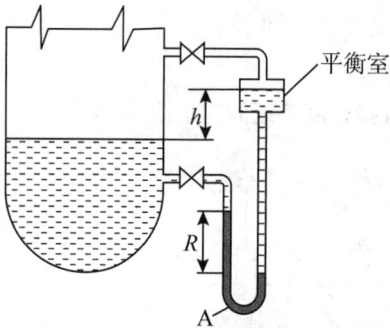

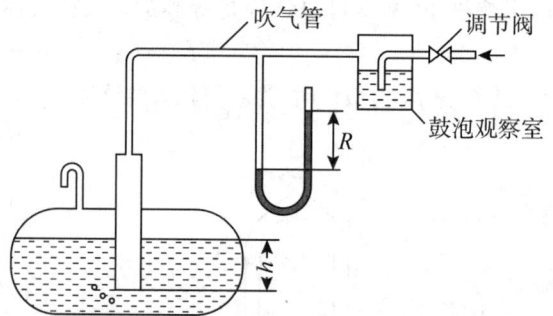

(a) 液柱压差计　　　　　　　　(b) 远距离液位测量

图 1-9　压差法测量液位

【例 1-6】 有一位于地下的对硝基氯苯贮槽,用如图 1-10 所示装置测量其液位。自管口通入压缩氮气,通过观察罩观察到氮气在贮槽内鼓泡时,吹气管上安装的 U 形管压差计的读数稳定为 R。已知压差计中指示液为汞,读数 R 为 100mm,对硝基氯苯的密度为 1250kg/m³,汞的密度为 13600kg/m³,贮槽上方通大气。试求贮槽液面至吹气管口的垂直距离 h。

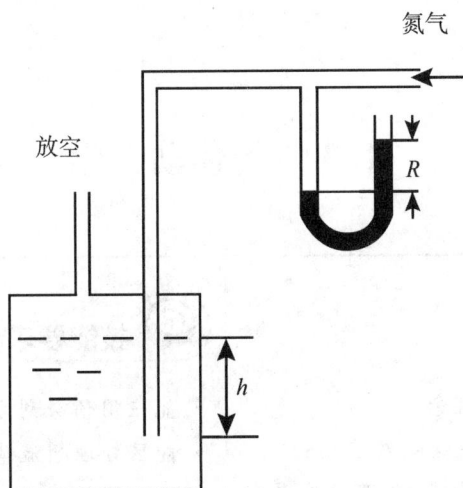

图 1-10　例 1-6 附图

解：由于通过观察罩可以得知吹气管内氮气在鼓泡状态下通过，所以氮气的压力与吹气管底等高的槽内流体压力相等，即

$$p_{氮} + h\rho g = p_{氮} + \rho_{汞} g R$$

整理可得

$$h = R\frac{\rho_{汞}}{\rho} = 0.1 \times \frac{13600}{1250} = 1.09(\text{m})$$

3. 液封高度的计算

液封在化工生产中同样应用广泛，同样是根据流体静力学原理设计的。例如为了控制一些设备内的气体压力不超过给定的数值，往往会采用安全液封（也称水封）装置，如图 1-11 所示。安全液封的作用是当设备内的气体压力超过给定值时，使气体从液封装置中排出。假设设备内压力为 p（表压），水的密度为 $\rho_{水}$，由静力学基本方程计算可知所需的液封高度应为

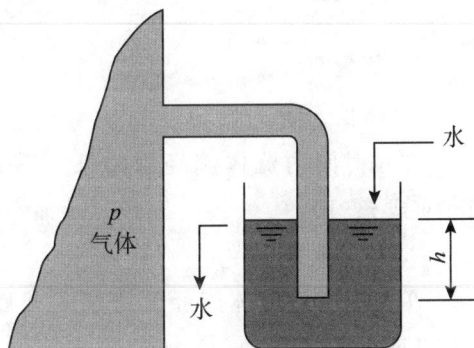

图 1-11　安全液封

$$h = \frac{p}{\rho_{水} g} \tag{1-16}$$

为安全起见，实际安装时管子插入液面的深度应比计算值略低。

1.3　流体动力学

上一节讨论了静止流体内部压强的变化规律及应用，在实际化工生产中流体多在密闭管路内流动，因此必须研究流体在管内的流动规律。反映管内流体流动规律的基本方程有连续性方程和伯努利方程，本节将围绕这两个方程式进行讨论。

1.3.1　流量与流速

1. 流量

1）体积流量

单位时间内流体流经管路某一截面的体积，称为**体积流量**，用 V_s 表示，单位为 m^3/s(或 m^3/h)。

2）质量流量

单位时间内流体流经管路某一截面的质量，称为**质量流量**，用 W_s 表示，单位为 kg/s(或 kg/h)。

当流体密度为 ρ 时，体积流量与质量流量的关系为

$$W_s = V_s\rho \tag{1-17}$$

值得注意的是，气体的体积随温度、压力而变化，因此气体在使用体积流量时应注明所处的温度和压力值。

2. 流速

1）流速

单位时间内流体质点在流动方向上流过的距离，称为**流速**，单位为 m/s。

2）平均流速

实验证明，流体在管路内流动时，由于流体具有黏性，管路任一截面上径向各点的流速并不相等，在壁面处为零，在管路中心处达最大值。因此，在工程计算中常使用管路截面积上的**平均流速**(u，单位为 m/s)，其表示式为

$$u = \frac{V_s}{A} \tag{1-18}$$

式中：A—— 垂直于流向的管路径向截面积，m^2。

结合式(1-17)和式(1-18)可知

$$W_s = V_s\rho = uA\rho \tag{1-19}$$

3）质量流速

单位时间内流体流经管路单位径向截面积的质量，称为**质量流速**，用 G 表示，单位为 $kg/(m^2 \cdot s)$，其表示式为

$$G = \frac{W_s}{A} = \frac{V_s\rho}{A} = u\rho \tag{1-20}$$

由于气体的体积流量随温度和压力而变化，气体的流速也将随之而变，但其质量流量不变，因此在工程计算中气体采用质量流速较为方便。

4）管径的估算

对于内径为 d 的圆形管道，式(1-18)可以改写为

$$u = \frac{V_s}{\frac{\pi}{4}d^2} = \frac{V_s}{0.785d^2} \tag{1-18a}$$

因此可得

$$d = \sqrt{\frac{V_s}{0.785u}} \tag{1-18b}$$

其单位为 m。

由此可知，对于一定的生产任务，当 V_s 一定时，管子直径 d 的大小取决于所选的流速 u，u 越大，所需的管径越小。这意味着虽然生产过程的投资费用降低，但输送流体的动力消耗及操作费用将增加，因此要选择适当的流速。通常，适宜的流速是由操作费和设备费之间的经济衡算决定的。

生产中，大流量长距离管道内某些流体的常用流速范围列于表 1-1 中，可供参考。一般地，密度较大、黏度较大的流体，要取小一些的流速。

表 1-1　某些流体在管道中的常用流速范围

流体的类别及情况	流速范围 /(m/s)	流体的类别及情况	流速范围 /(m/s)
自来水(3×10^5 Pa 左右)	$1 \sim 1.5$	高压空气	$15 \sim 25$
水及低黏度液体($1 \times 10^5 \sim 1 \times 10^6$ Pa)	$1.5 \sim 3$	一般气体(常压)	$12 \sim 20$
高黏度液体	$0.5 \sim 1$	鼓风机吸入管	$10 \sim 15$
工业供水(8×10^5 Pa 以下)	$1.5 \sim 3$	鼓风机排出管	$15 \sim 20$
锅炉供水(8×10^5 Pa 以上)	> 3	离心泵吸入管(水一类液体)	$1.5 \sim 2$
饱和蒸汽	$20 \sim 40$	离心泵排出管(水一类液体)	$2.5 \sim 3$
过热蒸汽	$30 \sim 50$	液体自流速度(冷凝水等)	0.5
蛇管、螺旋管内的冷却水	< 1	真空操作下的气体	< 10
低压空气	$12 \sim 15$		

【例 1-7】 某居民小区需要铺设自来水管道,每天用水量为 10^6 kg,试估算所需管道的直径。

解: 由式(1-18a)可知

$$d = \sqrt{\frac{4V_s}{\pi u}}$$

其中

$$V_s = \frac{W_s}{\rho} = \frac{10^6}{3600 \times 24 \times 1000} = 0.01157(\text{m}^3/\text{s})$$

选取 $u = 1.3$ m/s,可得

$$d_i = \sqrt{\frac{4 \times 0.01157}{3.14 \times 1.3}} = 0.1065(\text{m})$$

查手册可知,应选用 ϕ 114mm × 4mm 的无缝钢管,其内径为

$$d_i = 114 - 4 \times 2 = 106(\text{mm}) = 0.106(\text{m})$$

核算流速,即

$$u = \frac{4 \times 0.01157}{3.14 \times 0.106^2} = 1.31(\text{m/s})$$

1.3.2 稳态流动与非稳态流动

所谓稳态流动,指的是流体在管道中流动时,各截面上流体的有关参数(如流速、物性、压强)仅随位置而改变,不随时间而变化;而在非稳态流动中,流体流动有关的物理量则随位置和时间发生变化。流动系统如图 1-12(a) 所示,贮槽液位恒定,因而流速等参数不随时间变化,属于稳态流动,而图 1-12(b) 中的贮槽液位不断下降,流速也会随着时间而下降,因此属于非稳定流动。

稳态流动和
非稳态流动

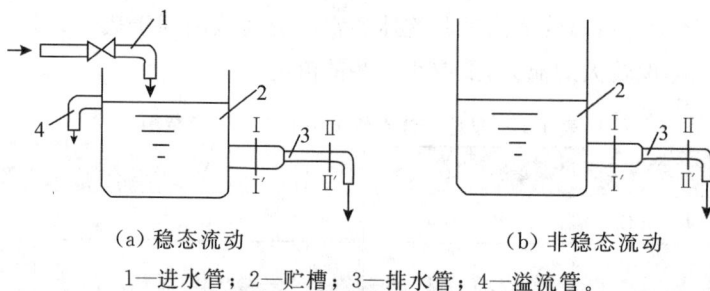

(a)稳态流动　　　　　　　(b)非稳态流动

1—进水管;2—贮槽;3—排水管;4—溢流管。

图 1-12　流动情况示意图

在化工生产中,除了开、停车阶段属于非稳态流动,在连续生产阶段,流体的流动大多为连续稳态流动。因此除非有特殊说明,本书中所讨论的均为稳态流动问题。

1.3.3 稳态流动系统的物料衡算——连续性方程

对于一个稳定流动的系统,系统内任意位置上均没有物料积累,因此根据质量守恒律,进入系统的质量流量等于离开系统的质量流量。

一稳态流动的管路如图 1-13 所示,流体充满整个管道,假定流入 1—1′ 截面的流体的质量流量为 W_{s1},流出 2—2′ 截面的质量流量为 W_{s2},则可以列出其物料衡算式为

$$W_{s1} = W_{s2} \qquad (1\text{-}21)$$

代入式(1-19)可得

$$u_1 A_1 \rho_1 = u_2 A_2 \rho_2 \qquad (1\text{-}21a)$$

将上式推广到管路上任意截面,则有

$$W_s = uA\rho = 常数 \qquad (1\text{-}22)$$

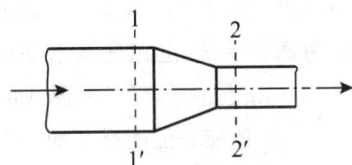

图 1-13　连续性方程的推导

对于不可压缩流体,ρ 为常数,则上式可以简化为

$$V_s = uA = 常数 \qquad (1\text{-}23)$$

由此可知,在不可压缩流体的稳态流动中,流体流速与管道的截面积成反比,截面积越大之处流速越小。对于圆形管路,式(1-23)可以变形为

$$\frac{u_1}{u_2} = \frac{A_2}{A_1} = \frac{d_2^2}{d_1^2} \qquad (1\text{-}24)$$

式(1-21)～式(1-24)统称为管内稳态流动时的**连续性方程**,它反映了流量一定时,管路各截面上流速的变化规律。

【例 1-8】　硫酸流经由大小管组成的串联管路,其尺寸分别为 ϕ 76mm×4mm 和 ϕ 57mm×3.5mm。已知硫酸的密度为 1830kg/m³,体积流量为 9m³/h,试分别计算硫酸在大管和小管中的质量流量、平均流速、质量流速。

解:在大管中:

$$W_{s1} = V_{s1}\rho = \frac{9 \times 1830}{3600} = 4.575(\text{kg/s})$$

$$u_1 = \frac{V_{s1}}{A_1} = \frac{9}{\dfrac{3.14 \times 0.068^2}{4} \times 3600} = 0.6887(\text{m/s})$$

$$G_1 = u_1\rho = 0.6887 \times 1830 = 1260(\text{kg/(m}^2 \cdot \text{s)})$$

在小管中:

$$W_{s2} = W_{s1} = 4.575(\text{kg/s})$$

$$u_2 = \frac{V_{s2}}{A_2} = \frac{W_{s2}}{\rho A_2} = \frac{4.575}{1830 \times \dfrac{3.14 \times 0.05^2}{4}} = 1.274(\text{m/s})$$

$$G_2 = u_2\rho = 1.274 \times 1830 = 2331(\text{kg/(m}^2 \cdot \text{s)})$$

1.3.4　稳态流动系统的机械能衡算——伯努利方程

伯努利方程是流体流动中机械能守恒和转化的体现,它描述了某一系统内流入、流出的流体量及相关的流动参数间的定量关系。

1. 理想流体的机械能衡算

理想流体是为便于讨论而假想的一种流体模型,它是指没有黏性的流体,在流动过程中没有能量损失。为此,本节先讨论不可压缩理想流体在稳态流动系统中机械能的转化关系。

1) 流体流动所具有的机械能

在如图 1-14 所示的稳态流动系统中,有 m kg 的理想流体从 1—1′ 截面流入,2—2′ 截面流出。以 1—1′ 和 2—2′ 截面及管内壁所围成的空间为衡算系统,选定任意水平面 0—0′ 为基准水平面。

m kg 流体具有三种形式的机械能,分别为:

(1)位能。**位能**是相对于基准水平面所具有的能量,它是指流体受重力作用在不同高度所具有的能量。相当于将 m kg 流体自基准水平面 0—0′ 升举到 z 高度,为克服重力所需做的功。因此

$$m \text{ kg 流体的位能} = mgz$$

其单位为 $\text{kg} \cdot \dfrac{\text{m}}{\text{s}^2} \cdot \text{m} = \text{N} \cdot \text{m} = \text{J}$。

1 kg 流体所具有的位能为 gz,单位为 J/kg。

(2)动能。**动能**是指流体以一定流速流动时所具有的能量,其大小为

$$m \text{ kg 流体的动能} = \frac{1}{2} m u^2$$

其单位为 $\text{kg} \cdot \left(\dfrac{\text{m}}{\text{s}}\right)^2 = \text{N} \cdot \text{m} = \text{J}$。

同样,1 kg 流体所具有的动能为 $\dfrac{1}{2} u^2$,单位为 J/kg。

(3)静压能。与静止流体相同,在流动流体内部任一位置上也都存在其相应的压强。对于如图 1-14 所示的流动系统,由于 1—1′ 截面上具有一定的压强,流体要流入此截面,就必须克服该截面上的压力而做功。也就是说,流体进入 1—1′ 截面后必然增加了与此功相当的能量,这部分能量就称为**静压能**或流动功。

对于 m kg 流体,其在 1—1′ 截面处的体积为 V_1,这部分流体进入管内所走的距离则为 $\dfrac{V_1}{A_1}$,因此进入该截面的静压能为

$$\text{力} \times \text{距离} = p_1 A_1 \times \frac{V_1}{A_1} = p_1 V_1$$

其单位为 $\dfrac{\text{N}}{\text{m}^2} \times \text{m}^3 = \text{N} \cdot \text{m} = \text{J}$。

显然,1 kg 流体所具有的静压能为 $\dfrac{p_1 V_1}{m} = \dfrac{p_1}{\rho_1}$,单位为 J/kg。

以上三种能量均为流体在截面处所具有的机械能,三者之和称为某截面上流体的总机械能。

2)理想流体的伯努利方程

由于理想流体在流动过程中没有机械能损失,根据机械能守恒定律,在如图 1-14 所示系统中选定的衡算范围内,在没有外加能量和其他外力作用下,其 1—1′ 截面输入的总机械能必等于 2—2′ 截面输出的总机械能。若以 1 kg 流体为衡算基准,则有

$$gz_1 + \frac{1}{2} u_1^2 + \frac{p_1}{\rho_1} = gz_2 + \frac{1}{2} u_2^2 + \frac{p_2}{\rho_2}$$

对于不可压缩流体,密度 ρ 为常数,即 $\rho_1 = \rho_2 = \rho$,则上式可以改写为

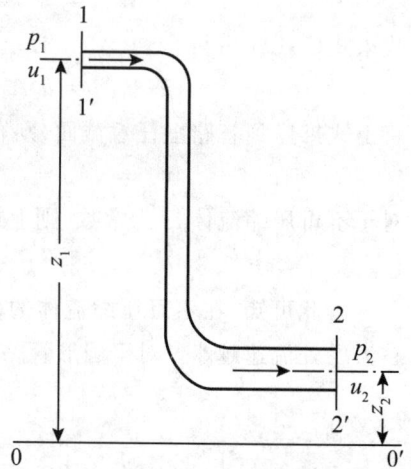

图 1-14　理想流体的稳态流动系统

$$gz_1 + \frac{1}{2}u_1^2 + \frac{p_1}{\rho} = gz_2 + \frac{1}{2}u_2^2 + \frac{p_2}{\rho} \tag{1-25}$$

或

$$gz + \frac{u^2}{2} + \frac{p}{\rho} = 常数 \tag{1-25a}$$

式(1-25)和式(1-25a)称为**伯努利方程**,方程中各项的单位均为 J/kg。其适用的条件为不可压缩理想流体做稳态流动,在流动管路中没有外力或外部能量的输入(出)。

2. 实际流体的机械能衡算

工程上遇到的都是实际流体,具有黏性,在流动过程中要克服各种阻力,使一部分机械能转变为热能而无法利用,这部分损失掉的机械能称为**阻力损失**。将 1kg 流体在两截面间做稳态流动的阻力损失用 $\sum h_{\mathrm{f}}$ 表示,其单位为 J/kg。

在实际流体管理系统中(见图 1-15),还会有流体输送机械(如泵、风机)向流体做功,令 1kg 流体流经输送机械获得的机械能用 W_{e} 表示,其单位为 J/kg。

因此,在如图 1-15 所示的不可压缩的实际流体稳态流动系统中,在 1—1′ 截面和 2—2′ 截面间进行机械能衡算,则有

$$gz_1 + \frac{u_1^2}{2} + \frac{p_1}{\rho} + W_{\mathrm{e}} = gz_2 + \frac{u_2^2}{2} + \frac{p_2}{\rho} + \sum h_{\mathrm{f}} \tag{1-26}$$

式(1-26)为不可压缩实际流体的机械能衡算式,是理想流体伯努利方程的扩展,习惯上也称为伯努利方程,它以 1kg 流体为衡算基准,各项的单位均为 J/kg。

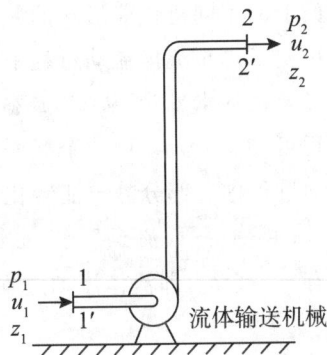

图 1-15　实际流体稳态流动的管路输送系统

在实际应用中,为计算方便,常常会采用不同的衡算基准,可以得到如下不同形式的衡算方程。

1) 以单位体积流体为衡算基准

将式(1-26)各项乘以 ρ,可得

$$\rho g z_1 + \frac{\rho u_1^2}{2} + p_1 + \rho W_{\mathrm{e}} = \rho g z_2 + \frac{\rho u_2^2}{2} + p_2 + \rho \sum h_{\mathrm{f}} \tag{1-26a}$$

其单位为 $\dfrac{\mathrm{J}}{\mathrm{m}^3} = \dfrac{\mathrm{N} \cdot \mathrm{m}}{\mathrm{m}^3} = \dfrac{\mathrm{N}}{\mathrm{m}^2} = \mathrm{Pa}$,可以理解为单位体积流体所具有的机械能。

2) 以单位重量(重力)流体为衡算基准

将式(1-26)各项除以 g,可得

$$z_1 + \frac{u_1^2}{2g} + \frac{p_1}{\rho g} + \frac{W_{\mathrm{e}}}{g} = z_2 + \frac{u_2^2}{2g} + \frac{p_2}{\rho g} + \frac{\sum h_{\mathrm{f}}}{g}$$

或

$$z_1 + \frac{u_1^2}{2g} + \frac{p_1}{\rho g} + H_{\mathrm{e}} = z_2 + \frac{u_2^2}{2g} + \frac{p_2}{\rho g} + H_{\mathrm{f}} \tag{1-26b}$$

其单位为 $\dfrac{\mathrm{J}}{\mathrm{N}} = \dfrac{\mathrm{N} \cdot \mathrm{m}}{\mathrm{N}} = \mathrm{m}$,可以理解为单位重量(重力)流体所具有的机械能,也可以理解为流体柱的某种高度。其中,z、$\dfrac{u^2}{2g}$ 和 $\dfrac{p}{\rho g}$ 分别称为位头、动压头和静压头;$H_{\mathrm{e}} = \dfrac{W_{\mathrm{e}}}{g}$ 可理

解为输送设备所提供的压头（即输入压头），其所做的功可将流体升起的高度；

$H_f = \dfrac{\sum h_f}{g}$ 则称为压头损失。因此，式(1-26b)可以理解为进入系统的各项压头之和等于离开该系统的各项压头之和加上压头损失。

3. 伯努利方程的讨论

（1）若系统中为静止的流体，则 $u_1 = u_2 = 0$，且此时没有外加功，也没有阻力损失，因此式(1-26)变为

$$gz_1 + \frac{p_1}{\rho} = gz_2 + \frac{p_2}{\rho}$$

此式即**为静力学基本方程**。由此可见，伯努利方程既可以表示流体的运动规律，也可以反映流体静止状态时的规律。静止流体是流动流体的一种特殊形式。

（2）式(1-25a)表明理想流体在流动过程中任意截面处的总机械能为常数，但是每个截面上的不同机械能形式的数值却并不一定相等，它们之间可以相互转换。图 1-16 清楚地说明了理想流体流动过程中不同形式机械能的转换关系。如图 1-16(a) 所示，理想流体流经异径的水平管，从 1—1′ 截面流至 2—2′ 截面，由于 1—1′ 截面积大于 2—2′，由连续性方程可知 $u_1 < u_2$，而两个截面的位能相等，因此由伯努利方程可知，必有 $p_1 > p_2$，即流体流动过程中有部分静压能转化为了动能。如图 1-16(b) 所示，理想流体流经等径的垂直管，从 1—1′ 截面流至 2—2′ 截面，此时，显然 $u_1 = u_2$，而 $z_1 > z_2$，因此由伯努利方程可知，必有 $p_1 < p_2$，即流体流动过程中有部分位能转化为了静压能。

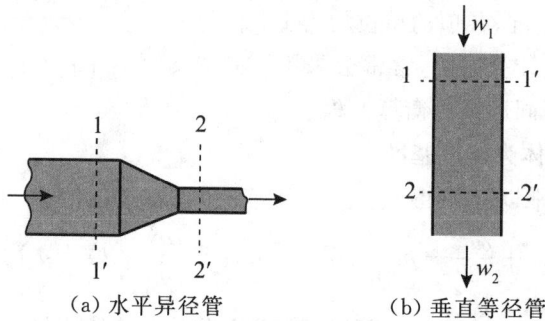

（a）水平异径管　　　　（b）垂直等径管

图 1-16　伯努利方程机械能转化示意图

（3）伯努利方程适用于不可压缩流体。对于可压缩流体，若两截面处的绝压变化率小于 20%，即当 $\dfrac{P_1 - P_2}{P_1} < 20\%$ 时，仍可近似作为不可压缩流体处理，但式中的密度 ρ 应用两截面间的平均密度 ρ_m 代替。

（4）在伯努利方程（见式(1-26)）中，W_e 是输送机械对 1kg 流体所做的功，因此，单位时间输送机械所做的总有效功（称为有效功率）为

$$N_e = W_s W_e \tag{1-27}$$

式中：N_e——有效功率，W；

　　W_s——流体的质量流量，kg/s。

此外，输送机械本身也存在能量转换效率，流体输送机械实际消耗的功率可以表示为

$$N = \frac{N_e}{\eta} \qquad (1-28)$$

式中：N—— 流体输送机械的轴功率，W；

　　η——流体输送机械的效率。

4. 伯努利方程的应用

伯努利方程和连续性方程是解决流体流动问题的基础，应用伯努利方程可以解决流体流动与输送等实际问题。在用伯努利方程解题时，应注意以下几个问题。

（1）作图与确定衡算范围。根据题意画出流动系统的示意图，并指明流体的流动方向，定出上、下游截面，以明确流动系统的衡算范围。

（2）截面的选取。两截面均应与流动方向相垂直，并且在两截面间的流体必须是连续的。所求的未知量应在截面上或在两截面之间，且截面上的 z、u、p 等有关物理量，除所需求取的未知量外，都应该是已知的或能通过其他关系式计算出来的。注意：两截面上的 z、u、p 与两截面间的 $\sum h_f$ 都应相互对应一致。

（3）基准水平面的选取。基准水平面可以任意选取，但必须与地面平行。如衡算系统为水平管道，则基准水平面为通过管道的中心线，$\Delta z = 0$。

（4）单位必须一致。在用伯努利方程解题前，应把有关物理量全部换算成 SI 制单位，然后再进行计算。

（5）两截面上的压强。两截面上的压强除要求单位一致外，还要求表示方法一致。由伯努利方程可知，式中两截面的压强为绝对压强，但由于式中所反映的是压强差的数值，且绝对压强 = 大气压 + 表压，因此两截面的压强也可以同时用表压强来表示，真空度可写为负表压强。

下面举例说明伯努利方程的应用。

【例 1-9】　如图 1-17 所示，采用离心泵将一敞口储槽内的稀碱液输送至蒸发室内。已知蒸发室内的压强为 200mmHg（真空度），蒸发室进料口高于储槽内液面 15m，输送管道尺寸为 $\phi 68\text{mm} \times 4\text{mm}$，稀碱液的密度为 1200kg/m³，送料量为 20m³/h，假设全部阻力损失为 120J/kg。求泵的有效功率。

解：分别选择 $1—1'$ 截面和 $2—2'$ 截面为上、下游截面，并以 $1—1'$ 截面为水平基准面，在由 $1—1'$ 截面和 $2—2'$ 截面构成的衡算范围内列出伯努利方程

$$gz_1 + \frac{u_1^2}{2} + \frac{p_1}{\rho} + W_e = gz_2 + \frac{u_2^2}{2} + \frac{p_2}{\rho} + \sum h_f$$

其中：$z_1 = 0$，$u_1 = 0$，$p_1 = 0$（表压），$z_2 = 15\text{m}$，$\rho = 1200\text{kg/m}^3$，$\sum h_f = 120\text{J/kg}$，且有

$$p_2 = -\frac{200}{760} \times 101325 = -26664(\text{Pa})（表压）$$

$$u_2 = \frac{V_s}{A} = \frac{20}{3600 \times \frac{\pi}{4} \times \left(\frac{60}{1000}\right)^2} = 1.97(\text{m/s})$$

代入方程，可以求得　　　　　$W_e = 246.9(\text{J/kg})$

而　　　　　　　$W_s = V_s \rho = \frac{20 \times 1200}{3600} = 6.67(\text{kg/s})$

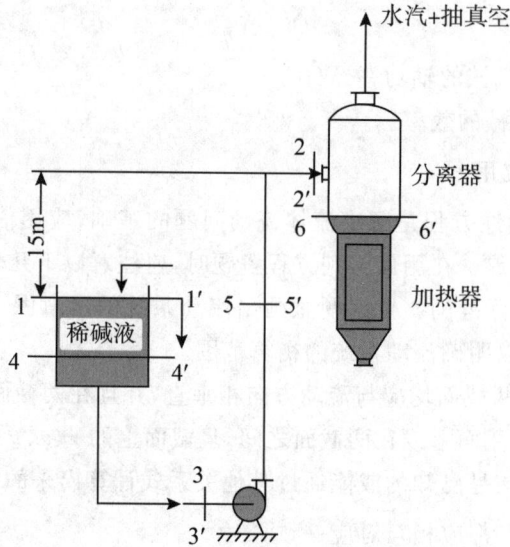

图 1-17 例 1-9 附图

因此 $$N_e = W_s W_e = 1647(W)$$

【例 1-10】（确定管路中流体的流速或流量） 在常压下用虹吸管从高位槽向反应器内加料,高位槽与反应器均通大气,如图 1-18 所示。高位槽液面比虹吸管出口高出 2.09m,虹吸管内径为 20mm,阻力损失为 20J/kg。试求虹吸管内流速和料液的体积流量（m³/h）为多少?

解:取高位槽液面为 1—1′ 截面,虹吸管出口为 2—2′ 截面,以 2—2′ 截面为基准水平面。已知条件有:

$$z_1 = 2.09m, \quad z_2 = 0, \quad u_1 = 0, \quad p_1 = p_2 = 0(表压)$$

$$W_e = 0, \quad \sum h_f = 20J/kg$$

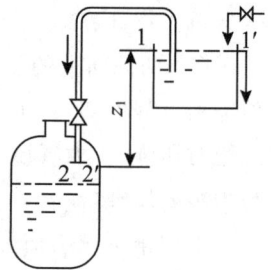

图 1-18 例 1-10 附图

伯努利方程简化后得

$$gz_1 = \frac{u_2^2}{2} + \sum h_f$$

（此式说明在此条件下,位能转化为动能以及用于克服阻力损失）

即 $$2.09 \times 9.81 = \frac{u_2^2}{2} + 20$$

故 $$u_2 = 1.0 \ (m/s)$$

体积流量: $$V_s = 1.0 \times \frac{\pi}{4} \times 0.02^2 = 3.14 \times 10^{-3}(m^3/s) = 1.13(m^3/h)$$

【例 1-11】（确定设备间的相对位置） 如图 1-19 所示的高位槽,要求出水管内的流速为 2.5m/s,管路的损失压头为 5.68m。试求高位槽稳定水面距出水管口的垂直高度为多少米?

解:取高位槽水面为 1—1′ 截面,出水管口为 2—2′ 截面,基准水平面为通过 2—2′ 截面的中心线。已知条件有:

$$z_1 = h, \quad z_2 = 0, \quad u_1 = 0, \quad p_1 = p_2 = 0(表压)$$

$$u_2 = 2.5 \text{m/s}, \quad H_e = 0, \quad H_f = 5.68 \text{m}$$

伯努利方程简化后得

$$z_1 = \frac{u_2^2}{2g} + H_f$$

所以

$$h = \frac{2.5^2}{2 \times 9.81} + 5.68 = 6.0(\text{m})$$

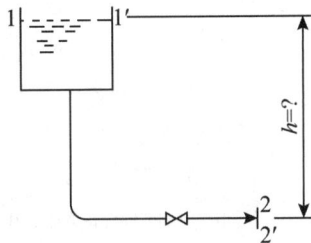

图 1-19　例 1-11 附图

【例 1-12】（确定流体流动所需的压力）　某车间用压缩空气压送 98% 浓硫酸，从底楼储罐压送至 4 楼的计量槽内，如图 1-20 所示，计量槽与大气相通。每批压送量为 10 分钟内压完 0.3m^3，硫酸的温度为 20℃，机械能损失为 7.66J/kg，管道内径为 32mm。试求所需压缩空气的表压为多少？

解：取硫酸储槽液面为 1—1′ 截面，管道出口为 2—2′ 截面，以 1—1′ 截面为基准水平面，则已知条件有：

$$z_1 = 0, \quad z_2 = 15 \text{ m}, \quad u_1 = 0, \quad p_2 = 0(\text{表压})$$

$$W_e = 0, \quad \sum h_f = 7.66 \text{J/kg}$$

$$u_2 = \frac{V_s}{A} = \frac{\dfrac{0.3}{10 \times 60}}{\dfrac{\pi}{4} \times (0.032)^2} = 0.622(\text{m/s})$$

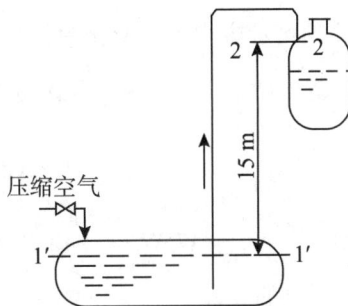

图 1-20　例 1-12 附图

查附录可知硫酸的密度　　　　　$\rho = 1831\text{kg/m}^3$

因此，伯努利方程可简化为

$$\frac{p_1}{\rho} = gz_2 + \frac{u_2^2}{2} + \sum h_f$$

即

$$p_1 = \rho\left(gz_2 + \frac{u_2^2}{2} + \sum h_f\right) = 1831 \times \left(15 \times 9.81 + \frac{0.622^2}{2} + 7.66\right) = 2.838 \times 10^5(\text{Pa})$$

所以为了保证压送量，实际表压应略大于 283.8kPa。

【例 1-13】（确定流体流动所需的外加机械能）　某厂用泵将密度为 1100kg/m^3 的碱液从碱液池输送至吸收塔，经喷头喷出，如图 1-21 所示。泵的吸入管是 ϕ108mm×4mm 钢管，排出管是 ϕ76mm×2.5mm 钢管，在吸入管中碱液的流速为 1.5m/s。碱液池中碱液液面距地面 1.5m，管道与喷头连接处的表压为 29.4kPa，距地面 20m，碱液流经管路的机械能损失为 30J/kg。试求输送机械的有效功率。

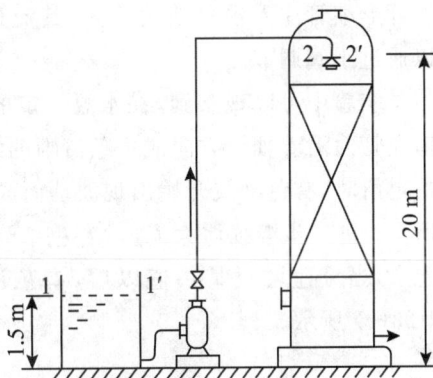

图 1-21　例 1-13 附图

解：取碱液池液面为 1—1′ 截面，管道与喷头连接处为 2—2′ 截面，以地面为基准水平面，则已

知条件有:

$$z_1 = 1.5\,\text{m}, \quad u_1 = 0, \quad p_1 = 0(\text{表压}), \quad z_2 = 20\text{m}$$

$$p_2 = 29.4 \times 10^3\,\text{Pa}(\text{表压}), \quad \text{吸入管内流速}\ u_0 = 1.5\text{m/s}$$

吸入管内径 $\qquad d_0 = 108 - 2 \times 4 = 100(\text{mm})$

排出管内径 $\qquad d_2 = 76 - 2 \times 2.5 = 71(\text{mm})$

因此,由连续性方程可知

$$u_2 = u_0 \left(\frac{d_0}{d_2}\right)^2 = 1.5 \times \left(\frac{100}{71}\right)^2 = 2.98(\text{m/s})$$

已知 $\qquad \rho = 1100\text{kg/m}^3, \quad \sum h_{\text{f}} = 30\text{J/kg}$

则伯努利方程可以简化为

$$W_e = g(z_2 - z_1) + \frac{p_2 - p_1}{\rho} + \frac{u_2^2 - u_1^2}{2} + \sum h_{\text{f}}$$

$$= 9.81 \times (20 - 1.5) + \frac{29.4 \times 10^3}{1100} + \frac{2.98^2}{2} + 30 = 242.7(\text{J/kg})$$

故 $\qquad N_e = W_e W_s = 242.7 \times 1.5 \times \frac{\pi}{4} \times 0.1^2 \times 1100 = 3140(\text{W}) = 3.14(\text{kW})$

1.3.5 实际流体流动现象

1. 流体流动类型与雷诺数

1) 两种流动类型

1883 年,雷诺通过实验揭示了流体流动中的两种截然不同的流动形态。图 1-22 为著名的雷诺实验装置示意图。贮水槽中设有溢流装置,以维持液位恒定,贮水槽下部插入一根带喇叭口的水平玻璃管,并在其出口处设有一阀门用以调节流量。贮水槽上方装有一高位小瓶,内有有色液体经针形细管注入水平玻璃管内,其流量可以通过小阀调节。

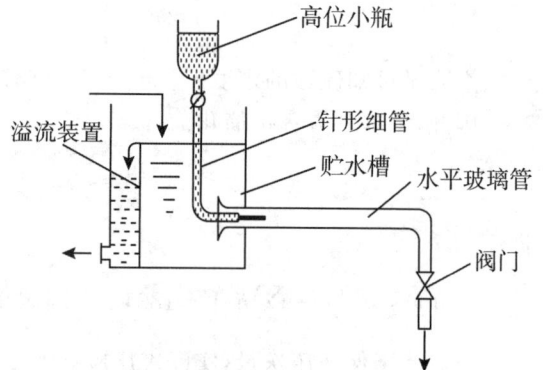

图 1-22　雷诺实验装置示意图

实验中可以观察到,在水温一定的条件下,当水平玻璃管内水的流速较小时,有色液体在管内沿着轴线方向成一条清晰的细直线,如图 1-23(a) 所示;继续增加水流速度至某一定值时,有色细线开始出现波动而成波浪形细线,但仍保持较清晰的轮廓,如图 1-23(b) 所示;进一步继续增大流速,有色细流波动加剧,细线被冲断而向四周散开,迅速与水流混合,当流速增至某一值以后,有色液体一进入水平玻璃管后即与水完全混合,如图 1-23(c) 所示。

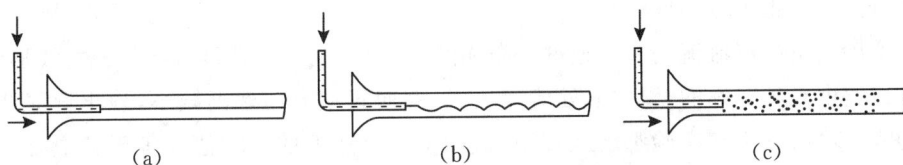

图 1-23　有色液体流动形态示意图

由该实验可知,流体在管路中呈现出两种基本流动类型:

(1) 层流(又称滞流):流体质点仅沿着与管轴平行的方向做直线运动,质点无径向脉动,质点之间互不混合。

(2) 湍流(又称紊流):流体质点除了沿管轴方向向前流动外,还有径向脉动,各质点的速度在大小和方向上都随时变化,质点互相碰撞和混合。

雷诺实验

2) 雷诺数

当采用不同管径和不同种类流体分别进行实验时,可以发现影响流体流动类型的因素除了流速外,还有管内径 d、流体的密度 ρ 和流体的黏度 μ。雷诺将这四个物理量组成一个数群用作流体流动类型的判据,称作**雷诺数**,用 Re 表示。

$$Re = \frac{du\rho}{\mu} \tag{1-29}$$

其量纲为

$$[Re] = \left[\frac{du\rho}{\mu}\right] = \frac{[L][L\theta^{-1}][ML^{-3}]}{[ML^{-1}\theta^{-1}]} = L^0 M^0 \theta^0$$

可见,Re 是一个无量纲数群(或称无因次数)。

大量的实验结果表明,对于圆管内的流体,当 $Re \leqslant 2000$ 时,流动总是层流;当 $Re \geqslant 4000$ 时,流动一般为湍流;当 $2000 < Re < 4000$ 时,流动为过渡流,即流动可能是层流,也可能是湍流,与外界扰动有关(如管路截面的改变、流向的变化、外来的轻微振动等)。因此,可用 Re 的数值来判别流体的流动类型。Re 的大小也反映了流体流动的湍动程度,Re 越大,流体湍动程度越剧烈。

必须说明,根据 Re 的大小虽可将流动分为层流区、过渡区和湍流区三个区域,但流动的类型只有层流和湍流两种,过渡区并不表示一种过渡的流动类型,仅表示该区内可能出现层流,也可能出现湍流。

【例 1-14】 20℃的水在内径为 50mm 的管内流动,流速为 2m/s。试判断水在管内的流动状态。

解:查附录 5 可得,水在 20℃时,

$$\rho = 998.2\text{kg/m}^3, \quad \mu = 1.005 \times 10^{-3}\text{Pa} \cdot \text{s}$$

根据式(1-29)可知

$$Re = \frac{du\rho}{\mu} = \frac{0.05 \times 2 \times 998.2}{1.005 \times 10^{-3}} = 99323 > 4000$$

所以水在管内做湍流流动。

2. 流体在圆管内的速度分布

流体在圆管内做稳态流动时,管截面上各点的速度随该点与管中心距离而变化,这种变化关系称为**速度分布**。由于层流和湍流属于本质完全不同的两种流动类型,因此两者

的速度分布规律也不尽相同。

由实验测得的层流流动时的速度分布如图1-24所示,可见速度分布呈抛物线形状,截面上各点速度是轴对称的,管中心处流速最大,并向管壁方向逐渐减小,静止管壁处流体流速为零。理论分析和实验都已经证明,截面上各点速度的平均值 u 等于管中心处最大流速 u_{max} 的 0.5 倍。

湍流流动时流体质点的运动情况要复杂得多,其速度分布一般通过实验测定,如图1-25所示。由于湍流主体中质点的强烈碰撞、混合和分离,极大加强了湍流核心部分的动量传递,使各点的速度彼此拉平,导致管中心附近速度分布较为均匀,且靠近管壁处速度梯度较大。管内流体的雷诺数越大,流体湍动程度越大,速度分布曲线顶部越平坦。通常情况下,湍流时管内流体的平均速度 $u = 0.8u_{max}$。

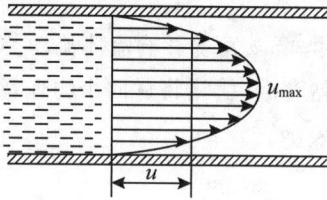

图 1-24　层流时圆管内的速度分布　　图 1-25　湍流时圆管内的速度分布

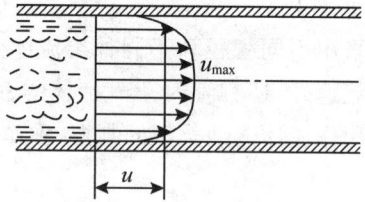

值得注意的是,湍流时在静止管壁处流体质点的流速也为零,且靠近管壁处的流速很小,仍有一极薄的流体层保持层流流动,这个薄层称为**层流内层**(或**黏性内层**)。流体的湍动程度越大,层流内层越薄,且层流内层的厚度对传热和传质过程都有着重要影响。

3. 边界层基本概念

在实际流体以均匀流速 u_∞ 平行流过平板时,因壁面的存在和流体黏性的影响,紧贴板面的流速为零。在层间剪应力的影响下,将产生垂直于流体流动方向的速度梯度,从而可将平板上方的流动分成两个区域。

(1)板面附近流速变化较大(即存在速度梯度)的区域,称为**流动边界层**(简称**边界层**),流体流动阻力主要集中在此区域内。

(2)边界层以外流速基本不变(等于 u_∞)的区域称为**主流区**,此区内速度梯度为零。

工程上一般以主流区流速的 99% 处作为两个区域的分界线,如图1-26所示的虚线与平板间的区域即为边界层区域。此时,边界层的内侧速度为零,而外侧速度为 $0.99u_\infty$。

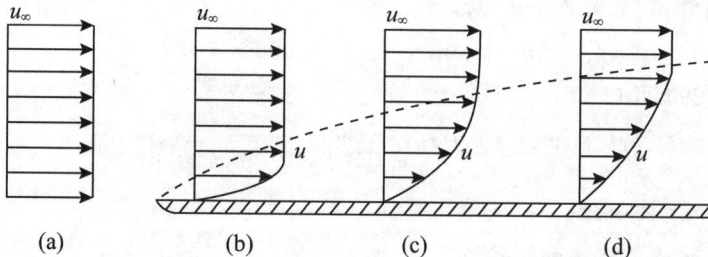

(a)　　　　(b)　　　　(c)　　　　(d)

图 1-26　平板上边界层的形成

边界层有层流边界层和湍流边界层之分,如图1-27所示。在壁面前缘,边界层内总是处于层流状态，称为层流边界；离壁面前缘一段距离后，层流边界层逐渐加厚，边界层内的流动由层流转变为湍流，此后的边界层称为湍流边界层。在湍流边界层内靠近壁面的一薄层流体的流速仍很小，且做层流流动，也就是层流内层。

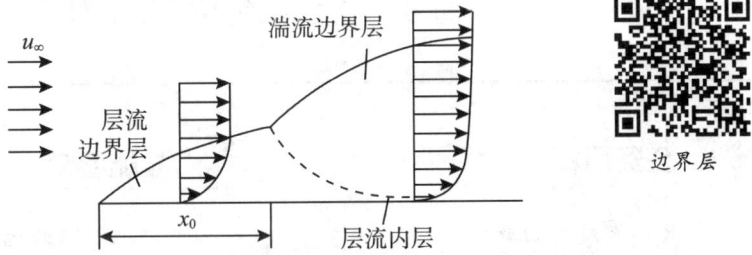

图 1-27　边界层类型

　　流体流过圆球、圆柱体等曲面时，在一定条件下会产生边界层与壁面脱离的现象，并在脱离处形成漩涡，加剧流体质点间的相互碰撞，造成流体流动的能量损失。这部分能量损失是因固体表面形状造成边界层分离而引起的，故称为**形体阻力**。黏性流体流经固体表面的阻力为摩擦阻力和形体阻力之和，两者之和称为局部阻力。流体流经管件、阀门、管子进出口、流量计等局部地方，都会因流动方向和流通截面积的突然改变而产生上述情况。

　　下面对黏性流体流过圆柱体表面所产生的边界层分离现象进行分析。如图 1-28 所示，流体以均匀流速垂直流过一无限长的圆柱体表面，由于流体具有黏性，在壁上形成边界层，其厚度随流过的距离而增加。当流经 A 点时，受壁面的阻滞，流速为零，动能全部转化为静压能，因而该点压强最大，称为**停滞点或驻点**。流体在高压作用下被迫绕圆柱表面流动，由 A 点流动至 B 点，流道逐渐减小，流速增大而压力减小，此时边界层的发展与平板情况没有本质区别。流经 B 点之后，流体又处于升压减速的情况，沿流动方向产生的逆压阻碍了流体前进，到达 C 点时流体的动能消耗殆尽，速速为零而压强最大，形成新的驻点，后续的流体在高压作用下被迫离开壁面，因此 C 点称为**分离点**。这种现象称为**边界层分离**。边界层自 C 点开始脱离壁面，因此在 C 点下游形

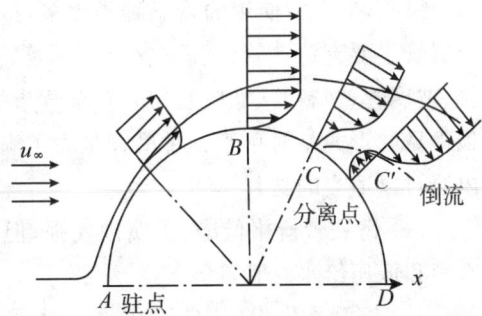

图 1-28　流体流过圆柱体表面的边界层分离

成了流体空白区，必然有流体倒流回来补充空白区，进而再产生大量漩涡，在 C 点下游的壁面附近流向相反的两股流体会存在一个分界面，称为分离面（见图 1-28 中的 CC' 曲面）。

　　边界层分离增加了机械能损耗，因此在流体输送中应设法避免或减弱，但它对混合、传热和传质过程又起着强化作用，因此有时也要加以利用。

1.4 流体流动的阻力

<table>
<tr>
<td>
🎓 **任务目标**

- 了解化工管路的构成；
- 掌握直管阻力和局部阻力的定义；
- 掌握流动阻力的计算方法。
</td>
<td>
🎯 **技能要求**

- 熟悉化工管路的选型与布置；
- 掌握流体流经直管、管件、阀门时阻力损失的计算方法。
</td>
</tr>
</table>

1.4.1 化工管路的构成

管路在化工生产中十分重要，主要用来输送流体介质。一般化工管路系统由管子、管件和阀门三部分组成。当流体流经管路系统时，会产生漩涡而消耗能量，因此，讨论流体在管路内流动的阻力时，应先对管子、管件和阀门有所了解。

1. 管子

在化工生产中，管子常用于连接设备和输送物料，除了要满足强度和通过能力的要求外，还应符合耐温（高温或低温）、耐压（高压或低压）、耐腐蚀（酸、碱等）、导热等性能的要求。因此，生产中使用的管子种类繁多，按管材不同可以分为金属管、非金属管和复合管。金属管主要有铸铁管、钢管（含合金钢管）和有色金属管等；非金属管主要有陶瓷管、水泥管、玻璃管、塑料管、橡胶管等；复合管指的是由金属与非金属两种材料复合得到的管子，最常见的形式是衬里管。衬里管是为了满足节约成本、强度和防腐的需要，在一些管子的内层衬以适当的材料。

（1）铸铁管价格低廉、耐腐蚀性强，但强度差、管壁厚、较笨重。常用作埋入地下的污水管和低压给水总管等。

（2）钢管是化工厂应用最广的一类管子。根据制造方法不同，它又分为有缝钢管和无缝钢管两大类。有缝钢管一般用于压力小于 1.6MPa 的低压管路，无缝钢管则具有品质均匀、强度高的特点，可用于输送有压力的物料。

（3）紫铜管和黄铜管。铜管重量较轻，导热性好，低温下冲击韧性强，适宜作为热交换器用管和低温输送管。如紫铜管常用于压力输送，黄铜管可以用于海水处理。

（4）铅管性软，易于锻制和焊接，但机械强度较差，不能承受管子自重，必须铺设在支承托架上。主要用于耐酸管道，但硝酸、次氯酸盐和高锰酸盐类等介质不宜使用，使用温度不超过 200℃。

（5）铝管能耐酸腐蚀，但不耐碱、盐水和盐酸等含氯离子的化合物，常用于输送浓硝酸、醋酸等，使用温度同样不超过 200℃。

（6）陶瓷管和玻璃管具有良好的耐腐蚀性，但性脆、强度低、不耐压。陶瓷管多用于排放腐蚀性污水,而玻璃管由于透明,也可用于某些特殊介质的输送。

(7) 塑料管种类很多,应用广泛,常用的塑料管有聚乙烯(PE)管、聚氯乙烯(PVC)管、聚丙烯(PP)管等,其特点是质轻、耐腐蚀性好、易于加工,但耐热和耐寒性较差、强度低、不耐压。通常用于常温常压下酸、碱液的输送。

(8) 橡胶管能耐酸、碱,抗腐蚀性好,有弹性,但容易老化,因此,只能用作临时性管路。

管子的规格通常是用公称直径或"ϕ外径$\times$壁厚"来表示,如$\phi 40mm \times 2mm$表示此管子的外径是40mm,壁厚是2mm。但也有些管子是用内径来表示其规格的。管子的长度主要有3m、4m和6m,有些可达9m、12m,但以6m最为普遍。

2. 管件

管件主要用来连接管子,实现延长管路、改变管道流向、改变管径和堵塞管道等目的。常见管件有弯头、三通、活接头和大小头等,管路中常见的几种管件如图1-29所示。

(a)45°弯头　　(b)90°弯头　　(c)45°方弯头　　(d)三通　　(e)活接头

图1-29　常用管件

(1) 用于改变管路方向的有弯头,如45°弯头、90°弯头和180°弯头(也称回弯头)等。

(2) 用于连接支管的有:三通、四通,若将三通的一个接头封堵,其也可以用来改变流向。

(3) 用于连接两段管子的有:外接头(俗称管箍)、内接头(俗称对丝)、活接头(俗称油任)。

(4) 用于改变管路直径的有:异径管(俗称大小头)、内外螺纹管接头(俗称内外丝或补芯)。

(5) 用于堵塞管路的有:丝堵和盲板。

3. 阀门

阀门是用来启闭或调节管路中流体流量的部件,其种类繁多,在化工生产中应用极为广泛。阀门选用时应考虑介质的性质、工作压力和工作温度及变化范围、管道的直径及工艺上的特殊要求(节流、减压、放空、止回等)、阀门的安装位置等因素,选用不当,阀门会发生操作失灵或过早损坏,常会导致严重后果。常见阀门如图1-30所示。

常见阀门

1) 闸阀

闸阀是通过闸板的升降来调节管路中流体的流量,其构造简单,流动阻力小,因此常用于大直径管路上,但不宜用于含有固体颗粒或物料易于沉积的流体。

2) 截止阀

截止阀由阀瓣与阀座组成,流体自下而上通过阀座,依靠阀瓣的上下运动,改变阀瓣与阀座的距离,实现调节流量的目的。其构造比较复杂,流体流向在阀体部分多次改变,流动阻力较大,但其密闭性与调节性能较好,因此常用于液体、蒸气和压缩空气的输送,但不宜用于黏度大且含有悬浮颗粒的介质。

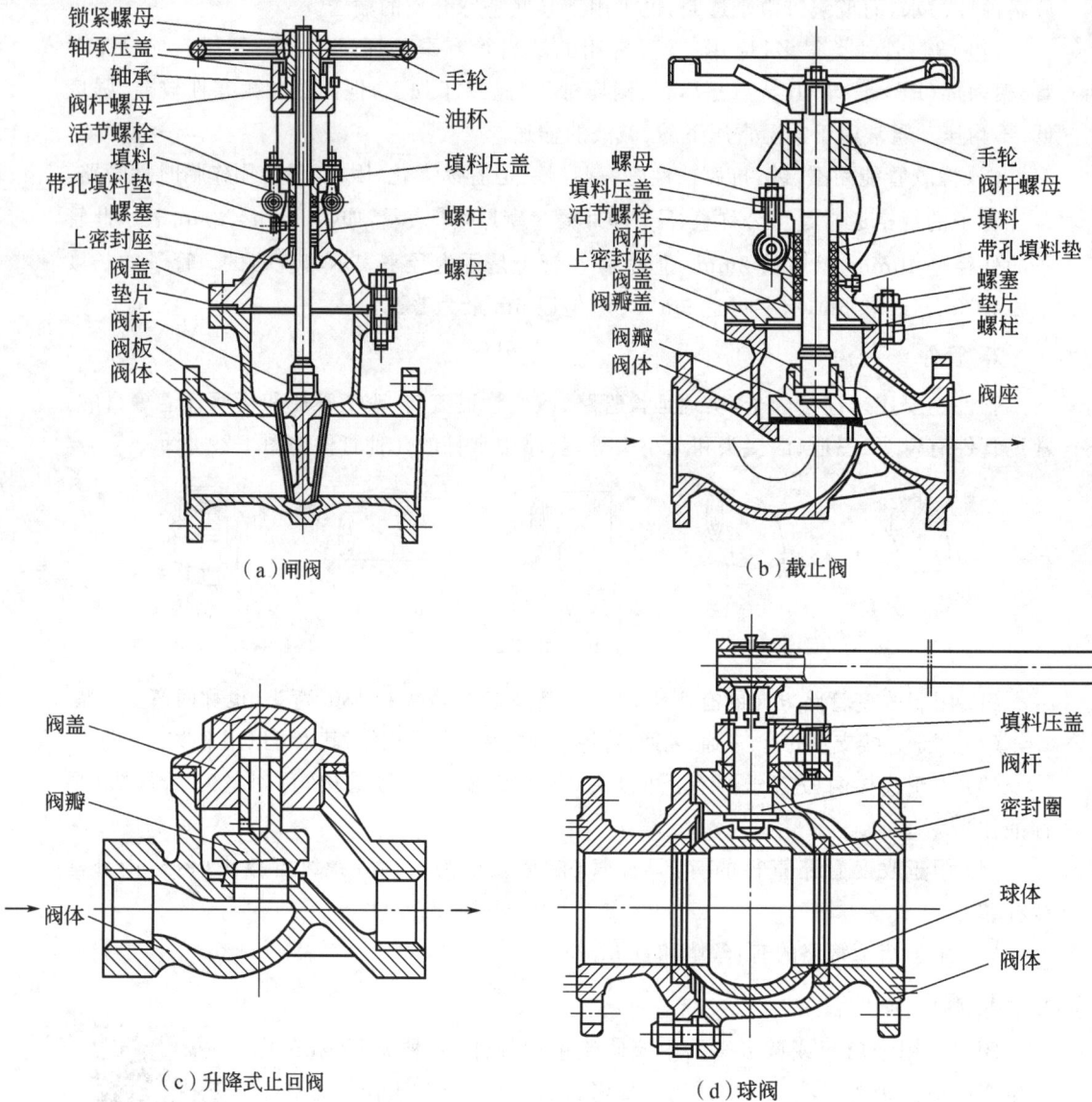

（a）闸阀　　　　　　　　　　　（b）截止阀

（c）升降式止回阀　　　　　　　　（d）球阀

图 1-30　常见阀门

3）止回阀

止回阀又称单向阀，是依据阀前后的压强差自动启闭的阀门，其作用是使介质只做单向的流动。安装时应注意介质的流向与安装方位，止回阀只能在单向开关的特殊情况下使用，一般适用于清洁介质。

4）球阀

球阀的阀芯呈球状，中间为一与管内径相近的连通孔，通过阀芯左右旋转实现启闭。其结构简单、流动阻力小、体积小、重量轻、操作简单，可以实现快速启闭，适用于低温、高压及黏度大的介质，应用广泛。但是其调节性能相比于截止阀要差一些。

除了以上几种阀门外，常用的阀门还有蝶阀、旋塞阀、隔膜阀、疏水阀、安全阀等。

1.4.2　流体流动阻力的分类

流体在管路系统中从一截面流至另一截面的过程,由于流体层间的动量传递而产生的内摩擦力,或由于流体间的湍动而引起的摩擦力,使一部分机械能转化为热能,这部分机械能称为**能量损失**。

流体在管路系统中的流动阻力可分为两类:一类是流体流经直管段时的阻力,称为**直管阻力**,可用 h_f 表示;另一类是流经管路中的各类管件、阀门或管截面突然扩大或缩小等局部位置的阻力,称为**局部阻力**,可用 h_f' 表示。

实际流体的伯努利方程(见式(1-26))中的 $\sum h_f$ 是指管路系统的总阻力损失,既包括直管阻力损失,也包括局部阻力损失,即

$$\sum h_f = h_f + h_f' \tag{1-30}$$

1.4.3　流体在直管中的流动阻力

1. 直管阻力计算通式——范宁公式

直管阻力计算通式的推导是以流体做稳态流动时的受力平衡为基础的,由理论推导可得

$$h_f = \lambda \frac{l}{d} \times \frac{u^2}{2} \tag{1-31}$$

式中: l——直管长度,m;

　　d——管子内径,m;

　　u——流体流速,m/s;

　　λ——比例系数,称为摩擦系数,无量纲。

式(1-31)称为**范宁公式**,是计算流体在圆形直管内流动阻力的通式,对层流和湍流都适用。

根据伯努利方程的其他表达形式,也可以列出相应的范宁公式的表达式,有

阻力压降:　　　　$$\rho h_f = \lambda \frac{l}{d} \times \frac{\rho u^2}{2} \tag{1-31a}$$

压头损失:　　　　$$H_f = \lambda \frac{l}{d} \times \frac{u^2}{2g} \tag{1-31b}$$

由式(1-31)可知,计算直管阻力损失,关键是求出摩擦系数 λ 的值,其值与流体流动类型和管壁粗糙程度有关。

2. 摩擦系数

化工管路按其管材的性质和加工情况大致可以分为光滑管和粗糙管。光滑管通常包括玻璃管、铜管、铝管、塑料管等,粗糙管主要有钢管、铸铁管、水泥管等。实际上,即使是同一材质制成的管子,在经过一段时间的使用后,其粗糙程度也会产生很大差异。

管壁粗糙度可以用绝对粗糙度和相对粗糙度来表示。管壁粗糙面凸出部分的平均高度,称为**绝对粗糙度**,用 ε 表示;绝对粗糙度与管内径 d 之比(即 ε/d)称为**相对粗糙度**。表1-2列出了某些工业管路的绝对粗糙度的参考数值。

表 1-2　某些工业管路的绝对粗糙度

分类	管道类别	绝对粗糙度 ε/mm	分类	管道类别	绝对粗糙度 ε/mm
金属管	无缝黄铜管、铜管及铝管	$0.01 \sim 0.05$	非金属管	干净玻璃管	$0.0015 \sim 0.01$
	新的无缝钢管或镀锌铁管	$0.1 \sim 0.2$		橡皮软管	$0.01 \sim 0.03$
	新的铸铁管	0.3		木管道	$0.25 \sim 1.25$
	具有轻度腐蚀的无缝钢管	$0.2 \sim 0.3$		陶土排水管	$0.45 \sim 6.0$
	具有显著腐蚀的无缝钢管	0.5 以上		整平的水泥管	0.33
	旧的铸铁管	0.85 以上		石棉水泥管	$0.03 \sim 0.8$

流体做层流流动时,管壁上凹凸不平的部分都被流体层覆盖,且流体流动速度相对缓慢,流体质点与管壁凸出部分没有碰撞作用。因此层流时,摩擦系数 λ 与管壁粗糙度无关,仅与雷诺数有关。

流体做湍流流动时,如果层流内层的厚度 δ_L 大于管壁的绝对粗糙度 ε,即 $\delta_L > \varepsilon$,如图 1-31(a) 所示,此时流体如同流过光滑管壁,管壁粗糙度对摩擦系数的影响与层流相近,即 λ 仅为 Re 的函数,与 ε 无关。随着 Re 的增加,层流内层的厚度逐渐减小,当 $\delta_L < \varepsilon$ 时,如图 1-31(b) 所示,管壁凸出部分会伸入湍流主体区与流体质点发生碰撞,增加湍流阻力损失。此时管壁粗糙度成为摩擦系数的重要影响因素,在相同的粗糙度下,Re 越大,层流内层越薄,这种影响就越显著;而在相同 Re 下,粗糙度越大,凸出部分就越多,同样会使阻力损失增加。

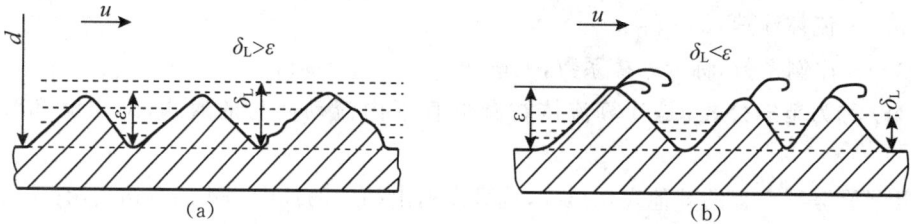

图 1-31　流体流过粗糙管壁的情况

摩擦系数的计算公式繁多,在工程计算中,为了应用方便,通常将实验数据进行综合整理,以相对粗糙度 ε/d 为参数,标绘出 Re 与 λ 的关系,称为摩擦系数图(即 Moody 图),如图 1-32 所示。图中依据雷诺数范围共有 4 个区域。

(1)层流区($Re \leqslant 2000$)。λ 仅为 Re 的函数,与 ε/d 无关,且 λ 与 Re 成直线关系:

$$\lambda = \frac{64}{Re} \qquad (1-32)$$

代入式(1-31),可得 $h_f = \lambda \dfrac{l}{d} \times \dfrac{u^2}{2} = \dfrac{64}{Re} \times \dfrac{l}{d} \times \dfrac{u^2}{2} = \dfrac{32\mu lu}{d^2 \rho}$,说明层流时直管阻力损失与流速的一次方成正比。

(2)过渡区($2000 < Re < 4000$)。管内流动属于过渡状态,流动类型不稳定,λ 波动较大,工程上为了安全起见,一般都按湍流处理,将湍流时的曲线延伸至过渡区来查找。

(3)湍流区($Re \geqslant 4000$ 且在图 1-32 虚线以下区域)。λ 与 Re 和 ε/d 均有关,此时对于

一定的 ε/d，画出一条 λ 与 Re 的关系曲线，其中最下面的一条为光滑管曲线，当 $Re = 5000 \sim$ 100000 时，可以用柏拉修斯公式估算光滑管的 λ 值：

$$\lambda = \frac{0.3164}{Re^{0.25}} \tag{1-33}$$

（4）完全湍流区（图 1-32 虚线以上的区域）。对于一定的 ε/d，λ 与 Re 的关系曲线趋于水平线，说明 λ 与 Re 无关。而当 Re 一定时，λ 随 ε/d 增大而增大。由直管阻力计算通式（见式（1-31））可知，在完全湍流区，阻力损失 h_f 与流速 u 的平方成正比，因此此区域又称为**阻力平方区**。

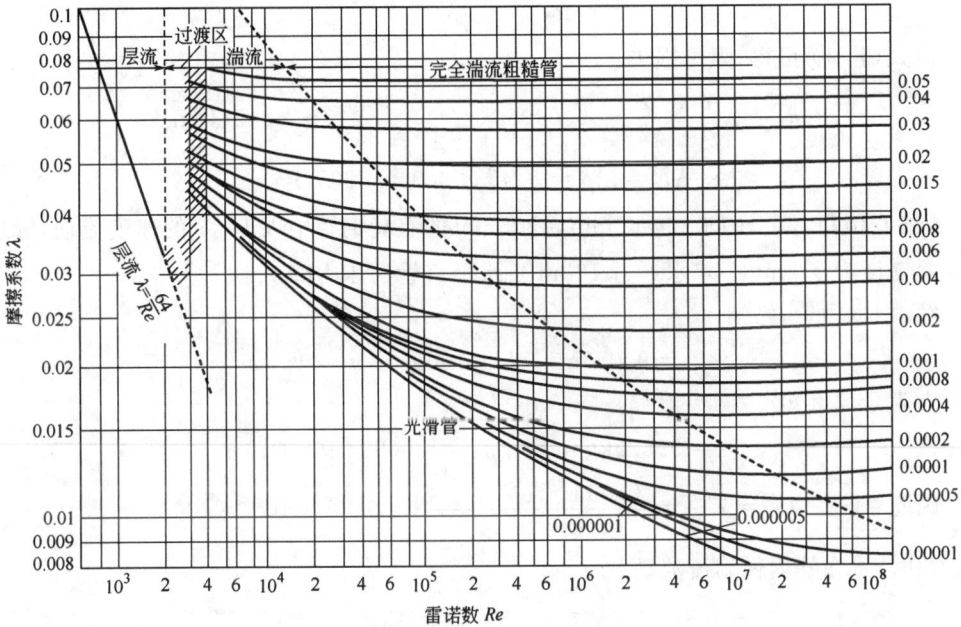

图 1-32 摩擦系数与雷诺数及相对粗糙度之间的关系

3. 非圆形管阻力计算

前面介绍了圆管内流体流动阻力损失的计算。化工生产中的管路并非都是圆形的，有时也会碰到正方形、矩形或者套管环隙内流动的情形，此时计算阻力损失依然可以使用范宁公式，但应将该式和 Re 计算式中的圆管直径 d 用非圆形管的当量直径 d_e 来替代。对于非圆形管的当量直径 d_e 的定义为

$$d_e = 4 \times 水力半径 = 4 \times \frac{流通截面积}{润湿周边长度} \tag{1-34}$$

例如，对于同心套管环隙中的流动，被流体润湿周边长度包括环隙的外周边和内周边，因此

$$d_e = 4 \times \frac{\dfrac{\pi}{4}(d_2^2 - d_1^2)}{\pi(d_2 + d_1)} = d_2 - d_1$$

式中：d_2——同心套管的外管的内径，m；

d_1——同心套管的内管的外径，m。

【例 1-15】 在一 ϕ108mm×4mm、长 20mm 的钢管中输送油品。已知该油品的密度为 900kg/m³，黏度为 0.072Pa·s，流量为 32t/h。试计算该油品流经管道的能量损失及压力降。

解： 管内流速 $u = \dfrac{32 \times 1000}{3600 \times 900 \times 0.785 \times 0.1^2} = 1.26(\text{m/s})$

$$Re = \frac{du\rho}{\mu} = \frac{0.1 \times 1.26 \times 900}{0.072} = 1575 < 2000$$

因此，油品在管内做层流流动。由式(1-32)可知

$$\lambda = \frac{64}{Re} = \frac{64}{1575} = 0.0406$$

由式(1-31)可得，阻力损失：

$$h_\text{f} = \lambda \frac{l}{d} \times \frac{u^2}{2} = 0.0406 \times \frac{20}{0.1} \times \frac{1.26^2}{2} = 6.45(\text{J/kg})$$

压力降： $\Delta p = h_\text{f}\rho = 6.45 \times 900 = 5805(\text{Pa})$

【例 1-16】 20℃的水在 ϕ60mm×3.5mm 的有缝钢管中以 1m/s 的速度流动，管道的绝对粗糙度为 0.2mm。求水通过 100m 长水平直管的压力降。

解： 根据题意，已知

$$d = 0.053\text{m}, \quad l = 100\text{m}, \quad u = 1\text{m/s}$$

查附录 5 可知

$$\rho = 998.2\text{kg/m}^3, \quad \mu = 1.005 \times 10^{-3}\text{Pa·s}$$

因此 $Re = \dfrac{du\rho}{\mu} = \dfrac{0.053 \times 1 \times 998.2}{1.005 \times 10^{-3}} = 5.26 \times 10^4 > 4000$

此时，水在管内做湍流流动。

$$\frac{\varepsilon}{d} = \frac{0.2}{53} \approx 0.004$$

查 Moody 图可得 $\lambda = 0.03$，因此，对于水平直管

$$\Delta p = \rho h_\text{f} = \lambda \frac{l}{d} \times \frac{\rho u^2}{2} = 0.03 \times \frac{100}{0.053} \times \frac{998.2 \times 1^2}{2} = 28251(\text{Pa}) = 28.3(\text{kPa})$$

1.4.4　局部阻力损失

流体在管路上流动时，除了直管外，流经管路中的管件(三通、弯头、大小头等)、阀门、管子出入口及流量计等部件时，均会产生局部阻力。局部阻力损失的计算方法有两种：阻力系数法和当量长度法。

1. 阻力系数法

克服局部阻力所引起的能量损失 h'_f，可以表示为动能 $\dfrac{u^2}{2}$ 的某个倍数，即

$$h'_\text{f} = \zeta \frac{u^2}{2} \tag{1-35}$$

式中：u——平均流速；

ζ——局部阻力系数，无量纲，其值根据局部部件的具体情况由实验测得。

常见管件和阀门的 ζ 值列于表 1-3 中。

表 1-3 常见管件和阀门的局部阻力系数 ζ

名称	阻力系数 ζ	名称	阻力系数 ζ
45° 弯头	0.35	标准截止阀（球阀）	
90° 弯头	0.75	全开	6.0
三通	1	半开	9.5
180° 弯头（回弯头）	1.5	角阀	
管接头	0.04	全开	2.0
活接头	0.04	止逆阀	
闸阀		球式	70.0
全开	0.17	摇板式	2.0
半开	4.5	水表,盘式	7.0

除了管件和阀门产生的局部阻力外,流体在管截面上的突然扩大和突然缩小也会产生局部阻力。当流体从管道中流入截面较大的容器,即突然扩大时,阻力系数 $\zeta = 1$;当流体自很大的截面突然流入很小的容器,即突然缩小时,阻力系数 $\zeta = 0.5$。注意,在计算突然扩大和突然缩小时的局部阻力时,流速 u 应为小管径内的流速。

2. 当量长度法

该方法是将流体局部阻力折算成流体流过相同直径管长为 l_e 的直管时所产生的阻力,其中 l_e 称为**当量长度**,此时,局部阻力损失可以表示为

$$h'_f = \lambda \frac{l_e}{d} \times \frac{u^2}{2} \tag{1-36}$$

l_e 的值由实验测定,也有实验结果用 l_e/d 值来表示的。图 1-33 列出了部分管件和阀门的当量长度共线图,可以由左边的管件或阀门对应的点与右边的管子内径相应点的连线和中间标尺的交点读取 l_e 的值。

1.4.5 流体在管内流动的总阻力损失

管路系统的总能量损失(总阻力损失)是管路上全部直管阻力损失和局部阻力损失之和。当流体流经等径管路时,其总阻力损失计算式如下。

1. 用阻力系数法计算局部阻力时

$$\sum h_f = \left(\lambda \frac{l}{d} + \sum \zeta \right) \times \frac{u^2}{2} \tag{1-37}$$

式中: $\sum \zeta$ ——管路中所有局部阻力系数之和。

2. 用当量长度法计算局部阻力时

$$\sum h_f = \lambda \frac{l + \sum l_e}{d} \times \frac{u^2}{2} \tag{1-38}$$

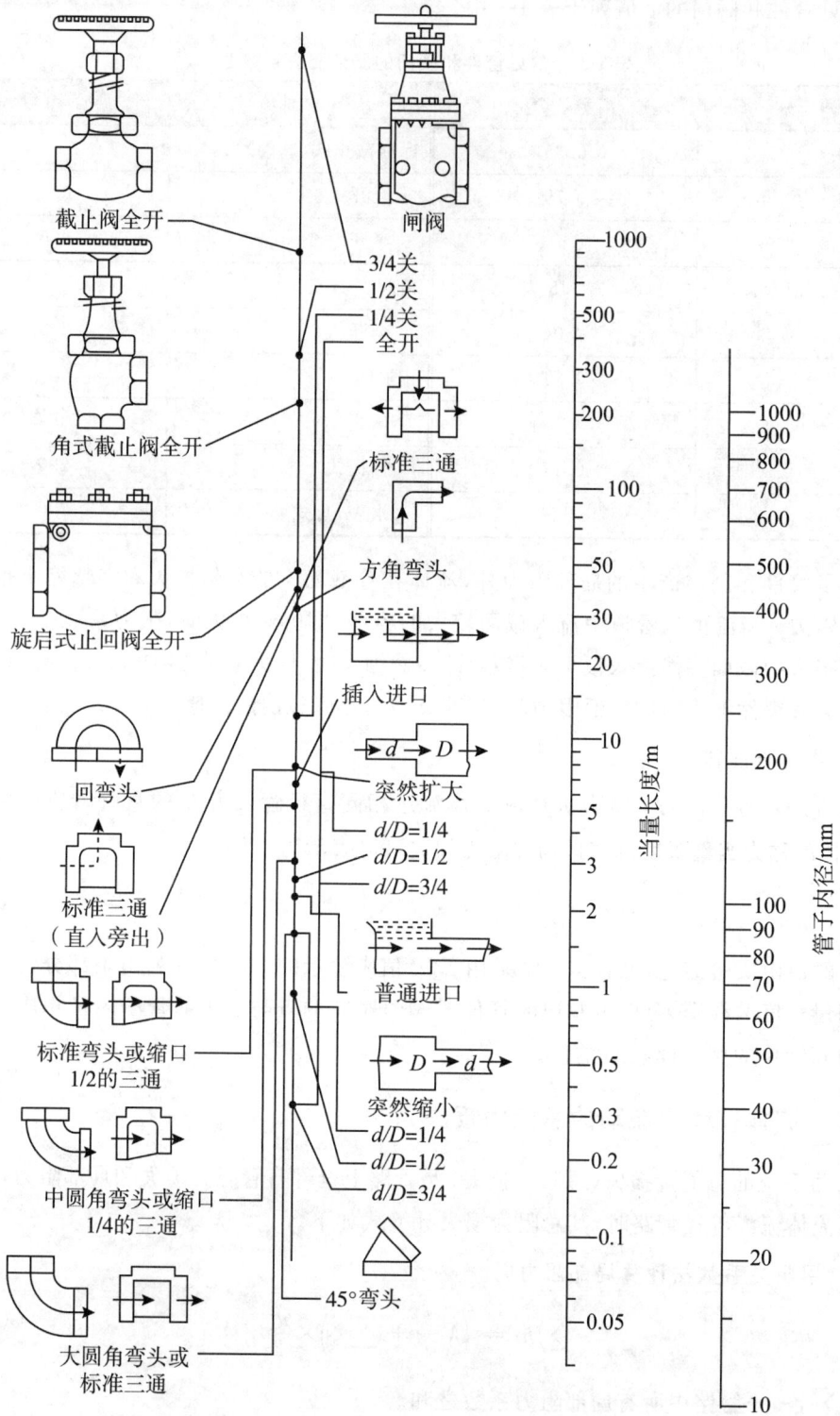

图 1-33　部分管件和阀门的当量长度共线图

式中：$\sum l_e$——管路中全部当量长度之和。

注意,当管路系统中存在若干不同直径的管段时,应分段计算总阻力,然后相加。

根据上述分析可知,欲降低流体流动阻力,可采取以下措施:① 合理布局,尽量减少管长,少装不必要的管件、阀门;② 适当加大管径并尽量选用光滑管;③ 在条件允许下,将气体压缩或液化后输送;④ 高黏度液体长距离输送时,可用加热方法(蒸汽伴管)或强磁场进行处理,以降低黏度;⑤ 若条件允许,在被输送液体中加入减阻剂,如可溶的高分子聚合物、皂类的溶液、适当大小的固体颗粒稀薄悬浮物;⑥ 对管壁进行预处理,低表面能涂层或小尺度肋条结构。

而有时为了其他工程目的,需人为地造成局部阻力或加大流体湍动(如液体搅拌、传热/传质过程的强化等)。

【例 1-17】 如图 1-34 所示,料液由常压高位槽流入精馏塔中。进料处塔中的压力为 20kPa(表压),送液管道为 ϕ45mm×2.5mm、长 8m 的钢管。管路中装有 180° 弯头一个、全开标准截止阀一个、90° 标准弯头一个。塔的进料量要维持在 $5m^3/h$,试计算高位槽中的液面要高出塔的进料口多少米? 操作温度下,料液的物性数据:$\rho = 900m^3/kg$; $\mu = 1.3mPa \cdot s$。

解:取高位槽液面为 1—1′ 截面,送液管道出口为 2—2′ 截面,以 2—2 截面为基准水平面,则已知条件有:

$$z_1 = Z, \quad p_1 = p_a = 0(\text{表压}), \quad u_1 \approx 0, \quad z_2 = 0$$
$$p_2 = 2 \times 10^4 Pa(\text{表压})$$

$$u_2 = \frac{V}{A} = \frac{5}{3600 \times 0.785 \times 0.04^2} = 1.1(\text{m/s})$$

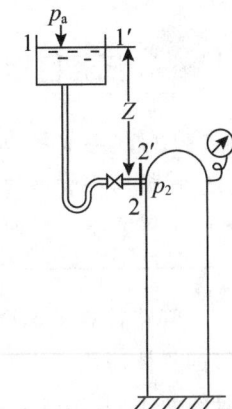

图 1-34 例 1-17 附图

计算直管阻力损失:

$$\text{雷诺数} \quad Re = \frac{du\rho}{\mu} = \frac{0.04 \times 1.1 \times 900}{1.3 \times 10^{-3}} = 3.05 \times 10^4$$

此时,流体在管内做湍流流动。取管壁粗糙度 $\varepsilon = 0.3mm$,则 $\varepsilon/d = 0.3/40 = 0.0075$,由 Moody 图查出摩擦系数 $\lambda = 0.039$。

因此

$$h_f = \lambda \frac{l}{d} \times \frac{u^2}{2} = 0.039 \times \frac{8}{0.04} \times \frac{1.1^2}{2} = 4.72(\text{J/kg})$$

计算局部阻力损失:

由表 1-3 查得阻力系数:

进口	$\zeta_1 = 0.5$
180° 弯头	$\zeta_2 = 1.5$
90° 标准弯头	$\zeta_3 = 0.75$
全开标准截止阀	$\zeta_4 = 6.0$

因此

$$h'_f = \sum \zeta \times \frac{u^2}{2} = (0.5 + 1.5 + 0.75 + 6.0) \times \frac{1.1^2}{2} = 5.29(\text{J/kg})$$

总阻力损失:

$$\sum h_f = h_f + h_f' = 4.72 + 5.29 = 10.01 (\text{J/kg})$$

将计算结果代入伯努利方程(见式(1-26)),可得

$$Z = \frac{u_2^2}{2g} + \frac{p_2}{\rho g} + \frac{\sum h_f}{g} = \frac{1.1^2}{2 \times 9.81} + \frac{20000}{900 \times 9.81} + \frac{10.01}{9.81} = 3.35 (\text{m})$$

1.5　管路计算

任务目标	技能要求
• 了解化工管路的分类； • 掌握简单管路的计算方法； • 了解复杂管路的计算方法。	• 掌握简单管路经济合理的输送管路系统的设计方法。

　　管路计算是连续性方程、伯努利方程、雷诺数表达式、管路阻力损失和摩擦系数计算等的具体应用。化工生产中常用的管路,依据其连接和铺设情况可分为简单管路和复杂管路两类,复杂管路是简单管路不同形式的组合。

　　管路计算的目的是确定流量、管径和能量之间的关系,管路计算主要包括设计型和操作型两类。其中,设计型计算是给定输送任务,设计经济合理的输送管路系统;操作型计算是针对一特定的管路系统核算其在某种给定条件下管路的输送能力或某项技术指标。

1.5.1　简单管路

　　简单管路是指流体从入口至出口仅在一条管路(可以是等径管,也可以是非等径管)中流动,中间没有出现分支或交汇的情况。流体流经非等径的串联管路,通过各管段的质量流量不变,管路总阻力损失等于各管段阻力损失之和。

　　【例1-18】　如图1-35所示,20℃水的流量为20m³/h。高位液面比贮罐液面高20m。吸入管和排出管均为ϕ57mm×3.5mm无缝钢管,吸入管直管长10m,包含一个底阀、一个90°标准弯头;排出管直管长25m,有一个全开闸阀、一个全开截止阀和两个标准弯头。液面恒定且与大气相通。假设泵效率为65%,求泵的轴功率。

　　解:在1—1′截面和2—2′截面间进行机械能衡算:

$$gz_1 + \frac{u_1^2}{2} + \frac{p_1}{\rho} + W_e = gz_2 + \frac{u_2^2}{2} + \frac{p_2}{\rho} + \sum h_f$$

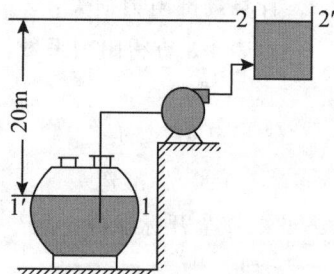

图1-35　例1-18附图

已知：$z_1 = 0$，$z_2 = 20$ m，$u_1 \approx 0$，$u_2 \approx 0$，$p_1 = p_2 = 0$（表）

代入上式，计算可得

$$W_e = gz_2 + \sum h_f = 196.2 + \sum h_f$$

接下来计算流动过程中的阻力损失：

$$\sum h_f = \left(\lambda \frac{l}{d} + \sum \zeta\right) \times \frac{u^2}{2}$$

式中：

$$d = 0.057 - 2 \times 0.0035 = 0.05(\text{m})$$

$$u = \frac{20}{3600 \times 0.785 \times 0.05^2} = 2.83(\text{m/s})$$

查附录 5 可知，20℃时水的 $\rho = 998.2 \text{kg/m}^3$，$\mu = 1.005 \times 10^{-3} \text{Pa} \cdot \text{s}$。

因此

$$Re = \frac{du\rho}{\mu} = \frac{0.05 \times 2.83 \times 998.2}{1.005 \times 10^{-3}} = 1.41 \times 10^5$$

取管壁绝对粗糙度 $\varepsilon = 0.3$mm，则 $\varepsilon/d = 0.3/50 = 0.006$，由 Moody 图查出摩擦系数 $\lambda = 0.032$。

$$\sum \zeta = 1.5 + (1+2) \times 0.75 + 0.17 + 6.0 + 0.5 + 1 = 11.42$$

因此

$$\sum h_f = \left(0.032 \times \frac{35}{0.05} + 11.42\right) \times \frac{2.83^2}{2} = 135.43(\text{J/kg})$$

故

$$W_e = gz_2 + \sum h_f = 196.2 + 135.43 = 331.63(\text{J/kg})$$

$$N_e = W_e W_s = W_e V_s \rho = 331.63 \times \frac{20}{3600} \times 998.2 = 1839.07(\text{W}) \approx 1.84(\text{kW})$$

$$N = \frac{N_e}{\eta} = \frac{1.84}{65\%} = 2.83(\text{kW})$$

1.5.2　复杂管路

管路中存在分支或合流时，称为复杂管路。如图 1-36(a) 所示，流体由一条总管分流至几条支管并不再汇合，称为分支管路。如图 1-36(b) 所示，流体由几条支管汇合于一条总管，称为汇合管路。如图 1-36(c) 所示，流体分流后又汇合的情形，称为并联管路。

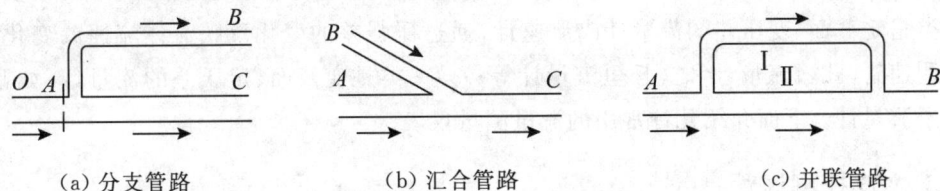

(a) 分支管路　　　　　(b) 汇合管路　　　　　(c) 并联管路

图 1-36　复杂管路示意图

分支或汇合管路具有如下特点：

(1) 总管流量等于各支管流量之和。对于不可压缩流体，有

$$V_s = \sum V_{si} \tag{1-39}$$

(2) 总管的阻力损失需分段计算，即

$$\sum h_{f,AC} = \sum h_{f,AB} + \sum h_{f,BC} \tag{1-40}$$

（3）分支点处的单位质量流体的总机械能为一定值，如

$$gz_A + \frac{u_A^2}{2} + \frac{p_A}{\rho} = gz_B + \frac{u_B^2}{2} + \frac{p_B}{\rho} + \sum h_{f,AB} = gz_C + \frac{u_C^2}{2} + \frac{p_C}{\rho} + \sum h_{f,AC} \quad (1\text{-}41)$$

并联管路具有如下特点：

（1）总管的总质量流量等于各并联的支管的质量流量之和。对于不可压缩流体，有

$$V_s = V_{s1} + V_{s2} + V_{s3} + \cdots \quad (1\text{-}42)$$

（2）流经各并联支路的阻力损失相等，即

$$\sum h_{f1} = \sum h_{f2} = \sum h_{f3} = \sum h_{f,AB} \quad (1\text{-}43)$$

（3）各并联支管的流体流量按等阻力损失原则计算，即

$$V_{s1} : V_{s2} : V_{s3} = \sqrt{\frac{d_1^5}{\lambda_1(l_1 + \sum l_{e1})}} : \sqrt{\frac{d_2^5}{\lambda_2(l_2 + \sum l_{e2})}} : \sqrt{\frac{d_3^5}{\lambda_3(l_3 + \sum l_{e3})}} \quad (1\text{-}44)$$

由于并联、分支和汇合管路的计算常常需要多次试差，因此，对于复杂管路的计算本书不作详细展开，感兴趣的读者可以自行查阅其他相关书籍。

1.6　流量的测定

任务目标	技能要求
• 了解皮托测速管、孔板流量计、文丘里流量计、转子流量计的结构和测量原理。	• 能选择合适的流量计测定流体流量。

流速和流量是化工生产中进行调节和控制的重要参数。其测量装置的形式很多，其中一类是定截面、变压差的流量计或流速计，通过压强差的变化反映流体流速的变化，如皮托测速管、孔板流量计和文丘里流量计等；另一类是变截面、定压差的流量计，如常用的转子流量计。下面介绍几种常用的流量测量仪表。

1.6.1　皮托测速管

皮托测速管也称皮托管，是1723年法国物理学家亨利·皮托发明的用于测量点速度的测速计，其结构如图1-37所示。皮托管由两根弯成直角的同心圆管组成，管径很小，前端经常做成半球形以减少涡流。同心圆管的内管前端敞开，开口正对着流体流动方向；外管前端是封闭的，在离端点一定距离处开有若干测压小孔，流体从小孔旁流过。同心圆管的另一端分别与 U 形管压差计的两端相连接。

皮托管测量流速的理论公式为

$$u = \sqrt{\frac{2(\rho_A - \rho)gR}{\rho}} \qquad (1\text{-}45)$$

式中：ρ_A——指示液 A 的密度，kg/m^3；

　　　ρ——被测流体的密度，kg/m^3；

　　　R——U 形管压差计的读数，m。

考虑到皮托管的尺寸和制造精度等问题，实际测量值与理论值往往存在微小偏差，因此，式（1-45）应适当修正为

$$u = C\sqrt{\frac{2(\rho_A - \rho)gR}{\rho}} \qquad (1\text{-}45a)$$

图 1-37　皮托测速管

式中：C——皮托管校正系数，其值为 $0.98 \sim 1.0$，由实

　　　验标定。估算时，可认为 $C \approx 1.0$。

皮托管测速的优点是装置简单，流动阻力小，适用于测量大直径管道中气体的流速，但因皮托管上的小孔容易堵塞，因此不适用于测量含固体杂质的流体流速。

用皮托管测速时，应将其安装在均匀的流场中，位于速度分布稳定段，因此，在皮托管前、后均应保证一定的直管长度，通常前、后稳定段的长度

皮托管测速

要求最好在 50 倍管径以上，至少也应有 $8 \sim 12$ 倍管径的直管段。此外，为减少测量误差，安装时皮托管口截面必须垂直于流体流动方向，且测度管的直径应小于管径的 2%，尽量减小对流体流动的干扰。

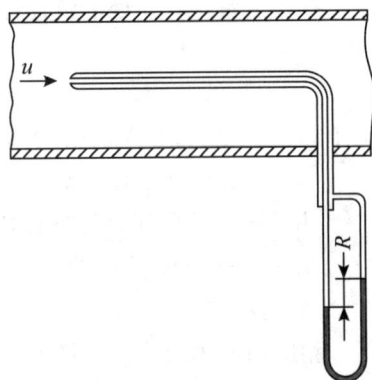

1.6.2　孔板流量计

孔板流量计是一种应用很广泛的节流式流量计，其结构如图 1-38 所示。在管道中插入一块与流体流动方向垂直且中央开有圆孔的金属板，其圆孔中心应位于管道中心线上。孔口经精密加工呈刀口状，并在厚度方向上沿流动方向以 $45°$ 扩大，称为锐孔板。孔板常采用法兰固定于管道中。

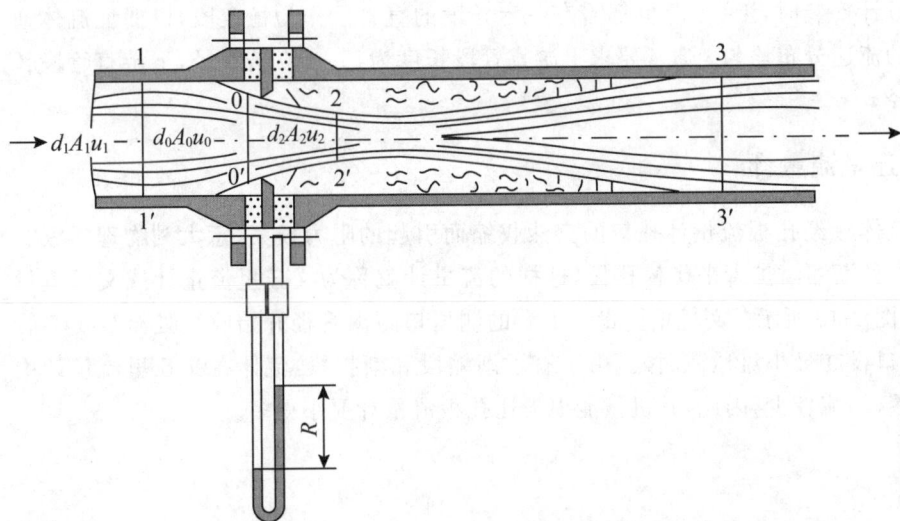

图 1-38　孔板流量计

孔板流量计

孔板流量计孔口处的流速计算公式为

$$u_0 = c_0 \sqrt{\frac{2(\rho_A - \rho)gR}{\rho}}$$

(1-46)

式中：ρ_A——指示液 A 的密度，kg/m^3；

ρ——被测流体的密度，kg/m^3

R——U 形管压差计的读数，m；

c_0——孔板流量计的孔流系数，由实验测定。

相应的流体的体积流量为

$$V_s = c_0 A_0 \sqrt{\frac{2(\rho_A - \rho)gR}{\rho}}$$

$$= c_0 \frac{\pi}{4} d_0^2 \sqrt{\frac{2(\rho_A - \rho)gR}{\rho}}$$

(1-47)

式中：A_0——孔口截面积，m^2；

d_0——孔口直径，m。

孔流系数 c_0 不仅与流体流经孔板的流动状况、测压口的引出位置、孔口形状及加工精度有关，更与孔口面积（A_0）和管道截面积（A_1）的比值有关。用角接法安装的孔板流量计，其 c_0 与 Re 和 A_0/A_1

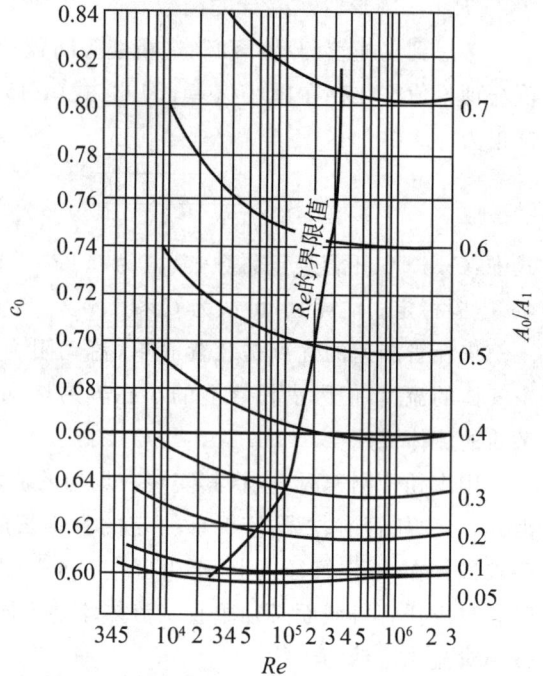

图 1-39　孔流系数 c_0 与 Re 和 A_0/A_1 的关系

的关系如图 1-39 所示，流量计所测的流量范围最好落在 c_0 为定值的区域。设计合适的孔板流量计，其选用的 c_0 值为 $0.6 \sim 0.7$。

孔板流量计的结构简单，制造与安装也都很方便，其一般没有现成产品，需根据流量要求，计算确定尺寸后再加工制造。但是因孔口的突然收缩，使流体流经孔板时的能量损失较大，且孔口边缘容易腐蚀和磨损，因此流量计需定期进行校正。

孔板流量计安装时，上、下游也都需有一定长度的直管段作为稳定段，以保证流体通过孔板之前的流速分布均匀。通常要求上游直管段长度为 15 ～40 倍管径，下游直管段长度为 5 倍管径。

1.6.3　文丘里流量计

为减少流体流经孔板流量计孔口的突然收缩而引起的阻力损失，意大利物理学家文丘里使用了一种渐缩渐扩管来代替孔板，这样的流量计就称为文丘里流量计或文氏流量计，其结构如图 1-40 所示。文丘里流量计上游的测压口距离管径开始收缩处至少 1/2 管径，下游测压口设在最小流通截面处，由于有了渐缩段和渐扩段，流体在文丘里流量计中流速变化平缓，涡流较少，因此，其机械能损失比孔板流量计要小得多。

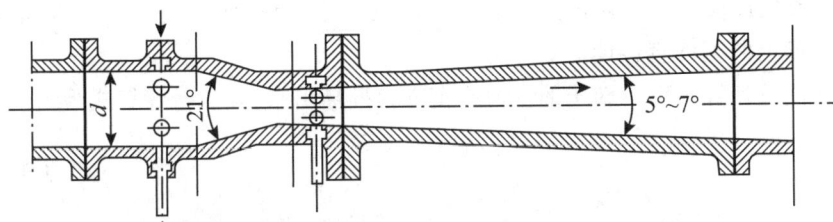

图 1-40　文丘里流量计

文丘里流量计的流量计算式与孔板流量计相似，即

$$V_s = C_V A_0 \sqrt{\frac{2(\rho_A - \rho)gR}{\rho}} \tag{1-48}$$

式中：C_V——文丘里流量计的流量系数，其值一般为 $0.98 \sim 0.99$，可见文丘里流量计精度很高；

A_0——喉颈处的截面积，m^2。

文丘里流量计的阻力损失较小，且其流量系数比孔板流量计大，因此对于相同 U 形管压差计读数 R，其流量比孔板流量计大，文丘里流量计更适用于低压气体输送管道中的流量测量。但是文丘里流量计各部分的尺寸要求严格，渐缩渐扩管的加工精度要求高，使其造价较高且流量计安装时要占据一定的管长，上、下游也必须保证足够的稳定段。

1.6.4　转子流量计

转子流量计是典型的变截面流量计，其结构如图 1-41 所示，在一根自下而上截面积逐渐扩大的垂直锥形玻璃管内，装有一个由金属或其他材料制成的能自如旋转的转子（也称浮子）。被测流体从玻璃管底部进入，从顶部流出，转子的密度应大于被测流体的密度。

当管内没有流体通过时，转子处于玻璃管底部。当有一定流量被测流体流过转子与玻璃管壁间的环隙截面时，由于转子上方截面较大，流道截面积较小，因此使流速增大、压强降低，于是在转子上、下端产生了压强差，使转子被"浮起"。由于玻璃管是下小上大的锥形体，因此流体的通道截面随之增加，在相同的流量下，流速逐渐减小，且两端的压差也随之降低。当转子上升到一定高度，即转子两端的压差造成的升力等于转子所受重力与浮力之差时，转子将稳定在该高度位置上。如果继续增大流体流量，环隙截面的流速也会增大，这样作用于转子两端的压差也将随之增加，而转子所受的重力和浮力之差并未变化，因此转子必上浮到另一高度并重新达到新的平衡。反之，如果流量减小，转子则将下降至某一低位

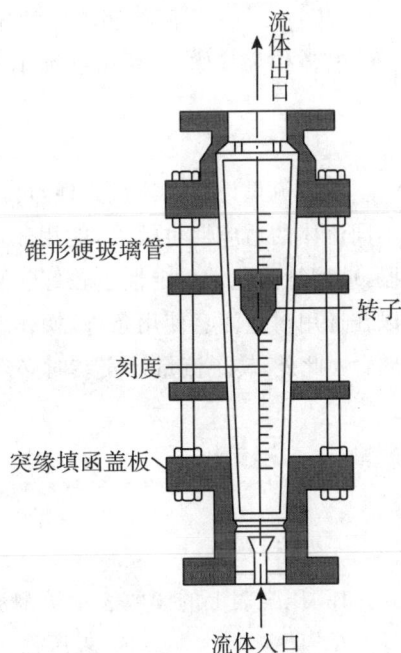

图 1-41　转子流量计

并达到平衡。转子流量计玻璃管外表面上刻有相应的流量值,流体流量的大小可以通过玻璃管表面不同高度上的刻度直接读取。

转子流量计的流量计算式可由转子的受力平衡方程推导出来,其流量计算式为

$$V_s = C_R A_R \sqrt{\frac{2gV_f(\rho_f - \rho)}{A_f \rho}} \tag{1-49}$$

式中:ρ_f——转子材质的密度,kg/m^3;

    ρ——被测流体的密度,kg/m^3;

    A_f——转子最大部分的横截面积,m^2;

    V_f——转子的体积,m^3;

    C_R——转子流量计的流量系数,与 Re 及转子形状有关,一般由实验测定或查阅相关手册获得,当 $Re > 10^4$ 时,C_R 可取 0.98;

    A_R——转子所处位置的环隙截面积,m^2。

转子流量计的刻度与被测流体密度有关,其在出厂前要采用标准流体进行标定。对于液体流量计,通常用 20℃ 的水标定,对于气体流量计,通常用 20℃ 和 101.3kPa 下的空气标定,并将流量值刻于玻璃管上。当被测流体与标定条件不相符时,应对原刻度值加以校正。

在同一刻度下,由于 C_R 为常数,因此两种不同流体的流量关系为

$$\frac{V_{s2}}{V_{s1}} = \sqrt{\frac{\rho_1(\rho_f - \rho_2)}{\rho_2(\rho_f - \rho_1)}} \tag{1-50}$$

式中:下标 1——标定流体的流量和密度值;

    下标 2——实际待测流体的流量和密度值。

若流体为气体,气体密度远小于转子材质的密度,故式(1-50)可以简化为

$$\frac{V_{s2}}{V_{s1}} = \sqrt{\frac{\rho_1}{\rho_2}} \tag{1-50a}$$

转子流量计读取流量方便,可以直接读出体积流量,阻力损失很小,测量范围也宽,对不同流体的适应性也较强,能用于腐蚀性流体的测量,且流量计前后不需要很长的稳定段,玻璃管的化学稳定性也较好。但是玻璃管不能承受高温、高压,安装时也容易破碎,所以在选用时应注意使用条件,操作时也应缓慢启闭阀门,防止因转子的突然升降而击碎玻璃管。此外,转子流量计安装时必须垂直,且流体必须下进上出。

◇ 习题

一、选择题

1. 压强表上的读数表示被测流体的绝对压强比大气压强高出的数值,称为(　　)。

A. 真空　　　　　　B. 表压强　　　　C. 相对压强　　　　D. 附加压强

2. 下列单位换算不正确的一项是(　　)。

A. 1atm $= 1.033kgf/cm^2$　　　　　　B. 1atm $= 760mmHg$

C. 1atm $= 735.6mmHg$　　　　　　D. 1atm $= 10.33mH_2O$

3. 一水平放置的异径管,流体从小管流向大管,有一 U 形压差计,一端 A 与小径管相连,另一端 B 与大径管相连,则差压计读数 R 的大小反映的是(　　)。

　　A. A、B 两截面间的压差值　　　　B. A、B 两截面间的流动压降损失

　　C. A、B 两截面间动压头的变化　　D. 突然扩大或突然缩小的流动损失

4. 某塔高 30m,进行水压试验时,离塔底 10m 高处的压力表的读数为 500kPa(塔外大气压强为 100kPa),那么塔顶处水的压强为(　　)。

　　A. 403.8kPa　　　　B. 698.1kPa　　　　C. 600kPa　　　　D. 无法确定

5. 层流与湍流的本质区别是(　　)。

　　A. 湍流流速 ＞ 层流流速　　　　　　B. 流道截面大的为湍流,截面小的为层流

　　C. 层流的雷诺数 ＜ 湍流的雷诺数　　D. 层流无径向脉动,而湍流有径向脉动

6. 流体运动时,能量损失的根本原因是流体存在着(　　)。

　　A. 压力　　　　　　B. 动能　　　　　　C. 湍流　　　　　　D. 黏性

7. 当流量、管长和管子的摩擦系数等均不变时,管路阻力近似地与管径的(　　)次方成反比。

　　A. 2　　　　　　　　B. 3　　　　　　　　C. 4　　　　　　　　D. 5

8. 在完全湍流时(阻力平方区),粗糙管的摩擦系数 λ 的数值(　　)。

　　A. 与光滑管一样　　　　　　　　　　B. 只取决于 Re

　　C. 取决于相对粗糙度　　　　　　　　D. 与粗糙度无关

9. 下列符合化工管路布置原则的是(　　)。

　　A. 各种管线成列平行,尽量走直线

　　B. 平行管路垂直排列时,冷的在上,热的在下

　　C. 并列管路上的管件和阀门应集中安装

　　D. 一般采用暗线安装

10. 化工管路中,对于要求强度高、密封性能好、能拆卸的管路,通常采用(　　)。

　　A. 法兰连接　　B. 承插连接　　　　C. 焊接　　　　　D. 螺纹连接

二、填空题

1. 当地大气压为 745mmHg,测得一容器内的绝对压强为 350mmHg,则真空度为_____。

2. 气体在管径不同的管道内稳定流动时,它的_____不变。

3. 为提高 U 形压差计的灵敏度,在选择指示液时,应使指示液和被测流体的密度差 $(\rho_指 - \rho)$ 的值_____。

4. 以 2m/s 的流速从内径为 50mm 的管中稳定地流入内径为 100mm 的管中,水在 100mm 管中的流速为_____m/s。

5. 流体在圆形直管内做滞流流动时,其管中心最大流速 u 与平均流速 u_c 的关系为_____。

6. 某液体在内径为 D_0 的水平管路中稳定流动,其平均流速为 u_0,当它以相同的体积流量通过等长的内径为 $D_2(D_2 = D_0/2)$ 的管子时,若流体为层流,则压降 ΔP 为原来的_____倍。

7. 密度为 $1000kg/m^3$ 的流体，在 $\phi 108mm \times 4mm$ 的管内流动，流速为 $2m/s$，流体的黏度为 $1cP(1cP = 0.001Pa \cdot s)$，其 $Re =$ _____。

8. 层流内层的厚度随雷诺数的增加而 _____。

9. 气体的黏度随温度的升高而 _____，液体的黏度随温度的升高而 _____。

10. 测流体流量时，随流量增加，孔板流量计两侧压差值将 _____；若改用转子流量计，随流量增加，转子两侧压差值将 _____。

三、计算题

1. 现有乙醇和水的混合溶液，已知乙醇的摩尔分数为 30%，试求该混合溶液在 $20℃$ 下的密度。

2. 在 $20℃$ 室温下，经测定，某混合气体的组成如下：H_2 20%、N_2 50%、CO_2 30%（均为体积分数）。已知大气压力为 $101.3kPa$，试求混合气体在该条件下的密度。

3. 某设备进口处真空表测得的真空度为 $30kPa$，出口处压强表测得的表压为 $50kPa$，当地大气压力为 $101.3kPa$，分别计算该设备进、出口处的绝对压强，以及进、出口处的压强差。

4. 如图 1-42 所示，将一根一端封闭的玻璃管倒扣入常温水槽中，在管中会形成一段水柱，已知水柱距水槽液面的高度为 $2m$，当地大气压为 $101.3kPa$，试求管子顶端气柱的绝对压强。

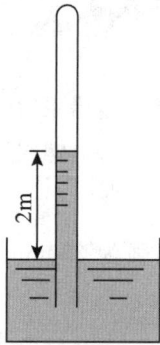

5. 如图 1-43 所示，采用两个串联的 U 形管压差计测量储罐中液体上方的蒸气压。已知储罐内储存的液体为水，U 形管压差计的指示液为水银，两个 U 形管之间充满水。图中 $h_1 \sim h_5$ 为相应液面距离水平基准面的高度，且 $h_1 = 3.6m$，$h_2 = 1.0m$，$h_3 = 4.2m$，$h_4 = 2.5m$，$h_5 = 5m$，试求储罐上方的蒸汽压强。

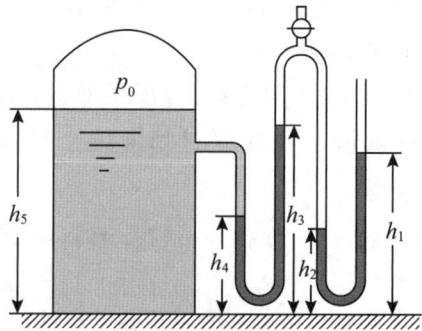

图 1-42　计算题 4 附图　　　　图 1-43　计算题 5 附图

6. 在一变径的串联管路内，水从大直径管流向小直径管，已知大管尺寸为 $\phi 108mm \times 4mm$，小管尺寸为 $\phi 60mm \times 5mm$，大管内水的质量流量为 $4kg/s$，试分别求水在小管和大管内的质量流速、体积流量和平均流速。

7. 如图 1-44 所示，高位槽内储有一定量的水，并从内径为 $100mm$ 的管道中流出，已知高位槽水位维持恒定，且水位液面与管路出口垂直高度差为 $5m$，水流经管路的能量损失 $\sum h_f = 4u^2$（u 为水流的平均流速），试求 A—A′ 截面处水的平均流速和水的体积流量。

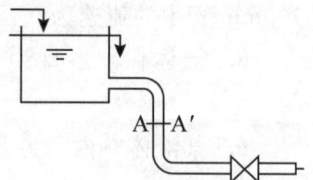

图 1-44　计算题 7 附图

8. 如图 1-45 所示，用泵将储罐内某溶液输送至精馏塔内。已知储罐内液面始终维持恒定，其上方压力等于大气压力。液体密度为 $880kg/m^3$，精馏塔进料口处的压力为 $130kPa$，且进料口与储罐液面的高度差为 $10m$，输送管道尺寸为 $\phi\,76mm \times 3mm$，液体流量为 $20m^3/h$，整个流动系统能量损失为 $50J/kg$，泵的效率为 60%，试求泵的轴功率。

9. $20℃$水在 $\phi\,67mm \times 3.5mm$ 的直管中流动，流量为 $20m^3/h$，试求雷诺数，并判断其流动类型。

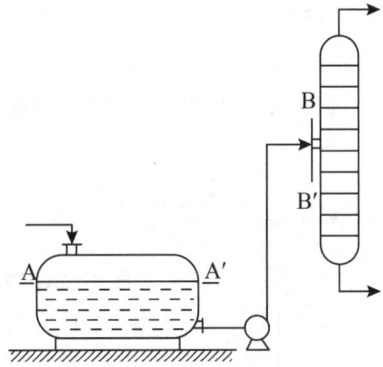

图 1-45　计算题 8 附图

10. $25℃$水在 $\phi\,90mm \times 4mm$ 的直管内流动，控制出口阀调节水的流量，当水流量达到多少时才能保证流体流动开始呈稳定的湍流？

11. 室温下，采用某管路输送液体，该液体的密度为 $760kg/m^3$，黏度为 $3.8cP$。管子采用 $\phi\,30mm \times 2mm$ 的无缝钢管，要求液体输送量达到 $2m^3/h$，管子总长为 $15m$，试问流经此管的阻力损失是多少？

12. 如图 1-46 所示，某液体从敞口高位槽经 $\phi\,108mm \times 4mm$ 的钢管流入密闭低位槽中，液体的密度为 $1080kg/m^3$，黏度为 $4.5cP$。已知液体的流速为 $1.5m/s$，管路上阀门的当量长度 $l_e = 50d$，低位槽液面上方压力为 $0.15MPa$。假设高、低位槽液面维持恒定，试求高、低位槽液面的垂直高度差。钢管的相对粗糙度可取 0.002。

13. 某简单管路系统，总管长为 $30m$，管路中装有两个 $90°$ 标准弯头和一个全开闸阀，选用无缝钢管，尺寸为 $\phi\,108mm \times 4mm$。已知该管路进、出口截面间允许压差为 $0.02MPa$。当管路输送 $20℃$水时，水流量可达多少？

14. 如图 1-47 所示，每小时将 $20000kg$ 的 $20℃$ 水用离心泵从储槽送至高位槽。吸入管和压出管的尺寸均为 $\phi\,90mm \times 4mm$，吸入管管长为 $15m$，压出管管长为 $25m$，两管路的摩擦系数均为 0.03。吸入管中装有一个 $90°$ 标准弯头和一个全开截止阀，压出管中装有一个全开截止阀、一个孔板流量计（局部阻力系数为 4）和四个 $90°$ 标准弯头。已知储槽液面上方保持 $20kPa$ 的真空度，高位槽液面上方压力为大气压，储槽液面与压出管出口的垂直距离为 $15m$。设泵的效率为 0.65，求泵的轴功率。

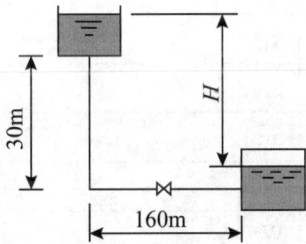

图 1-46　计算题 12 附图　　　　**图 1-47　计算题 14 附图**

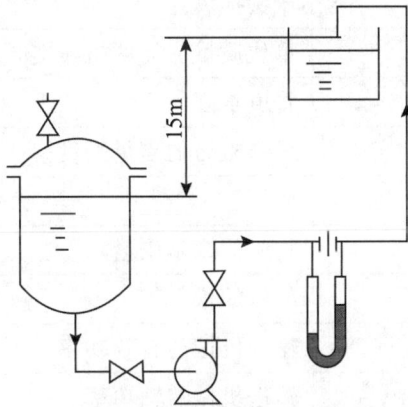

15. 有一并联管路,常温下输送水溶液,若管内水的流量为 $3m^3/s$,两根并联管的管内径分别为 100mm 和 80mm,管长分别为 10m 和 6m。试求两根并联管中的流量各为多少?管壁的相对粗糙度可取 0.03。

思考题

1. 什么是表压、真空度、绝对压强?其与大气压强有什么关系?

2. 什么是稳态流动?什么是非稳态流动?

3. 什么是理想流体?理想流体与实际流体有何区别?

4. 伯努利方程的应用条件是什么?解题时应注意哪些问题?

5. 雷诺数的物理意义是什么?

6. 什么是层流内流?其厚度与哪些因素有关?其对流体流动有何影响?

7. 如何计算直管阻力损失?不同流动区域的摩擦阻力损失与流体流速有什么关系?

8. 什么是局部阻力?局部阻力如何计算?

主要符号说明

英文字母

符号	意义	计量单位
A	面积	m^2
d、D	管径	m
d_e	当量直径	m
F	力	N
G	质量流量	$kg/(m^2 \cdot s)$
g	重力加速度	m/s^2
h	高度	m
H_f	压头损失	m
h_f	单位质量流体的机械能损失	J/kg
l	管道长度	m
l_e	局部阻力的当量长度	m
m	质量	kg
M	物质的摩尔质量	g/mol
n	物质的量	mol
N_e	输送机械的有效功率	W
N	输送机械的轴功率	W
P	压力	N

符号	意义	计量单位
p	流体压强	N/m^2
p_a	大气压	N/m^2
R	压差计读数	m
	通用气体常数	$8.314kJ/(kmol \cdot K)$
r	半径	m
Re	雷诺数	
t	时间	s
	摄氏温度	℃
T	绝对温度	K
u	流速、平均流速	m/s
V	体积	m^3
V_s	体积流量	m^3/s
v	比容	m^0/kg
W_s	质量流量	kg/s
W_e	输送机械的外加能量	J/kg
w	质量分数	
$x(y)$	液体(气体)的摩尔分数	
z	高度、距离	m

希腊字母

符号	意义	计量单位
δ	边界层厚度	m
ε	绝对粗糙度	m
ζ	局部阻力系数	
η	泵的效率	%
λ	摩擦系数	
μ	黏度	$N \cdot s/m^2$
ρ	密度	kg/m^3

项目二　流体输送技术

在化工生产过程中，经常要用流体输送机械驱动流体通过各种设备。为满足工艺条件的要求，需要将流体从低处送到高处，或从低压区送至高压区，或沿管道送到较远的设备。要将流体从一处输送到另一处，需要向流体提供机械能，流体输送机械就是向流体做功以提高其机械能的装置。流体从输送机械处获得机械能后，其直接表现是静压头增大，新增的静压头在输送过程中再转变为其他压头或用于克服流动阻力。

流体输送机械按其工作原理可分为离心式（如离心泵等）、往复式（如往复泵、柱塞泵、计量泵等）、旋转式（如齿轮泵、螺杆泵等）和流体动力作用式（如喷射泵等）。

本项目主要介绍常用流体输送机械的基本结构、工作原理、主要性能参数，以及如何根据输送任务和管路特性，合理选择流体输送机械等。

2.1　概述

任务目标	技能要求
• 理解化工管路对流体输送机械的要求； • 掌握流体输送机械的分类。	• 能根据工作原理对流体输送机械进行分类。

2.1.1　管路系统对流体输送机械的要求

在管路中，流体总是自发地从总机械能较高的区域向总机械能较低的区域流动。但在化工生产过程中，常常需要将流体从低处输送到高处、从低压区送至高压区，或沿管道克服阻力送至较远的地方。为达到此目的，必须对流体施入外加功，以克服流体阻力及补充输送流体时不足的机械能。为流体提供能量的机械，称为**流体输送机械**。对流体输送机械的基本要求是：

（1）满足工艺上对流量和能量的要求；

（2）结构简单，投资费用低；

（3）运行可靠，效率高，日常维护费用低；

（4）能适应被输送流体的特性，如腐蚀性、黏性、可燃性等。

在上述要求中,以满足流量和能量的要求最为重要。

2.1.2 流体输送机械的分类

在化工生产中,被输送流体的物性和操作条件都有很大的不同,为了适应不同情况下的流体输送要求,需要不同结构和特性的流体输送机械。流体输送机械根据工作原理的不同通常分为四类,即离心式、旋转式、往复式、流体作用式,如表 2-1 所示。

表 2-1　流体输送机械的分类

机械类型	离心式	旋转式	往复式	流体作用式
流体输送机械	离心泵 旋涡泵 轴流泵	齿轮泵 螺杆泵	往复泵 柱塞泵 计量泵 隔膜泵	喷射泵 空气升液器
气体输送机械	离心式通风机 离心式鼓风机 离心式压缩机	罗茨鼓风机 液环压缩机 水环真空泵	往复压缩机 往复真空泵 隔膜压缩机	蒸汽喷射泵 水喷射泵

与液体相比,气体具有可压缩性,而且其密度和黏度都较低。因此,气体输送机械与液体输送机械不尽相同。用于输送液体的机械称为**泵**,用于输送气体的机械称为**风机**或**压缩机**。

本项目将结合化工生产的特点,讨论流体输送机械的作用原理、基本构造与性能及有关计算,以达到能正确选择和使用流体输送机械的目的。

本项目以离心泵为重点进行讨论,对其他类型的流体输送机械仅作一般介绍。

2.2　离心泵

🎓 任务目标	◎ 技能要求
• 掌握离心泵的工作原理; • 了解离心泵的结构类型; • 掌握离心泵特性曲线的绘制方法; • 掌握流量调节方法; • 了解离心泵的气蚀现象。	• 能识别离心泵的结构和各部件的作用; • 能够调节和绘制管路特性曲线,并找出工作点; • 能够确定离心泵的安装高度。

2.2.1 离心泵的结构与工作原理

离心泵的结构如图 2-1 所示,它的基本部件包括旋转的叶轮和固定的泵壳。离心泵泵壳内,有一固定在泵轴上的叶轮,叶轮上有 6 ～ 12 片稍微向后弯曲的叶片,叶片之间形成了使液体通过的通道。泵壳中央有一个液体吸入口与吸入管连接。液体经单向底阀和吸入管进入泵内。泵壳上的液体排出口与排出管连接。泵轴用电机或其他动力装置带动。

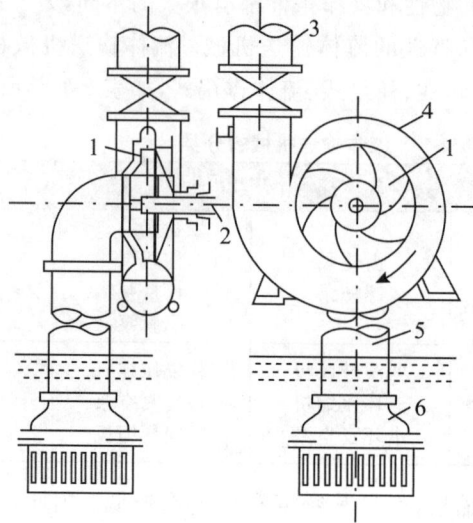

1—叶轮;2—泵轴;3—排出管;4—泵壳;5—吸入管;6—底阀。

图 2-1　离心泵的结构

离心泵的主要部件是叶轮、泵壳和轴封装置。

1. 叶轮

叶轮是离心泵的关键部件,它的作用是将原动机的机械能传给液体。按其结构不同,叶轮可分为开式、半开式和闭式三种,如图 2-2 所示。其中,闭式叶轮有前后盖板,叶片在两盖板之间。这种叶轮操作效率高,但只适用于输送不含固体颗粒的清液。当液体中含有固体时(如含有砂、石、贝壳等),不仅有磨损问题,还会堵塞叶轮,故此时不能采用闭式叶轮,必须根据固体含量的多少分别采用半开式或开式叶轮。由于开式叶轮没有盖板,液体在叶片间流动时易产生倒流,使流体输送效率降低。

(a) 开式叶轮　　　　　(b) 半开式叶轮　　　　　(c) 闭式叶轮

图 2-2　叶轮的类型(按结构划分)

闭式和半开式叶轮由于侧面加了盖板,易产生轴向推力,轴向推力使叶片与壳体接触,引起振动、磨损,增加电机负荷。消除方法是在盖板上钻若干个平衡小孔,这样做可减少叶轮两侧的压力差,从而减轻轴向推力的不利影响,但同时会使泵的效率降低。

按吸液方式不同,叶轮可分为单吸式与双吸式两种,如图 2-3 所示。单吸式叶轮结构简单,液体只能从一侧吸入。双吸式叶轮可同时从叶轮两侧对称吸入液体,它具有较大的吸液能力,而且基本上消除了轴向推力。

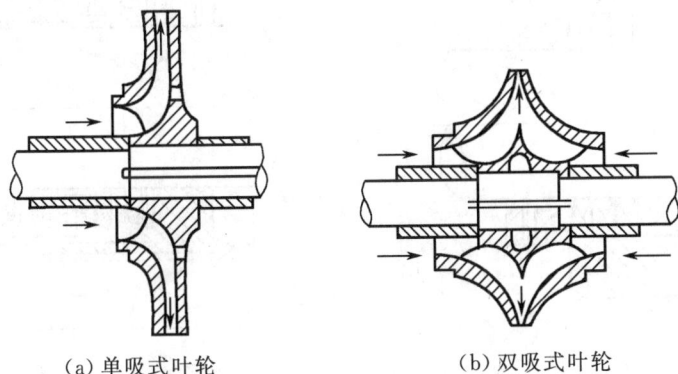

(a) 单吸式叶轮　　　　(b) 双吸式叶轮

图 2-3　叶轮的类型(按吸液方式划分)

2. 泵壳

离心泵的泵壳通常为蜗牛形,也称为蜗壳,如图 2-4 所示。由于液体在蜗壳中流动时流道渐宽,所以动能降低,转化为静压能。泵壳不仅是汇集由叶轮流出的液体的部件,也是一个能量转化装置。

有的泵在泵体上装有导轮,导轮的叶片是固定的,其弯曲方向与叶轮的叶片相反,弯曲角度与液流方向适应,如图 2-4 所示。其作用是减少能量损失(冲击损失)和转换能量,其特点是效率较高,但结构复杂。

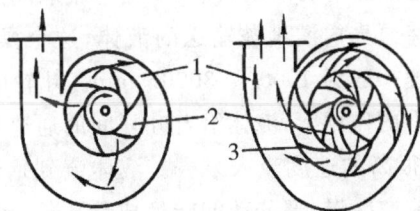

1—泵壳;2—叶轮;3—导轮。

图 2-4　泵壳与导轮

3. 轴封装置

轴封装置的作用是封住转轴与壳体之间的缝隙,以防止流体泄漏。轴封装置可分为填料密封和机械密封两种形式,如图 2-5 所示。

（a）填料密封　　　　　　　　　　（b）机械密封

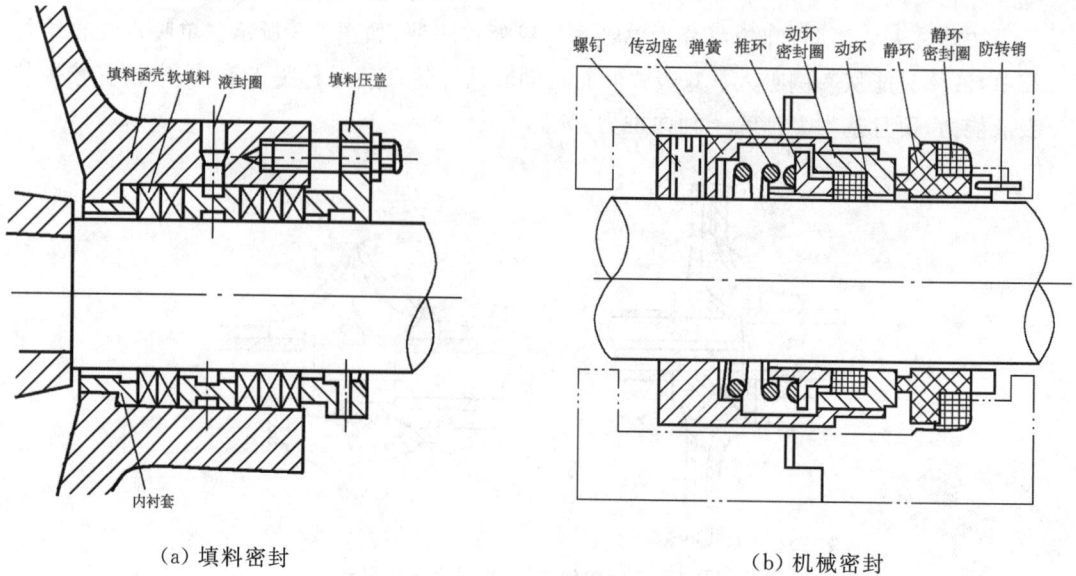

图 2-5　轴封装置

填料密封（填料函或盘根纱）：填料采用浸油或涂石墨的石棉绳。应注意不能用干填料；不要压得过紧，允许有液体滴漏（1 滴 /s）；不能用于酸、碱、易燃、易爆的液体输送。

机械密封（又称端面密封）：由转轴上的动环（合金硬材料）和壳体上的静环（非金属软材料）构成，两环之间形成一层薄薄的液膜起密封和润滑作用。其特点是：密封性好，功率消耗低，可用于酸、碱、易燃、易爆的液体输送，但价格较高。

轴和轴承：泵轴的尺寸和材料应能保证传递驱动机的全部功率。轴承一般采用标准的滚珠轴承、滚柱轴承或滑动轴承，必要时设推力轴承。当液体温度超过117℃或轴向力较大时，轴承应进行水冷。对低温泵的滑动轴承，要注意轴承间隙和材料的选取。

离心泵启动前，需要先将泵壳内灌满被输送的液体，这个操作称为**灌泵**。启动后，泵轴带动叶轮高速旋转，其转速一般为 1000 ～ 3000r/min。叶轮的旋转迫使叶片之间的液体随叶轮一起旋转，在离心力的作用下，液体沿着叶片间的通道从叶轮中心进口处被甩到叶轮外围并获得了能量，以很高的速度流入泵壳。液体流到蜗形通道后，由于截面逐渐扩大，液体的流速减慢，部分动能转换成静压能，液体以较高的压强从排出口进入排出管，输送到所需的场所。当叶轮中心的液体被甩出后，泵壳的吸入口就形成了一定的真空，外面的大气压力迫使液体经底阀吸入管进入泵内，填补了液体排出后的空间。这样，只要叶轮旋转不停，液体就不断地被吸入与排出。这就是离心泵的基本工作原理。

离心泵工作
原理

必须强调的是，离心泵是一种没有自吸能力的输送机械，即必须在吸入管道到泵壳内完全充满被输送液体的前提下才能正常工作。如果离心泵在启动前未充满被输送液体，则泵壳内存在空气，由于空气密度很小，叶轮旋转时所产生的离心力也很小。此时，在吸入口处所形成的真空度不足以将液体吸入泵内。这样，虽然启动了离心泵，但不能输送液体，此现象称为**气缚**，所以在启动前必须向壳内灌满液体。离心泵吸入管路底部安装有带吸滤网的底阀（止回阀），是为启动前灌泵所配置的。

2.2.2 离心泵的主要性能参数

离心泵的主要性能参数有流量、扬程、轴功率和效率,它们是评价离心泵性能和正确选用离心泵的主要依据。

1. 流量

离心泵的流量(又称送液能力)是指单位时间内泵所输送到管路系统中的液体体积,以 Q 表示,其单位为 m^3/s,我国生产的泵规格中也有用 m^3/h 或 L/s 表示的。离心泵的流量取决于泵的结构、尺寸(主要为叶轮的直径与叶片的宽度)和转速。离心泵总是和特定的管路相联系,因此离心泵的实际流量还与管路特性有关。

2. 扬程

离心泵的扬程(又称压头)是指离心泵对单位质量液体所提供的能量,以 H 表示,其单位为 m。离心泵的扬程取决于泵的结构(如叶轮直径、叶片弯曲方向等)、转速和流量。对于某一特定的泵而言,在转速一定的条件下,扬程与流量之间具有确定的关系。但由于流体在泵内的流动情况比较复杂,难以定量计算,所以泵的扬程 H 与流量 Q 的关系一般通过实验测定,如图 2-6 所示。由伯努利方程(见式(1-26b)),可得

$$H = H_e = (z_2 - z_1) + \frac{u_2^2 - u_1^2}{2g} + \frac{p_2 - p_1}{\rho g} + H_f$$

（2-1）

图 2-6 离心泵扬程测定装置

式中:$z_2 - z_1 = h_0$——泵出、入口截面间的垂直距离,m;

u_2、u_1——泵出、入管中的液体流速,m/s;

p_2、p_1——泵出、入口截面上的绝对压强,Pa;

H_f——两截面间管路中的压头损失,m。

由于两个压力表所在截面间的管路很短,因此 H_f 值可以忽略不计,且泵出、入管中的液体流速差别很小,因此动能差这一项也可以忽略不计,故式(2-1)可简化为

$$H = h_0 + \frac{p_2 - p_1}{\rho g}$$

（2-1a）

3. 轴功率

离心泵的有效功率是指液体从叶轮处获得的能量,用 N_e 表示,可用下式计算:

$$N_e = Q\rho Hg$$

（2-2）

离心泵的轴功率是指泵轴所需的功率。当泵直接由电机带动时,它即是电机传给泵轴的功率,以 N 表示,其单位为 W 或 kW。离心泵的轴功率随设备的尺寸、流体的黏度和流量等的增大而增大,其值可用功率表等装置进行测量。

当离心泵的功率单位为 W 时,轴功率 N 为

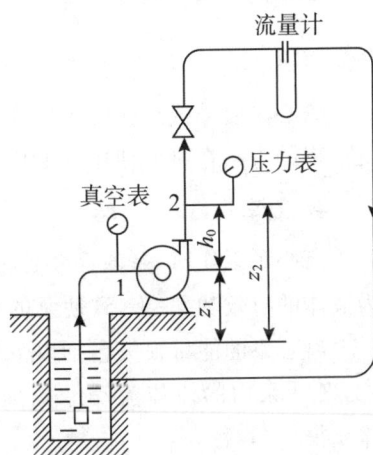

$$N = \frac{N_e}{\eta} = \frac{Q_\rho Hg}{\eta} \qquad (2\text{-}3)$$

式中：N——轴功率，W；

N_e——有效功率，W；

η——离心泵的总效率；

Q——泵在输送条件下的流量，m^3/s；

H——离心泵的扬程，m；

g——重力加速度，m/s^2；

ρ——所输送液体的密度，kg/m^3。

如果离心泵的功率用 kW 来计量，且 g 取 $9.8m/s^2$，则式(2-3)变成

$$N = \frac{Q_\rho H}{102\eta} \qquad (2\text{-}4)$$

离心泵启动或运转时可能超过正常负荷，所以电机的功率应比泵的轴功率大些。电机功率的大小在泵的使用手册中有说明。

4. 效率

离心泵工作时，泵内存在各种功率损失，因此从原动机输入的轴功率 N 不能全部转变为液体的有效功率 N_e，致使泵的扬程和流量都较理论值低，通常用效率来反映能量损失。

离心泵的能量损失包括以下几项：

（1）泵内的流体流动摩擦损失（又称**水力损失**），使叶轮给出的能量不能全部被液体获得。

（2）泵内有部分高压液体泄漏到低压区，使排出液体的流量小于流经叶轮的流量，由此造成的功率损失称为流量损失（又称**容积损失**）。

（3）泵轴与轴承之间的摩擦，以及泵轴密封处的摩擦等造成的功率损失，为**机械损失**，机械损失可用机械效率来表示。

离心泵的效率反映上述三项能量损失的总和，可以用离心泵的效率 η 表示：

$$\eta = \frac{N_e}{N} \times 100\% \qquad (2\text{-}5)$$

离心泵的效率与泵的大小、类型、制造精密程度及其所输送液体的性质有关。一般来说，小型泵的效率为 $50\% \sim 70\%$，大型泵的效率可达 90% 左右。

2.2.3　离心泵的特性曲线

1. 离心泵特性曲线

离心泵的生产部门将其产品的主要性能参数间的关系用曲线表示出来，该曲线称为**离心泵特性曲线**，供使用者选择和操作时参考。典型的离心泵特性曲线如图 2-7 所示，它由以下曲线组成。

（1）扬程-流量曲线（H-Q 线）。该曲线表明离心泵的压头与流量的对应关系，即随着流量的增加，泵的压头是下降的，即离心泵的送液量越大，泵向单位质量流体提供的机械能越小。当流量为零时（即出口阀门关闭时），压头可以达到一个极限值。

（2）轴功率-流量曲线（$N\text{-}Q$ 线）。该曲线表明电机传到泵轴上的功率 N 与流量的关系。当流量增大时，轴功率随之增大。而流量为零时，轴功率最小。因此，离心泵应该采用关闭出口阀门的闭路启动方式，目的是降低启动功率，保护电机。待运转正常后，再打开泵出口阀并调节流量至规定值。同理，停泵时也要先关闭出口阀，可以防止排出管中的液体倒流，保护叶轮。

（3）效率-流量曲线（$\eta\text{-}Q$ 线）。该曲线反映了离心泵的总效率与流量的关系。即随着流量的增加，效率开始增加，达到最大值后，则随流量的继续增加而减小。这说明，离心泵在一定的转速下，有一个最高效率点。在最高效率点下操作，泵内的压头损失最小，应以此点作为泵的设计点。对应于最高效率点下的流量、扬程、功率均称为额定值，是该泵在此条件下的最佳操作参数，标示在泵的铭牌上。对于泵的选取和操作，应在不低于最高效率 92% 左右的区域（称为高效率区）考虑，这样比较经济适用。

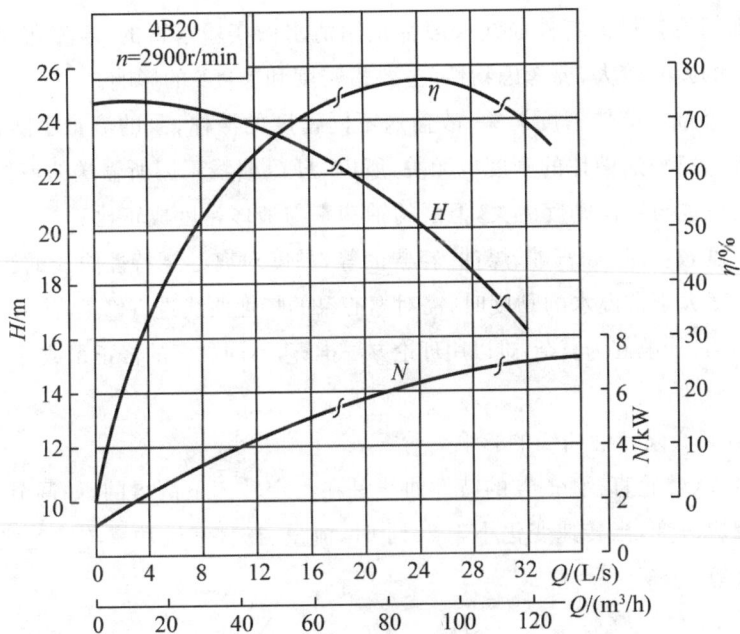

图 2-7 离心泵的特性曲线

【例 2-1】 某厂为测定一台离心泵的扬程，以 20℃的清水为介质，测得出口处的表压为 0.48MPa，入口处的真空度为 0.02MPa，泵出入口的管径相同，两测压点之间的高度差为 0.4m，计算该泵的扬程。

解： 已知

$$Z = 0.4\text{m}, \quad p_2 = 0.48\text{MPa（表压）}, \quad p_1 = -0.02\text{MPa（表压）}$$

因出入口管径相同，则 $u_1 = u_2$，从附录 5 中查得 20℃下清水的密度 $\rho = 998.2\text{kg/m}^3$。

将以上数值代入扬程公式，计算可得

$$H = Z + \frac{u_2^2 - u_1^2}{2g} + \frac{p_2 - p_1}{\rho g} = 0.4 + \frac{(0.48 + 0.02) \times 10^6}{998.2 \times 9.81} = 51(\text{m})$$

【例 2-2】 用 20℃ 清水对一离心泵的性能进行测定,在某一次实验中测得:流量 10m³/h 时,泵出口处压力表的读数为 0.17MPa,泵入口处真空表的读数为 0.02MPa,轴功率为 1.07kW,真空表与压力表两测压截面的垂直距离为 0.5m,计算泵的扬程和效率。

解: 略去两测压截面之间的管路阻力与动压头之差,则扬程为

$$H = Z + \frac{p_2 - p_1}{\rho g}$$

即
$$H = 0.5 + \frac{0.17 \times 10^6 - (-0.02 \times 10^6)}{998.2 \times 9.81} = 19.9 \text{(m)}$$

应用式(2-3),效率为

$$\eta = \frac{Q \rho H g}{N} = \frac{10 \times 998.2 \times 19.9 \times 9.81}{3600 \times 1.07 \times 10^3} = 0.506 = 50.6\%$$

2. 影响离心泵特性曲线的因素

1) 液体性质对离心泵特性曲线的影响

泵生产部门所提供的特性曲线一般都是用清水做实验求得的,若使用时所输送液体的物性与清水的差异较大,要考虑物性(主要指密度和黏度)的影响。

离心泵的流量与液体密度无关,故输送不同密度的液体,泵的流量不随密度而改变。离心泵的扬程与所输送液体的密度也无关,所以,H-Q 曲线不因所输送的液体密度不同而变化。泵的效率也与液体密度无关,但泵的轴功率与液体密度成正比。

当液体黏度较小时,如汽油、煤油、轻柴油等,黏度对离心泵特性曲线的影响可不予考虑。当液体黏度大于常温水的黏度时,需对离心泵的特性曲线进行修正,然后再选用泵。黏度对离心泵性能的影响甚为复杂,难以用理论方法推算,不同黏度的修正系数可查阅相关手册获得。

2) 转速对离心泵特性曲线的影响

某一型号泵(叶轮直径一定)的特性曲线是在一定转速下测得的,如调节转速,则其流量与扬程也相应改变,当转速变化小于 20% 时,流量、扬程和轴功率与转速之间的近似关系可用下式计算:

$$\frac{Q'}{Q} = \frac{n'}{n}, \quad \frac{H'}{H} = \left(\frac{n'}{n}\right)^2, \quad \frac{N'}{N} = \left(\frac{n'}{n}\right)^3 \tag{2-6}$$

式中:Q'、H'、N'——转速为 n' 时泵的性能;

Q、H、N——转速为 n 时泵的性能。

3) 叶轮尺寸对离心泵特性曲线的影响

当离心泵的转速一定时,通过切割叶轮直径 D,使其变小,也能改变特性曲线,即改变流量 Q、扬程 H 及功率 N。对同一型号泵、同一液体、同一转速,当叶轮直径 D 的切割量小于 5% 时,泵的效率不变。此时,泵的 Q、H、N 随 D 的变化关系为

$$\frac{Q'}{Q} = \frac{D'}{D}, \quad \frac{H'}{H} = \left(\frac{D'}{D}\right)^2, \quad \frac{N'}{N} = \left(\frac{D'}{D}\right)^3 \tag{2-7}$$

式中:Q'、H'、N'——直径为 D' 时泵的性能;

Q、H、N——直径为 D 时泵的性能。

2.2.4　离心泵的流量调节方法

离心泵安装在一定的管路系统中,以一定转速工作时,其流量、压头不仅与离心泵本身的特性有关,而且与管路的工作特性有关。即在输送液体的过程中,泵与管路是相互制约的。

1. 管路特性曲线

管路特性可用管路特性方程或管路特性曲线来表示,它表示管路中流量(或流速)与压头的关系。图 2-8 是一个输送系统示意图。若贮槽与受液槽的液面及液面上方的压力均保持恒定,则流体流过管路所需要的压头为

$$H_e = \Delta Z + \frac{\Delta P}{\rho g} + \frac{\Delta u^2}{2g} + \sum H_f$$

因为

$$\sum H_f = \lambda \left(\frac{L + \sum l_e}{d} \right) \frac{u^2}{2g} = \frac{8\lambda}{\pi^2 g} \left(\frac{L + \sum l_e}{d^5} \right) Q_e^2$$

对于特定的管路,$\Delta Z + \frac{\Delta P}{\rho g}$ 为固定值,与管路中的流体流量无关;管径不变,$u_1 = u_2$,$\frac{\Delta u^2}{2g} = 0$,令

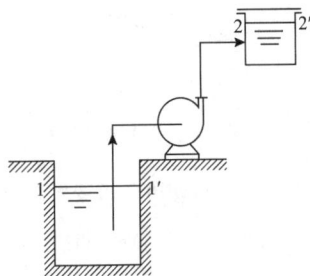

图 2-8　输送系统示意图

$$A = \Delta Z + \frac{\Delta P}{\rho g}, \quad B = \frac{8\lambda}{\pi^2 g} \left(\frac{L + \sum l_e}{d^5} \right)$$

得
$$H_e = A + BQ_e^2 \tag{2-8}$$

式(2-8)称为**管路特性方程**,表示在给定管路系统中,在一定操作条件下,流体通过该管路系统时所需要的压头和流量的关系。

2. 离心泵的工作点

离心泵本身有其固有的特性,它与管路特性无关;而管路本身也有其固有的特性,它与泵的特性无关。但是,若将管路特性曲线与离心泵特性曲线绘在同一个坐标图上,如图 2-9 所示,则两条特性曲线的交点 M 即为**离心泵的工作点**。离心泵工作点的含义是:一旦离心泵安装在某一特定的管路上,并在一定的操作条件下工作时,泵所提供的压头 H 与管路系统所需要的压头 H_e 应相等;泵所排出的流量 Q 与管路系统输送的流量 Q_e 应相等,这时泵装置处于稳定的工作状态。

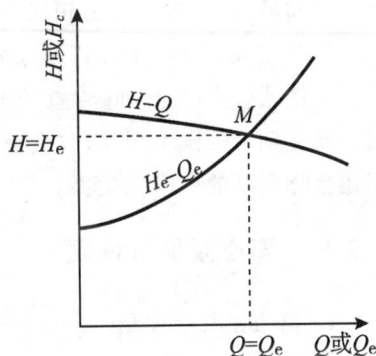

图 2-9　离心泵的工作点

也就是说,当离心泵在 M 点工作时,$H = H_e$;$Q = Q_e$。

3. 离心泵的流量调节

离心泵安装在管路上工作,当其工作点对应的流量与生产任务所需的流量不相符合

时，就需要进行流量调节，流量调节的实质是通过改变泵的工作点来实现的。由图 2-10 和图 2-11 可知，改变管路特性曲线或者改变泵的特性曲线均能使工作点移动，从而达到调节流量的目的。

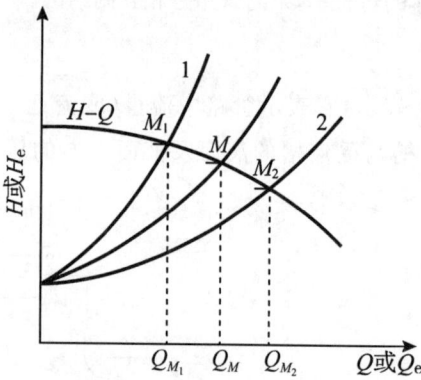

图 2-10　改变管路特性曲线

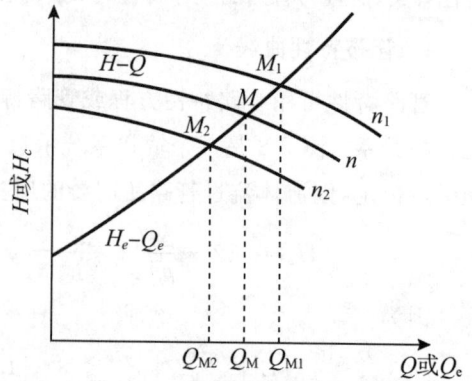

图 2-11　改变转速以改变泵的特性曲线

改变管路特性曲线：调节离心泵出口阀开度，即改变管路的阻力系数，可改变管路特性曲线的位置，从而使管路特性曲线发生变化。如图 2-10 所示，当阀门关小时，B 增大，管路特性曲线变陡，工作点由 M 点变化到 M_1 点；当阀门开大时，B 减少，管路特性曲线变平坦，工作点由 M 点变化到 M_2 点，即由于工作点沿泵的特性曲线移动位置，从而调节了流量。

该方法的优点是简便快捷，适用于经常性调节；缺点是不经济，阀门关小时，压头增高，能量损失增大，且调节幅度较大时，工作点易偏离泵的高效率区。

改变泵的特性曲线：对于同一个离心泵，改变泵的转速或叶轮的直径可以使泵的特性曲线发生改变。如图 2-11 所示，当泵原来的转速为 n 时工作点为 M 点；若转速降至 n_2，泵的特性曲线 $H-Q$ 向下移，工作点由 M 点变至 M_2 点，流量由 Q_M 降至 Q_{M_2}；若转速提高至 n_1，$H-Q$ 曲线便向上移，工作点移至 M_1 点，流量加大到 Q_{M_1}。由式（2-6）可知，流量随转速的下降而减小，动力消耗也相应降低。因此，从能量消耗的角度来看是很合理的。现代的化工生产过程中已经十分普遍地采用变频器进行流量的调节。

根据式（2-7），减少叶轮直径也可以改变泵的特性曲线，使泵的流量变小并降低能耗，但一般可调节范围不大，与改变泵的转速相同，难以做到流量的连续调节，且直径减小不当还会降低泵的效率，故实际生产中很少采用。

2.2.5　离心泵的气蚀现象

1. 离心泵气蚀现象

离心泵的安装高度是指离心泵入口中轴线与吸入槽液面之间的垂直距离。若离心泵在液面之上，安装高度为正值；若离心泵在液面之下，安装高度为负值。离心泵的安装高度不是任意的，是有限制的，而这个限制就是因为离心泵在工作中易产生气蚀现象。

离心泵的吸液管路如图 2-12 所示，离心泵运转时，在叶片入口附近的 K 点（入口叶片的背面）静压强最低，随着 H_g 的增大，K 点的静压强会不断降低，当该处的最低压强降低到接近被输送液体在操作温度下的饱和蒸气压时，则叶轮中心处的被输送液体会发生部分汽化现象,产生的大量气泡随同液体从低压区(叶片入口)进入高压区(叶片出口),在高压的作用下,这些气泡迅速凝结。气泡的消失产生了局部真空,此时周围的液体以极高的速度和频率冲击原气泡空间,产生非常大的冲压强,造成对叶轮和壳体的冲击,使其振动并发出噪声,这种现象叫**气蚀**。气蚀现象发生时,传递到叶轮和壳体上的冲击力再加上液体中微量溶解氧释出时对金属产生的化学腐蚀作用,在一定时间后,可使其表面出现斑痕和裂缝,甚至呈海绵状逐渐脱落,有的还会出现穿孔。离心泵在气蚀条件下运转,泵体振动剧烈,发出噪声,流量、压头和效率都明显下降,严重时会吸不上液体。

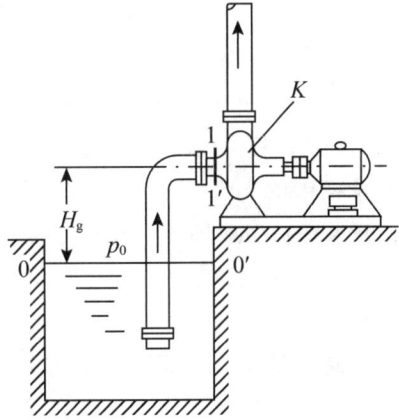

图 2-12　离心泵的吸液管路

　　气蚀现象不仅在离心泵等水利机械中存在,在流量计、阀门、管道及内燃机气缸的冷却水套壁面上也会发生。可以毫不夸张地说,凡是与液体流动有关的各种设备中都有可能存在气蚀问题。

　　通过以上讨论可知,安装高度过大将会导致叶轮中心的压力过低,从而发生气蚀。为了避免气蚀现象发生,保证离心泵正常运转,泵的安装高度不能太高,常采用允许气蚀余量对泵的气蚀现象进行控制。

　　允许气蚀余量的定义为:为防止气蚀现象发生,在离心泵入口处被输送液体的静压头与动压头之和必须大于操作温度下液体的饱和蒸气压头,用 Δh 表示,即

$$\Delta h = \frac{p_1}{\rho g} + \frac{u_1^2}{2g} - \frac{p_v}{\rho g} \tag{2-9}$$

式中:p_1——泵吸入口处的绝对压力,Pa;

　　　u_1——泵吸入口处的液体流速,m/s;

　　　p_v——被输送液体在工作温度下的饱和蒸气压,Pa。

泵允许气蚀余量 $\Delta h_允$ 为气蚀余量的最低允许值:

$$\Delta h_允 = \left(\frac{p_1}{\rho g} + \frac{u_1^2}{2g}\right)_允 - \frac{p_v}{\rho g} \tag{2-10}$$

　　当流量一定且流体流动在阻力平方区时,气蚀余量 Δh 仅与泵的结构和尺寸有关,是泵最为重要的一个抗气蚀性能参数。实际气蚀余量必须大于允许气蚀余量,$\Delta h_允$ 的值也是泵厂按照输送 20℃ 的清水测定的,输送其他液体时应进行校正。

　　2. 离心泵的允许安装高度

　　离心泵的允许安装高度是指泵的吸入口与吸入贮槽液面间可允许达到的最大垂直距离。如图 2-12 所示,在贮槽液面 0—0′ 截面与泵入口处 1—1′ 之间列伯努利方程:

$$z_0 + \frac{1}{2g}u_0^2 + \frac{p_0}{\rho g} = z_1 + \frac{1}{2g}u_1^2 + \frac{p_1}{\rho g} + \sum H_f$$

将 $H_e = z_1 - z_2$,$u \approx 0$,及式(2-10)代入上式,得:

$$H_g = \frac{p_0}{\rho g} - \frac{p_v}{\rho g} - \Delta h_允 - \sum H_f \tag{2-11}$$

式中：$\sum H_f$——吸入管路压头损失，m；

　　　　H_g——泵的允许最大安装高度，m；

　　　　p_0——贮槽液面上方的压力，Pa。

【例 2-3】　某台离心泵，从手册上查得气蚀余量 $\Delta h_允$ 为 2.5m（水柱），用此泵输送敞口水槽中的 40℃清水，若泵吸入口距离水面以上 5m 高度处，吸入管路的压头损失为 1m（水柱），当地环境大气压力为 0.1MPa。试问：(1) 该泵的安装高度是否合适？(2) 若水槽改为封闭式，槽内水面上压力为 30kPa，将水槽提高到距离泵入口以上 5m 处，是否可用？

解：(1) 查附录 5 可知，40℃水的饱和蒸气压 $p_v = 7.377\text{kPa}$，密度 $\rho = 992.2\text{kg/m}^3$。已知

$$p_0 = 100\text{kPa}, \quad \sum H_f = 1\text{m（水柱）}, \quad \Delta h_允 = 2.5\text{m（水柱）}$$

代入式(2-11)中，可得泵的最大安装高度为

$$H_g = \frac{p_0}{\rho g} - \frac{p_v}{\rho g} - \Delta h_允 - \sum H_f = \frac{(100 - 7.377) \times 10^3}{992.2 \times 9.81} - 2.5 - 1 = 6.02\text{（m）}$$

实际安装高度为 5m，小于 6.02m，故合适。

(2) $H_g = \dfrac{p_0}{\rho g} - \dfrac{p_v}{\rho g} - \Delta h_允 - \sum H_f = \dfrac{(30 - 7.377) \times 10^3}{992.2 \times 9.81} - 2.5 - 1 = -1.18\text{（m）}$

以槽内水面为基准，泵的实际安装高度为 −5 m，小于 −1.18 m，故合适。

2.2.6　离心泵的类型与选型

1. 离心泵的类型

由于化工生产过程中被输送流体的性质、压强、流量差异很大，为了适应各种不同的要求，离心泵的类型是多种多样的，也可有多种分类方法。

(1) 按叶轮数目，分为单级泵和多级泵。

(2) 按吸液方式，分为单吸泵和双吸泵。

立式多级离心泵

(3) 按泵送液体性质和使用条件，分为清水泵、油泵、耐腐蚀泵、杂质泵、高温泵、高温高压泵、低温泵、磁力泵等。

各种类型的离心泵按其结构特点自成一个系列，同一系列中又有各种规格，泵样本列有各类离心泵的性能和规格。

下面仅对几种主要类型的离心泵作简单介绍。

1) 清水泵

清水泵系列代号为 IS 型、D 型、S 型，适用于清水及物化性质类似于清水的液体输送。

IS 型：国际标准单级单吸清水离心泵，其结构如图 2-13 所示。全系列的扬程范围为 8～98m，流量范围为 4.5～360m³/h。

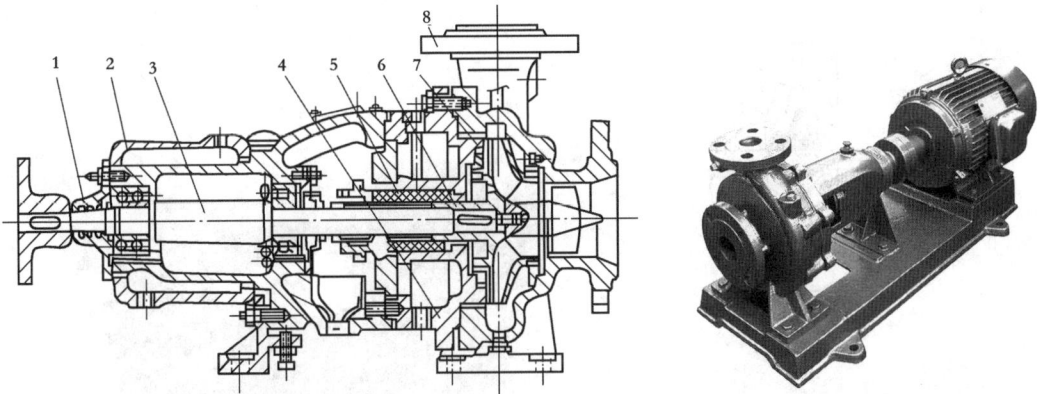

(a) 原理示意图　　　　　　　　　　　(b) 设备图

1—联轴器部件；2—机架；3—泵轴；4—后盖；5—护轴套；6—密封环；7—叶轮；8—泵体。

图 2-13　IS 型清水泵

在离心泵的产品目录或产品样本中，泵的型号是由字母和数字组合而成的，以代表泵的类型、规格等，现举例说明如下。

以 IS50-32-250 为例说明型号中各符号的意义：

IS——国际标准单级单吸清水离心泵；

50——泵吸入口直径，mm；

32——泵排出口直径，mm；

250——泵叶轮的尺寸，mm。

D 型：如图 2-14 所示，若所要求的扬程较高而流量不太大时，可采用 D 型多级离心泵。国产多级离心泵的叶轮级数通常为 2 ～ 9 级，最多 12 级。全系列的扬程范围为 14 ～ 351m，流量范围为 $10.8 \sim 850 m^3/h$。

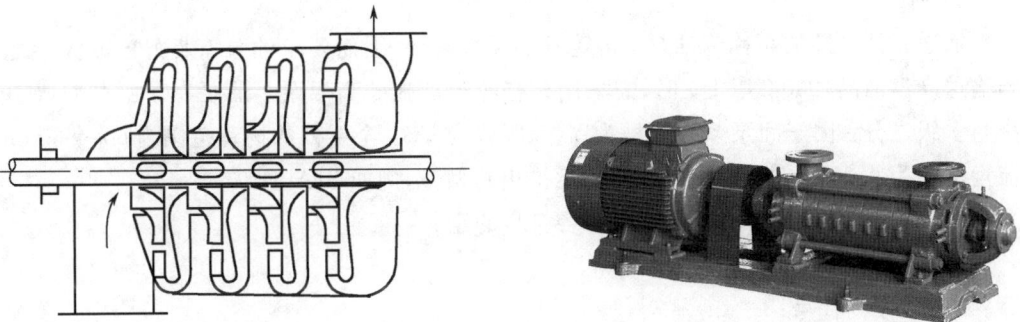

(a) 原理示意图　　　　　　　　　　　(b) 设备图

图 2-14　D 型多级离心泵

S 型：如图 2-15 所示，若泵送液体的流量较大而所需扬程并不高时，则可采用 S 型双吸离心泵。全系列的扬程范围为 9 ～ 140m，流量范围为 $120 \sim 12500 m^3/h$。

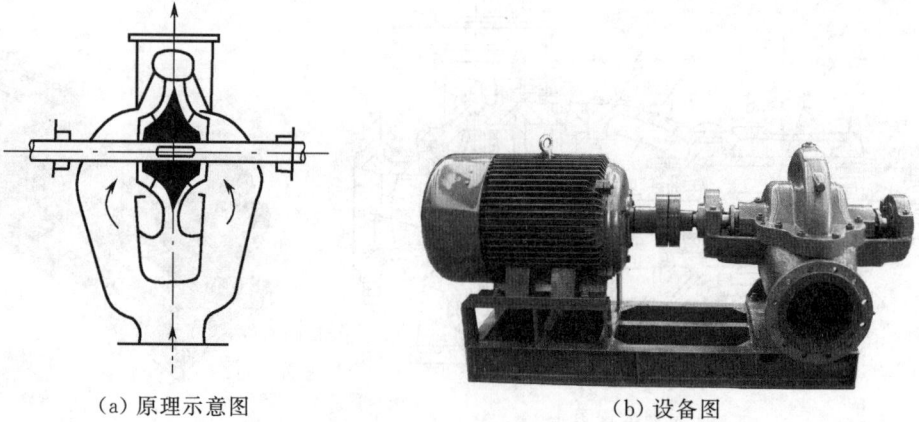

(a) 原理示意图　　　　　　　　(b) 设备图

图 2-15　S 型双吸离心泵

2) 耐腐蚀泵

耐腐蚀泵的系列代号为 F,当输送酸、碱及浓氨水等腐蚀性液体时应采用耐腐蚀泵,该类泵中所有与腐蚀性液体接触的部件都由抗腐蚀材料制造。F 型泵多采用机械密封装置,以保证高度密封要求。F 型泵全系列的扬程范围为 15 ～ 105m,流量范围为 2 ～ 400m³/h。近年来已推出新型号,例如 IH 型等。

以 40FM1-26 为例说明型号中各符号的意义:

40——泵吸入口直径,mm;

F——系列代号;

M——与液体接触的材料代号;

1——轴封形式代号(1 代表单端面密封);

26——泵的扬程,m。

3) 油泵

输送石油产品的泵称为油泵。因为油品易燃易爆,因而要求油泵有良好的密封性能。当输送高温油品(200℃以上)时,需采用具有冷却措施的高温泵。油泵有单吸与双吸、单级与多级之分。国产油泵系列代号为 Y、双吸式为 YS。全系列的扬程范围为 60 ～ 603m,流量范围为 6.25 ～ 500m³/h。近年来已推出新型号,例如 SJA 型等。

以 100Y-120×2 为例说明型号中各符号的意义:

100——泵吸入口直径,mm;

Y——系列代号;

120——泵的单级扬程,m;

2——叶轮级数。

4) 杂质泵

输送悬浮液及稠厚的浆液时,需用杂质泵。这类泵的特点是叶轮流道宽、叶片数目少,常采用半闭式或开式叶轮,泵的效率低。

杂质泵的系列代号为 P,分为:PW——污水泵;PS——砂泵;PN——泥浆泵。

5) 磁力泵

磁力泵是高效节能的特种离心泵,采用永磁联轴驱动,无轴封,消除液体渗漏,使用极为安全；泵运转时无摩擦，故可节能，如图 2-16 所示。磁力泵主要用于输送不含固体颗粒的酸、碱、盐溶液，以及挥发性、剧毒性液体等，特别适用于易燃易爆液体的输送。磁力泵可输送介质密度不大于 $1300kg/m^3$、黏度不大于 $30 \times 10^{-6} Pa \cdot s$ 的不含铁磁性和纤维的液体。对于输送介质密度大于 $1600kg/m^3$ 的液体，磁性联轴器需另行设计。磁力泵的轴承采用被输送的介质进行润滑冷却，严禁空载运行。

图 2-16　磁力泵

2. 离心泵的选型

根据实际操作条件选用离心泵时，一般要考虑以下几方面。

(1) 根据被输送液体的性质确定泵的类型。

(2) 确定输送系统的流量和所需压头。流量由生产任务来定，所需压头由管路的特性方程确定。

(3) 根据所需流量和压头确定泵的具体型号，例如：① 查泵的性能表或特性曲线，要求流量和压头与管路所需值相适应；② 若生产中流量有变动，以最大流量为准进行查找，压头 H 也应以最大流量对应值进行查找；③ 若压头 H 和流量 Q 与所需值不符，则应在邻近型号中查找 H 和 Q 都稍大一点的；④ 若几个型号都满足，应选一个在操作条件下效率最好的；⑤ 为保险起见，所选泵可以稍大，但若太大，工作点离最高效率点太远，则能量利用率低；⑥ 若被输送液体的性质与标准流体相差较大，则应对所选泵的特性曲线和参数进行校正，确定是否能满足要求。

【例 2-4】 确定泵是否满足输送要求。将浓度为 95% 的硝酸自常压罐输送至常压设备中去，要求输送量为 $36m^3/h$，液体的扬升高度为 7m。输送管路由内径为 80mm 的钢化玻璃管构成，总长为 160m(包括所有局部阻力的当量长度)。现采用某种型号的耐酸泵，其性能列于表 2-2 中。

表 2-2　例 2-4 附表

Q/(L/s)	0	3	6	9	12	15
H/m	19.5	19	17.9	16.5	14.4	12
η/%	0	17	30	42	46	44

已知酸液在输送温度下黏度为 $1.15 \times 10^{-3} Pa \cdot s$，密度为 $1545kg/m^3$，摩擦系数可取为 0.015。问：(1) 泵是否合用？(2) 实际的输送量、压头、效率及功率消耗各为多少？

解： (1) 对于本题，管路所需压头可通过在储槽液面(1—1')和常压设备液面(2—2')之间列伯努利方程求得：

$$\frac{u_1^2}{2g} + z_1 + \frac{p_1}{\rho g} + H_e = \frac{u_2^2}{2g} + z_2 + \frac{p_2}{\rho g} + \sum H_f$$

式中：

$$z_1 = 0, \quad z_2 = 7m, \quad p_1 = p_2 = 0(表压), \quad u_1 = u_2 \approx 0$$

管内流速：

$$u = \frac{4Q}{\pi d^2} = \frac{36}{3600 \times 0.785 \times 0.08^2} = 1.99(m/s)$$

管路压头损失:

$$\sum H_\mathrm{f} = \lambda \frac{l + \sum l_\mathrm{e}}{d} \times \frac{u^2}{2g} = 0.015 \times \frac{160}{0.08} \times \frac{1.99^2}{2 \times 9.81} = 6.06(\mathrm{m})$$

管路所需压头:

$$H_\mathrm{e} = (z_1 - z_1) + \sum H_\mathrm{f} = 7 + 6.06 = 13.06(\mathrm{m})$$

管路所需流量:

$$Q = \frac{36 \times 1000}{3600} = 10(\mathrm{L/s})$$

由表 2-2 可以看出,该泵在流量为 12L/s 时所提供的压头即达到了 14.4m,当流量为管路所需要的 10L/s 时,泵能提供的压头将会大于 14.4m,超过管路所需的 13.06m。因此我们说该泵对于该输送任务是可用的。

另一个值得关注的问题是,该泵是否在高效区工作。由表 2-2 可以看出,该泵的最高效率为 46%;流量为 10L/s 时该泵的效率大约为 43%。因此我们说该泵是在高效区工作的。

(2) 实际的输送量、功率消耗和效率取决于泵的工作点,而工作点由管路的特性和泵的特性共同决定。

由伯努利方程可得管路的特性方程为

$$H_\mathrm{e} = 7 + 0.06058Q^2$$

其中流量单位为 L/s。

据此可以计算出各流量下管路所需要的压头,如表 2-3 所示。

表 2-3 例 2-4 计算结果

$Q/(\mathrm{L/s})$	0	3	6	9	12	15
H/m	7	7.545	9.181	11.91	15.72	20.63

据此,可以作出管路的特性曲线和泵的特性曲线,如图 2-17 所示。两曲线的交点即为工作点,其对应的压头为 14.8m,流量为 11.4L/s,效率为 0.45,则按照式(2-4),轴功率为

$$N = \frac{HQ\rho}{102\eta} = \frac{14.8 \times 11.4 \times 10^{-3} \times 1545}{102 \times 0.45} = 5.68(\mathrm{kW})$$

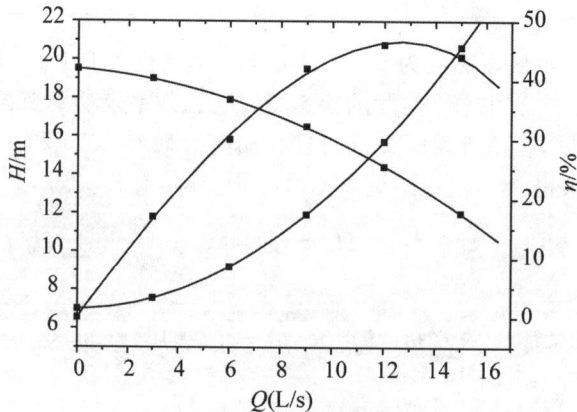

图 2-17 例 2-4 附图

2.3　其他液体输送机械

<table>
<tr>
<td>

任务目标

- 了解往复泵的结构类型;
- 掌握往复泵的工作原理;
- 了解旋转泵、旋涡泵的结构和工作过程。

</td>
<td>

技能要求

- 能识别往复泵、旋转泵和旋涡泵的结构及各部件的作用。

</td>
</tr>
</table>

2.3.1　往复泵

往复泵是一种容积式泵,在化工生产过程中应用较为广泛,主要适用于小流量、高扬程的场合。它依靠活塞的往复运动并依次开启吸入阀和排出阀,从而吸入和排出液体。

1. 往复泵的工作原理

如图 2-18 所示,往复泵的主要部件有泵缸、活塞、活塞杆、吸入阀和排出阀。吸入阀和排出阀均为单向阀。当活塞在外力作用下从左向右运动时,泵缸内的工作容积增大而形成低压,排出阀在压出管内液体的压力作用下关闭,吸入阀则被泵外液体的压力推开,将液体吸入泵缸内。当活塞移到右端时,工作室的容积最大,吸入行程结束。随后,活塞便自右向左移动,泵缸内的液体受到挤压,压力增大,使吸入阀关闭而排出阀打开,并将液体排出。当活塞移至左端时,排液结束,完成了一个工作循环。活塞在泵缸内两端间移动的距离,称为**冲程**（或**行程**）。

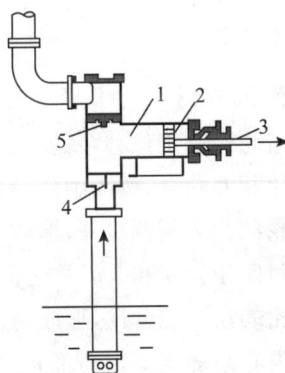

1—泵缸；2—活塞；3—活塞杆；
4—吸入阀；5—排出阀。

图 2-18　往复泵

往复泵启动前不用灌泵,即往复泵具有自吸能力。但实际操作中,仍希望在启动时泵缸内有液体,这样不仅可以立即吸、排液体,而且可避免活塞在泵缸内干摩擦,以减少磨损。往复泵的转速（即往复频率）对泵的自吸能力有影响。若转速太大,流体流动阻力增大,当泵缸内的压力低于液体的饱和蒸气压时,会造成泵的抽空,而失去吸液能力。因此,往复泵的转速不能太高,一般控制在 80 ～ 200r/min,吸入高度（安装高度）为 4 ～ 5m。

2. 往复泵的类型与流量

具有一个泵缸的往复泵,在一个循环中,活塞往复一次,吸入和排出液体各一次,称为**单动泵**。单动泵供液的不均匀性是往复泵的严重缺点,它使整个管路内的液体处于变速运动状态,增加了惯性能量损失,引起泵吸液能力的下降。同时,某些对流量均匀性要求较高的场合,也不适宜采用往复泵。

为了改善单动泵流量的不均匀性,设计出了双动泵和三联泵。图 2-19 为双动泵的示意图。在活塞两侧的泵缸内均装有吸入阀和排出阀,活塞每往复一次各吸液和排液两次,使吸入管路和压出管路总有液体流过,所以送液连续。但由于活塞运动的不均速性,流量曲线仍有起伏。由于活塞杆占据一定容积,使两行程的排液量不完全相同。为使流量平稳,还可在气缸排出管线上增设空气室,当一侧压力较高、排液量较大时,将有一部分液体压入该侧的空气室内暂存起来,当该侧压力下降至一定程

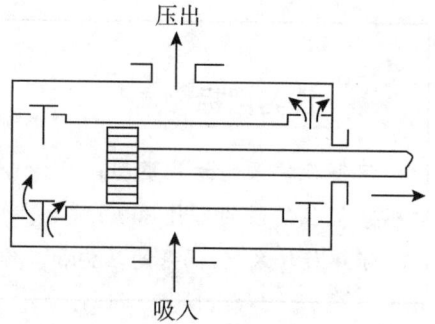

图 2-19　双动泵

度、流量减少时,在空气室内压力的作用下,可将室内的液体压出,补充到排出液中。这样,依靠空气室内空气的压缩和膨胀作用进行缓冲调节,使泵的流量更为平稳。

2.3.2　旋转泵

旋转泵又称转子泵,依靠泵壳内一个或多个转子的旋转吸入和排出液体。其扬程高、流量均匀且恒定。旋转泵的结构形式较多,常用的有齿轮泵和螺杆泵。

外啮合齿轮泵

1. 齿轮泵

齿轮泵是正位移泵的一种,如图 2-20 所示。泵壳内的两个齿轮相互啮合,按图中所示的方向转动。在泵的吸入口,两个齿轮的齿向两侧拨开,形成低压区,液体吸入。齿轮旋转时,液体封闭于齿穴和泵壳体之间,被强行压向排出端。在排出端两齿轮的齿互相合拢,形成高压区将液体排出。

齿轮泵的压头较高而流量较小,可用于输送黏稠液体以至膏状物料,但不宜用于输送含有固体颗粒的悬浮液。它又常用作辅助设备,例如往离心油泵的填料函灌注封油。

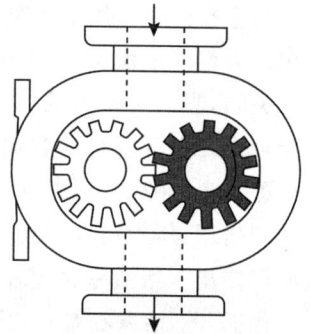

图 2-20　齿轮泵

2. 螺杆泵

螺杆泵也属于容积式泵,内有一个或一个以上的螺杆。图 2-21(a) 为单螺杆泵,螺杆在壳内转动,使液体沿轴向推进,挤压到排出口。图 2-21(b) 为双螺杆泵,一个螺杆转动时,带动另一个螺杆,螺纹互相啮合,液体被拦截在啮合室内沿杆轴前进,从螺杆两端被挤向中央排出。此外,还有多螺杆泵。螺杆泵转速大,螺杆长,因而可达到很高的出口压力。若在单螺杆泵的壳室内衬硬橡胶,可用以输送带颗粒的悬浮液,输出压力在 1MPa 以内;

三螺杆的输出压力可达到100MPa。螺杆泵效率高,噪声小,适于在高压下输送黏性液体。

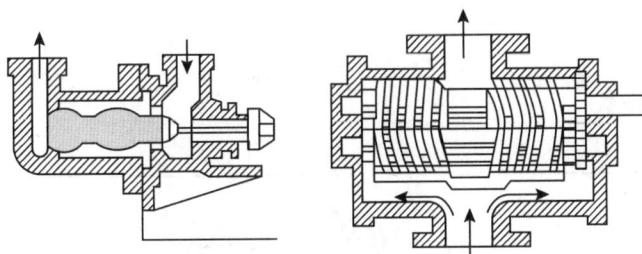

（a）单螺杆泵　　　　　　　（b）双螺杆泵

双螺杆泵

图 2-21　螺杆泵

2.3.3　旋涡泵

旋涡泵是一种特殊类型的叶片式泵,如图 2-22 所示,泵壳呈正圆形,吸入口不在泵盖的正中而在泵壳顶部,与排出口相对。它的叶轮是一个圆盘,四周有凹槽而构成叶片,呈辐射状排列。叶轮上有叶片,叶轮在泵壳内转动,其间有引水道。吸入管接头和排出管接头之间为隔舌,隔舌与叶轮只有很小的缝隙,用以分隔吸入腔与排出腔。泵内液体在随叶轮旋转的同时,又在引水道与各叶片之间反复迂回。液体靠离心力及叶片的正压力获得能量,故旋涡泵在开动前也要灌液。它的特性在于流量减小时压头升高较快,功率也增大,这与离心泵不同,而与容积式泵相似。因此,旋涡泵的流量调节,也应该采用与容积式泵相同的方法。

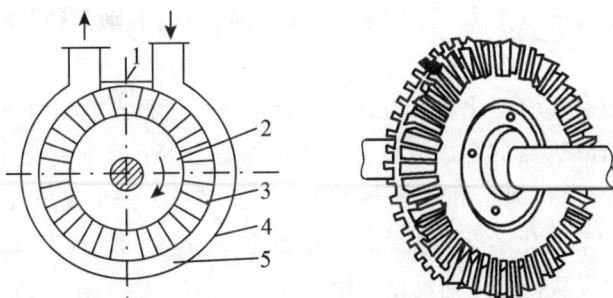

（a）内部结构　　　　　　　（b）叶轮形状

1—隔舌；2—叶轮；3—叶片；4—泵壳；5—引水道。

图 2-22　旋涡泵

旋涡泵属于流量小、压头大的泵,虽然效率较低,但由于体积小、结构简单,故在化学工业中的应用仍较多。旋涡泵不适用于悬浮液的输送,否则隔舌稍有磨损,扬程、流量、效率均会显著下降;也不宜输送黏度很大的液体。

2.4　气体输送机械

任务目标	**技能要求**
• 了解离心式通风机的结构类型； • 掌握离心式通风机的工作原理； • 了解离心鼓风机、压缩机、真空泵的结构和工作过程。	• 能识别离心式通风机、离心鼓风机、压缩机和真空泵的结构及各部件的作用。

气体输送与压缩机械可按其排气压力或压缩比（排气绝压与进气绝压之比）分为四类：① 通风机，排气压力 ≤ 15kPa，1 < 压缩比 < 1.15；② 鼓风机，15kPa < 排气压力 < 300kPa，压缩比 < 4；③ 压缩机，排气压力 ≥ 300kPa，压缩比 > 4；④ 真空泵，排气压力为大气压，压缩比范围很大，根据所需的真空度而定。

气体输送与压缩机械在化工生产中应用广泛，主要有以下几方面：

（1）气体输送。为了克服管路的阻力损失，需要提高气体的压力。若纯粹为了达到输送目的，需提高的压力一般不大，但当输送量很大时，所需的动力往往相当大。气体输送要用通风机或鼓风机。

（2）产生高压气体。有些化学反应要在一定压力甚至很高的压力下进行，例如加氢反应、甲醇合成、尿素合成、氨的合成以及乙烯的本体聚合等；也有些化工过程需采用压缩空气，或对气体进行压缩，例如制冷、气体的液化与分离等。产生高压气体要用压缩机。

（3）产生真空。某些化学反应或单元操作如缩合、蒸发、蒸馏、干燥等有时要在低压下进行，于是要用真空泵从设备中抽气以产生真空。

气体的密度远比液体小，故气体输送机械的运转速度常较高，其中的活动部分如活门、转子等比较轻巧；气体易泄漏，故气体输送机械各部件之间的缝隙要留得很小。此外，气体在压缩过程中所接收的能量有一部分转变为热能，使气体温度明显升高，故气体输送机械一般都会设置冷却器。

2.4.1　离心式通风机

常用的通风机有离心式和轴流式两种，轴流式通风机的送气量较大，但风压较低，常用于通风换气，而离心式通风机使用广泛。

1. 离心式通风机的基本结构和工作原理

离心式通风机的结构如图2-23所示，它的机壳也是蜗壳形的，但出口气体流道的断面有方形和圆形两种。一般低、中压通风机的叶片多是平直的，与轴心呈辐射状。中、高压通风机的叶片则是弯曲的。高压通风机的外形和结构与单级离心泵更为相似。

离心式通风机的工作原理和离心泵的相似，高速旋转的叶轮带动壳内气体进行旋转运动，因离心力作用，气体流向叶轮的边缘处，气体的压力和速度均有所增加，气体进入蜗形外壳时，一部分动能转变为静压能，从而使气体具有一定的静压能与动能而排出；同时，中心处产生低压，将气体由吸入口不断吸入机体内。

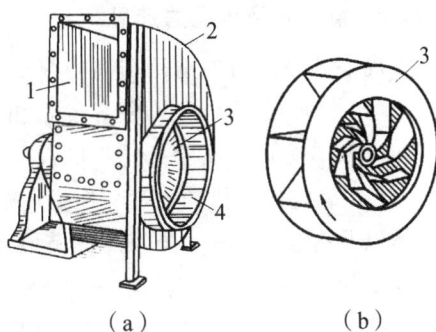

（a）　　　　（b）

1—排出口；2—机壳；3—叶轮；4—吸入口。

图 2-23　低压离心式通风机及叶轮

2. 离心式通风机的主要性能参数与特性曲线

离心式通风机的主要性能参数有风量、风压、轴功率和效率。

（1）风量。风量是指气体通过进风口的体积流量，以 Q 表示，单位为 m^3/s 或 m^3/h。风量须按进口状况计量。

（2）风压。风压是指单位体积的气体流过通风机时所获得的能量，以 H_T 表示，单位为 Pa。由于气体通过通风机的压力变化较小，在通风机内的气体可视为不可压缩流体，对通风机进、出口截面进行能量衡算，可得通风机的压头为

$$H_T = \frac{p_2 - p_1}{\rho g} + \frac{u_2^2 - u_1^2}{2g}$$ (2-12)

当通风机直接从大气中抽入空气时，则通风机的进口流速为 0，即 $u_1 = 0$，式(2-12)可以简化为

$$H_T = \frac{p_2 - p_1}{\rho g} + \frac{u_2^2}{2g}$$ (2-13)

通风机的全风压 p_T 和全压头 H_T 的关系可表示为

$$p_T = H_T \rho g = (p_2 - p_1) + \frac{u_2^2}{2}\rho = p_s + p_k$$ (2-14)

式中：$p_2 - p_1$——静风压 = p_s；

$\frac{u_2^2}{2}\rho$——动风压 = p_k。

在不加说明时，通风机的风压都是指全风压。

（3）轴功率。离心式通风机的轴功率可用下式计算：

$$P_{轴} = \frac{p_T Q}{1000\eta}$$ (2-15)

式中：$P_{轴}$——离心式通风机的轴功率，kW；

Q——离心式通风机的风量，m^3/s；

η——全压效率。

（4）效率。效率反映了通风机中能量的损失程度，离心式通风机在设计流量下的全压效率最高。通风机的效率一般为 $70\% \sim 90\%$。

3. 离心式通风机的选用

离心式通风机的选用与离心泵的选用类似,其选择步骤如下:

(1)计算风压。根据管路布局和工艺条件,计算输送系统所需的实际风压,并按式(2-12)换算为风机实验条件下的风压 H_T。

(2)确定通风机的类型。根据所输送气体的性质(如清洁空气、易燃/易爆或腐蚀性气体以及含尘气体等)与风压的范围,确定通风机的类型。若输送的是清洁空气,或与空气性质相近的气体,可选用一般类型的离心式通风机,常见的有 4-72 型、8-18 型和 9-27 型。第一类属于中、低压通风机,后两类属于高压通风机。

(3)选用设备。根据以通风机进口状态计的实际风量和实验条件下的风压,从通风机样本的性能表或特性曲线中选择适宜的通风机型号,选择原则与离心泵相同。

2.4.2　离心鼓风机

离心鼓风机又称透平风机,结构类似于多级离心泵,每级叶轮之间都有导轮,工作原理和离心式通风机相同。离心鼓风机与离心压缩机的规格、性能及用途见有关产品目录或手册。

图 2-24 为一台五级离心鼓风机示意图,气体由进气口吸入后,依次经过各级叶轮和导轮,最后由排气口排出。

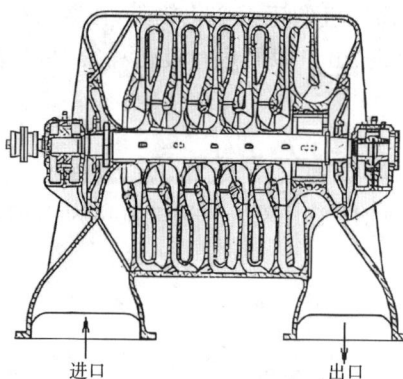

进口　　　　　　　出口

图 2-24　五级离心鼓风机

高压鼓风机

离心鼓风机的送风量大,多级离心鼓风机产生的风压仍不太高,各级叶轮的直径大小大致相同,各级的压缩比亦不大,所以离心鼓风机无须安装冷却装置。

2.4.3　压缩机

1. 液环压缩机

液环压缩机主要用于化工行业中氢气、氯气、氯乙烯气等介质的压送。其构造如图 2-25 所示,由一略呈椭圆形的外壳和旋转叶轮组成,壳中有适量的液体,该液体与所输送的气体不起化学反应。如液环压缩机用于

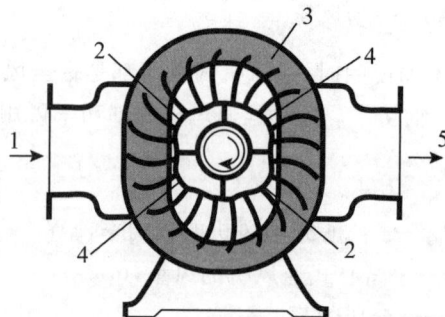

1—进口;2—吸气口;3—液环;4—排气口;5—出口。

图 2-25　液环压缩机

压送氯气时,壳内充浓硫酸。当叶轮旋转时,叶片带动液体旋转,由于离心力的作用,液体被抛向壳内部形成一层近于椭圆形的液环。在液环内,椭圆形长轴两端显出两个新月形空隙,供气体进入和排出。当叶轮旋转一周时,在液环和叶片间所形成的密闭空间逐渐变大和变小各两次,因此气体从两个吸气口进入机内,从两个排气口排出。

2. 离心压缩机

离心压缩机的特点是叶轮级数多,通常在 10 级以上,叶轮转速高,一般在 5000r/min 以上,这样就可以产生很高的出口压强。由于压缩比高,气体体积缩小很多,温度升高较大,故压缩机都分成几段,每段包括若干级,叶轮的直径逐渐缩小,叶轮宽度也逐渐缩小,在各段之间设有中间冷却器。

离心压缩机生产能力大,供气均匀,机体内易损部件少,能安全可靠地连续运行,维修方便,且机体无润滑油污染气体,因此,除要求很高压缩比的场合外,大多采用离心压缩机。

离心式压缩机

3. 往复式压缩机

往复式压缩机的基本结构和工作原理与往复泵相似。但因为气体的密度小、可压缩,故压缩机的吸入和排出活门必须更加灵巧精密,为移除压缩产生的热量以降低气体的温度,必须附设冷却装置。

图 2-26 为单作用往复式压缩机的工作过程。当活塞运动至气缸的最左端(图中 A 点),压出行程结束。但由于机械结构上的原因,虽然活塞已达行程的最左端,但气缸左侧还有一些容积,称为余隙容积。由于余隙的存在,吸入行程开始阶段为余隙内压强为 p_2 的高压气体的膨胀过程,直至气压降至吸入气压 p_1(图中 B 点),吸入活门才开启,压强为 p_1 的气体被吸入缸内。在整个吸气过程中,压强 p_1 基本保持不变,直至活塞移至最右端(图中 C 点),吸入行程结束。当压缩行程开始,吸入活门关闭,缸内气体被压缩。当缸内气体的压强增大至稍高于 p_2(图中 D 点),排出活门开启,气体从缸体排出,直至活塞移至最左端,排出过程结束。

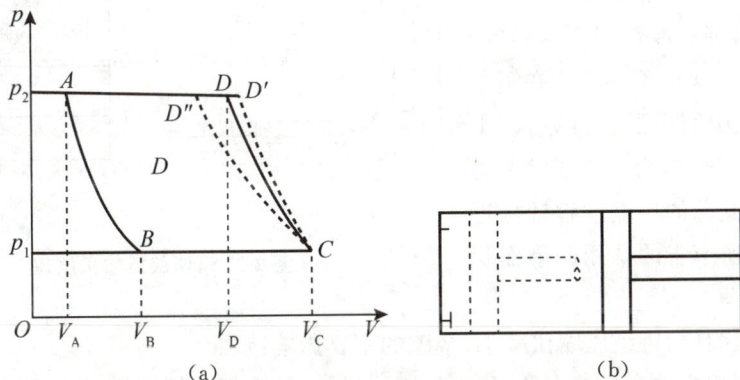

图 2-26　单作用往复式压缩机的工作过程

由此可见,压缩机的一个工作循环是由膨胀、吸入、压缩和排出四个阶段组成的。四边形 $ABCD$ 所包围的面积,为活塞在一个工作循环中对气体所做的功。

根据气体和外界的换热情况,压缩过程可分为等温(CD'')、绝热(CD')和多变(CD)

三种情况。由图 2-26 可见,等温压缩消耗的功最小,因此压缩过程中希望能较好冷却,使其接近等温压缩。实际上,等温和绝热条件都很难达到,所以压缩过程都是介于两者之间的多变过程。如不考虑余隙的影响,则多变压缩后的气体温度 T_2 和一个工作循环所消耗的外功 W 分别为:

$$T_2 = T_1 \left(\frac{p_2}{p_1}\right)^{\frac{k-1}{k}} \tag{2-16}$$

$$W = p_1 V_c \frac{k}{k-1} \left[\left(\frac{p_2}{p_1}\right)^{\frac{k-1}{k}} - 1\right] \tag{2-17}$$

式中:k——多变指数,为一实验常数;

V_c——吸入体积。

式(2-16)和式(2-17)说明,影响排气温度 T_2 和压缩功 W 的主要因素是:压缩比越大,排气温度 T_2 和压缩功 W 也越大;压缩功 W 与吸入气体量(即式中的 p_1V_c)成正比。

多变指数 k 越大,则 T_2 和 W 也越大。压缩过程的换热情况影响 k 值,热量及时全部移除,则为等温过程,相当于 $k=1$;完全没有热交换,则为绝热过程,$k=\gamma$;部分换热,则 $1<k<\gamma$。值得注意的是,γ 大的气体 k 也较大。例如,对于空气、氢气等,$\gamma=1.4$,而对于石油气,$\gamma\approx1.2$。因此,对于石油气压缩机用空气试车或用氮气置换石油气时,必须注意超负荷及超温问题。

压缩机在工作时,余隙内气体无益地进行着压缩、膨胀循环,且使吸入气量减少。余隙的这一影响在压缩比(p_2/p_1)大时更为显著。当压缩比增大至某一极限时,活塞扫过的全部体积恰好使余隙内的气体由 p_2 膨胀至 p_1,此时压缩机已不能吸入气体,即流量为零。这是压缩机的**极限压缩比**。此外,压缩比增高,气体温升很高,甚至可能导致润滑油变质,机件损坏。因此,当生产过程的压缩比大于 8 时,尽管离压缩极限尚远,也应采用多级压缩。

图 2-27 为两级压缩机的原理示意图。在第一级压缩中,气体沿多变线 ab 被压缩至中间压强 p,之后进入中间冷却器等压冷却到原始温度,体积缩小,图中以 bc 线表示。在第二级压缩中,从中间压强 p 开始,图中以 cd 线表示。这样,由一级压缩变为两级压缩后,其总的压缩过程较接近于等温压缩,所节省的功用阴影面积 $bcdd'$ 代表。

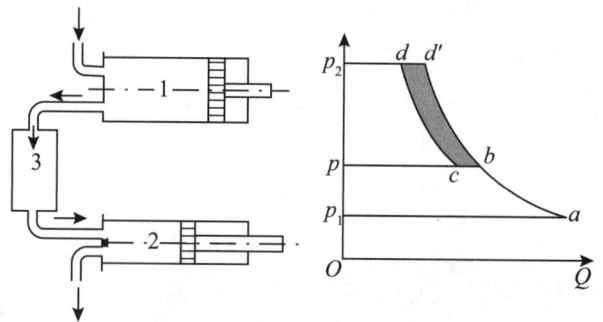

图 2-27　两级压缩机原理

在多级压缩中,每级压缩比减小,余隙的不良影响减弱。

往复式压缩机的产品有多种,除空气压缩机外,还有氨气压缩机、氢气压缩机、石油气压缩机等,以适应各种特殊需要。

往复式压缩机的选用主要依据生产能力和排出压强(或压缩比)这两个指标。生产能力用 m^3/min 表示,以吸入常压空气来测定。在实际选用时,首先根据所输送气体的特殊性质,决定压缩机的类型,然后再根据生产能力和排出压强,从产品样本中选择适用的压缩机。

　　与往复泵一样，往复式压缩机的排气量也是脉动的。为使管路内流量稳定，压缩机出口应连接气柜。气柜兼有沉降器作用，气体中夹带的油沫和水沫在气柜中沉降，定期排放。为安全起见，气柜要设置压力表和安全阀，压缩机的吸入口需装过滤器，以免吸入灰尘等杂物，造成机件的磨损。

2.4.4　真空泵

　　从真空容器中抽气，加压后排向大气的压缩机即为真空泵。若将前述任一种压缩机的进气口与要抽真空的设备接通，即成为真空泵。专为产生真空用的设备在设计时必须考虑到吸入的气体密度小以及压缩比高的特点。吸入的气体密度小，要求真空泵的体积足够大；压缩比高，则余隙的影响大。真空泵内气体的压缩过程基本上是等温的，因为抽气的质量流速小，设备便相对大到足以使散热充分。

　　真空泵的主要性能参数：① 极限剩余压力，这是真空泵所能达到的最低绝压；② 抽气速率，这是真空泵在剩余压力下单位时间内所吸入的气体体积，亦即真空泵的生产能力。真空泵的选用即根据这两个指标。

　　1. 往复真空泵

　　往复真空泵的构造与往复压缩机并无显著区别，只是真空泵在低压下操作，气缸内外压差很小，所用的阀门必须更为轻巧；当所需达到的真空度较高时，压缩比很大，故余隙必须很小。为了降低余隙的影响，还在气缸左右两端之间设置平衡气道。活塞排气阶段终了，平衡气道会连通很短的时间，残留于余隙中的气体可从活塞一侧流到另一侧，以减小其影响。

水环式真空泵

　　往复真空泵有干式与湿式之分。干式只抽吸气体，可以达到 $96\% \sim 99.9\%$ 的真空；湿式能同时抽吸气体与液体，但只能达到 $80\% \sim 85\%$ 的真空。

　　2. 旋转真空泵

　　前述液环压缩机亦可作为真空泵使用，成为一种典型的旋转真空泵，可以取得低至 400Pa 的绝压，常用的有水环真空泵。

　　另一种典型的旋转真空泵为滑片真空泵，如图 2-28 所示，泵壳内装一偏心的转子，转子上有若干个槽，槽内有可以滑动的片。转子转动时槽内的滑片向四周伸出，与泵壳的内周密切接触。气体于滑片与泵壳所包围的空间扩大的一侧吸入，于二者所包围的空间缩小的另一侧排出。滑片真空泵所产生的低压可至近 1Pa。

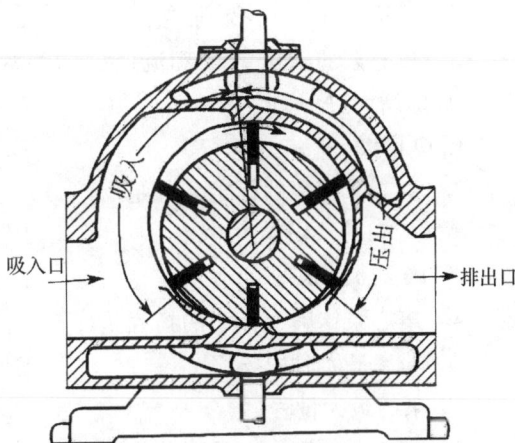

图 2-28　滑片真空泵

　　3. 射流泵

　　射流泵利用流体高速流动时的机械能来达到输送的目的，它可输送液体，亦可输送气

体。在化工生产中,它常用以抽真空,此时称为射流真空泵。

射流泵的工作流体可为水,亦可为水蒸气,图 2-29 所示为水蒸气射流泵。工作水蒸气在高压下以很高的流速从喷嘴中喷出,连续带走吸入室内的空气,造成真空,于是泵外的气体或蒸气在内外压差作用下进入吸入室,与工作水蒸气一并进入混合管,再经扩散管使部分动能转化为压能,而后从压出口排出。

射流泵的特点是构造简单、紧凑,没有活动部分,但是机械效率很低,工作蒸汽消耗量大,因此不作一般输送用,但在产生较高真空时却比较经济。

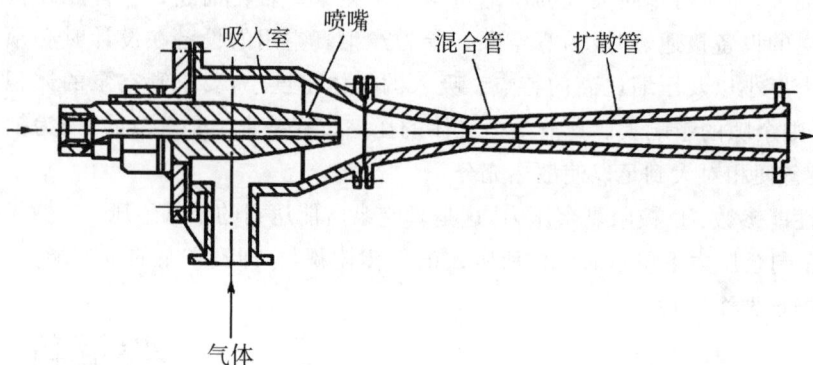

真空喷射泵

图 2-29　水蒸气射流泵

习题

一、选择题

1. 下列不属于离心泵的主要构件是(　　)。

A. 叶轮 　　　　B. 泵壳 　　　　C. 轴封装置 　　　　D. 泵轴

2. 离心泵的轴功率 N 和流量 Q 的关系为(　　)。

A. Q 增大,N 增大 　　　　B. Q 增大,N 先增大后减小

C. Q 增大,N 减小 　　　　D. Q 增大,N 先减小后增大

3. 离心泵性能的标定条件是(　　)。

A. 0℃,101.3kPa 的空气 　　　　B. 20℃,101.3kPa 的空气

C. 0℃,101.3kPa 的清水 　　　　D. 20℃,101.3kPa 的清水

4. 离心泵铭牌上标明的扬程是(　　)。

A. 功率最大时的扬程 　　　　B. 最大流量时的扬程

C. 泵的最大量程 　　　　D. 效率最高时的扬程

5. 离心泵的工作点是指(　　)。

A. 与泵最高效率时对应的点 　　　　B. 由泵的特性曲线所决定的点

C. 由管路特性曲线所决定的点 　　　　D. 泵的特性曲线与管路特性曲线的交点

6. 当离心泵输送的液体沸点低于水的沸点时,则泵的安装高度应(　　)。

A. 加大 　　　　B. 减小 　　　　C. 不变 　　　　D. 无法确定

7. 对离心泵错误的安装或操作方法是(　　)。

　　A. 吸入管直径大于泵的吸入口直径　B. 启动前先向泵内灌满液体

　　C. 启动时先将出口阀关闭　　　　　D. 停车时先停电机,再关闭出口阀

8. 齿轮泵的工作原理是(　　)。

　　A. 利用离心力的作用输送流体

　　B. 依靠重力作用输送流体

　　C. 依靠另外一种流体的能量输送流体

　　D. 利用工作室容积的变化输送流体

9. 在① 离心泵、② 往复泵、③ 旋涡泵、④ 齿轮泵中,能用调节出口阀开度的方法来调节流量的有(　　)。

　　A. ①②　　　　　　B. ①③　　　　　　C. ①　　　　　　D. ②④

10. 与液体相比,输送相同质量流量的气体,气体输送机械的(　　)。

　　A. 体积较小　　　　　　　　B. 压头相应也更高

　　C. 结构设计更简单　　　　　D. 效率更高

二、填空题

1. 离心泵的工作原理是利用叶轮高速运转产生的＿＿＿＿＿＿＿＿＿。

2. 离心泵的泵壳的作用是＿＿＿＿＿＿＿＿＿＿＿＿＿＿＿＿＿＿＿＿。

3. 离心泵开动以前必须充满液体是为了防止发生＿＿＿＿＿现象。

4. 为了防止＿＿＿＿＿＿＿＿现象发生,启动离心泵时必须先关闭泵的出口阀。

5. 离心泵气蚀余量 Δh 随流量 Q 的增大而＿＿＿＿＿＿＿＿。

6. 试比较离心泵下述三种流量调节方式能耗的大小:① 阀门调节(节流法);② 旁路调节;③ 改变泵叶轮的转速或切削叶轮,则＿＿＿＿＿＿＿＿＿＿＿＿＿＿＿。

7. 单级单吸式离心清水泵,系列代号为＿＿＿＿＿＿＿＿＿＿＿。

8. 齿轮泵的流量调节可采用＿＿＿＿＿＿＿＿＿＿＿＿＿＿＿＿＿＿。

9. 启动往复泵前其出口阀必须＿＿＿＿＿＿＿＿＿＿＿＿＿＿＿＿＿。

10. 多级压缩机特性曲线比单级特性曲线＿＿＿＿＿＿＿＿＿＿＿＿＿＿＿。

三、计算题

1. 某离心泵以 $71m^3/h$ 的送液量输送密度为 $850kg/m^3$ 的溶液,压出管路上压力表读数为 313.8kPa,吸入管路上真空表读数为 29.33kPa,两表之间的垂直距离为0.4m,泵的进出口管径相等。两测压口间管路的流动阻力可忽略不计,如果泵的效率为 60%,求该泵的轴功率。

2. 现测得某离心泵的排水量为 $12m^3/h$,泵出口处压力表读数为 0.38MPa,泵入口处真空表读数为 0.027MPa,轴功率为 2.3kW。压力表和真空表的表心垂直距离为 0.4m,吸入管和压出管的内径分别为 68mm 和 41mm,大气压为 0.1MPa,求此泵的扬程及其效率。

3. 在用水测定离心泵性能实验中,当流量为 $26m^3/h$ 时,泵出口处压力表读数为 $1.55kgf/cm^2$,泵入口处真空表读数为 185mmHg,轴功率为 2.45kW,转速为 2900r/min。真空表与压强表两测压口间的垂直距离为 0.4m,泵的进出口管径相等,两测压口间管路的阻力可忽略不计。计算该泵的效率,并列出该效率下泵的性能参数。

4. 一台离心泵将河水送到 25m 高的常压水塔中,泵的进出口管内径均为 60mm,管内流速为 2.5m/s,测得在该流速下泵入口真空表读数为 3×10^4 Pa,出口压力表读数为 2.6×10^5 Pa,两表之间的垂直高度为 0.4m,河水密度取 1000kg/m³。求:(1)该泵在该流量下所提供的扬程;(2)该流量下整个管路的能量损失;(3)写出该管路的特性曲线方程。

5. 某离心泵在转速为 1450r/min 下测得流量为 65m³/h,扬程为 30m。若将转速调到 1200r/min,估算此时该泵的流量和扬程。

6. 由于工作需要用一台 IS100-80-125 型泵在海拔 1000m、压力为 89.83kPa 的地方抽 293K 的河水,已知该泵吸入管路中的全部压头损失为 1m,该泵安装在水源水面上 1.5m 处。试问:此泵能否正常工作?

7. 用油泵将密封容器内 30℃的丁烷抽出,容器内丁烷液面上方的绝对压力为343kPa,输送到最后,液面将降低到泵入口以下 2.8m,液体丁烷在 30℃的密度为580kg/m³,饱和蒸气压为 304kPa,吸入管路的压头损失为 1.5m,油泵的气蚀余量为 3m。试问:这个泵能否正常工作?

8. 用一台离心泵将某有机液体由储罐送至敞口高位槽。离心泵安装在地面上,储罐与高位槽的相对位置如图 2-30 所示。吸入管道中的全部压头损失为 1.5m 水柱,泵的输出管道的全部压头损失为 17m 水柱,要求输送量为 55m³/h。泵的铭牌上标有:流量 60m³/h,扬程 33m,气蚀余量 4m。试问:该泵能否完成输送任务?已知储罐中液体的密度为 850kg/m³,饱和蒸气压为 72.12kPa。

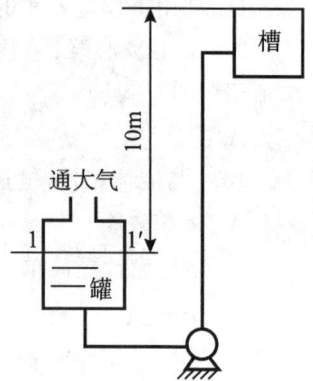

图 2-30　计算题 8 附图

9. 用离心泵向某设备送水,已知:离心泵特性曲线方程为 $H = 40 - 0.01Q^2$,管路特性曲线方程为 $H = 20 + 0.04Q^2$。式中,Q 的单位为 m³/h,H 的单位为 m。(1)求泵的送水量;(2)若输送系统其他条件不变,将阀门关小,使流量减少到原来的 3/4,计算因关小阀门而额外的压头损失为多少?(假定管内流动处于阻力平方区)

10. 用泵从江水中取水送入一储水池中,池中水面比江面高 30m,管路长度(包括局部阻力的当量长度)为 94m。要求输水量为 20 ~ 40m³/h。若水温为 20℃,管路的 $\varepsilon/d =$ 0.001。(1)选择一适当管路;(2)现有一离心泵,其铭牌上标出流量为 45m³/h,扬程为 42m,效率为 0.6,电机功率为 7kW,试问该泵是否适用?

思考题

1. 简述离心泵的工作原理、主要构造及各部件的作用。

2. 什么是离心泵的气缚现象?产生此现象的原因是什么?如何防止气缚?

3. 什么是离心泵的气蚀现象?如何避免气蚀?

4. 离心泵的泵体为什么要加工成蜗壳形?从中可得到什么启发?

5. 为什么离心泵启动前应关闭出口阀,而旋涡泵启动前应打开出口阀?

6. 如何确定离心泵的工作点?有哪些流量调节方法?各有什么优缺点?

7. 往复泵的流量如何调节?

8. 离心式压缩机有哪些优缺点?

9. 往复式压缩机为什么会有余隙容积存在?它对机器性能有什么影响?

10. 采用多级压缩有什么好处?

主要符号说明

英文字母

符号	意义	计量单位
D	管子内径	m
d	叶轮直径	m
g	重力加速度	m/s^2
H_e	泵的有效压头	m
H_g	离心泵的允许安装高度	m
H_k	离心式通风机的动风压	m
H_p	离心式通风机的静风压	m
H_T	离心式通风机的全风压	m
H	离心泵的理论压头	m
$\sum H_f$	管路系统的压力损失	m
k	多变指数	
l	管道长度	m
l_e	管道当量长度	m
n	离心泵叶轮的转速	r/min
N	泵或压缩机的轴功率	W 或 kW
N_e	泵的有效功率	W 或 kW
p_v	液体的饱和蒸气压	Pa
Q	泵或风机的流量	m^3/s
R	离心泵叶轮半径	m
S	活塞的冲程	m
u	速度	m/s

续表

符号	意义	计量单位
V	体积	m^3
V_c	往复压缩机的吸入体积	m^3
Z	位压头	m

希腊字母

符号	意义	计量单位
β	叶片装置角	
γ	绝热指数	
η	效率	
λ	摩擦系数	
μ	黏度	$Pa \cdot s$
ρ	密度	kg/m^3

项目三 传热技术

传热是指由于温度差引起的能量转移,又称热传递。由热力学第二定律可知,凡是有温度差存在时,热就必然从高温处传递到低温处,因此传热是自然界和工程技术领域中极普遍的一种传递现象。无论是在能源、宇航、化工、动力、冶金、机械、建筑等工业部门,还是在农业、环境保护等其他部门中都涉及许多有关传热的问题。本项目重点讨论传热的基本原理及其在化学工业中的应用。

3.1 概述

任务目标	技能要求
• 掌握传热的三种方式及其特点; • 掌握传热过程中加热剂和冷却剂的选择和用量确定; • 了解传热设备的分类、结构和特点。	• 能正确进行载热体的选择。

热力学第二定律指出,凡是有温度差存在的地方,就必然有热量的传递,所以传热是自然界和工程技术领域中极为普遍的一种能量传递过程,如化工、冶金、能源、机械、建设等领域都会涉及传热问题。化学工业与传热的关系尤为密切,这是因为化工生产中的很多过程和单元操作都需要进行热量传递。例如,化学反应过程和蒸发、蒸馏、干燥等单元过程,往往需要输入或移出热量;化工设备与管道的保温、生产中热能的合理利用及废热回收等都涉及传热问题。当今世界能源日趋紧张,节能降耗不仅是降低生产成本的重要措施,而且还有更为深远的意义。

传热在化工生产中的应用可以概括为以下三个方面:

(1)加热或冷却,使物料达到指定温度,重点是解决各种传热设备的设计型计算、操作分析和强化。

(2)对各种设备和管道适当进行保温或隔热,以减少设备的热量或冷量的损失。

(3)充分利用热能,提高热量利用效率,减少热损失,降低投资和操作成本。

3.1.1 载热体及其选择

在过程工业中,物料在换热器内被加热或冷却时,通常需要用另一种流体供给或取走热量,此种流体称为**载热体**。其中,起加热作用的载热体称为**加热剂**(或加热介质),起冷却(冷凝)作用的载热体称为**冷却剂**(或冷却介质)。

对于一定的传热过程,待加热或冷却物料的初始与终了温度常由工艺条件所决定,因此需要提供或取出的热量是一定的。传热过程所需的操作费用与热量传递的数量密切相关,而单位热量的价格则取决于载热体的温度。例如,对于加热剂而言,温度要求愈高,价格愈贵;对于冷却剂而言,温度要求愈低,价格愈贵。因此,为了提高传热过程的经济效益,必须根据具体情况选择适当温位的载热体。

工业上常用的加热剂有热水、饱和水蒸气、矿物油、联苯混合物、熔盐及烟道气等。它们所适用的温度范围见表 3-1。若所需的加热温度很高,则需采用电加热。

表 3-1 工业上常用的载热体

载热体		使用温度范围 /℃	说明
加热剂	热水	40 ~ 100	工业上可利用废热和水的余热,加热温度低,也不易调节
	饱和水蒸气	100 ~ 180	传热系数大,冷凝相变焓大,温度易于调节,加热温度不能太高
	矿物油	180 ~ 250	价廉易得,黏度大,传热系数小,易燃,易分解
	联苯混合物	255 ~ 380	使用范围广,易于调节,容易渗漏
	熔盐	142 ~ 530	加热温度高,加热均匀,比热容小
	烟道气	500 ~ 1000	温度高,但加热不均匀,传热系数小,比热容小
冷却剂	冷水	5 ~ 80	来源广,价格便宜,调节方便,温度受地区、季节和气候影响大
	空气	> 30	缺水地方宜用,但传热系数小,温度受季节和气候影响较大
	冷冻盐水	− 15 ~ 0	成本高,只适用于低温冷却
	液氨	− 30 ~− 15	利用液态氨的挥发制冷

3.1.2 传热基本方式

根据传热机理不同,传热的基本方式分为热传导、热对流和热辐射三种。

1. 热传导(导热)

不依靠物体内部各部分质点的宏观相对运动,而仅仅依靠物体分子、原子、离子及自由电子等**微观粒子**的热运动所产生的热量传递现象称为**热传导**,简称导热。热传导在固体、液体和气体中均可进行,但它们的导热机理各有不同。气体热传导是气体分子做不规则热运动时相互碰撞的结果;液体热传导的机理与气体类似,是分子、原子在其平衡位置附近振动的结果;固体以两种方式传导热能,即自由电子的迁移和晶格振动。

2. 热对流

热对流是指流体中各部分质点之间发生宏观相对运动和混合而引起的热量传递过

程,即热对流只能发生在**流体内部**。热对流分为强制对流及自然对流两种。**自然对流**是指流体中因各部分温度不同而引起密度的差别,从而使流体质点间产生相对运动而进行对流传热;因泵或搅拌等外力所产生的质点强制运动而进行的对流传热,称为**强制对流**。

3. 热辐射

热辐射简称辐射,物体因自身的温度而向外发射热射线的过程。任何物体,只要其温度大于热力学零度,都会以电磁波的形式向外界辐射能量,当被另一物体部分或全部接收后,又重新变为热能,这种传热方式称为辐射传热,即辐射传热是**物体间**相互辐射和吸收能量的总结果。只有当物体间的温度差别较大时,辐射传热才能成为主要的传热方式。

实际上,上述三种传热方式很少单独存在,传热过程往往是两种或三种传热方式的综合结果。

3.1.3 典型传热设备

传热过程中冷、热流体进行热交换时,有三种基本接触方式,每种传热方式所用传热设备的结构也不尽相同。

1. 直接接触式换热器

直接接触式换热器的特点是:冷、热两种流体在换热器内直接混合进行热交换。这类换热器主要用于气体的冷却,也可用于除尘、增湿或蒸气的冷凝,常见设备包括凉水塔、洗涤塔、文氏管及喷射冷凝器等。其优点是设备简单,传热效果好,且易于防腐;缺点是只能在允许两种流体混合时才能使用。如图 3-1 所示的混合式冷凝器就是一种典型的直接接触式换热器。

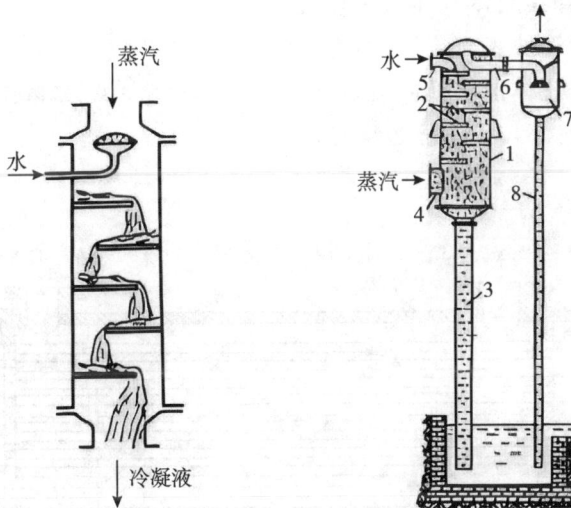

(a) 并流低位冷凝器　　(b) 干式逆流高位冷凝器

1—外壳;2—淋水板;3,8—气压管;4—蒸汽进口;5—进水口;6—不凝气出口;7—分离罐。

图 3-1　混合式冷凝器

2. 蓄热式换热器

蓄热式换热器如图 3-2 所示,其特点是,换热器内装有填充物,热流体和冷流体交替流过填充物,通过填充物交替吸热和放热的方式进行热交换。蓄热式换热器主要用于高温气体的余热利用,其优点是设备简单,耐高温;缺点是设备体积庞大,不能完全避免两种流体混合。

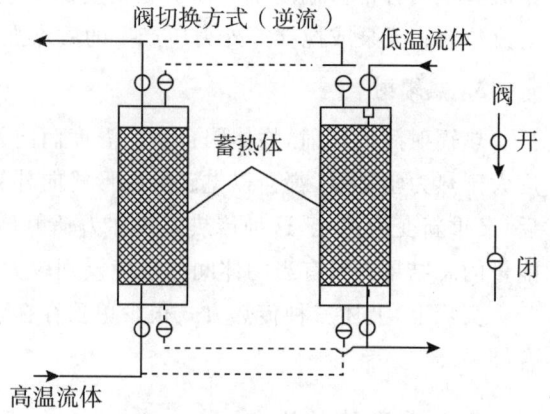

图 3-2　蓄热式换热器

3. 间壁式换热器

在化工生产中遇到的大多是间壁两侧流体的热交换,即冷、热流体被固体壁面(传热面)隔开,互不接触,固体壁面即构成间壁式换热器。在此类换热器中,热量由热流体通过壁面传给冷流体,适用于冷、热流体不允许直接接触的场合。间壁式换热器应用广泛,形式多样,各种管式和板式结构换热器均属此类。这里以常见的套管式和管壳式换热器为例进行介绍。

如图 3-3 所示为简单套管式换热器,它由直径不同的两根同心管套在一起组成,冷、热流体分别流经内管和环隙进行热量交换。

如图 3-4 所示为单程管壳式换热器,一种流体在管内流动(称为**管程流体**),而另一种流体在壳与管束之间从内管外表面流过(称为**壳程流体**),为了保证壳程流体能够横向流过管束,以形成较高的传热速率,在外壳上装有许多挡板。

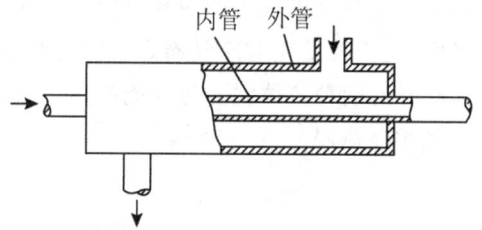

图 3-3　简单套管式换热器

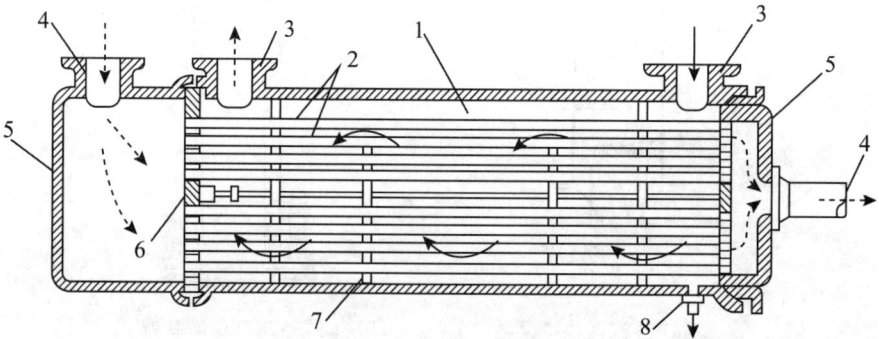

1—外壳;2—管束;3,4—接管;5—封头;6—管板;7—挡板;8—泄水管。

图 3-4　单程管壳式换热器

3.1.4 稳态传热与非稳态传热

在传热过程中,若控制体内各点位置的温度均不随时间而变,则该传热过程称为**稳态传热过程**。若控制体内各点温度随时间变化,则该传热过程称为**非稳态传热过程**。生产中的间歇性操作,如一次性投料到反应釜内,然后用饱和蒸汽间接加热釜内物料,加热过程中既不再加料,也不出料,这就是非稳态传热的例子。而本项目的重点仅限于讨论稳态传热过程。

3.2 热传导

任务目标	技能要求
• 掌握傅里叶定律; • 掌握平壁和圆筒壁稳态热传导的计算。	• 能进行热传导的计算。

3.2.1 傅里叶定律

1. 基本定律

如图 3-5 所示,在一个均匀的物体内,因其存在温度差,在导热机理的作用下,热量以热传导的方式沿任意方向 n 通过物体。针对某一微元传热面 dn,假设其温度变化为 dt。实验研究表明,单位时间内传导的热量 Q 与导热面积 A 及温度梯度 $\dfrac{dt}{dn}$ 成正比,即

$$Q = -\lambda A \frac{dt}{dn} \qquad (3-1)$$

图 3-5 通过壁面的热传导

式中:Q——单位时间内传导的热量,W;

λ——比例系数,称为热导率(导热系数),W/(m·℃) 或 W/(m·K);

A——导热面积,即垂直于热流方向的截面积,m^2;

$\dfrac{dt}{dn}$——温度梯度,℃/m(或 K/m),表示热传导方向上单位长度的温度变化率,规定

温度梯度的正方向总是指向温度增加的方向。

式(3-1) 称为**热传导基本定律**,也称**傅里叶定律**。式中负号的含义是传热方向与温度梯度的方向相反,因为热量传递方向总是指向温度降低的方向。在图 3-5 中,$t_1 > t_2$,温度

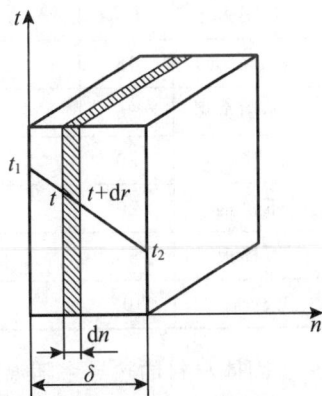

梯度指向 n 的负方向,即 $\dfrac{\mathrm{d}t}{\mathrm{d}n}$ 为负值,而热量传递的方向指向 n 的正向,故 Q 应为正值。

2. 热导率(导热系数)

热导率是单位温度梯度下的热通量,它代表了物质的导热能力。热导率是物质的基本物理性质之一,其数值与物质的结构、组成、温度和压强等因素有关,可由实验测得。工程上常用材料的热导率也可在相关的工程手册中查到。通常而言,金属的热导率最大,非金属固体次之,液体的热导率较小,气体的最小。

1)固体的热导率

表 3-2 列出了常见固体材料在一定温度下的热导率。

表 3-2　常见固体材料的热导率

固体	温度 /℃	热导率 $\lambda/(\mathrm{W \cdot m^{-1} \cdot ℃^{-1}})$	固体	温度 /℃	热导率 $\lambda/(\mathrm{W \cdot m^{-1} \cdot ℃^{-1}})$
铝	300	230	石棉	100	0.19
镉	18	94		200	0.21
铜	100	377	高铝砖	430	3.1
熟铁	18	61	建筑砖	20	0.69
铸铁	53	48	镁砂	200	3.8
铅	100	33	棉毛	30	0.050
镍	100	57	玻璃	30	1.09
银	100	412	云母	50	0.43
钢(1% 碳)	18	45	硬橡皮	0	0.15
船舶用金属	30	113	锯屑	20	0.052
青铜	20	71	软木	30	0.043
不锈钢	20	16	玻璃棉	—	0.041
石棉板	50	0.17	85% 氧化镁	—	0.070
石棉	0	0.16	石墨	0	151

固体材料的热导率随温度而变,绝大多数均匀的固体,其热导率与温度近似成线性关系,可用下式表示:

$$\lambda = \lambda_0 (1 + at)$$

式中:λ——固体在温度为 t ℃时的热导率,W/(m · ℃);

λ_0——固体在 0℃时的热导率,W/(m · ℃);

a——温度系数,1/℃,对大多数金属材料,其值为负,而对大多数非金属材料,其值为正。

2)液体的热导率

表 3-3 列出了几种常见液体的热导率。液体可分为金属液体(液态金属)和非金属液体。一般液体的热导率较低,水和水溶液相对稍高,液态金属的热导率比水要高出一个数量级。除水和甘油外,绝大多数液体的热导率随温度的升高略有减小。一般而言,纯液体

的热导率比其溶液的要大。总的来讲,液体的热导率高于固体绝热材料。

表 3-3 常见液体的热导率

液体	温度/℃	热导率 λ/(W·m⁻¹·℃⁻¹)	液体	温度/℃	热导率 λ/(W·m⁻¹·℃⁻¹)
50% 醋酸	20	0.35	40% 甘油	20	0.45
丙酮	30	0.17	正庚烷	30	0.14
苯胺	0～20	0.17	水银	28	8.36
苯	30	0.16	90% 硫酸	30	0.36
30% 氯化钙溶液	30	0.55	60% 硫酸	30	0.43
80% 乙醇	20	0.24	水	30	0.62
60% 甘油	20	0.38			

3) 气体的热导率

与液体和固体相比,气体的热导率最小,故不利于导热,但有利于保温和绝热。工业上使用的固体绝热材料(如软木、玻璃棉等)的热导率之所以很小,就是因为在其空隙中存在大量的空气。气体的热导率随温度的升高而增大,这是由于温度升高,气体分子热运动增强。在相当大的压强范围内,气体的热导率随压强的变化很小,可以忽略不计,只有在压力大于 2×10^8 Pa 或很低时,热导率才随压力的升高而增大。表 3-4 列出了几种常见气体的热导率。

表 3-4 常见气体的热导率

气体	温度/℃	热导率 λ/(W·m⁻¹·℃⁻¹)	气体	温度/℃	热导率 λ/(W·m⁻¹·℃⁻¹)
氢气	0	0.17	水蒸气	100	0.025
二氧化碳	0	0.015	氮气	0	0.024
空气	0	0.024	乙烯	0	0.017
	100	0.031	氧气	0	0.024
甲烷	0	0.029	乙烷	0	0.018

3.2.2 通过平壁的稳态热传导

在化工生产中,通过单层或多层平壁的导热过程很常见。

1. 单层平壁的稳态热传导

工业炉平壁保温层内的传热过程可以视为平壁稳态热传导。考虑如图 3-6 所示的平壁,若其高度和宽度都很大,且厚度为 δ。假设平壁材料均匀,热导率不随温度变化(或取其平均值),平壁两侧表面温度分别为 t_1、t_2,且 $t_1 > t_2$,平壁内各点温度不随时间而变,仅沿垂直于壁面的 x 方向而变化。此时,壁内传热过程是一维稳态热传导。取平壁的任意垂直截面积为传热面积 A,单位时间内通过面积 A 的热量为 Q,则傅里叶定律可以写为

$$Q = -\lambda A \frac{\mathrm{d}t}{\mathrm{d}n}$$

由于在热流方向上 Q、λ、A 均为常量,故分离变量后积分,得

$$\int_{t_1}^{t_2} \mathrm{d}t = -\frac{Q}{\lambda A} \int_0^\delta \mathrm{d}x$$

即

$$Q = \frac{\lambda}{\delta} A(t_1 - t_2) \qquad (3\text{-}2)$$

式(3-2)也可以写成如下形式:

$$Q = \frac{t_1 - t_2}{\delta / \lambda A} = \frac{\Delta t}{R} = \frac{传热推动力}{热阻} \qquad (3\text{-}2a)$$

式(3-2a)表明,传热速率 Q 正比于传热推动力 Δt,反比于热阻 R,这一规律与欧姆定律极为相似。另外,从上式还可看出,导热层厚度越大,传热面积和热导率越小,则导热热阻越大,在相同的推动力下,传热速率 Q 越小。

式(3-2)通常也可表示为

$$q = \frac{Q}{A} = \frac{t_1 - t_2}{\delta / \lambda} \qquad (3\text{-}2b)$$

式中:q——平壁导热通量,W/m^2。

δ——厚度,m。

图 3-6　单层平壁的热传导

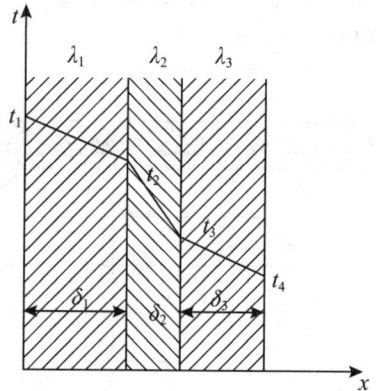

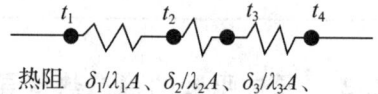

2. 多层平壁的稳态热传导

以三层平壁为例,如图 3-7 所示,各层的壁厚分别为 δ_1、δ_2 和 δ_3,导热系数分别为 λ_1、λ_2 和 λ_3,各表面温度为 t_1、t_2、t_3 和 t_4,且 $t_1 > t_2 > t_3 > t_4$。假设层与层之间接触良好,即相接触的两表面温度相同。在稳态导热时,通过各层的导热速率必相等,即 $Q_1 = Q_2 = Q_3$。因此

$$Q = \frac{t_1 - t_2}{\dfrac{\delta_1}{\lambda_1 A}} = \frac{t_2 - t_3}{\dfrac{\delta_2}{\lambda_2 A}} = \frac{t_3 - t_4}{\dfrac{\delta_3}{\lambda_3 A}} \qquad (3\text{-}3)$$

根据等比定理可得

$$Q = \frac{t_1 - t_4}{\dfrac{\delta_1}{\lambda_1 A} + \dfrac{\delta_2}{\lambda_2 A} + \dfrac{\delta_3}{\lambda_3 A}} = \frac{\displaystyle\sum_{i=1}^{3} \Delta t_i}{\displaystyle\sum_{i=1}^{3} R_i} = \frac{总推动力}{总阻力}$$

$$(3\text{-}4)$$

热阻　$\delta_1/\lambda_1 A$、$\delta_2/\lambda_2 A$、$\delta_3/\lambda_3 A$、

图 3-7　多层平壁的热传导

式(3-4)表明,通过多层平壁的稳态热传导,传热推动力和热阻是可以相加的,总热阻等于各层热阻之和,总推动力等于各层推动力之和。

【例 3-1】　某企业设有平壁反应炉,炉壁由耐火砖、保温砖和建筑砖三种材料组成。耐火砖:$\lambda_1 = 1.4 W/(m \cdot K)$,$\delta_1 = 220mm$;保温砖:$\lambda_2 = 0.15 W/(m \cdot K)$,$\delta_2 = 120mm$;建筑砖:$\lambda_3 = 0.8 W/(m \cdot K)$,$\delta_3 = 230mm$。已测得炉壁内、外表面温度分别为 900℃和 60℃。求平壁反应炉单位面积的热损失和各层间接触面的温度。

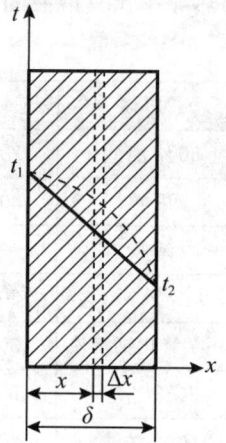

解：将式(3-4)变形可得

$$q = \frac{Q}{A} = \frac{t_1 - t_4}{\dfrac{\delta_1}{\lambda_1} + \dfrac{\delta_2}{\lambda_2} + \dfrac{\delta_3}{\lambda_3}} = \frac{900 - 60}{\dfrac{0.22}{1.4} + \dfrac{0.12}{0.15} + \dfrac{0.23}{0.8}} = 675(\text{W/m}^2)$$

由式(3-3)可得

$$t_1 - t_2 = q \frac{\delta_1}{\lambda_1} = 675 \times \frac{0.22}{1.4} = 106(\text{℃})$$

$$t_2 - t_3 = q \frac{\delta_2}{\lambda_2} = 675 \times \frac{0.12}{0.15} = 540(\text{℃})$$

因此

$$t_2 = t_1 - 106 = 900 - 106 = 794(\text{℃})$$

$$t_3 = t_2 - 540 = 794 - 540 = 254(\text{℃})$$

将计算结果列于表 3-5 中。

表 3-5　例 3-1 的计算结果

炉壁	温度降/℃	热阻 $\dfrac{\delta}{\lambda}$/(K·m²·W⁻¹)	炉壁	温度降/℃	热阻 $\dfrac{\delta}{\lambda}$/(K·m²·W⁻¹)
耐火砖	106	0.157	建筑砖	194	0.287
保温砖	540	0.8	总计	840	1.244

可见，在多层平壁稳态热传导过程中，各层壁的温差与其热阻成正比。

3.2.3　通过圆筒壁的稳态热传导

化工生产中常遇到圆筒壁的稳态热传导，它与平壁稳态热传导的不同之处在于圆筒壁的传热面积不是常量，其随半径而变；同时，温度也随半径而变。

1. 单层圆筒壁的稳态热传导

考虑如图 3-8 所示的单层圆筒壁，设圆筒的内、外半径分别为 r_1、r_2，内、外表面分别维持恒定的温度 t_1 和 t_2，$t_1 > t_2$，且管长足够大，可以认为壁内温度只沿圆筒壁半径方向变化，则圆筒壁内的传热也属于一维稳态热传导。

与平壁不同，圆筒壁热传导的特点是传热面积随半径而变化。在半径 r 处取一厚度为 $\mathrm{d}r$ 的薄层，则此处的传热面积为 $A = 2\pi r l$。根据傅里叶定律，通过此环形薄层传导的热量为

$$Q = -\lambda A \frac{\mathrm{d}t}{\mathrm{d}r} = -\lambda \cdot 2\pi r l \frac{\mathrm{d}t}{\mathrm{d}r} \qquad (3\text{-}5)$$

设 λ 为常数，上式积分整理可得

$$Q = 2\pi l \lambda \frac{t_1 - t_2}{\ln \dfrac{r_2}{r_1}} \qquad (3\text{-}6)$$

为便于理解和对比，将式(3-6)进行如下转换：

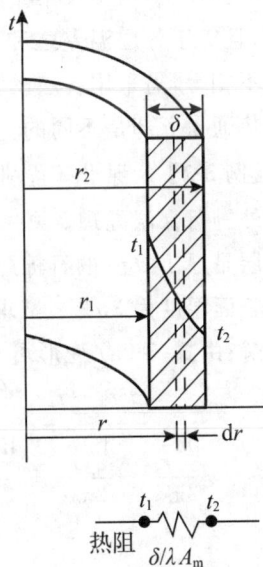

图 3-8　单层平圆筒壁的热传导

$$Q = \frac{t_1 - t_2}{\dfrac{\delta}{\lambda} \cdot \dfrac{1}{2\pi l r_{\mathrm{m}}}} = \frac{t_1 - t_2}{\dfrac{\delta}{\lambda A_{\mathrm{m}}}} \tag{3-7}$$

式中:δ——圆筒壁的厚度,$\delta = r_2 - r_1$,m;

r_{m}——对数平均半径,$r_{\mathrm{m}} = \dfrac{r_2 - r_1}{\ln \dfrac{r_2}{r_1}}$,m;

A_{m}——平均导热面积,$A_{\mathrm{m}} = 2\pi r_{\mathrm{m}} l$,$\mathrm{m}^2$。

2. 多层圆筒壁的稳态热传导

多层(以三层为例)圆筒壁的稳态热传导,如图 3-9 所示。假设各层间接触良好,各层的导热系数分别为 λ_1、λ_2、λ_3,厚度分别为 $\delta_1 = r_2 - r_1$、$\delta_2 = r_3 - r_2$、$\delta_3 = r_4 - r_3$,则三层圆筒壁的导热速率方程为

$$Q = \frac{t_1 - t_2}{\dfrac{\delta_1}{\lambda A_{\mathrm{m1}}}} = \frac{t_2 - t_3}{\dfrac{\delta_2}{\lambda A_{\mathrm{m2}}}} = \frac{t_3 - t_4}{\dfrac{\delta_3}{\lambda A_{\mathrm{m3}}}} \tag{3-8}$$

$$Q = \frac{t_1 - t_4}{\dfrac{\delta_1}{\lambda A_{\mathrm{m1}}} + \dfrac{\delta_2}{\lambda A_{\mathrm{m2}}} + \dfrac{\delta_3}{\lambda A_{\mathrm{m3}}}} = \frac{t_1 - t_4}{R_1 + R_2 + R_3} \tag{3-9}$$

R_1、R_2、R_3 分别表示各层热阻。

式(3-9)也可改写为

$$Q = \frac{t_1 - t_4}{\dfrac{\ln \dfrac{r_2}{r_1}}{2\pi l \lambda_1} + \dfrac{\ln \dfrac{r_3}{r_2}}{2\pi l \lambda_2} + \dfrac{\ln \dfrac{r_4}{r_3}}{2\pi l \lambda_3}} \tag{3-9a}$$

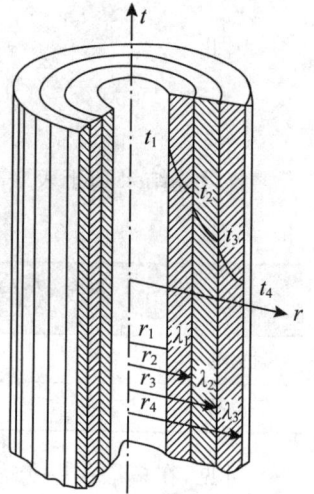

图 3-9 多层平圆筒壁的热传导

应当注意,与多层平壁稳态热传导比较,多层圆筒壁稳态热传导的总推动力仍为总温度差,且等于各层温差之和;总热阻亦为各层热阻之和。但是,计算各层热阻所用的传热面积不相等,需采用各层的平均面积。虽然通过各截面的传热速率 Q 相同,但是通过各截面的热通量 q 却是不同的。

【例 3-2】 某化工企业的蒸汽管道采用 ϕ 38mm $\times$ 2.5mm 的钢管,为了减少热损失,在管外进行保温处理。第一层是厚 50mm 的氧化镁粉,平均热导率为 $0.07\mathrm{W/(m \cdot ℃)}$;第二层是厚 10mm 的石棉层,平均热导率为 $0.15\mathrm{W/(m \cdot ℃)}$。管内壁温度为 160℃,石棉层外表面温度为 30℃。试求蒸汽管道每米管长的热损失及两保温层界面处的温度。

解: 由式(3-9a)变形可得:

$$\frac{Q}{l} = \frac{t_1 - t_4}{\dfrac{\ln \dfrac{r_2}{r_1}}{2\pi \lambda_1} + \dfrac{\ln \dfrac{r_3}{r_2}}{2\pi \lambda_2} + \dfrac{\ln \dfrac{r_4}{r_3}}{2\pi \lambda_3}} = \frac{160 - 30}{\dfrac{\ln \dfrac{19}{16.5}}{2\pi \times 45} + \dfrac{\ln \dfrac{69}{19}}{2\pi \times 0.07} + \dfrac{\ln \dfrac{79}{69}}{2\pi \times 0.15}} = 42.3\,(\mathrm{W/m})$$

$$\Delta t_3 = t_3 - t_4 = Q R_3 = \frac{Q}{l} \times \frac{\ln \dfrac{r_4}{r_3}}{2\pi \lambda_3} = 42.3 \times 0.144 = 6.09\,(℃)$$

故 $\qquad\qquad t_3 = t_4 + 6.09 = 30 + 6.09 = 36.09\,(℃)$

3.3　对流传热

3.3.1　对流传热基本方程

流体各部分之间发生相对位移所引起的热传递过程称为**热对流**（简称对流）。热对流仅发生在流体内部，分为自然对流和强制对流，与流体的流动状况密切相关。虽然热对流是一种基本的传热方式，但是由于热对流总伴随着热传导，要将两者分开处理是很困难的，因此一般并不讨论单纯的热对流，而是着重讨论具有实际意义的对流传热。

如图 3-10 所示，间壁式换热器的传热过程：热流体将热量传至固体壁面左侧（对流传热）；热量自壁面左侧传至壁面右侧（热传导）；热量自壁面右侧传至冷流体（对流传热）。

由图 3-11 分析可知，对流传热是集热对流和热传导于一体的综合现象。对流传热的热阻主要集中在滞流内层，因此，减薄滞流内层的厚度是强化对流传热的主要途径。

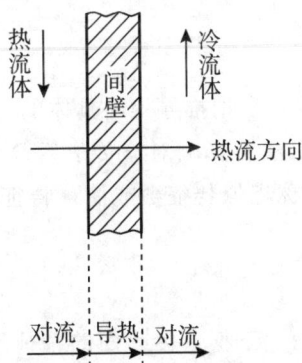

图3-10　间壁两侧流体间的传热（间壁式换热）

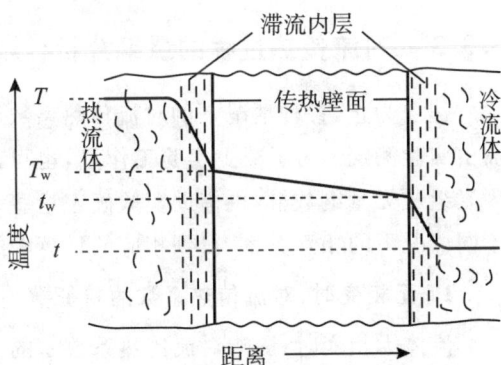

图 3-11　对流传热的温度分布情况

对流传热的基本方程（牛顿冷却定律）：

$$Q = \alpha A \Delta t = \frac{\Delta t}{\frac{1}{\alpha A}} = \frac{对流传热的推动力}{对流传热的热阻} \tag{3-10}$$

式中：α——对流传热系数，$W/(m^2 \cdot \text{℃})$ 或 $W/(m^2 \cdot K)$；

Δt——对流传热的温度差,℃,对热流体,$\Delta t = T - T_w$,对冷流体,$\Delta t = t_w - t$;

A——与热流方向垂直的壁面面积,m^2。

3.3.2 对流传热系数

牛顿冷却定律适用于间壁一侧流体在温差不变的截面上的定常对流传热。它以很简单的形式描述了复杂的对流传热过程的速率关系,将所有影响对流传热热阻的因素都归入到对流传热系数 α 中。

α 的物理意义是:当流体截面平均温度与壁面温度的差值为1℃时,单位时间通过单位传热面积的热量。与热导率 λ 不同,对流传热系数 α 的值不仅与流体的性质有关,还与流动状态以及传热壁面的形状、结构等有关,此外,同流体在传热过程中是否发生相变也有关。α 值的大小反映了该侧流体对流传热过程的强度,因此,如何确定不同条件下的 α 值,是对流传热的中心问题。还应指出,在不同的流动截面上,如果流体温度和流动状态发生改变,α 值也将发生变化。因此,在间壁式换热器中,常取 α 的平均值作为不变量进行计算。

实验表明,影响对流传热系数的因素有以下几点:

(1)流体的物理性质。如热导率 λ、比热容 c_p、密度 ρ 和黏度 μ 等物理性质不同,将使 α 值也不同。

(2)流体的相变。通常在传热过程中若流体发生相变(沸腾或冷凝),其 α 值比无相变时要大得多。

(3)强制对流的流动状态。反映流体流动形态的物理量是 Re 特征数,显然,湍流时 α 值比层流时要大得多,且 α 随 Re 增大而增大。

(4)自然对流的影响。流体的热传导过程总伴有自然对流,在对流传热过程中,流体系统内部存在温度差,使得各部分流体密度不同而产生自然对流。

(5)传热面的情况。包括传热面表面形状、流道尺寸、传热面摆放方式等。

3.3.3 对流传热过程的量纲分析

迄今为止,各种情况下的对流传热系数尚不能完全通过理论推导得出具体的计算式,需由实验测定。为了减少实验工作量,也可运用量纲分析法将影响对流传热系数的各种因素组成无量纲数群,再借助实验确定这些无量纲数(或称**相似特征数**或简称**特征数**)在不同情况下的相互关系,得到相应的计算 α 的关系式。

1. 无相变时,对流传热系数的特征数关联式

流体无相变时,影响对流传热系数 α 的有关物理量有:流速 u、传热面的特征尺寸 l、流体的黏度 μ、热导率 λ、密度 ρ、比热容 c_p 以及上升力 $\rho g \beta \Delta t$,它们之间的函数关系可以表示为

$$\alpha = f(u, l, \mu, \lambda, \rho, c_p, \rho g \beta \Delta t) \tag{3-11}$$

当采用幂函数形式表达时,式(3-11)可写为

$$\alpha = A u^a l^b \mu^c \lambda^d \rho^e c_p^f (\rho g \beta \Delta t)^h \tag{3-12}$$

式中共有 8 个物理量,涉及 4 个基本量纲,分别为质量(M)、长度(L)、时间(T)、温度(Θ)。

根据 π 定理，无量纲数群的数目等于变量总数与表示该过程的基本量纲数之差，即可得 $8-4=4$ 个无量纲数（特征数）。经量纲分析可得这 4 个无量纲数的关系为

$$\frac{\alpha l}{\lambda} = A \left(\frac{lu\rho}{\mu}\right)^a \left(\frac{c_p\mu}{\lambda}\right)^f \left(\frac{l^3\rho^2 g\beta\Delta t}{\mu^2}\right)^h \tag{3-13}$$

2. 无相变时，对流传热特征数的符号和意义

式（3-13）表示在无相变条件下，对特征长度为 l 的传热面，对流传热的特征数关联式。式中四个特征数的符号及其含义见表 3-6。

表 3-6　特征数的符号和含义

名称	符号及公式	意义
努塞尔数（Nusselt number）	$Nu = \dfrac{\alpha l}{\lambda}$	表示对流传热系数的准数
雷诺数（Reynolds number）	$Re = \dfrac{lu\rho}{\mu}$	反映流体的流动形态和湍动程度
普朗特数（Prandtl number）	$Pr = \dfrac{c_p\mu}{\lambda}$	反映与传热有关的流体物性
格拉斯霍夫数（Grashof number）	$Gr = \dfrac{\beta g \Delta t l^3 \rho^2}{\mu^2}$	反映由于温度差而引起的自然对流强度

3. 特征数关联式的使用

式（3-13）用各特征数符号可表示为

$$Nu = ARe^a Pr^f Gr^h \tag{3-14}$$

式中系数 A 和指数 a、f、h 需经实验确定。因此，不同实验条件下获得的具体的特征数关系式是一种半经验公式，使用时要注意下列问题。

（1）特征尺寸。参与对流传热过程的传热面几何尺寸往往不止一个。而关联式中所用特征尺寸 l 一般是反映传热面的几何特征，并对传热过程产生直接影响的主要几何尺寸。如管内强制对流传热时，圆管的特征尺寸取管径 d；如为非圆形管道，通常取当量直径 d_e。对于大空间自然对流，取加热（或冷却）表面垂直高度为特征尺寸，因加热面高度对自然对流的范围和运动速度有直接的影响。在特殊情况下，对流传热涉及几个特征尺寸，它们在关联式中常以两个特征尺寸之比的幂次方形式出现，以保持特征数方程的无量纲性。

（2）定性温度。流体在对流传热过程中温度是变化的。确定准数中流体的物性参数所依据的温度即为定性温度。不同的作者得出的关联式中确定定性温度的方法往往不同，故在使用这些经验公式时，必须与原作者实际关联时所选用的定性温度一致。

（3）适用范围。关联式中 Re、Pr、Gr 等的实际数值应在实验所进行的数值范围内，不宜外推使用。

3.3.4　流体无相变时的对流传热系数

式（3-14）是流体无相变时对流传热系数的一般关联式，对不同的实际问题，公式的形

式会有所简化或修正。

1. 管内强制对流传热

1) 圆形直管内强制湍流的传热系数

对于强制湍流,自然对流的影响可忽略不计,因此式(3-14)中的 Gr 可以忽略。大量实验证实,对低黏度流体(不大于常温水黏度的 2 倍)在光滑圆管中的湍流传热,有:

$$Nu = 0.023\, Re^{0.8}\, Pr^{n} \tag{3-15}$$

或将其写成

$$\alpha = 0.023\, \frac{\lambda}{d} \left(\frac{du\rho}{\mu}\right)^{0.8} \left(\frac{c_{p}\mu}{\lambda}\right)^{n} \tag{3-15a}$$

式中:n——Pr 的指数。

当流体被加热时,$n = 0.4$;当流体被冷却时,$n = 0.3$。

式(3-15)的应用条件如下:① 应用范围:$Re > 10^4$,$0.7 < Pr < 120$,管长与管径之比 $\dfrac{l}{d} > 60$,低黏度流体,光滑管;② 定性温度:取流体进、出口温度的算术平均值;③ 特征尺寸:Re、Nu 中的 l 值取管内径 d。

如果上述条件不能满足,由式(3-15)计算所得的结果,应适当加以修正。

(1) 过渡流。当 $2300 \leqslant Re \leqslant 10000$ 时,因湍动不充分,热阻大而 α 小。应将式(3-15)计算得出的 α 乘以修正系数 f:

$$f = 1 - \frac{6 \times 10^5}{Re^{1.8}} \tag{3-16}$$

(2) 短管。当 $\dfrac{l}{d} < 60$ 时,相当于在湍流流动的进口段以内,流体进入管子以后,在此段内边界层逐渐增厚,但流动尚未充分发展,故平均热阻较小,实际的平均 α 值比式(3-15)得出的计算值要高,可将式(3-15)所得的 α 乘以 $1 + \left(\dfrac{d}{l}\right)^{0.7}$ 进行校正。

(3) 高黏度液体。液体黏度愈大,壁面与液体主体间由于温差而引起的黏度差别也愈大,单纯利用改变指数 n 的方法已得不到满意的结果,可按下式计算:

$$\alpha = 0.027\, \frac{\lambda}{d} \left(\frac{du\rho}{\mu}\right)^{0.8} \left(\frac{c_{p}\mu}{\lambda}\right)^{0.33} \left(\frac{\mu}{\mu_{w}}\right)^{0.14} \tag{3-17}$$

式中:μ_{w} 取壁温下的流体黏度,其他物理量(如定性温度和特征尺寸)与式(3-15)相同。式(3-17)的应用范围为 $Re > 10^4$,$0.7 < Pr < 700$,$\dfrac{l}{d} > 60$。

在壁温数据未知的情况下,可采用下列近似值进行计算:

当液体被加热时 $\qquad \left(\dfrac{\mu}{\mu_{w}}\right)^{0.14} = 1.05$

当液体被冷却时 $\qquad \left(\dfrac{\mu}{\mu_{w}}\right)^{0.14} = 0.95$

2) 圆形直管内强制层流的传热系数

这种情况下,应考虑自然对流对传热系数 α 的影响,情况比较复杂,关联式的误差也比湍流时的要大。在管径较小,且流体和壁面的温差不大的情况下,即当 $Gr < 25000$ 时,

自然对流的影响较小且可以忽略，α 可用下式计算：

$$Nu = 1.86 \left(Re \cdot Pr \cdot \frac{d}{l} \right)^{\frac{1}{3}} \left(\frac{\mu}{\mu_w} \right)^{0.14} \tag{3-18}$$

式（3-18）的应用范围为 $Re < 2300, 0.6 < Pr < 6700, Re \cdot Pr \cdot \dfrac{d}{l} > 10$。

当 $Gr > 25000$ 时，若忽略自然对流的影响，会造成较大的误差，此时可将式（3-18）乘以校正因子 f：

$$f = 0.8(1 + 0.015 Gr^{\frac{1}{3}}) \tag{3-19}$$

式中定性温度、特征尺寸以及 $\left(\dfrac{\mu}{\mu_w} \right)^{0.14}$ 的近似计算方法同式（3-17）。

3）圆形弯管或非圆形管内强制对流的传热系数

如果流体是在圆形弯曲管道或非圆形管道中流动换热，均可先用湍流时的公式进行计算，然后进行类似的修正。

（1）圆形弯管。流体在圆形弯管内流动（见图 3-12）时，由于受离心力的作用，扰动加强，使 α 比直管内的大。实验表明，圆形弯管中的对流传热系数 α' 可按下式计算：

$$\alpha' = \alpha \left(1 + 1.77 \frac{d}{R} \right) \tag{3-20}$$

式中：α'——圆形弯管的对流传热系数，W/(m² · ℃)；

α——直管的对流传热系数，W/(m² · ℃)；

d——管内径，m；

R——圆形弯管的曲率半径，m。

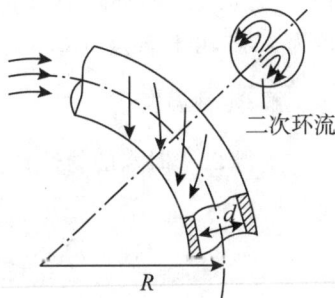

图 3-12　弯管内流体的流动

（2）非圆形管道。作为近似估算，对非圆形管道内流体强制对流的计算有两种方法。一种方法是沿用圆形直管的计算公式，但需将各式中的特征尺寸 d 改用当量直径 d_e（见项目一）代替。这种方法比较简便，但计算误差较大。另一种方法是选用直接由非圆形管道内的实验数据得出的对流传热系数关联式（可查阅有关手册）。

【例 3-3】　空气以 4m/s 的流速通过一 $\phi 75.5\text{mm} \times 3.75\text{mm}$ 的钢管，管长 20m。空气入口温度为 305K，出口温度为 341K，试计算：（1）空气与管壁间的对流传热系数。（2）如空气流速增加一倍，其他条件均不变，对流传热系数又为多少？

解：（1）　　　　$t_m = \dfrac{1}{2} \times (341 + 305) = 323(\text{K}) = 50(℃)$

查空气物性：

$$\rho = 1.093 \text{kg/m}^3, \quad c_p = 1.005 \text{kJ/(kg} \cdot \text{K)}$$
$$\lambda = 2.83 \times 10^{-2} \text{W/(m} \cdot \text{K)}, \quad \mu = 1.96 \times 10^{-5} \text{Pa} \cdot \text{s}$$
$$d = 75.5 - 3.75 \times 2 = 68(\text{mm}) = 0.068(\text{m}), \quad u = 4\text{m/s}$$

则

$$Re = \frac{du\rho}{\mu} = \frac{0.068 \times 4 \times 1.093}{1.96 \times 10^{-5}} = 1.517 \times 10^4 > 1 \times 10^4$$

$$Pr = \frac{c_p \mu}{\lambda} = \frac{1.005 \times 10^3 \times 1.96 \times 10^{-5}}{2.83 \times 10^{-2}} = 0.696$$

$$\alpha = 0.023 \frac{\lambda}{d} Re^{0.8} Pr^n = 0.023 \times \frac{2.83 \times 10^{-2}}{0.068} \times (1.517 \times 10^4)^{0.8} \times (0.696)^{0.4}$$

$$= 18.32(\text{W}/(\text{m}^2 \cdot \text{K}))$$

校核：
$$\frac{l}{d} = \frac{20}{0.068} = 294 > 60$$

故
$$\alpha = 18.32\text{W}/(\text{m}^2 \cdot \text{K})$$

（2）当物性及设备不改变,仅改变流速,根据上述计算式知 $\alpha \propto u^{0.8}$,且 $u' = 2u = 8\text{m/s}$,故有

$$\alpha' = \alpha \left(\frac{u'}{u}\right)^{0.8} = 18.32 \times 2^{0.8} = 31.90(\text{W}/(\text{m}^2 \cdot \text{K}))$$

【例 3-4】 一套管式换热器,管套为 $\phi 89\text{mm} \times 3.5\text{mm}$ 钢管,内管为 $\phi 25\text{mm} \times 2.5\text{mm}$ 钢管,管长为 2m,环隙中为 $p = 100\text{kPa}$ 的饱和水蒸气冷凝,冷却水在内管中流过,进口温度为 15℃,出口温度为 35℃。冷却水流速为 0.4 m/s,试求管壁对水的对流传热系数。

解:定性温度：
$$t = \frac{15 + 35}{2} = 25(℃)$$

查得 25℃ 时水的物性数据(见附录 5)如下：

$$\rho = 997\text{kg/m}^3, \quad c_p = 4179\text{kJ}/(\text{kg} \cdot \text{K})$$

$$\lambda = 60.8 \times 10^{-2}\text{W}/(\text{m} \cdot \text{K}), \quad \mu = 90.27 \times 10^{-5}\text{Pa} \cdot \text{s}$$

则

$$Re = \frac{du\rho}{\mu} = \frac{0.02 \times 0.4 \times 997}{90.27 \times 10^{-5}} = 8836$$

$$Pr = \frac{c_p \mu}{\lambda} = \frac{4179 \times 90.27 \times 10^{-5}}{60.8 \times 10^{-2}} = 6.2$$

$$\frac{l}{d} = \frac{2}{0.02} = 100$$

水被加热,则取 $n = 0.4$,且由于 Re 处于 $2300 \sim 10000$ 范围内,故修正系数为

$$f = 1 - \frac{6 \times 10^5}{Re^{1.8}} = 1 - \frac{6 \times 10^5}{8836^{1.8}} = 0.953$$

则

$$\alpha = 0.023 \frac{\lambda}{d} Re^{0.8} Pr^{0.4} f = 0.023 \times \frac{0.608}{0.02} \times 8836^{0.8} \times 6.2^{0.4} \times 0.953$$

$$= 1981(\text{W}/\text{m}^2 \cdot \text{K})$$

2. 管外强制对流传热

流体在单根圆管外垂直流过时,在管子前半部,管外边界层逐渐变厚,对流传热系数逐渐减小。而在管子后半部,流体由于边界层分离而产生旋涡,使对流传热系数逐渐增大。由于沿管子圆周各点的流动情况不同,各点的局部对流传热系数也不同,但一般传热计算中,需要的是圆管的平均对流传热系数。下面讨论的就是平均对流传热系数的计算。

在工业换热应用中,流体垂直流过管束比流体垂直流过单根换热管更有工程意义。如列管式换热器由壳体和管束等部分组成,管束的排列有正方形和正三角形两类,如图

3-13 所示。正三角形排列总为错列,正方形排列可分为直列和错列,例如将图 3-13(a) 旋转 45°。当流体流过第一列管时,无论是直列还是错列,其流动与换热情况与单管时类似,但对于后面各列管子,其传热强度则比第一列要大,且由于错列时流体受到的扰动更大,因此在同样的 Re 下,错列的平均对流传热系数要比直列时大。但随着 Re 增加,流体自身的扰动逐渐加强,会降低流体通过管束时的扰动影响,使得错列和直列的传热系数差别减小。

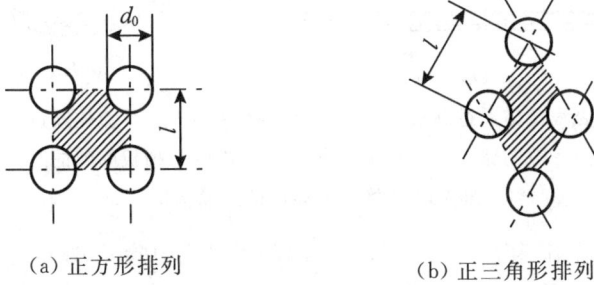

(a) 正方形排列　　　　　　　(b) 正三角形排列

图 3-13　管束的排列

流体在管外垂直流过管束的对流传热系数可以用下列经验公式计算:

$$Nu = C\varepsilon Re^n Pr^{0.4} \tag{3-21}$$

式中:C、ε、n 取决于管子的排列方式、管列数和行距,一般由实验测定,具体数值见表 3-7。

表 3-7　流体垂直于管束时的 C、ε、n 值

列数	直列		错列		C
	n	ε	n	ε	
1	0.6	0.171	0.6	0.171	$l/d = 1.2 \sim 3$ 时,$C = 1 + 0.1 l/d$
2	0.65	0.157	0.6	0.228	
3	0.65	0.157	0.6	0.290	$l/d > 3$ 时,$C = 1.3$
$\geqslant 4$	0.65	0.157	0.6	0.290	

式(3-21)的应用范围为 $Re = 5 \times 10^3 \sim 7 \times 10^6$;物性的定性温度均取流体进、出口温度的算术平均值;流速取各列管子中最窄流道处的流速,即最大流速。

为提高管外的传热系数,一般在壳侧沿管长方向上垂直装有若干块折流挡板,图 3-14 所示为一种圆缺形挡板,板直径近似壳内径,每块上均切去一部分形成弓形流通截面,交替排列,图中画出了三块。折流挡板使流体在管外流动时,既有沿管束的流动,又有垂直于管束的流动,流向和流速也不断发生变化,因而在 $Re > 100$ 时即可达湍流状态。这时管外传热系数的计算,要视具体情况选用不同的公式。当管外装有割去 25%(直径)的圆缺形折流挡板时,可按下式计算对流传热系数:

$$Nu = 0.36 Re^{0.55} Pr^{\frac{1}{3}} \left(\frac{\mu}{\mu_w}\right)^{0.14} \tag{3-22}$$

或

$$Nu = 0.36 \frac{\lambda}{d_e} \left(\frac{d_e u_o \rho}{\mu}\right)^{0.55} \left(\frac{c_p \mu}{\lambda}\right)^{\frac{1}{3}} \left(\frac{\mu}{\mu_w}\right)^{0.14} \tag{3-22a}$$

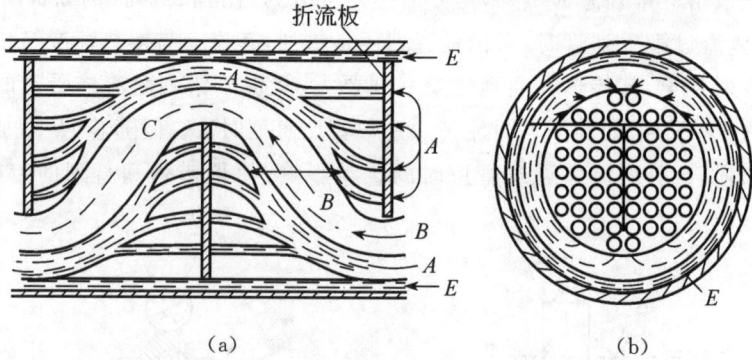

（a）　　　　　　　　　　　　　　　（b）

B—B—C 壳程流体通过圆缺形挡板缺口的路径；A—少量流体通过管与挡板
圆孔间环隙的路径；E—少量流体通过壳内壁与挡板间隙的路径。

图 3-14　换热器壳侧的流动情况

式（3-22）的应用范围为 $Re = 2 \times 10^3 \sim 1 \times 10^6$；式中除 μ_w 取壁温下的流体黏度外，其余物性的定性温度均取流体进、出口温度的算术平均值。当量直径 d_e 的数值要依据管子的排列方式而定。

当管子呈正方形排列（见图 3-13（a））时：

$$d_e = \frac{4\left(t^2 - \frac{\pi}{4}d_o^2\right)}{\pi d_o} \tag{3-23}$$

当管子呈正三角形排列（见图 3-13（b））时：

$$d_e = \frac{4\left(\frac{\sqrt{3}}{2}t^2 - \frac{\pi}{4}d_o^2\right)}{\pi d_o} \tag{3-24}$$

式中：t——相邻两管的中心距离，m；

　　　d_o——管外径，m。

式（3-22a）中的壳侧流速 u_o 根据流体流过的最大面积 S 计算：

$$S = hD\left(1 - \frac{d_o}{t}\right) \tag{3-25}$$

式中：h——两折流挡板间的距离，m；

　　　D——换热器壳的内径，m。

若换热器的管间无折流挡板，管外流体基本上沿管束平行流动，这种情况一般按前述的管内强制对流的公式计算，但式中的特征尺寸应改用管间当量直径。

3.3.5　流体有相变时的对流传热系数

发生相变时的传热过程有其特殊的规律，有相变时流体的对流传热在工业上有着重要应用，但其传热机理尚未完全清楚，以下仅简要介绍蒸气冷凝和液体沸腾的基本机理。

1. 蒸气冷凝

饱和蒸气冷凝是化工生产中常见的过程。根据相律，纯物质的饱和蒸气在恒压下冷凝时，由于气液两相共存，其温度不变且为某一定值。当饱和蒸气与低于其温度的冷壁面接触时,即发生冷凝过程,释放出的热量等于其冷凝焓变(俗称为冷凝潜热)。在连续定常的冷凝过程中,压强可视为恒定,故气相中不存在温差,也就没有热阻。由此可知,纯饱和蒸气冷凝的特点是热阻集中在壁面上的冷凝液内,故有较大的传热系数,而且壁面冷凝液的存在形态对传热系数有很大的影响。

1) 壁面冷凝液的存在形态

(1) **膜状冷凝**。在易于润湿的冷却表面上,若冷凝液能完全润湿壁面,将形成一层完整的连续冷凝液膜并在重力作用下沿壁面向下流动。膜状冷凝时,液膜越往下越厚,故壁面越高或水平放置的管径越大,整个壁面的平均对流传热系数也就越小。

(2) **滴状冷凝**。在润湿性不佳的表面上,当冷凝液不能完全润湿壁面时,在表面张力的作用下,冷凝液将在壁面上形成许多液滴,液滴又因进一步的冷凝与合并而长大、脱落,进而又露出新的冷凝面。由于相当部分的传热面直接暴露在蒸气中,因此滴状冷凝的热阻要小得多。实验结果表明,滴状冷凝的传热系数比膜状冷凝的传热系数大 5 ~ 10 倍甚至更高。

滴状冷凝的理论和技术尚不成熟,工业上遇到的大多为膜状冷凝,而且从工程设计上来看,按膜状冷凝计算所得的安全系数较大。故下面仅介绍纯饱和蒸气膜状冷凝对流传热系数的计算方法。

2) 膜状冷凝的传热系数

(1) 蒸气在水平管外冷凝。理论推导和实验结果证明蒸气在水平圆管外冷凝的对流传热系数可用下式计算:

单根水平圆管
$$\alpha = 0.725 \left(\frac{\rho^2 g \lambda^3 r}{d_0 \Delta t \mu} \right)^{\frac{1}{4}} \tag{3-26}$$

水平管束
$$\alpha = 0.725 \left(\frac{\rho^2 g \lambda^3 r}{n^{\frac{2}{3}} d_0 \Delta t \mu} \right)^{\frac{1}{4}} \tag{3-27}$$

式中:r——蒸气的比汽化热,取饱和温度 t_s 下的数值,J/kg;

ρ——冷凝液的密度,kg/m³;

λ——冷凝液的热导率,W/(m·K);

μ——冷凝液的黏度,Pa·s;

Δt——饱和蒸气与壁面的温差,$\Delta t = t_s - t_w$,K,t_w 为壁面温度;

n——水平管束在垂直列上的管子数。

定性温度取膜温 $t_m = \dfrac{t_s + t_w}{2}$;特征尺寸取管外径 d_0。

(2) 蒸气在垂直管外(或垂直板上)冷凝。如图 3-15 所示,蒸气在垂直管外(或板上)冷凝时,液膜流动初始为层流,由顶端向下,随冷凝的进行液膜逐渐加厚,局部对流传热系数减小;若壁的高度足够,且冷凝液量较大,则壁的下部冷凝液膜会转变为湍流流动,此时局部的对流传热系数反而会有所增大。和强制对流一样,可用雷诺数判别层流和湍流。对冷凝系统,定义:

$$Re = \frac{d_e u \rho}{\mu} = \frac{\frac{4S}{b} \times \frac{W}{S}}{\mu} = \frac{\frac{4W}{b}}{\mu} = \frac{4M}{\mu} \tag{3-28}$$

式中：d_e——当量直径，m；

    S——冷凝液的流通截面积，m^2；

    b——冷凝液的润湿周边，m，对单根圆管，$b = \pi d_0$，对垂直板，$b =$ 板的宽度；

    W——冷凝液的质量流量，kg/s；

    M——冷凝负荷，即单位长度润湿周边上冷凝液的质量流量，$M = W/b$，kg/(m·s)。

工程计算中需要的是平均对流传热系数。当 $Re < 2100$ 时，有

$$\alpha = 1.13 \left(\frac{\rho^2 g \lambda^3 r}{\mu l \Delta t} \right)^{\frac{1}{4}} \tag{3-29}$$

当 $Re > 2100$ 时（湍流），有

$$\alpha = 0.0077 \left(\frac{\rho^2 g \lambda^3}{\mu^2} \right)^{\frac{1}{3}} Re^{0.4} \tag{3-30}$$

式中，特征尺寸 l 需取垂直管长或板高，其余各量与定性温度同式(3-26)。

3）影响冷凝传热的因素

（1）不凝性气体的影响。蒸气冷凝于壁面时，如果蒸气中含有微量的不凝性气体，如空气等，在连续运转过程中，不凝性气体会逐渐积累并在液膜表面形成一层热导率很低的气膜，这相当于额外附加了一层热阻，且该热阻值往往很大，致使蒸气冷凝的对流传热系数大大降低。实验证明，当蒸气中含有 1% 不凝性气体时，冷凝传热系数将降低 60% 左右。因此，在换热器设计时，在蒸气冷凝侧，必须设有排放口，定期排放不凝性气体。

（2）蒸气过热程度的影响。过热蒸气与固体表面的传热机制视壁温 t_w 的不同而不同。若壁温高于同压下饱和蒸气的温度，则壁面上不发生冷凝，此时的传热过程属于气体冷却过程。当壁面温度低于饱和蒸气的温度时，过热蒸气先在气相下冷却至饱和温度，然后在壁面上冷凝，整个传热过程包括蒸气冷却和冷凝两个过程。若蒸气过热程度不高，则传热系数值与饱和蒸气的相差不大；但如果过热程度较高，将有相当部分壁面用于过热蒸气的冷却，在蒸气内部产生温度梯度和热阻，从而大大降低传热系数。因此，工业上一般不采用过热蒸气作为加热的热源。

（3）蒸气的流速和流向。当蒸气和液膜间的相对速度不大（< 10m/s）时，蒸气流速的影响可以忽略。但是，当蒸气流速较大时，蒸气与液膜之间的摩擦力会对传热系数产生不容忽视的影响。此时，若蒸气和液膜流向相同，蒸气将加速冷凝液的流动，使膜厚减小，传热系数增大；若为逆向流动，蒸气会阻碍液膜的形成，使液膜变厚，传热系数减小，但若逆向流动的蒸气速度很大，能冲散液膜使部分壁面直接暴露于蒸气中，传热系数反而会增大。通常，在设计冷凝器时，蒸气进口设在换热器的上部，以避免蒸气和冷凝液的逆向流动，有利于提高传热系数。

4）冷凝传热过程的强化

前已述及，蒸气冷凝传热过程的阻力主要集中于液膜，因此设法减薄液膜厚度是强化冷凝传热的有效措施。减薄液膜厚度应从冷凝壁面的形状和布置方式入手。例如，对于

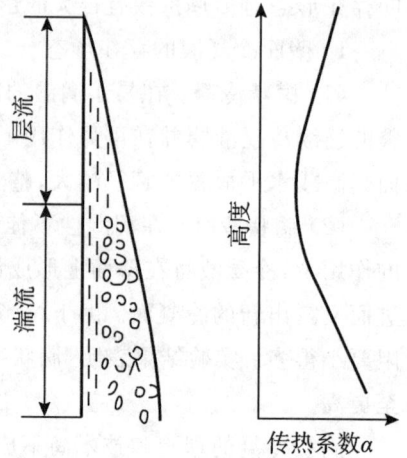

图 3-15 蒸气在垂直壁面上的冷凝

垂直壁面,可在壁面上开若干纵向沟槽使冷凝液沿沟流下,以减薄其余壁面上的液膜厚度,强化冷凝传热过程。对于水平布置的管束,冷凝液从上部各排管子流到下部管排使液膜变厚,因此,如能设法减少垂直方向上管排的数目或将管束改为错列,皆可提高平均传热系数。此外,设法获得滴状冷凝也是提高传热系数的一个方向。

2. 沸腾传热

在液体对流传热过程中,液体吸热后,在液相内部产生气泡或气膜的过程,称为**液体沸腾**,又称沸腾传热。工业上液体沸腾有两种方法:一种是在管内流动的过程中受热沸腾,称为管内沸腾,如蒸发器中管内料液的沸腾;另一种是将加热壁面浸入比它大的容器里,在无强制对流的液体中,液体受热沸腾,称为大容积沸腾或池内沸腾。下面主要讨论大容积沸腾。

1)大容积沸腾现象

液体加热沸腾的主要特征是液体内部沿加热面不断有气泡生成、长大、脱离和浮升至液体表面。液体的过热是液体中小气泡生成和成长的必要条件。而紧靠加热壁面处的液体过热度最大,所以壁面是最容易产生气泡的地方。此外,加热壁面上粗糙不平的小坑和划痕易残留有微量气体,加热过程中会膨胀生成气泡,成为汽化核心。在沸腾过程,小气泡首先在汽化核心处生成并长大,在浮力的作用下脱离壁面。随着气泡的不断形成并浮升,周围液体随时填补并冲刷壁面,贴壁液体层发生剧烈扰动,热阻大为降低;而在气泡上浮过程中,既引起液体主体的扰动和对流,且过热液体在气泡表面继续蒸发,使气泡进一步长大,过热液体和气泡表面的传热强度也很大。所以,液体沸腾时的对流传热系数比无相变时大得多。

2)沸腾曲线

图 3-16 是常压下水在铂电热丝表面上沸腾时 α 与 Δt 的关系曲线。Δt 是壁温和操作压强下饱和温度之差。

在曲线 AB 段,由于温差较小($\Delta t \leqslant 5℃$),紧贴加热表面的液体轻微过热,热量的传递以自然对流为主,汽化核心数目很少,气泡长大速度也很慢,没有气泡从液体中逸出液面,仅在液体表面发生蒸发,此时,对流传热系数随温差的增大而略有增大。此阶段称为自然对流。

在曲线 BC 段,随着 Δt 增大($5℃ < \Delta t < 25℃$),汽化核心数目增加,气泡长大的速度也迅速增加,且气泡脱离壁面后不断长大、浮升,最后逸出液面。由于气泡对液体产生强烈的扰动作用,传热系数 α 随 Δt 的增加而迅速增大。此阶段称为核状沸腾。

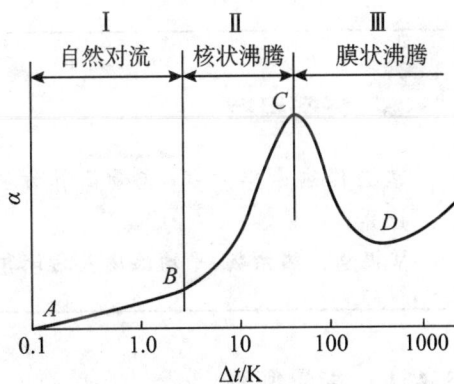

图 3-16　常压下水沸腾时 α 与 Δt 的关系

在曲线 CD 段,随着 Δt 继续增加($\Delta t \geqslant 25℃$),使气泡形成过快,气泡产生速度大于脱离速度,气泡在脱离加热面前便互相连接形成不稳定的气膜,把加热表面与液体隔开。由于气膜的热阻要比液膜大得多,故使传热系数 α 急剧下降。D 点以后,传热面几乎全部被气膜覆盖,形成稳定的气膜以后,Δt 再增加,α 再度增大,这是因为加热面的温度进一步提高,辐射传热的影响显著增加。此阶段称为膜状沸腾。

由核状沸腾转变为膜状沸腾的转折点称为**临界点**(C 点)。临界点所对应的温差称为**临界温差** Δt_c,这时的热流通量称为**临界热通量**。核状沸腾的 α 较自然对流大得多,且比膜状沸腾容易控制,因此工业生产中一般应维持在核状沸腾下操作,控制温差不大于临界值 Δt_c,否则一旦转变为膜状沸腾,不仅 α 会急剧下降,而且管壁温度过高也易造成传热管烧毁的严重事故。

3)影响沸腾传热的因素

(1)液体物性。液体的热导率、密度、黏度、表面张力等均对沸腾传热有重要的影响,一般情况下,α 随 λ、ρ 的增大而增大,随 μ 和 σ 的增大而减小。对于表面张力小、润湿能力大的液体,形成的气泡易离开壁面,对沸腾传热有利。

(2)温差。前已述及,温差 Δt 是影响沸腾传热的重要参数,操作温差应控制在核状沸腾区。

(3)压强。提高操作压强相当于提高液体的饱和温度,从而使液体的黏度和表面张力均下降,有利于气泡的生成与脱离壁面,强化了沸腾传热。在核状沸腾区,相同的温差下得到的沸腾传热系数更高。

(4)加热表面状况。加热面的材料与粗糙度以及表面的沾污或氧化等情况都会影响沸腾传热。一般新的或清洁的加热面,α 值较高,当加热面被沾污后,α 值会急剧下降。粗糙的加热表面可以提供更多的汽化核心,有利于沸腾传热。但也应注意,大的凹穴或凸起反而会失去充当汽化核心的能力。此外,加热面的布置情况,也会对沸腾传热产生明显的影响。

3.4 传热计算

任务目标	技能要求
• 掌握传热速率方程、能量衡算方程的计算; • 掌握总传热系数、平均温度差的计算。	• 能正确进行传热的操作型计算; • 能对列管式换热器进行工艺计算与选型。

3.4.1 能量衡算

在换热器计算中,首先需要确定换热器的热负荷。对于间壁式换热过程,间壁两侧冷、热流体进行热交换时,若换热器保温良好,热损失可以忽略不计,对于定常传热过程,根据能量守恒定律,传热速率 Q 应等于换热器的热负荷,等于热流体放出的热量 Q_h,也等于冷流体吸收的热量 Q_c,即

$$Q = Q_h = Q_c \tag{3-31}$$

若流体在换热过程中没有相变,且流体的比热容不随温度而变化或可取平均温度下

的比热容,则式(3-31)可表示为

$$Q = W_h c_{ph}(T_1 - T_2) = W_c c_{pc}(t_2 - t_1) \tag{3-32}$$

式中:W_h、W_c——热、冷流体的质量流量,kg/s;

$\qquad c_{ph}$、c_{pc}——热、冷流体的平均质量定压比热容,J/(kg·℃);

$\qquad T_1$、T_2——热流体的进、出口温度,℃;

$\qquad t_1$、t_2——冷流体的进、出口温度,℃。

若换热器中流体发生相变,应考虑相变前后焓变的影响。例如热流体为饱和蒸汽,换热过程中在饱和温度下发生冷凝,而冷凝液无相变,则

$$Q = W_h r_h = W_c c_{pc}(t_2 - t_1) \tag{3-33}$$

式中:r_h——饱和蒸汽的比汽化热,J/kg。

式(3-33)仅适用于冷凝液在饱和温度下离开换热器,若冷凝液出口温度 T_2 低于饱和温度 T_s,则应有

$$Q = W_h[r_h + c_{ph}(T_s - T_2)] = W_c c_{pc}(t_2 - t_1) \tag{3-34}$$

3.4.2　总传热速率方程

冷、热流体通过间壁换热是一个"对流-传导-对流"串联的过程:热流体以对流方式将热量传给高温壁面;热量以导热方式由高温壁面通过间壁传给低温壁面;热量以对流方式由低温壁面传给冷流体。总传热速率方程则是以冷、热流体主体温度差为传热推动力的传热速率方程,经验表明,在稳态传热情况下,换热器的热负荷即传热速率正比于传热面积和两流体间的温度差,并同样可表示为传热推动力和传热热阻之比。

$$Q = KA\Delta t_m = \frac{\Delta t_m}{\dfrac{1}{KA}} = \frac{传热总推动力}{传热总阻力} \tag{3-35}$$

式中:Q——总传热速率,J/s 或 W;

$\qquad K$——总传热系数,W/(m²·℃);

$\qquad A$——换热器的总传热面积,m²;

$\qquad \Delta t_m$——总平均温度差,℃。

在列管式换热器中,两流体间的传热通常是通过管壁进行的,故管壁表面积可视作传热面积,即

$$A = n\pi dl \tag{3-36}$$

式中:n——管数;

$\qquad d$——管径,m;

$\qquad l$——管长,m。

注意:管径 d 可根据情况选用管内径 d_i、管外径 d_o 或平均直径 $d_m[d_m = \frac{1}{2}(d_i + d_o)]$,此时,对应的传热面积分别为管内表面积 A_i、管外表面积 A_o 或平均表面积 A_m。

对于一定的传热任务,若能确定传热面积,即可在选定管子规格,确定管子的长度或根数以后,利用式(3-35)完成换热器的工艺设计或选型工作。但是,为了顺利应用总传热速率方程,必须首先了解总传热系数 K 和传热平均温度差 Δt_m 的准确计算方法。

3.4.3 传热平均温度差

间壁两侧流体传热平均温度差的计算,必须考虑两流体的温度沿传热面的变化情况以及流体相互间的流向。流向可分为并流、逆流、错流和折流四类,如图 3-17 所示。

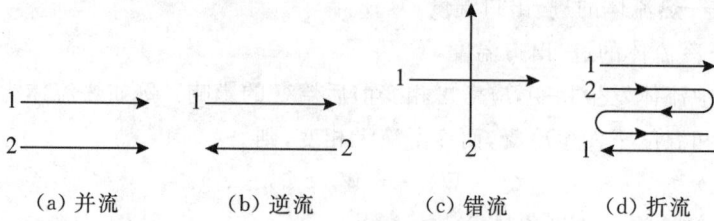

（a）并流　　　　（b）逆流　　　　（c）错流　　　　（d）折流

图 3-17　换热器中流体流向示意图

1. 恒温传热与变温传热

冷、热流体在定常的热交换过程中,温度变化情况可分为以下两类。

1）恒温传热

换热器的间壁两侧流体均有相变时的传热,此时,冷、热流体的温度均不沿传热壁面的位置变化而变化。恒温传热时传热平均温度差为

$$\Delta t_{\mathrm{m}} = T - t \tag{3-37}$$

2）变温传热

若间壁一侧或两侧的流体温度沿着传热壁面在不断变化,称为变温传热。此时,两流体的相互流向不同,其对温度差的影响也不尽相同。

（1）单侧流体温度变化的情况,如图 3-18 所示。

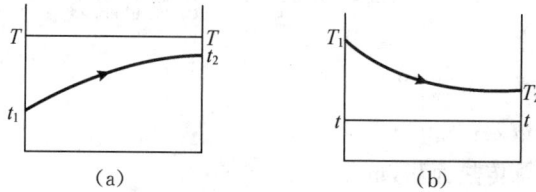

（a）　　　　　　　　　　（b）

图 3-18　单侧流体变温时的温度变化

（2）两侧流体温度均在变化时的情况,如图 3-19 所示。

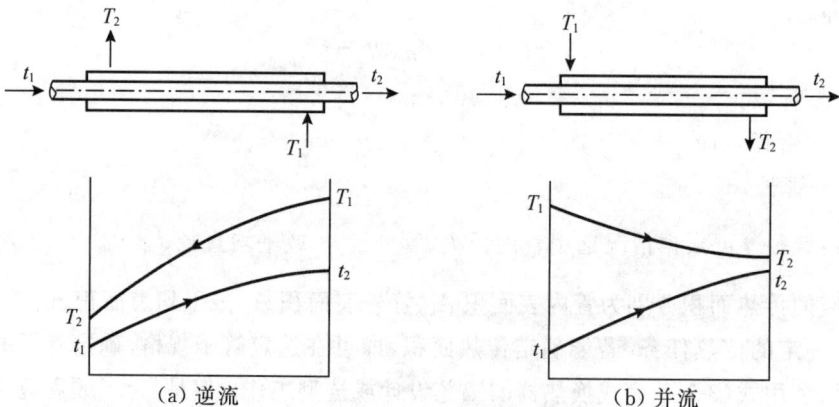

（a）逆流　　　　　　　　　　（b）并流

图 3-19　两侧流体变温时的温差变化

① 逆流，即冷、热流体在传热面两侧流向相反；

② 并流，即冷、热流体在传热面两侧流向相同。

2. 逆流和并流的平均温度差 Δt_m 的计算

假定：该过程为定常传热过程，W_h、W_c 均为常数；沿传热面的 c_{pc}、c_{ph} 和 K 值均不变；换热器的热损失可以忽略。

则可以推导出平均温度差 Δt_m 等于换热器两端温度差的对数平均值，即

$$\Delta t_m = \frac{\Delta t_2 - \Delta t_1}{\ln \dfrac{\Delta t_2}{\Delta t_1}} \tag{3-38}$$

式中：Δt——换热器两端两种流体的温度差。

因此，平均温度差即为换热器进、出口处两种流体温度差的对数平均值，故上式中的 Δt_m 称为**对数平均温度差**。在工程计算中，当 $\dfrac{\Delta t_2}{\Delta t_1} \leqslant 2$ 时，可用算术平均温度差代替对数平均温度差，其误差不超 4%。

注意：式(3-38) 并未对流向是并流或逆流作出规定，因此该式对并流和逆流都适用，只要用换热器两端冷、热流体的实际温度代入计算即可。为了计算方便，通常将温度差较大的作为 Δt_1，较小的作为 Δt_2。

对比逆流和并流操作的差别。在冷、热流体进、出口温度相同的前提下，由于并流操作两端温差较大，其对数平均值必小于逆流操作，故逆流操作的平均温度差更大。因此，若在换热器传热速率 Q 和总传热系数 K 相同的情况下，采用逆流操作，在同样的换热介质流量下可以节省传热面积，减少设备费；同理，若换热器传热面积 A 一定时，则可减少换热介质的流量，降低操作费。因此，在工业生产中，多采用逆流操作。但是，当冷流体被加热或热流体被冷却而不允许超过某一温度时，则是采用并流操作更可靠。

此外，逆流操作的另一优点是可以节约冷却剂或加热剂的用量。因为并流时，t_2 总是低于 T_2；而逆流时，t_2 却可能高于 T_2。这样，对于同样的传热量，逆流时，冷却剂或加热剂的用量可少于并流。

【例 3-5】 如图 3-20 所示，现用一列管式换热器加热原油，原油流量为 2000kg/h，要求从 60℃ 加热至 120℃。某加热剂的进口温度为 180℃、出口温度为 140℃。(1) 试求并流和逆流的平均温差。(2) 若原油的比热容为 3kJ/(kg・℃)，并流、逆流时的 K 均为 100W/(m²・℃)，求并流和逆流时所需的传热面积。(3) 若要求加热剂的出口温度降至 120℃，此时逆流和并流的 Δt_m 和所需的传热面积又是多少？逆流时的加热剂量可减少多少？(设加热剂的比热容和 K 不变)

逆流

$$T_1 \quad \underrightarrow{180℃ \qquad\qquad 140℃} \quad T_2$$
$$t_2 \quad \underleftarrow{120℃ \qquad\qquad 60℃} \quad t_1$$

并流

$$T_1 \quad \underrightarrow{180℃ \qquad\qquad 140℃} \quad T_2$$
$$t_1 \quad \underrightarrow{60℃ \qquad\qquad 120℃} \quad t_2$$

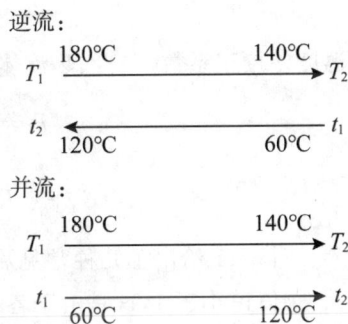

图 3-20　例 3-5 附图

解：(1) 逆流时：

$$\Delta t_2 = T_2 - t_1 = 140 - 60 = 80(℃)$$
$$\Delta t_1 = T_1 - t_2 = 180 - 120 = 60(℃)$$

$$\Delta t_{\text{m逆}} = \frac{\Delta t_2 - \Delta t_1}{\ln \dfrac{\Delta t_2}{\Delta t_1}} = \frac{80 - 60}{\ln \dfrac{80}{60}} = 69.5(\text{℃})$$

并流时：

$$\Delta t_2 = T_1 - t_1 = 180 - 60 = 120(\text{℃})$$

$$\Delta t_1 = T_2 - t_2 = 140 - 120 = 20(\text{℃})$$

$$\Delta t_{\text{m并}} = \frac{\Delta t_2 - \Delta t_1}{\ln \dfrac{\Delta t_2}{\Delta t_1}} = \frac{120 - 20}{\ln \dfrac{120}{20}} = 55.8(\text{℃})$$

(2) 计算热负荷：

$$Q = W_c c_{pc}(t_2 - t_1) = \frac{2000}{3600} \times 3 \times 10^3 \times (120 - 60) = 1 \times 10^5 (\text{W})$$

$$A_{\text{逆}} = \frac{Q}{K \Delta t_{\text{m逆}}} = \frac{10^5}{100 \times 69.5} = 14.4(\text{m}^2)$$

$$A_{\text{并}} = \frac{Q}{K \Delta t_{\text{m并}}} = \frac{10^5}{100 \times 55.8} = 17.9(\text{m}^2)$$

(3) 并流时：

$$\Delta t_2 = 120 - 120 = 0(\text{℃}), \quad \Delta t_{\text{m并}} = 0, \quad A_{\text{并}} = \infty$$

逆流时：

$$\Delta t_1 = 120 - 60 = 60(\text{℃}), \quad \Delta t_2 = 180 - 120 = 60(\text{℃})$$

$$\Delta t_{\text{m逆}} = \frac{\Delta t_2 + \Delta t_1}{2} = 60(\text{℃}), \quad A_{\text{逆}} = \frac{10^5}{100 \times 60} = 16.7(\text{m}^2)$$

因为 Q 不变,故

$$\frac{W_h'}{W_h} = \frac{c_{ph}(T_1 - T_2)}{c_{ph}(T_1 - T_2')} = \frac{180 - 140}{180 - 120} = \frac{2}{3}$$

计算表明,加热剂的用量比原来减少了 1/3,但所需的传热面积增大了。

3. 折流和错流的平均温度差

对于折流和错流的平均温度差,可先按逆流进行计算,然后再乘以校正系数 ψ,即

$$\Delta t_m = \psi \, \Delta t_{\text{m逆}} \tag{3-39}$$

温度差校正系数 ψ 与冷、热流体的温度变化有关,是 P 和 R 两因数的函数,其中

$$P = \frac{t_2 - t_1}{T_1 - t_1} = \frac{\text{冷流体的温升}}{\text{两流体的初始温度差}}$$

$$R = \frac{T_1 - T_2}{t_2 - t_1} = \frac{\text{热流体的温降}}{\text{冷流体的温升}}$$

图 3-21 给出了几种常见流动形式的温差校正系数与 R、P 的关系。

ψ 值恒小于 1,这是由于各种复杂流动中同时存在逆流和并流。因此它们的 Δt_m 比纯逆流的要小。采用折流或错流的原因除了为满足换热器的结构要求外,也是为了提高总传热系数,因此,综合考虑,通常在换热器的设计中规定 ψ 值不应小于 0.8,若低于此值,则应考虑增加壳程数,或将多台换热器串联使用,使传热过程更接近于逆流。

应予指出,温度差校正系数图是基于以下假定作出的:① 壳程任一截面上的流体温度均匀一致;② 管内各程的传热面积相等。

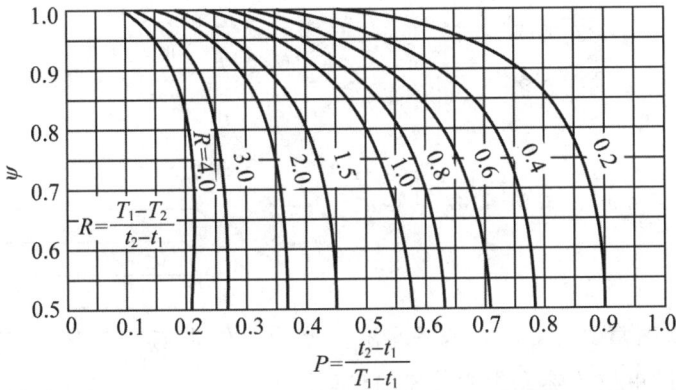

（a）单壳程,两管程或两管程以上

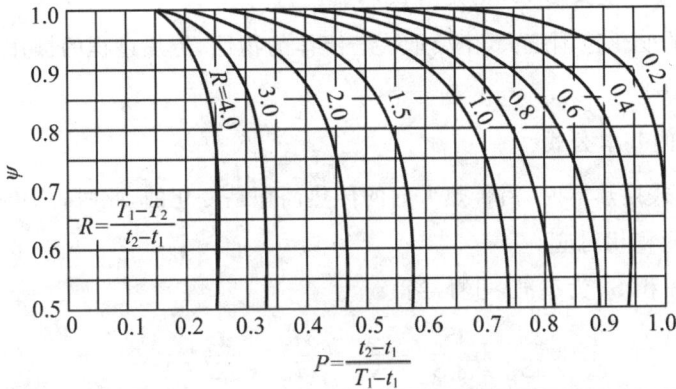

（b）双壳程,四管程或四管程以上

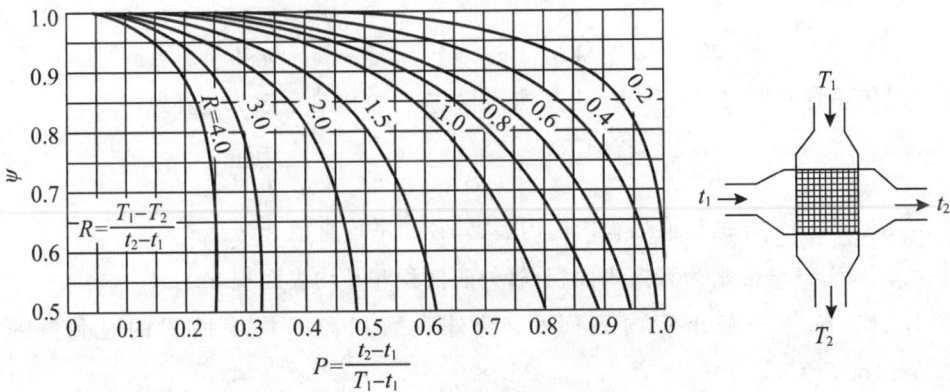

（c）错流（两流体之间不混合）

图 3-21　几种流动形式的 Δt_m 校正系数 ψ 值

【**例 3-6**】　如图 3-22 所示,在一单壳程、四管程的列管式换热器中,用水冷却油。冷水在壳程流动,进口温度为 15℃,出口温度为 32℃。油的进口温度为 100℃,出口温度为 40℃。试求两流体间的平均温度差。

解: 已知 $T_1 = 100℃$,$T_2 = 40℃$,$t_1 = 15℃$,$t_2 = 32℃$,则

$$\Delta t_{m逆} = \frac{\Delta t_2 - \Delta t_1}{\ln \dfrac{\Delta t_2}{\Delta t_1}} = \frac{(100-32)-(40-15)}{\ln \dfrac{(100-32)}{(40-15)}} = 43.0(℃)$$

$$R = \frac{T_1 - T_2}{t_2 - t_1} = \frac{100 - 40}{32 - 15} = 3.53$$

$$P = \frac{t_2 - t_1}{T_1 - t_1} = \frac{32 - 15}{100 - 15} = 0.20$$

查图 3-21(a) 得 $\psi = 0.90$，则

$$\Delta t_m = \psi \Delta t_{m逆} = 0.9 \times 43.0 = 38.7(℃)$$

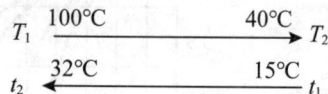

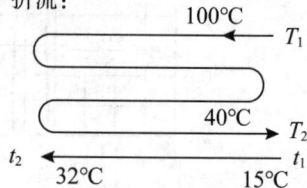

图 3-22　例 3-6 附图

3.4.4　总传热系数

总传热系数 K 的**物理意义**是：当传热平均温度差为 1℃时，在单位时间内通过单位传热面积所传递的热量。K 值是衡量换热器性能的一个重要参数，也是对换热器进行换热计算的依据。K 值的变化范围很大，主要取决于流体的物性、传热过程的操作条件和换热器的类型。

1. 计算总传热系数的基本公式

冷、热流体通过列管式换热器时，沿传热方向的传热面积是变化的，此时，总传热系数 K 必须与所选择的传热面积相对应。

若以传热管的外表面积 S_o 为基准，可推导得

$$\frac{1}{K_o} = \frac{1}{\alpha_o} + \frac{\delta S_o}{\lambda S_m} + \frac{S_o}{\alpha_i S_i} = \frac{1}{\alpha_o} + \frac{\delta d_o}{\lambda d_m} + \frac{d_o}{\alpha_i d_i} \tag{3-40}$$

同理，若以传热管的内表面积 S_i 为基准，其对应的总传热系数 K_i 值为

$$\frac{1}{K_i} = \frac{1}{\alpha_i} + \frac{\delta S_i}{\lambda S_m} + \frac{S_i}{\alpha_o S_o} = \frac{1}{\alpha_i} + \frac{\delta d_i}{\lambda d_m} + \frac{d_i}{\alpha_o d_o} \tag{3-41}$$

若以传热管的平均表面积 S_m 为基准，则对应的总传热系数 K_m 值为

$$\frac{1}{K_m} = \frac{S_m}{\alpha_i S_i} + \frac{\delta}{\lambda} + \frac{S_m}{\alpha_o S_o} = \frac{d_m}{\alpha_i d_i} + \frac{\delta}{\lambda} + \frac{d_m}{\alpha_o d_o} \tag{3-42}$$

式中：d_i、d_o、d_m——分别为换热管内的内径、外径和平均直径，m；

S_i、S_o、S_m——分别为管内表面积、管外表面积和平均表面积，m^2；

K_i、K_o、K_m——基于管内表面积、管外表面积和平均表面积的总传热系数，$W/(m^2 \cdot ℃)$。

注意：当所选的基准传热面不同时，对应的 K 值也不同。通常，各类化工设计手册中所列的 K 值，如无特殊说明，均为以管外表面积为基准的 K 值。

2. 污垢热阻

实际上，换热器在运行一段时间后，在传热管的内、外两侧都会有不同程度的污垢积存，对传热产生附加热阻，称为**污垢热阻**。实践证明，表面污垢热阻比传热壁面的热阻要大得多，因此在传热计算中，污垢热阻常常不能忽略。由于污垢热阻的厚度及其导热系数难以准确测量，在工程计算时，通常是选用一些经验值。表 3-8 列出了工业上常见流体污垢热阻的大致范围，以供参考。

表 3-8　常见流体的污垢热阻

流体	污垢热阻 /(m² · K · kW⁻¹)	流体	污垢热阻 /(m² · K · kW⁻¹)
水（1m/s, $t < 50℃$）		水蒸气	
蒸馏水	0.09	优质（不含油）	0.052
海水	0.09	劣质（不含油）	0.09
清净的河水	0.21	往复机排出	0.176
未处理的凉水塔用水	0.58	液体	
已处理的凉水塔用水	0.26	处理过的废水	0.264
已处理的锅炉用水	0.26	轻质有机物	0.176
硬水、井水	0.58	燃料油	1.056
气体		焦油	1.76
空气	0.26～0.53		
溶剂蒸气	0.14		

若管内、外侧流体的污垢热阻分别用 R_{si}、R_{so} 表示，按串联热阻叠加原理，式（3-40）总传热系数 K 可由下式计算：

$$\frac{1}{K} = \frac{1}{\alpha_o} + R_{so} + \frac{\delta d_o}{\lambda d_m} + R_{si}\frac{d_o}{d_i} + \frac{d_o}{\alpha_i d_i} \qquad (3-43)$$

对于易结垢的流体，换热器使用过久，污垢热阻会增加到使传热速率严重下降的程度，故换热器要根据工作条件定期清洗。

【例 3-7】　热空气在 ϕ 25mm × 2.5mm 的钢管外流过，对流传热系数为 50W/(m² · K)；冷却水在管内流过，对流传热系数为 1000W/(m² · K)。试求：(1) 总传热系数；(2) 若管内对流传热系数增大一倍，总传热系数有何变化？(3) 若管外对流传热系数增大一倍，总传热系数有何变化？

解：已知 $\alpha_o = 50$W/(m² · K)，$\alpha_i = 1000$W/(m² · K)。

查表 3-2，取钢管的热导率 $\lambda = 45$W/(m² · K)。

查表 3-8，取水侧污垢热阻 $R_{si} = 0.58 \times 10^{-3}$ m² · K/W，取空气侧污垢热阻 $R_{so} = 0.5 \times 10^{-3}$ m² · K/W。

(1) 由式（3-43）可得

$$\frac{1}{K} = \frac{1}{\alpha_o} + R_{so} + \frac{\delta d_o}{\lambda d_m} + R_{si}\frac{d_o}{d_i} + \frac{d_o}{\alpha_i d_i}$$

$$= \frac{1}{50} + 0.5 \times 10^{-3} + \frac{2.5 \times 10^{-3} \times 25}{45 \times 22.5} + 0.58 \times 10^{-3} \times \frac{25}{20} + \frac{25}{1000 \times 20}$$

$$= 0.0225 (\text{m}^2 · \text{K/W})$$

即
$$K = 44.4 \text{ W/(m}^2 · \text{K)}$$

可见，空气侧热阻最大，占总热阻的 88.9%；管壁热阻最小，占总热阻的 0.28%。因此总传热系数 K 值接近于空气侧的对流传热系数，即 α 较小的一个。

在这种情况下，若忽略管壁热阻与污垢热阻，可得 $K = 47.1$W/(m² · K)，误差约为 6%。

（2）若管内对流传热系数 α_i 增大一倍，其他条件不变，即 $\alpha'_i = 2000\text{W}/(\text{m}^2 \cdot \text{K})$，得 $\dfrac{1}{K'} = 0.0219$，则

$$K' = 45.6\text{W}/(\text{m}^2 \cdot \text{K})$$

总传热系数仅提高了 2.7%。

（3）若管外对流传热系数 α_o 增大一倍，即 $\alpha'_o = 100\text{W}/(\text{m}^2 \cdot \text{K})$，得 $\dfrac{1}{\alpha_o} = 0.01$，则

$$\frac{1}{K''} = 0.0125, \quad K'' = 79.8\text{W}/(\text{m}^2 \cdot \text{K})$$

总传热系数提高了近 80%。

上述计算表明：① 要有效地提高总传热系数 K，就必须设法减小主要热阻，本例中应设法提高空气侧的对流传热系数；② 传热系数 K 总小于两侧流体的对流传热系数，而且总是接近 α 较小的一个。

3. 壁温计算

在某些对流传热系数关联式中，需知壁温才能计算；此外，在选择换热器的类型和管子材料时，也需要知道壁温。

通常，在管壁较薄的情况下，金属壁的热阻很小，此时，可认为管壁两侧温度基本相等。对于定常的传热过程，将对流传热方程和热传导方程联立，就可以求出管壁两侧的温度。

设管内、外截面上流体的平均温度为 t_i 和 t_o，取管壁温度为 t_w，如考虑污垢热阻的影响，壁温可用下式计算：

$$\frac{t_o - t_w}{t_w - t_i} = \frac{\dfrac{1}{\alpha_o} + R_{so}}{\dfrac{1}{\alpha_i} + R_{si}} \tag{3-44}$$

此式表明，传热面两侧温差之比，等于两侧热阻之比，故壁温 t_w 必接近于热阻较小一侧流体的温度。

【例 3-8】 在列管式换热器中，两流体进行换热。若已知管内、外流体的平均温度分别为 $170℃$ 和 $135℃$；管内、外流体的对流传热系数分别为 $12000\text{W}/(\text{m}^2 \cdot ℃)$ 及 $1100\text{W}/(\text{m}^2 \cdot ℃)$。管内、外侧污垢热阻分别为 $0.0002\text{m}^2 \cdot ℃/\text{W}$ 及 $0.0005\text{m}^2 \cdot ℃/\text{W}$。试估算管壁平均温度。（假设管壁热传导热阻可忽略）

解： 因为

$$\frac{t_o - t_w}{t_w - t_i} = \frac{\dfrac{1}{\alpha_o} + R_{so}}{\dfrac{1}{\alpha_i} + R_{si}}$$

代入已知量，可得：

$$\frac{135 - t_w}{t_w - 170} = \frac{\dfrac{1}{1100} + 0.0005}{\dfrac{1}{12000} + 0.0002}$$

即有

$$t_w = 164(℃)$$

3.5 辐射传热

3.5.1 辐射传热基本概念

1. 热辐射概述

物体以电磁波的形式传递能量的过程称为辐射，被传递的能量称为辐射能。物体因自身热量而引起电磁波辐射的过程则称为热辐射。理论上，物体在一定温度下可以同时发射波长从零到无穷大的各种电磁波。但能被物体吸收并转变为热能的辐射波长仅在 $0.38 \sim 1000 \mu m$ 之间，大多集中于 $0.76 \sim 20 \mu m$ 的红外光线区段。

本质上，热辐射和光辐射完全相同，区别仅在于波长的不同。因此，热辐射也遵循光辐射的折射和反射定律，能在均一介质中做直线传播，在真空和绝大多数气体中可完全透过，但不能透过工业上常见的大部分液体和固体。

如图 3-23 所示，投射在某一物体表面的总辐射能为 Q，有部分能量 Q_A 被吸收，部分能量 Q_R 被反射，余下的能量 Q_D 透过物体。根据能量守恒定律：

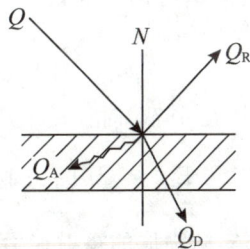

图 3-23　辐射能的吸收、反射和透过

$$Q = Q_A + Q_R + Q_D \tag{3-45}$$

或

$$\frac{Q_A}{Q} + \frac{Q_R}{Q} + \frac{Q_D}{Q} = 1 \tag{3-45a}$$

式中令各比值 $\frac{Q_A}{Q} = A$，$\frac{Q_R}{Q} = R$ 和 $\frac{Q_D}{Q} = D$，依次称为该物体的**吸收率**、**反射率**和**透过率**，于是上式可写为

$$A + R + D = 1 \tag{3-46}$$

（1）当 $A = 1$ 时，称为绝对黑体或黑体。实际上绝对黑体并不存在，但有些物体比较接近黑体，如无光泽的黑漆表面，$A = 0.96 \sim 0.98$。

（2）当 $R = 1$ 时，称为绝对白体或镜体。绝对白体实际上同样也不存在，但也有些物体接近于白体，如表面磨光的铜，$R = 0.97$。

（3）当 $D = 1$ 时,称为透热体。单原子和由对称双原子构成的气体(如 He、O_2、N_2 等),一般可视为透热体。

物体的吸收率、反射率和透过率的大小,与该物体的性质、温度、相态以及表面状况等因素有关。通常情况下,表面粗糙度高的物体,A 值越大;固体和液体的 $D \approx 0$;而气体和液体的 $R \approx 0$。

2. 黑体的辐射能力——斯蒂芬-玻尔兹曼定律

黑体的辐射能力为单位时间内单位黑体表面向外界辐射的全部波长的总能量。理论研究表明,其服从斯蒂芬-玻尔兹曼定律,即

$$E_0 = \alpha_0 T^4 \tag{3-47}$$

式中:E_0——黑体的辐射能力,W/m^2;

α_0——黑体的辐射常数,$\alpha_0 = 5.67 \times 10^{-8} W/(m^2 \cdot K^4)$;

T——黑体的绝对温度,K。

为了使用方便,通常将此式写为

$$E_0 = C_0 \left(\frac{T}{100}\right)^4 \tag{3-47a}$$

式中:C_0——黑体的辐射系数,其值为 $5.67 W/(m^2 \cdot K^4)$。

由式(3-47)可知,黑体的辐射能力与其绝对温度的四次方成正比,表明它对温度十分敏感,低温时辐射能往往可以忽略,高温时则往往成为传热的主要方式。

【例 3-9】 试计算某黑体表面温度分别为 37℃ 和 637℃ 时的辐射能力。

解: 黑体在 37℃ 时:

$$E_{01} = C_0 \left(\frac{T_1}{100}\right)^4 = 5.67 \times \left(\frac{273 + 37}{100}\right)^4 = 523.6 (W/m^2)$$

黑体在 637℃ 时:

$$E_{02} = C_0 \left(\frac{T_2}{100}\right)^4 = 5.67 \times \left(\frac{273 + 637}{100}\right)^4 = 3.89 \times 10^4 (W/m^2)$$

3. 实际物体的辐射能力

在同一温度下,实际物体的辐射能力恒小于黑体的辐射能力。不同物体的辐射能力也有很大差别。同温度下,实际物体与黑体的辐射能力的比值称为该物体的**黑度**,用 ε 表示,即

$$\varepsilon = \frac{E}{E_0} \tag{3-48}$$

实际物体的黑度可由实验测定,其值恒小于 1。由式(3-47)和式(3-48)计算可知,实际物体的辐射能力可表示为

$$E = \varepsilon E_0 = \varepsilon C_0 \left(\frac{T}{100}\right)^4 \tag{3-48a}$$

物体的黑度主要取决于物体的性质、表面温度和表面状况(如粗糙度、氧化程度)等。表 3-9 给出了某些常见工业材料的黑度值。可见,金属表面的粗糙程度对黑度 ε 影响较大。非金属材料的黑度值通常都较高,一般为 $0.85 \sim 0.95$,在缺乏资料时,可近似取 0.90。

表 3-9　常用工业材料的黑度值

材料	温度/℃	黑度ε	材料	温度/℃	黑度ε
红砖	20	0.93	铜(氧化的)	$200 \sim 600$	$0.57 \sim 0.87$
耐火砖	—	$0.8 \sim 0.9$	铜(磨光的)	—	0.03
钢板(氧化的)	$200 \sim 600$	0.8	铝(氧化的)	$200 \sim 600$	$0.11 \sim 0.19$
钢板(磨光的)	$940 \sim 1100$	$0.55 \sim 0.61$	铝(磨光的)	$225 \sim 575$	$0.039 \sim 0.057$
铸铁(氧化的)	$200 \sim 600$	$0.64 \sim 0.78$			

4. 灰体的辐射能力和吸收能力——克希荷夫定律

实际物体的吸收率与入射的辐射波长的关系比较复杂。工程上为了使辐射传热问题得到简化,提出了"灰体"的概念。**灰体**是一种理想化物体,在相同温度下,能以相同吸收率对各种辐射波长进行吸收。实验表明,大多数工程材料都可近似视为灰体。灰体的辐射能力也可用黑度 ε 来表示。关于灰体的吸收率,已经证明:同一灰体的吸收率与其黑度在数值上相等,即

$$A = \varepsilon \qquad\qquad (3\text{-}49)$$

此式称为**克希荷夫定律**。该式表明,灰体的辐射能力越大,其吸收能力也越大。根据黑度的定义,式(3-49)也可表示为

$$\frac{E}{A} = E_0 \qquad\qquad (3\text{-}49a)$$

这是克希荷夫定律的另一种表达式,它说明灰体在一定温度下的辐射能力和吸收率的比值,恒等于同温度下黑体的辐射能力。

3.5.2　固体间的辐射传热

工业上常遇到的两固体间的热辐射,通常可视为灰体间的热辐射。两固体间由于辐射而进行热传递时,往往相互进行着多次的吸收和反射过程。因此,在计算两固体间的相互辐射时,必须考虑到两固体的吸收率和反射率、形状和大小,以及两物体间的距离和相互位置。两固体间辐射传热总的结果,是热能从温度较高的物体传递给温度较低的物体。一般可用下式计算:

$$Q_{1\text{-}2} = C_{1\text{-}2}\varphi A\left[\left(\frac{T_1}{100}\right)^4 - \left(\frac{T_2}{100}\right)^4\right] \qquad\qquad (3\text{-}50)$$

式中:$Q_{1\text{-}2}$——辐射传热速率,W;

$C_{1\text{-}2}$——总辐射系数,W/($m^2 \cdot K^4$);

A——辐射传热面积,m^2,当两物体间面积不相等时,取辐射面积较小的一个(表 3-10 中的 A_1);

T_1、T_2——热、冷物体表面的绝对温度,K;

φ——几何因子或角系数,无因次。

对于工业上常遇到的几种简单情况,其辐射面积 A、角系数 φ、总辐射系数 $C_{1\text{-}2}$ 的求取可参见表 3-10。

表 3-10　角系数值与总辐射系数计算式

序号	辐射情况	面积 A	角系数 φ	总辐射系数 C_{1-2}
1	极大的两平行面	A_1 或 A_2	1	$\dfrac{C_0}{\dfrac{1}{\varepsilon_1}+\dfrac{1}{\varepsilon_2}-1}$
2	面积有限的两相等平行面	A_1	<1	$\varepsilon_1\varepsilon_2 C_0$
3	很大的物体 2 包住物体 1	A_1	1	$\varepsilon_1 C_0$
4	物体 2 恰好包住物体 $1, A_2 \approx A_1$	A_1	1	$\dfrac{C_0}{\dfrac{1}{\varepsilon_1}+\dfrac{1}{\varepsilon_2}-1}$
5	介于情况 3 和情况 4 之间	A_1	1	$\dfrac{C_0}{\dfrac{1}{\varepsilon_1}+\dfrac{A_1}{A_2}\left(\dfrac{1}{\varepsilon_2}-1\right)}$

3.5.3　对流和辐射联合传热

化工生产中,许多设备的外壁温度常高于(或低于)周围的环境温度,此时热量会由壁面以对流和辐射两种形式散失。设备热损失应为对流与辐射两部分之和。

由对流散失的热量为

$$Q_c = \alpha_c A_w(T_w - T) \tag{3-51}$$

由辐射散失的热量为

$$Q_R = \alpha_R A_w(T_w - T) \tag{3-52}$$

式中,$\alpha_R = \dfrac{C_{1-2}\left[\left(\dfrac{T_w}{100}\right)^4 - \left(\dfrac{T}{100}\right)^4\right]}{T_w - T}$,称为辐射传热系数。

那么总的热损失

$$Q = Q_c + Q_R = (\alpha_c + \alpha_R)A_w(T_w - T) = \alpha_T A_w(T_w - T) \tag{3-53}$$

式中:α_c——对流传热系数,$W/(m^2 \cdot K)$;

$\quad\alpha_R$——辐射传热系数,$W/(m^2 \cdot K)$;

$\quad\alpha_T$——对流和辐射联合传热系数,$W/(m^2 \cdot K)$;

$\quad A_w$——设备外壁的面积,m^2;

$\quad T_w$——设备外壁的绝对温度,K;

$\quad T$——设备周围环境温度,K。

对于有保温层的设备和管道等,对流和辐射联合传热系数 α_T,可用下列公式估算。

(1)空气自然对流($T_w < 423K$):

　　在平壁保温层外　　　　$\alpha_T = 9.8 + 0.07(T_w - T)$ (3-54)

　　在管道及圆筒壁保温层外　$\alpha_T = 9.4 + 0.052(T_w - T)$ (3-55)

(2)空气沿粗糙表面强制对流时:

　　空气速度 $u \leqslant 5m/s$　　　$\alpha_T = 6.2 + 4.2u$ (3-56)

　　空气速度 $u > 5m/s$　　　　$\alpha_T = 7.8u^{0.78}$ (3-57)

3.6　换热器

![任务目标]	![技能要求]
• 了解典型换热器的结构与特点； • 理解强化或削弱传热的途径。	• 能进行传热的基本操作； • 能够根据生产任务和工艺要求初步选择换热器； • 能够对常见传热设备进行故障判断及排除。

　　换热器是许多工业部门的通用设备,在化工生产中可用作加热器、冷却器、冷凝器、蒸发器和再沸器等。根据冷、热流体热量交换的原理和方式,换热器可以分为三大类,即直接接触式、蓄热式和间壁式。其中间壁式换热器应用最广,本节重点介绍间壁式换热器的形式与构造。

3.6.1　间壁式换热器的结构与性能特点

　　从传热面的基本几何特征分类,传统的间壁式换热器可分为管式和板式。

1. 夹套式换热器

　　夹套式换热器属于最早的一种板式换热器,如图 3-24 所示,这种换热器在容器外壁焊有一个夹套,夹套内通入加热剂或冷却剂。传热面就是夹套所在的整个容器壁。其特点是结构简单,但传热面受容器壁面的限制,传热系数不高。夹套式换热器广泛用于反应器的加热和冷却。釜内通常设置搅拌以提高釜内传热系数,并使釜内液体受热均匀。

2. 沉浸式蛇管换热器

　　如图 3-25 所示,沉浸式蛇管换热器是将金属管绕成各种与容器相适应的形状,并沉浸在容器内的液体中。其优点

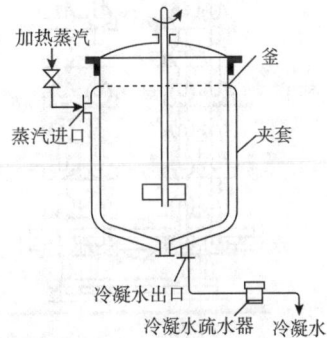

图 3-24　夹套式换热器

是结构简单,制造方便,管内能承受高压并可由耐腐蚀材料制造,且管外便于清洗。其缺点是管外容器中的湍动程度低,对流传热系数小,平均温差也较低。这种换热器适用于反应器内的传热、高压下的传热以及强腐蚀性介质的传热。

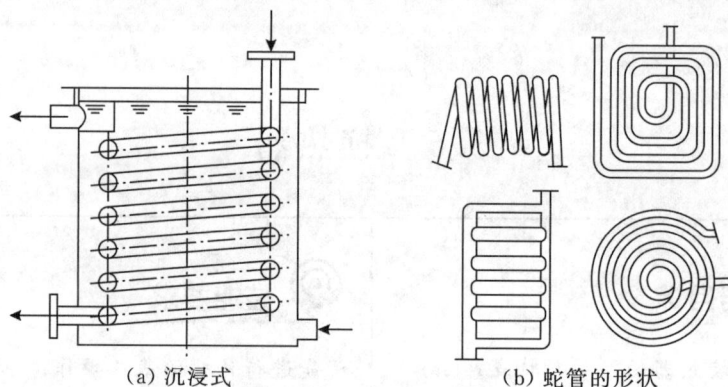

（a）沉浸式 （b）蛇管的形状

图 3-25 沉浸式蛇管换热器

3. 喷淋式换热器

喷淋式换热器主要作为冷却设备，如图 3-26 所示，这种换热器是将换热管成排地固定在钢架上，热流体在管内流动，与从上方喷淋装置均匀淋下的冷却水逆流换热。喷淋式换热器的管外是一层湍动程度较高的液膜，管外对流传热系数比沉浸式蛇管换热器大得多。并且这种换热器多放在空气流通之处，冷却水的蒸发也可带走一部分热量，故比沉浸式蛇管换热器传热效果好。其优点是结构简单，管外便于清洗，水消耗量也不大，特别适用于高压流体的冷却。其缺点是占地面积较大，喷淋也不易均匀。

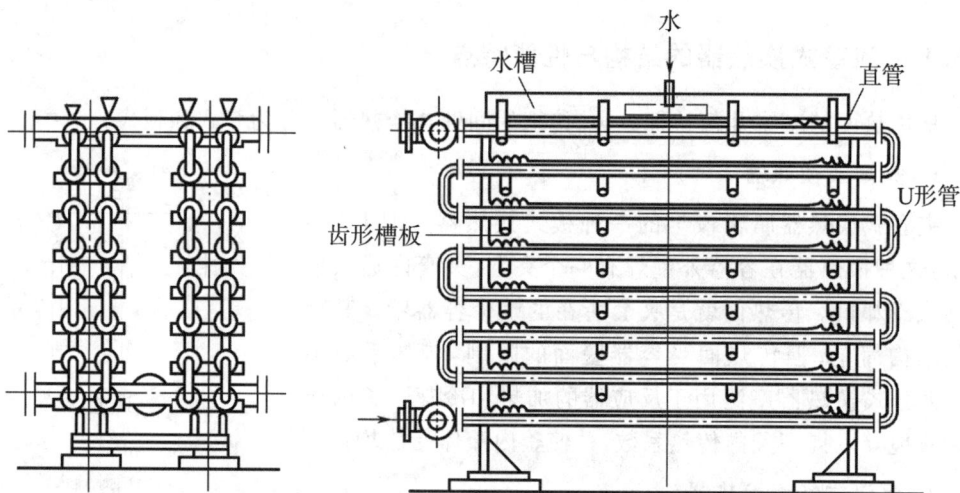

图 3-26 喷淋式换热器

4. 套管式换热器

套管式换热器是由两种直径不同的直管制成的同心套管，并用 U 形肘管连接而成（见图 3-27）。这种换热器中的管内流体和环隙流体皆可选用较高的流速，故传热系数较大，并且两流体可安排为纯逆流，传热温度差较大。其优点是结

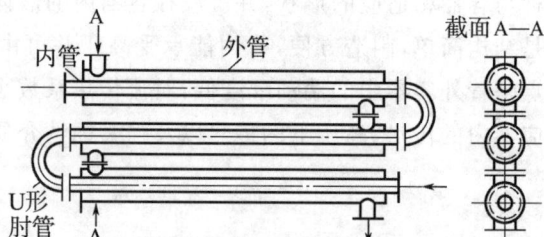

图 3-27 套管式换热器

构简单,能承受高压,传热面易于增减,应用方便。其缺点是单位传热面积的金属耗量很大,不够紧凑,介质流量较小、热负荷不大,一般适用于压强较高的场合。

5. 列管式换热器

列管式(又称管壳式)换热器是应用最广的间壁式换热器,在工业应用上有着悠久的历史,且至今仍在所有换热器中占据主导地位。

列管式换热器主要由壳体、管束、管板、折流挡板和封头等部分组成。管束两端固定在管板上,管板外是封头,供管程流体的进入和流出,保证各管中的流动情况较一致(见图3-28)。常用的折流挡板有圆缺形和圆盘形两种(见图3-29、图3-30),圆缺形挡板应用最广泛。

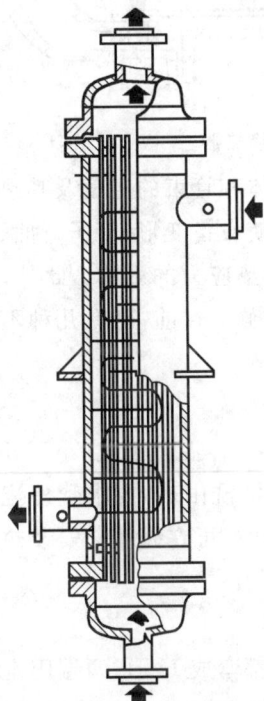

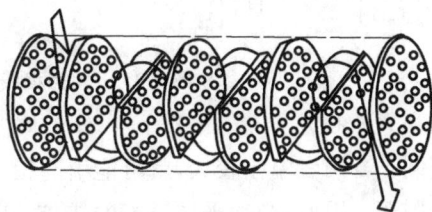

(a) 圆缺形

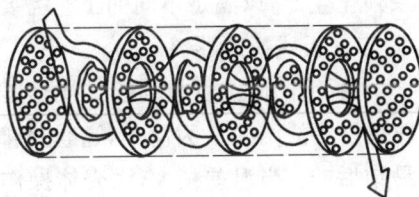

(b) 圆盘形

图 3-28 固定管板列管式换热器 　　图 3-29 流体在壳内的折流

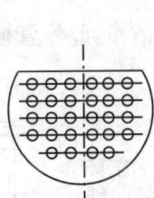

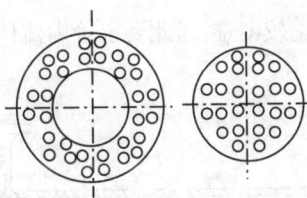

(a) 圆缺形　　　(b) 圆盘形

图 3-30 折流挡板的形式

图 3-28 所示的换热器为单壳程单管程换热器。为了调节管程和壳程流速,可采用多管程和多壳程。如在两端封头内设置适当的隔板,使全部管子分为若干组,管程流体依次通过每组管子往返多次。增加管程数虽可提高管内流速和管内对流传热系数,但流体流动阻力和机械能损失也随之增大,传热平均推动力会减小,故管程数不宜太多,一般以2、4、6管程较为常见。同样,在壳体内安装纵向隔板使流体多次通过壳体空间,可提高管外

流速。图 3-31 所示为两壳程四管程换热器。由于在壳体内安装纵向隔板较困难,需要时可采用多个相同的小直径换热器串联来代替多壳程。

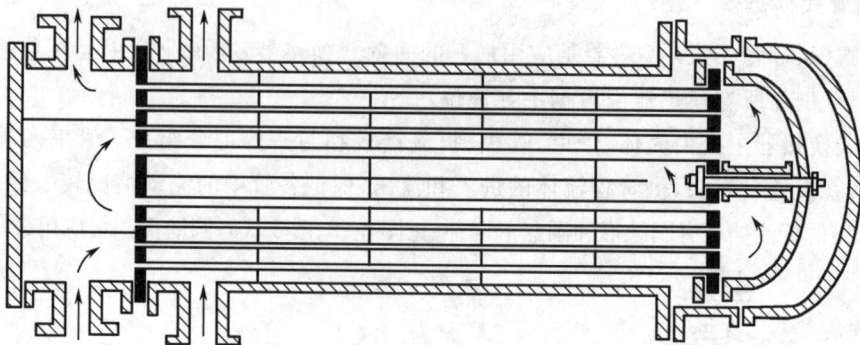

图 3-31 两壳程四管程的浮头式换热器

在列管式换热器中,由于管内、外流体温度不同,壳体和管束的温度及其热膨胀的程度也不同。若两者温差较大,就可能引起很大的内应力,使设备变形、管子弯曲、断裂甚至从板上脱落。因此,必须采取适当的措施,以消除或减少热应力的影响。此外,有的流体易于结垢,有的腐蚀性较大,也要求换热器便于清理和维修。目前,已有几种不同形式的换热器系列化生产,以满足不同的工艺需要。

1) 固定管板式换热器

图 3-28 所示的固定管板列管式换热器,适用于冷、热流体温差不大(小于 50℃)的场合。这种换热器的结构最为简单,造价低廉,但由于壳程清洗困难,要求管外流体是较洁净且不易结垢的。当温差稍大,而壳体操作压强又不太高时,可在壳体上安装热膨胀节以减小热应力。

2)U 形管换热器

图 3-32 为 U 形管换热器,其结构特点为每根换热管都弯成 U 形,两端固定在同一块管板上,封头用隔板分成两室,故相当于双管程。且每根管子皆可自由伸缩,与壳体和其他管子无关,解决了温差补偿问题。其优点是结构比较简单、重量轻,适合于高温、高压的场合。其缺点是管内清洗较困难,因此要求管内流体必须洁净,此外管板的利用率较低。

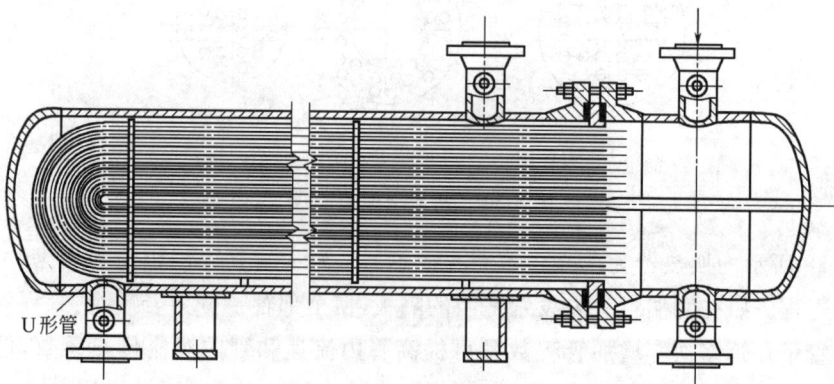

图 3-32 U 形管换热器

3）浮头式换热器

浮头式换热器中两端的管板有一端不与壳体固定连接，其封头可在壳体内与管束一起自由移动，该端称为浮头（见图 3-31）。这种结构不但消除了热应力，而且整个管束可从壳体中抽出，便于管内外的清洗和检修，是应用较为普遍的一类换热器。其缺点是结构较复杂，金属消耗量大，造价也较高。

6. 其他高效换热器

以上各种传统的间壁式换热器中普遍存在的问题是结构不够紧凑，金属耗量大，换热器单位体积所能提供的传热面积较小。随着工业的发展，不断涌现出新型高效的换热器。基本革新思路是：① 在有限的体积内增加传热面积；② 增加间壁两侧流体的湍动程度，以提高传热系数。

1）螺旋板式换热器

螺旋板式换热器由两张平行薄金属板卷制而成，在其内部形成一对同心的螺旋形通道。换热器中央设有隔板，将两个螺旋形通道隔开。两板之间焊有定距柱以维持通道间距，在螺旋板两侧焊有盖板。冷、热流体分别由相邻螺旋形通道流过，通过薄板进行换热（见图 3-33）。

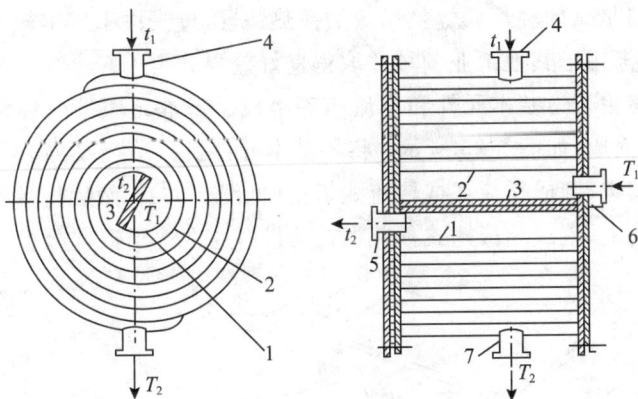

1,2—金属片；3—隔板；4,5—冷流体连接管；6,7—热流体连接管。

图 3-33　螺旋板式换热器

螺旋板式换热器的优点是总传热系数高，在较低的雷诺数下即可达到湍流；结构紧凑，单位体积的传热面约为列管式换热器的 3 倍；冷、热流体间为纯逆流流动，传热平均推动力大；且由于流速较高，流体对器壁有冲刷作用而不易结垢和堵塞。其主要缺点是操作压强和温度不能太高（目前操作压强不大于 2MPa，温度不超过 300℃），流体流动阻力较大，且检修困难。

2）平板式换热器

平板式换热器由传热板片、密封垫片和压紧装置三部分组成。图 3-34 所示为若干矩形板片，其上四角开有圆孔，板片间用密封垫片隔开以形成不同的流体通道。冷、热流体在板片两侧流过，通过板片进行换热。板片厚度为 0.5～3mm，通常轧制成各种波纹形状，既增加刚度和实际传热面积，又使流体分布均匀，增加湍动程度。

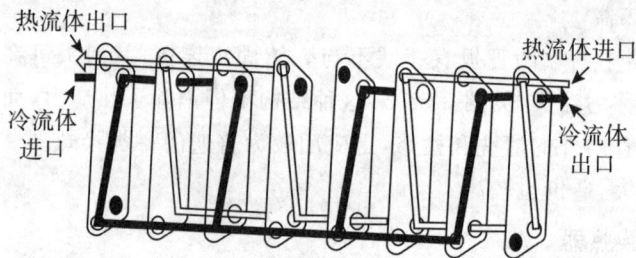

图 3-34　平板式换热器

平板式换热器的主要优点是板片间流体湍动程度高,且板片又薄,故总传热系数高;结构紧凑,单位体积设备提供的传热面积大,因而热损失较小;操作灵活性大,检修、清洗方便,这是因为板式换热器具有可拆结构,可根据需要调整板片数目、流动方式和两侧流体的流动程数以增减传热面积。

其主要缺点是允许的操作压强和温度比较低。通常操作压强不超过 2MPa,否则容易渗漏;操作温度受垫片材料耐热性的限制,一般不超过 250℃。另外,不宜于处理特别容易结垢的流体,单台处理量也较小。

3)板翅式换热器

板翅式换热器是一种轻巧、紧凑、高效的换热装置,过去由于成本较高,仅用于少数高科技部门,现已逐渐用于其他工业领域并取得良好效果。

板翅式换热器由若干基本元件和集流箱等组成。基本元件是由各种形状的翅片、平隔板、侧封条组装而成,如图 3-35 所示。将各基本元件进行适当排列(两元件之间的隔板共用),并用钎焊固定,制成逆流式或错流式板束(见图 3-36)。然后将带有流体进、出口管的集流箱焊到板束上,就成为板翅式换热器。其材料通常选用铝合金。

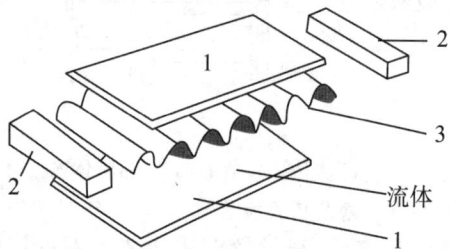

1—平隔板;2—侧封条;3—翅片(二次表面)。
图 3-35　板翅式换热器的基本元件

板翅式换热器

板翅式换热器的结构高度紧凑,所用翅片既促进流体的湍动,总传热系数高,传热效果好,又与隔板一起提供了传热面,单位体积的传热面积可达 $2500 \sim 4300 \mathrm{m}^2$。同时,翅片对隔板有支撑作用,允许操作压强也较高,可达 5MPa。其缺点是制造工艺复杂,设备流道很小,易于堵塞和结垢,且难以清洗和检修。

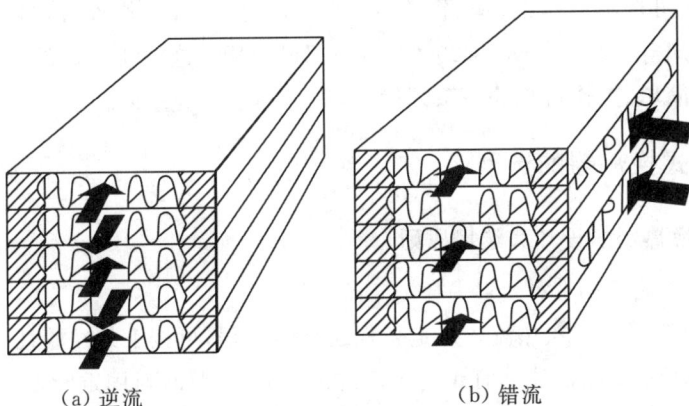

（a）逆流　　　　　　　　　（b）错流

图 3-36　板翅式换热器的板束

4）翅片管换热器

翅片管是在普通金属管的两侧（一般为外侧）安装各种翅片制成的，既增加了传热面积，又改善了翅片侧流体的湍动程度。常用的翅片有横向和纵向两种形式（见图 3-37）。翅片与光管的连接应紧密无间，否则连接处热阻很大，影响传热效果。常用的连接方法有热套、镶嵌、缠绕、焊接等，也可采用整体轧制或机械加工的方法制造。翅片管对外侧传热系数很小的传热过程有显著的强化效果，用翅片管制成的空气冷却器在化工生产中应用很广。

（a）横向　　　　　　　（b）纵向

图 3-37　翅片管

5）热管

热管是一种新型换热元件。最简单的热管是在抽除不凝性气体的金属管内充以定量的某种工作液体，然后将两端封闭（见图 3-38）。当蒸发端受热时，工作液体受热沸腾，产生的蒸气流至冷凝端凝结放热。冷凝液沿具有微孔结构的吸液芯网在毛细管力的作用下回流至蒸发端再次沸腾。如此反复循环，热量由蒸发端传入，从冷凝端传出。由于蒸发和冷凝都是存在相变的对流传热过程，对流传热系数很大，较小的面积便可传递大的热量。故可利用热管的外表面作为冷、热流体换热的介质，也可采用外表面加翅片的方法进行强化，因此用于传热系数很小的气-气传热过程也很有效。特别适用于低温差传热（如工业余热利用）以及要求迅速散热等场合。

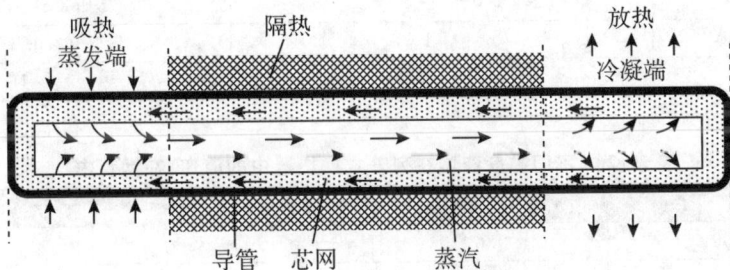

图 3-38　热管

127

热管的材质可选用不锈钢、铜、铝等,按操作温度要求,工作液可选用液氮、液氨、甲醇、水及液态金属等,故在 $-200 \sim 2000℃$ 之间都可应用。这种新型装置因传热能力大、应用范围广、结构简单、工作可靠等一系列优点,受到各方面的重视。

3.6.2　列管式换热器的选型

1. 列管式换热器的设计和选用原则

1）冷、热流体流径的选择

在列管式换热器中,冷、热流体是走壳程还是走管程,可按下列经验性原则进行确定:

(1) 不洁净或易结垢的流体宜走易于清洗的一侧。例如,对固定管板式换热器应走管程,而对 U 形管换热器应走壳程。

(2) 腐蚀性流体宜走管程,以避免壳体和管束同时受到腐蚀。

(3) 有毒或易污染的流体宜走管程,以减少泄漏造成的危害。

(4) 压强高的流体宜走管程,以避免壳体承受过高压力。

(5) 对流传热系数明显较低的物料宜走管程,以利于提高流速。

(6) 饱和蒸气宜走壳程,以利于冷凝液排出。

(7) 被冷却的流体宜走壳程,便于散热。但有时为了较充分地利用高温流体的热量,以减少热损失,也可走管程。

(8) 流量小或黏度大的物料一般以走壳程为宜,因为在折流挡板的作用下,$Re > 100$ 即可达到湍流。

以上各点常常不能同时满足,有时甚至会产生矛盾,因此需结合工程经验,并视工程实际情况作出合理的选择。

2）流速的选择

流体在管程或壳程中的流速增加,可以提高对流传热系数,且能增大对管壁的冲刷程度,减少污垢生成,从而增大总传热系数,但是流速增加也会增加动力消耗,同时流动阻力也会有所增大。因此,最适宜的流速要通过技术、经济比较才能确定,一般管内、管外都要尽量避免出现层流状态。表 3-11 和表 3-12 列出了常用流速范围,可供设计时参考。

表 3-11　列管式换热器中常用的流速范围

流体种类	流速/(m·s^{-1})	
	管程	壳程
一般液体	$0.5 \sim 3$	$0.2 \sim 1.5$
易结垢液体	>1	>0.5
气体	$5 \sim 30$	$9 \sim 15$

表 3-12　不同黏度液体在列管式换热器中的流速(在钢管中)

液体黏度/(10^{-3}Pa·s)	最大流速/(m·s^{-1})	液体黏度/(10^{-3}Pa·s)	最大流速/(m·s^{-1})
>1500	0.6	$100 \sim 35$	1.5
$1000 \sim 500$	0.75	$35 \sim 1$	1.5
$500 \sim 100$	1.1	<1	2.4

3）流体进、出口温度的确定

换热器以加热或冷却为目的,在选定热源或冷源时,通常其进口温度已知,但其出口温度需要设计者选择,这也是一个经济权衡问题。例如,以冷却水为冷却介质,若选择出口温度越高,则其用量就越少,输送流体的动力消耗越小,操作费用降低;但传热过程的平均推动力也就越小,所需的传热面积增大,设备费用增加。因此,对于加热介质或冷却介质的出口温度要权衡操作费用和设备费用,以总费用最低的原则来确定。

4）换热管规格与排列方式的选择

换热管直径越小,换热器单位容积的传热面积越大,因此,对于洁净的流体,管径可以小一些;对于不洁净或易结垢的流体,应加大管径,以免结垢。考虑到制造和维修方便,我国目前试行的系列标准规定采用ϕ19mm$\times$2mm、ϕ25mm$\times$2mm和ϕ25mm$\times$2.5mm等几种规格。管长的选择要考虑清洗方便和合理使用管材。在相同的传热面积下,管子较长时,管程数减少,压力降也减小。我国生产的钢管长多为6m,故系列标准中管长有1.5m、2m、3m和6m等常用规格。此外,管长与壳内径的比例应适当,一般以4～6为宜。

管子常用的排列方式为正三角形、正方形直列和正方形错列三种,如图3-39所示。正三角形排列比较紧凑,管外流体湍动程度高,对流传热系数大。正方形直列排列比较松散,传热效果较差,但管外清洗方便,适宜于易结垢的流体。正方形错列排列的传热效果则会有明显改善。在系列标准中,固定管板式换热器采用正三角形排列;U形管换热器与浮头式换热器ϕ19mm的管子按正三角形排列,ϕ25mm的管多按正方形错列排列。

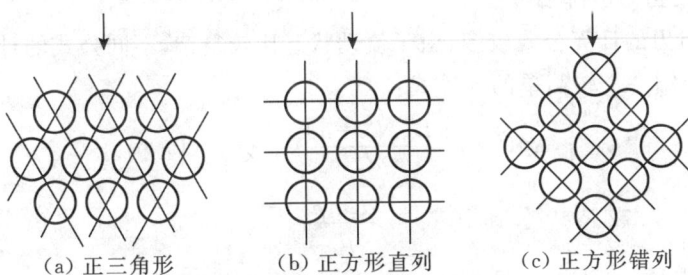

（a）正三角形　　（b）正方形直列　　（c）正方形错列

图 3-39　管子在管板上的排列

5）折流挡板的选择

安装折流挡板的目的是提高管外对流传热系数,为取得良好效果,折流挡板的形状和间距必须适当。对于常用的圆缺形挡板而言,弓形缺口太大或太小都会产生流动"死区"(见图3-40),既不利于传热,又增加了流体流动阻力。一般弓形缺口的高度可取为壳体内径的10%～40%,最常见的是20%和25%两种。

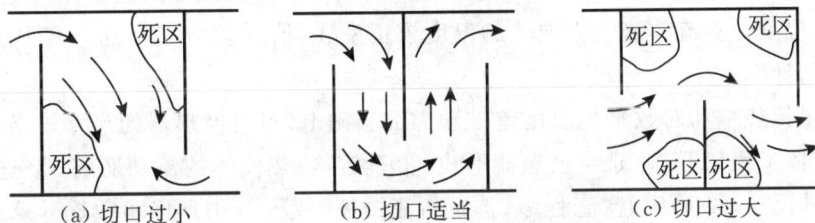

（a）切口过小　　　（b）切口适当　　　（c）切口过大

图 3-40　挡板切口对流动的影响

折流挡板的间距对壳程流体的流动也有重要影响。间距过小,不便于制造和检修,阻力损失也较大；间距过大，不能保证流体垂直流过管束，使管外对流传热系数下降。一般取挡板间距为壳体内径的 $0.2 \sim 1.0$ 倍。我国系列标准中采用的挡板间距为 100mm、150mm、200mm、300mm、450mm、600mm 等。

2. 流体通过换热器的流动阻力

流体通过换热器的流动阻力越大，其输送动力消耗也越高。设计和选用列管式换热器时，应分别对管程和壳程的流动阻力进行估算。

1）管程流动阻力压降 Δp_i

管程流动阻力可按一般流体流动阻力计算公式进行计算。对于多程换热器，其总阻力等于各程直管阻力、回弯阻力和进出口等局部阻力的总和。管程总阻力的计算式为

$$\Delta p_i = (\Delta p_1 - \Delta p_2) f_i N_p \tag{3-58}$$

式中：Δp_1——用 $\Delta p_1 = \lambda \dfrac{l}{d_i} \times \dfrac{u_i^2 \rho}{2}$ 计算，Pa，其中 u_i 为管内流速（m/s），l 为单根管长（m），

$\quad\quad d_i$ 为管内径（m）；

$\quad\quad \Delta p_2$——用 $\Delta p_2 = \sum \xi \dfrac{u_i^2 \rho}{2} \approx 3 \dfrac{u_i^2 \rho}{2}$ 计算，Pa，其中 u_i 为管内流速（m/s）；

$\quad\quad f_i$——管程结垢校正系数，对 $\phi 25\text{mm} \times 2.5\text{mm}$ 的管子，取为 1.4，对 $\phi 19\text{mm} \times 2\text{mm}$ 的管子，取为 1.5；

$\quad\quad N_p$——管程数。

2）壳程流动阻力压降 Δp_o

壳程流体阻力的计算公式较多，由于流动状态比较复杂，不同公式的计算结果往往相差很多。下面介绍一个较简单的计算式：

$$\Delta p_o = \lambda_o \frac{D(N_B + 1)}{d_e} \times \frac{\rho u_o^2}{2} \quad (\text{Pa}) \tag{3-59}$$

式中：λ_o——$\lambda_o = 1.72 Re^{-0.19}$，其中 $Re = \dfrac{d_e u_o \rho}{\mu}$；

$\quad\quad D$——壳内径，m；

$\quad\quad N_B$——折流板挡数，$N_B \approx \dfrac{l}{h} - 1$，$h$ 为折流挡板间距。

3. 系列标准换热器的选用步骤

根据生产要求的换热任务，选定适当的载热体及出口温度后，一般已知条件包括：热流体流量 W_h、进口温度 T_1、出口温度 T_2，冷却介质进口温度 t_1。据此，可计算出热负荷 Q、冷却介质出口温度 t_2 和逆流平均温度差 $\Delta t_{m逆}$，并初步选定换热器的流动方式，由冷、热流体进、出口温度计算流体流动方向上的温度校正系数 ψ 值，ψ 值应大于 0.8，否则应改变流动方式重新计算。

在获得传热量和对数平均温度差推动力的基础上，可对换热器的尺寸规格及型号进行初选，具体步骤如下：① 选定换热器形式；② 确定冷、热流体的流动通道；③ 选定冷、热流体适宜的流速；④ 确定管、壳程数，选定折流挡板间距；⑤ 根据经验数据计算总传热系数，校核传热面积；⑥ 参照系列标准选定换热器的直径、长度、排列方式，进而确定换热器型号。

3.6.3　强化与削弱传热过程

所谓强化传热过程,就是尽可能用较少传热面积或较小传热体积的设备来完成同样的传热任务以提高经济性。由总传热速率方程可知,增大传热面积 A、传热平均温度差 Δt_m、总传热系数 K 均可提高总传热速率。

1. 增大传热面积 A

从各型换热器的介绍可知,增大传热面积不能单靠加大设备的尺寸来实现,必须改进设备的结构,使单位体积的设备提供较大的传热面积。

当间壁两侧对流传热系数相差很大时,增大 α 小的一侧的传热面积,会大大提高总传热速率。例如,用螺纹管或翅片管代替光滑管可显著提高传热效果。此外,使流体沿流动截面均匀分布,减少"死区",可使传热面得到充分利用。

2. 增大传热平均温度差 Δt_m

平均温度差的大小主要由冷、热两种流体的温度条件决定。从节能的观点出发,近年来的趋势是尽可能在低温差条件下传热。因此,当两侧流体均为变温时,应尽可能从结构上采用逆流或接近逆流操作,以得到较大的 Δt_m。如螺旋板式换热器就具有 Δt_m 大的特点。

3. 增大总传热系数 K

提高总传热系数 K,是强化传热过程的最现实和有效的途径。从总传热系数计算公式(见式(3-43))可知,减小分母中的任何一项,均可使 K 值增大。但要有效地增大 K 值,应设法减小其中对 K 值影响最大、最有控制作用的那些热阻项。一般金属壁热阻、一侧为沸腾或冷凝时的热阻均不会成为控制因素,因此,应着重考虑无相变流体一侧的热阻和污垢热阻。

(1)加大流速,增大湍动程度,减小层流内层厚度,可有效地提高无相变流体的对流传热系数。例如,列管式换热器中增加管程数、壳体中增加折流挡板等。但随着流速提高,阻力增大很快,故提高流速受到一定的限制。

(2)增大对流体的扰动。通过设计特殊的传热壁面,使流体在流动中不断改变方向,提高湍动程度。如管内装设扭曲的麻花铁片、螺旋圈等添加物;采用各种凹凸不平的波纹状或粗糙的换热面,均可提高传热系数,但这样也往往伴有压降增加。近年来,发展了一种壳程用折流杆代替折流板的列管式换热器,即在管子四周加装一些直杆,既起到固定管束的作用,又加强了壳程流体的湍动。此外,利用传热进口段的层流内层较薄、局部传热系数较高的特点,采用短管换热器,也有利于提高管内传热系数。

(3)防止污垢和及时清除污垢,以减小污垢热阻。例如,增大流速可减轻垢层的形成和增厚;易结垢流体要走便于清洗的一侧;采用可拆卸结构的换热器等。

总之,强化传热的途径是多方面的。对于实际的传热过程,要具体问题具体分析,并对设备的结构与制造费用,动力消耗、检修操作等予以全面考虑,采取经济合理的强化措施。

习题

一、选择题

1. 保温材料一般选用结构疏松、导热系数(　　)的固体材料。

A. 较小　　　　　　　B. 较大　　　　　　　C. 无关　　　　　　　D. 不一定

2. 双层平壁定态热传导,两层壁厚相同,各层的热导率(导热系数)分别为 λ_1 和 λ_2,其对应的温度差为 Δt_1 和 Δt_2,若 $\Delta t_1 > \Delta t_2$,则 λ_1 和 λ_2 的关系为(　　)。

A. $\lambda_1 < \lambda_2$　　　　B. $\lambda_1 > \lambda_2$　　　　C. $\lambda_1 = \lambda_2$　　　　D. 无法确定

3. 传热过程中当两侧流体的对流传热系数都较大时,影响传热过程的将是(　　)。

A. 管壁热阻　　　　　　　　　　　　　B. 污垢热阻

C. 管内对流传热热阻　　　　　　　　　D. 管外对流传热热阻

4. 当换热器中冷、热流体的进、出口温度一定时,下列说法错误的是(　　)。

A. 逆流时,Δt_m 一定大于并流、错流或折流时的 Δt_m

B. 采用逆流操作时可以节约热流体(或冷流体)的用量

C. 采用逆流操作可以减少所需的传热面积

D. 温度差校正系数 ψ 的大小反映了流体流向接近逆流的程度

5. 在传热过程中,使载热体用量最少的两流体的流动方向是(　　)。

A. 并流　　　　　　　B. 逆流　　　　　　　C. 错流　　　　　　　D. 折流

6. 一套管式换热器,环隙为 120℃ 蒸汽冷凝,管内空气从 20℃ 被加热到 50℃,则管壁温度应接近于(　　)。

A. 35℃　　　　　　　B. 120℃　　　　　　　C. 77.5℃　　　　　　　D. 50℃

7. 辐射和热传导、对流方式传递热量的根本区别是(　　)。

A. 有无传递介质　　　　　　　　　　　B. 物体是否运动

C. 物体内分子是否运动　　　　　　　　D. 全部正确

8. 用于处理管程不易结垢的高压介质,并且管程与壳程温差大的场合时,需选用(　　)换热器。

A. 固定管板式　　　　B. U 形管式　　　　C. 浮头式　　　　　　D. 套管式

9. 对于工业生产来说,提高传热膜系数最容易的方法是(　　)。

A. 改变工艺条件　　　　　　　　　　　B. 改变传热面积

C. 改变流体性质　　　　　　　　　　　D. 改变流体的流动状态

10. 换热器经长时间使用需进行定期检查,检查内容不正确的是(　　)。

A. 外部连接是否完好　　　　　　　　　B. 是否存在内漏

C. 对腐蚀性强的流体,要检测壁厚　　　D. 检查传热面粗糙度

二、填空题

1. 化工过程中两流体间宏观上发生热量传递的条件是存在 _____。

2. 间壁式换热器内热量的传递是由 _____、_____、_____ 三个串联着的过程组成的。

3. 对流传热时流体处于湍动状态,在层流内层中,热量传递的主要方式是_____。

4. 对间壁两侧流体一侧恒温、另一侧变温的传热过程,逆流和并流时 Δt_m 的大小为_____。

5. 在某并流操作的间壁式换热器中,热流体的进、出口温度分别为90℃和50℃,冷流体的进、出口温度分别为20℃和40℃,此时传热平均温度差 $\Delta t_m =$ _____。

6. 将1500kg/h、80℃的硝基苯通过换热器冷却到40℃,冷却水初温为30℃,出口温度不超过35℃,硝基苯的比热为1.38kJ/(kg·K),则换热器的热负荷为_____。

7. 冷、热流体在换热器中进行无相变逆流传热,换热器用久后形成污垢层,在同样的操作条件下,与无垢层相比,结垢后的换热器的 K _____。

8. 蒸气中不凝性气体的存在,会使它的对流传热系数 α 值_____。

9. 对于加热器,热流体应该走_____。

10. 当温差过大时,固定管板式换热器需要设置_____。

三、计算题

1. 某燃烧炉的平壁依次由耐火砖、绝热砖和建筑砖三种材料砌成。各层材料的厚度和导热系数分别为 $\delta_1 = 250mm$,$\lambda_1 = 1.3W/(m·K)$;$\delta_2 = 300mm$,$\lambda_2 = 0.2W/(m·K)$;$\delta_3 = 240mm$,$\lambda_3 = 0.8W/(m·K)$。已知耐火砖内侧的温度为860℃,绝热砖与建筑砖接触面上的温度为250℃。试求:(1)三种材料的热阻(以单位面积计算);(2)燃烧炉的热通量和导热温度差;(3)燃烧炉平壁各层材料的温差分布。

2. 有一 $\phi 76mm \times 3mm$ 的钢管先用厚25mm的软木包扎,再用厚50mm的石棉包扎,以作为绝热层。现测得钢管外壁面温度为 $-100℃$,绝热层外表面的温度为10℃。已知软木和石棉的热导率分别为0.04W/(m·K)和0.16W/(m·K)。试求每米管长的冷量损失。

3. 水以2m/s的流速在长为5m,管径为 $\phi 30mm \times 3mm$ 的管内由25℃加热至40℃,试求水与管壁之间的对流传热系数。若流速增加30%,对流传热系数又是多少?

4. 压力为400kPa的饱和蒸汽冷凝后又冷却至60℃,已知蒸汽流量为100kg/h,试求该过程的传热量。

5. 在换热器中,欲将1500kg/h的硝基苯从80℃冷却至50℃,冷却水进口温度为30℃,要求进、出口温度差控制在8℃以内,试求该过程冷却水的消耗量。

6. 在一列管式换热器中,热流体的进、出口温度分别为120℃和50℃,冷流体的进、出口温度分别为30℃和45℃,分别求冷、热流体呈并流和逆流时换热器的平均温度差。

7. 某列管式换热器,管子为 $\phi 25mm \times 2.5mm$ 的钢管,管内、外流体的对流传热系数分别为200W/(m²·K)和2000W/(m²·K),已知钢管的热导率 $\lambda = 45W/(m·K)$,不计污垢热阻。试求:(1)此时的传热系数;(2)将 α_o 提高一倍(其他条件不变)的传热系数;(3)将 α_i 提高一倍(其他条件不变)的传热系数。

8. 在计算题7中,换热器使用一年后,产生了污垢热阻,管内、外两侧的污垢热阻均为0.00125m²·K/W,若维持管内、外流体的对流传热系数不变,试求传热系数下降的百分比。

9. 某列管式换热器的传热面积为20m²,用100℃的饱和水蒸气加热物料,物料的进口温度为25℃,流量为3kg/s,平均比热容为4kJ/(kg·℃),换热器的传热系数为

$200W/(m^2 \cdot K)$。试求:(1)物料出口温度;(2)水蒸气的冷凝量(kg/h)。

10. 为了测定套管式甲苯冷却器的传热系数,测得如下实验数据:冷却器的传热面积为 $2.6m^2$,甲苯的流量为 $1000kg/h$,由 $85℃$ 冷却至 $50℃$,冷却水温度从 $20℃$ 升至 $35℃$,两流体呈逆流流动。试求传热系数和水的流量。

思考题

1. 在化工传热过程中,冷、热流体的选择有哪些要求?

2. 热导率(导热系数)是物质导热能力的标志,其物理意义是什么?

3. 热传导、热对流和热辐射,这三种传热方式有何不同?

4. 简述间壁式换热器中冷、热流体传热的过程。

5. 对流传热速率方程中的对流传热系数 α 与哪些因素有关?

6. 为什么通常情况下,换热器中冷、热流体逆流操作总是优于并流?什么情况下可以采用并流操作?

7. 换热器(列管)管程和壳程物料的选择原则是什么?

8. 简述换热器的主要结构。

9. 如何提高换热器的总传热系数 K?

主要符号说明

英文字母

符号	意义	计量单位
A	传热面积	m^2
	辐射的吸收率	
C	辐射系数	$W/(m \cdot K^4)$
c_p	定压热容	$J/(kg \cdot K)$ 或 $J/(kg \cdot ℃)$
D	换热器内径	m
	辐射透过率	
E	辐射能力	W/m^2
H	高度	m
h	挡板间距	m
K	传热系数	$W/(m^2 \cdot K)$
l	管长	m
N_B	折流挡板数	

符号	意义	计量单位
N_p	管程数	
n	管数	
Q	传热速率	W
q	热通量	W/m^2
R	热阻	K/W 或 $℃/W$
R_s	污垢热阻	$K \cdot m^2/W$ 或 $℃ \cdot m^2/W$
r	比汽化热	J/kg
S	传热面积	m^2
T	热流体温度	$℃$ 或 K
t	冷流体温度	$℃$ 或 K

希腊字母

符号	意义	计量单位
α	对流传热系数	$W/(m^2 \cdot K)$ 或 $W/(m^2 \cdot ℃)$
ε	黑度	
λ	导热系数	$W/(m \cdot K)$ 或 $W/(m \cdot ℃)$
σ	表面张力	N/m^2
C_0	黑体辐射常数	$W/(m^2 \cdot K^4)$
ψ	温度校正系数	
φ	角系数	
δ	厚度	m

项目四 蒸发技术

蒸发是将稀溶液在沸腾状态下进行浓缩的单元操作,进行蒸发操作的目的是将溶液中溶剂的汽化,进而获得溶剂产品或不挥发的溶质产品。蒸发操作广泛应用于化工、轻工、食品、医药等工业领域。蒸发操作进行的必要条件是要不断地供给热能,不断排出蒸气,并且要求溶剂易挥发。蒸发操作一般分为单效蒸发与多效蒸发,可以在常压、加压及减压下进行。

4.1 概述

任务目标	任务目标
• 掌握蒸发器和蒸发过程的概念; • 理解蒸发操作的特点及其在工业生产中的应用。	• 熟悉工业上常用的蒸发过程。

在化工生产过程中,常常需要将原料、中间产物或粗产物进行分离,以获得符合工艺要求的化工产品或中间产品。化工上常见的分离过程包括蒸馏、吸收、萃取、干燥及结晶等。蒸发是化工、食品、医药、海水淡化等生产领域中广泛使用的一种单元操作,例如硝酸铵、烧碱、制糖等生产中将溶液加以浓缩,通过脱除溶液中的杂质以制取较纯溶剂。在植物油脂加工厂中,油脂浸出车间混合油的浓缩、油脂精炼车间磷脂的浓缩以及肥皂车间甘油-水溶液的浓缩等,都是蒸发操作。

4.1.1 蒸发过程与特点

蒸发是将溶液中的固体溶质分离出来一种方法。当溶液中溶质的挥发性甚小,而溶剂又具有明显的挥发性时,工业上常用加热的方法,使溶剂汽化达到溶液浓缩或挥发性物质回收的目的,这样的操作称为**蒸发**。蒸发常常将稀溶液加以浓缩,以便得到工艺要求的产品。它是过程工业中应用最广泛的浓缩方法之一,常用于烧碱、抗生素、制糖、制盐以及淡水制备等生产中。蒸发操作可以除去各种溶剂,其中以浓缩含有不挥发性物质的水溶液最为普遍。

　　蒸发器虽然是一种换热器,但蒸发过程又具有不同于一般传热过程的特殊性,其具有如下特点:

　　(1)溶液沸点升高。由于溶液含有不挥发性溶质,因此,在相同温度下,溶液的蒸气压比纯溶剂的小,也就是说,在相同压力下,溶液的沸点比纯溶剂的高,溶液浓度越高,这种影响越显著,这在设计和操作蒸发器时是必须考虑的。

　　(2)物料及工艺特性。物料在浓缩过程中,溶质或杂质常在加热表面沉积、析出结晶而形成垢层,影响传热;有些溶质是热敏性的,在高温下停留时间过长易变质;有些物料具有较大的腐蚀性或较高的黏度等,因此,在设计和选用蒸发器时,必须认真考虑这些特性。

　　(3)能量回收。蒸发过程是溶剂汽化过程,由于溶剂汽化潜热很大,所以蒸发过程是一个高能耗的单元操作。因此,节能是蒸发操作应予考虑的重要问题。

4.1.2　蒸发操作的分类

　　工业上,蒸发操作可按以下方法分类。

1. 按加热方式分类

　　(1)直接加热。例如通过喷嘴将燃料燃烧后的高温火焰或热烟道气直接喷入被蒸发的溶液中,使溶剂汽化。这类直接接触式蒸发器的传热速率高,金属消耗量小,但应用范围受到被蒸发物料和蒸发要求的限制。不属本项目讨论范围。

　　(2)间接加热。热量通过间壁式换热设备传给被蒸发溶液而使溶剂汽化。一般工业蒸发过程多属此类。

2. 按操作压强分类

　　(1)常压蒸发。蒸发器加热室溶液侧的操作压强略高于大气压强,此时系统中的不凝性气体依靠其本身的压强排出。

　　(2)真空蒸发。溶液侧的操作压强低于大气压强,要依靠真空泵抽出不凝性气体并维持系统的真空度。其目的是降低溶液的沸点和有效利用热源。与常压蒸发相比,真空蒸发可以使用低压蒸汽或废热蒸汽作为热源;减小系统的热损失,有利于处理热敏性物料,在相同热源温度下可提高温度差。但溶液沸点的降低会使其黏度增大,沸腾时传热系数将降低,且系统需用真空装置,因而会增加一些额外的能量消耗和设备。

　　(3)加压蒸发。某些蒸发过程需与前、后生产过程的系统压强相匹配,如丙烷萃取脱沥青需在 $2.8 \sim 3.9$ MPa 下进行,则宜采用加压蒸发。

3. 按操作方式分类

　　(1)间歇蒸发。它又可分为一次进料一次出料、连续进料一次出料两种方式。排出的蒸浓液通常称为完成液。在整个操作过程中,蒸发器内的溶液浓度和沸点均随时间而变化,因此传热的温度差、传热系数等各参数均随时间而变,达到一定溶液浓度后将完成液排出。

　　(2)连续蒸发。连续进料、完成液连续排出。一般大规模生产中多采用连续蒸发。

4. 按蒸发器的效数分类

　　工业生产中被蒸发的物料多为水溶液,且常用饱和水蒸气为热源通过间壁加热。热源蒸气习惯上称为生蒸气,而从蒸发器汽化生成的水蒸气称为**二次蒸汽**。

（1）单效蒸发。蒸发装置中只有一个蒸发器，蒸发时生成的二次蒸汽直接进入冷凝器而不再次利用，称为单效蒸发。

（2）多效蒸发。将几个蒸发器串联操作，使蒸汽的热能得到多次利用。通常它是将前一个蒸发器产生的二次蒸汽作为后一个蒸发器的加热蒸汽，蒸发器串联的个数称为效数，最后一个蒸发器产生的二次蒸汽进入冷凝器被冷凝，这样的蒸发过程称为多效蒸发。

4.2   单效蒸发过程

任务目标	技能要求
• 掌握单效蒸发的流程； • 掌握单效蒸发过程的计算； • 理解蒸发器的生产能力和生产强度。	• 能运用单效蒸发公式正确进行水分蒸发量、加热蒸汽消耗量、传热面积的计算； • 能绘制并说明单效蒸发的工艺流程简图。

4.2.1   单效蒸发流程

工业上常见的单效蒸发工作流程分为常压工作流程和减压工作流程。

图 4-1 为常见的单效蒸发器常压装置工作流程。单效蒸发器主要是由一个蒸发器和一个冷凝器构成。蒸发器包含加热室与分离室，加热室相当于一个换热设备，加热介质是蒸汽，而分离室则相当于一个气液分离设备。料液从加热室中部进入，在通过整个加热室的过程中，料液接收热量，水分汽化，浓缩后的料液（即完成液）从加热室底部排出。从料液中汽化出来的气体称为二次蒸汽，二次蒸汽进入冷凝器，被冷却水直接冷凝，冷却水从底部排出，夹带空气等不凝性气体从顶部排出。

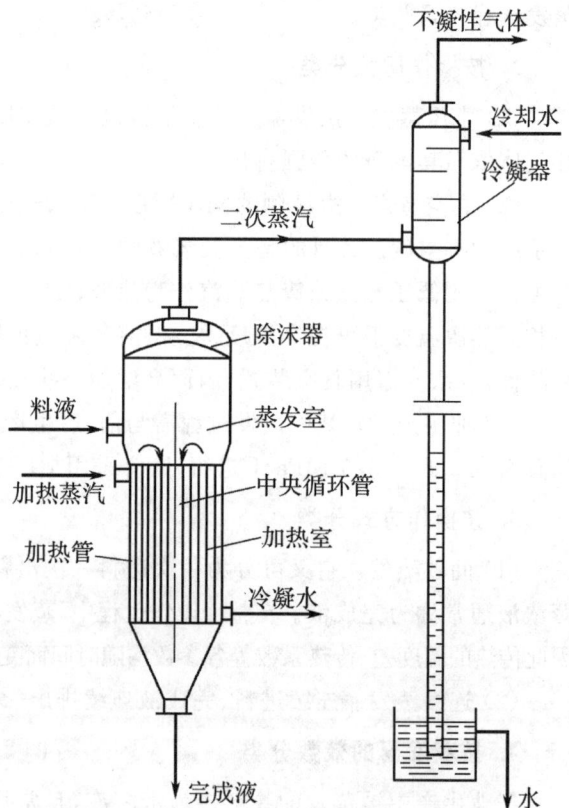

图 4-1   单效蒸发器常压装置工作流程

图 4-2 为常见的单效蒸发器减压装置工作流程。料液从加热室中部进入,在通过整个加热室的过程中,料液接收热量,水分汽化,浓缩后的料液从加热室底部排出。从料液中汽化而来的二次蒸汽从蒸发器顶部出来后进入二次分离器,被蒸汽带出的料液在这里被分离出来,料液再送回蒸发器中,蒸汽则进入冷凝器,部分蒸汽被冷凝,经过气液分离器,冷却水排出,气体进入真空泵后被抽出,使蒸发过程在较低压力下进行。

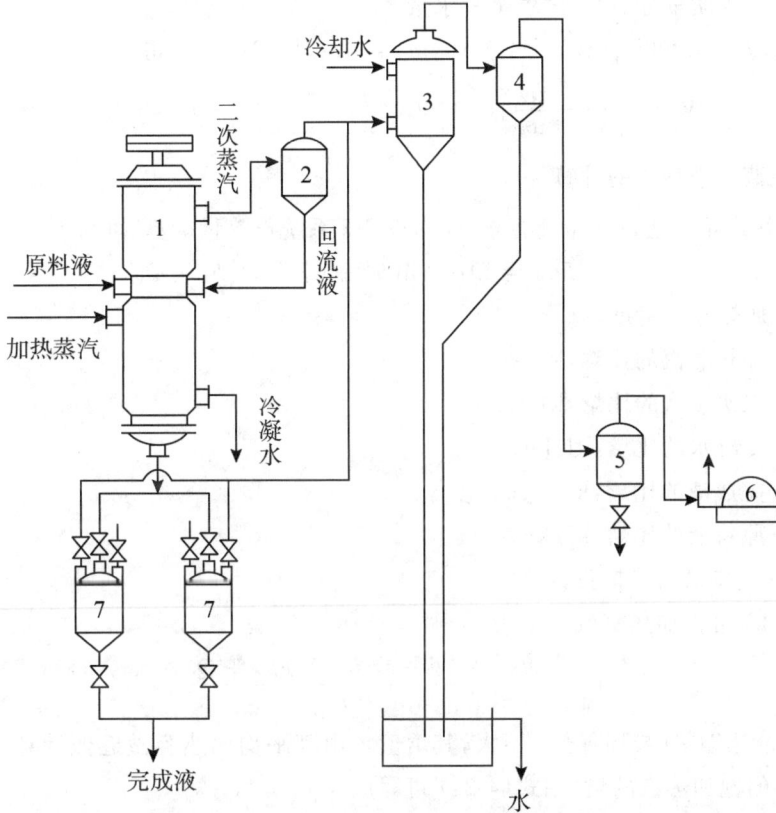

1—蒸发器;2,4—分离器;3—混合冷凝器;5—缓冲罐;6—真空泵;7—真空贮存罐。

图 4-2　单效蒸发器减压装置工作流程

4.2.2　单效蒸发的计算

1. 水分蒸发量的计算

设溶质在蒸发过程中不挥发,故进、出口溶液中的溶质量不变。对如图 4-3 所示蒸发器进行溶质的物料衡算,可得

$$Fw_0 = (F - W)w_1 \tag{4-1}$$

由式(4-1)可得蒸发器的水分蒸发量为

$$W = F\left(1 - \frac{w_0}{w_1}\right) \tag{4-1a}$$

或完成液中溶质的质量分数为

$$w_1 = \frac{Fw_0}{F - W} \tag{4-1b}$$

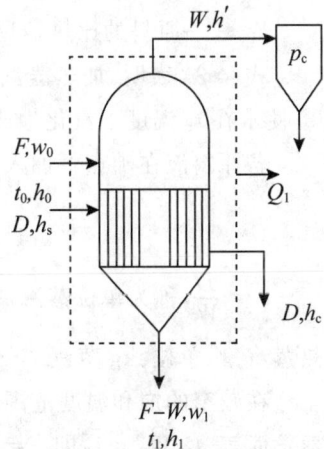

图 4-3　单效蒸发

式中：F——原料液量，kg/h；

    w_0——原料液中溶质的质量分数；

    w_1——完成液中溶质的质量分数；

    W——水分蒸发量（即二次蒸汽量），kg/h。

【例 4-1】 在一连续操作的单效真空蒸发器中，将 1000kg/h 的 NaOH 水溶液由 0.1 浓缩至 0.2（均为质量分数）。试求蒸发水量。

解： 已知 $F = 1000$kg/h，$w_0 = 0.10$，$w_1 = 0.2$，按式（4-1a）得

$$W = F\left(1 - \frac{w_0}{w_1}\right) = 1000 \times \left(1 - \frac{0.1}{0.2}\right) = 500(\text{kg/h})$$

2. 加热蒸汽消耗量的计算

加热蒸汽用量可通过热量衡算求得，对图 4-3 系统作热量衡算，可得

$$Dh_s + Fh_0 = Dh_c + Wh' + (F - W)h_1 + Q_1 \tag{4-2}$$

式中：D——加热蒸汽用量，kg/h；

    h_s——加热蒸汽的比焓，kJ/kg；

    h'——二次蒸汽的比焓，kJ/kg；

    h_c——冷凝水的比焓，kJ/kg；

    h_1——完成液的比焓，kJ/kg；

    h_0——原料液的比焓，kJ/kg；

    Q_1——蒸发器的热损失，kJ/h。

由式（4-2）可得加热蒸汽用量为

$$D = \frac{Wh' + (F - W)h_1 - Fh_0 + Q_1}{h_s - h_c} \tag{4-2a}$$

考虑溶液浓缩热（或稀释热）不大，其焓值可由其平均比热容做近似计算，并将 h' 取为 t_1 温度下的饱和蒸汽的焓，则式（4-2a）可写成

$$Dr = Fc_0(t_1 - t_0) + Wr' + Q_1 \tag{4-3}$$

式中：r——加热蒸汽的比汽化热，kJ/kg；

    r'——二次蒸汽的比汽化热，kJ/kg；

    c_0——原料的比热，kJ/(kg · ℃)。

式（4-3）表明，加热蒸汽发生相变放出的热量用于：① 使原料液由 t_0 升温至沸点 t_1；② 使水在 t_1 温度下汽化生成二次蒸汽；③ 补偿蒸发器的热损失。

若原料液在沸点下加入，则 $t_0 = t_1$，忽略热损失，则 $Q_1 = 0$，式（4-3）可简化为

$$e = \frac{D}{W} = \frac{r'}{r} \tag{4-4}$$

$e = \dfrac{D}{W}$，称为**单位蒸汽消耗量**，也称为蒸汽的经济性。即每蒸发 1kg 水需要消耗的加热蒸汽量，单位：kg 蒸汽 /kg 水。

在较窄的饱和温度范围内，水的比汽化热变化不大，故可近似认为 $r = r'$。对于单效蒸发而言，$D/W = 1$，即 $e = 1$，也就是说在上述假设下，蒸发 1kg 水需消耗约 1kg 加热蒸汽，而实际上，由于溶液热效应的存在和热量损失不能忽略，$e \geqslant 1.1$。

【例 4-2】　若例4-1中单效蒸发器在操作条件下,溶液的沸点为90℃。已知原料液的比热容为 3.8kJ/(kg·K),加热蒸汽压力为 0.2MPa,蒸发器的热损失按热流体放出热量的 5％ 计算,忽略溶液的稀释热。求原料液分别在 20℃、90℃和 120℃进入蒸发器时的加热蒸汽消耗量及单位蒸汽消耗量。

解：查附录,得 90℃的饱和蒸汽和 0.2MPa 的饱和蒸汽的比汽化热分别为 2283kJ/kg 和 2205kJ/kg。

20℃进料：

$$D = \frac{1000 \times 3.8 \times (90 - 20) + 500 \times 2283}{0.95 \times 2205} = 672(\text{kg/h})$$

$$e = \frac{D}{W} = \frac{672}{500} = 1.34$$

90℃进料：

$$D = \frac{500 \times 2283}{0.95 \times 2205} = 545(\text{kg/h})$$

$$e = \frac{D}{W} = \frac{545}{500} = 1.09$$

120℃进料：

$$D = \frac{1000 \times 3.8 \times (90 - 120) + 500 \times 2283}{0.95 \times 2205} = 491(\text{kg/h})$$

$$e = \frac{D}{W} = \frac{491}{500} = 0.98$$

3. 蒸发器传热面积的计算

加热室的传热面积可根据间壁式换热器的传热速率方程求得,即

$$A = \frac{Q}{K \Delta t_\text{m}} \tag{4-5}$$

式中：A——蒸发器加热室的传热面积,m^2；

　　　Q——加热室的传热速率,即蒸发器的热负荷,W；

　　　K——加热室的总传热系数,$\text{W/(m}^2 \cdot \text{℃)}$；

　　　Δt_m——加热室间壁两侧流体间的有效温度差,℃。

注意：在确定 K 和 Δt_m 时,所采用的方法与一般换热器的计算方法有所不同。

1) 蒸发器的热负荷 Q

由于蒸发器的热损失占总供热负荷的比例较小,若忽略热损失,Q 可近似按下式计算：

$$Q \approx D(h_\text{s} - h_\text{c}) = Dr \tag{4-6}$$

2) 总传热系数 K

忽略管壁热阻,以管外表面积计的蒸发器的总传热系数可按下式计算：

$$K = \frac{1}{\dfrac{1}{\alpha_\text{o}} + R_\text{o} + R_\text{i}\dfrac{d_\text{o}}{d_\text{i}} + \dfrac{1}{\alpha_\text{i}} \times \dfrac{d_\text{o}}{d_\text{i}}} \tag{4-7}$$

式中：α_o——加热管外蒸汽冷凝时的对流传热系数,$\text{W/(m}^2 \cdot \text{℃)}$；

α_i——加热管内溶液沸腾时的对流传热系数,$W/(m^2 \cdot ℃)$,它是影响 K 值的一个重要因素,其大小与溶液性质、蒸发器结构以及操作条件有关;

R_o——管外污垢热阻,$(m^2 \cdot ℃)/W$,可按表 3-8 的经验数据选取;

R_i——管内污垢热阻,$(m^2 \cdot ℃)/W$,其值与溶液性质、管壁温度、蒸发器的结构以及管内液体的流动情况等有关,有时在蒸发过程中有溶质析出,形成较大的污垢热阻,在蒸发器计算中应根据经验取值,它常常是蒸发器热阻的主要部分。

由于现有计算管内沸腾传热系数的关联式准确性较差,目前在蒸发器计算中,K 值多数根据实验数据选定。表 4-1 列出了常用蒸发器 K 值的大致范围,可供设计型计算参考。

表 4-1 常用蒸发器的总传热系数 K 的经验值

蒸发器形式	总传热系数 K /(W·m⁻²·℃⁻¹)	蒸发器形式	总传热系数 K /(W·m⁻²·℃⁻¹)
标准式(自然循环)	$600 \sim 3000$	外热式(强制循环)	$1200 \sim 7000$
悬筐式	$600 \sim 3000$	升膜式	$1200 \sim 6000$
外热式(自然循环)	$1200 \sim 6000$		

3)加热室的有效温度差 Δt_m

在蒸发操作中,加热室一侧为水蒸气冷凝,另一侧为液体沸腾,理论上温差即为加热蒸汽的饱和温度与液体在操作压强下的沸点温度之差,而这个压强是由冷凝器操作决定的。

在加热室中,管外的加热蒸汽温度与蒸汽压强的关系可直接由附录查得;但被蒸发的溶液沸点随管内液体种类、浓度和液面上方操作压强而变,在加热室不同高度处的沸点也不相同。如何选取这一沸点温度对热量衡算影响不大,但对实际温差(即有效温差)和传热面积的计算将有相当大的影响,在此不做深入展开,有兴趣的读者可自行查阅相关资料。

【例 4-3】 采用单效真空蒸发装置连续蒸发氢氧化钠水溶液,其浓度由 0.20(质量分数)浓缩至 0.50(质量分数),加热蒸汽压强为 0.3MPa(表压),已知加热蒸汽消耗量为 4000kg/h,蒸发器的传热系数为 1500W/($m^2 \cdot ℃$),有效温度差为 17.4℃。试求蒸发器所需的传热面积(忽略热损失)。

解:查附录得 0.4MPa 绝压下水蒸气的比汽化热 $r = 2138kJ/kg$,按式(4-6)可得

$$Q = Dr = \frac{4000}{3600} \times 2138 = 2376(kW)$$

则由式(4-5)可得蒸发器的传热面积为

$$A = \frac{Q}{K \Delta t_m} = \frac{2376 \times 10^3}{1500 \times 17.4} = 91(m^2)$$

4.2.3 蒸发器的生产能力和生产强度

蒸发器的**生产能力**是指单位时间内蒸发的溶剂(水)量,单位为 kg/s 或 kg/h,由生产要求确定。

蒸发器的**生产强度**是指单位加热室传热面积上单位时间内所蒸发的溶剂(水)量,单位为 kg/($m^2 \cdot s$),可用下式表示:

$$U = \frac{W}{A} \tag{4-8}$$

式中:W——蒸发器的生产能力,kg/s;

　　A——蒸发器加热室的传热面积,m^2。

对于一定的蒸发任务,蒸发量 W 维持一定,若蒸发器的生产强度 U 愈大,则所需的传热面积愈小,即蒸发过程的设备投资愈少。因此,蒸发器的生产强度也是评价蒸发器性能优劣的一个重要指标。

4.3　多效蒸发过程

任务目标	技能要求
• 掌握多效蒸发四种加料方式的操作流程; • 掌握多效蒸发的节能措施。	• 能根据任务要求,选择适宜的加料流程。

多效蒸发是将几个蒸发器顺次连接起来协同操作以实现二次蒸汽的再利用,其目的主要是通过二次蒸汽的再利用,以节约能耗,从而大大提高蒸发装置的经济性。

4.3.1　多效蒸发的操作流程

图 4-4 是某种三效蒸发装置的工作流程图。每一个蒸发器都称为一效,按加热蒸汽的流向,第一效中蒸出的二次蒸汽作为第二效的加热蒸汽,第二效中蒸出的二次蒸汽作为第三效的加热蒸汽;第三效(此流程中的最后一个蒸发器,称为末效)蒸出的二次蒸汽进入冷凝器,用冷却水直接冷凝后排出。各效的加热蒸汽温度 t_{si} 应高于各效加热管内溶液的沸腾温度 t_i,即

$$t_{s1} > t_1 > t_{s2} > t_2 > t_{s3} > t_3 > t_c$$

这里的 t_c 为冷凝器内压强 p_c 下的饱和温度。

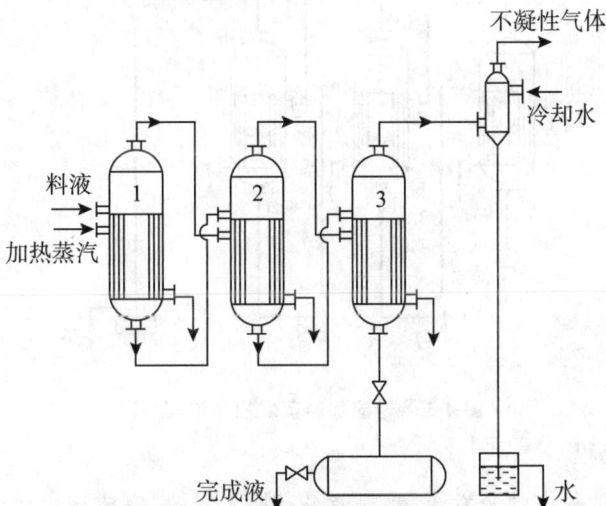

图 4-4　三效蒸发装置的工作流程图

各效分离室的操作压强 p_i 也必须依次降低,即

$$p_1 > p_2 > p_3 > p_c$$

可以保证料液沸点逐效降低,达到二次蒸汽重复利用的目的。

为了合理利用有效温差,且根据处理物料的性质,按照溶液与加热蒸汽流向的相对关系,通常多效蒸发有以下四种操作流程。

1. 并流加料流程

并流加料流程参见图 4-4,料液流向与蒸汽流向相同,操作简单、易于稳定,在生产中用得较多。其优点是:① 溶液从压强和温度高的蒸发器流向压强和温度低的蒸发器,溶液可借助相邻二效的压强差自动流动,而不需用泵输送;② 溶液进入温度和压强较低的下一效时处于过热状态,因而会产生额外的汽化(也称为自蒸发),可多蒸出一部分二次蒸汽;③ 完成液在末效排出,其温度最低,总的热量消耗较低。

其缺点是:由于各效中溶液的浓度逐渐增高,而温度逐渐降低,致使溶液的黏度增加很快,使加热室的传热系数下降,这将导致整个蒸发装置生产能力的降低或传热面积的增加。因此,并流加料流程只适用于黏度不是很大的料液的蒸发。

2. 逆流加料流程

图 4-5 为逆流加料三效蒸发流程,溶液的流向与蒸汽的流向相反。

其优点是:溶液浓度在各效中依次增高的同时,温度也随之增高,各效的浓度和温度对溶液黏度的影响大致相抵消,各效的传热系数大致相同。这种流程适用于溶液黏度随浓度和温度变化较大的场合。

其缺点是:① 溶液在效间是从低压流向高压,因而料液输送必须用泵;② 溶液在效间是从低温流向高温,每一效的进料相对而言均为冷液,没有自蒸发,产生的二次蒸汽量少于并流加料流程;③ 完成液在第一效排出,其温度较高,带走热量较多,而且不利于热敏性料液的蒸发。

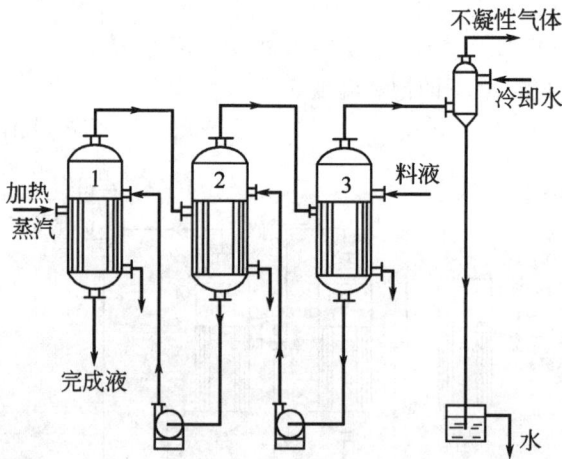

图 4-5　逆流加料蒸发操作流程

3. 平流加料流程

图 4-6 为平流加料三效蒸发流程,料液平行加入各效,完成液由各效分别排出。其特

点是蒸汽的走向与并流相同,但溶液不在效间流动,原料液和完成液分别从各效加入和排出。这种流程适用于蒸发过程中有结晶析出的情况或要求得到不同浓度溶液的场合,例如食盐水溶液的蒸发。

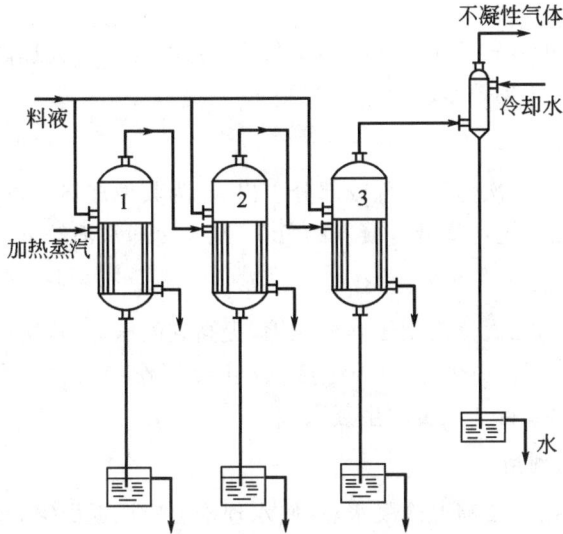

图 4-6　平流加料蒸发操作流程

4. 错流加料流程

在流程中采用部分并流加料和部分逆流加料,充分利用逆流和并流流程各自的长处。一般在末几效采用并流加料,但操作比较复杂。

实际生产中,采用哪一种蒸发操作流程,应根据所需处理溶液的具体特性及操作要求来选定。

4.3.2　多效蒸发的最佳效数

如前所述,在单效蒸发中,每蒸发 1kg 水需要消耗多于 1kg 的加热蒸汽。在工业生产中,采用多效蒸发,由于生产给定的总蒸发水量 W 分配于各个蒸发室中,且只有第一效才使用加热蒸汽,因此加热蒸汽的利用率显著提升,经济性大大提升。

当蒸发的生产能力一定时,采用多效蒸发所需的生蒸汽消耗量远小于单效。理论上的单位蒸汽消耗量 D/W,对单效为 1,双效为 1/2,三效为 1/3,n 效为 $1/n$;但实际上由于存在各种温差损失和热损失,往往达不到上述指标。表 4-2 列出了五效蒸发器各效的 D/W 经验值,供参考。

表 4-2　不同效数蒸发的单位蒸汽消耗量　　　　单位:kg 蒸汽 /kg 水

效数	单效	双效	三效	四效	五效
理论值	1	0.5	0.33	0.25	0.2
实际平均值	1.1	0.57	0.4	0.3	0.27

由表 4-2 可见,随着效数的增加,尽管单位蒸汽消耗量不断减少,即操作费用降低,但所省的生蒸汽消耗量愈来愈少。此外,随着效数增加,蒸发强度不断降低,设备投资费

用不断增大。所以蒸发器的效数必存在最佳值，最佳效数要通过经济权衡决定，即应当根据设备费和操作费之和为最小来确定。

4.3.3 蒸发器的节能措施

蒸发过程是一个能耗较高的单元操作，除了多效蒸发可大大提高加热蒸汽的经济性外，还有其他措施也可达到该目的。

1. 额外蒸汽的引出

将蒸发器中蒸出的二次蒸汽全部或部分引出，作为其他加热设备的热源，可大大提高加热蒸汽的经济性，同时还可降低冷凝器的负荷，减少冷却水消耗量。

2. 热泵蒸发

将蒸发器中蒸出的二次蒸汽用压缩机压缩，提高它的压力，若又达到加热蒸汽的压力则可送回入口，循环利用。加热蒸汽（或生蒸汽）主要用作启动时的能源供应或补充因泄漏等损失的能量，因此节省了大量的生蒸汽。

3. 冷凝水显热的利用

蒸发器加热室排出大量高温冷凝水，这些水理论上应该返回锅炉房重新使用，这样既节省能源，又节省水源。但应用这种方法时，应注意水质监测，避免因蒸发器损坏或阀门泄漏，污染锅炉补水系统。当然高温冷凝水还可用于其他加热或需工业用水的场合。

4.4 蒸发装置及选型

➤ **任务目标**	◎ **技能要求**
• 了解蒸发器的作用及主要结构； • 理解蒸发器的选用原则。	• 能说出各种蒸发器的结构特点、性能及应用范围； • 能根据任务要求，合理选用适宜的蒸发器。

4.4.1 蒸发器的结构

蒸发器是蒸发装置中的主体设备，蒸发器主要由加热室和分离室两部分组成。加热室的作用是利用水蒸气热源来加热被浓缩的料液，分离室的作用是将二次蒸汽中夹带的物沫分离出来。按加热室的结构和操作时溶液的流动状况，可将工业中常用的加热蒸发器分为循环型和非循环型（单程型）两大类。其中，循环型蒸发器较为常见。这类蒸发器的特点是溶液在蒸发器内做连续的循环运动，以提高传热效果，具体可分为自然循环和强制循环两种类型。

1. 循环型蒸发器

1) 中央循环管式蒸发器

中央循环管式蒸发器是早期应用较广的一种蒸发器,因此也称为标准式蒸发器。如图 4-7 所示,其下部加热室相当于垂直安装的固定管板式列管加热器,但其中心管直径远大于其余管子的管径,称为中央循环管,其周围的加热管称为沸腾管,管内溶液受热沸腾大量汽化,形成气液混合物并随气泡向上运动。中央循环管的截面积为沸腾管总截面积的 40% ～ 100%,此处对单位体积溶液的传热面积比沸腾管小得多,因此其中溶液的汽化程度低,气液混合物的密度要比沸腾管内大得多,导致分离室中的溶液由中央循环管下降、从各沸腾管上升的自然循环流动,从而提高传热效果。这种蒸发器的优点是:结构简单,制造方便,操作可靠,投资费用较少。其缺点是:溶液的循环速度较低(一般在 0.5m/s 以下),传热系数较低,清洗和维修不够方便。一般适用于黏度适中,结垢不严重或有少量结晶析出的场合。

2) 悬筐式蒸发器

针对标准式蒸发器的溶液流动速度慢以及清洗、维修不便的缺点,把加热室做成如图 4-8 所示的悬筐,悬挂在蒸发器壳体的下部,加热蒸汽由中间引入,仍在管外冷凝,而溶液在加热室外壁与壳体内壁形成的环形通道内下降,并沿沸腾管上升。环形通道的总截面积为沸腾管总截面积的 100% ～ 150%,因而与标准式蒸发器相比,溶液的循环速度可以提高,通常为 1 ～ 1.5m/s,使传热系数得以提高。由于加热室可从蒸发器顶部取出,清洗、检修和更换方便;由于溶液的循环速度较高,蒸发器的壳体与温度较低的循环液接触,其热损失较小。

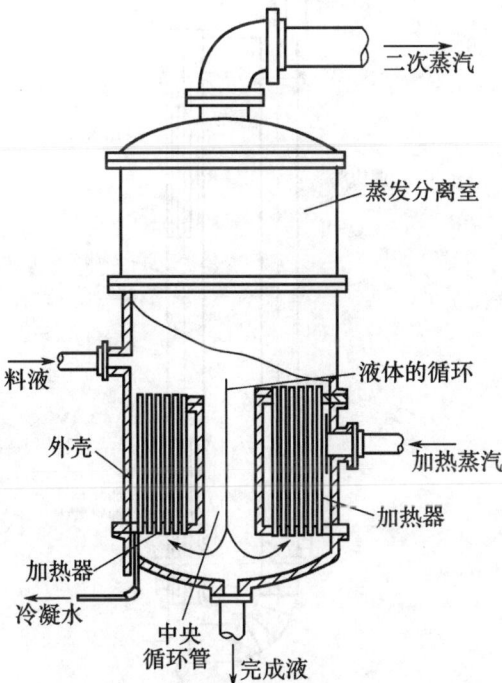

图 4-7　中央循环管式蒸发器

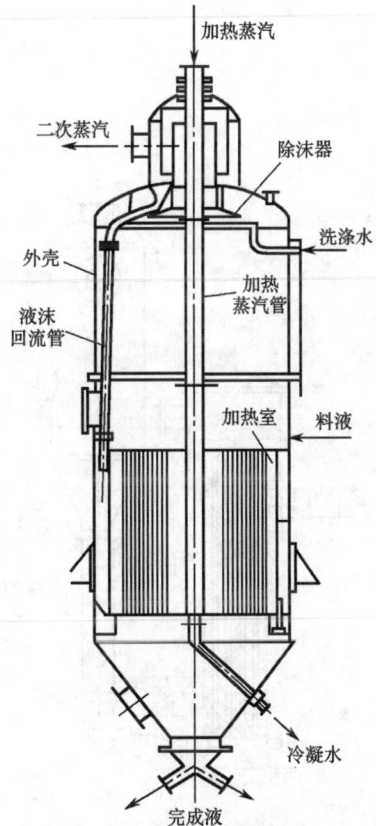

图 4-8　悬筐式蒸发器

3）外热式蒸发器

如图 4-9 所示,其加热室置于蒸发室的外侧。加热室与蒸发室分开的优点是:便于清洗和更换;既可降低蒸发器的总高,又可采用较长的加热管束;循环管不受蒸汽加热,两侧管中流体密度差增加,使溶液的循环速度加大(可达 1.5m/s),有利于提高传热系数。这种蒸发器的缺点是:单位传热面积的金属耗量大,热损失也较大。

4）列文式蒸发器

为了进一步提高循环速度,提高传热系数并使蒸发器更适于处理易结晶、易结垢及黏度大的物料,图 4-10 所示的列文式蒸发器在加热室的上方增设了一段沸腾室,这样加热室中的溶液受到这一段附加的静压强的作用,使溶液的沸点升高而不在加热管中沸腾,待溶液上升到沸腾室时压强降低,溶液才开始沸腾汽化,这就避免了结晶在加热室析出,垢层也不易形成。沸腾室的上部装有挡板以防止气泡合并增大,因而气液混合物可达较大的上升流速。蒸发器的循环管设在加热室外部且高度较高(一般为 7 ～ 8m),其截面积为加热管总截面积的 200% ～ 350%,有利于增加溶液循环的推动力,减小流动阻力,循环速度可高达 3m/s。其缺点是设备较庞大,单位传热面积的金属耗量大,需要较高的厂房;加热管较长,由液柱静压强引起的温差损失大,必须保持较高的温差才能保证较高的循环速度,故加热蒸汽的压强也要相应提高。

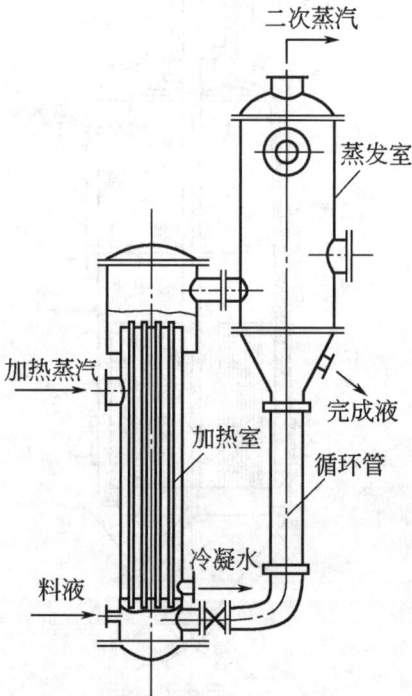

图 4-9　外热式蒸发器

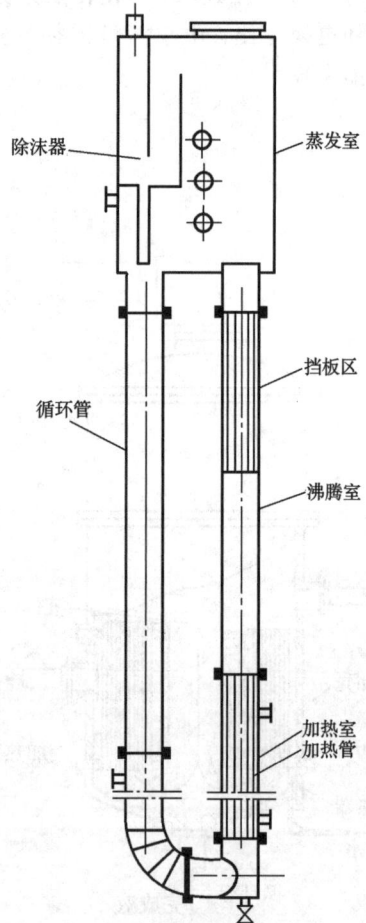

图 4-10　列文式蒸发器

5）强制循环蒸发器

上述四种蒸发器内的溶液均依靠加热管（沸腾管）与循环管内物料的密度差形成自然循环流动，循环速度难以进一步提高，因而在外热式基础上出现了如图 4-11 所示的强制循环蒸发器。即在循环管下部设置一个循环泵，通过外加机械能迫使溶液以较高的速度（一般为 1.5～5.0m/s）沿一定方向循环流动。溶液的循环速度可以通过调节泵的流量来控制。显然，由此带来的问题是这类蒸发器的动力消耗大，每平方米传热面积消耗功率为 0.4～0.8kW。这种蒸发器宜用于处理高黏度、易结垢或有结晶析出的溶液。

综上所述，循环型蒸发器的共同特点是：溶液必须多次循环通过加热管才能达到所要求的蒸发量，故在设备内存液量较多，液体停留时间长，器内不同位置溶液浓度变化不大且接近出口液浓度，减少了有效温差，并特别不利于热敏性物料的蒸发。

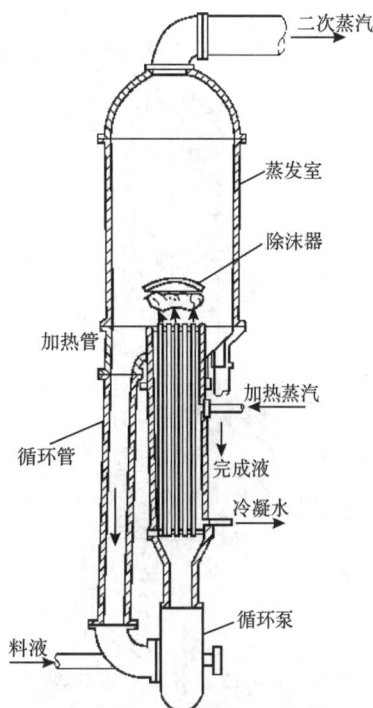

图 4-11　强制循环蒸发器

2. 非循环型（单程型）蒸发器

这类蒸发器的基本特点是溶液通过加热管一次即达到所要求的浓度。在加热管中液体多呈膜状流动，故又称**膜式蒸发器**，因而可以克服循环型蒸发器的本质缺点，并适于热敏性物料的蒸发，但其设计与操作要求较高。

膜反应器

1）升膜式蒸发器

如图 4-12 所示，加热室由垂直长管组成，管长为 3～15m，常用管径为 25～50mm，其长径比为 100～150。料液经预热后由蒸发器底部进入，在加热管内迅速强烈汽化，生成的蒸汽带动料液沿管壁成膜上升，在上升过程中继续蒸发，进入分离室后，完成液与二次蒸汽进行分离。为了有效地形成升膜，上升的二次蒸汽必须维持高速。常压下加热管出口处的二次蒸汽速度一般为 20～50m/s，减压下为 100～160m/s。

由于液体在膜状流动下进行加热，故传热与蒸发速度快，高速的二次蒸汽有破沫作用。因此，这种蒸发器还适用于稀溶液（蒸发量较大）和易起泡的溶液。但不适用于高黏度、有结晶析出或易结垢的浓度较大的溶液。

2）降膜式蒸发器

如图 4-13 所示，料液由加热室顶部加入，在重力作用下沿加热管内壁成膜状向下流动，液膜在下降过程中持续蒸发增浓，完成液由底部分离室排出。由于二次蒸汽与蒸浓液并流而下，故有利于液膜的维持和黏度较高液体的流动。为使料液沿管壁均布，在加热室顶部每根加热管上须设置液体分布器，能否均匀成膜是这种蒸发器设计和操作成功的关键。这种蒸发器仍不适用易结垢、有结晶析出的溶液。

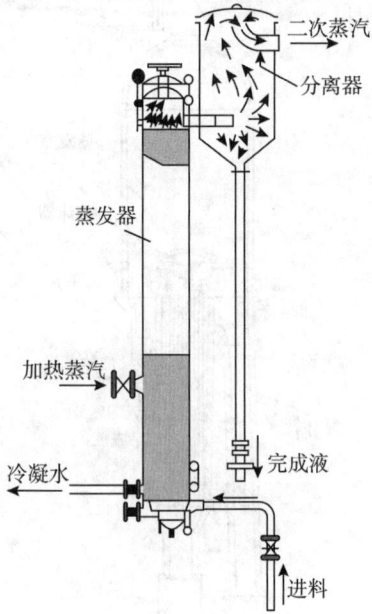

图 4-12　升膜式蒸发器

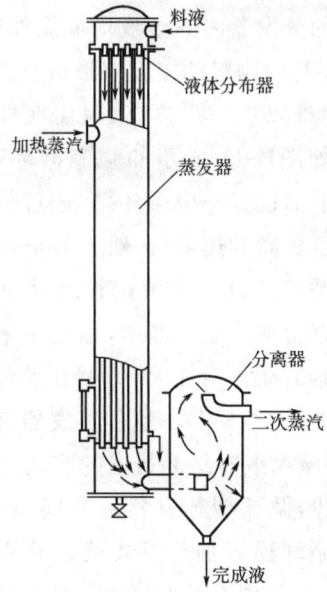

图 4-13　降膜式蒸发器

3）刮板式蒸发器

刮板式蒸发器如图 4-14 所示，加热管为一粗圆管，中下部外侧为加热蒸汽夹套，内部

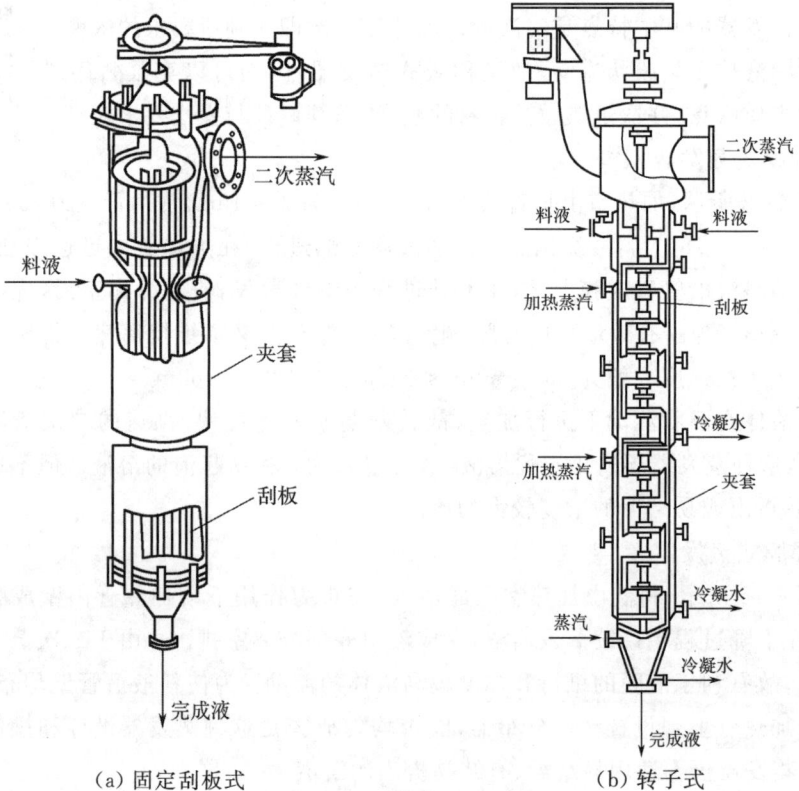

（a）固定刮板式

（b）转子式

图 4-14　刮板式蒸发器

装有可旋转的搅拌刮板。料液由蒸发器上部的进料口沿切线方向进入器内,被刮板带动旋转,在加热管内壁上形成旋转下降的液膜,在此过程中溶液被蒸发浓缩,完成液由底部排出,二次蒸汽上升至顶部经分离后进入冷凝器。刮板可做成固定式,刮板端部与加热管内壁的间隙固定为 0.75 ~ 1.5mm,也可做成转子式。

其优点是:依靠外力强制溶液成膜下流,溶液停留时间短,适合处理高黏度、易结晶或易结垢的物料;如设计得当,有时可直接获得固体产物。

其缺点是:结构较复杂,制造安装要求高,动力消耗大,但传热面积不大(一般为 3 ~ 4m²,最大约 20m²),因而处理量较小。

4.4.2　蒸发器的选用

蒸发器的结构形式很多,选用和设计时应结合具体的蒸发任务,如被蒸发溶液的性质、处理量、蒸浓程度等工艺要求,在满足生产任务要求、保证产品质量的前提下,尽可能兼顾生产能力大、结构简单、维修方便及经济性好等因素,选择适宜的形式。例如,对热敏性料液,要求较低的蒸发温度,并尽量缩短溶液在蒸发器内的停留时间,以选择膜式蒸发器为宜;对于处理量不大的高黏度、有结晶析出或易结垢的料液,则可选择刮板式蒸发器。表 4-3 列出了常用蒸发器的主要性能,以供选型时参考。

表 4-3　常用蒸发器的主要性能

蒸发器形式	制造价格	传热系数		溶液在加热管中的流速/(m·s⁻¹)	料液停留时间	完成液浓度控制	浓缩比	处理量	对溶液适应性					
		稀溶液	高黏度						稀溶液	高黏度	易起泡	易结垢	热敏性	有结晶析出
标准式	最廉	较高	较低	0.1 ~ 0.5	长	易恒定	较高	一般	适	尚适	尚可适	尚可	较差	尚可
悬筐式	廉	较高	较低	约 1.0	长	易恒定	较高	一般	适	尚适	尚可适	尚可	较差	尚可
外热式	廉	高	较低	0.4 ~ 1.5	较长	易恒定	较高	较大	适	较差	可适	尚可	较差	尚可
列文式	高	高	较低	1.5 ~ 2.5	较长	易恒定	较高	大	适	较差	可适	尚可	较差	尚可
强制循环式	高	高	高	2.0 ~ 3.5	较长	易恒定	高	大	适	适	适	适	较差	适
升膜式	廉	高	低	0.4 ~ 1.0	短	难恒定	高	大	适	较差	适	尚可	适	不适
降膜式	廉	高	较高	0.4 ~ 1.0	短	较难恒定	高	较大	能适	适	可适	不适	适	不适
刮板式	最高	高	高	—	短	较难恒定	高	较小	能适	适	可适	适	适	适

4.4.3　蒸发装置的附属设备

进行蒸发操作仅有蒸发器是不够的,还要有一些附属设备才能完成物相的分离。这些附属设备主要有除沫器、冷凝器及真空装置、疏水阀。

1. 除沫器

离开加热室的蒸汽夹带有大量的液体,夹带液体与一次蒸汽的分离主要是在蒸发室内进行的。同时,还在蒸汽出口处装设了除沫器以进一步捕集蒸汽中的液体,否则,会造成产品损失,污染冷凝液或堵塞管道。除沫器的形式很多,图 4-15 给出了几种常用的除沫器。它们的原理都是利用液沫的惯性以实现气液的分离。在实际的设备选择及工艺设计中,需根据具体设备及流程需要选择适合工艺的除沫器。

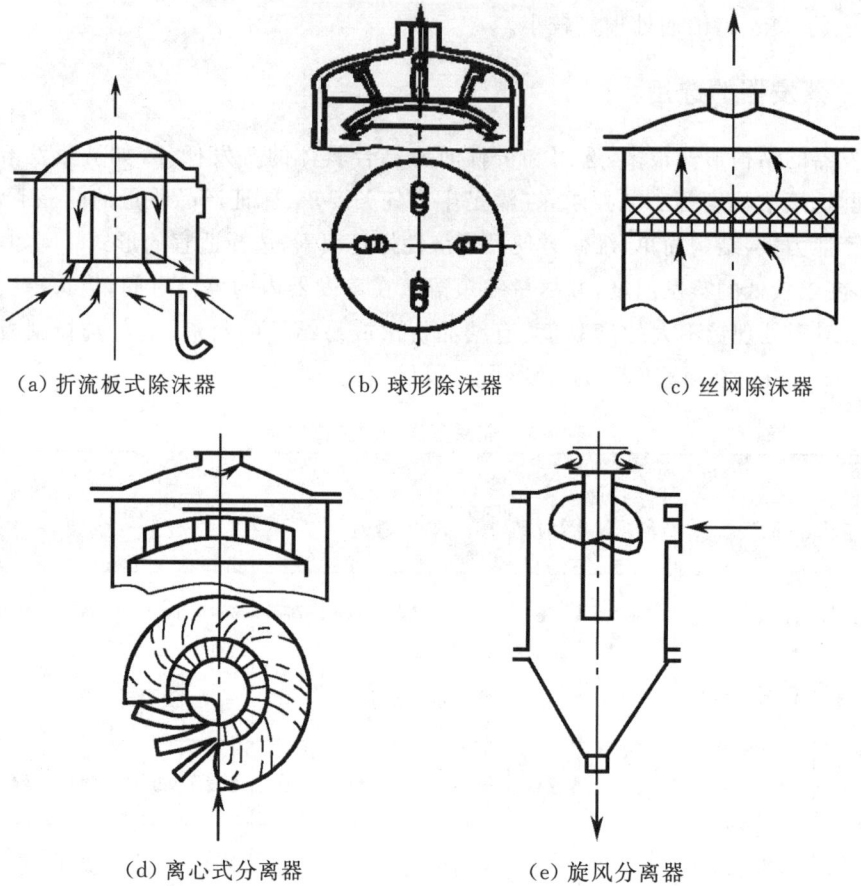

(a) 折流板式除沫器　　　　(b) 球形除沫器　　　　(c) 丝网除沫器

(d) 离心式分离器　　　　(e) 旋风分离器

图 4-15　除沫器

2. 冷凝器及真空装置

产生的二次蒸汽如果不加以利用,则应将其冷凝。由于二次蒸汽多为水蒸气,故一般是采用直接接触的混合式冷凝器进行冷凝。图 4-16 是逆流高位混合式冷凝器。二次蒸汽与从顶部喷淋下来的冷却水直接接触冷凝,冷凝液和水一起沿气压管流入地沟。由于冷凝器在负压下操作,故气压管必须有足够的高度,一般在 10m 以上,以便使液体借助自身的位能由低压排向大气。

为了维持蒸发器所需要的真空度,一般在冷凝器后设置真空装置以排出不凝性气体。常用的真空装置有水环式真空泵、喷射泵及往复式真空泵。

3. 疏水阀

为了防止加热蒸汽和冷凝水一起排出加热室外，在冷凝水出口管路上装有疏水阀。疏水阀的形式很多，常用的有三种：热动力式、钟形浮子式和脉冲式。其中，热动力式疏水阀结构简单，操作性能好，因而在生产上使用较为广泛。

热动力式疏水阀的结构如图 4-17 所示。温度较低的冷凝水在加热蒸汽压强的推动下流入冷凝水入口 1，将阀片顶开，由冷凝水出口 2 排出。当冷凝水排尽后，温度较高的蒸汽将通过冷凝水入口 1 并流入阀片背面的背压室。出于气体的黏度小、流速高，容易使阀片与阀座间形成负压，因而使阀片上面的压力高于阀片下面的压力，加上阀片自身的重量，使阀片落在阀座上，切断通道。经一定时间后，当疏水阀中积存了一定的冷凝水后，阀片又重新开启，从而实现周期性排水。

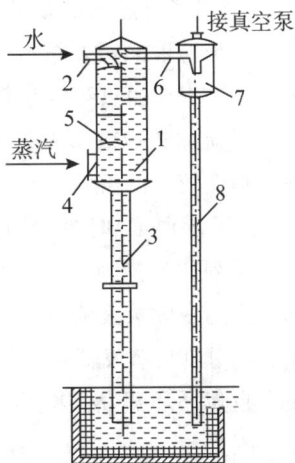

1—外壳；2—进水口；3,8—气压管；
4—蒸汽进口；5—淋水板；
6—不凝性气体管；7—分离器。

图 4-16　逆流高位混合式冷凝器

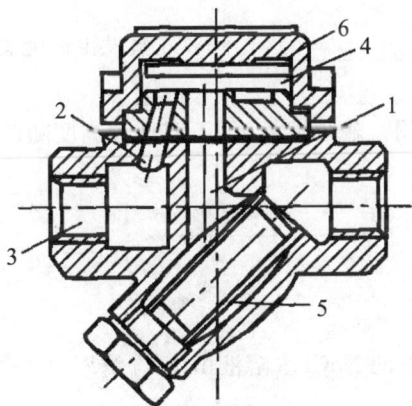
（a）结构

（b）外观

1—冷凝水入口；2—冷凝水出口；3—排出管；4—被压室；5—滤网；6—阀片。

图 4-17　热动力式疏水阀

◇ 习题

一、选择题

1. 化学工业中分离挥发性溶剂与不挥发性溶质的主要方法是（　　）。

A. 蒸馏　　　　　　B. 蒸发　　　　　　C. 结晶　　　　　　D. 吸收

2. 蒸发操作中消耗的热量主要用于三部分，除了（　　）。

A. 补偿热损失　　　B. 加热原料液　　　C. 析出溶质　　　　D. 汽化溶剂

3. 采用多效蒸发的目的是（　　）。

A. 增加溶液的蒸发量　　　　　　　　　　B. 提高设备的利用率

C. 为了节省加热蒸汽消耗量　　　　　　　D. 使工艺流程更简单

4. 逆流加料多效蒸发过程适用于（　　）。

A. 黏度较小的溶液　　　　　　　　　　　B. 有结晶析出的溶液

C. 黏度随温度和浓度变化较大的溶液　　　D. 都可以

5. 下列几条措施，（　　）不能提高加热蒸汽的经济程度。

A. 采用多效蒸发流程　　　　　　　　　　B. 引出额外蒸汽

C. 使用热泵蒸发器　　　　　　　　　　　D. 增大传热面积

6. 自然循环蒸发器中溶液的循环速度是依靠（　　）形成的。

A. 压力差　　　　　　B. 密度差　　　　　　C. 循环差　　　　　　D. 液位差

二、填空题

1. 蒸发操作实际上是在间壁两侧分别有＿＿＿＿＿＿＿和＿＿＿＿＿＿＿的传热过程。

2. 根据二次蒸汽的利用情况，蒸发操作可分为＿＿＿＿＿＿＿蒸发和＿＿＿＿＿＿＿蒸发。

3. 就蒸发同样任务而言，单效蒸发生产能力＿＿＿＿＿＿＿多效蒸发生产能力。

4. 提高蒸发器的蒸发能力，其主要途径是＿＿＿＿＿＿＿＿＿＿＿。

5. 蒸发流程效间＿＿＿＿＿＿＿加料不需用泵输送溶液，但不宜处理黏度随浓度变化较明显的溶液。

6. 循环型蒸发器的传热效果比单程型的效果要＿＿＿＿＿＿＿。

7. 热敏性物料宜采用＿＿＿＿＿＿＿＿蒸发器。

三、计算题

1. 用一常压操作的单效蒸发器，将 $2000kg/h$ 的 NaCl 水溶液由 11% 浓缩至 25%（均为质量分数），试计算所需蒸发的水分量。

2. 在单效蒸发器内，将某物质的水溶液自浓度为 5% 浓缩至 25%（均为质量分数）。每小时处理 2 吨原料液。溶液在常压下蒸发，沸点是 $373K$（二次蒸汽的汽化热为 $2260kJ/kg$）。加热蒸汽的温度为 $403K$，汽化热为 $2180kJ/kg$。设原料液在沸点时加入蒸发器，试求加热蒸汽的消耗量。

3. 一常压操作的单效蒸发器，蒸发 10% NaOH 水溶液，原料液处理量为 $10t/h$，要求浓缩至 25%（以上均为质量分数）。加热蒸汽压强为 $300kPa$（绝压），冷凝液在饱和温度下排出，加料温度为 $20℃$，原料液的平均等压比热容为 $3.77kJ/(kg \cdot K)$，忽略溶液的沸点升高和溶液的浓缩热，且不计热损失。若蒸发器的传热系数为 $2000W/(m^2 \cdot ℃)$，求蒸发器所需的传热面积。

思考题

1. 与常见的传热过程相比,蒸发操作有什么特点?

2. 蒸发器的单位蒸汽消耗量指的是什么?它与哪些影响因素有关?

3. 什么叫蒸发器的生产强度?提高蒸发器生产强度的主要途径是什么?

4. 简述采用多效蒸发的意义以及其效数受到限制的原因。

5. 在蒸发过程中,为提高加热蒸汽的经济性,可采用哪些节能措施?

6. 在蒸发装置中,有哪些辅助设备?各起什么作用?

主要符号说明

英文字母

符号	意义	计量单位
A	蒸发器的传热面积	m²
D	加热蒸汽用量	kg/h
e	单位蒸汽消耗量	kg 蒸汽 /kg 水
F	加料量	kg/h
h_c	冷凝液的比焓	J/kg
h_1	组成为 w_1 的完成液的比焓	J/kg
h_0	原料液的比焓	J/kg
h_s	加热蒸汽的比焓	J/kg
h'	二次蒸汽的比焓	J/kg
K	蒸发器的传热系数	W/(m² · ℃)
p_c	冷凝器的操作压强	Pa
p_i	第 i 效蒸发器的蒸发室内压强	Pa
Q	蒸发器的热负荷	J/h 或 J/s
R_w	管壁热阻	m² · ℃ /W
r	加热蒸汽的比汽化热	J/kg
r'	二次蒸汽的比汽化热	J/kg
t_B	溶液的沸点	℃
t_c	冷凝液压强 p_c 下的水的沸点	℃

续表

符号	意义	计量单位
w_0	原料液的组成,质量分数	
t_1	蒸发器出口溶液的温度	℃
t_0	原料液的温度	℃
t_w	水的沸点	℃
Δt_m	蒸发器的平均温度差	℃
U	蒸发器的生产强度	$kg/(m^2 \cdot h)$
W	蒸发器的生产能力	kg/h 或 kg/s
w_1	蒸发器的完成液的组成,质量分数	

希腊字母

符号	意义	计量单位
α_i	管内溶液沸腾时的对流传热系数	$W/(m^2 \cdot K)$ 或 $W/(m^2 \cdot ℃)$
α_o	管外加热蒸汽冷凝时的对流传热系数	$W/(m^2 \cdot K)$ 或 $W/(m^2 \cdot ℃)$

项目五 非均相物系分离技术

在化工生产中，很多原料、中间体、粗产品、排放的废弃物等大多为混合物，为了进一步加工得到纯度较高的产品及达到环保需要等，对混合物进行分离是化工生产的重要过程。混合物大致分为均相混合物和非均相混合物两大类，本项目将重点介绍非均相物系的分离。

5.1 概述

任务目标	技能要求
• 掌握混合物的分类及特点； • 了解非均相物系常见的分离方法及其应用。	• 能根据特定非均相物系，选择合适的分离方法。

5.1.1 混合物的分类

混合物大致可以分为均相混合物和非均相混合物两类。若物系内部各处物料性质均匀，而且不存在相界面，这类混合物称为**均相混合物**或**均相物系**，如溶液、空气都是均相混合物；**非均相混合物**或**非均相物系**，是由两个或两个以上的相组成的混合物，物系内部存在明显的相界面，且界面两侧物料的物理性质截然不同，如含尘气体、悬浮液、乳浊液等都属于非均相物系。

在非均相物系中，处于分散状态的物质，称为分散物质或分散相，如分散于流体中的固体颗粒、液滴或气泡；包围分散物质且处于连续状态的物质称为连续物质或连续相，如液态非均相物系中的连续液体、气态非均相物系中的连续气体。

5.1.2 非均相物系的分离方法

按照聚集状态分类，常见的非均相混合物有气-液相、气-固相、液-液相、液-固相、固-固相。

由于非均相混合物中分散相和连续相的物理性质（密度、黏度、颗粒形状、尺寸等）存在明显差异,因而非均相混合物通常采用机械方法促使两相之间产生相对运动而使其分离,其分离规律遵循流体力学基本规律。

常用的非均相分离方法有如下几种:

(1)沉降分离法。沉降分离法利用分散相和连续相密度的差异,借助某种机械力作用,从而使颗粒和流体发生相对运动而分离开来。根据机械力的不同,可以分为重力沉降和离心沉降。重力沉降是分散相借助自身重力在连续相中沉降而获得分离。离心沉降则是利用分散相所受的离心力作用将其从连续相中分离。

(2)过滤分离法。过滤是分离固体及其他物质与液体(或气体)的操作,在某种推动力作用下,使液体(或气体)透过介质,固体颗粒及其他物质被过滤介质截留。根据推动力的不同,可分为重力过滤、加压(或真空)过滤和离心过滤。

(3)静电分离法。静电分离是借助电场作用,利用两相带电性的差异,从而使两相分离的操作。常见的静电分离法有电除尘、降雾等。

(4)湿洗分离法。湿洗分离是使气固相混合物穿过液体,固体颗粒则黏附于液体而被分离出来的操作。工业上常见的此类分离设备有泡沫除尘器、湍球塔、文氏管洗涤器等。

(5)流态化分离法。流态化是固体颗粒在流体的作用下呈现出与流体相似的流动性能的现象。流态化分离法是将大量固体颗粒悬浮于流动的流体中,在流体的作用下做翻滚运动,与液体沸腾相类似。

5.1.3　非均相物系分离的应用

非均相物系分离在化工生产中的应用主要有以下几个方面:

(1)回收分散物质。例如,从结晶器出来的晶浆中回收晶体颗粒;从气流干燥器或喷雾干燥器出来的气体中回收固体颗粒产品;从蒸发器出来的二次蒸汽中回收浓缩液。

(2)净化分散介质。某些催化反应,原料气中含有杂质会影响催化剂的活性,必须在进入反应器前去除气体中的杂质;对于压缩机,需去除气体中的液滴或固体颗粒。

(3)环境保护和安全生产的要求。例如,去除工业废气、废液中的有害物质,以达到规定的排放标准;去除某些可能会发生爆炸的杂质(含碳物质、活性金属粉等),以消除爆炸隐患。

5.2　沉降

任务目标	技能要求
• 熟悉重力沉降和离心沉降的基本原理;	• 了解沉降的分类;
• 掌握沉降速度的意义和基本计算方法;	• 能认识常见的沉降设备类型,并能指出内部的主要构造;
• 理解降尘室的结构特点、工作原理。	• 能核算降尘室的生产能力。

实现沉降分离的前提条件是分散相和连续相之间存在密度差,并且有外力作用。根据外力的不同,沉降分为重力沉降和离心沉降。

5.2.1　重力沉降

重力沉降是分散相颗粒在重力作用下,与周围流体发生相对运动,实现流体和颗粒分离的操作。颗粒的重力沉降速度是指颗粒相对于周围流体的沉降运动速度。影响重力沉降速度的因素很多,有流体的种类、密度、黏度,颗粒的形状、大小、密度等。

1. 球形颗粒的自由沉降

自由沉降是没有干扰的沉降,通常物系中分散相的颗粒为球形,颗粒含量较少,且颗粒表面光洁度、粒径、密度均相同,而沉降设备的尺寸相对较大,器壁和连续相的流动均不会对颗粒的沉降产生干扰作用。

如图 5-1 所示,直径为 d_p,密度为 ρ_p 的光滑球形颗粒,处于密度为 ρ 的静止液体中,当颗粒密度大于流体密度时,颗粒将在流体中自由沉降。对其受力情况进行分析,垂直方向上将受到重力 F_g、浮力 F_b 和阻力 F_d 的三个力的作用:

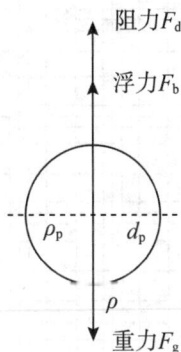

$$F_g = mg = \frac{\pi}{6}d_p^3 \rho_p g \qquad (\text{重力,方向向下})$$

$$F_b = \frac{\pi}{6}d_p^3 \rho g \qquad (\text{浮力,方向向上})$$

$$F_d = \zeta A \frac{\rho u^2}{2} = \zeta \frac{\pi d_p^2}{4} \cdot \frac{\rho u^2}{2} \quad (\text{阻力,方向向上})$$

图 5-1　球形颗粒沉降过程的受力情况

式中:m——颗粒的质量,kg;

　　　ζ——阻力系数,无因次;

　　　A——颗粒在相对运动方向上的投影面积,m²;

　　　u——颗粒与流体间的相对运动速度,m/s。

根据牛顿第二运动定律,若以颗粒沉降的方向为正方向,在静止流体中,颗粒在某一瞬间受到的合力为

$$\sum F = F_g - F_b - F_d = ma = \frac{\pi}{6}d_p^3(\rho_p - \rho)g - \frac{\pi}{8}d_p^2 \zeta \rho u^2 \qquad (5\text{-}1)$$

式中:a——加速度,m/s²。

当流体和颗粒一定时,$F_g - F_b$ 为常数,颗粒开始沉降瞬间,速度 $u = 0$,阻力 $F_d = 0$,加速度 a 则具有最大值。颗粒开始沉降后,F_d 将随沉降速度的增大而迅速增大,因此 a 将逐渐减小,最终 F_g、F_b、F_d 三力必将达到平衡。此时,颗粒开始做匀速沉降运动,同时沉降速度达到最大,这个速度称为颗粒在流体中的**自由沉降速度**,又称为**终端速度**,用 u_t 表示。匀速运动时,根据 $\sum F = 0$,由式(5-1)可求得自由沉降速度计算式:

$$u_t = \sqrt{\frac{4d_p(\rho_p - \rho)g}{3\zeta}} \qquad (5\text{-}2)$$

化工生产中,小颗粒自由沉降过程是最常见的,其加速阶段较短,可忽略不计,只需考虑均速阶段,因此可直接将 u_t 用于重力沉降设备的计算。

2. 阻力系数

利用式(5-2)计算沉降速度 u_t 时,需确定阻力系数 ζ 的值。而阻力系数与颗粒和流体相对运动时的雷诺准数有关,其函数关系为

$$\zeta = f(Re_t) = f\left(\frac{d_p u_t \rho}{\mu}\right)$$

式中:μ——流体的黏度,Pa·s。

图 5-2 表达了由实验测得的球形颗粒自由沉降时 ζ 与 Re_t 的函数关系的综合结果。

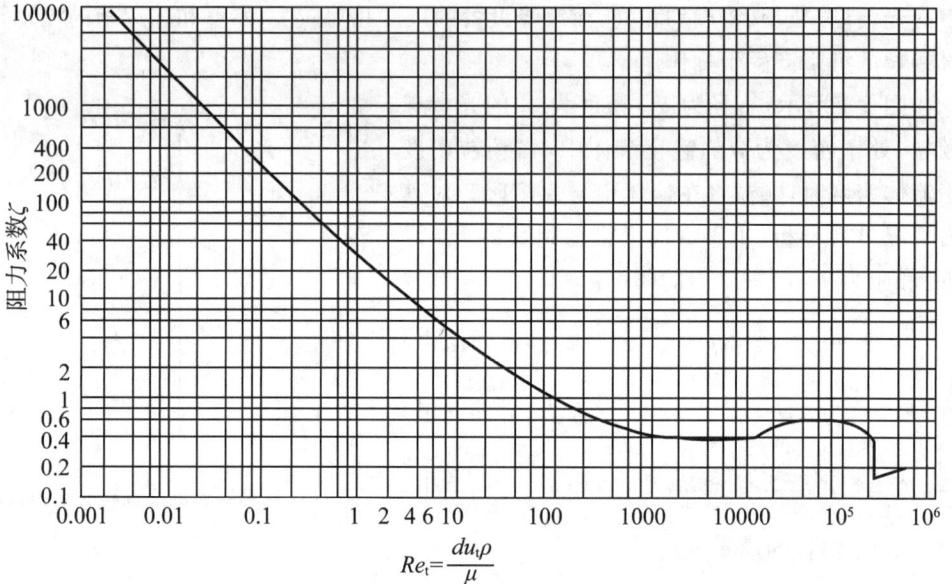

图 5-2 球形颗粒自由沉降时 ζ 与 Re_t 的函数关系

对于球形颗粒,根据 Re_t 值大致分为三个区域,且各区域内的曲线可分别用相应的关系式表达。

层流区或斯托克斯定律区($10^{-4} < Re_t \leqslant 2$):

$$\zeta = \frac{24}{Re_t} \tag{5-3}$$

过渡区或艾伦定律区($2 < Re_t < 10^3$):

$$\zeta = \frac{18.5}{Re_t^{0.6}} \tag{5-4}$$

湍流区或牛顿定律区($10^3 \leqslant Re_t < 2 \times 10^5$):

$$\zeta = 0.44 \tag{5-5}$$

3. 自由沉降速度的计算

根据球形颗粒的沉降区域,将式(5-3) ~ 式(5-5)分别代入式(5-2)中,可解得颗粒在各区相应的沉降速度 u_t 的公式。

（1）层流区：

$$u_t = \frac{gd_p^2(\rho_p - \rho)}{18\mu} \qquad (5-6)$$

此式为斯托克斯公式。

（2）过渡区：

$$u_t = 0.153\left[\frac{gd_p^{1.6}(\rho_p - \rho)}{\rho^{0.4}\mu^{0.6}}\right]^{\frac{1}{1.4}} \qquad (5-7)$$

此式为艾伦公式。

（3）湍流区：

$$u_t = 1.74\sqrt{\frac{d_p(\rho_p - \rho)g}{\rho}} \qquad (5-8)$$

此式为牛顿公式。

计算球形颗粒的沉降速度时，首先要知道 Re_t 值以判断流型，然后才能选用相应的关系式来计算 u_t 值。但由于 u_t 为待求量，所以 Re_t 值也是未知量。因此已知球形颗粒直径计算沉降速度 u_t 需用**试差法**。

若颗粒的直径较小，则可先假设沉降位于层流区，用斯托克斯公式计算 u_t 值，然后用所得的 u_t 值计算 Re_t 值，并检验 Re_t 值是否属于层流区。若 Re_t 值超出所设的流型范围，则应重新假设流型，并用相应的公式计算 u_t 值，直至按 u_t 值计算出的 Re_t 值符合所假设的流型范围为止。理论上，试差次数不超过三次，若用计算机计算则更为方便。

当颗粒的沉降速度为已知时，可采用类似的试差法计算颗粒的直径。

【例 5-1】 求直径为 $80\mu m$ 和 1mm 的球形颗粒在 20℃水中的自由沉降速度。已知颗粒的密度 $\rho_p = 2500kg/m^3$，水的密度 $\rho = 1000kg/m^3$，水在 20℃时的黏度为 $1\times 10^{-3}Pa\cdot s$。

解：（1）直径为 $80\mu m$ 的球形颗粒：

设沉降区域位于层流压，沉降速度可用斯托克斯公式计算，即

$$u_t = \frac{gd_p^2(\rho_p - \rho)}{18\mu} = \frac{9.81\times(80\times 10^{-6})^2\times(2500-1000)}{18\times 10^{-3}} = 5.23\times 10^{-3}(m/s)$$

验算流型：

$$Re_t = \frac{d_p u_t \rho}{\mu} = \frac{(80\times 10^{-6})\times 5.23\times 10^{-3}\times 1000}{10^{-3}} = 0.42$$

属于层流，假设正确。

（2）直径为 1mm 的球形颗粒：

因颗粒尺寸较大，可设沉降压域位于过渡区，其沉降速度可用艾伦公式计算，即

$$u_t = 0.153\left[\frac{gd_p^{1.6}(\rho_p - \rho)}{\rho^{0.4}\mu^{0.6}}\right]^{\frac{1}{1.4}}$$

$$= 0.153\times\left[\frac{9.81\times(10^{-3})^{1.6}\times(2500-1000)}{1000^{0.4}\times(10^{-3})^{0.6}}\right]^{\frac{1}{1.4}}$$

$$= 0.14(m/s)$$

验算流型： $$Re_t = \frac{d_p u_t \rho}{\mu} = \frac{10^{-3}\times 0.14\times 1000}{10^{-3}} = 140$$

属于过渡流，假设正确。

4. 影响沉降速度的因素

以上讨论均是针对表面光滑的刚性球形颗粒在流体中自由沉降的情况。下面将讨论复杂多样的实际沉降操作中影响沉降速度的因素。

(1) 颗粒形状。固体颗粒的形状通常是不规则的多面体,形状与阻力密切相关,一般形状偏离球形越大,阻力系数越大。

(2) 流体的黏度。在层流沉降区,由流体黏性引起的表面摩擦力占主导。在湍流区,流体黏性对沉降速度没有影响,由流体在颗粒后半部出现的边界层分离所引起的形体阻力占主导。在过渡区,表面摩擦力和形体阻力都不可忽略。在整个范围内,随雷诺数 Re_t 增大,表面摩擦阻力的影响逐渐减弱,形体阻力的影响逐渐增强。

(3) 壁面效应。容器的器壁和底面都会增加对颗粒沉降时的阻力,使颗粒实际沉降速度降低。当容器直径 D 与颗粒直径 d_p 比值 < 100 时,认为对沉降速度有影响,需考虑壁面效应。

(4) 干扰沉降。当非均相混合物中颗粒浓度比较大时,颗粒之间相距很近,颗粒沉降时会互相干扰。颗粒的布朗运动会对沉降影响较大。通常,在同等颗粒直径的条件下,干扰沉降速度会小于自由沉降速度。

5.2.2 离心沉降

离心沉降是依靠离心力的作用实现颗粒沉降的操作。沉降过程的离心力由旋转产生,且转速越大,离心力也越大,而在重力沉降中,颗粒受到的重力是恒定的,因此,对于非均相混合物的分离,离心沉降比重力沉降更有效。

1. 离心沉降速度

当流体绕着某一中心轴做圆周运动时,便会形成惯性离心力场。当流体带着颗粒旋转时,若颗粒密度大于流体密度,在离心力的作用下颗粒将在径向上与流体发生相对运动,从而实现分离。与重力场类似,在离心力场中,颗粒在径向上也会受到三个作用力:惯性离心力(径向向外)、周围流体对颗粒的向心力(径向向内,类似于重力场中的浮力)和阻力(径向向内)。当这三个力达到平衡时,此时颗粒在径向上相对于流体的运动速度 u_r 即为颗粒的离心沉降速度。假设颗粒为球形,密度为 ρ_p,直径为 d_p,流体的密度为 ρ,颗粒与中心轴的距离为 r,旋转角速度为 ω,可以推导出离心沉降速度 u_r 的计算公式为

$$u_r = \sqrt{\frac{4(\rho_p - \rho)d_p}{3\rho\zeta}r\omega^2} \tag{5-9}$$

对比式(5-9)和式(5-2)可知,颗粒离心沉降速度 u_r 的计算式与重力沉降速度 u_t 的计算式类似,仅将式(5-2)中的重力加速度 g 换成了离心加速度 $r\omega^2$。值得注意的是,离心沉降速度 u_r 随旋转半径 r 的变化而变化,但重力沉降速度 u_t 则是恒定的。式(5-9)中的阻力系数 ζ 仍可按式(5-3)、式(5-4)和式(5-5)计算,只要将 Re_t 计算式中的 u_t 用 u_r 替代即可。

离心沉降过程中的颗粒粒径较小,颗粒沉降往往处于层流区,因此阻力系数 ζ 可按式(5-3)计算,将其代入式(5-9)可得层流区的离心沉降速度计算式为

$$u_r = \frac{d_p^2(\rho_p - \rho)}{18\mu}r\omega^2 \tag{5-10}$$

2. 离心分离因数

同一颗粒在相同流体介质中的离心沉降速度与重力沉降速度的比值称为**离心分离因数**。对比式(5-10)和式(5-6)可知

$$K_c = \frac{u_r}{u_t} = \frac{r\omega^2}{g} = \frac{离心沉降速度}{重心沉降速度} \tag{5-11}$$

可见,离心分离因数 K_c 取决于离心加速度和重力加速度之比。K_c 也是反映离心分离设备性能的重要指标,通常可以通过提高转速或设备直径来提高 K_c。某些高速离心机的 K_c 甚至可达数万,这也说明了离心沉降设备的分离效果远好于重力沉降。因此,离心沉降设备主要用于分离两相密度差较小或者颗粒粒径很小的物系。

3. 提高离心沉降速度的方法

若要提高离心沉降速度,可以提高颗粒分离效果,减小设备尺寸。离心沉降速度通常与以下三方面有关:

(1) 颗粒性质。离心沉降速度与颗粒直径、密度成正比。密度相同时,粒径越大,沉降速度越大;粒径相同时,密度越大,沉降速度越大。

(2) 介质性质。离心沉降速度与介质的黏度、密度成反比。介质黏度、密度越大,沉降速度越小。

(3) 离心条件。离心沉降速度与离心时的转速和旋转半径成正比。在其他条件不变的情况下,转速越高、半径越大,则沉降速度越大。

5.2.3　沉降分离设备

1. 对沉降分离设备的要求

1) 基本要求

沉降操作通常在特定的设备内进行,颗粒沉降至设备底部或器壁所需的时间称为**沉降时间**,用 t_s 表示。要使颗粒与周围流体分开,一般要求在流体离开设备前,颗粒已沉降至设备底部或器壁。因此,颗粒的沉降时间 t_s 不能超过流体在设备内的停留时间 t_r,即

$$t_r \geqslant t_s \tag{5-12}$$

停留时间是沉降设备的一个重要参数,与操作方式、设备大小和处理量等均有关。值得注意的是,停留时间也不宜过长,否则沉降设备的投资将会过高。

2) 分离性能指标

混合物中因颗粒粒径和沉降距离不同,实际所需的沉降时间差别明显。在有限的停留时间内,被沉降下来的颗粒与颗粒总量的比值(质量分数)称为**总分离效率**,用 η_0 表示。

相同粒径的颗粒,也会由于沉降距离不同、颗粒形状差异和干扰沉降等因素,只能使部分颗粒沉降下来。在一定粒径颗粒的总量中,被分离的部分所占的比值(质量分数)称为该粒径颗粒的**粒级分离效率**,用 η_i 表示。

粒径越大,沉降速度越快,所需的沉降时间越短,当粒径超过某一临界值时,设备的 η_i 将达到 100%,此临界值称为**临界直径**,用 d_{pc} 表示。显然,临界粒径越小,总效率越高,设备的分离性能越好。

在一特定的设备内,混合物的处理量越大,则其临界直径越大,因此,若规定了临界直

径的数值,相当于明确了混合物的最大处理量,也就是分离设备的最大生产能力。

粒级分离效率、临界直径和最大生产能力是分离设备的重要分离性能指标,它们通常是由实验测定或通过经验数据估算获得。

2. 重力沉降设备

1) 降尘室

降尘室是依靠重力沉降从含尘气体中分离出尘粒的设备,是应用最早的重力沉降设备,典型的降尘室如图 5-3(a) 所示,其实质为具有宽截面的通道。含尘气体进入降尘室后,颗粒随气流向出口方向流动,截面扩大,流速减小,同时,颗粒在重力作用下向下沉降。只要气体有足够的停留时间,使颗粒在离开降尘室之前降至底部,便可从气流中分离出来。

沉降室

（a）降尘室　　　　　　　　　　（b）颗粒在降尘室内的运动情况

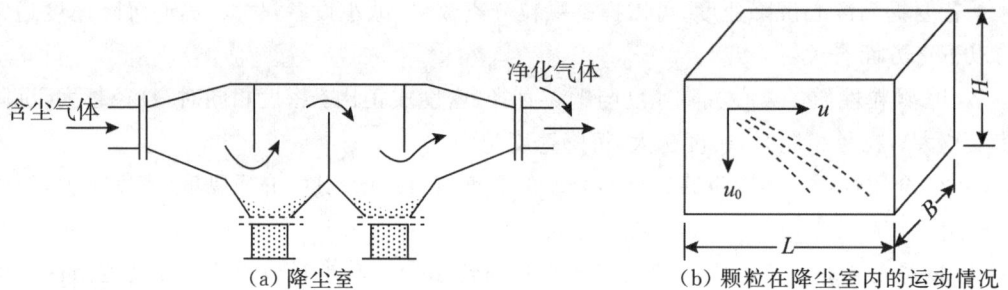

图 5-3　降尘室及降尘室中颗粒运动情况

图 5-3(b) 表示了颗粒在降尘室中的运动情况,为便于计算,将降尘室简化为高度为 H、长度为 L、宽度为 B 的长方体。颗粒在降尘室中沉降至底部所需的时间 t_s 为

$$t_s = \frac{H}{u_t} \tag{5-13}$$

气体通过降尘室的时间,即颗粒在沉降室中的停留时间 t_r 为

$$t_r = \frac{L}{u} \tag{5-14}$$

式中:u——气体在降尘室内水平通过的平均流速,m/s。

由式(5-12)可知,颗粒能够从气流中分离出来的必要条件是气体在降尘室内的停留时间不小于颗粒的沉降时间,即

$$\frac{L}{u} \geqslant \frac{H}{u_t} \tag{5-15}$$

因此,含尘气体的体积流量 V(单位:m^3/s)应满足:

$$V = BHu \leqslant BLu_t \tag{5-16}$$

式(5-16)表明,降尘室生产能力与高度 H 无关,仅取决于沉降底面积 BL 和颗粒沉降速度 u_t,故降尘室一般以扁平状为佳。

若规定了颗粒的临界直径 d_{pc},其自由沉降速度为 u_{tc},则相当于规定了含尘气体的最大处理量 V_{max}。将式(5-16)取等号,可得

$$V_{max} = BLu_{tc} \tag{5-17}$$

为提高降尘室的最大生产能力,可在降尘室内设置多层水平隔板,构成多层降尘室,如图 5-4 所示。含尘气体经气体分配通道进入隔板缝隙,一般每层隔板间距为 40 ～

100mm,进出口气体流量可由调节阀调节。流动中颗粒沉降在隔板表面,净化气体自隔板出口经气体聚集通道汇集后再由出口气道排出。注意,操作时气体通过隔板的流速不能太大,否则会将沉降下来的尘粒重新卷起。一般情况下,气体通过隔板的流速控制在0.5~1.0m/s。

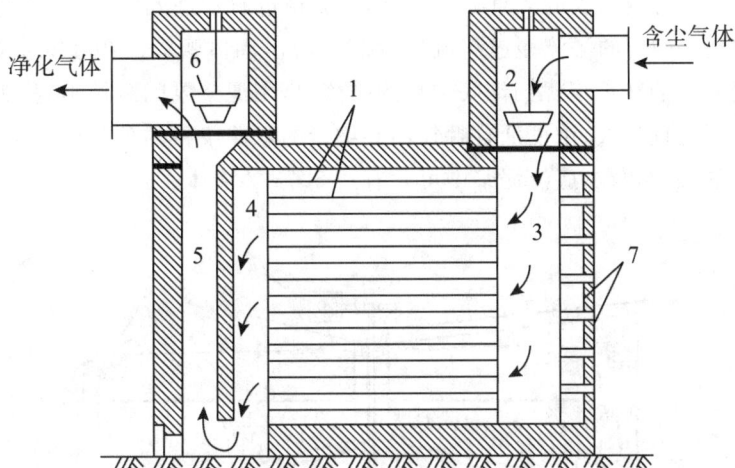

1—隔板;2—调节阀;3—气体分配通道;4—气体聚集通道;5—气道;6—清灰口。

图 5-4　多层降尘室

降尘室结构简单、气体流动阻力小,但体积庞大、分离效率低,通常只适用于分离粒径在 $75\mu m$ 以上的较大颗粒,一般用于预除尘。多层沉降室虽能分离粒径较小的颗粒且可节省占地面积,但清灰比较麻烦。

【例 5-2】　降尘室高 2m,宽 2m,长 5m。气体流量为 $4m^3/s$,密度 ρ 为 $0.75kg/m^3$,黏度 μ 为 0.026cP。粉尘可看作球形颗粒,密度为 $3000kg/m^3$。(1)求理论上能完全收集下来的颗粒临界直径 d_{pc};(2)粒径为 $40\mu m$ 的颗粒的回收百分率为多少?

解:(1)理论上能完全收集下来的最小颗粒直径可根据式(5-17)求得

$$u_{tc} = \frac{V_{max}}{BL} = \frac{4}{2 \times 5} = 0.4(m/s)$$

假设沉降处于层流区,根据式(5-6),则有

$$d_{pc} = \sqrt{\frac{18\mu u_{tc}}{g(\rho_p - \rho)}} = \sqrt{\frac{18 \times 2.6 \times 10^{-5} \times 0.4}{9.81 \times (3000 - 0.75)}} = 7.98 \times 10^{-5}(m)$$

校核流型

$$Re_t = \frac{d_{pc} u_{tc} \rho}{\mu} = \frac{7.98 \times 10^{-5} \times 0.4 \times 0.75}{2.6 \times 10^{-5}} = 0.92 < 2$$

符合要求,因此,颗粒临界值 $d_{pc} = 79.8\mu m$。

(2)假设降尘室内颗粒均匀分布,则在气体停留时间内,颗粒沉降高度与降尘室高度之比,即为 $40\mu m$ 颗粒被沉降下来的百分率。

由于不同尺寸颗粒在降尘室内的停留时间相同,因此

$$回收率 = \frac{u'_t}{u_{tc}} = \left(\frac{d'}{d_{pc}}\right)^2 = \left(\frac{40}{79.8}\right)^2 = 0.251$$

2）沉降槽

沉降槽是利用重力沉降分离悬浮液的设备,可提高悬浮液的浓度,并同时得到澄清的液体。用于低浓度悬浮液的分离时,称为澄清器;用于中等浓度悬浮液的浓缩时,常称为浓缩器或增稠器。沉降槽可间歇操作,也可连续操作,图 5-5 是一种典型的连续式沉降槽结构。这是一个具有锥形底的大直径浅圆槽,料浆由进料管进入中心筒,从筒底部流入槽内。清液由槽顶端四周的溢流堰连续流出,称为溢流,固体颗粒沉积在底部称为稠泥浆。稠泥浆由缓慢旋转的转耙聚拢到锥底中央的排渣口,用泥浆泵间断排出,称为底流。连续式沉降槽适用于处理量大、浓度低且颗粒不甚细微的悬浮浆料的预分离。经处理后,溢流中含有一定量的细微颗粒,底流泥浆中可含有约 50％ 的液体。

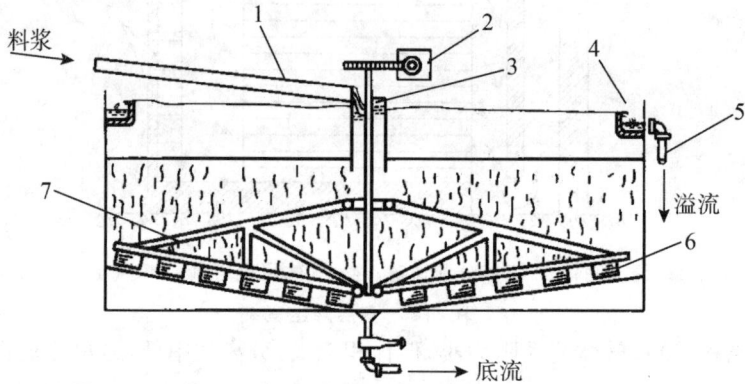

1—进料管;2—转动机构;3—料井;4—溢流槽;5—溢流管;6—耙齿;7—转耙。

图 5-5 连续式沉降槽

对于特定的沉降槽,为提高其生产能力,应设法提高颗粒的沉降速度。可向悬浮液中添加少量的电解质或表面活性剂,使细颗粒发生凝聚或絮凝,如 $AlCl_3$、$FeCl_3$ 等无机电解质,土豆淀粉等天然聚合物以及聚丙烯酰胺等高分子聚合物;也可采用加热、冷却、振动等方法改变颗粒的粒度或相界面积,均有利于提高沉降速度。

3. 离心沉降设备

1）旋风分离器

旋风分离器是利用惯性离心力作用,从气流中分离出固体颗粒的设备。其结构简单,无运动部件,制造方便,操作不受温度和压强的限制,分离效果高,性能稳定,可满足中等粉尘捕集的要求,故广泛应用于化工、轻工、冶金、机械等行业。

（1）结构和操作原理。如图 5-6(a) 所示,旋风分离器上部为带有切向入口的圆柱形筒体,下部为圆锥形筒体,各部分尺寸均与圆筒直径成比例。如图 5-6(b) 所示,含尘气体由器体上部的进气管切向进入后,在器壁的约束下形成一个绕筒体中心向下做螺旋运动的外旋流,在此过程中,固体颗粒被惯性离心力抛向器壁,沿壁面下滑至锥体底部落入灰斗排出;外旋流到达器底后折回向上形成内旋流,净化后的气体由筒顶中央的排气管排出。由于流体的旋转是依靠进口的高速气体与器壁相互作用产生的,因此必然会消耗气体的机械能,表现为气体进出口的压强降。

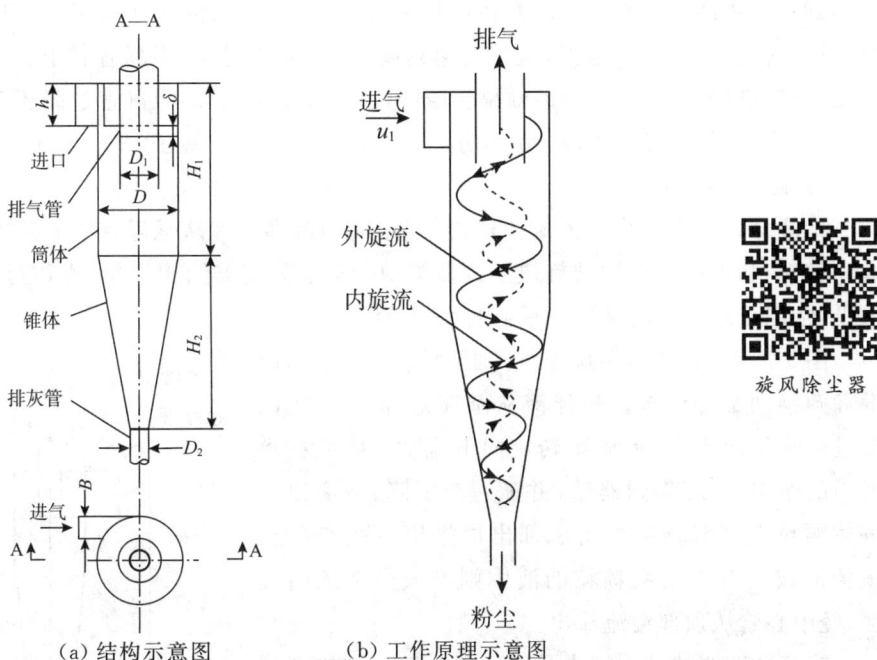

（a）结构示意图　　（b）工作原理示意图

图 5-6　旋风分离器（切向进口）

旋风分离器各部分尺寸一般与圆筒直径成一定比例，并按一定的几何比例设计，以获得较好的分离效果。国家已制定了系列标准，只要知道圆筒直径就可以算出其他部分的尺寸。如图 5-6 所示的旋风分离器，一般有：

$$h = \frac{D}{2}, \quad H_1 = H_2 = 2D, \quad B = \frac{D}{4}, \quad D_1 = \frac{D}{2}, \quad D_2 = \frac{D}{4}, \quad \delta = \frac{D}{8}$$

旋风分离器一般用于除去粒径 $5 \sim 50 \mu m$ 的颗粒，对于粒径 $200 \mu m$ 以上的大颗粒，最好先用重力沉降法除去，以减少对旋风分离器器壁的影响。此外，旋风分离器不适合于处理黏性大、含湿量高、腐蚀性强的粉尘。

（2）旋风分离器的性能：

① 临界粒径。临界粒径是旋风分离器能够完全除去的最小颗粒粒径。临界粒径的大小是判断旋风分离器分离效率高低的重要指标，临界粒径越小，其分离性能越好。但临界粒径很难精确测定。一般而言，旋风分离器的离心分离因数为 $5 \sim 2500$，一般可分离气体中直径为 $5 \sim 75 \mu m$ 的颗粒。

② 压强降。旋风分离器压强降的大小是决定分离过程能耗和合理选择风机的依据。旋风分离器的压强降包括气体进入旋风分离器时，由于突然扩大引起的损失；圆筒器壁摩擦引起的损失；气流旋转导致的动能损失；在排气管中的摩擦和旋转运动的损失等。旋风分离器压降可看作与进口气体动能成正比，由下式计算：

$$\Delta p = \frac{1}{2} \zeta o u^2 \tag{5-18}$$

式中，ζ 为阻力系数，取决于旋风分离器的结构形式及尺寸比例，不因尺寸大小而变。阻力系数通常采用适宜的经验公式计算或采用实测值。图 5-6(a) 所示的旋风分离器，其阻力系数 $\zeta = 8.0$。旋风分离器的压强降一般为 $500 \sim 2000 Pa$。

旋风分离器性能的影响因素多且复杂,其中尤以物系情况和操作条件最为重要。通常,颗粒密度越大、粒径越大,进口气速越高、粉尘浓度越大,则越有利于分离。需要注意的是,虽然进口气速越高,分离效果会越好,但压降也会增加,且气速过高还会导致涡流加剧,反而会不利于分离。因此,旋风分离器的进口气速以维持在 10 ~ 25m/s 为宜。

2)旋液分离器

旋液分离器也称为水力旋流器,是利用离心沉降原理从悬浮液中分离固体颗粒的设备,其结构和工作原理均与旋风分离器类似。旋液分离器结构简单,操作可靠,设备费用较低,常用于悬浮液的增浓或颗粒的水力分级。

图5-7为一种浓缩用旋液分离器的结构,也是由圆筒和圆锥两部分组成。悬浮液从圆筒上部直径为 D_i 的进口管切向流入,形成旋转流向下流动。颗粒在离心力的作用下,沉降到器壁,并随液流下降,分离出的固体颗粒夹带部分液体由底部出口排出,称为底流。澄清的或带有少量细颗粒的液体则形成向上的内旋流,经中心管从顶部溢流流出。

旋液分离器的结构特点是圆筒部分短而圆锥部分长,这样的结构有利于液固的分离。旋液分离器的内径 D 是其最基本的尺寸,其他结构尺寸均与之成一定比例,仅随用途不同而变化。悬浮液入口管可为圆形(或长边沿轴向的长方形),锥体尖角一般为10° ~ 20°。

旋液分离器的进料流速一般为 2 ~ 10m/s,可分离的粒径为 5 ~ 200μm。但其压强降较大,且随悬浮液平均密度的增大而增加。例如对一个 $D = 200$mm 的旋液分离器,其处理量为 15 ~ 70m³/h 时,阻力损失为 4 ~ 24m 悬浮液柱。

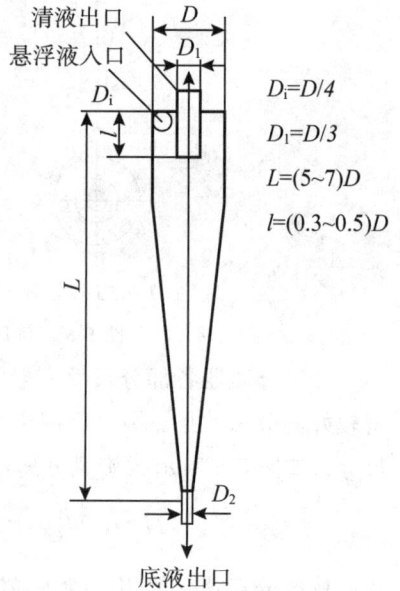

$D_i=D/4$

$D_1=D/3$

$L=(5~7)D$

$l=(0.3~0.5)D$

清液出口
悬浮液入口
底液出口

图 5-7　旋液分离器

3)沉降离心机

沉降离心机是利用惯性离心力分离液态非均相混合物的设备。它与旋液分离器的主要区别在于,离心力是由设备本身旋转产生的。由于离心机可产生很大的离心力,因此可用来分离一般方法难以分离的悬浮液或乳浊液。

(1)转鼓式离心机。转鼓式离心机的结构如图 5-8 所示,利用高速旋转的转鼓所产生的离心力,可将悬浮液中的固体颗粒沉降除去。悬浮液从转鼓底部被引入,在鼓内从下往上流动。颗粒在被液体带动而向上流动的同时,又因转鼓旋转而产生向鼓壁径向流动的趋势。当颗粒沉降到鼓壁所需的时间小于悬浮液在鼓内的停留时间时,此颗粒就能从悬浮液中分离出来,否则将随液体流出。转鼓式离心机的转速通常为 450 ~ 4500r/min,常用于泥浆脱水和从废液中回收固体。

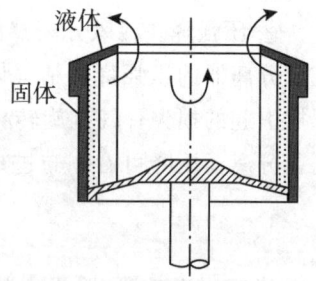

液体
固体

图 5-8　转鼓式离心机结构

（2）高速管式离心机。高速管式离心机是一种能产生高强度离心力场的离心机（见图5-9），转鼓的转速可达15000r/min以上，分离因数高达15000～16000。为了减小转鼓所受的应力，通常将高速管式离心机设计成细长形，直径多为100～200mm，高多为0.75～1.5m。悬浮液或乳浊液由底部进料管送入转鼓，在管内自下而上流动过程中，在离心力的作用下，按照密度不同分为内、外两层，密度大的在外层，密度小的在内层，分别从顶部的溢流口流出。

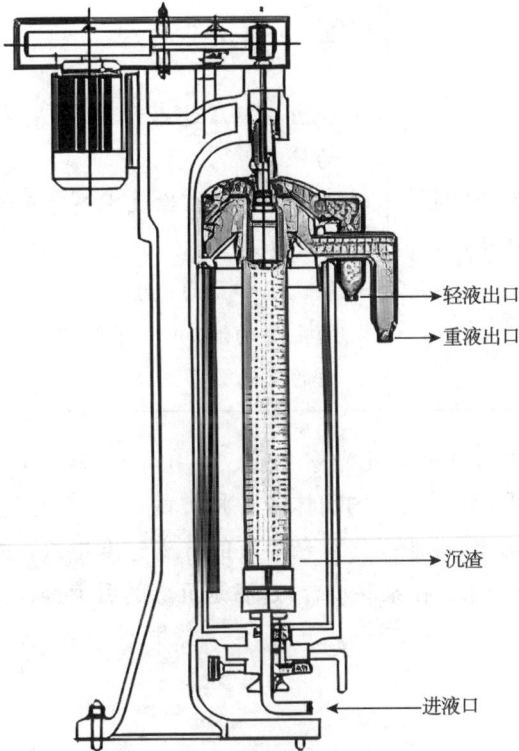

图5-9　高速管式离心机

高速离心机

高速管式离心机主要用于植物中药提取液、发酵液、饮料／保健食品／生物化工产品等的固液分离，也是目前利用离心法进行分离的理想设备。最小分离颗粒粒径为1μm，特别适用于液固相比重差异小，固体颗粒粒径小、含量低，介质腐蚀性强等物料的分离、浓缩和澄清。

5.3 过滤

任务目标	技能要求
• 掌握过滤的机理和基本概念； • 理解过滤的基本方程； • 掌握恒压过滤方程及过滤常数的测定； • 了解典型过滤设备的结构、操作及计算。	• 会应用恒压过滤方程,会进行过滤常数的计算； • 会进行板框压滤机洗涤时间和生产能力的计算； • 能认识常见的过滤设备,并能指出内部的主要构造,并能根据工艺要求选择合适的过滤设备。

过滤是分离悬浮液最常用和最有效的单元操作之一。利用重力、离心力或人为产生压差使悬浮液通过多孔性过滤介质,悬浮液中的固体颗粒将被截留,滤液穿过介质流出,实现固液混合物的分离。与沉降相比,过滤操作对悬浮液的分离速度更快、更彻底,特别适合小粒径、沉降难分离的悬浮液物系。在某些场合,过滤是沉降的后续操作。

5.3.1 过滤基本概念

1. 过滤方式

过滤方式主要有滤饼过滤与深层过滤两种。

滤饼过滤如图 5-10(a) 所示,悬浮液(又称浆料) 置于过滤介质的一侧,固体颗粒沉积于介质表面形成滤饼层。过滤介质仅起支撑滤饼的作用,且其孔径不一定要小于最小颗粒的粒径。过滤操作开始时,会有部分细小颗粒进入甚至穿过介质的小孔而使滤液浑浊,但是部分颗粒会在孔道中迅速发生"架桥"现象,见图 5-10(b)。随着颗粒的不断堆积,开始形成滤饼,滤液也变得澄清,此后过滤才能有效进行,通常操作初期得到的浑浊滤液在滤饼形成后应返回重新过滤。滤饼过滤中真正起过滤作用的是滤饼本身,适用于处理固体含量较高(体积分数大于 1%) 的悬浮液。化工生产中遇到的悬浮液固相浓度普遍较高,因此本节将重点讨论滤饼过滤。

深层过滤如图 5-11 所示,该操作中固体颗粒尺寸小于过滤介质孔隙,过滤时不会形成过饼,而是在静电和表面力的作用下附着在过滤介质中,被截留在过滤介质的孔隙内。深层过滤适用于处理量大而颗粒小、固体含量低(体积分数小于 0.1%) 的悬浮液。

（a）滤饼过滤　　　　（b）"架桥"现象

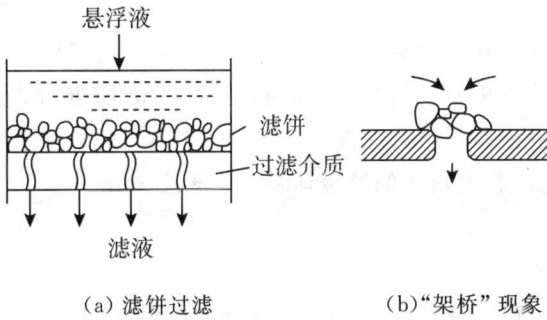

图 5-10　滤饼过滤

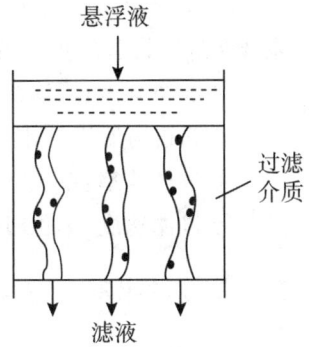

图 5-11　深层过滤

2. 过滤介质

过滤介质是指过滤操作中使流体透过而截留固体颗粒并对滤饼起支撑作用的可渗透多孔材料。过滤介质应具有足够的机械强度和尽可能小的流动阻力，同时，还应具有相应的耐腐蚀性和耐热性。工业上常用的过滤介质主要有下面三类。

（1）织物介质（又称滤布）。此类介质包括由棉、毛、丝、麻等天然纤维及合成纤维制成的织物，以及由玻璃丝、金属丝等织成的网。其价格便宜，清洗和更换方便，能截留颗粒的最小直径为 $5 \sim 65\mu m$，在工业上应用最为广泛。

（2）堆积介质。此类介质由各种固体颗粒（细砂、木炭、石棉、硅藻土）或非编织纤维等堆积而成，多用于深层过滤中。

（3）多孔固体介质。此类介质是具有很多微细孔道的固体材料，如由多孔陶瓷、多孔塑料及多孔金属制成的管或板，能拦截 $1 \sim 3\mu m$ 的微细颗粒。

3. 滤饼和助滤剂

滤饼是真正有效的过滤介质，随着过滤的进行，滤饼厚度和流动阻力都会逐渐增加，且不同特性的颗粒，流动阻力也不尽相同。若滤饼由一定的刚性颗粒形成，在过滤过程中当滤饼两侧压差增大时，颗粒形状和颗粒间的空隙率保持不变，称为**不可压缩滤饼**。而由非刚性颗粒形成的滤饼，则在压强差作用下会发生不同程度的压缩变形，空隙率明显下降，流动阻力急剧增加，称为**可压缩滤饼**。

为减小可压缩滤饼的过滤阻力，减少细微颗粒对过滤介质中孔道的堵塞，可使用助滤剂改善饼层结构。对助滤剂的基本要求是：能形成多孔饼层的刚性颗粒，具有良好的物理、化学性质，不与悬浮液发生化学反应，也不溶于液相中，且应价廉易得。常用的助滤剂有硅藻土、珍珠岩、石棉、氧化镁、活性炭、纤维素等，其中尤以硅藻土应用最广泛。

过滤结束后，通常用洗涤液（常为清水）进行滤饼的洗涤，用以回收滤液或得到较为纯净的固体颗粒。洗涤速率取决于洗涤压强差、洗涤液通过的面积和滤饼厚度。

4. 过滤基本参数

① 处理量：可采用悬浮液体积 $V_s(m^3)$、滤液体积 $V(m^3)$ 或滤饼体积 $V_c(m^3)$ 表示。

② 生产能力：通常以 m^3 滤液 /h 表示。

③ 生产率 G：单位时间、单位过滤面积内过滤出的干固体质量，kg 干固体 /（$m^2 \cdot s$）。

④ 过滤面积 A：允许滤液通过的过滤介质的总面积。

⑤ 悬浮液固相浓度：单位体积悬浮液中含有的固体颗粒的总体积，用体积分数表示，是选择过滤设备的重要指标。

⑥ 滤饼含液量：滤饼中含有的液体的质量分数。

⑦ 滤饼与滤液的体积比：获得单位体积滤液同时形成的滤饼体积，m^3 滤饼 /m^3 滤液。

⑧ 过滤速率：单位时间内获得的滤液体积，m^3 滤液 /s。

⑨ 过滤速度：单位时间、单位过滤面积上获得的滤液体积，m^3 滤液 /($m^2 \cdot s$)。

5.3.2 过滤基本方程

过滤操作中，液体通过滤饼和过滤介质空隙的流动与普通管内的流动类似。由于过滤过程涉及的颗粒粒径很小，流过的孔道也很细小，因此滤液的流动形态常属于层流流动。

黏度为 μ、平均流速为 u 的流体在直径为 d、长度 l 的圆管内层流流动时，压强降可按哈根-泊谡叶方程计算，即

$$\Delta p_f = \frac{32\mu l u}{d^2}$$

在过滤操作中，Δp_f 即为液体流动过程所需克服流动阻力的压强差。由于滤饼和过滤介质中的孔道是曲折多变、大小不等的，因此要利用上式进行计算需要将过滤过程进行简化处理：将其视为液体以速度 u 通过许多平均直径为 d_0、长度为滤饼和过滤介质厚度（$L + L_e$）的小管内的流动（L 为滤饼层厚度，L_e 为过滤介质的当量滤饼厚度）。

于是，滤液通过滤饼和过滤介质的压强降可表示为

$$\Delta p_f = \frac{32\mu(L + L_e)u}{d_0^2} \tag{5-19}$$

滤液流过滤饼和过滤介质的瞬间平均速度

$$u = \frac{1}{A_0} \times \frac{dV}{dt} \tag{5-20}$$

$$A_0 = \varepsilon A \tag{5-21}$$

式中：A_0——滤饼和过滤介质孔隙的平均流通截面积，又称自由截面积，m^2；

A——过滤面积，m^2；

ε——滤饼的空隙率，对于不可压缩滤饼，ε 为定值；

t——过滤时间，s；

V——滤液量，m^3；

$\dfrac{dV}{dt}$——单位时间内获得的滤液体积，m^3/s。

结合式(5-19) ～ 式(5-21)可得

$$u = \frac{dV}{A_0 dt} = \frac{dV}{A\varepsilon dt} = \frac{\Delta p_f d_0^2}{32\mu(L + L_e)}$$

故

$$\frac{dV}{A dt} = \frac{\varepsilon \Delta p_f d_0^2}{32\mu(L + L_e)} = \frac{\Delta p_f}{r\mu(L + L_e)} \tag{5-22}$$

式中：r——滤饼的比阻，$r = \dfrac{32}{\varepsilon d_0^2}$，$1/m^2$。

r 是反映滤饼结构的特征参数,也是滤饼阻力大小的一个特征参数。

式(5-22)等号右边写成了 $\dfrac{\text{推动力}}{\text{阻力}}$ 的形式,说明压强差越大,过滤速度越大;流体黏度越大或滤饼和过滤介质的厚度越大,则过滤速度越小。对于一定的过滤介质与滤饼结构,L_e 通常是常数,但是滤饼厚度 L 则随时间而变,因此要将式(5-22)积分,得到时间 t 与滤液量 V 的函数关系,宜将 $L+L_e$ 写成 V 的函数,根据滤饼与滤液体积比 v 的定义,应有

$$v = \frac{AL}{V}$$

因此

$$L = \frac{vV}{A} \tag{5-23}$$

同理可得

$$L_e = \frac{vV_e}{A} \tag{5-24}$$

式中:V_e——过滤介质的当量滤液体积,m^3,是一个为计算方便而定义的虚拟值。

将式(5-23)和式(5-24)代入式(5-22),可得

$$\frac{dV}{Adt} = \frac{A\Delta p_f}{r\mu v(V+V_e)} \tag{5-25}$$

式(5-25)称为**过滤基本方程**,适用于不可压缩滤饼,该式表示过滤过程中任一瞬间的过滤速度与有关因素间的关系,是过滤计算和强化过滤操作的基本依据。对于可压缩滤饼,有经验式 $r = r_0\Delta p_f^s$,其中 r_0 为单位压强差下滤饼的比阻,$1/m^2$;s 为滤饼的压缩性指数,$0 \leqslant s \leqslant 1$,可查阅有关资料或由实验测定,对于不可压缩滤饼,$s = 0$。

在化工生产中应用最多的还是以压强差为推动力的过滤,其中应用最广的是加压过滤和真空过滤,其操作压强可视情况调节。随着过滤的进行,被过滤介质截留的固体颗粒越来越多,液体的流动阻力逐渐增加。若维持操作压强差不变,过滤速度将逐渐下降,这种操作称为恒压过滤。逐渐加大压强差,以维持过滤速度不变的操作称为恒速过滤。对于可压缩滤饼,随着过滤时间的延长,压强差会增加很多,因此恒速过滤无法进行到底。由于工业中大多数过滤均属于恒压过滤,因此以下主要讨论恒压过滤的基本计算。

5.3.3　恒压过滤

1. 恒压过滤基本方程

在恒压过滤中,压强差 Δp_f 为定值,对于一定的悬浮液与过滤介质,考虑不可压缩滤饼则 μ、r、v 和 V_e 均可视为定值,过滤面积 A 也恒定,因此对式(5-25)进行积分可得

$$\int_0^V (V+V_e)dV = \frac{A^2\Delta p_f}{r\mu v}\int_0^t dt$$

$$V^2 + 2V_e V = \frac{2\Delta p_f}{r\mu v}A^2 t$$

令 $K = \dfrac{2\Delta p_f}{r\mu v}$,$q = \dfrac{V}{A}$,$q_e = \dfrac{V_e}{A}$,可得

$$V^2 + 2V_e V = KA^2 t \tag{5-26}$$

$$q^2 + 2q_e q = Kt \tag{5-26a}$$

式(5-26)、式(5-26a)称为**恒压过滤方程**。它表达了过滤时间 t 与获得滤液体积 V 或单位过滤面积上获得的滤液体积 q 的关系。在一定的过滤条件下,K、q_e 均为过滤常数。K

与物料特性和压强差 Δp_f 有关,单位为 m^2/s;q_e 反映了过滤介质阻力的大小,单位为 m^3/m^2,两者均可由实验测定。

在很多情况下,滤饼阻力远大于过滤介质的阻力,过滤介质阻力可以忽略,于是式 (5-26)、式(5-26a)可简化为

$$V^2 = KA^2 t \tag{5-27}$$
$$q^2 = Kt \tag{5-27a}$$

2. 过滤常数 K、q_e 的测定

在很多恒压过滤计算中,通常需知道过滤常数 K 和 q_e,且依据悬浮液的性质和浓度的不同,其数值差别很大。由式(5-26)可知,只要在恒压差下,分别测得时间 t_1 和 t_2 下获得的滤液的总体积 V_1 和 V_2,便可联立方程组

$$\begin{cases} V_1^2 + 2V_e V_1 = KA^2 t_1 \\ V_2^2 + 2V_e V_2 = KA^2 t_2 \end{cases}$$

进而估算出 K、V_e 和 q_e 的值。

当对结果准确度要求较高时,为减小误差,可在实验中测定多组 t-V 数据,并由 $q = V/A$ 计算得到一系列的 t-q 数据,进而将式(5-26a)变形为

$$\frac{t}{q} = \frac{1}{K}q + \frac{2q_e}{K} \tag{5-28}$$

在直角坐标系中,以 q 为横轴、t/q 为纵轴作图,可得一斜率为 $1/K$ 的直线,其截距为 $2q_e/K$,由此便可求出 K 和 q_e。

为确保测得的 K 和 q_e 有足够的可信度,以便将实验数据应用于工业过滤装置的计算,实验中应尽可能采用与实际情况相同的条件,要求采用相同的悬浮液、相同的操作温度和压强差。

【例5-3】 采用过滤面积为 $0.2m^2$ 的过滤机,对某悬浮液进行过滤常数的测定。操作压强差为 $0.15MPa$,温度为 $20℃$。过滤进行到 $5min$ 时,共得滤液 $0.034m^3$;进行到 $10min$ 时,共得滤液 $0.050m^3$。(1)估算过滤常数 K 和 q_e;(2)求过滤进行到 $1h$ 时,总共得到的滤液量。

解:(1)$t_1 = 300s$ 时:

$$q_1 = \frac{V_1}{A} = \frac{0.034}{0.2} = 0.17(m^3/m^2)$$

$t_2 = 600s$ 时:

$$q_2 = \frac{V_2}{A} = \frac{0.050}{0.2} = 0.25(m^3/m^2)$$

根据式(5-26a),有

$$\begin{cases} 0.17^2 + 2 \times 0.17 q_e = 300K \\ 0.25^2 + 2 \times 0.25 q_e = 600K \end{cases}$$

解得 $\qquad K = 1.26 \times 10^{-4} m^2/s$, $\quad q_e = 2.61 \times 10^{-2} m^3/m^2$

(2) $\qquad V_e = q_e A = 2.61 \times 10^{-2} \times 0.2 = 5.22 \times 10^{-3}(m^3)$

由式(5-26),有 $\quad V^2 + 2 \times 5.22 \times 10^{-3} V = 1.26 \times 10^{-4} \times 0.2^2 \times 3600$

解得 $\qquad\qquad\qquad V = 0.130(m^3)$

5.3.4 过滤设备

各种生产过程中的悬浮液,其性质有很大的差异;过滤的目的及料浆的处理量相差

也很悬殊,为适应各种不同的要求而发展了多种形式的过滤机。按照操作方式可分为间歇过滤机与连续过滤机,按照采用的压强差可分为压滤、吸滤和离心过滤,工业应用最广泛的板框压滤机和叶滤机为压滤型间歇过滤机,转鼓真空过滤机则为吸滤型连续过滤机。下面介绍工业上常用的几种过滤设备。

1. 板框压滤机

板框压滤机由多块带凹凸纹路的滤板和滤框交替排列组装于机架而构成,如图 5-12 所示。

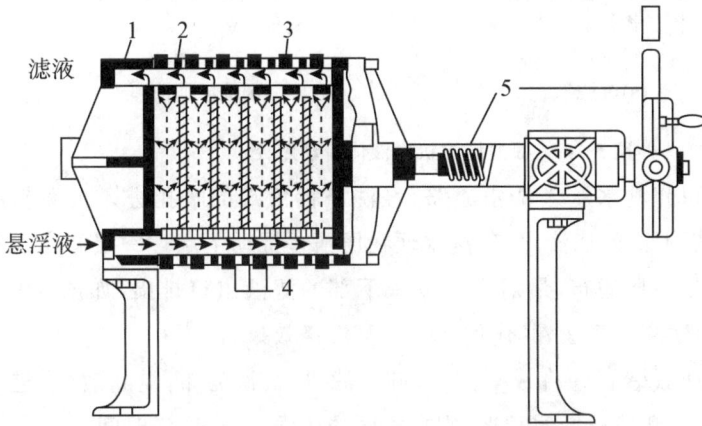

1—固定头;2—滤板;3—滤框;4—滤布;5—压紧装置。

图 5-12 板框压滤机

滤板和滤框一般制成正方形,如图 5-13 所示。板和框的角端均开有圆孔,装合、压紧后即构成供滤浆、滤液或洗涤液流动的通道。框的两侧覆以四角开孔的滤布,空框与滤布围成了容纳滤浆及滤饼的空间。滤板又分为洗涤板与非洗涤板两种。洗涤板左上角的圆孔内还开有与板面两侧相通的侧孔道,洗水可由此进入框内。为了便于区别,常在板、框外侧铸有小钮或其他标志,通常,非洗涤板为一钮,洗涤板为三钮,而滤框则为二钮(见图 5-13)。装合时即按钮数以 1—2—3—2—1—2…… 的顺序排列板与框。压紧装置的驱动可用手动、电动或液压传动等方式。

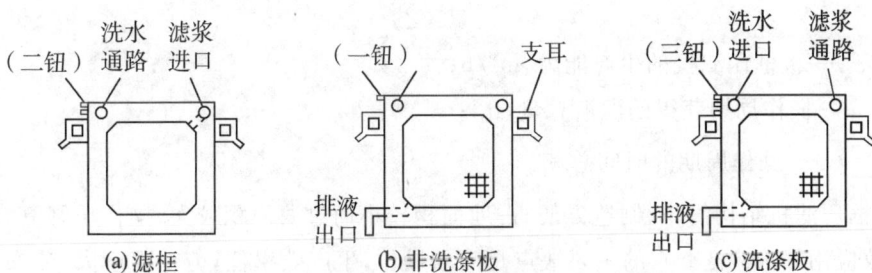

图 5-13 滤板和滤框

过滤时,悬浮液在指定的压强下经滤浆通路由滤框角端的暗孔进入框内,滤液分别穿过两侧滤布,再经邻板板面流至滤液出口排走,固体则被截留于框内,如图 5-14(a)所示,待滤饼充满滤框后,即停止过滤。滤液的排出方式有明流与暗流之分。若滤液经由每块滤板底部侧管直接排出(见图 5-14),则称为明流。若滤液不宜暴露于空气中,则需将各板流出的滤液汇集于总管后送走(见图 5-12),则称为暗流。

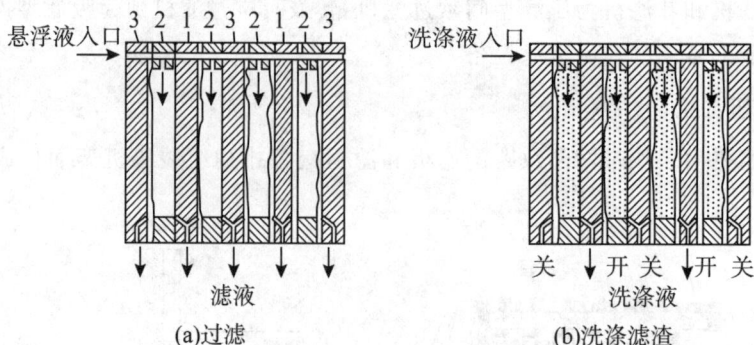

图 5-14　板框压滤机内液体流动路径

若滤饼需要洗涤,可将洗水压入洗水通路,经洗涤板角端的暗孔进入板面与滤布之间。此时,应关闭洗涤板下部的滤液出口,洗水便在压强差推动下穿过一层滤布及整个厚度的滤饼,然后再横穿另一层滤布,最后由过滤板下部的滤液出口排出,如图 5-14(b) 所示。这种操作方式称为横穿洗涤法,其作用在于提高洗涤效果。

洗涤结束后,旋开压紧装置并将板框拉开,卸出滤饼,清洗滤布,重新装合,进入下一个操作循环。若洗液性质和滤液性质相近,则在相同的压强差下,洗涤时间

$$t_w = \frac{8V_w(V + V_e)}{KA^2} \tag{5-29}$$

式中:t_w——洗涤时间,s;

V_w——洗涤水量,m^3。

板框压滤机每一操作周期由过滤时间 t、洗涤时间 t_w 和组装、卸渣及清洗滤布等辅助操作时间 t_d 构成。一个完整的操作周期所需的总时间为

$$\sum t = t + t_w + t_d \tag{5-30}$$

板框压滤机的生产能力为

$$V_t = \frac{3600V}{\sum t} \tag{5-31}$$

式中:V_t——板框压滤机的生产能力,m^3/h;

V——操作周期获得的滤液总量,m^3;

$\sum t$——操作周期的时间总和。

板框压滤机结构简单、制造方便、占地面积较小而过滤面积较大,操作压强高,适应能力强,故应用颇为广泛。它的主要缺点是间歇操作,生产效率低,劳动强度大,滤布损耗也较快。近来,各种自动操作板框压滤机的出现,使上述缺点在一定程度上得到改善。

【例 5-4】　某板框压滤机的滤框尺寸为 $450mm \times 450mm \times 25mm$,操作条件下过滤常数 $K = 1.26 \times 10^{-4} m^2/s$,$q_e = 0.0261 m^3/m^2$。生产要求在一次操作 20min 的时间内得到 $3.87 m^3$ 的滤液,已知得到 $1 m^3$ 滤液可形成 $0.0342 m^3$ 滤饼。(1)试求共需多少个滤框?

（2）洗液性质与滤液性质相同，洗涤时压差与过滤时相同，洗涤液量为滤液体积的 1/10，问洗涤时间为多少？（3）若辅助操作时间为 15min，求压滤机的生产能力？

解：（1）由恒压过滤方程 $V^2 + 2V_e V = KA^2 t$ 和 $V_e = Aq_e$ 可得

$$3.87^2 + 2 \times (0.0261 \times A) \times 3.87 = 1.26 \times 10^{-4} \times A^2 \times 20 \times 60$$

解得
$$A = 10.6(\text{m}^2)$$

每一滤框的两侧均有滤布，每框的过滤面积为

$$0.45 \times 0.45 \times 2 = 0.405(\text{m}^2)$$

所需滤框数为
$$10.6/0.405 = 26.2$$

取 27 个滤框，滤框的总容积为

$$0.45 \times 0.45 \times 0.025 \times 27 = 0.137(\text{m}^3)$$

滤饼体积为

$$V_c = vV = 0.0342 \times 3.87 = 0.132(\text{m}^3) < 0.137\text{m}^3$$

实际过滤面积为
$$27 \times 0.405 = 10.9(\text{m}^2)$$

因此，采用 27 个滤框可以满足要求。

（2）
$$V_e = Aq_e = 0.0261 \times 10.9 = 0.284(\text{m}^3)$$

洗涤液量：
$$V_w = \frac{3.87}{10} = 0.387(\text{m}^3)$$

洗涤时间：

$$t_w = \frac{8V_w(V + V_e)}{KA^2} = \frac{8 \times 0.387 \times (3.87 + 0.284)}{1.26 \times 10^{-4} \times 10.9^2} = 859.1(\text{s})$$

（3）压滤机的生产能力：

$$V_t = \frac{V}{t + t_w + t_d} = \frac{3.87}{1200 + 859.1 + 900} = 1.308 \times 10^{-3}(\text{m}^3/\text{s}) = 4.71(\text{m}^3/\text{h})$$

2. 转鼓真空过滤机

为了克服过滤机间歇操作带来的问题，开发了各种形式的连续过滤设备，其中转鼓真空过滤机是应用较广的连续式吸滤机。

如图 5-15 所示，转鼓真空过滤机的主体是一个能转动的水平中空圆筒，筒的表面覆盖有滤布，筒的下部浸入料浆中，其主要部件为转鼓和分配头。转筒的过滤面积一般为 2 ～ 50m²，浸没部分占总面积的 30% ～ 40%，转速为 0.1 ～ 3r/min，根据过滤的难易程度，滤饼厚度一般为 5 ～ 40mm。转鼓沿圆周分为若干互不相通的小室（扇格），每室均有单独的孔道连通至分配头上。转鼓转动时，依靠分配头的作用使这些孔道依次与真空管和压缩空气管相通，因此，每旋转一周各小室依次进行过滤、脱水、洗涤、脱水、吹松、卸饼、再生等操作。整个转鼓的操作是连续的，而各个小室的操作则是周期性的。

分配头是自动实现各个小室周期性操作的机械错气装置，由一对紧密贴合的转动错气盘和固定错气盘组成。转动错气盘装配在转鼓上，一起旋转，上有一系列小孔与各个小室相通，操作时与固定错气盘相对滑动旋转；固定错气盘内侧开有若干长度不等的弧形凹槽，通过转动盘上小孔与固定盘上对应凹槽的依次连通，实现各个小室分别与真空滤液

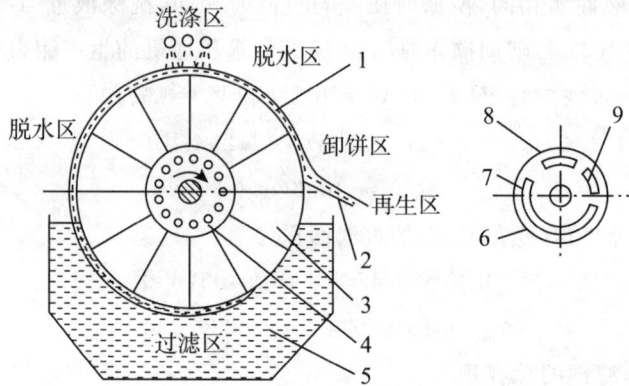

1—滤饼；2—刮刀；3—转鼓；4—转动错气盘；5—滤浆槽；6—固定错气盘；

7—滤液出口凹槽；8—洗涤水出口凹槽；9—低压空气进口凹槽。

图 5-15　转鼓真空过滤机操作及分配头的结构

抽出系统、真空洗涤水抽出系统和低压空气压入系统依次相通。

当转鼓上的某些小室浸入滤浆中时，恰与滤液抽出系统相通，进行真空吸滤操作，离开液面时，继续抽吸，吸走滤饼中残余的液体；当转到洗涤水喷淋处时，恰与洗涤水抽出系统相通，进行真空洗涤和脱水操作；随后在与低压空气压入系统连接时，滤饼被压入的空气吹松并由刮刀刮下。在再生区，低压空气将残余滤渣从过滤介质上吹除。小室随转鼓旋转一周，完成一个操作周期，连续旋转便构成连续的过滤操作。

转鼓真空过滤机的主要优点是连续自动操作，处理量大，适合于处理量大而容易过滤的料浆。对于难过滤的细、黏物料，可采用助滤剂预涂的方式来改善过滤效果。它的主要缺点是设备投资费用高，真空操作推动力小，过滤速度慢，滤饼含液量高（常达30%），料浆操作温度也不能过高，否则将影响真空度。

3. 过滤离心机

过滤离心机与转鼓沉降离心机非常相似，都有一个高速旋转的转鼓。不同的是，过滤离心机转鼓上开有许多小孔，内壁附以金属丝网及滤布等过滤介质，在离心力作用下进行过滤，因此滤饼中的含液量较低。

过滤离心机有多种形式，如间歇操作的三足式（见图 5-16）、自动连续操作的刮刀卸料式（见图 5-17）、活塞往复卸料式（见图 5-18）等。

三足式过滤离心机的转鼓直径较大，转速不高（小于 2000r/min）。其优点是结构简单，可灵活掌握运转周期。其缺点是卸料时需要人工操作，转动部件位于机座下部使检修不方便。

刮刀卸料式离心机每一操作周期为 35～90s，转速可达 3000r/min，其优点是处理量较大，劳动条件好。其缺点是对细的、黏的物料往往需要较长的过滤时间，而且由于使用了刮刀卸料，不易保持晶体物料的晶形的完整性。

活塞往复卸料式离心机的活塞冲程约为转鼓全长的 1/10，往复次数约为 30 次/min，其处理量为 300～25000kg/h，适用于含固量小于 10%、粒径大于 0.15mm 的浆料。

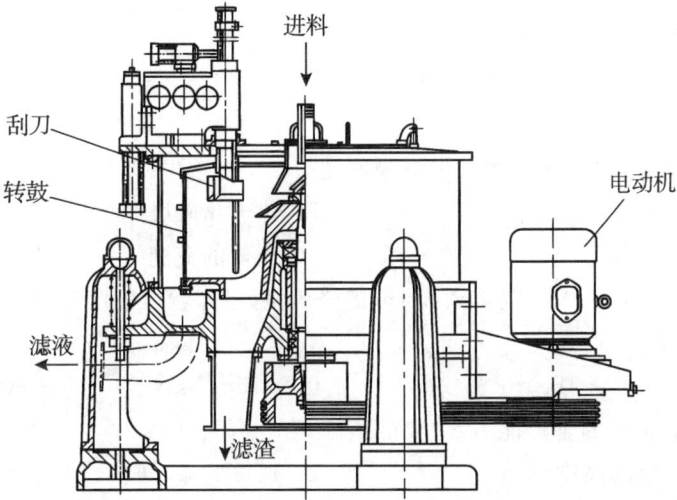

图 5-16　三足式过滤离心机

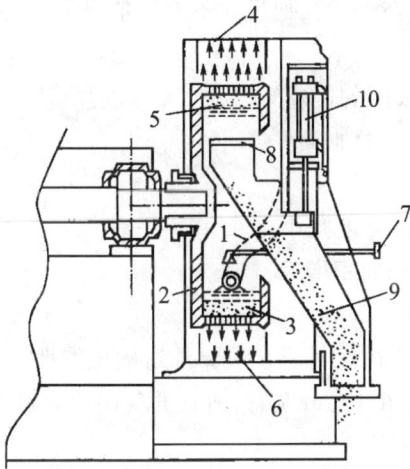

1—进斜管；2—转鼓；3—滤网；4—外壳；
5—滤饼；6—滤液；7—冲洗管；8—刮刀；
9—溜槽；10—液压缸。

图 5-17　卧式刮刀卸料离心机

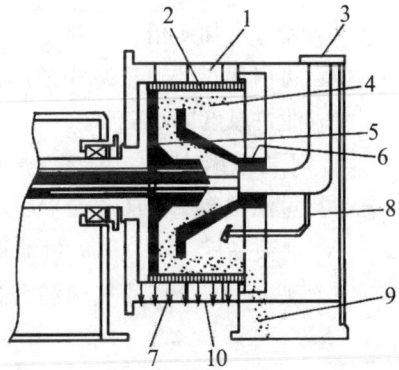

1—转鼓；2—滤网；3—进料管；4—滤饼；
5—活塞推送器；6—进料斗；7—滤液出口；
8—冲洗管；9—固体排出；10—洗水出口。

图 5-18　活塞往复卸料式离心机

随着技术的进步,过滤设备得到了较快的发展。例如,由板框过滤机发展出的厢式压滤机,已经达到了较高的自动化程度;同时,采用聚合物材料制造过滤元件,极大地降低了设备成本;转鼓真空过滤机的直径达到近 4m、长度 6m,使处理量大大增加;多级活塞推料式过滤机已用于处理较难分离的物料。

![习题]

一、选择题

1. 在重力场中,固体颗粒的自由沉降速度与(　　)无关。

　A. 粒子几何形状　　　　　　　　　　B. 粒子几何尺寸

　C. 粒子及流体密度　　　　　　　　　D. 流体的流速

2. 含尘气体通过长 4m、宽 3m、高 1m 的降尘室,已知颗粒的沉降速度为 0.25m/s,则降尘室的生产能力为(　　)。

　A. 3m³/s　　　　　　B. 1m³/s　　　　　　C. 0.75m³/s　　　　　　D. 6m³/s

3. 欲提高降尘室的生产能力,主要的措施是(　　)。

　A. 提高降尘室的高度　　　　　　　　B. 延长沉降时间

　C. 增大沉降面积　　　　　　　　　　D. 都可以

4. 某降尘器能将流量 V m³/s 的含尘气流中直径为 d μm 的粒子全部沉降下来。今想将 $2V$ m³/s 的相同含尘气流进行同样效果的除尘,在保持其他尺寸不变的情况下,单方面地按如下(　　)方式来改选设备。

　A. 将 H 增加 1 倍　　　　　　　　　B. 将 H 增加 2 倍

　C. 将 L 增加 1 倍　　　　　　　　　D. 将 L 增加 1/2 倍

5. 可引起过滤速率减小的原因是(　　)。

　A. 滤饼厚度减小　　　　　　　　　　B. 液体黏度减小

　C. 压力差减小　　　　　　　　　　　D. 过滤面积增大

6. 过滤常数 K 与(　　)无关。

　A. 滤液黏度　　　　B. 过滤面积　　　　C. 滤浆浓度　　　　D. 滤饼的压缩性

7. 现有一需分离的气固混合物,其固体颗粒尺寸在 10μm 左右,适宜的气固相分离器是(　　)。

　A. 旋风分离器　　　B. 重力沉降器　　　C. 板框过滤机　　　D. 真空抽滤机

8. 某板框压滤机,在一恒定的操作压差下,过滤某一水悬浮液。经 2h 后,滤渣刚好充满滤框,并得滤液 15m³,则其第一个小时滤出滤液为(　　)m³(过滤介质阻力忽略不计)。

　A. 7.5　　　　　　B. 10　　　　　　C. $\dfrac{15}{\sqrt{2}}$　　　　　　D. 无法计算

9. 拟采用一个降尘室和一个旋风分离器来除去某含尘气体中的灰尘,则较适合的安排是(　　)。

　A. 降尘室放在旋风分离器之前　　　　B. 降尘室放在旋风分离器之后

　C. 降尘室和旋风分离器并联　　　　　D. A、B 均可

二、填空题

1. 固体颗粒直径增加,其沉降速度_____。

2. 一球形石英粒子在空气中做层流自由沉降。若空气温度由 20℃提高至 50℃,气体

的黏度_____,则沉降速度将_____。

3. 沉降分离要满足的基本条件是,停留时间_____沉降时间。

4. 含尘气体通过长 4m、宽 3m、高 1m 的降尘室,颗粒的沉降速度为 0.03m/s,则降尘室的最大生产能力为_____。

5. 多层降尘室是根据_____原理而设计的。

6. 在一般过滤操作中,实际上起到主要介质作用的是_____。

7. 在恒压过滤中,过滤常数 K 值增大,则过滤速度_____。

8. 用板框压滤机组合时,应将板、框按_____顺序安装。

9. 工业上应用最广泛的间歇压滤机有_____,连续吸滤型过滤机有_____。

三、计算题

1. 试计算直径为 $40\mu m$ 的球形石英颗粒(密度为 2650kg/m³),在 20℃水和 20℃常压空气中的自由沉降速度。

2. 已知烟灰球粒的密度为 2150kg/m³,试求其在 20℃常压空气中做层流沉降的最大直径。

3. 直径为 $10\mu m$ 的球形石英颗粒随 20℃水做旋转运动,在旋转半径 $r = 0.05m$ 处的切向速度为 10m/s,试求该处的离心沉降速度和离心分离因数。

4. 用一降尘室处理含尘气体,假设尘粒做层流沉降。请问下列情况下,降尘室的最大生产能力如何变化?(1)要完全分离的最小粒径由 $40\mu m$ 降至 $20\mu m$;(2)空气温度由 10℃升至 200℃;(3)增加水平隔板数量,使降尘室面积由 10m² 增至 30m³。

5. 一过滤面积为 0.093m² 的小型板框压滤机,恒压过滤含有碳酸钙颗粒的水悬浮液。当过滤时间为 50s 时,共获得 2.27×10^{-3} m³ 的滤液;当过滤时间为 100s 时,共获得 3.35×10^{-3} m³ 的滤液。试问当过滤时间为 200s 时,共可获得多少滤液?

6. 用板框压滤机恒压差过滤某水悬浮液,滤框共 10 个,其规格为 810mm×810mm,框的厚度为 42mm。现已测得过滤 10min 后可得滤液 1.31m³,再过滤 10min 共得滤液 1.905m³。滤饼体积和滤液体积之比为 0.1。试计算:(1)将滤框完全充满滤饼所需的过滤时间(h);(2)若洗涤时间和辅助时间共 45min,该装置的生产能力(以每小时滤饼体积计)。

◇ 思考题

1. 沉降操作的基本原理是什么?

2. 沉降分离需满足的基本条件是什么?对于一定的处理能力,影响分离效率的物性因素有哪些?若提高处理量,对分离效率又会有什么影响?

3. 简述旋风分离器的工作原理,并说明要分离细颗粒时应注意的因素。

4. 如何提高离心设备的分离能力?

5. 工业上常用的过滤介质有哪几种?分别适用于什么场合?

6. 恒压过滤时,过滤速率与哪些因素有关?过滤常数有哪些?分别与哪些因素有关?

7. 强化过滤速率的措施有哪些?

8. 转鼓真空过滤机主要由哪几部分组成?其工作时转鼓旋转一周完成哪几个工作循环?

9. 如何提高板框压滤机、转鼓真空过滤机和过滤离心机的生产能力?

主要符号说明

英文字母

符号	意义	计量单位
a	离心加速度	m/s^2
A	过滤面积	m^2
B	降尘室宽度	m
c	悬浮液固相浓度	m^3 颗粒 $/m^3$ 悬浮液
d_p	颗粒直径	m
d_{pc}	颗粒临界直径	m
F_b	向心力	N
F_c	离心力	N
F_d	阻力	N
F_g	重力	N
H	降尘室沉降高度	m
K	过滤常数	m^2/s
K_c	离心分离因数	无因次
L	降尘室长度;滤饼层厚度	m
Δp_f	过滤压强差	Pa
q	单位过滤面积上得到的滤液体积	m^3/m^2
q_e	反映过滤介质阻力的过滤常数	m^3/m^2
r	滤饼的比阻	$1/m^2$
t	过滤时间	s
t_d	辅助操作时间	s
t_r	停留时间	s
t_s	沉降时间	s

符号	意义	计量单位
t_w	洗涤时间	s
u	旋风分离器进口气速	m/s
u_r	离心沉降速度	m/s
u_t	自由沉降速度	m/s
v	滤饼与滤液的体积比	m^3 滤饼 /m^3 滤液
V	滤液量	m^3
	气体体积流量	m^3/s
V_c	滤饼体积	m^3
V_e	反映过滤介质阻力的当量滤体积	m^3
V_s	悬浮液体积	m^3
V_t	转鼓真空过滤机的生产能力体积	m^3 滤液 /h
V_w	洗液体积	m^3
w	滤饼的含液量	kg 液 /kg 滤饼

希腊字母

符号	意义	计量单位
ε	空隙率	
ζ	阻力系数	
η_i	粒级分离效率	%
η_0	总分离效率	%
ρ_c	滤饼表观密度	kg/m^3
ρ_p	颗粒真实密度	kg/m^3
ω	旋转角速度	rad/s

项目六 蒸馏技术

蒸馏是利用液体混合物中各组分挥发度的差异进行分离的操作单元。蒸馏被广泛应用于化工、石化等行业中，并且在所有的分离方法中长期占据着主导地位，一般在化工厂的基建投资中占有 $50\%\sim90\%$ 的比重。能耗在化工、石化领域所占比例很重，其中约 60% 源于蒸馏过程。蒸馏已成为化工、石化工业生产中重要的影响因素，对整个流程的生产能力、产品质量、能源消耗和原料消耗、环境保护都有重大影响。

6.1 蒸馏操作基础知识

任务目标	技能要求
• 掌握蒸馏的基本概念，了解蒸馏操作的基础知识； • 了解精馏塔的作用及主要结构； • 掌握板式精馏塔常见的类型及特点； • 了解精馏装置工艺流程及主要附属设备。	• 了解蒸馏技术的分类； • 能认识常见的塔板类型，并能指出精馏塔内部的主要构造； • 能绘制并说明连续精馏的工艺流程简图。

在化工生产过程中，常常需要将原料、中间产物或粗产物进行分离，以获得符合工艺要求的化工产品或中间产品。化工上常见的分离过程包括蒸馏、吸收、萃取、干燥及结晶等，其中蒸馏是分离液体混合物最早实现工业化的典型单元操作，广泛应用于石油炼制、石油化工、有机化工、高分子化工、精细化工、医药、食品及环保等领域中。例如，从发酵醪液中提炼饮用酒；将原油蒸馏可得到汽油、煤油、柴油及重油等；将混合芳烃蒸馏可得到苯、甲苯及二甲苯等；将液态空气蒸馏可得到纯态的液氧和液氮等。

6.1.1 概述

1. 蒸馏技术

蒸馏是分离均相液体混合物的一种方法。蒸馏分离的依据是，根据溶液中各组分挥发度（或沸点）的差异，使各组分得以分离。其中较易挥发的称为易挥发组分（或轻组分），以 A 表示；较难挥发的称为难挥发组分（或重组分），以 B 表示。例如，在容器中将苯和甲苯的溶液加热使之部分汽化，形成气液两相。当气液两相趋于平衡时，由于苯的挥发性比甲苯强（即苯的沸点较甲苯低），气相中苯的含量必然较原溶液高，将蒸气引出并冷凝后，即可得到含苯较高的液体。而残留在容器中的液体，苯的含量比原溶液低，也即甲苯的含量比原溶液高。这样，溶液就得到了初步的分离。若多次进行上述分离过程，即可获得较纯的苯和甲苯，此过程称为精馏。

2. 蒸馏分离的特点

蒸馏是目前应用最广的一类液体混合物分离方法，其具有如下特点：

（1）蒸馏操作流程通常较为简单。通过蒸馏分离可以直接获得所需要的产品，而吸收、萃取等分离方法，由于有外加的溶剂，需进一步使所提取的组分与外加组分再行分离。

原料蒸馏典型工艺流程润滑油

（2）蒸馏分离的适用范围广，它不仅可以分离液体混合物，而且可用于气态或固态混合物的分离。例如，可将空气加压液化，再用精馏方法获得氧、氮等产品；再如，脂肪酸的混合物，可加热使其熔化，并在减压下建立气液两相系统，用蒸馏方法进行分离。

（3）蒸馏过程适用于各种浓度混合物的分离，而吸收、萃取等操作，只有当被提取组分浓度较低时才比较经济。

（4）蒸馏操作耗能较大。蒸馏操作是通过对混合液加热建立气液两相体系的，所得到的气相还需要再冷凝液化。因此，蒸馏过程中的节能是个需要重视的问题。

3. 蒸馏操作的分类

工业上，蒸馏操作可按以下方法分类：

（1）按物系中组分的数目，蒸馏可分为两组分蒸馏和多组分蒸馏。工业生产中，绝大多数情况为多组分蒸馏，但两组分蒸馏的原理及计算原则同样适用于多组分蒸馏，只是在处理多组分蒸馏过程时更为复杂些，因此常以两组分蒸馏为基础。

（2）按操作方式，蒸馏可分为简单蒸馏、平衡蒸馏（闪蒸）、精馏和特殊精馏等。简单蒸馏和平衡蒸馏为单级蒸馏过程，常用于混合物中各组分的挥发度相差较大、对分离要求又不高的场合；精馏为多级蒸馏过程，适用于难分离物系或对分离要求较高的场合；特殊精馏适用于某些普通精馏难以分离或无法分离的物系，如能形成恒沸液的物系。工业生产中以精馏的应用最为广泛。

（3）按操作流程，蒸馏可分为间歇蒸馏和连续蒸馏。间歇蒸馏具有操作灵活、适应性强等优点，主要应用于小规模、多品种或某些有特殊要求的场合；连续蒸馏具有生产能力大、产品质量稳定、操作方便等优点，主要应用于生产规模大、产品质量要求高等场合。间歇蒸馏为非稳态操作，连续蒸馏为稳态操作。

（4）按操作压强，蒸馏可分为加压蒸馏、常压蒸馏和减压蒸馏。泡点为室温至 150℃ 左右的混合液，一般采用常压蒸馏。加压蒸馏通常用于以下场合：① 常压下为气态（如空气、石油气），通过加压与冷冻将其液化后再进行蒸馏；② 常压下虽是混合液体，但其沸点较低（一般低于 30℃），其蒸气用一般冷却水难以充分冷凝，需用冷冻盐水或其他较昂贵的制冷剂，费用将大大提高。

　　减压蒸馏常用于以下场合：① 蒸馏热敏性物料，组分在操作温度下易发生氧化、分解和聚合等现象时，必须采用减压蒸馏以降低其沸点，以免使用高温载热体；② 对于常压下沸点较高的物料(一般高于 150℃)，加热温度超出一般水蒸气的加热范围，减压蒸馏可使沸点降低，以避免使用高温载热体。

6.1.2　精馏塔的结构

　　精馏塔是进行蒸馏操作的主要设备，其结构如图 6-1 所示。精馏塔是一个高径比很大的圆柱状设备，由钢板卷焊成圆筒，两头分别用椭圆形封头焊接成为一个密闭的整体，塔内安装有许多层塔板，立式安装在现场。以进料口为界，进料口以上叫作精馏段，进料口以下(包括进料口)叫作提馏段。在塔的底部一般不安装塔板，留出一些空间，称为塔釜。如果在塔釜处安装一些加热装置，就可以作为再沸器使用。可以进行直接加热，也可以进行间接加热，或两种加热方式同时存在，具体根据需要而定。精馏塔的塔板有许多形式，最常用的有筛板式、浮阀式和泡罩式。精馏塔除了进料口外还有许多接管口，分别作为与外部管线的连接口使用。例如，位于塔顶的气相出料口(也称为挥发线)、位于塔底的重组分出料口、回流液入口及与外置再沸器连接的进出口。有的精馏塔还有提馏段或精馏段侧线出口，如图 6-2 所示。

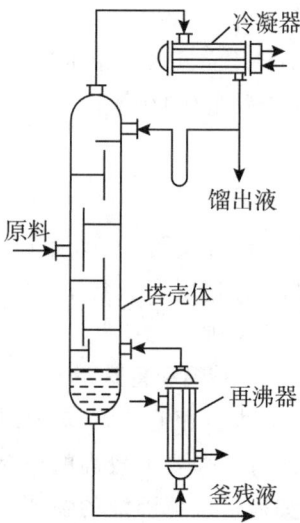

图 6-1　精馏塔

(a)具有提馏段侧线采出的精馏塔　　(b)具有精馏段侧线采出的精馏塔

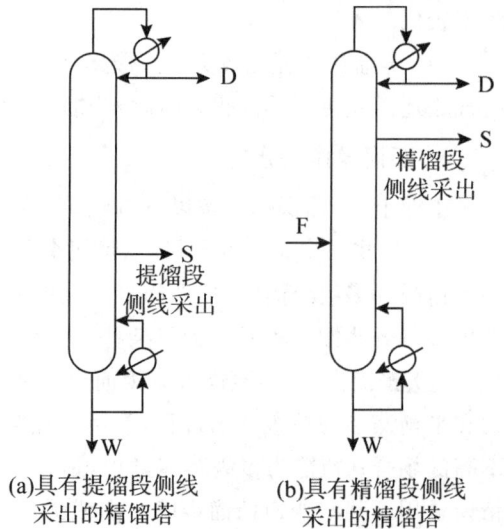

图 6-2　具有侧线出口的精馏塔

1. 板式精馏塔的主要结构

　　板式塔是一种应用很广的气液传质设备，它由一个通常呈圆柱形的壳体及其中按一定间距水平设置的若干块塔板组成。如图 6-3 所示，板式塔正常工作时，液体在重力作用下自上而下通过各层塔板后由塔底排出；气体在压差推动下，经塔板上均布的开孔由下而上穿过各层塔板，由塔顶排出，在每块塔板上皆储有一定量的液体，气体穿过板上液层时，两相接触进行传质。

板式塔反应器

　　为实现气液两相之间的充分传质，板式塔应具有以下两方面的功能：① 在每块塔板上气液两相须保持充分的接触，为相际传质过程提供足够大而且不断更新

的相际接触表面,减小传质阻力;② 在塔内应尽量使气液两相呈逆流流动,以提供最大的传质推动力。当气液两相进、出塔设备的浓度一定时,两相逆流接触时的平均传质推动力最大。在板式塔内,各块塔板正是按两相逆流的原则组合起来的。但在每块塔板上,由于气液两相的剧烈搅动,难以组织有效的逆流流动。为获得尽可能大的传质推动力,在塔板设计中常采用错流流动的方式,即液体横向流过塔板,而气体垂直穿过液层。可见,除保证气液两相在塔板上有充分的接触之外,板式塔的设计意图是在塔内造成一个对传质过程最有利的理想流动条件,即在总体上使两相呈逆流流动,而在每一块塔板上两相呈均匀的错流接触。

2. 筛孔塔板的构造

板式塔的主要构件是塔板。为实现上述设计意图,塔板必须具有相应的结构。各种塔板的结构大同小异,以图 6-4 所示的筛孔塔板为例,塔板的主要构造包括筛孔、溢流堰、降液管。

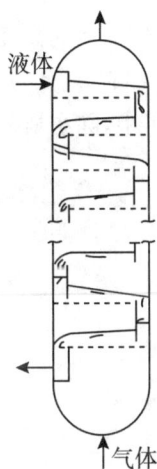

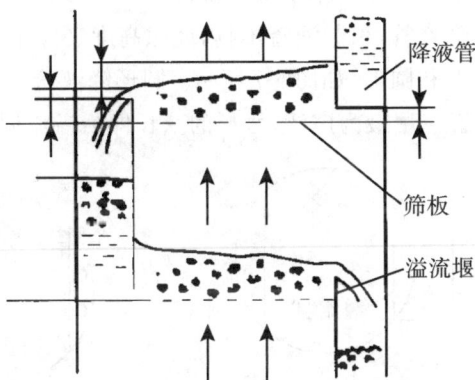

图 6-3　板式塔结构　　　　图 6-4　筛孔塔板的构造

伞帽塔板

1) 筛孔

筛孔分布在上下降液管之间的塔板有效面积上。它既是气体通道,又是气液接触部件。上升气流经筛孔分散后,穿过板上液层形成气液两相密切接触的混合体进行传质。气体由下而上流动必须保持一定的压差以克服板间流动阻力,主要是通过筛孔的局部阻力(又称干板阻力)和板上液层的重力。由于筛孔的存在,也不免有液体在重力作用下会直接穿过筛孔漏下(称为漏液)而造成液体的短路。筛孔通常是直径 3～8 mm 的圆孔,更大直径的筛孔也有应用,塔径增大,筛孔往往选得也较大,但漏液的可能性也会相应增大。

板上筛孔的总面积与筛孔所在的塔板面积之比称为开孔率,它与板压降直接相关。开孔率减小,筛孔数减少,相间接触面积减小而压降升高;开孔率太大,则干板阻力小,而漏液增加、操作弹性下降。因此,开孔率也是影响塔板性能的重要参数。

2) 溢流堰

在塔板出口降液管装有高出板面的溢流堰,最常用的平直堰如图 6-5 所示。为使气液两相充分混合,板上要借溢流堰维持一定的清液层(假设液层中不含气相时),清液层增高,形成的两相混合体也增高,接触时间与接触面积均相应增大,传质愈为充分。但气体通过液层的压降也相应增加,漏液的概率也会增加。清液层高度 h_1 等于堰高 h_w 与堰上清液层高度 h_{ow}(又称堰液头)之和,而后者则取决于堰长 l_w 和液体流量。下降液流全部是在堰的上方通过的,对一定堰长,液流增大则 h_{ow} 增高;对一定液流量,l_w 愈大则 h_{ow} 愈小,故堰长又称为溢流周边。

如液量很小,可选用图 6-6 所示的齿形堰,图上的 h_n 表示齿缝深度,齿形堰的实际溢流周边可随液量在一定范围内变化。

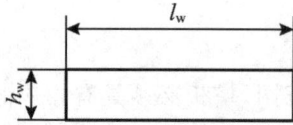

图 6-5　平直堰

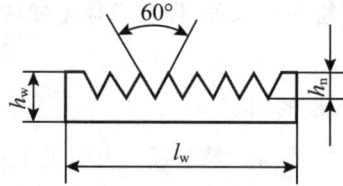

图 6-6　齿形堰

3)降液管

降液管是相邻两层塔板间的液体通道。降液管下端与塔板间应留出一定的空间高度 h_o。为了防止气体倒窜入降液管,引起液流不畅,底隙高度又应小于堰高 h_w,即有 $h_o < h_w$。

降液管主要有弓形和圆形,如图 6-7 所示。圆形降液管的流通截面积小,除小塔外,一般不采用。弓形降液管应用最为广泛,弓形的弦长即为溢流周边。

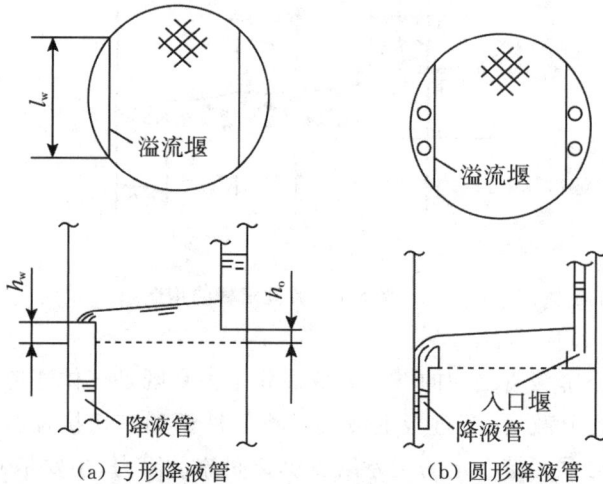

(a)弓形降液管　　　　(b)圆形降液管

图 6-7　降液管为弓形和圆形时的筛板结构

降液管的流通截面积和高度是它的主要几何参数,其大小主要取决于以下几个方面:

(1)降液管的流通截面积主要影响液体在管内的流速,流速增大,流动阻力迅速增大,故应根据液体负荷选定。

(2)降液管内的液体是在自身液柱高度(位头)h 的推动下,克服上下板间的压差和液流的流动阻力(主要是流经底隙的局部阻力)向下板流动的。若气液流量增大或阻力状况变化使压差或阻力增加,就会造成液体在降液管内的阻滞,使液柱上升。因此,降液管的高度应保证管内的清液层高度有一定的变化余度,可在一定范围内自动调节而不致破坏正常操作。

(3)在液体(以两相混合体形态)翻过溢流堰进入降液管时,总会夹带大量气泡,因此降液管要有必要的体积（截面积×高），使液体在降液管内有足够的停留时间，让气液完全分离。

（4）降液管占据了塔板上两块面积，减少了有效面积，故其截面积不宜过大；而降液管增高将使塔板间距离（称为板间距）增大，两者都会提高塔的造价。

3. 精馏塔的附属设备

进行蒸馏操作仅有精馏塔是不够的，还要有一些附属设备才能完成物相的分离。这些附属设备主要有塔顶冷凝器、冷凝液（回流液）储槽（也称为回流中间罐）、回流泵、塔釜再沸器。塔釜再沸器可以安装在塔釜内，形式多样；也可以外置（安装在塔釜外）。外置时就是将一台列管式换热器类型的设备作为再沸器使用。

1）塔顶冷凝器

冷凝器是为精馏塔提供冷量，冷流体在此处把上升蒸气从再沸器获得并逐板传到塔顶的热量带走，上升蒸气全部（或部分）被冷凝为液体，除了应采出的产品外，其余返回精馏塔顶作为回流。冷凝器的形式因冷流体不同而不同，用水作冷凝剂时，由于水侧无相变一般采用固定管板式或浮头式换热器。

2）塔釜再沸器

再沸器是供给精馏塔热能的设备。一般再沸器采用管壳式换热器，大多为立式布置（也可以卧式布置），管内走塔釜液，便于流体循环，也便于垢物的清除，管间走热介质。由于再沸器内外温差较大，一般都有膨胀节。

（1）立式热虹吸再沸器。立式热虹吸再沸器如图 6-8 所示，它利用塔底单相釜液与换热器传热管内气液混合物的密度差形成循环推动力，构成工艺物料在精馏塔底与再沸器间的流动循环。立式热虹吸再沸器具有传热系数高、结构紧凑、安装方便、釜液在加热段的停留时间短、不易结垢、调节方便、占地面积小、设备及运行费用低等特点。但由于结构上的原因，壳程不能采用机械清洗，因此不适用于高黏度或较脏的加热介质，同时由于是立式安装，因而增加了塔的裙座高度。

（2）卧式热虹吸再沸器。卧式热虹吸再沸器如图 6-9 所示，它利用塔底单相釜液与再沸器中气、液混合物的密度差来维持循环。卧式热虹吸再沸器的传热系数和釜液在加热段的停留时间均为中等，维护和清洗方便，适于传热面积大的情况，对塔釜液的高度和流

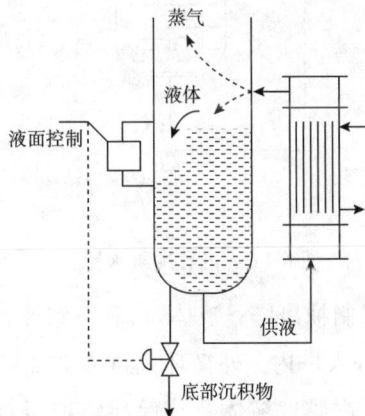

图 6-8 立式热虹吸再沸器 　　　　　　 图 6-9 卧式热虹吸再沸器

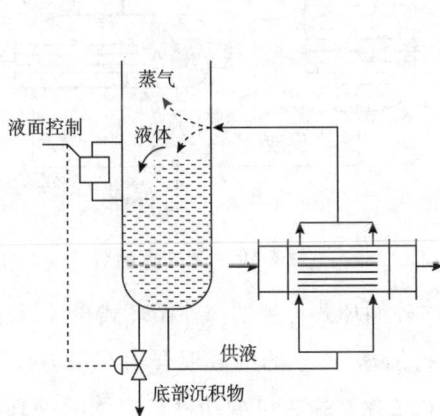

体在各部位的压降要求不高,适用于真空操作,出塔釜液缓冲容积大,故流动稳定。其缺点是占地面积大。

立式及卧式热虹吸再沸器本身没有气液分离空间和缓冲区,这些均由塔釜提供,其特性见表 6-1。

表 6-1　热虹吸再沸器的特性

选择时应考虑的因素	立式	卧式	选择时应考虑的因素	立式	卧式
工艺物流侧	管程	壳程	占地面积	小	大
传热系数	高	中偏高	管路费用	低	高
工艺物流停留时间	适中	中等	单台传热面积	$< 800 m^2$	$> 800 m^2$
投资费用	低	中等	台数	最多 3 台	根据需要

(3)釜式再沸器。釜式再沸器如图 6-10 所示,它由一个带有气液分离空间的容器与一个可抽出的管束组成,管束末端有溢流堰,以保证管束能有效地浸没在液体中,溢流堰外侧空间作为出料液体的缓冲区。釜式再沸器内液体的填装系数,对于不易起泡的物系为 80%,对于易起泡的物系则不超过 65%。釜式再沸器的特点是对流体力学参数不敏感,可靠性高,可在高真空下操作,维护和清理方便。其缺点是传热系数小,壳体容积大,占地面积大,造价高,釜液在加热段的停留时间长,易结垢。

(4)内置式再沸器。内置式再沸器是将换热管束直接插入塔底的釜液空间而成的。它利用了塔结构的空间,只是另加了换热管束,结构比较简单,造价较低。但是塔底的空间毕竟有限,其传热面积也受到塔结构本身的限制。内置式再沸器如图 6-11 所示。

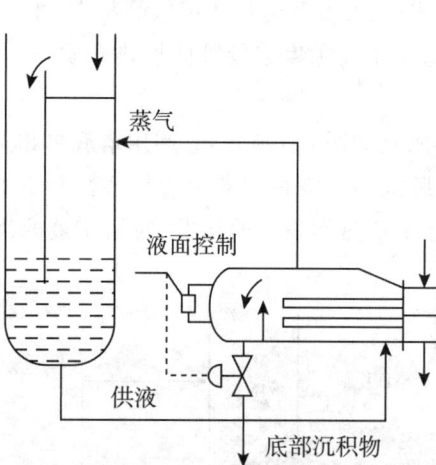

图 6-10　釜式再沸器

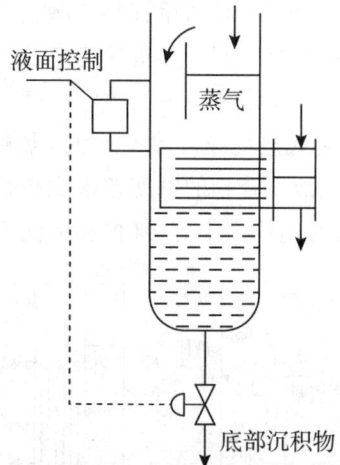

图 6-11　内置式再沸器

(5)外循环式再沸器。外循环式再沸器是用泵强制抽出塔釜液体,然后送到外置换热器中进行加热,产生的气液混合物在压力作用下再进入塔内。外循环式再沸器如图 6-12 所示。它依靠泵输入机械功进行流体的循环,适用于高黏度液体及热敏性料液、悬浮液,以及长显热段和低蒸发比的高阻力系统。

3）回流中间罐

回流中间罐的作用是保证回流液的足量供应。因为回流是精馏的必需条件之一，所以回流中间罐的容积是根据工艺要求的停留时间、装料系数等来决定的。另外还要依据所处理的物料性质，操作的温度、压力等条件来确定回流中间罐的结构形式。

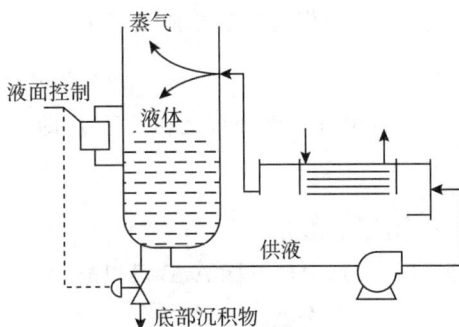

图 6-12　外循环式再沸器

6.2　双组分溶液的气液相平衡

任务目标	技能要求
• 掌握相组成的表示方法； • 掌握双组分理想溶液的气液相平衡关系； • 掌握挥发度和相对挥发度的定义； • 了解非理想溶液的气液相平衡关系。	• 能进行相组成之间的换算； • 能绘制和正确分析双组分理想溶液的气液相平衡图； • 能利用相对挥发度关联方程进行气液相平衡计算； • 了解非理想溶液的气液相平衡关系。

在精馏设备中，气液两相共存，掌握气液两相平衡组成之间的关系是分析精馏原理、解决精馏计算的基础。如前所述，在乙醇和水形成气液平衡时，两相中的量和组成到底是多少？要解决这个问题，首先要知道表示混合物组成的方法，常见有质量分数、体积分数、摩尔分数、压力分数等。

6.2.1　相组成的表示方法

1. 质量分数和摩尔分数

1）质量分数

质量分数是指混合物中某组分的质量占总质量的分数。

若均相混合物中有组分 A，B，…，则有

$$w_A = \frac{m_A}{m}, \quad w_B = \frac{m_B}{m}, \quad \cdots$$

式中：w_A，w_B，…——组分 A，B，… 的质量分数；

$\quad\quad m_A$，m_B，…——组分 A，B，… 的质量，kg；

m——混合物的总质量，kg。

由于
$$m = m_A + m_B + \cdots = \sum m_i$$

显然，各组分质量分数之和等于 1，即

$$w_A + w_B + \cdots = \sum w_i = 1 \tag{6-1}$$

对于双组分物系，有 $w_A + w_B = 1$，若令 A 组分的摩尔分数为 w，则 B 组分的摩尔分数为 $(1-w)$，于是下标 A、B 可以略去。

2）摩尔分数

摩尔分数是指混合物中某组分的千摩尔数占总千摩尔数的分数。习惯上，当用摩尔分数表示气相组成时，用符号 y 表示；当用摩尔分数表示液相组成时，用符号 x 表示。此处以液相混合物的组成来说明。

在传质过程计算中用到较多的是液相混合物，其摩尔分数的表示式为

$$x_A = \frac{n_A}{n}, \quad x_B = \frac{n_B}{n}, \quad \cdots$$

式中：$x_A, x_B, \cdots$——组分 A，B，$\cdots$ 的摩尔分数；

$n_A, n_B, \cdots$——组分 A，B，$\cdots$ 的千摩尔数，kmol；

n——混合物的总千摩尔数，kmol。

由于
$$n = n_A + n_B + \cdots = \sum n_i$$

显然，各组分摩尔分数之和等于 1，即

$$x_A + x_B + \cdots = \sum x_i = 1 \tag{6-2}$$

对于双组分物系，有 $x_A + x_B = 1$，若令 A 组分的摩尔分数为 x，则 B 组分的摩尔分数为 $(1-x)$，于是下标 A、B 可以略去。

3）质量分数与摩尔分数的换算

在工程计算中，常会遇到质量分数与摩尔分数之间的换算问题，现以双组分物系为例进行说明。

（1）质量分数 → 摩尔分数。混合物中各组分的质量分数已知，求组分 A 的摩尔分数，依据下式：

$$x_A = \frac{w_A/M_A}{w_A/M_A + w_B/M_B} \tag{6-3}$$

式中：M_A、M_B——组分 A、B 的摩尔质量。

（2）摩尔分数 → 质量分数。混合物中各组分的摩尔分数已知，求组分 A 的质量分数，依据下式：

$$w_A = \frac{x_A M_A}{x_A M_A + x_B M_B} \tag{6-4}$$

4）混合物的平均摩尔质量

单位物质的量的混合物的质量，称为该混合物的平均摩尔质量，以 M_m 表示。若混合物中含有 A，B，$\cdots$ 组分，则混合物的平均摩尔质量 M_m 为

$$M_m = x_A M_A + x_B M_B + \cdots \tag{6-5}$$

2. 质量浓度和物质的量浓度

质量浓度是指单位体积混合物内所含物质的质量,对于 i 组分,有:

$$\rho_i = \frac{m_i}{V}$$

式中:ρ_i——混合物中 i 组分的质量浓度,kg/m^3;

　　V——混合物的总体积,m^3。

物质的量浓度是指单位体积混合物内所含的物质的量(用千摩尔数表示)。对于 i 组分,有:

$$c_i = \frac{n_i}{V}$$

式中:c_i——混合物中 i 组分的物质的量浓度,$kmol/m^3$。

1) 质量浓度与质量分数的关系

由定义知,混合物的密度 ρ 即为各组分质量浓度的总和,即

$$\rho = \frac{m}{V} = \frac{\sum m_i}{V} = \sum \rho_i$$

$$\rho_i = \frac{m_i}{V} = \frac{mw_i}{V} = w_i\rho \qquad (6\text{-}6)$$

2) 物质的量浓度与摩尔分数的关系

$$c_i = \frac{n_i}{V} = \frac{nx_i}{V} = x_i c \qquad (6\text{-}7)$$

式中:c——混合物的总物质的量浓度,$kmol/m^3$。

显然有 　　　　　　　$$c = \frac{n}{V} = \frac{\sum n_i}{V} = \sum c_i$$

3) 质量浓度与物质的量浓度的关系

$$\rho_i = \frac{m_i}{V} = \frac{n_i M_i}{V} = c_i M_i \qquad (6\text{-}8)$$

3. 质量比和摩尔比

有时以某一组分为基准来表示混合物中其他组分的组成会给计算带来方便,常用于双组分物系。

对于双组分(A＋B)物系,以 B 为基准,A 组分的组成可以表示为

质量比 　　　　　　　$$W = \frac{m_A}{m_B} \qquad (6\text{-}9)$$

摩尔比 　　　　　　　$$X = \frac{n_A}{n_B} \qquad (6\text{-}10)$$

4. 理想气体混合物中组成的表示方法

对于气体混合物,在压强不太高、温度不太低的情况下,可视为理想气体,则对于 A 组分有:

摩尔分数 　　　　　　$$y_A = \frac{n_A}{n} = \frac{p_A}{p} \qquad (6\text{-}11)$$

体积分数
$$\varphi_A = \frac{V_A}{V} = \frac{n_A}{n} \tag{6-12}$$

压力分数
$$y_{p_A} = \frac{p_A}{p} \tag{6-13}$$

物质的量浓度
$$c_A = \frac{n_A}{V} = \frac{p_A}{RT} \tag{6-14}$$

摩尔比
$$Y = \frac{n_A}{n_B} = \frac{p_A}{p_B} \tag{6-15}$$

式中：p_A、p_B——气体混合物中组分 A、B 的分压，kPa；

p——混合气体的总压，kPa。

对理想气体来说，摩尔分数 = 体积分数 = 压力分数。

【例 6-1】 已知某混合溶液由 25kg 乙醇和 15kg 水组成，试求乙醇和水的质量分数、摩尔分数及混合溶液的平均摩尔质量。

解：质量分数：

$$w_{乙醇} = \frac{m_{乙醇}}{m} = \frac{25}{25+15} = 0.625$$

$$w_水 = 1 - w_{乙醇} = 1 - 0.625 = 0.375$$

摩尔分数：

$$x_{乙醇} = \frac{n_{乙醇}}{n} = \frac{\frac{25}{46}}{\frac{25}{46} + \frac{15}{18}} = 0.395$$

$$x_水 = 1 - x_{乙醇} = 1 - 0.395 = 0.605$$

混合溶液的平均摩尔质量：

$$M_m = x_{乙醇} M_{乙醇} + x_水 M_水 = 0.395 \times 46 + 0.605 \times 18 = 29.06 (kg/kmol)$$

【例 6-2】 已知空气中氮气和氧气的质量分数分别为 0.767 和 0.233，且总压为 101.3kPa，试求它们的摩尔分数、体积分数、分压以及平均摩尔质量。

解：摩尔分数：

$$y_氮 = \frac{\frac{w_氮}{M_氮}}{\frac{w_氮}{M_氮} + \frac{w_氧}{M_氧}} = \frac{\frac{0.767}{28}}{\frac{0.767}{28} + \frac{0.233}{32}} = 0.79$$

$$y_氧 = 1 - y_氮 = 1 - 0.79 = 0.21$$

体积分数：

$$\varphi_氮 = \frac{V_氮}{V} = y_氮 = 0.79$$

$$\varphi_氧 = \frac{V_氧}{V} = y_氧 = 0.21$$

分压：

$$p_氮 = p y_氮 = 101.3 \times 0.79 = 80 (kPa)$$

$$p_氧 = p y_氧 = 101.3 \times 0.21 = 21.3 (kPa)$$

平均摩尔质量：

$$M_{\mathrm{m}} = y_{\text{氮}}M_{\text{氮}} + y_{\text{氧}}M_{\text{氧}} = 0.79 \times 28 + 0.21 \times 32 = 28.84(\mathrm{kg/kmol})$$

【例 6-3】　氨水中氨的质量分数为 0.25，求氨水中氨的质量比、摩尔分数和摩尔比。

解：已知氨的质量分数 $w = 0.25$，则有：

质量比　　　　$W = \dfrac{w}{1-w} = \dfrac{0.25}{1-0.25} = 0.333$

摩尔分数　　　$x_{\text{氨}} = \dfrac{\dfrac{w}{M_{\text{氨}}}}{\dfrac{w}{M_{\text{氨}}} + \dfrac{1-w}{M_{\text{水}}}} = \dfrac{\dfrac{0.25}{17}}{\dfrac{0.25}{17} + \dfrac{1-0.25}{18}} = 0.261$

摩尔比　　　　$X = \dfrac{x}{1-x} = \dfrac{0.261}{1-0.261} = 0.353$

6.2.2　二元物系的气液相平衡

1. 理想溶液的气液相平衡

1）拉乌尔定律

设在纯液体 A 中逐渐加入较难挥发的液体 B，形成 A＋B 的溶液，若气液相平衡时蒸气中组分 A 的分压（蒸气压）p_{A} 仅仅由于 B 的稀释作用而降低；同样，组分 B 的分压也仅仅由于 A 的稀释作用而降低，则 A 的平衡分压 p_{A}、B 的平衡分压 p_{B} 各与其摩尔分数成正比，即分压分别为

$$p_{\mathrm{A}} = p_{\mathrm{A}}^{0} x_{\mathrm{A}} \tag{6-16a}$$

$$p_{\mathrm{B}} = p_{\mathrm{B}}^{0} x_{\mathrm{B}} = p_{\mathrm{B}}^{0}(1 - x_{\mathrm{A}}) \tag{6-16b}$$

式中：p_{A}^{0}、p_{B}^{0}——纯液体 A、纯液体 B 的蒸气压，Pa；

x_{A}、x_{B}——溶液中组分 A、B 的摩尔分数。

若溶液中的各个组分在全部浓度范围内都服从拉乌尔定律，则称为**理想溶液**。从微观角度看，可解释为：理想溶液中任意两组分 A、B 分子间的作用力 f_{AB}，与纯 A 分子间的作用 f_{AA} 及纯 B 分子间的 f_{BB} 相等，使得另一组分的加入对原组分的蒸气压，除稀释作用外没有其他的影响。显然，这是一种理想化的情形，只有物性和结构相似、分子大小相近的物系，如苯-甲苯、甲醇-乙醇等有机同系物所形成的溶液，可作为理想溶液。而对于蒸气压-组成关系与拉乌尔定律偏差较明显的，称为**非理想溶液**。

通常，纯液体的饱和蒸气压 p_{A}^{0}、p_{B}^{0} 仅与温度 t 有关，可采用实测数据或**安托万方程**进行推算：

$$\ln p^{0} = A - \frac{B}{t+C} \tag{6-17}$$

式中：t——温度，℃；

A、B、C——组分的安托万常数，可从有关数据手册中查取。

2）双组分理想物系的气液相平衡

（1）压强-组成图（p-x 图）。若液相为理想溶液，服从拉乌尔定律，而气相为理想气体，服从理想气体定律。该物系称为**理想物系**。

根据道尔顿分压定律，系统的总压等于各组分分压之和。对双组分物系，即

$$p = p_{\mathrm{A}} + p_{\mathrm{B}}$$

$$p = p_A^0 x_A + p_B^0 x_B$$

省略下标，以 x 表示易挥发组分（A 组分）的摩尔分数，于是上式可写为

$$p = p_A^0 x + p_B^0 (1-x)$$

整理可得

$$p = (p_A^0 - p_B^0)x + p_B^0 \tag{6-18}$$

当温度一定时，p_A^0 与 p_B^0 为确定值，式（6-18）表示了在一定温度下，液相组成与总压之间的一一对应关系。在一定温度下，把压强与组成之间的关系描绘在直角坐标系中，即得到压强-组成图，即 $p\text{-}x$ 图，如图 6-13 所示。图中 AB 线表示总压 p 与液相组成 x 之间的对应关系，由式（6-18）作出。OA、BC 线分别代表式（6-16a）、式（6-16b）所示的拉乌尔定律。

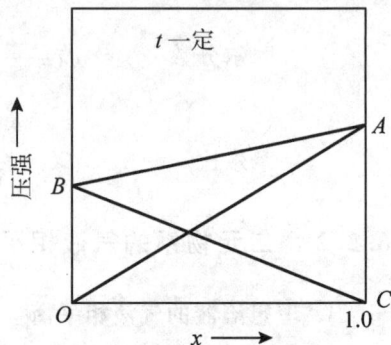

（2）温度-组成图（$t\text{-}x(y)$ 图）。温度组成图表示在一定总压下，温度与气液相平衡组成之间的对应关系。

图 6-13　压强-组成关系图

由式（6-18）求出 x 为

$$x = \frac{p - p_B^0}{p_A^0 - p_B^0} \tag{6-19}$$

因为 $p_A^0 = f_A(t)$，$p_B^0 = f_B(t)$，所以 $x = f(p,t)$，即平衡物系的液相组成仅与总压和温度有关。当总压一定时，液相组成 x 与温度 t 存在一一对应的关系。

当一定组成的液体混合物在恒定总压下，加热到某一温度，液体出现第一个气泡，即刚开始沸腾并生成第二个相时，此时液相组成可认为未变，而此温度称为该组成液体在指定总压下的**泡点温度**（即两相区的平衡温度），简称**泡点**。根据相律，液相组成和总压一定时，泡点温度为定值，故式（6-19）也称作**泡点方程**。

由道尔顿分压定律可作出如下推论：混合气体中每个组分的分压值等于混合气体总压乘以该气体在混合气体中所占的摩尔分数，即

$$p_A = Py_A, \quad P_B = py_B$$

将式（6-16a）代入上式中的前一式，并且省略下标，以 y 表示气相中易挥发组分（A 组分）的摩尔分数，得到

$$y = \frac{p_A^0}{P}x$$

将式（6-16b）代入上式，得

$$y = \frac{p_A^0}{P} \times \frac{p - p_B^0}{p_A^0 - p_B^0} \tag{6-20}$$

显然，$x = f(p,t)$，即平衡气相组成也仅与总压和温度有关。当总压一定时，气相组成 y 与温度 t 存在一一对应的关系。

在一定总压下冷却气体混合物，当冷却至某一温度，产生第一个液滴，即生成第二个相时，此时气相组成可认为未变，则此温度称为该组成的气相混合物在指定总压下的**露点温度**（即两相区的平衡温度），简称**露点**。根据相律，气相组成和总压一定时，露点温度必为定值，故式（6-20）也称作**露点方程**。

当总压一定时,平衡气液两相组成与温度的对应关系由式(6-20)和式(6-19)决定。将此对应关系描绘在直角坐标系内,即得到温度-组成图(t-x(y) 图),如图 6-14 所示。t-x(y) 图的横坐标为易挥发组分的液相(或气相)组成(摩尔分数),纵坐标为温度。由该图可得下列结论。

① 两端点:端点 A、B 分别代表纯组分 A、B 的沸点。

② 两条线:$\overline{AGCB}$ 为泡点线或饱和液体线,表示平衡时液相组成 x 与泡点温度之间的关系,由式(6-19)作出;$\overline{ADIB}$ 为露点线或饱和蒸气线,表示平衡时气相组成 y 与露点温度之间的关系,由式(6-20)作出。

③ 三个区域:$\overline{AGCB}$ 以下区域为过冷液相区;$\overline{ADIB}$ 以上区域为过热蒸气区;两线之间(包括两线本身)所夹区域为气液两相共存区,即表示气液两相同时存在。

若将组成为 x_F、温度为 t_F 的混合液(图中点 F)的溶液在恒压下加热,当加热升温至泡点温度 t_G(点 G),开始出现气相,平衡气相组成为 y_1,成为两相物系;再继续升温至 t_H(点 H),此物系形成互成平衡的气液两相,气相组成为 y_D,液相组成为 x_C,且 $x_C <$ x_F,$y_D > x_F$。液相量 L 与气相量 V 的比值可根据杠杆规则确定,即

$$\frac{液相量}{气相量} = \frac{DH \ 线段长度}{HC \ 线段长度}$$

$$\frac{L}{V} = \frac{y_D - x_F}{x_F - x_C} = \frac{\overline{HD}}{\overline{HC}}$$

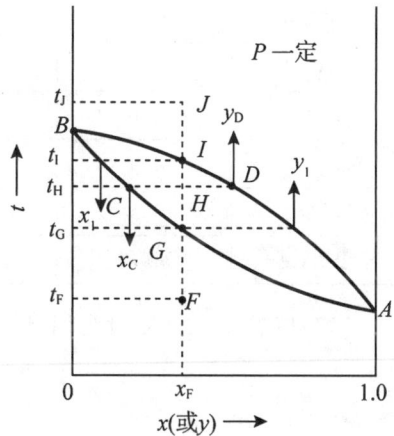

图 6-14　双组分溶液的温度-组成图

【例 6-4】　在 107kPa 的压力下,苯和甲苯的混合液在 96℃ 下沸腾,求在该温度下的气液相平衡组成。(已知在 96℃ 时,$p^0_苯 = 161\text{kPa}$,$p^0_{甲苯} = 65.5\text{kPa}$)

解:根据式(6-19),可求得在平衡时苯的液相组成为

$$x_苯 = \frac{p - p^0_{甲苯}}{p^0_苯 - p^0_{甲苯}} = \frac{107 - 65.5}{161 - 65.5} = 0.435$$

根据式(6-20),可求得在平衡时苯的气相组成为

$$y_苯 = \frac{p_苯}{p} = \frac{p^0_苯 x_苯}{p} = \frac{161 \times 0.435}{107} = 0.655$$

平衡时甲苯在液相和气相中的组成分别为

$$x_{甲苯} = 1 - x_苯 = 1 - 0.435 = 0.565$$

$$y_{甲苯} = 1 - y_苯 = 1 - 0.655 = 0.345$$

用相图表示的气液相平衡关系清晰直观。在双组分蒸馏中应用相图计算非常方便,影响蒸馏过程的因素可在相图上直接反映出来。常用的相图为恒压下的沸点-组成图和气-液相组成图。

沸点-组成图(t-x(y) 图) 蒸馏操作通常在一定压力下进行,所以混合液在恒压下的沸点和组成的关系更有实用价值,它们的关系可用图表示,由实验测定。在一定压力下,

当混合液是理想溶液时,从拉乌尔定律可得 $t\text{-}x(y)$ 图。已知各温度下纯组分的饱和蒸气压,可以根据式(6-19)、式(6-20)逐点求出相应的 x 值和 y 值,即得 $t\text{-}x(y)$ 图。

【例6-5】 苯和甲苯纯组分的饱和蒸气压见表6-2,试作出苯-甲苯混合液在常压下的 $t\text{-}x(y)$ 图。苯和甲苯混合溶液可视为理想溶液。

表 6-2　苯-甲苯的气液相平衡数据

温度		饱和蒸气压/kPa		苯在 101.3kPa 下的摩尔分数	
/K	/℃	苯 p_A^0	甲苯 p_B^0	x_A	y_A
353.2	80.2	101.3	40.0	1.000	1.000
357.0	84.0	113.6	44.4	0.83	0.930
361.0	88.0	127.7	50.6	0.639	0.820
365.0	92.0	143.7	57.6	0.508	0.720
369.0	96.0	160.7	65.7	0.376	0.596
373.0	100	179.4	74.6	0.255	0.452
377.0	104	199.4	83.3	0.155	0.304
381.0	108	221.2	93.9	0.058	0.128
383.4	110.4	233.0	101.3	0.000	0.000

解:以温度 92.0℃时为例,计算如下:

$$x_A = \frac{p - p_B^0}{p_A^0 - p_B^0} = \frac{101.3 - 57.6}{143.7 - 57.6} = 0.508$$

$$y_A = \frac{p_A}{p} = \frac{p_A^0 x_A}{p} = \frac{143.7 \times 0.508}{101.3} = 0.720$$

在苯和甲苯沸点范围内所求得的数值,列于表6-2中。将对应的 $t\text{-}x_A$、$t\text{-}y_B$ 值一一标绘在以 x_A、y_A 为横坐标,t 为纵坐标的直角坐标图上,即得 $t\text{-}x(y)$ 图,如图 6-15 所示。图中有两条曲线,下方曲线表示混合液的沸点 t(泡点)和组成 x_A 之间的关系,称为液相线、沸点线或泡点线;上方曲线表示饱和蒸气的冷凝温度 t(露点)和组成 y_A 之间的关系,称为气相线、冷凝线或露点线。液相线以下的部分是液相区(过冷液相区),在此区域内的任意一点都表示由苯和甲苯组成的溶液,温度变化时,组成不变;液相线代表饱和液体;气相线以上的部分是气相区(过热蒸气区),

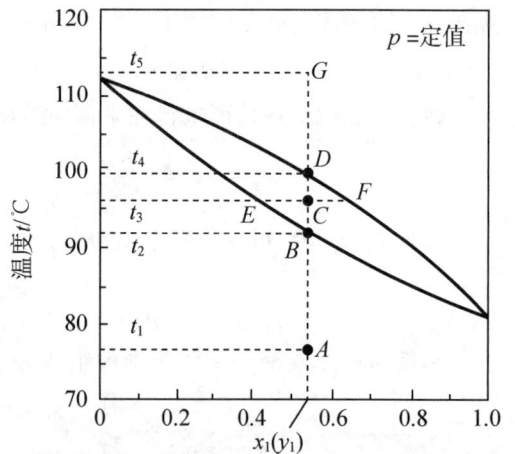

图 6-15　苯-甲苯溶液的 $t\text{-}x(y)$ 图

在此区域内的任意一点都表示由苯和甲苯组成的气体混合物,温度变化时,组成不变;气相线代表饱和蒸气;液相线和气相线之间的区域为气液混合区,在此区域内的任意一点都表示气液相互成平衡,平衡组成由等温线与气相线和液相线的交点来决定。

【例 6-6】　某蒸馏釜的操作压强为 101.3kPa,其中溶液含苯 0.30(摩尔分数,下同)、甲苯 0.70,求此溶液的泡点及平衡的气相组成。苯-甲苯溶液可视为理想溶液,纯组分的蒸气压为

$$苯:\lg p_A^0 = 6.031 - \frac{1211}{t + 220.8}; \qquad 甲苯:\lg p_B^0 = 6.080 - \frac{1345}{t + 219.5}$$

式中,p^0 的单位为 kPa;温度 t 的单位为 ℃。

解:已知 $x_A = 0.30$, $p = 101.3$kPa,由式(6-19)可得

$$x_A = \frac{p - p_B^0}{p_A^0 - p_B^0} \quad 或 \quad 0.30 = \frac{101.3 - p_B^0}{p_A^0 - p_B^0}$$

假设一个泡点 t,用题中所给的安托万方程算出 p_A^0、p_B^0,并代入上式作检验。设 $t = 98.4$℃,则有

$$\lg p_A^0 = 6.031 - \frac{1211}{98.4 + 220.8} = 2.237$$

$$p_A^0 = 172.7(\text{kPa})$$

$$\lg p_B^0 = 6.080 - \frac{1345}{98.4 + 219.5} = 1.849$$

$$p_B^0 = 70.69(\text{kPa})$$

$$\frac{p - p_B^0}{p_A^0 - p_B^0} = \frac{101.3 - 70.69}{172.7 - 70.69} = 0.3 = x_A$$

假设正确,即溶液的泡点为 98.4℃。按式(6-20)可求得平衡气相组成为

$$y_A = \frac{p_A}{p} = \frac{p_A^0 x_A}{p} = \frac{172.7 \times 0.3}{101.3} = 0.512$$

(3) 气-液相平衡图(y-x 图)。y-x 图可由 t-$x(y)$ 图转换而来。在上述 t-$x(y)$ 图上,找出气液两相在一定总压下、不同温度时相对应的平衡组成 x、y,以液相组成 x 为横坐标,以气相组成 y 为纵坐标,标绘于直角坐标系中,并连接成平滑的曲线,即得到 y-x 图。如图 6-16 所示,该曲线也称为**平衡线**,它表示了一定总压下气液相平衡时的气相组成与液相组成之间的对应关系。

图 6-16 中的对角线($y = x$)称作参考线。对于理想溶液,因平衡时气相组成 y 恒大于液相组成 x,故平衡线位于对角线上方。平衡线上任何一点对应不同温度,右上方温度低,左下方温度高。

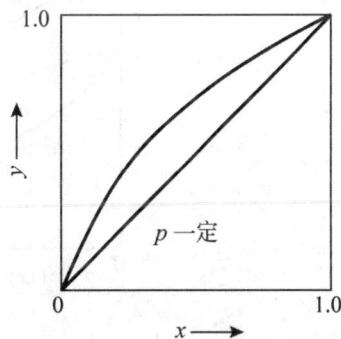

图 6-16　y-x 图

对于理想溶液,y-x 图也可以直接由式(6-19)和式(6-20)计算出不同温度下 x 与 y 的对应数值后画出。

【例 6-7】　试根据例 6-5 的结果作出苯和甲苯的 y-x 图。

解:根据表 6-2 计算出不同温度下苯-甲苯的气液相平衡数据 x_A 与 y_A,在 y-x 图上标出各点,并用光滑曲线连接即可得(见图 6-17)。

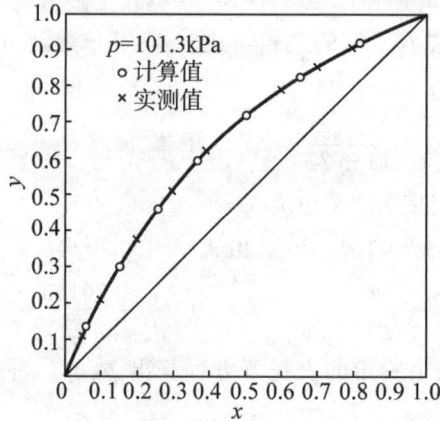

图 6-17　苯 - 甲苯的 $y\text{-}x$ 图

3）总压对气液相平衡的影响

$t\text{-}x(y)$ 图和 $y\text{-}x$ 图都是在一定总压下绘制的，当总压改变时，其曲线的位置也随之发生变化，图 6-18 表示出总压对相平衡曲线的影响。

图 6-18 中的总压 p_2 大于 p_1。当总压增加时，$t\text{-}x(y)$ 图中泡点线和露点线上移，气液两相区变窄，因此，$y\text{-}x$ 图中平衡曲线向对角线靠近。可见，总压提高，物系的泡点温度和露点温度均提高，相对挥发度变小，蒸馏分离变得困难；反之，总压降低，物系就容易分离。

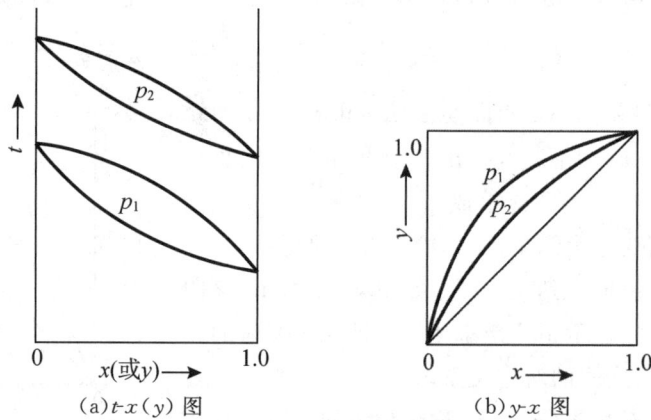

（a）$t\text{-}x(y)$ 图　　　　　　　　　（b）$y\text{-}x$ 图

图 6-18　总压对相平衡曲线的影响

2. 非理想溶液的气液相平衡

理想溶液是实际溶液的简化模型，实际生产中遇到的多数溶液为非理想溶液。非理想溶液分为正偏差的溶液和负偏差的溶液两种。

1）具有正偏差的溶液

当溶液中不同组分分子间的作用力 f_{AB} 小于同种分子间的作用力 f_{AA} 和 f_{BB} 时，不同组分分子间的排斥倾向占主导地位。在相同温度下，溶液上方各组分的蒸气分压均大于采用拉乌尔定律的计算值，这种混合液对拉乌尔定律具有正偏差，称为**正偏差的溶液**。如图 6-19（a）所示的乙醇-水混合液 $p\text{-}x$ 图，图中虚线 OA、BC 分别按拉乌尔定律计算值所绘，虚线 BA 代表计算出的总压，而相应的实线系由实验值标绘。从图中可见，蒸气分压的实际值较拉乌尔定律的预计值为高,具有正偏差。另外,甲醇-水、正丙醇-水等都属于正偏差的溶液。

对于某些正偏差的溶液,当偏差大到一定程度,致使溶液在某一组成时其两组分的蒸气压之和出现最大值。因此,在一定外压下此种组成的溶液其泡点较两纯组分的沸点都低,称为具有最低恒沸点的溶液。如图 6-19(b) 所示,在 $p = 101.3\text{kPa}$ 下,当组成 $x_M = 0.894$(摩尔分数)时,有最低恒沸点 $t_M = 78.15℃$,而乙醇和水的沸点分别为 $78.3℃$ 和 $100℃$。图中点 M 表示最低沸点,由于 t-y 与 t-x 在点 M 处相切,故在点 M 处的气液组成相等,从图 6-19(c) 上可见,点 M 位于对角线上,说明 $y = x$,$\alpha = 1$,蒸馏 $x_M = 0.894$ 的溶液时,其组成不变,故其沸点 t_M 也保持恒定,因此称 x_M 为恒沸组成,具有恒沸组成的混合物称为**恒沸物**。因 $\alpha = 1$,很显然,在常压下不能用普通蒸馏方法将恒沸物中的两个组分加以分离,这就是工业酒精中乙醇含量不超过 89.4%(摩尔分数)的原因。分离恒沸物需要用特殊蒸馏中的恒沸蒸馏方法。

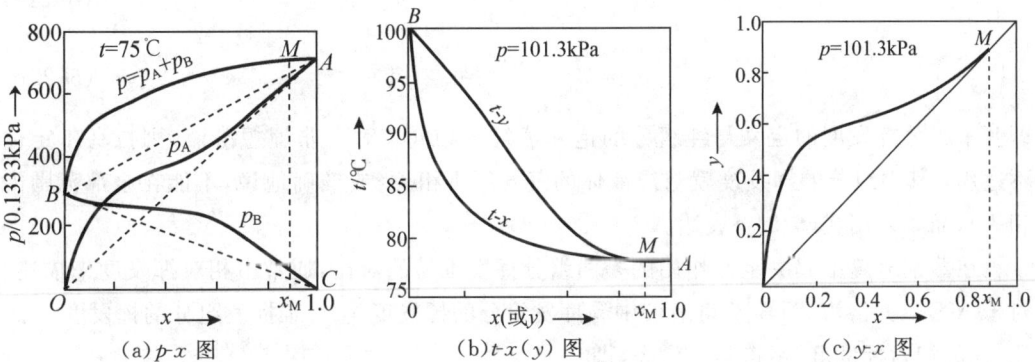

图 6-19　乙醇-水溶液的相图

2) 具有负偏差的溶液

当溶液中不同组分分子间的作用力较同种组分分子之间的作用力都要大时,分子间吸引力增大,使溶液中两组分的平衡分压较拉乌尔定律所预计的为低,这种混合液对拉乌尔定律具有负偏差,称为**负偏差的溶液**。例如,苯酚-苯胺物系。

对于某些负偏差的溶液,当负偏差大到一定程度,会出现最低蒸气压点和相应的最高恒沸点。如图 6-20 所示的硝酸-水溶液,在 $p = 101.3\text{kPa}$ 下,恒沸组成 $x_M = 0.383$,最高恒沸点 $t_M = 121.9℃$,比水的沸点($100℃$)与纯硝酸的沸点($86℃$)均高。

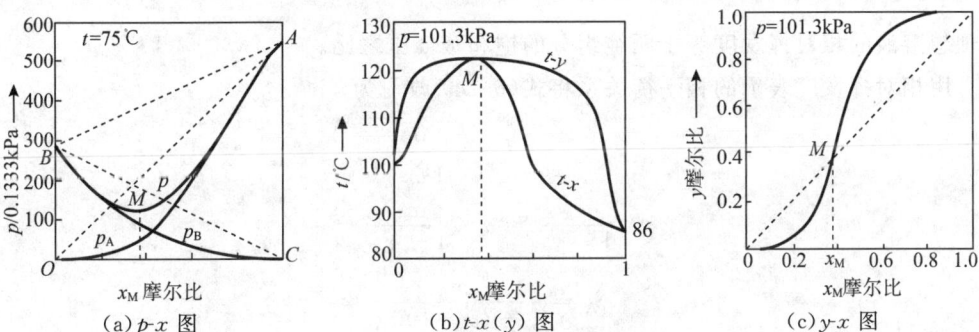

图 6-20　硝酸-水溶液的相图

需要注意的是,非理想溶液并非都具有恒沸点。只有非理想性足够大,偏差出现最高或最低值时,才有恒沸点。具有恒沸点的溶液在总压改变时,其 t-y 图与 t-x 图不仅上下移动,而且形状也可能变化,即恒沸组成可能变动。

6.2.3　挥发度与相对挥发度

蒸馏分离的依据既然是混合液中各组分的挥发有难易之别,那么就有必要对挥发的难易作出定量的描述,为此而定义挥发度。对于混合液中的某一组分 i 来说,其挥发度 υ_i 定义为平衡分压 p_i 与摩尔分数 x_i 之比。对于 A-B 二元溶液,有

$$\upsilon_A = \frac{p_A}{x_A}, \quad \upsilon_B = \frac{p_B}{x_B} \tag{6-21}$$

对于纯液体,其挥发度就等于该温度下液体的饱和蒸气压。若为理想溶液,应用拉乌尔定律式(6-16a)、式(6-16b) 可得

$$\upsilon_A = \frac{p_A}{x_A} = \frac{p_A^0 x_A}{x_A} = p_A^0 \tag{6-22a}$$

$$\upsilon_B = \frac{p_B}{x_B} = \frac{p_B^0 x_B}{x_B} = p_B^0 \tag{6-22b}$$

即其中组分挥发度的定义与纯组分的饱和蒸气压相同。对于非理想溶液,则拉乌尔定律不适用,其中组分的挥发度就与纯液体的蒸气压不相等(或准确地说,不能在全部范围内相等),而必须用式(6-21)表达。

在蒸馏分离中起决定性作用的是两组分挥发难易的对比,通常由相对挥发度来描述。对于 A-B 二元溶液,习惯上将溶液中易挥发组分的挥发度 υ_A 与难挥发组分的挥发度 υ_B 之比,称为**相对挥发度**,用符号 α 代表,即

$$\alpha = \frac{\upsilon_A}{\upsilon_B} = \frac{\dfrac{p_A}{x_A}}{\dfrac{p_B}{x_B}} = \frac{p_A}{p_B} \times \frac{x_B}{x_A} \tag{6-23}$$

若操作压力不高,气相遵循分压定律,则由式(6-23) 得

$$\alpha = \frac{\upsilon_A}{\upsilon_B} = \frac{y_A}{y_B} \times \frac{x_B}{x_A} \tag{6-24}$$

相对挥发度的数值由实验测定。对于理想溶液,则有

$$\alpha = \frac{\upsilon_A}{\upsilon_B} = \frac{p_A^0}{p_B^0} \tag{6-25}$$

即理想溶液的相对挥发度等于两纯组分的饱和蒸气压之比。

用相对挥发度表示的相平衡关系将式(6-24) 改写为

$$\frac{y_A}{y_B} = \alpha \times \frac{x_A}{x_B}$$

$$\frac{y_A}{1-y_A} = \alpha \times \frac{x_A}{1-x_A}$$

$$y_A = \frac{\alpha x_A}{1 + (\alpha - 1) x_A}$$

忽略下标,即

$$y = \frac{\alpha x}{1 + (\alpha - 1)x} \qquad (6\text{-}26)$$

式(6-26)就是用相对挥发度表示的气液相平衡关系,它是相平衡关系的另一种表达式。当已知挥发度 α 时,利用该式可以求得气液平衡数据 y 和 x,将各对值标绘在直角坐标上就得到 y-x 相图。

显然,由 α 值的大小,可判断溶液经蒸馏分离的难易程度,以及是否可能分离。α 值越大,分离越容易;若 $\alpha = 1$,则 $y = x$,不能用一般的方法分离,恒沸溶液就属于这种情况。

相对挥发度的大小反映了溶液用蒸馏分离的难易程度。当 $\alpha = 1$ 时,由式(6-26)可知 $y = x$,即说明该溶液所产生的气相组成与液相组成相同,不能用普通蒸馏方法分离。当 $\alpha > 1$,$y > x$,平衡气相中易挥发组分含量大于液相中易挥发组分的含量,故组分 A 为易挥发组分,此溶液可用蒸馏方法分离。α 越大,表明两组分的挥发度差别越大,越容易分离。

纯组分的饱和蒸气压为温度的函数,且随温度的升高而增大,因此 α 亦应为温度的函数,随温度的变化而变化。但因相对挥发度是 p_A^0、p_B^0 的比值,故温度对 α 的影响要比温度对 p_A^0、p_B^0 的影响小很多,当组分性质(主要指饱和蒸气压随温度的关系)比较接近时,相对挥发度随温度的变化很小,这样式(6-26)中的 α 可视为常数,一般取操作范围内的某一平均值,称作**平均相对挥发度**,以 α_m 表示。

平均相对挥发度的取法有多种,其中最常用的是算术平均值,即

$$\alpha_m = \frac{1}{n} \sum_{i=1}^{n} \alpha_i \qquad (6\text{-}27)$$

当精馏塔内压强和温度变化都比较小时,也可以用几何平均值,即

$$\alpha_m = \sqrt{\alpha_1 \alpha_2} \qquad (6\text{-}28)$$

式中:α_1——塔顶温度下的相对挥发度;

α_2——塔底温度下的相对挥发度。

实际体系的相对挥发度常由实验测定。

【**例 6-8**】　计算不同温度下的苯与甲苯的相对挥发度,并求出其算术平均值。

解:此溶液为理想溶液,p_A^0、p_B^0 见例 6-5。计算结果如表 6-3 所示。

表 6-3　例 6-8 计算结果

温度/℃	80.2	84.0	88.0	92.0	96.0	100	104	108	110.4
$\alpha = \dfrac{p_A^0}{p_B^0}$	2.53	2.56	2.52	2.49	2.45	2.40	2.39	2.36	2.30

平均相对挥发度:

$$\alpha_m = \frac{2.53 + 2.56 + 2.52 + 2.49 + 2.45 + 2.40 + 2.39 + 2.36 + 2.30}{9} = 2.44$$

由此可见,虽然 α 随温度变化,但变化不大,所以工程上利用式(6-25)计算相平衡关系时,式中 α 可由 α_m 代替。

6.3 蒸馏方式

<table>
<tr><td>任务目标</td><td>技能要求</td></tr>
<tr><td>• 掌握简单蒸馏和平衡蒸馏原理；
• 掌握精馏原理。</td><td>• 能理解简单蒸馏和平衡蒸馏的流程；
• 能理解精馏原理和精馏操作流程。</td></tr>
</table>

应用前述气液平衡共存时，气相中易挥发组分含量较液相为富($y > x$)的原理，在实施蒸馏分离时，可用不同的方式或方法，最基本的有简单蒸馏、平衡蒸馏及精馏，其他蒸馏方式见第6.5节。

6.3.1 简单蒸馏

简单蒸馏也称为微分蒸馏，是一种不稳定的单级蒸馏过程，需分批（间歇）进行。简单蒸馏装置如图6-21所示，混合液通过蒸汽加热在蒸馏釜1中逐渐汽化，产生的蒸气随即进入冷凝器2，所得的馏出液依次流入容器3A、3B、3C中。由于易挥发组分的气相组成y大于液相组成x，因而随着蒸馏过程的进行，x将逐渐降低。这使得与y平衡的气相组成（即馏出液的组成）亦随之降低，釜内溶液的沸点则逐渐升高。由于馏出液的组成开始时最高，随后逐渐降低，故常设几个接收器，按时间的先后，依次得到不同组成的馏出液。图6-21所示的流程，可将一批原液分为3A、3B、3C三部分馏出液以及釜内残液，共四种平均浓度不同的溶液。

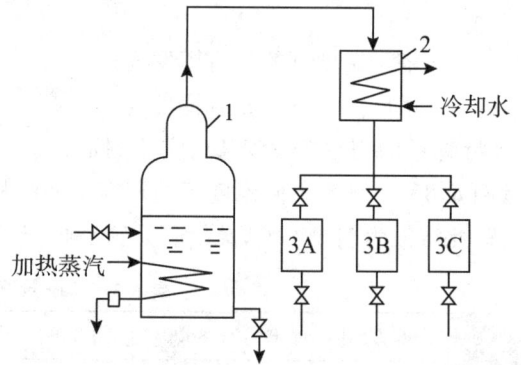

1—蒸馏釜；2—冷凝器；3A，3B，3C—馏出液容器。

图6-21 简单蒸馏装置

在简单蒸馏过程中，系统的温度和气液相组成均随时间改变，是一个不稳定过程，虽然瞬间形成的气液两相达到平衡，但蒸气凝成的全部馏出液的平均组成与剩余釜液的组成并无相平衡关系。

简单蒸馏的分离效果不高，只用于初步分离，适合于相对挥发度较大而分离要求不高的场合。例如，原油和煤油的初馏。又如，从含乙醇不到10°（"°"即"度"，指乙醇的体积分数，为商业及生产厂惯用的浓度表示法）的发酵醪液，经一次简单蒸馏可得到约50°的烧酒；为得到60°～65°的烧酒，可再经过一次简单蒸馏。

6.3.2 平衡蒸馏

在容器内加热混合液至泡点以上而部分汽化,或使一定组成的蒸气冷却至露点以下而部分冷凝,以形成气液两相,并达到平衡,然后将两相分开,则易挥发组分将在气相富集,难挥发组分在液相富集,从而使混合物达到一定程度的分离,这种蒸馏方式称为**平衡蒸馏**。平衡蒸馏所能达到的分离效果不高,一般只能作为原料的初步分离。

连续式平衡蒸馏装置如图 6-22 所示。料液以泵 1 输送并加压,在加热器(或加热炉)2 中升温,使液体温度高于分离器压力下的沸点。通过减压阀 3,液体成为过热状态,其高于沸点的显热随即变为潜热,使部分液体在分离器(闪蒸塔)4 中急速汽化,这种过程称为**闪蒸**。它使液体温度降低,气液两相的温度和组成趋于平衡。平衡的气液两相分别从分离器的顶、底部排出。

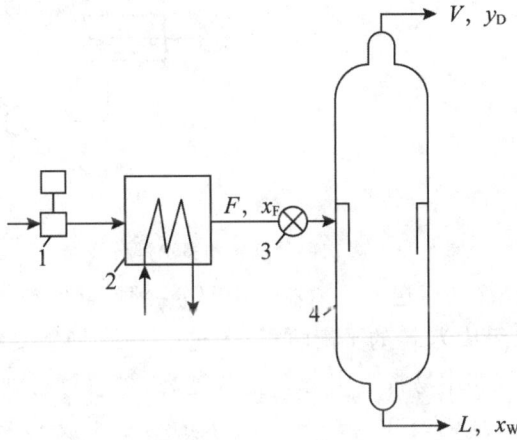

1—泵；2—加热器（或加热炉）；3—减压阀；4—分离器(闪蒸塔)。

图 6-22 平衡蒸馏装置

6.3.3 精馏

前述的简单蒸馏和平衡蒸馏,都是单级分离过程,只能达到组分的部分增浓,不能得到纯度较高的产品。因此,在工业生产上多采用精馏操作,即多次部分汽化、多次部分冷凝的方法,便可使混合液中各组分得到较为完全的分离。

1. 多次部分汽化和多次部分冷凝

如图 6-23 所示,将组成为 x_F 的原料液经加热器加热至泡点以上温度 t_1 进入分离器 1 使之部分汽化,将气相和液相分开,产生气相数量为 V_1、组成为 y_1,与液相数量为 L_1、组成为 x_1 的平衡两相,由图 6-24 可知,$y_1 > x_F > x_1$,此时,气液两相的流量可由杠杆规则确定。

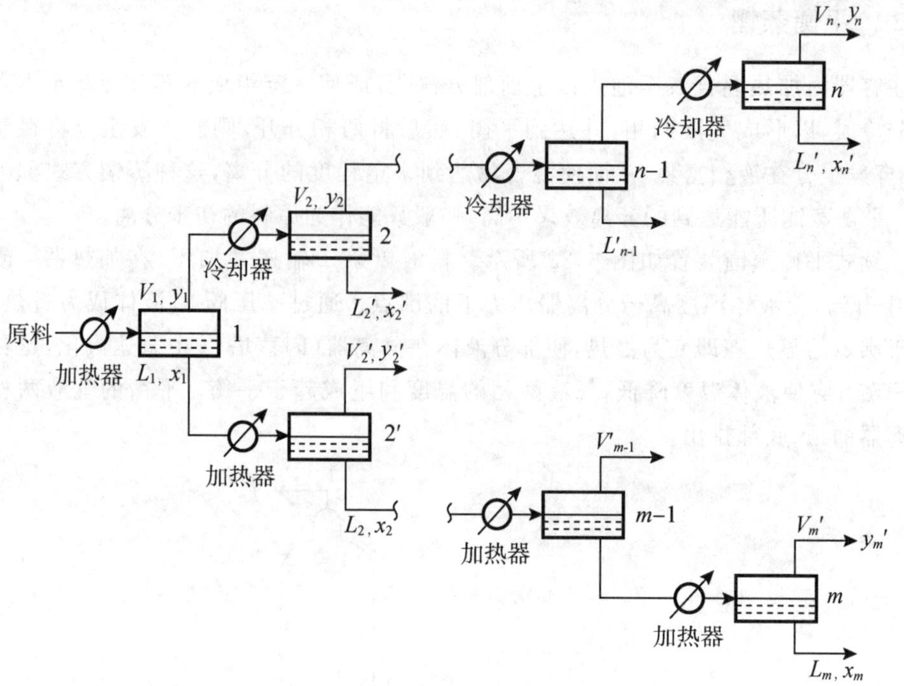

图 6-23　多次部分汽化和多次部分冷凝

组成为 y_1 的蒸气经冷却后送入分离器 2 中部分冷凝,此时产生气相数量为 V_2、组成为 y_2 与液相数量为 L_2'、组成为 x_2' 的平衡两相,且 $y_2 > y_1$,但 $V_2 < V_1$,这样部分冷凝的次数(即级数)越多,所得气相中易挥发组分含量就越高,最后可得到几乎纯态的易挥发组分。$y_1 < y_2 < \cdots < y_n$,但 $V_1 > V_2 > \cdots > V_n$,即最终的组成 y_n 接近于纯态的易挥发组分,所得到的气相量则越来越少。

同理,若将分离器 1 所得到的组成为 x_1 的液体加热,使之部分汽化,在分离器 2' 中得到 y_2' 与 x_2 成平衡的气液两相,且 $x_2 < x_1$,但 $L_2 < L_1$,这样部分汽化的次数越多,所得到的液相中易挥发组分的含量就越低,最后可得到几乎纯态的难挥发组分。即 $x_1 > x_2 > \cdots > x_n$,但 $L_1 > L_2 > \cdots > L_n$。

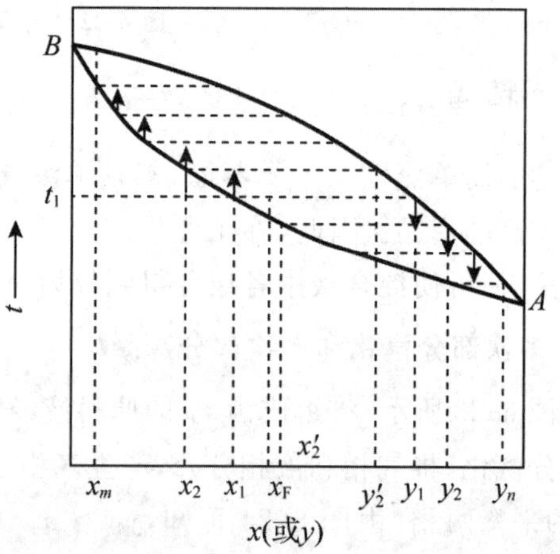

由此可见,每一次部分汽化和部分冷凝,都使气液两相的组成发生了变化,而同时多次进行部分汽化和多次部分冷凝,就可将混合液分离为纯的或比较纯的组分。但是,图 6-23 所示的实现多次部分汽化和冷凝所使用的设备过于庞杂,设备费用极高;部分汽化需要加入热量,而部分冷凝又需要取走热量,因此

图 6-24　多次部分汽化和多次部分冷凝的 t-$x(y)$ 图

能量消耗也非常大。更重要的是，每经一次部分汽化和冷凝都会产生一部分中间物流，使最终得到的纯产品的量极少。为了改善上述缺点，可将中间产物返回前一分离器中去，如图 6-25 所示，即将部分冷凝的液体 $L_2', \cdots, L_n'$ 及部分汽化的蒸气 $V_2', \cdots, V_n'$ 分别送回它们的前一分离器中。

为得到回流的液体 L_n'，图 6-25 上半部最上一级需设置部分冷凝器；为得到上升的蒸气 V_m'，图 6-25 下半部最下一级需设置部分汽化器。这样就使整个流程改进成"精馏"流程，它具有以下特点：

（1）原来单纯的分离器变成了混合分离器，即由两股物流（一股液流、一股气流）进入，混合后形成新的两股相平衡的气液物流离开分离器。

（2）由于较热的蒸气流与较冷的液流相接触，蒸气部分冷凝放出的热量用于加热液流使之部分汽化，于是可以充分利用物流本身的焓变交换热量，省去了中间冷却器与中间加热器。

（3）由于取消了中间物流的引出，经多次部分冷凝的气相物料 $y_1, y_2, \cdots, y_n$ 不仅其中轻组分浓度越来越高，而且物流量变化不大；同理，经多次部分汽化的液相物流，其中轻组分浓度越来越低，但物流量变化不大，因此，可以得到足够数量的较高纯度的产品。

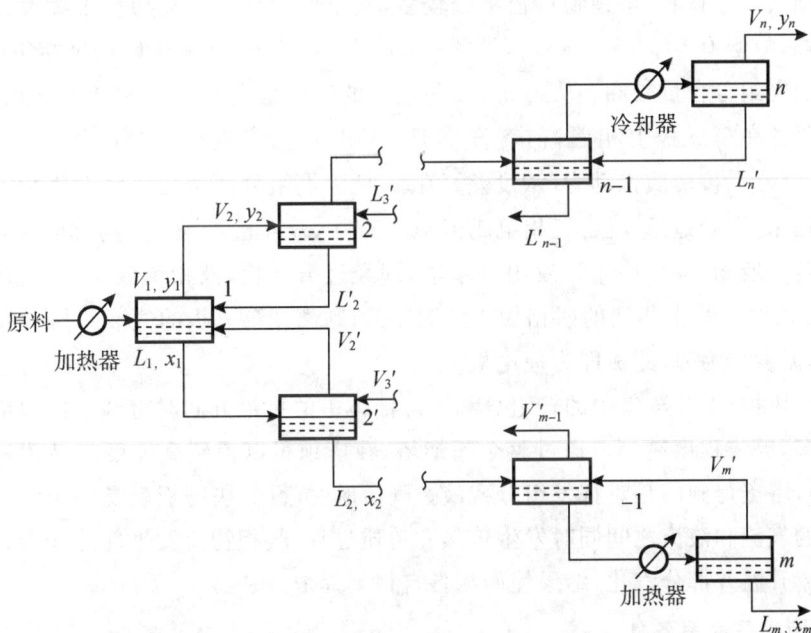

图 6-25　有回流的多次部分汽化和多次部分冷凝

从整个系统看，总有液相从上而下流过各个混合器，这称为液相回流；也总有气相从下而上流过混合分离器，这称为气相回流。回流是精馏的基本特征和工程手段，在气液两相的不断混合、接触、分离中，既发生相间热量传递，同时也发生相间质量传递，轻组分不断转移到上升气相中，而重组分则不断转移到下流液相中，这就是精馏的实质。因此，精馏属于双向相际传质过程，而吸收属于单向相际传质过程，这就是精馏与吸收的区别。

2. 塔板的作用

任取精馏塔内相邻的三块塔板：第 $n-1$ 板、第 n 板和第 $n+1$ 板，各板的温度与对应的组成如图 6-26(a) 所示。且今 y_{n-1}^* 为从第 $n-1$ 板流下的组成为 x_{n-1} 的液体相平衡的气相组成,而 x_{n+1}^* 为与第 $n+1$ 板上升的组成为 y_{n+1} 的气体相平衡的液相组成,如图 6-26(b) 所示。

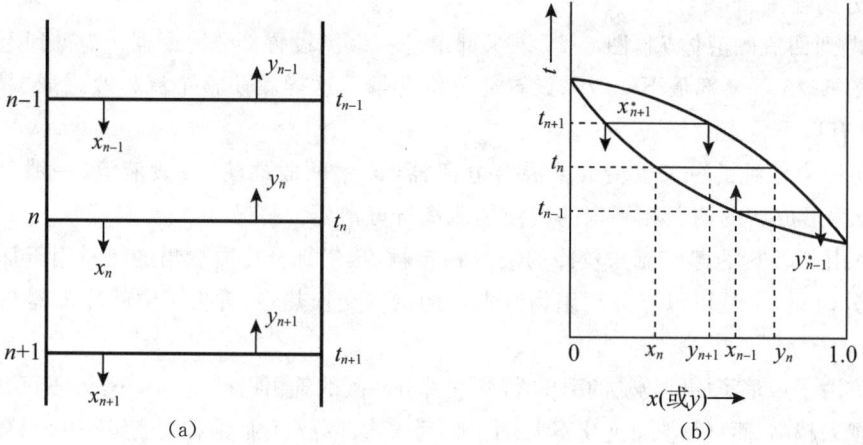

图 6-26 相邻塔板上的温度与组成

从精馏塔的总体看,塔顶物料轻组分较多,其温度较低;塔釜物料难挥发组分较多,其温度较高,故必有 $t_{n+1} > t_n > t_{n-1}$,见图 6-26(b)。从第 $n-1$ 板下降的液相组成为 x_{n-1},温度较低而轻组分含量较高;从第 $n+1$ 板上升的气相组成为 y_{n+1},温度较高而重组分含量较高。两者在第 n 板上相遇,前者发生部分汽化而后者发生部分冷凝。由于 $x_{n-1} > x_{n+1}^*$,$y_{n-1}^* > y_{n+1}$,按传质推动力(浓度差)关系,低沸点组分由液相转移至气相,气相中易挥发组分增浓,即经过第 n 板,气相组成由 y_{n+1} 变为 y_n,且 $y_n > y_{n+1}$;与此同时,高沸点组分由气相转入液相,液相中难挥发组分增浓,即经过第 n 板,液相组成由 x_{n-1} 变为 x_n,且 $x_n < x_{n-1}$。若第 n 板上相遇的两相物质接触充分,则离开第 n 板的气液两相组成 y_n 与 x_n 达到平衡,温度均为 t_n,此板即为理论板。

经过一块板,上升蒸气中的轻组分和下降液体中的重组分同时得到一次提浓,经过的塔板数越多,提浓程度越高。通过整个精馏塔,在塔顶可以得到高纯度的易挥发组分(塔顶馏出液),塔釜得到的是难挥发组分残液。概括地说,每一块塔板就是一个混合分离器,进入塔板的气流和液流之间同时发生传热和传质过程,气相物流发生部分冷凝,同时放出热量使液流升温并部分汽化,结果使两相各自得到提浓。

3. 精馏操作必要条件

精馏过程的回流包括塔顶的液相回流及塔釜的气相回流,作用是保证每块塔板上都有足够数量和一定组成的下降液流和上升气流。回流既是构成气液两相传质的必要条件,又是维持精馏操作连续稳定的必要条件。没有回流,精馏操作将无法进行,回流也是精馏和普通蒸馏的本质区别。

1) 塔顶液相回流

要保证每块塔板上有下降液流,必须从塔顶加入一股足够数量并富含轻组分的液体,这股液体就称为塔顶液相回流。产生塔顶液相回流通常有以下三种方法:

(1) 泡点回流。塔顶冷凝器采用全凝器,从塔顶第一块塔板上升的组成为 y_1 的蒸气在全凝器中全部冷凝成组成为 x_D 的饱和液体,即有 $y_1 = x_D$,其中部分作为塔顶产品,另外一部引回塔顶作为回流液,这种回流称为泡点回流,如图 6-27(a) 所示。

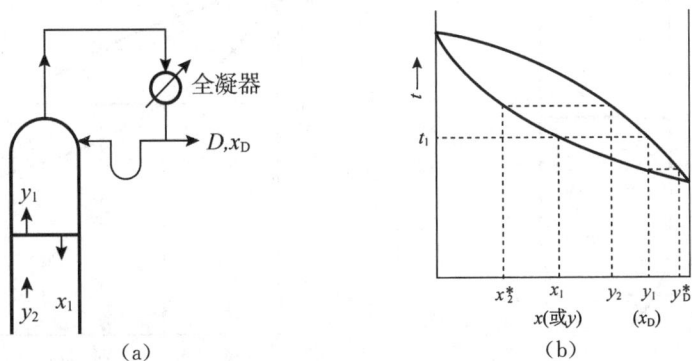

图 6-27　液相回流方式(全凝器)

由图 6-27(b) 可见,从塔顶下降的液相组成 x_D,大于与第二块塔板(从塔顶数)上升的气相组成 y_2 相平衡的液相组成 x_2^*,即 $x_D > x_2^*$;由第二块塔板(从塔顶数)上升的气相组成 y_2 小于与 x_D 相平衡的 y_D^*,即 $(1 - y_2) > (1 - y_D^*)$,于是在浓度差的推动下,轻组分由液相转移至气相,重组分由气相转移至液相。

(2) 冷液回流。将全凝器得到的组成为 x_D 的饱和液体进一步冷却后再部分引回塔内作为塔顶回流液。由于回流液体温度较低,使上升气相冷凝量增加,下降液体量增加,板上蒸气提浓程度增加,但热能损耗也增加。

(3) 塔顶采用分凝器产生液相回流。塔顶第一块板上升的组成为 y_1 的蒸气在分凝器中部分冷凝,得到平衡的气液两相组成为 y_0 和 x_0,其中液相组成为 x_0 的液体回入塔顶作为液相回流,气相组成为 y_0 的蒸气经全凝器全部冷凝得到组成为 x_D 的塔顶产品,且 $x_D = y_0$,如图 6-28(a) 所示。

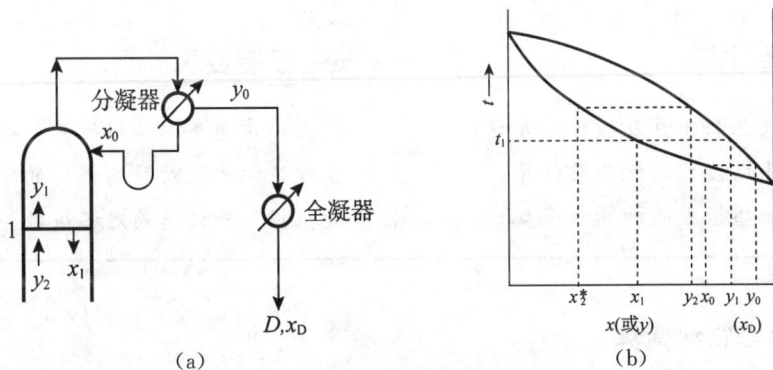

图 6-28　液相回流方式简图(分凝器)

由图 6-28(b) 可见,$x_0 > x_2^*$,$(1 - y_2) > (1 - y_0)$,仍能满足回流的要求。

2) 塔釜气相回流

为了使每一块塔板上都有上升气流,还必须从塔底连续不断地提供富含重组分的上升蒸气,成为塔釜回流。最简单的方法是在精馏塔塔底设置一个蒸馏釜,用水蒸气间接加热釜中的液体,使从最后一块板下降的液体部分汽化,产生组成为 y_w 的蒸气作为气相回流,组成为 x_W 的液体作为塔底产品,如图 6-29(a) 所示。

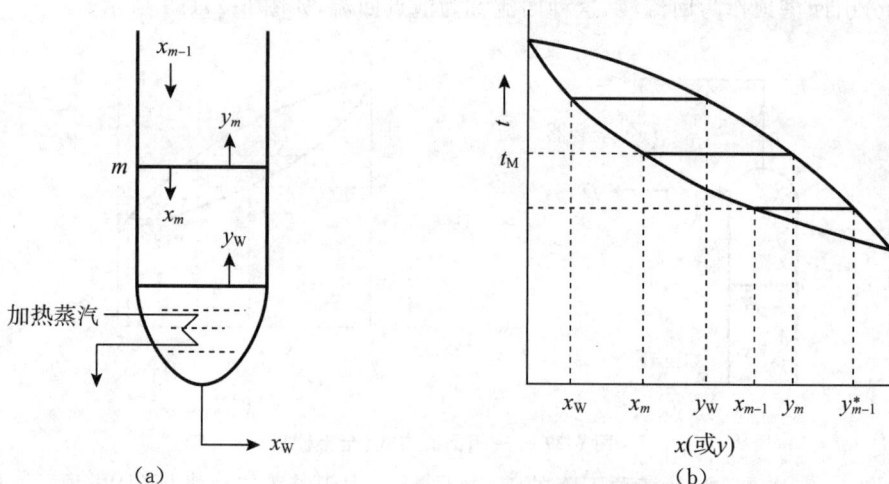

图 6-29　气相回流方式(蒸馏釜)

由图 6-29(b) 可见,$(1 - y_W) > (1 - y_{m-1}^*)$,满足回流要求。

在工业生产的精馏装置中,塔釜加热器通常被设置在塔外的一个称作再沸器(或重沸器)的换热器代替,其作用与蒸馏(加热)釜完全一样。

6.4　连续精馏过程的计算

🎓 任务目标	🎯 技能要求
• 掌握全塔物料衡算及操作线方程; • 掌握最小回流比的概念及计算; • 掌握理论塔板数的计算。	• 能正确应用全塔物料衡算; • 能理解回流比对精馏操作的意义; • 能根据生产任务确定塔板数。

6.4.1　全塔物料衡算

按照精馏工艺流程要求将各个单元设备连接起来,就形成了精馏过程系统。连续精馏过程的塔顶和塔底产物的流量和组成与进料量和组成有关,可通过全塔物料衡算求出。无论塔内气液两相的接触情况如何,这些流量与组成之间的关系均受全塔物料衡算的约束。

全塔进、出物料的情况如图 6-30 所示,由于是连续稳定操作的精馏塔,进料量应该等于出料量,因此,以单位时间(如 1h)为基准进行全塔物料衡算,可得:

总物料衡算

$$F = D + W \qquad (6\text{-}29)$$

易挥发组分的物料衡算

$$Fx_F = Dx_D + Wx_W \qquad (6\text{-}30)$$

式中：F——原料液量，kmol/h；

$\quad\quad D$——塔顶馏出液量，kmol/h；

$\quad\quad W$——塔釜残液量，kmol/h；

$\quad\quad x_F$——原料液中易挥发组分的摩尔分数；

$\quad\quad x_D$——馏出液中易挥发组分的摩尔分数；

$\quad\quad x_W$——塔釜残液中易挥发组分的摩尔分数。

在式(6-29)和式(6-30)中，共有 6 个变量，若已知其中 4 个便可联立求解其余的 2 个。在精馏塔的设计型计算中，通常已知原料 F、x_F 及分离任务 x_D、x_W，求解 D 和 W。工业上，经常用质量分数表示易挥发组分的组成，应用时必须注意单位的一致性，即此时的各种料液量必须以质量流量计。

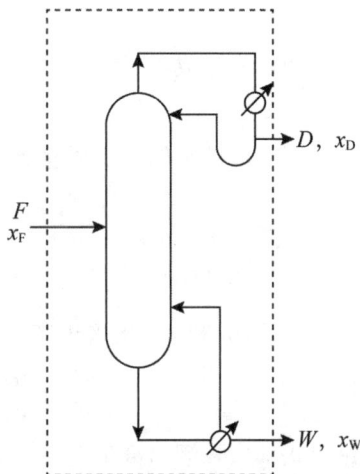

图 6-30　全塔物料衡算

精馏的分离要求，除可用塔顶和塔釜的产品组成表示外，也可用原料中易挥发（或难挥发）组分被回收的百分数表示，称为回收率。

塔顶易挥发组分的回收率 η_D：

$$\eta_D = \frac{Dx_D}{Fx_F} \times 100\% \qquad (6\text{-}31)$$

塔釜难挥发组分的回收率 η_W：

$$\eta_W = \frac{W(1-x_W)}{F(1-x_F)} \times 100\% \qquad (6\text{-}32)$$

联立式(6-29)和式(6-30)可求得馏出液的采出率 D/F 和釜液采出率 W/F，即

$$\frac{D}{F} = \frac{x_F - x_W}{x_D - x_W} \qquad (6\text{-}33)$$

$$\frac{W}{F} = \frac{x_F - x_D}{x_D - x_W} \qquad (6\text{-}34)$$

显然，η_D、η_W、D/F 和 W/F 的数值均应在 $0 \sim 1$ 之间。

【例 6-9】　一连续操作的精馏塔，将 15000kg/h 含苯 40% 和甲苯 60% 的混合液分离为含苯 97% 的馏出液和含苯 2% 的残液（以上均为质量分数）。操作压力为 101.3kPa。用摩尔分数表示含量，并以 kmol/h 为单位求出馏出液和残液的流量，以及塔顶易挥发组分的回收率和采出率。

解： 当流量用 kmol/h 表示、组成用摩尔分数表示时，应将质量分数换算成摩尔分数。苯的相对分子质量为 78，甲苯的相对分子质量为 92。

进料组成：

$$x_F = \frac{\dfrac{40}{78}}{\dfrac{40}{78} + \dfrac{60}{92}} = 0.44$$

残液组成：

$$x_W = \frac{\dfrac{2}{78}}{\dfrac{2}{78} + \dfrac{98}{92}} = 0.0235$$

馏出液组成：
$$x_D = \frac{\frac{97}{78}}{\frac{97}{78} + \frac{3}{92}} = 0.974$$

原料液的平均摩尔质量：
$$M_{均} = \sum M_i x_i = 78 \times 0.44 + 92 \times 0.56 = 85.84 (kg/kmol)$$

原料液的流量：
$$F = \frac{15000}{85.84} = 175.0 (kmol/h)$$

由式(6-33)求出采出率：
$$\frac{D}{F} = \frac{x_F - x_W}{x_D - x_W} = \frac{0.440 - 0.0235}{0.974 - 0.0235} = 0.438$$

由上式求塔顶馏出液量：
$$D = 0.438F = 0.438 \times 175 = 76.7 (kmol/h)$$

由式(6-29)求出塔釜残液量：
$$W = F - D = 175.0 - 76.7 = 98.3 (kmol/h)$$

由式(6-31)求出塔顶易挥发组分的回收率：
$$\eta_D = \frac{Dx_D}{Fx_F} \times 100\% = \frac{76.7 \times 0.974}{175.0 \times 0.440} = 97.02\%$$

6.4.2 理论板与恒摩尔流假设

1. 理论板

如上所述，在精馏塔每一块塔板上同时进行着传热与传质。如果进入塔板的气液两相在塔板上接触良好，并且有足够长的接触时间，使得离开该板的气液两相达到平衡，则称该板为**理论板**。概括地讲，所谓理论板是指离开该板的气液两相组成达到平衡，即两相温度相同。实际上，除再沸器相当于一块理论板外(塔顶设置分凝器时，分凝器亦相当于一块理论板)，塔内各板由于气液两相接触时间短暂、接触面积有限等原因，使得离开塔板的气液两相未能真正达到平衡。因此，理论板并不存在，但它可以作为衡量实际塔板分离效果的一个标准。通常在设计型计算中，可先求出理论板数，再根据塔板效率的高低来决定实际塔板数。

2. 恒摩尔流假设

1) 恒摩尔流假设成立的条件

(1) 各组分的摩尔汽化热相等(在很多情况下，恒摩尔流假设与实际情况接近)。

(2) 气液两相接触时因温度不同而交换的显热量可以忽略。

(3) 塔设备保温良好，热损失可以忽略不计。

2) 恒摩尔流假设的内容

(1) 恒摩尔气流。精馏操作时，在精馏塔中，精馏段内每层塔板上升蒸气的摩尔流量相等，提馏段内也是如此，但两段上升蒸气的摩尔流量不一定相等，即

精馏段 $\qquad V_1 = V_2 = V_3 = \cdots = V = 常数 \qquad (6-35)$

提馏段 $\qquad V_1' = V_2' = V_3' = \cdots = V' = 常数 \qquad (6-36)$

式中：V_i、V_i'——分别代表精馏段和提馏段上升蒸气的摩尔流量,kmol/h。

（2）恒摩尔液流。精馏操作时,在精馏塔中,精馏段内每层塔板下降的液体摩尔流量相等,提馏段内也是如此,但两段下降液体的摩尔流量不一定相等,即

精馏段 $L_1 = L_2 = L_3 = \cdots = L =$ 常数   (6-37)

提馏段 $L_1' = L_2' = L_3' = \cdots = L' =$ 常数   (6-38)

式中：L_i、L_i'——分别代表精馏段和提馏段下降液体的摩尔流量,kmol/h。

精馏过程比较复杂,过程的影响因素也很多,通过引入理论板概念和恒摩尔流假设,可简化精馏过程的分析与计算。

6.4.3   操作线方程

操作线方程可以通过物料衡算得出,由前述的恒摩尔流假设可知,在连续精馏塔中,由于原料液的不断加入,精馏段和提馏段上升的蒸气量和下降的液体量不一定相等,致使精馏段和提馏段具有不同的操作关系。因此,必须分开讨论它们的气液相组成的变化规律。

1. 精馏段操作线方程

对稳定操作的连续精馏塔,可作出精馏段任意一个局部封闭系统的物料衡算。在图6-31中虚线所划定的范围（包括精馏段中第 $n+1$ 塔板以上的塔段及全凝器在内）内,进行物料衡算,即

总物料衡算 $V = L + D$ (6-39)

易挥发组分的物料衡算 $Vy_{n+1} = Lx_n + Dx_D$ (6-40)

式中：V——精馏段内每块塔板上升的蒸气摩尔流量,kmol/h;

L——精馏段内每块塔板下降的液体摩尔流量,kmol/h;

y_{n+1}——从精馏段第 $n+1$ 板上升的蒸气组成,摩尔分数;

x_n——从精馏段第 n 板下降的液体组成,摩尔分数。

将式(6-40)两边同除以 V,得

$$y_{n+1} = \frac{L}{V}x_n + \frac{D}{V}x_D$$ (6-41)

将式(6-39)代入式(6-41)中,得

$$y_{n+1} = \frac{L}{L+D}x_n + \frac{D}{L+D}x_D$$ (6-41a)

将上式等号右端各项分子、分母同除以 D,得

$$y_{n+1} = \frac{L/D}{L/D+1}x_n + \frac{1}{L/D+1}x_D$$

令 $R = L/D$,R 称为回流比,于是上式可写为

$$y_{n+1} = \frac{R}{R+1}x_n + \frac{x_D}{R+1}$$ (6-42)

式(6-41)或式(6-42)称为**精馏段操作线方程**。它表达了精馏段内任意一板（第 n 板）下降的液体组成 x_n,与其相邻的下一板（第 $n+1$ 板）上升的蒸气组成 y_{n+1} 之间的关系,即板间的物料组成关系,它是精馏段物料衡算的结果。

若回流比 R 及馏出液 D 已知,则由 $L = RD$ 及 $V = L + D = (R+1)D$ 可直接求出精馏段内液相流量 L 和气相流量 V。

在定常连续操作过程中,D 为确定值;根据恒摩尔流假设,L、V 均为常数,故精馏段操作线方程为一直线方程。当 $x_n = x_D$ 时,得 $y_{n+1} = x_D$,可见,该直线过对角线上点 $a(x_D, x_D)$,斜率为 $R/(R+1)$,在 y 轴上的截距为 $x_D/(R+1)$,即图 6-32 所示的直线 ac。

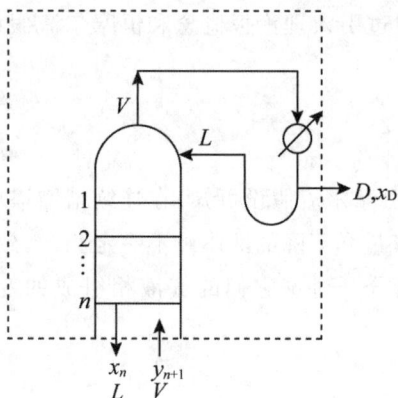

图 6-31 精馏段操作线方程推导

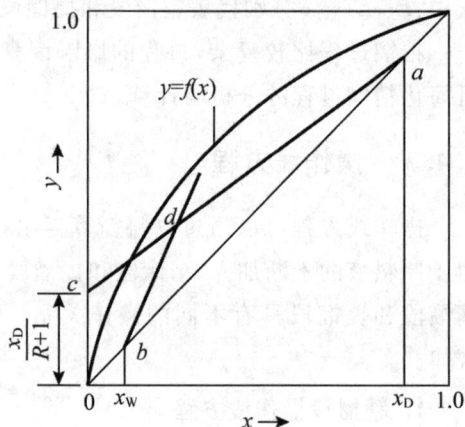

图 6-32 操作线方程

2. 提馏段操作线方程

与求取精馏段操作线方程的方法相同,在图 6-33 虚线范围内,作包括再沸器及提馏段第 m 板以下塔板的物料衡算,即

总物料衡算

$$L' = V' + W \tag{6-43}$$

易挥发组分的物料衡算

$$L'x_m = V'y_{m+1} + Wx_W \tag{6-44}$$

式中:V'——提馏段内每块塔板上升的蒸气摩尔流量,kmol/h;

L'——提馏段内每块塔板下降的液体摩尔流量,kmol/h;

y_{m+1}——从提馏段第 $n+1$ 板上升的蒸气组成,摩尔分数;

x_m——从提馏段第 n 板下降的液体组成,摩尔分数。

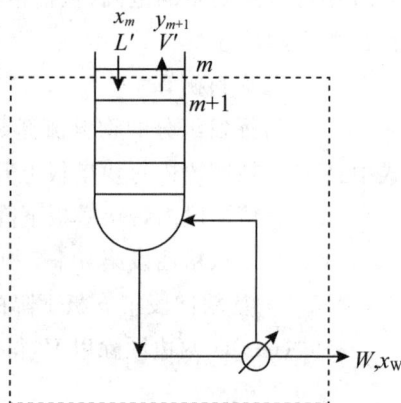

图 6-33 提馏段操作线方程推导

将式(6-44)整理后可得

$$y_{m+1} = \frac{L'}{V'}x_m - \frac{W}{V'}x_W \tag{6-45}$$

将式(6-43)代入式(6-45)中,得

$$y_{m+1} = \frac{L'}{L'-W}x_m - \frac{W}{L'-W}x_W \tag{6-46}$$

式(6-45)或式(6-46)称为**提馏段操作线方程**。它表达了提馏段内任意两塔板间上升的蒸气组成 y_{m+1} 与下降的液体组成 x_m 之间的关系。

若为泡点进料，进料量为 F，据恒摩尔流假设条件，则 $L' = L + F$，$V' = V$。

在定常连续操作过程中，W、x_W 为定值；又据恒摩尔流假设条件，L'、V' 为常数，故提馏段操作线方程亦为一直线。当 $x_m = x_W$ 时，可得 $y_{m+1} = x_W$，即该直线过对角线上点 $b(x_W, x_W)$，以 L'/V' 为斜率，在 y 轴上的截距为 $-\dfrac{W}{V'}x_W$，见图 6-32 中的直线 bd。

【例 6-10】 氯仿（$CHCl_3$）和四氯化碳（CCl_4）的混合液在一连续精馏塔中进行分离。在精馏段某一理论板第 n 板处，进入该塔板的气相组成为 0.91（摩尔分数，下同），从该板流出的液相组成为 0.89，参见图 6-34。物系的相对挥发度为 1.6，精馏段内液气比为 2/3，试求：(1) 从第 n 板上升的蒸气组成 y_n；(2) 流入第 n 板的液相组成 x_{n-1}；(3) 若为泡点回流，求回流比，并写出精馏段操作线方程。

解：(1) 因该板为理论板，故离开该板上升的蒸气与下降的液体达到平衡，即 y_n 与 x_n 应满足相平衡方程（见式(6-26)）：

$$y_n = \frac{\alpha x_n}{1 + (\alpha - 1)x_n} = \frac{1.6 \times 0.89}{1 + (1.6 - 1) \times 0.89} = 0.93$$

图 6-34　例 6-10 附图

(2) 对第 n 板作物料衡算，则有

$$V(y_n - y_{n+1}) = L(x_{n-1} - x_n)$$

$$x_{n-1} = \frac{V}{L}(y_n - y_{n+1}) + x_n = \frac{3}{2}(0.93 - 0.91) + 0.89 = 0.92$$

(3) 由 $L = RD$，$V = (R+1)D$ 可得

$$\frac{L}{V} = \frac{R}{R+1} = \frac{2}{3} \approx 0.667$$

由上式解出回流比

$$R = 2$$

由精馏段操作线方程（见式(6-42)），得

$$y_{n+1} = \frac{R}{R+1}x_n + \frac{x_D}{R+1} = \frac{2}{3}x_n + \frac{x_D}{3}$$

将 $y_{n+1} = 0.91$，$x_n = 0.89$ 代入上式，则有

$$x_D = 0.95$$

于是该塔精馏段操作线方程为

$$y_{n+1} = 0.667x_n + 0.317$$

由上式可见，精馏段操作线方程为一直线方程，其斜率为 0.667，在 y 轴上的截距为 0.317。

应该指出，x_{n-1} 也可以直接由操作线方程求解，即 y_n 与 x_{n-1} 应满足精馏段操作线方程，将 $y_n = 0.93$ 代入上式的精馏段操作线方程中，求得 $x_{n-1} = 0.92$。此结果与题(2)结果一致。

6.4.4　理论塔板数的确定

精馏过程设计型计算的内容是按照一定的生产任务和规定的分离要求，选择精馏的操作条件，计算所需的理论塔板数。

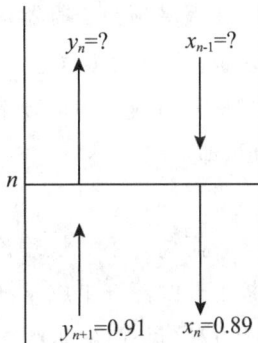

理论塔板数的计算最常用的方法有逐板计算法和图解法两种,此两种方法均以物系的气液相平衡关系和操作线方程为基础。

1. 逐板计算法

某连续操作精馏塔,设塔顶冷凝器为全凝器,泡点回流;塔釜为间接蒸汽加热;进料方式为泡点进料。逐板计算法如图 6-35 所示。

因塔顶为全凝器,故从塔顶最上一层板(第一块板)上升的蒸气进入冷凝器后被全部冷凝,塔顶馏出液组成即为塔顶最上一层塔板的上升蒸气组成,即

$$y_1 = x_D$$

而离开第一块理论板的液体组成 x_1 与从该板上升的蒸气组成 y_1 达到平衡,故可由气液相平衡方程(见式(6-26))求得 x_1,即

$$x_1 = \frac{y_1}{\alpha - (\alpha - 1)y_1}$$

因板间的气液组成满足操作线方程,故第二块理论板上升的蒸气组成 y_2 与第一块理论板下降的液体组成 x_1 满足精馏段操作线方程,即由式(6-42)有

$$y_2 = \frac{R}{R+1}x_1 + \frac{x_D}{R+1}$$

同理,y_2 与 x_2 满足相平衡方程,用相平衡方程由 y_2 求出 x_2,而 y_3 与 x_2 应满足精馏段操作线方程,用操作线方程由 x_2 求出 y_3,以此类推,重复计算,直至计算到 $x_n \leqslant x_F$(仅适用于泡点进料时)后,再改用相平衡方程和提馏段操作线方程计算提馏段塔板组成,直至计算到 $x_m \leqslant x_W$ 为止。在计算过程中每使用一次平衡关系,表示需要一块理论板。由于离开再沸器的气液两相达到平衡,相当于一块理论板,所以提馏段所需的理论板数应为计算中使用相平衡关系的次数减1,所得的理论板数包括进料板。

现再将逐板计算过程归纳如下:

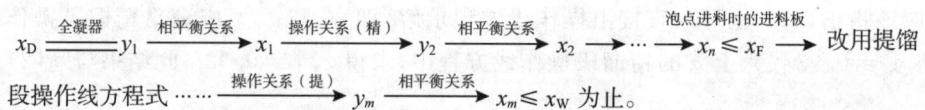

$$x_D \xrightarrow{\text{全凝器}} y_1 \xrightarrow{\text{相平衡关系}} x_1 \xrightarrow{\text{操作关系(精)}} y_2 \xrightarrow{\text{相平衡关系}} x_2 \longrightarrow \cdots \longrightarrow x_n \leqslant x_F \xrightarrow{\text{泡点进料时的进料板}} \text{改用提馏}$$

段操作线方程式 …… $\xrightarrow{\text{操作关系(提)}} y_m \xrightarrow{\text{相平衡关系}} x_m \leqslant x_W$ 为止。

在此过程中使用了几次相平衡关系便得到几块理论板数(包括塔釜再沸器的一块)。

逐板计算法便于编成计算机程序计算理论板数,结果较准确,但手算较繁,其基本计算要点是:从塔顶开始,交替使用相平衡方程和操作线方程,前者解决了离开该板的气液两相组成关系,而后者解决了板间截面气液两相组成关系。

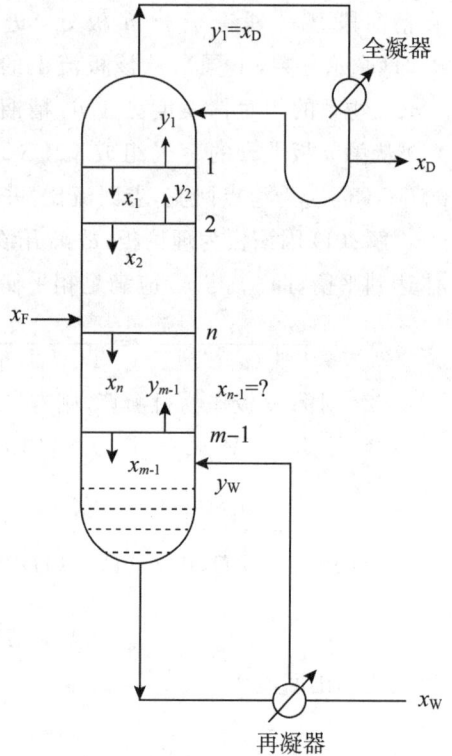

图 6-35 中右侧插图

$y_1 = x_D$ 全凝器

y_1

x_D

x_1 y_2 1

x_2 2

x_F

x_n y_{m-1} n

$x_{n-1} = ?$

x_{m-1} $m-1$

y_W

x_W

再凝器

图 6-35 逐板计算法

【例 6-11】　在一常压连续精馏塔中分离苯-甲苯混合物。已知每小时处理料液 100kmol，料液中含苯 40%（摩尔分数，下同），馏出液中含苯 95%，塔釜残液中含苯应小于 5%。选用回流比为 5，泡点进料，塔顶为全凝器，泡点回流，塔釜间接蒸汽加热。试用逐板计算法求所需的理论塔板数。已知操作条件下，苯-甲苯混合物的平均相对挥发度为 2.47。

解：首先求出气液相平衡方程与操作线方程，然后利用逐板计算法求解理论塔板数。

苯-甲苯的气液相平衡方程：

$$y = \frac{\alpha x}{1+(\alpha-1)x} = \frac{2.47x}{1+1.47x}$$

即

$$x = \frac{y}{2.47-1.47y}$$

由物料衡算求出 D 与 W：

$$D = \frac{x_F - x_W}{x_D - x_W}F = \frac{0.4-0.05}{0.95-0.05} \times 100 = 38.89(\text{kmol/h})$$

$$W = F - D = 100 - 38.89 = 61.11(\text{kmol/h})$$

求出提馏段下降的液体摩尔流量，对于泡点进料，有

$$L' = L + F = RD + F = 5 \times 38.89 + 100 = 294.45(\text{kmol/h})$$

求出两段操作线方程，即

精馏段操作线方程：

$$y_{n+1} = \frac{R}{R+1}x_n + \frac{x_D}{R+1} = \frac{5}{5+1}x_n + \frac{0.95}{5+1} = 0.833x_n + 0.158$$

提馏段操作线方程：

$$y_{m+1} = \frac{L'}{L'-W}x_m - \frac{W}{L'-W}x_W$$

$$= \frac{294.45}{294.45-61.11}x_m - \frac{61.11}{294.45-61.11} \times 0.05$$

$$= 1.26x_m - 0.013$$

第 1 块塔板上升的蒸气组成：

$$y_1 = x_D = 0.95$$

第 1 块塔板下降的液体组成：

$$x_1 = \frac{y_1}{2.47-1.47y_1} = \frac{0.95}{2.47-1.47 \times 0.95} = 0.885$$

第 2 块塔板上升的蒸气组成：

$$y_2 = 0.833x_1 + 0.158 = 0.833 \times 0.885 + 0.158 = 0.895$$

第 2 块塔板下降的液体组成：

$$x_2 = \frac{y_2}{2.47-1.47y_2} = \frac{0.895}{2.47-1.47 \times 0.895} = 0.776$$

第 3 块塔板上升的蒸气组成：

$$y_3 = 0.833x_2 + 0.158 = 0.833 \times 0.776 + 0.158 = 0.804$$

依上述方法反复计算，当 $x_n \leqslant x_F$ 后，改用提馏段操作线方程。现将计算结果列于表 6-4 中。

表 6-4　例 6-11 计算结果

组成	板数								
	1	2	3	4	5	6	7	8	9
y	0.95	0.895	0.804	0.678	0.541	0.394	0.250	0.137	0.063
x	0.885	0.776	0.624	0.460	$0.323 < x_F$	0.208	0.119	0.06	$0.03 < x_W$

精馏塔内理论塔板数为 $9-1=8$(块),其中精馏段 4 块板,提馏段为 4 块板,第 5 块为进料板。

2. 图解法

图解法求理论塔板数的基本原理与逐板计算法相同,其优点是比较直观,便于分析。以直角梯级图解法较为常见,即在 y-x 图上分别绘出精馏段操作线、提馏段操作线和相平衡曲线,然后从塔顶开始,依次在平衡线与操作线之间绘直角梯级,直至 $x_m \leqslant x_W$ 为止(见图 6-36),其间有几个直角梯级便得到几块理论板(包括塔釜再沸器一块)。具体步骤如下。

1)绘相平衡曲线

在直角坐标系中绘出待分离物系的相平衡曲线,即 y-x 图,并作出对角线。

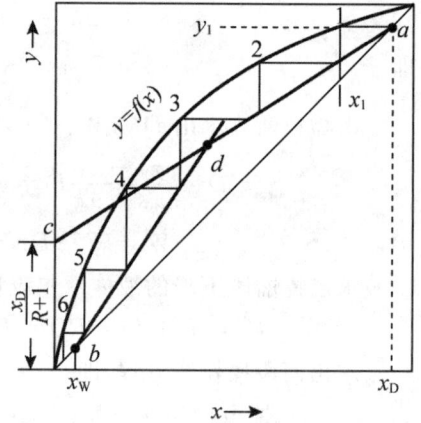

图 6-36　理论板数图解法

2)绘操作线

在 y-x 图上分别绘出两段操作线。

(1)绘出精馏段操作线。过对角线上点 $a(x_D, x_D)$,以 $\dfrac{R}{R+1}$ 为斜率(或在 y 轴上的截距为 $\dfrac{x_D}{R+1}$)作直线 ac,即为精馏段操作线。

(2)绘出提馏段操作线。过对角线上点 $b(x_W, x_W)$,以 $\dfrac{L'}{L'-W}$ 为斜率作直线 bd,即为提馏段操作线。

两操作线在 d 点相交。

3)绘直角梯级

从 a 点开始,在精馏段操作线与相平衡线之间轮流作水平线与垂直线构成直角梯级,梯级跨越两操作线交点 d 时,改在提馏段操作线与相平衡线之间作直角梯级,直至梯级的垂直线达到或跨越 b 点为止,其间所绘梯级的数目即为理论塔板数(包括塔釜再沸器一块),跨越 d 点的梯级为进料板。

用图解法求取理论板数的注意事项:

(1)图中每个直角梯级代表一个理论板。跨越 d 点的梯级为进料板,最后一个阶梯为再沸器。故总理论板层数为阶梯数减 1。

(2)阶梯中水平线的距离代表液相中易挥发组分的浓度经过一次理论板的变化,阶梯中垂直线的距离代表气相中易挥发组分的浓度经过一次理论板的变化,因此,阶梯的跨度也就代表了理论板的分离程度。阶梯跨度不同,说明理论板分离能力不同。

(3)有时在精馏操作中,从塔顶出来的蒸气先进入分凝器中进行部分冷凝,冷凝液作为塔顶回流液,未冷凝的蒸气再进入全凝器中冷凝作为塔顶产品。因为离开分凝器的气液两相可视为互成平衡,故分凝器也相当于一块理论板,这时精馏段的理论板层数应在相应的阶梯数上减 1。

(4)图解法虽简单直观,但是对于相对挥发度较小而所需理论塔板数较多的场合是不适合的。

3. 最优进料位置的选择

工业生产中,一般选在塔内液相或气相组成与进料组成相近或相同的塔板上进料。进料板是精馏段与提馏段交接处的提馏段第一块塔板,当用图解法计算理论板层数时,适宜的进料位置应为跨越三条线交点 e 点所对应的阶梯。因为这样完成一定的分离任务时所需理论板数为最少。若跨过两操作线交点后继续在精馏段操作线与平衡线之间作阶梯,或没有跨过交点过早更换操作线,都将使所需理论板层数增加。如图 6-37 所示,其中图(c)为最优进料位置。

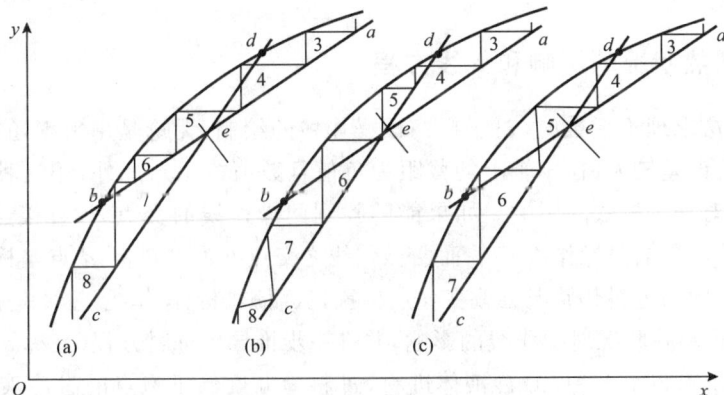

图 6-37　进料位置的比较

对于已有的精馏装置,在适宜进料位置进料,可获得最佳分离效果。在实际操作中,如果进料位置不当,将会使馏出液和釜残液不能同时达到预期的分离要求。进料位置过高,使馏出液的组成偏低(难挥发组分含量偏高);反之,进料位置偏低,使釜残液中易挥发组分含量增高,从而降低馏出液中易挥发组分的回收率。

在实际生产中,精馏塔往往设有 2~3 个进料口,以适应进料组成及进料热状态变动时,能够选择适宜的进料位置,使进料组成与进料板上的液体组成相接近。

【例 6-12】　用图解法求例 6-11 的理论塔板数。已知:$x_D = 0.95$,$x_W = 0.05$,$x_F = 0.4$(均为易挥发组分的摩尔分数)。两操作线方程及相平衡方程见例 6-11。

解:根据相平衡方程计算若干组气液平衡数据,见表 6-5。

表 6-5　例 6-11 的气液平衡数据

x	1.000	0.785	0.581	0.411	0.258	0.130	0
y	1.000	0.900	0.774	0.633	0.462	0.270	0

在直角坐标系中绘出 y-x 图,见图 6-38。

根据精馏段操作线方程：

$$y_{n+1} = 0.833x_n + 0.158$$

找到 $a(0.95,0.95)$、$c(0,0.158)$ 两点，连接 ac，即得到精馏段操作线。

根据提馏段操作线方程：

$$y_{m+1} = 1.26x_m - 0.013$$

找到 $b(0.05,0.05)$，再以 1.26 为斜率绘出直线 bd，即得到提馏段操作线。

从 a 点开始在平衡线与操作线之间绘直角梯级，直至 $x_m \leqslant x_W$ 为止。由图 6-38 可见，理论板数为 9 块，除去再沸器一块，塔内理论板数为 8 块，精馏段 4 块理论板，第 5 块为进料板，从塔顶算起第 3 块理论板上升的蒸气组成为 $y_3 = 0.804$，与逐板计算法结果一致。

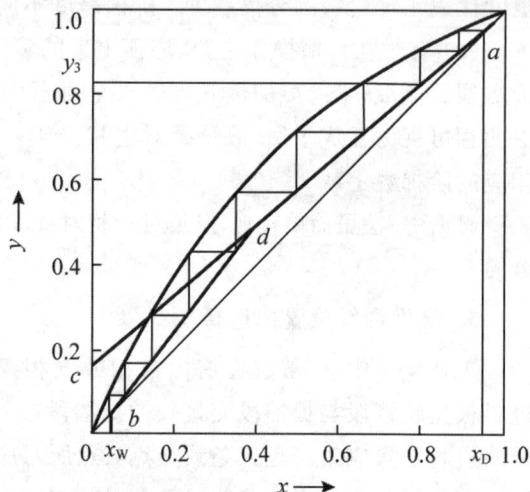

图 6-38　例 6-12 附图

6.4.5　进料热状况的影响和 q 线方程

在用图解法求理论板数时，对于提馏段操作线的绘制，无论是用斜率还是用截距，都不很方便，并且误差较大（在 y 轴上的截距为负值且数值极小），此外，用这种方法也不易分析进料状况对理论板数的影响。如果能够找到两操作线的交点 d，直接连接 b 点与 d 点，便很容易绘出提馏段操作线 bd。而两操作线之交点处为进料板，d 点坐标必定与进料热状况有关，不同的进料热状况会改变 d 点位置，从而影响到操作线（主要是提馏段）的位置。本节讨论进料热状况对操作线的影响，并进一步推导出进料方程（又称 q 线方程）。

进料热状况有以下五种：① 冷液体进料，进料为温度低于泡点的过冷液体；② 泡点进料，进料为泡点温度的饱和液体；③ 气液混合进料；④ 露点进料，进料为露点温度的饱和蒸气；⑤ 过热蒸气进料，进料为温度高于露点的过热蒸气。显然不同状况下，进料的焓值不同，在进料段（进料板上方）混合结果也不同，使从进料板上升的蒸气量及下降的液体量发生变化，因此，精馏塔内精馏段与提馏段上升的蒸气量及下降的液体量与进料热状况之间存在某种数值上的联系。为此，引入进料热状况参数 q。

1. 进料热状况参数

对进料板作物料衡算和热量衡算，衡算范围见图 6-39 中的虚线区域。

物料衡算：

$$F + V' + L = V + L' \tag{6-47}$$

或

$$V - V' = F - (L' - L) \tag{6-47a}$$

热量衡算：

$$FH_{m,F} + V'H_{m,V'} + LH_{m,L} = VH_{m,V} + L'H_{m,L'} \tag{6-48}$$

式中：$H_{m,F}$——进料状况下原料的摩尔焓，kJ/kmol；

$H_{m,L}$、$H_{m,L'}$——进入、离开进料板的饱和液体的摩尔焓，kJ/kmol；

$H_{m,V}$、$H_{m,V'}$——离开、进入进料板的饱和蒸气的摩尔焓，kJ/kmol。

因塔内各板上的液体和蒸气均呈饱和状态,相邻两板的温度及气液组成变化不太大,可近似认为

$H_{m,L} \approx H_{m,L'} \approx$ 原料在饱和液体状态下的摩尔焓

$H_{m,V} \approx H_{m,V'} \approx$ 原料在饱和蒸气状态下的摩尔焓

将以上关系代入式(6-48)中,可得

$$FH_{m,F} + V'H_{m,V} + LH_{m,L} = VH_{m,V} + L'H_{m,L}$$

整理上式,得

$$(V - V')H_{m,V} = FH_{m,F} - (L' - L)H_{m,L} \quad (6-49)$$

将式(6-47a)代入式(6-49),并整理,得

$$\frac{L' - L}{F} = \frac{H_{m,V} - H_{m,F}}{H_{m,V} - H_{m,L}} \quad (6-50)$$

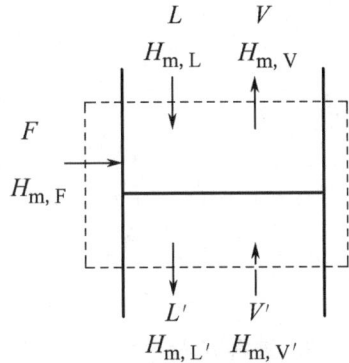

图 6-39　衡算范围示意图

令

$$q = \frac{H_{m,V} - H_{m,F}}{H_{m,V} - H_{m,L}} = \frac{使原料从进料状况变为饱和蒸气的摩尔焓变}{原料由饱和液体变为饱和蒸气的摩尔焓变} \quad (6-51)$$

q 称为进料热状况参数。

将式(6-51)代入式(6-50)中,可得

$$L' = L + qF \quad (6-52)$$

将式(6-52)代入式(6-47a)中,可得

$$V' = V - (1 - q)F \quad (6-53)$$

由以上二式可知,q 值的意义为每进料 1kJ/kmol 时,提馏段中的液体流量较精馏段中增大的 kJ/kmol 值。对于饱和液体进料、气液混合进料及饱和蒸气进料而言,q 值等于进料中液相所占的百分率。

根据 q 值的大小,可以判断五种不同进料热状况对精馏、提馏两段上升蒸气量及下降液体量的影响,如表 6-6 和图 6-40 所示。

表 6-6　进料热状况对气液相流量的影响

进料热状况	进料的焓 $H_{m,F}$	q 值	$V、V'$ 的关系	$L、L'$ 的关系
冷液体	$H_{m,F} < H_{m,L}$	$q > 1$	$V' > V$	$L' > L + F$
饱和液体	$H_{m,F} = H_{m,L}$	$q = 1$	$V' = V$	$L' = L + F$
气液混合物	$H_{m,L} < H_{m,F} < H_{m,V}$	$0 < q < 1$	$V' = V - (1-q)F$	$L < L' < L + F$
饱和蒸气	$H_{m,F} = H_{m,V}$	$q = 0$	$V' = V - F$	$L' = L$
过热蒸气	$H_{m,F} > H_{m,V}$	$q < 0$	$V' < V - F$	$L' < L$

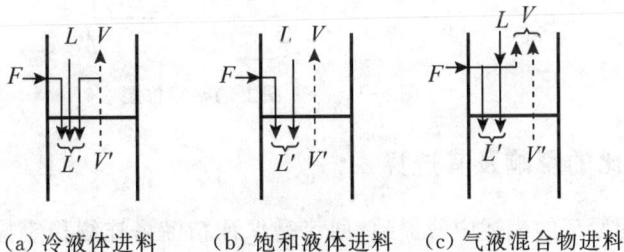

(a) 冷液体进料　　(b) 饱和液体进料　　(c) 气液混合物进料

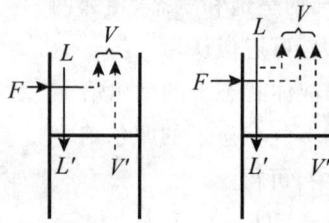

(d) 饱和蒸气进料　(e) 过热蒸气进料

图 6-40　五种进料热状况对精馏塔内物流量的影响

2. 进料方程

进料方程也称 q 线方程,是指精馏段操作线与提馏段操作线交点的轨迹方程,故可由精馏段操作线方程与提馏段操作线方程联立求得。

由式(6-41)和式(6-45)并省略下标得

$$y = \frac{L}{V}x + \frac{D}{V}x_D \tag{6-54}$$

$$y = \frac{L'}{V'}x - \frac{W}{V'}x_W \tag{6-55}$$

将 $L' = L + qF$,$V' = V - (1-q)F$ 及 $Wx_W = Fx_F - Dx_D$ 代入式(6-55),消去 L'、V' 及 Wx_W,并整理,得

$$[V - (1-q)F]y = (L + qF)x - Fx_F + Dx_D \tag{6-56}$$

由式(6-54)得

$$Dx_D = Vy - Lx$$

将上式代入式(6-56)中整理,可得

$$y = \frac{q}{q-1}x - \frac{x_F}{q-1} \tag{6-57}$$

式(6-57)称为 q **线方程**,将 5 种不同进料热状况下的 q 线斜率值及其方位标绘在图 6-41 中。

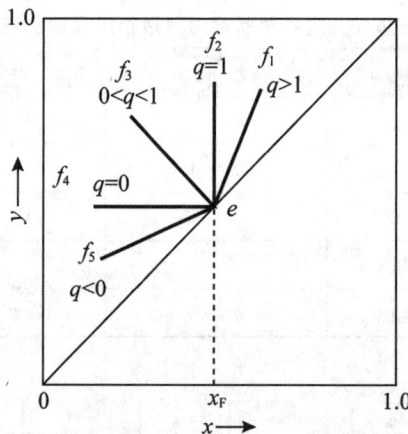

图 6-41　y-x 图上的 q 线位置

6.4.6　回流比的影响及其选择

在关于精馏原理的表述中曾提到,回流是保证精馏塔连续稳定操作的必要条件。从

精馏段操作线方程式也不难看出,当进料的状况与组成以及分离要求一定时,回流比 R 的大小将直接影响操作线的位置。同时,回流比的大小直接影响到精馏操作费用和设备费用。回流比 R 增加,所需的理论板数减少,塔本身的设备费用减少,但却增加了塔内的气液负荷量,导致冷凝器、再沸器负荷增大,使操作费用提高。反之,回流比 R 减少,所需的理论板数增加,塔本身的设备费用增加,但冷凝器、再沸器、冷却水用量和加热蒸汽消耗量都减少。R 过大和过小从经济角度来看都是不利的。因此,应选择适宜的回流比,使精馏操作的效果最佳。

回流比有两个极限,一个是全回流时的回流比,另一个是最小回流比。生产中采用的回流比应介于二者之间。

1. 全回流与最少理论塔板数

1）全回流的特点

全回流时,精馏塔不加料也不出料,即 $F=0,D=0,W=0$,塔顶上升的蒸气冷凝后全部引回塔内,精馏塔无精馏段与提馏段之分。

全回流时,回流比 $R=\dfrac{L}{D}\to\infty$,此时,平衡线与操作线距离最远,对应的理论板数最少,以 N_{min} 表示。

全回流时的流程如图 6-42 所示。

2）全回流时的操作线方程

操作线斜率：

$$\frac{R}{R+1}=\frac{1}{1+\dfrac{1}{R}}=1$$

可见,操作线与 y-x 图上的对角线相重合,于是全回流时的操作线方程可写作 $y_{n+1}=x_n$,即任意板间截面上升的蒸气组成与下降的液体组成相等。

3）全回流时理论板数的确定

（1）逐板计算法 。方法同前述,此时的操作线方程式更为简单。

（2）图解法。根据分离要求,从点 $a(x_D,x_D)$ 开始,在对角线与平衡线之间绘直角梯级,直至 $x_n\le x_W$ 为止。梯级的数目即为最少理论塔板数 N_{min}（包括塔釜再沸器）,如图 6-43 所示。

（3）利用芬斯克方程计算。

$$N_{min}=\frac{\lg\left[\left(\dfrac{x_D}{1-x_D}\right)\left(\dfrac{1-x_W}{x_W}\right)\right]}{\lg\alpha_m}-1 \quad (6\text{-}58)$$

式中：N_{min}——全回流所需的最少理论塔板数（不包括再沸器）；

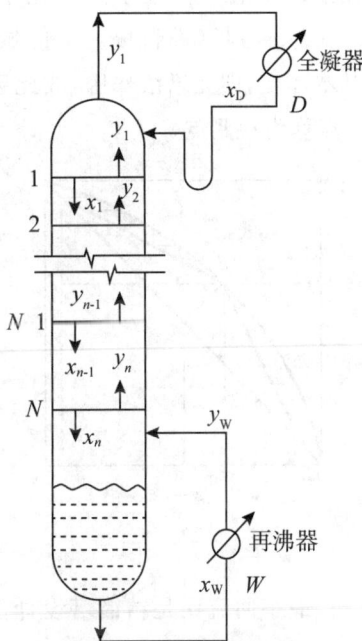

图 6-42　全回流时的流程

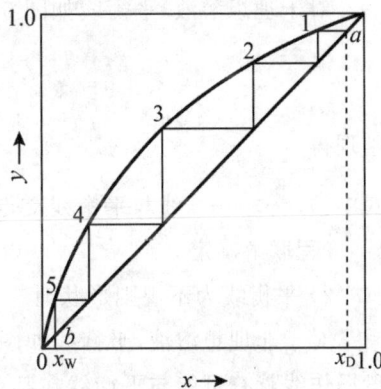

图 6-43　全回流时的 N_{min}

α_m——全塔平均相对挥发度。

2. 最小回流比

减小回流比,精馏段操作线的斜率减小,两
操作线向平衡线靠近,在规定的分离要求下,即
当塔顶、塔釜产品组成确定时,所需的理论板数
增加。参见图 6-44,当回流比减小至某一数值
时,两操作线的交点恰好落在平衡线(图 6-45(a)
中的 d 点上),这时的回流比称为完成该预定分
离要求的最小回流比,以 R_{min} 表示。此时,若在
交点附近用图解法求塔板,则需无穷多块塔板才
能接近 d 点。在最小回流比条件下操作时,在
d 点上下各板(进料板上下区域)气液两相组成
基本不变,即无增浓作用,故此区域称为**恒浓区**,
d 点称为**挟紧点**。

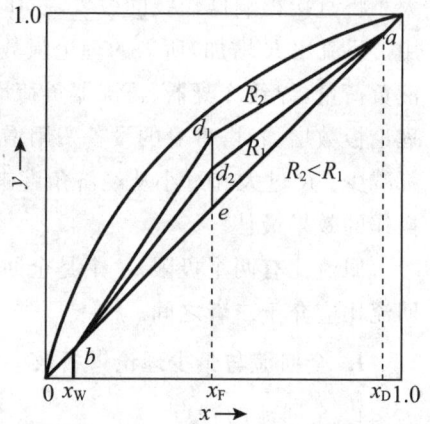

图 6-44　相同 q 不同 R 值的操作线位置

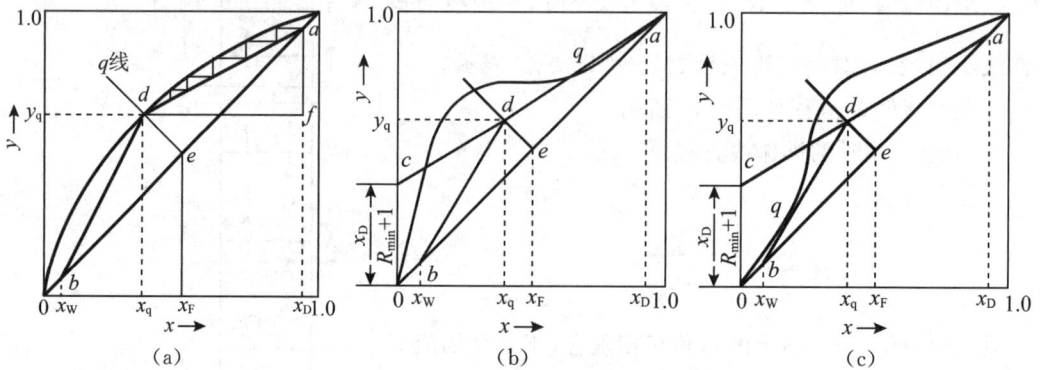

图 6-45　最小回流比的确定

最小回流比是精馏塔设计型计算中的一个重要参数,实际回流比必须大于最小回流
比,才能完成指定的分离任务。通常用如下的图解法求最小回流比 R_{min}。

1) 平衡线为规则形状时

对于理想溶液,平衡线如图 6-45(a)所示为规则形状。

$$\frac{R_{min}}{R_{min}+1} = \frac{x_D - y_q}{x_D - x_q}$$

整理得
$$R_{min} = \frac{x_D - y_q}{y_q - x_q} \qquad (6-59)$$

式中:x_q、y_q——q 线与平衡线交点的坐标,可利用图解法读得,或由 q 线方程和平衡线方
程联解确定。

2) 平衡线为不规则形状时

对于非理想溶液,平衡线如图 6-45(b)、(c)所示为不规则形状,精馏段操作线或提馏
段操作线就有可能与平衡线在某点相切。这时切点即为挟紧点,其对应的回流比即为最
小回流比 R_{min}。最小回流比仍可用式(6-59)计算,但式中的 x_q、y_q 改用进料线与具有该最

小回流比的操作线交点的坐标,其值可由图中 d 点坐标读出。也可以读取精馏段操作线的截距值 $\dfrac{x_D}{R_{min}+1}$,然后再由此计算出 R_{min}。

3. 适宜回流比的选择

从回流比的讨论中可知,在全回流下操作时,虽然所需的理论塔板数最少,但是得不到产品;而在最小回流比下操作时,所需的理论塔板数为无限多。

适宜回流比的确定,一般是由经济衡算来确定的,即按照操作费用与设备折旧费用之和为最小的原则来确定,它是介于全回流与最小回流比之间的某个值。

精馏操作费用主要取决于再沸器中加热剂用量和冷凝器中冷却剂用量的大小,而这些都由塔内上升蒸气量,即由 $V=(R+1)D$ 和 $V'=V-(1-q)F$ 决定。当 F、q 和 D 一定时,R 增加,V 与 V' 都增加,故操作费用提高,如图 6-46 中直线 A 所示。

设备折旧费用包括精馏塔、再沸器及冷凝器等设备的投资乘以相应的折旧率,它主要取决于设备尺寸的大小。在最小回流比时,理论板数为无穷多,故设备费用亦为无穷大,当 R 稍大于 R_{min},理论板数显著减少,设备费用骤减。再加大回流比,所需理论板数下降变慢,而由于冷凝器、再沸器的热负荷和传热面积的加大,总的设备费用又随着 R 的增加而有所上升,如图 6-46 中曲线 B 所示。

图 6-46 中曲线 C 表示了总费用与回流比的定性关系。显然存在着一个总费用的最低点,与此对应的回流比即为适宜的回流比 $R_{适宜}$。通常适宜回流比可取最小回流比的 $1.1\sim2.0$ 倍,即

$$R_{适宜}=(1.1\sim2.0)R_{min} \qquad (6\text{-}60)$$

式(6-60)是根据经验选取的,对于实际生产过程,回流比还应视具体情况而定。例如,对于难分离的混合液应选用较大的回流比。

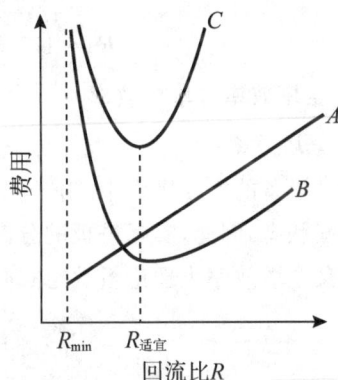

A—操作费用;B—设备费用;C—总费用。

图 6-46　适宜回流比的确定

【**例 6-13**】　用一常压精馏塔分离正庚烷与正辛烷的混合液。原料液组成 0.4(摩尔分数,下同),泡点进料,要使塔顶产品为含 0.92 的正庚烷,塔釜产品为含 0.95 的正辛烷。求:(1) 完成上述分离任务所需的最少理论塔板数;(2) 若回流比取最小回流比的 1.5 倍,求实际回流比。已知物系的平均相对挥发度为 2.16。

解:(1) 因全回流操作所需的理论塔板数最少,故可利用芬斯克方程求解:

$$N_{min}=\dfrac{\lg\left[\left(\dfrac{x_D}{1-x_D}\right)\left(\dfrac{1-x_W}{x_W}\right)\right]}{\lg\alpha_m}-1=\dfrac{\lg\left[\left(\dfrac{0.92}{1-0.92}\right)\left(\dfrac{1-0.05}{0.05}\right)\right]}{\lg 2.16}-1=5.99$$

即

$$N_{min}=6(\text{不包括再沸器})$$

也可以用逐板计算法求解,结果见表 6-7。

表 6-7　例 6-13 全回流时逐板计算法求 $N_{\min}$ 结果

组成	板号						
	1	2	3	4	5	6	7
x	0.92	0.842	0.711	0.533	0.346	0.197	0.102
y	0.842	0.711	0.533	0.346	0.197	0.102	$0.049 < 0.05$

平衡线方程：
$$y_n = \frac{2.16x_n}{1 + 1.16x_n}$$

操作线方程：
$$y_{n+1} = x_n$$

设塔顶为全凝器，塔釜为再沸器，用间接蒸汽加热。

由计算结果可见，$N_{\min} = 6$（不包括再沸器），与芬斯克方程求解结果相同。

（2）因泡点进料，故 $q = 1$，于是
$$x_q = x_F = 0.40$$

$$y_q = \frac{\alpha x_q}{1 + (\alpha - 1)x_q} = \frac{2.16 \times 0.40}{1 + 1.16 \times 0.40} = 0.59$$

由式（6-59）求 $R_{\min}$：
$$R_{\min} = \frac{x_D - y_q}{y_q - x_q} = \frac{0.92 - 0.59}{0.59 - 0.40} = 1.737$$

$$R = 1.5R_{\min} = 1.5 \times 1.737 = 2.61$$

4. 全塔效率与单板效率

1）全塔效率

在塔设备的实际操作中，由于受到传质时间和传质接触面积的限制，一般不可能达到气液平衡状态，因此，实际塔板的分离作用（或提浓程度）低于理论板。从这个概念出发，可以定义全塔效率为理论板数与实际板数之比，即

$$E_0 = \frac{N_T}{N_P} \times 100\% \qquad (6\text{-}61)$$

式中：E_0——全塔效率；

　　　N_T——理论塔板数（不包括再沸器）；

　　　N_P——实际塔板数。

塔板效率受多方面因素的影响，目前还不能作精确计算，只能通过实验测定来获取。工程计算中常用图 6-47 所示的关系曲线来近似求取 E_0。图中横坐标为塔顶与塔底平均温度下的液体黏度 μ_L 与相对挥发度 α 的乘积，纵坐标为全塔效率。

2）单板效率

全塔效率为塔中所有塔板的总效率，用全塔效率计算实际塔板数最为简便。但全塔效率是一种平均的概念，实际上塔内各板的传质

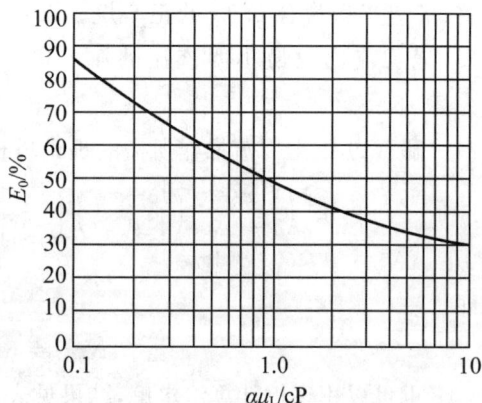

图 6-47　精馏塔全塔效率关联图

情况不尽相同,所以研究每块板的传质效率(即单板效率)更有指导意义。表示单板效率的方法很多,这里介绍的是默弗里板效率,它是以气相(或液相)经过实际板的组成变化与经过理论板的组成变化之比表示的。参见图 6-48。

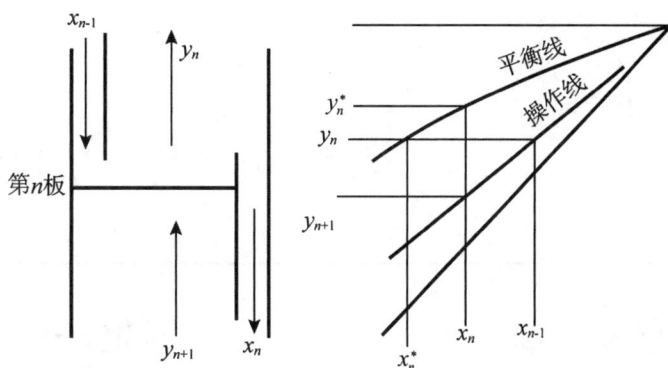

图 6-48　单板效率

气相单板效率 $E_{\mathrm{m,V}}$:

$$E_{\mathrm{m,V}} = \frac{y_n - y_{n+1}}{y_n^* - y_{n+1}} \tag{6-62}$$

液相单板效率 $E_{\mathrm{m,L}}$:

$$E_{\mathrm{m,L}} = \frac{x_{n-1} - x_n}{x_{n-1} - x_n^*} \tag{6-63}$$

式中:y_{n+1}、y_n——进入、离开第 n 板的气相组成;

y_n^*——与 x_n 成平衡的气相组成;

x_{n-1}、x_n——进入、离开第 n 板的液相组成;

x_n^*——与 y_n 成平衡的液相组成。

【例 6-14】　在双组分溶液连续精馏塔中进行全回流操作,已测得相邻两板上液相组成分别为 $x_{n-1} = 0.7$,$x_n = 0.5$(均为易挥发组分的摩尔分数)。已知操作条件下物系的平均相对挥发度 $\alpha = 3.0$,试求以液相组成表示的第 n 板的单板效率。

解:首先需求出与 y_n 成平衡的液相组成 x_n^*。全回流操作线方程为

$$y_{n+1} = x_n \quad 或 \quad y_n = x_{n-1}$$

已知 $x_{n-1} = 0.7$,故

$$y_n = x_{n-1} = 0.7$$

由相平衡方程求出 x_n^*,即

$$x_n^* = \frac{y_n}{\alpha - (\alpha - 1)y_n} = \frac{0.7}{3 - 2 \times 0.7} = 0.4375$$

由式(6-63)可求出 $E_{\mathrm{m,L}}$,即

$$E_{\mathrm{m,L}} = \frac{x_{n-1} - x_n}{x_{n-1} - x_n^*} = \frac{0.7 - 0.5}{0.7 - 0.4375} = 76.19\%$$

所求以液相组成表示的第 n 板的单板效率为 76.19%。

6.5　特殊精馏方法简介

前面所介绍的精馏方法,是以液体混合物中各组分的相对挥发度差异为依据的,且组分间挥发度差别愈大愈容易分离,一般被称为普通精馏。但普通精馏不能分离像乙醇-水、硝酸-水等具有共沸组成的溶液。实践证明,当组分间的相对挥发度接近于1或形成恒沸物时,用普通的分离方法在经济上是极不合算的。例如,丁烯的沸点为273.9K,丁烷的沸点为272.5K,两者的相对挥发度为1.012,如果将含50％丁烷的原料液分离,分离要求为馏出液和残液的纯度均是95％时,至少需要300块理论板才能完成分离任务,这在实际生产中是根本无法实现的。对于这类混合物的分离,必须采用特殊精馏方法。本节仅介绍水蒸气蒸馏、恒沸精馏、萃取精馏这三种特殊精馏的原理及应用。

6.5.1　水蒸气蒸馏

对于那些沸点较高或高温下易分解,且不溶于水的混合物,即可采用水蒸气蒸馏。水蒸气蒸馏的特点是将水蒸气直接通入蒸馏釜内的混合液中,这样可以降低混合液的沸点,避免混合液中各组分受热分解或采用高温热源,从而可以使混合液中的各组分得以分离。故此操作常用于热敏性物料的蒸馏或高沸点物质与杂质的分离。

1. 水蒸气蒸馏的原理

完全互不相溶的液体混合物由于组分互不相溶,混合物便分为两层。当它们受热汽化时,其中各组分的蒸气压分别与在同温度下纯态时各自的蒸气压相等,并且其大小仅与温度有关,而与混合物的组成无关。根据道尔顿分压定律,混合物上方的蒸气压等于该温度下各纯组分的饱和蒸气压之和。因混合液的平衡总压大于任一组分的蒸气压,因而其沸点比任一纯组分的都低,如101.3kPa下水的沸点为100℃,苯的沸点为80.1℃,而它们混合液的沸点仅为69.5℃。这样,如果在常压下采用水蒸气蒸馏,水和与其互不相溶的组分所组成的混合液,不管被分离组分的沸点有多高,混合液的沸点一定小于水的沸点。

2. 水蒸气蒸馏的应用

水蒸气蒸馏可以降低混合液的沸点,相应地就降低了蒸馏所需的操作温度。它既可用于简单蒸馏,也适用于连续精馏。如在原油炼制的常/减压蒸馏塔中,常常采用从塔底通入水蒸气的方法来降低蒸馏的操作温度,并回收塔底重油中的轻组分。此外,水蒸气蒸馏降低了操作温度,可防止热敏性物料的变质。但存在能耗高、设备负荷增大、传质效率降低、产品夹带水分等缺点,其中能耗高是水蒸气蒸馏的致命弱点。

6.5.2　恒沸精馏

恒沸精馏又称共沸精馏,它的分离原理是在被分离的混合液中加入第三组分,该组分能与原料液中的一个或多个组分形成新的恒沸液(该恒沸物可以是最低恒沸点的塔顶产品,也可以是难挥发的塔顶产品),使溶液变成"恒沸物-纯组分"的精馏,其相对挥发度大,从而使原料液能用普通精馏方法予以分离。所使用的第三组分称为夹带剂或恒沸剂。

恒沸精馏适用于分离具有共沸组成的溶液或相对挥发度相近于1,用普通精馏方法难以实现分离的混合液,其中最具有工业价值的是从乙醇与水的混合液中分离出无水酒精。

1. 乙醇-水混合液的分离原理

前面介绍了理想溶液的气液相平衡,但在实际生产中还会经常遇到非理想物系。例如在常压下,乙醇-水溶液的 t-$x(y)$ 图如图 6-19(b)所示。由图可见,液相线和气相线在点 M 处重合,即在点 M 处的两相组成(0.894,摩尔分数)相同,称为恒沸组成。点 M 的温度为 78.15℃,称为恒沸点,其溶液称为恒沸液。若点 M 的温度比任何组成下溶液的沸点都低,则称这种溶液为具有最低恒沸点的溶液。若点 M 的温度比任何组成下溶液的沸点都高,则称这种溶液为具有最高恒沸点的溶液,如硝酸-水溶液就属于此类。

对于乙醇-水混合液,如果采用普通精馏的方法即便将溶液全部蒸干也无法分离。但是如果在原料中加入适量的第三组分(夹带剂)苯,苯可以分别与乙醇和水形成新的二元或三元非均相恒沸液,其组成和沸点如表 6-8 所示。苯的加入量要使原料液中的水全部转入到恒沸液中。

表 6-8　乙醇、水、苯的恒沸物

恒沸物	各组分的比例及恒沸点			
	乙醇质量分数 /%	水质量分数 /%	苯质量分数 /%	恒沸点 /℃
乙醇-水	95.57	4.43	—	78.15
苯-水	—	8.83	91.17	69.25
乙醇-苯	32.40	—	67.60	68.25
乙醇-水-苯	18.50	7.40	74.10	64.85

从表 6-8 中可以看出,常压下,乙醇-水-苯三组分恒沸液的恒沸点最低,精馏时会从塔顶蒸出,并且在三元恒沸物中乙醇的比例比原来乙醇-水恒沸物中的比例大大降低,而水所占的比例却增大了近一倍。因此,只要苯的加入量适当,原料中的水就会几乎全部转移到新的恒沸物中去,在塔底得到的产品应为接近于纯的乙醇,即我们通常所说的无水酒精。

2. 制备无水酒精的生产工艺

工业上,用恒沸精馏的方法制备无水酒精的流程如图 6-49 所示。

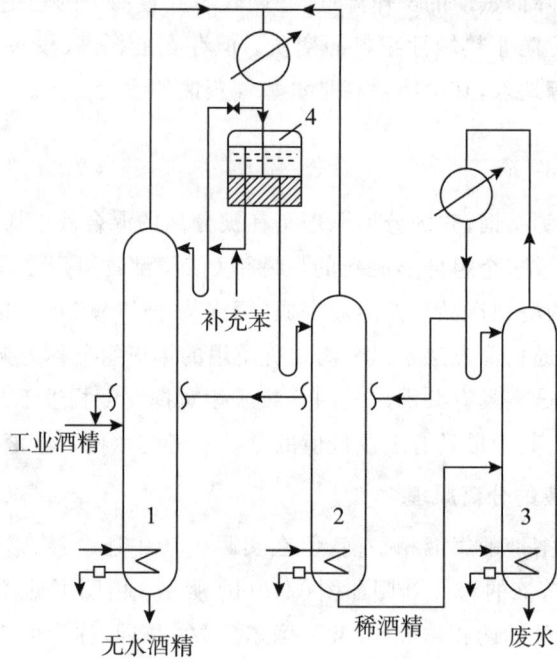

1—恒沸精馏塔；2—脱苯塔；3—乙醇回收塔；4—分层器。

图 6-49　恒沸精馏制备无水酒精的流程

将工业酒精和苯(夹带剂)加入恒沸精馏塔中,由于常压下三元恒沸物的恒沸点为64.85℃,故其先从塔顶蒸出,当温度升到 68.25℃ 时,蒸出的是乙醇-苯二元恒沸物,随着温度的继续上升,苯-水和乙醇-水的二元恒沸物也先后蒸出。这些恒沸物把水从塔顶带出,塔底排出的是无水酒精。塔顶蒸气进入冷凝器中冷凝后一部分液相回流到塔内,余下的引入分层器中,经静置后分成轻、重两层液体,轻层中苯的含量较多则全部返回塔内作为补充回流液,重相中苯的含量较少送入苯回收塔的顶部以回收其中的苯。苯回收塔的蒸气由塔顶引出也进入冷凝器中,底部的产品为稀乙醇引入乙醇回收塔中。乙醇回收塔的塔顶产品为乙醇-水恒沸物,送回精馏塔作为补充原料,乙醇回收塔的塔底产品几乎为纯水。在操作中苯是循环使用的,但因有损耗,需定期补充。除苯外,夹带剂还可用戊烷、三氯乙烯等。

乙醇-水混合物恒沸精馏的优点是精馏时不需要将全部原料汽化,也不需要很大的回流比,只要能做到使新的恒沸物汽化就行,因此从设备规模和能量消耗来看都是有益的。恒沸精馏的流程取决于夹带剂与原有组分所形成的恒沸液的性质。

3. 恒沸精馏中夹带剂的选择

在恒沸精馏中,选择适宜的夹带剂是十分重要的,它关系到能否分离及是否经济的问题。工业上对夹带剂的基本要求是:

(1)夹带剂应能与被分离组分中的一个组分形成新的恒沸物,并且所形成恒沸物的恒沸点与纯组分的沸点差不小于 10℃。

(2)夹带剂应与料液中含量较少的那个组分形成恒沸物,而且夹带组分的量尽可能高,这样夹带剂用量较少,且能耗较低。

（3）新恒沸物所含夹带剂的量愈少愈好，以便减少夹带剂用量及汽化、回收时所需的能量。

（4）新形成的恒沸物要易于分离，最好为非均相混合物，以回收其中的夹带剂，如乙醇-水恒沸精馏中静置分层的办法。

（5）要满足一般的工业要求，如热稳定性、无毒、不腐蚀、来源容易、价格低廉等。

恒沸精馏也适用于分离难分离的溶液，如以丙酮（或甲醇）为夹带剂，分离苯-环己烷溶液；以异丙醚为夹带剂，分离水-醋酸溶液等。

6.5.3　萃取精馏

萃取精馏和恒沸精馏相似，也是向原料液中加入第三组分（称为萃取剂或溶剂），以改变原有组分间的相对挥发度而达到分离要求的特殊精馏方法。但它也有与恒沸精馏不同的特点，主要表现为：

（1）萃取剂加入后并不与组分形成任何恒沸物，而是与混合物互溶，并可使其中某一组分的饱和蒸气压明显降低，从而加大了与原来组分之间的相对挥发度，使其容易分离。

（2）萃取剂的沸点一般比要分离组分的沸点都要高，因此它基本上不会汽化，可以和混合物中的某一组分结合成难挥发组分从塔底排出，而不像恒沸精馏那样，夹带剂从塔顶蒸出。

（3）为了保证所有塔板上都能够有足够浓度的萃取剂，萃取剂在靠近塔顶处引入塔内，混合液在萃取剂入口处以下几块塔板另行引入。因此，萃取精馏塔分为三段.进料板以下的部分为提馏段，主要用于提馏回流液中的易挥发组分；进料板至萃取剂入口之间称为吸收段，主要是用萃取剂来吸收上升蒸气中的难挥发组分；萃取剂进口以上称为溶剂回收段，其作用是回收萃取剂。萃取精馏塔往往采用饱和蒸气加料，以使精馏段和提馏段的萃取剂浓度基本相同。

萃取精馏主要用于分离各组分挥发度差别很小的溶液，其中最典型的操作是分离苯-环己烷的混合液。

1. 苯-环己烷混合液萃取精馏的分离原理

在常压下苯的沸点为 80.1℃，环己烷的沸点为 80.73℃，这两种组分的沸点相差很小，所以很难用普通精馏的方法将苯-环己烷混合液分离。若在苯-环己烷溶液中加入萃取剂（例如糠醛），则混合液中两组分的相对挥发度将发生显著变化，并且萃取剂的用量越多，相对挥发度越大，如表 6-9 所示。

表 6-9　糠醛对苯-环己烷相对挥发度的影响

溶液中糠醛的摩尔分数	0	0.2	0.4	0.5	0.6	0.7
相对挥发度	0.98	1.38	1.86	2.07	2.36	2.7

2. 苯-环己烷混合液萃取精馏的生产工艺

用萃取精馏的方法分离苯-环己烷混合液的流程如图 6-50 所示。原料液从塔的中部进入萃取精馏塔中，萃取剂（糠醛）由萃取精馏塔顶部加入，以便在每层板上都与苯相结合，塔顶蒸气主要是环己烷。在萃取精馏塔上部设置回收段回收微量的糠醛蒸气（萃取剂沸点很高,也可以不设回收段),糠醛和苯合成难挥发组分作为塔底釜液从塔底引出,再将其送入苯回收塔中。由于常压下糠醛的沸点为161.7℃,比苯沸点高出很多,可以在苯分离塔中采用普通精馏的方法进行分离,釜液为糠醛,可送回萃取精馏塔中循环使用。

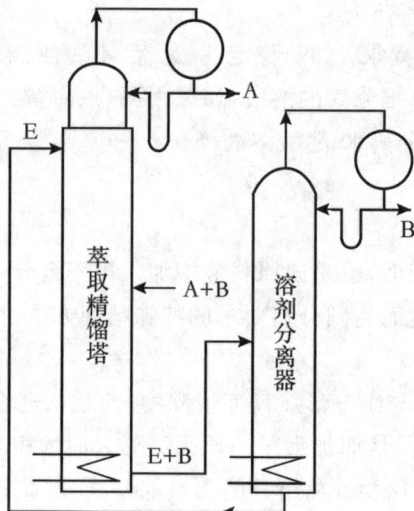

A—环己烷; B—苯; E—糠醛。

图 6-50 苯-环己烷混合液萃取精馏生产工艺流程

3. 萃取精馏中萃取剂的选择

萃取剂的选择对萃取精馏来说是至关重要的,只有采用高选择性的萃取剂才能使萃取精馏的操作成本和设备投资达到最小。因此,萃取剂的选择是萃取精馏技术的核心。

选择适宜萃取剂时,主要应考虑以下几个问题:

(1)选择性强,应使原组分间相对挥发度发生显著的变化。

(2)挥发度要远低于所需要分离物系中最高沸点组分的挥发度,从而使萃取剂的回收便于实现。

(3)相容性好,萃取剂须和被分离组分具有较大的溶解度,以避免分层,否则就会产生恒沸物而起不了萃取精馏的作用。

(4)毒性小,腐蚀性小,对环境的危害小。

(5)具有良好的热稳定性和化学稳定性。

(6)来源方便,价格低廉。

萃取精馏可应用于化工、制药等行业中普通精馏无法完成的共沸物系及相对挥发度极小的物系分离,且较恒沸精馏过程简单。目前大多采用间歇方式操作,间歇萃取精馏具备了间歇精馏与萃取精馏的很多优点,如设备简单、投资小、适用性强等。

习题

一、选择题

1. 蒸馏是分离(   )混合物的单元操作。

A. 气体　　　　　B. 液体　　　　　C. 固体　　　　　D. 刚体

2. 在二元混合液中,( )的组分称为难挥发组分。

A. 沸点低　　　　B. 沸点高　　　　C. 沸点恒定　　　　D. 沸点变化

3. 恒摩尔流假设的重要前提是两组分的分子汽化潜热相近,它只适用于理想物系。此话( )。

A. 对　　　　B. 错　　　　C. 无法判断　　　　D. 条件不同结果不同

4. 精馏段操作线方程为 $y = 0.75x + 0.3$,这绝不可能。此话( )。

A. 对　　　　B. 错　　　　C. 无法判断　　　　D. 条件不同结果不同

5. 在常压下苯的沸点为 $80.1℃$,环己烷的沸点为 $80.73℃$,为使这两组分的混合液能得到分离,可采用( )。

A. 恒沸精馏　　　　　　　　　　B. 普通精馏

C. 萃取精馏　　　　　　　　　　D. 水蒸气直接加热精馏

6. 精馏塔引入回流,使下降的液流与上升的气流发生传质,并使上升气相中的易挥发组分浓度提高,最恰当的说法是由于( )。

A. 液相中易挥发组分进入气相

B. 气相中难挥发组分进入液相

C. 液相中易挥发组分和难挥发组分同时进入气相,但其中易挥发组分较多

D. 液相中易挥发组分进入气相和气相中难挥发组分进入液相的现象同时发生

7. 在设计精馏塔时,若 F、x_F、x_D、x_w、V 均为定值,将进料热状态从 $q = 1$ 变为 $q > 1$,则设计所需理论板数( )。

A. 增多　　　　B. 减少　　　　C. 不变　　　　D. 判断依据不足

8. 精馏段操作线方程是描述精馏段中,( )。

A. 某板下降的液体浓度与下一板上升的蒸气浓度间的关系式

B. 某板上升的蒸气浓度与上一板下降的液体浓度之间的关系式

C. 进入某板的气体与液体的浓度之间的关系式

D. 在相邻两板间相遇的气相与液相浓度之间的关系式

9. 在二元溶液连续精馏计算中,进料热状态的变化将引起( )的变化。

A. 平衡线　　　B. 操作线与 q 线　　　C. 平衡线与操作线　　D. 平衡线与 q 线

10. 被分离物系最小回流比 R_{min} 的数值与( )无关。

A. 被分离物系的气液平衡关系　　　　B. 塔顶产品组成

C. 进料组成和进料状态　　　　　　　D. 塔底产品组成

11. 蒸馏操作的主要费用是( )。

A. 加热汽化　　　　　　　　　　B. 气相冷凝

C. 加热和冷凝　　　　　　　　　D. 设备折旧和维护费用

12. 使混合液在蒸馏釜中逐渐受热汽化,并将不断生成的蒸气引入冷凝器内冷凝,以达到混合液中各组分得以部分分离的方法,称为( )。

A. 精馏　　　　B. 特殊蒸馏　　　　C. 简单蒸馏　　　　D. 平衡蒸馏

13. 精馏操作进料的热状况不同,q 值就不同,气液混合进料时,( )。

A. $0 < q < 1$　　　B. $q < 0$　　　C. $q = 1$　　　D. $q > 1$

14. 某精馏塔的理论塔板数为 18 块(不包括塔釜),其全塔效率为 0.45,则实际板数为( )块。

A. 34   B. 40   C. 9   D. 20

15. 再沸器的作用是提供一定量的( )流。

A. 上升物料   B. 上升组分   C. 上升产品   D. 上升蒸气

16. 塔顶全凝器改为分凝器后,其他操作条件不变,则所需理论塔板数( )。

A. 增多   B. 减少   C. 不变   D. 不确定

17. ( )是指离开这种板的气液两相互成平衡,而且塔板上的液相组成也可视为均匀的。

A. 浮阀板   B. 喷射板   C. 理论板   D. 分离板

18. 某二元混合物,若液相组成 x_A 为 0.45,相应泡点温度为 t_1;气相组成 y_A 为 0.45,相应的露点温度为 t_2,则( )。

A. $t_1 < t_2$ B. $t_1 = t_2$ C. $t_1 > t_2$ D. 不能判断

19. 分离某二元混合液,进料量为 100kmol/h,组成 $x_F = 0.6$。若要求馏出液组成 x_D 不小于 0.9,则最大馏出液量为( )。

A. 60kmol/h   B. 66.7kmol/h   C. 90kmol/h   D. 100kmol/h

二、填空题

1. 蒸馏是利用均相＿＿＿＿＿混合物中各组分＿＿＿＿＿＿的不同而将其分离的单元操作。

2. 降液管有＿＿＿＿＿形和＿＿＿＿＿形两种形式。常用的是＿＿＿＿＿形降液管。

3. 降液管是塔板间＿＿＿＿＿流动的通道。

4. 混合液在一定压力下加热汽化,产生第一个气泡时对应的温度称为＿＿＿＿＿温度。

5. 相对挥发度是两种组分的＿＿＿＿＿之比。用相对挥发度 α 表达的气液相平衡方程可写为＿＿＿＿＿＿＿＿＿＿,根据 α 的大小,可用来＿＿＿＿＿＿＿＿＿＿。若 $\alpha = 1$,则表示＿＿＿＿＿＿＿＿＿＿。

6. 混合气在一定压力下降温冷凝,产生第一滴液滴时的温度称为＿＿＿＿＿温度。

7. 完成一个精馏操作的两个必要条件是＿＿＿＿＿＿＿＿＿＿和塔底上升蒸气。

8. 精馏操作中,回流比的上限称为＿＿＿＿＿,回流比的下限称为＿＿＿＿＿。

9. 对于正在操作中的精馏塔,若加大操作回流比,则塔顶产品浓度会＿＿＿＿＿。

10. 若分离要求一定,则当回流比为定值时,在五种进料状况中,＿＿＿＿＿进料的 q 值最大,其温度＿＿＿＿＿＿＿＿＿＿,此时,提馏段操作线与平衡线之间的距离＿＿＿＿＿,分离所需的总理论板数＿＿＿＿＿。

11. 精馏过程回流比 R 的定义式为＿＿＿＿＿＿＿＿＿＿;对于一定的分离任务来说,当 $R =$ ＿＿＿＿＿时,所需理论板数为最少,此种操作称为＿＿＿＿＿;而 $R =$ ＿＿＿＿＿时,所需理论板数为 ∞。

12. 在连续精馏塔内,加料板以上的塔段称为_____,其作用是_____;加料板以下的塔段(包括加料板)称为_____,其作用是_____。

13. 在精馏操作中,再沸器相当于一块_____。

14. 用逐板计算法求理论板层数时,用一次_____方程就计算出一块理论板。

15. 某二元理想物系的相对挥发度为 2.5,全回流操作时,已知塔内某块理论板的气相组成为 0.625,则该板的液相组成为_____,下层塔板的气相组成为_____。

三、计算题

1. 质量分数与摩尔分数相互换算:(1)甲醇-水溶液中,甲醇的摩尔分数为 0.45,试求其质量分数。(2)苯-甲苯混合液中,苯的质量分数为 0.21,试求其摩尔分数。

2. 已知正庚烷和正辛烷在 110℃时的饱和蒸气压分别为 140kPa 和 64.5kPa。计算由 0.4 正庚烷和 0.6 正辛烷(均为摩尔分数)组成的混合液在 110℃时各组分的平衡分压、系统总压及平衡蒸气组成。

3. 设在 101.3kPa 压力下,苯-甲苯混合液在 96℃下沸腾,试求该温度下的气液平衡组成。已知 96℃时,$p_苯^0 = 160.52kPa$,$p_{甲苯}^0 = 65.66kPa$。

4. 在 101.3kPa 压力下,正己烷-正庚烷物系的平衡数据如表 6-10 所示。

表 6-10　习题计算题 4 附表

$t/℃$	30	36	40	46	50	56	58
x	1.0	0.715	0.524	0.374	0.214	0.091	0
y	1.0	0.856	0.770	0.625	0.449	0.228	0

试求:(1)正己烷组成为 0.5(摩尔分数)的溶液的泡点温度及其平衡蒸气的组成;(2)将该溶液加热到 45℃时,溶液处于什么状态?各相的组成是多少?(3)将溶液加热到什么温度才能全部汽化为饱和蒸气?这时蒸气的组成如何?

5. 在连续精馏塔中分离苯-苯乙烯混合液。已知原料液量为 5000kg/h,组成为 0.45,要求馏出液中含苯 0.95,釜液中含苯不超过 0.06(以上均为质量分数)。试求:馏出液量及塔釜产品量各为多少?(以摩尔流量表示)

6. 在某连续精馏塔中操作分离(A + B)混合液,已知混合液流量为 5000kg/h,其中轻组分含量为 30%(摩尔分数,下同),要求馏出液中能回收原料液中 88% 的轻组分,釜液中轻组分含量不高于 5%。试求:馏出液的摩尔流量及摩尔分数。已知 $M_A = 114kg/kmol$,$M_B = 128kg/kmol$。

7. 在一连续精馏塔中分离苯-甲苯混合液,要求馏出液中苯的含量为 0.97(摩尔分数),馏出液量为 6000kg/h,塔顶为全凝器,平均相对挥发度为 2.46,回流比为 2.5。试求:(1)第一块塔板下降的液体组成 x_1;(2)精馏段各板上升的蒸气量及下降的液体量。

8. 某连续精馏塔的操作线方程如下:

精馏段　　　　　　$y = 0.75x + 0.205$

提馏段　　　　　　$y = 1.25x - 0.020$

试求泡点进料时,原料液、馏出液、釜液组成及回流比。

9. 某连续精馏塔处理苯-氯仿混合液,要求馏出液中含有 96%(摩尔分数,下同)的苯。进料量为 75kmol/h、进料液中含苯 45%,残液中苯含量为 10%,回流比为 3,泡点进料。(1)试求从冷凝器回流至塔顶的回流液量及自塔釜上升蒸气的摩尔流量;(2)写出精馏段、提馏段的操作线方程。

10. 某理想混合液(A+B)用常压精馏塔进行分离。进料组成含 A 81.5%,含 B 18.5%(均为摩尔分数,下同),饱和液体进料,塔顶为全凝器,塔釜为间接蒸汽加热。要求塔顶产品含 A 95%,塔釜产品含 B 95%,此物系的相对挥发度为 2.0,回流比为 4.0。试用逐板计算法和图解法,分别求出所需的理论塔板数及进料板位置。

11. 用精馏塔分离某二元混合液。已知进料中易挥发组分的含量为 0.6(摩尔分数),泡点进料,操作回流比为 2.5,提馏段操作线的斜率为 1.18,截距为 -0.0054,试写出精馏段操作线方程。

12. 用常压连续精馏塔分离某双组分混合液。已知:$x_F = 0.6$,$x_D = 0.95$,$x_W = 0.05$(均为易挥发组分的摩尔分数),冷液体进料,其进料热状况参数 $q = 1.5$,回流比为 2.5,试写出精馏段和提馏段的操作线方程。

13. 丙烯-丙烷的精馏塔进料组成为含丙烯 0.8 和丙烷 0.2(均为摩尔分数,下同),常压操作,饱和液体进料,要使塔顶产品为含 0.95 的丙烯,塔釜产品为含 0.95 的丙烷,物系的相对挥发度为 1.16。试计算:(1)最小回流比;(2)所需的最少理论塔板数。

14. 若上题中,进料浓度改为含丙烯 0.5(摩尔分数),试求:(1)最小回流比;(2)所需的最少理论塔板数。

15. 精馏分离某理想混合液,已知:操作回流比为 3.0,物系的相对挥发度为 2.5,$x_D = 0.96$。测得精馏段第二块塔板下降液体的组成为 0.45,第三块塔板下降液体组成为 0.4(均为易挥发组分的摩尔分数)。求第三块塔板的气相单板效率。

16. 在双组分溶液连续精馏塔中进行全回流操作,已测得相邻两板上液相组成分别为:$x_{n-1} = 0.7$,$x_n = 0.5$(均为易挥发组分的摩尔分数)。已知操作条件下物系的平均相对挥发度 $\alpha = 3.0$,试求以液相组成表示的第 n 板的单板效率。

◆ 思考题

1. 精馏过程的原理是什么?

2. 精馏过程为什么必须要有回流?

3. 精馏塔塔釜再沸器和塔顶冷凝器的作用分别是什么?

4. 在用图解法求理论塔板数时,直角阶梯与平衡线、操作线的交点各表示什么意义?直角阶梯的水平线和垂直线各表示什么意义?

5. 精馏操作有哪几种进料状态?不同的进料热状况对精馏会产生什么影响?

6. 回流比的大小对精馏操作有什么影响?如何选择最适宜的回流比?

7. 压强对气液相平衡有什么影响?精馏操作压力高对产品质量有什么影响?

8. 影响精馏塔稳定操作的因素有哪些?如何影响?

主要符号说明

英文字母

符号	意义	计量单位
D	塔顶馏出液量	kmol/h 或 kg/h
F	原料量	kmol/h 或 kg/h
L	下降液体的摩尔流量	kmol/h
N	理论塔板数	
p^0	纯组分的饱和蒸气压	kPa
q	进料热状况参数	
r	比汽化热	kJ/kg
R	回流比	
v	挥发度	
V	上升蒸气的摩尔流量	kmol/h
W	塔釜残液量	kmol/h 或 kg/h
x	双组分系统液相中易挥发组分的摩尔分数	
y	双组分系统气相中易挥发组分的摩尔分数	

希腊字母

符号	意义	计量单位
α	相对挥发度	
η	回收率	

项目七 吸收技术

吸收是工业生产中重要的单元操作之一,主要用于分离气体混合物。为了分离混合气体中的各组分,通常将混合气体与选择的某种液体相接触,气体中的一种或几种组分便溶解于液体内而形成溶液,不能溶解的组分则保留在气相中,从而实现了气体混合物分离的目的。这种利用各组分溶解度不同而分离气体混合的操作称为**吸收**。吸收过程是溶质由气相转移到液相的相际传质过程,那么,溶质是如何在相际转移的,转移的方向、速率如何;用什么设备实现吸收操作;影响吸收过程的因素有哪些;怎样对吸收设备进行正确的操作调节等,这些问题将在本项目中分别进行讨论。

7.1 吸收操作基础知识

🎓 任务目标	🎯 技能要求
• 了解工业吸收过程; • 认识常见的气液传质设备——填料塔; • 掌握填料吸收塔的结构与特点; • 了解填料塔的流体力学性能。	• 能够正确绘制和叙述工业吸收的基本流程; • 知晓吸收流程中的主要设备名称、作用; • 能指出填料塔的结构与特点,并选用合适的填料。

7.1.1 吸收操作概述

吸收过程通常在吸收塔中进行。为了使气液两相充分接触,可以采用板式塔和填料塔。一个工业吸收过程一般包括吸收和解吸两个部分。解吸是吸收的逆过程,就是将溶质从吸收后的溶液中分离出来。通过解吸可以回收气体溶质,并实现吸收剂的再生循环使用。

图 7-1 以合成氨生产中 CO_2 气体的净化为例,说明吸收与解吸联合操作的流程。合成氨原料气(含 CO_2 30% 左右)从底部进入吸收塔,塔顶喷入乙醇胺溶液。气-液逆流接触传质,乙醇胺吸收了 CO_2 后从塔底排出,从塔顶排出的气体中 CO_2 含量可降至 0.5% 以下。将吸收塔底排出的含 CO_2 的乙醇胺溶液用泵送至加热器,加热到 130℃ 左右后从解吸塔顶喷淋下来,与塔底送入的水蒸气逆流接触,CO_2 在高温、低压下自溶液中解吸出来。从

解吸塔顶排出的气体经冷却、冷凝后得到可用的 CO_2。解吸塔底排出的含少量 CO_2 的乙醇胺溶液经冷却降温至 50℃ 左右,经加压仍可作为吸收剂送入吸收塔循环使用。

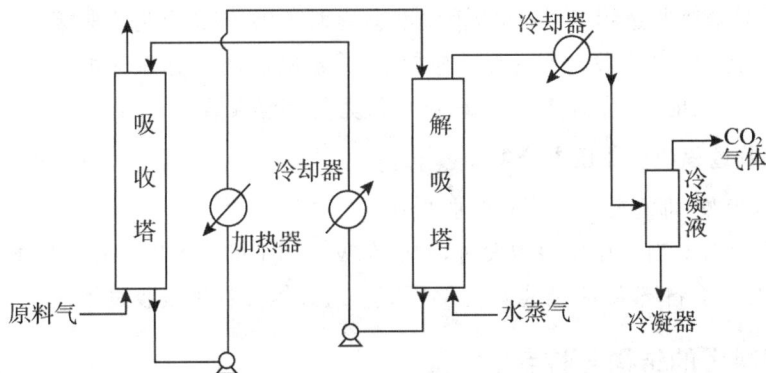

图 7-1　吸收与解吸流程

（1）采用吸收操作实现气体混合物的分离必须解决以下问题:① 选择合适的吸收剂,选择性地溶解某个(或某些)被分离组分;② 选择适当的传质设备以实现气液两相接触,使溶质从气相转移至液相;③ 吸收剂的再生和循环使用。

在吸收操作中,能够溶解的组分称为吸收质或溶质,以 A 表示;不被吸收的组分称为惰性组分或载体,以 B 表示;吸收操作所用的溶剂称为吸收剂,以 S 表示;吸收所得到的溶液称为吸收液,其主要成分为溶剂 S 和溶质 A;吸收排出的气体称为吸收尾气,其主要成分是惰性气体 B 和残余的少量溶质 A。

（2）吸收技术在化工生产中的主要用途包括:① 净化或精制气体,例如用水或碱液脱除合成氨原料气中的二氧化碳,用丙酮脱除石油裂解气中的乙炔等;② 制备某种气体的溶液,例如用水吸收二氧化氮制造硝酸,用水吸收氯化氢制取盐酸,用水吸收甲醛制备福尔马林溶液等;③ 回收混合气体中的有用组分,例如用硫酸处理焦炉气以回收其中的氨,用洗油处理焦炉气以回收其中的苯、二甲苯等,用液态烃处理石油裂解气以回收其中的乙烯、丙烯等;④ 废气治理,保护环境,工业废气中含有 SO_2、NO、NO_2、H_2S 等有害气体,直接排入大气,对环境危害很大,可通过吸收操作使之净化,变废为宝,并得到综合利用。

7.1.2　吸收操作的分类

吸收操作通常有以下分类方法。

1. 按过程有无化学反应分类

液化气脱硫塔、减顶气脱硫塔

（1）物理吸收。即吸收过程中溶质与吸收剂之间不发生明显的化学反应。

（2）化学吸收。即吸收过程中溶质与吸收剂之间有显著的化学反应。

2. 按被吸收的组分数目分类

（1）单组分吸收。即混合气体中只有一个组分(溶质)进入液相,其余组分皆可认为不溶解于吸收剂的吸收过程。

（2）多组分吸收。即混合气体中有两个或更多组分进入液相的吸收过程。

3. 按吸收过程有无温度变化分类

（1）非等温吸收。气体溶解于液体时，常常伴随着热效应，当有化学反应时，还会有反应热，其结果是随吸收过程的进行，溶液温度会逐渐变化，则此过程为非等温吸收。

（2）等温吸收。若吸收过程的热效应较小，或被吸收的组分在气相中浓度很低，而吸收剂用量相对较大时，温度升高不显著，则可认为是等温吸收。

4. 按吸收过程的操作压力分类

（1）常压吸收。即在常压下进行吸收操作。

（2）加压吸收。当操作压力增大时，溶质在吸收剂中的溶解度将随之增加。

本章主要以填料塔为例，着重讨论常压下单组分等温物理吸收过程。

7.1.3 填料塔的结构与特点

1. 填料塔的结构与特点

1）填料塔的结构

填料塔由塔体、填料、液体分布装置、填料压紧装置、填料支承装置、液体再分布装置等构成，如图7-2所示。

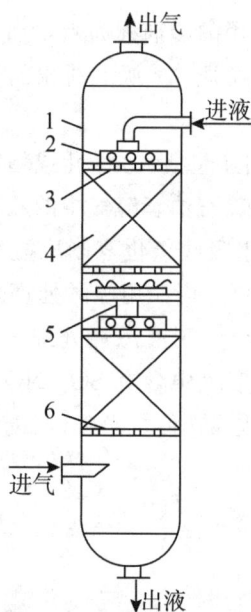

1—塔体；2—液体分布器；3—填料压紧装置；
4—填料层；5—液体再分布器；6—支承装置。
图 7-2　填料塔的结构

填料吸收塔

填料塔操作时，液体自塔上部进入，通过液体分布器均匀喷洒在塔截面上并沿填料表面呈膜状下流。当塔较高时，由于液体有向塔壁面偏流的倾向，使液体分布逐渐变得不均匀，因此经过一定高度的填料层以后，需要设置液体再分布装置，将液体重新均匀分布到下段填料层的截面上，最后从塔底排出。

气体自塔下部经气体分布装置送入，通过填料支承装置在填料缝隙中的自由空间上升并与下降的液体接触,最后从塔顶排出。为了除去排出气体中夹带的少量雾状液滴,在气体出口处常装有除沫器。

填料层内气液两相呈逆流接触,填料的润湿表面即为气液两相的主要传质表面,两相的组成沿塔高连续变化。

2)填料塔的特点

与板式塔相比,填料塔具有以下特点:① 结构简单,便于安装,小直径的填料塔造价低。② 压力降较小,适合减压操作,且能耗低。③ 分离效率高,用于难分离的混合物,塔高较低。④ 适于易起泡物系的分离,因为填料对泡沫有限制和破碎作用。⑤ 适用于腐蚀性介质,因为可采用不同材质的耐腐蚀填料。⑥ 适用于热敏性物料,因为填料塔持液量低,物料在塔内停留时间短。⑦ 操作弹性较小,对液体负荷的变化特别敏感。当液体负荷较小时,填料表面不能很好地润湿,传质效果急剧下降;当液体负荷过大时,则易产生液泛。⑧ 不宜处理易聚合或含有固体颗粒的物料。

几种常见吸收塔

2. 填料的类型及性能评价

填料是填料塔的核心部分,它提供了气液两相接触传质的界面,是决定填料塔性能的主要因素。对操作影响较大的填料特性有:

(1)比表面积。单位体积填料层所具有的表面积,称为填料的比表面积,以 a 表示,其单位为 m^2/m^3。显然,填料应具有较大的比表面积,以增大塔内传质面积。同一种类的填料,尺寸越小,则其比表面积越大。

(2)空隙率。单位体积填料层所具有的空隙体积,称为填料的空隙率,以 ε 表示,其单位为 m^3/m^3。填料的空隙率大,气液通过能力大,且气体流动阻力小。

(3)填料因子。填料因子表示填料的流体力学性能。将 a 与 ε 组合成 a/ε^3 的形式称为干填料因子,单位为 m^{-1}。当填料被喷淋的液体润湿后,填料表面覆盖了一层液膜,a 与 ε 均发生相应的变化,此时 a/ε^3 称为湿填料因子,简称填料因子,以 φ 表示。φ 值小则填料层阻力小,发生液泛时的气速提高,亦即流体力学性能好。

(4)单位堆积体积的填料数目。对于同一种填料,单位堆积体积内所含填料的个数是由填料尺寸决定的。填料尺寸减小,填料数目增加,填料层的比表面积也增大,而空隙率减小,气体阻力亦相应增加,填料造价提高。反之,若填料尺寸过大,在靠近塔壁处,填料层空隙很大,将有大量气体由此短路流过。为控制气流分布不均现象,填料尺寸不应大于塔径 D 的 $1/10 \sim 1/8$。

此外,从经济、实用及可靠的角度考虑,填料还应具有质量轻、造价低、坚固耐用、不易堵塞、耐腐蚀、有一定机械强度等特性。各种填料往往不能完全具备上述各种条件,实际应用时,应依具体情况加以选择。

填料的种类很多,大致可分为散装填料和整砌填料两大类。**散装填料**是一粒粒具有一定几何形状和尺寸的颗粒体,一般以散装方式堆积在塔内。根据结构特点的不同,散装填料分为环形填料、鞍形填料、环鞍形填料及球形填料等。**整砌填料**是一种在塔内整齐、有规则排列的填料,根据其几何结构可以分为格栅填料、波纹填料、脉冲填料等。工业中常见的填料如表 7-1 所示。

表 7-1 常见的填料

类型	结构	特点及应用
拉西环填料	外径与高度相等的圆环,如图7-3(a)所示	拉西环形状简单,制造容易,但操作时有严重的沟流和壁流现象,气液分布较差,传质效率低。填料层持液量大,气体通过填料层的阻力大,通量较低。拉西环是使用最早的一种填料,曾得到极为广泛的应用,目前拉西环工业应用日趋减少
鲍尔环填料	在拉西环的侧壁上开出两排长方形的窗孔,被切开的环壁一侧仍与壁面相连,另一侧向环内弯曲,形成内伸的舌叶,舌叶的侧边在环中心相搭,如图7-3(b)所示	鲍尔环的比表面积和空隙率与拉西环基本相当,气体流动阻力降低,液体分布比较均匀。同一材质、同种规格的拉西环与鲍尔环相比,鲍尔环的气体通量比拉西环增大50%以上,传质效率增加30%左右。鲍尔环以其优良的性能得到了广泛的工业应用
阶梯环填料	对鲍尔环填料改进,其形状如图7-3(c)所示。阶梯环圆筒部分的高度仅为直径的一半,圆筒一端有向外翻卷的锥形边,其高度为全高的1/5	阶梯环是目前环形填料中性能最为良好的一种。阶梯环的空隙率大,填料个体之间呈点接触,使液膜不断更新,压力降小,传质效率高
鞍形填料	敞开式填料,包括弧鞍形与矩鞍形,其形状分别如图7-3(d)、(e)所示	弧鞍形填料是两面对称结构,有时在填料层中形成局部叠合或架空现象,且强度较差,容易破碎进而影响传质效率。矩鞍形填料在塔内不会相互叠合而是处于相互勾连的状态,有较好的稳定性,填充密度及液体分布都较均匀,空隙率也有所提高,阻力较低,不易堵塞,制造比较简单,性能较好。鞍形填料是取代拉西环的理想填料
金属鞍环填料	如图7-3(f)所示,采用极薄的金属板轧制,既有类似开孔环形填料的圆环、开孔和内伸的叶片,也有类似矩鞍形填料的侧面	综合了环形填料通量大及鞍形填料的液体再分布性能好的优点而研制和发展起来的一种新型填料,敞开的侧壁有利于气体和液体通过,在填料层内极少产生滞留的死角,阻力减小,通量增大,传质效率提高,有良好的机械强度。金属鞍环填料的性能优于目前常用的鲍尔环和矩鞍形填料
球形填料	一般采用塑料材质注塑而成,其结构有许多种,如图7-3(g)和(h)所示	球体为空心,可允许气体、液体从内部通过。填料装填密度均匀,不易产生空穴和架桥,气液分散性能好。球形填料一般适用于某些特定场合,在工程上应用较少
波纹填料	由许多波纹薄板组成的圆盘状填料,波纹与水平方向呈45°角,相邻两波纹板反向靠叠,使波纹倾斜方向相互垂直。各盘填料垂直叠放于塔内,相邻的两盘填料间交错90°排列,如图7-3(i)、(j)所示	优点是结构紧凑,比表面积大,传质效率高,填料阻力小,处理能力提高。缺点是不适于处理黏度大、易聚合或有悬浮物的物料,填料装卸、清理较困难,造价也较高。金属丝网波纹填料特别适用于精密精馏及真空精馏装置,为难分离物系、热敏性物系的精馏提供了有效的手段。金属孔板波纹填料特别适用于大直径蒸馏塔。金属压延孔板波纹填料主要用于分离要求高、物料不易堵塞的场合
脉冲填料	脉冲填料是由带缩颈的中空棱柱形单体,按一定方式拼装而成的一种整砌填料,如图7-3(k)所示	流道收缩、扩大的交替重复,实现了"脉冲"传质过程。脉冲填料的特点是处理量大,压降小,是真空蒸馏的理想填料;因其优良的液体分布性能使放大效应减少,特别适用于大塔径的场合

(a) 拉西环填料　　(b) 鲍尔环填料　　(c) 阶梯环填料　　(d) 弧鞍形填料

(e) 矩鞍形填料　　(f) 金属鞍环填料　　(g) 多面球形填料　　(h)TRI球形填料

(i) 金属丝网波纹填料　　(j) 金属孔板波纹填料　　(k) 脉冲填料

图 7-3　几种常见填料

无论是散装填料还是整砌填料,其材质均可由陶瓷、金属和塑料等制造。陶瓷填料应用最早,其润湿性能好,但因较厚、空隙小、阻力大、气液分布不均匀,导致效率较低,而且易破碎,故仅用于高温、强腐蚀的场合。金属填料强度高,壁薄,空隙率和比表面积大,故性能良好。其中,不锈钢填料较贵;碳钢填料便宜但耐腐蚀性差,在无腐蚀场合广泛采用。塑料填料价格低廉,不易破碎,质轻耐蚀,加工方便,但润湿性能差。

填料性能的优劣通常根据效率、通量及压降来衡量。在相同的操作条件下,填料塔内气液分布越均匀,表面润湿性能越优良,则传质效率越高;填料的空隙率越大,结构越开放,则通量越大,压降也越低。国内学者对九种常用填料的性能进行了评价,用模糊数学方法得出了各种填料的评估值,结论如表 7-2 所示。

表 7-2　几种填料综合性能评价

填料名称	评估值	评价	排序	填料名称	评估值	评价	排序
丝网波纹填料	0.86	很好	1	金属鲍尔环	0.51	一般好	6
孔板波纹填料	0.61	相当好	2	瓷鞍环填料	0.41	较好	7
金属鞍环填料	0.59	相当好	3	瓷鞍形填料	0.38	略好	8
金属鞍形填料	0.57	相当好	4	瓷拉西环	0.36	略好	9
金属阶梯环	0.53	一般好	5				

3. 填料塔的附件

填料塔的附件主要有填料支承装置、填料压紧装置、液体分布装置、液体再分布装置和除沫装置等。合理地选择和设计填料塔的附件,对保证填料塔的正常操作及良好的传质性能十分重要。

1) 填料支承装置

填料支承装置的作用是支承塔内填料及其持有的液体重量,因此支承装置要有足够的强度。同时为使气液顺利通过,支承装置的自由截面积应大于填料层的自由截面积,否则当气速增大时,填料塔的液泛将首先在支承装置处发生。常用的填料支承装置有栅板型、孔管型、驼峰型等,如图 7-4 所示。根据塔径、使用的填料种类及型号、塔体及填料的材质、气液流速选择支承装置。

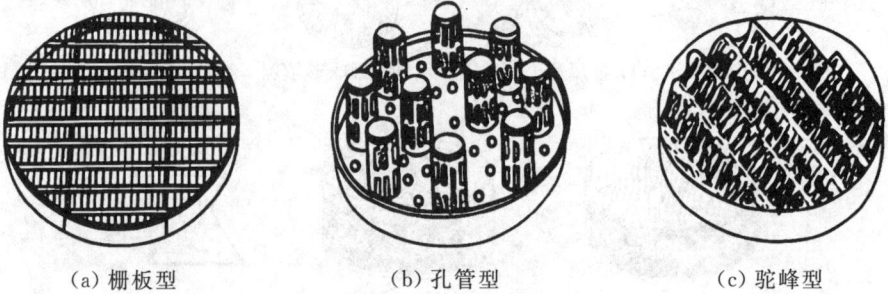

| (a) 栅板型 | (b) 孔管型 | (c) 驼峰型 |

图 7-4　填料支承装置

2) 填料压紧装置

填料压紧装置安装于填料上方,能保持操作中填料床层高度恒定,防止在高压降、瞬时负荷波动等情况下填料床层发生松动和跳动。填料压紧装置分为填料压板和床层限制板两大类,每类又有不同的形式,如图 7-5 所示。填料压板适用于陶瓷、石墨制式的散装填料。床层限制板适用于金属散装填料、塑料散装填料及所有整砌填料。

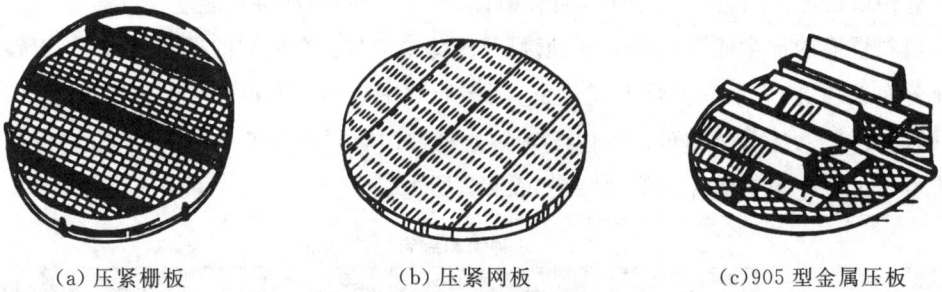

| (a) 压紧栅板 | (b) 压紧网板 | (c)905 型金属压板 |

图 7-5　填料压紧装置

3) 液体分布装置

液体分布装置设在塔顶,为填料层提供足够数量并分布适当的喷淋点,以保证液体初始均匀分布。常用的液体分布装置如图 7-6 所示。莲蓬式分布器一般适用于处理清洁液体,且直径小于 600mm 的小塔。盘式分布器常用于直径较大的塔。管式分布器适用于液量小而气量大的填料塔。槽式分布器多用于气液负荷大及含有固体悬浮物、黏度大的分离场合。

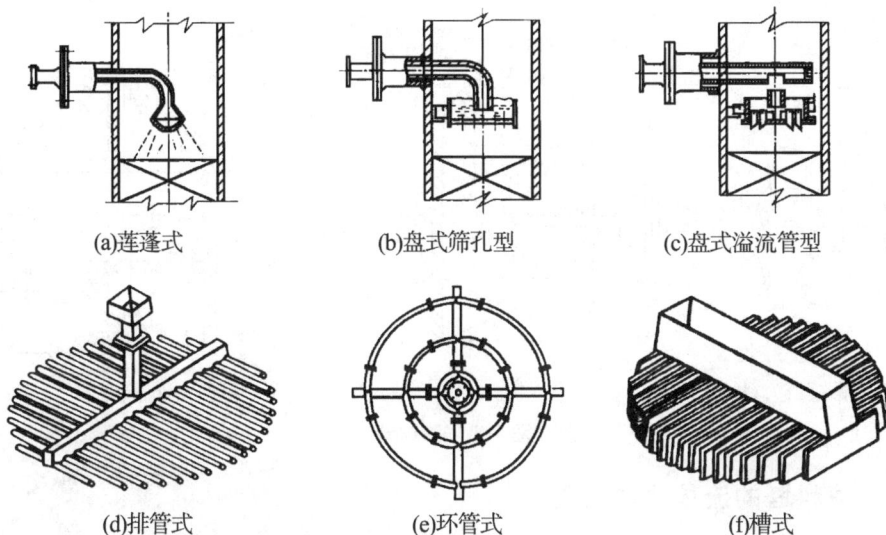

(a)莲蓬式　　　　　(b)盘式筛孔型　　　　　(c)盘式溢流管型

(d)排管式　　　　　(e)环管式　　　　　(f)槽式

图 7-6　液体分布装置

4）液体再分布装置

壁流将导致填料层内气液分布不均，使传质效率下降。为减少壁流现象，可间隔一定高度在填料层内设置液体再分布装置。最简单的液体再分布装置为截锥式再分布器，如图 7-7 所示。图（a）是将截锥筒体焊在塔壁上。图（b）是在截锥筒的上方加设支承板，截锥下面隔一段距离再装填料，以便于分段卸出填料。

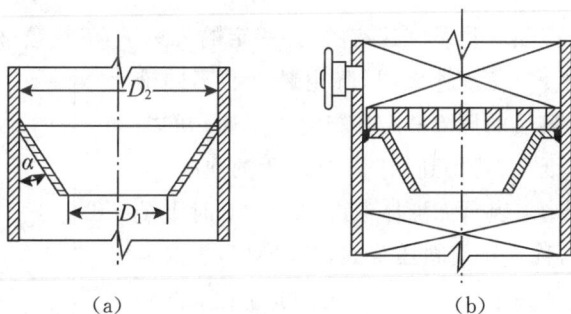

（a）　　　　　　　　　（b）

图 7-7　液体再分布装置

5）除沫装置

除沫装置安装在液体分布装置的上方，其作用是清除气体中夹带的液体雾沫。常见的除沫装置有折板除沫器、丝网除沫器、填料除沫器等，见图 7-8。

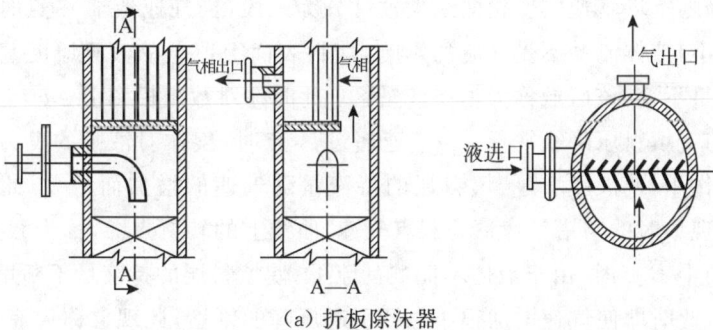

（a）折板除沫器

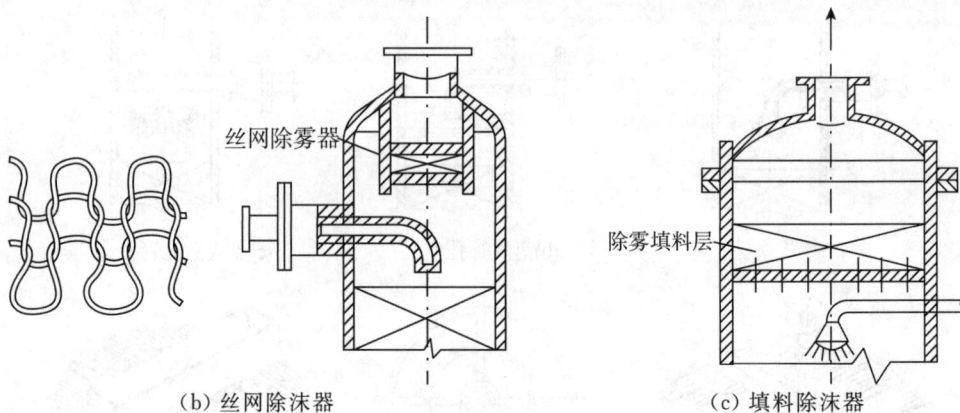

（b）丝网除沫器 （c）填料除沫器

图 7-8 除沫器

7.1.4 填料塔的流体力学性能

在逆流操作的填料塔内,液体从塔顶喷淋下来,依靠重力在填料表面做膜状流动,液膜与填料表面的摩擦及液膜与上升气体的摩擦构成了液膜流动的阻力。因此,液膜的厚度取决于液体和气体的流量。液体流量越大,液膜越厚;当液体流量一定时,上升气体的流量越大,液膜也越厚。液膜的厚度直接影响到气体通过填料层的压力降、液泛气速及塔内持液量等流体力学性能。

1. 气体通过填料层的压力降

填料层压降与液体喷淋量及气速有关,在一定的气速下,液体喷淋量越大,压降越大;在一定的液体喷淋量下,气速越大,压降也越大。不同液体喷淋量下的单位填料层的压降 $\Delta p/Z$ 与空塔气速 u 的关系标绘在双对数坐标纸上,可得到如图 7-9 所示的曲线。

在图 7-9 中,直线 L_0 表示无液体喷淋($L=0$)时干填料的 Δp 与 u 的关系,称为**干填料压降线**,其斜率为 $1.8\sim 2.0$,表明压降与空塔气速的 $1.8\sim 2.0$ 次方成正比。曲线 L_1、L_2、L_3 表示不同液体喷淋量下填料层的 Δp 与 u 的关系,且喷淋量依次递增,即 $L_1 < L_2 < L_3$。从图中可看出,同一气速下,喷淋密度越大,压降越大;对于不同的液体

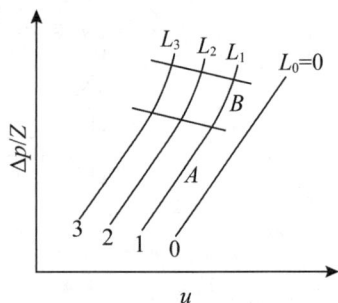

图 7-9 填料层的 $\Delta p/Z$-u

喷淋密度,各线所在位置虽然不同,但走向基本一致,线上各有两个转折点。即在一定的喷淋量下,压降随空塔气速的变化曲线大致可分为三段:当气速低于 A 点时,气体流动对液膜的曳力很小,液体流动不受气流的影响,填料表面上覆盖的液膜厚度基本不变,因而填料层的持液量不变,该区域称为**恒持液量区**。此时在对数坐标图上 Δp 与 u 近似为一直线,且基本上与干填料压降线平行。当气速超过 A 点时,气体对液膜的曳力较大,对液膜流动产生阻滞作用,使液膜增厚,填料层的持液量随气速的增加而增大,此现象称**拦液**。开始发生拦液现象时的空塔气速称为**载点气速**,曲线上的转折点 A,称为载点。若气速继续增大,到达图中 B 点时,由于液体不能顺利流下,使填料层的持液量不断增大,填料层内几乎充满液体,此时即使气速增加很小也会引起压降的剧增,此现象称为**液泛**或**淹塔**。开

始发生液泛现象时的空塔气速称为**泛点气速**，以 u_f 表示。曲线上的点 B 称为泛点，从载点到泛点的区域称为载液区，泛点以上的区域称为液泛区。通常认为，**泛点气速是填料塔正常操作气速的上限**。

泛点气速的计算方法很多，目前最广泛的是埃克特(Eckert)提出的通用关联图。请读者自行查阅相关资料，了解通用关联图的结构及工业应用。

2. 液泛

在泛点气速下，持液量的增多使液相由分散相变为连续相，而气相则由连续相变为分散相，此时气体呈气泡形式通过液层，气流出现脉动，液体被大量带出塔顶，塔的操作极不稳定，甚至会被破坏。影响液泛的因素很多，如填料的特性、流体的物性及操作的液气比等。

填料特性的影响集中体现在填料因子上。填料因子 φ 值在某种程度上能反映填料流体力学性能的优劣。实践表明，φ 值越小，液泛速度越高，即越不易发生液泛。

流体物性的影响体现在气体密度 ρ_V、液体密度 ρ_L 和黏度 μ_L 上。因液体靠重力流下，液体的密度越大，则泛点气速越大；气体密度越大，液体黏度越大，相同气速下对液体的阻力也越大，故均使泛点气速下降。

操作的液气比愈大，则在一定气速下液体喷淋量愈大，填料层的持液量增加而空隙率减小，故泛点气速愈小。

3. 持液量

因填料与其空隙中所持的液体是堆积在填料支承板上的，故在进行填料支承板强度计算时，要考虑填料本身的重量与持液量。持液量小则气体流动阻力小，到载点以后，持液量随气速的增加而增加。

持液量是由静持液量与动持液量两部分组成的。**静持液量**指填料层停止接收喷淋液体并经过规定的滴液时间后，仍然滞留在填料层中的液体量，其大小取决于填料的类型、尺寸及液体的性质。**动持液量**指一定喷淋条件下持于填料层中的液体总量与静持液量之差，表示可以从填料上滴下的那部分液体，亦指操作时流动于填料表面的液体量，其大小不但与填料的类型、尺寸及液体的性质有关，而且与喷淋密度有关。持液量一般由经验公式或曲线图估算。

7.2　吸收过程的基本原理

🎓 任务目标	🎯 技能要求
• 掌握吸收的相平衡关系； • 理解吸收速率方程； • 掌握吸收阻力的控制。	• 能正确选择吸收操作的条件； • 能正确分析吸收的传质机理； • 学会判断传质过程的方向。

对任何过程都需要解决两个基本问题:过程的极限和过程的速率。吸收是气液两相之间的传质过程,因此本节首先讨论吸收的气液相平衡关系,以指明传质过程能否进行、进行的方向和过程的热力学极限等,以解决这两个基本问题。

7.2.1 吸收过程的气液相平衡关系

1. 气体在液体中的溶解度

1) 平衡溶解度

在一定的温度与压强下,使一定量的吸收剂与混合气体接触,便有溶质向液相中转移,直至液相中溶质浓度达到饱和状态。此时,尽管仍有溶质分子不断进入液相,但任意瞬间进入液相的溶质数量与从液相中逸出的溶质数量恰好相等,这种状态称为相际动平衡,简称**相平衡**。相平衡状态下气相中的溶质分压称为平衡分压或饱和分压,液相中溶质的浓度称为平衡浓度或平衡溶解度(简称溶解度)。将平衡时溶质在气液两相间的组成关系在坐标图上用曲线表示,此曲线即为溶解度曲线。图 7-10 所示为三种不同物质的溶解度曲线。

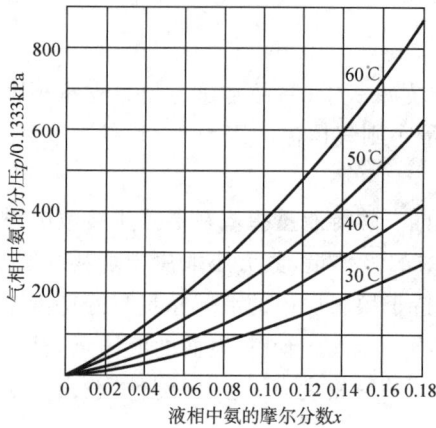

(a) 不同温度下氨在水中的溶解度曲线　　　(b) 常压下 SO_2 在水中的溶解度曲线

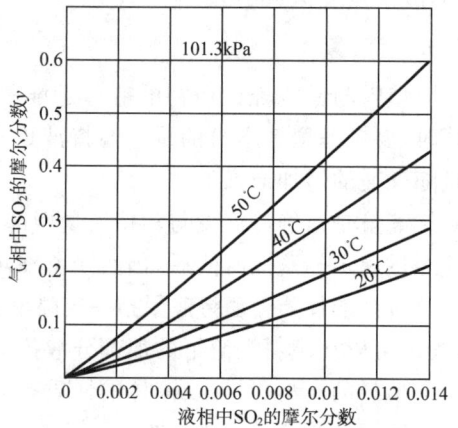

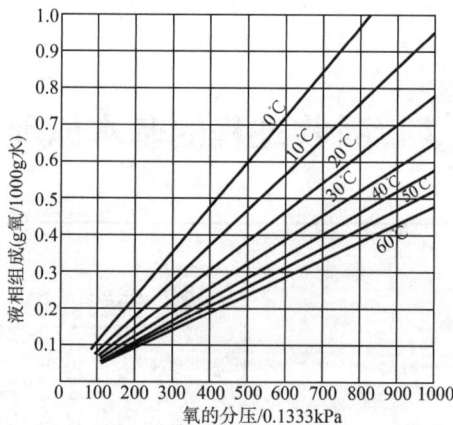

(c) 氧在水中的溶解度曲线

图 7-10　不同物质的溶解度曲线

2）影响平衡关系的主要因素

吸收剂对溶质的溶解度有极大的影响，选择适当的吸收剂，对吸收操作有着重要的作用。且不同气体在同一溶剂中的溶解度也有着很大的差异，在相同的温度和分压下，氨在水中属于易溶气体，氧在水中属于难溶气体，而二氧化硫则属于中等溶解度气体。对于同样浓度的溶液，易溶气体在溶液上方的气相平衡分压低，难溶气体在溶液上方的气相平衡分压高。

当总压不太高（视物系而异，一般不高于500kPa）时，气体混合物可视为理想气体，此时总压的变化不改变分压与溶解度之间的对应关系。但是，当气相浓度不以分压而用其他组成表示时，总压会有很大的影响。通常，当总压增大时，由于气相中摩尔分数不变使得分压增大，相对应的液相平衡摩尔分数也增大。

此外，对于一定的物系，在一定总压下，通常温度越高平衡曲线越陡峭，意味着其溶解度越小。

综上所述，采用溶解度大、选择性好的吸收剂，提高操作压强和降低操作温度对吸收是有利的。但是，在选择吸收剂和决定操作条件时，需要从工艺要求和综合的经济核算考虑，对于吸收-解吸联用系统，还需要考虑吸收剂的再生问题。

2. 亨利定律

在低浓度吸收操作中，对应的气相中溶质浓度与液相中溶质浓度之间可用亨利定律描述：当总压不高（一般约小于500kPa），在一定温度下气液两相达到平衡时，稀溶液上方气体溶质的平衡分压与溶质在液相中的摩尔分数成正比，即

$$p_A^* = Ex \qquad (7-1)$$

或

$$x^* = \frac{p_A}{E} \qquad (7-1a)$$

式中：p_A^*——溶质在气相中的平衡分压，kPa；

　　　E——亨利系数，kPa；

　　　x——溶质在液相中的摩尔分数；

　　　x^*——溶质在液相中的平衡摩尔分数；

　　　p_A——溶质在气相中的分压，kPa。

亨利系数E值随物系而变化。当物系一定时，温度升高，E值增大，即气体的溶解度随温度升高而减小。亨利系数由实验测定，一般易溶气体的E值小，难溶气体的E值大。几种常见气体水溶液的亨利系数见表7-3。

表7-3　常见气体水溶液的亨利系数E　　　　　　　　　　单位：MPa

温度/℃	氢	氮	空气	一氧化碳	氧	甲烷	一氧化氮	乙烷	乙烯	氧化亚氮	二氧化碳	乙炔	氯	硫化氢	溴
0	5870	5360	4240	3560	2570	2270	1710	1270	559	98.6	73.7	73.3	27.2	27.0	2.16
5	6160	6050	4950	4000	2940	2630	1950	1570	662	119	89	85.3	33.4	31.9	2.79
10	6450	6770	5560	4480	3320	3010	2200	1920	779	143	106	97.4	39.6	37.0	3.71
15	6700	7480	6150	4960	6700	3410	2450	2290	907	168	124	109	46.1	42.8	4.72

续表

温度/℃	氢	氮	空气	一氧化碳	氧	甲烷	一氧化氮	乙烷	乙烯	氧化亚氮	二氧化碳	乙炔	氯	硫化氢	溴
20	6930	8150	6720	5430	4050	3800	2680	2670	1030	200	144	123	53.9	49.0	6.02
25	7160	8760	7300	5870	4440	4180	2910	3070	1160	228	165	135	60.5	55.2	7.47
30	7390	9360	7820	6280	4810	4550	3140	3470	1280	259	188	148	67.0	61.7	9.20
35	7520	9980	8340	6680	5130	4930	3360	3880	—	301	212	—	73.8	68.5	11.1
40	7610	10600	8810	7050	5560	5270	3850	4300	—	—	236	—	80.0	75.5	13.5
45	7700	11100	9230	7390	5710	5570	3780	4700	—	—	260	—	85.5	83.5	16.0
50	7750	11500	9590	7700	5960	5860	3950	5050	—	—	287	—	93.0	89.6	19.4
60	7750	12100	10200	8340	6380	6350	4240	5720	—	—	345	—	97.5	104	25.5
70	7710	12600	10600	8560	6720	6750	4430	6380	—	—	—	—	99.4	121	32.5
80	7650	12800	10900	8570	6950	6910	4530	6700	—	—	—	—	97.3	137	41.0
90	7610	12800	11000	8570	7080	7020	4570	6950	—	—	—	—	96.3	145	—
100	7550	12700	10900	8570	7100	7100	5600	7020	—	—	—	—	—	149	—

由于气液相组成表示方法不同,亨利定律可有多种形式。

(1) 当气相组成用分压、液相组成用物质的量浓度表示时,亨利定律可表示为

$$p_A^* = c_A / H \tag{7-2}$$

或

$$c_A^* = H p_A \tag{7-2a}$$

式中:H——溶解度系数,$\text{kmol}/(\text{m}^3 \cdot \text{kPa})$;

c_A^*——与气相中溶质分压相平衡的液相溶质物质的量浓度,kmol/m^3。

对比式(7-1)和式(7-2),可知 $H = \dfrac{c}{E}$,其中 c 为液相的量浓度,kmol/m^3。因此,溶解度系数 H 值越大,说明气体溶解度越大。

(2) 当气液两相组成都用摩尔分数表示时,亨利定律可表示为

$$y^* = mx \tag{7-3}$$

或

$$x^* = y / m \tag{7-3a}$$

式中:m——相平衡常数,无因次;

y^*——相平衡时溶质在气相中的摩尔分数;

x^*——相平衡时溶质在液相中的摩尔分数。

对比式(7-1)和式(7-3),易推导得 $m = \dfrac{E}{P}$,其中 P 为总压,kPa。可见,对于一定的物系,相平衡常数是温度和总压的函数。

(3) 当气液两相组成均用摩尔比表示时,如果 m 很接近于 1 或 X 很小(即溶液很稀),此时,可把亨利定律近似地表示为

$$Y^* = mX \tag{7-4}$$

【例 7-1】 在常压及 20℃下,测得氨在水中的平衡数据为:浓度为 0.5g NH₃/100g H₂O 的稀氨水上方的平衡分压为 400Pa,在该浓度范围下相平衡关系可用亨利定律表示,

试求亨利系数 E、溶解度系数 H 及相平衡常数 m。（氨水密度可取为 $1000\mathrm{kg/m^3}$）

解：由亨利定律表达式知，$E = \dfrac{p_A^*}{x}$，则有

$$x = \frac{0.5/17}{0.5/17 + 100/18} = 0.00527$$

因此，亨利系数为

$$E = \frac{p_A^*}{x} = \frac{400}{0.00527} = 7.59 \times 10^4 (\mathrm{Pa})$$

又因为 $y^* = mx$，而

$$y^* = \frac{p_A}{p} = \frac{400}{1.01 \times 10^5} = 0.00396$$

因此，相平衡常数为

$$m = \frac{0.00396}{0.00527} = 0.75$$

又因为 $p_A^* = c_A/H$，且

$$c_A = \frac{0.5/17}{\dfrac{0.5 + 100}{1000}} = 0.293 (\mathrm{kmol/m^3})$$

因此，溶解度系数为

$$H = \frac{0.293}{400} = 7.33 \times 10^{-4} (\mathrm{kmol/(m^3 \cdot Pa)})$$

3. 相平衡关系在吸收过程中的应用

1）判别过程的方向

对于一切未达到相际平衡的系统，组分将由一相向另一相传递，其结果是使系统趋于相平衡。所以，传质的方向是使系统向达到平衡的方向变化。一定浓度的混合气体与某种溶液相接触，溶质是由液相向气相转移，还是由气相向液相转移？这可以利用相平衡关系作出判断：

若 $p_A > p_A^*$ 或 $c_A < c_A^*$ 或 $x < x^*$，则溶质 A 由气相向液相传递，即发生吸收；

若 $p_A = p_A^*$ 或 $c_A = c_A^*$ 或 $x = x^*$，则系统处于相平衡状态，不发生净的物质传递；

若 $p_A < p_A^*$ 或 $c_A > c_A^*$ 或 $x > x^*$，则溶质 A 由液相向气相传递，即发生解吸。

下面举例说明。

【例 7-2】　设在 $101.3\mathrm{kPa}$、$20℃$下，稀氨水的相平衡方程为 $y^* = 0.94x$，现将含氨摩尔分数为 9.4% 的混合气体与 $x_A = 0.05$ 的氨水接触，试判断传质方向。若以含氨摩尔分数为 2% 的混合气体与 $x_A = 0.05$ 的氨水接触，传质方向又如何？

解：实际气相摩尔分数 $y = 0.094$。根据相平衡关系，与实际 $x = 0.05$ 的溶液成平衡的气相摩尔分数

$$y^* = 0.94 \times 0.05 = 0.047$$

由于 $y > y^*$，故两相接触时将有部分氨自气相转入液相，即发生吸收过程。

同样，此吸收过程也可理解为实际液相摩尔分数 $x = 0.05$，与实际气相摩尔分数 $y = 0.094$ 成平衡的液相摩尔分数 $x^* = \dfrac{y}{m} = 0.1$，由于 $x^* > x$，故两相接触时部分氨自气相转入液相。

反之，若以含氨 $y = 0.02$ 的气相与 $x = 0.05$ 的氨水接触，则因 $y < y^*$ 或 $x^* < x$，部

分氨将由液相转入气相,即发生解吸。

此外,用气液相平衡曲线图也可判断两相接触时的传质方向。具体方法:

已知相互接触的气液相的实际组成 y 和 x,在 x-y 图中确定状态点,若该点在平衡曲线上方,则发生吸收过程;若该点在平衡曲线下方,则发生解吸过程。

2)指明过程的极限

将溶质摩尔分数为 y_1 的混合气体送入某吸收塔的底部,溶剂从塔顶淋入进行逆流吸收,如图 7-11 所示。在气液两相流量和温度、压力一定的情况下,设塔高无限(即接触时间无限长),最终完成液中溶质的极限浓度最大值是与气相进口摩尔分数 y_1 相平衡的液相组成 x_1^*,即

$$x_{1\max} = x_1^* = \frac{y_1}{m}$$

同理,混合气体尾气溶质含量 y_2 最小值是进塔吸收剂的溶质摩尔分数 x_2 相平衡的气相组成 y_2^*,即

$$y_{2\min} = y_2^* = mx_2$$

图 7-11　逆流吸收塔

由此可见,相平衡关系限制了吸收剂出塔时的溶质最高含量和气体混合物离塔时的最低含量。

3)计算过程的推动力

相平衡是过程的稳定状态,不平衡的气液两相相互接触就会发生气体的吸收或解吸过程。吸收过程通常以实际浓度与平衡浓度的差值来表示吸收传质推动力的大小。推动力可用气相推动力或液相推动力表示,气相推动力表示为塔内任意一个截面上气相实际浓度 y 与该截面上液相实际浓度 x 成平衡的 y^* 之差,即 $y - y^*$(其中 $y^* = mx$)。液相推动力即以液相摩尔分数之差 $x^* - x$ 表示吸收推动力,其中 $x^* = \dfrac{y}{m}$。

气液两相的浓度有多种表示方法,当气液相浓度用其他组成表示时,吸收过程的传质推动力应如何表达,请读者自行分析。

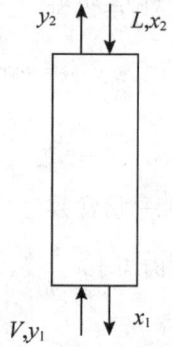

7.2.2　吸收机理

吸收操作是溶质从气相转移到液相的传质过程,其中包括溶质由气相主体向气液相界面的传递、溶质在相界面上的溶解和溶质由相界面向液相主体的传递。因此,讨论吸收过程的机理,首先要说明物质在单相(气相或液相)中的传递规律。

1. 传质的基本方式

物质在单一相(气相或液相)中的传递依靠的是扩散作用。发生在流体中的扩散包括分子扩散与涡流扩散两种:一般发生在静止或层流的流体里,凭借着流体分子的热运动而进行物质传递的是**分子扩散**;发生在湍流流体里,凭借流体质点的湍动和漩涡而传递物质的是**涡流扩散**。

1)分子扩散

分子扩散是物质在一相内部有浓度差异的条件下,由流体分子的无规则热运动而引

起的物质传递现象。习惯上常把分子扩散称为扩散。

分子扩散速率主要取决于扩散物质和流体的某些物理性质。分子扩散速率与其在扩散方向上的浓度梯度及扩散系数成正比。

分子扩散系数 D 是物质性质之一。扩散系数大，表示分子扩散快。温度升高，压力降低，扩散系数增加。同一物质在不同介质中的扩散系数不同。对不太大的分子而言，在气相中的扩散系数通常处于 $0.1 \sim 1 cm^2/s$ 的量级；在液体中的扩散系数为气体中的 $10^{-5} \sim 10^{-4}$。这主要是因为液体的密度比气体的密度大得多，其分子间距小，故而分子在液体中的扩散速率要慢得多。扩散系数一般由实验方法求取，有时也可由物质的基础物性数据及状态参数估算。

2）涡流扩散

在有浓度差异的条件下，物质通过湍流流体的传递过程称为涡流扩散。涡流扩散时，扩散物质不仅靠分子本身的扩散作用，并且借助湍流流体的携带作用而转移，而且后一种作用是主要的。涡流扩散速率比分子扩散速率大得多。由于涡流扩散系数难以测定和计算，常将分子扩散与涡流扩散两种传质作用结合起来予以考虑。

3）对流扩散

与传热过程中的对流传热相类似，对流扩散就是湍流主体与相界面之间的涡流扩散与分子扩散两种传质作用过程。由于对流扩散过程极为复杂，影响因素很多，所以对流扩散速率也采用类似对流传热的处理方法，依靠实验测定。对流扩散速率比分子扩散速率大得多，主要取决于流体的湍流程度。

2. 双膜理论

吸收过程是气液两相间的传质过程，关于相际传质机理，学术界曾提出多种不同的理论，其中应用最广泛的是刘易斯和惠特曼在 20 世纪 20 年代提出的双膜理论（见图 7-12）。

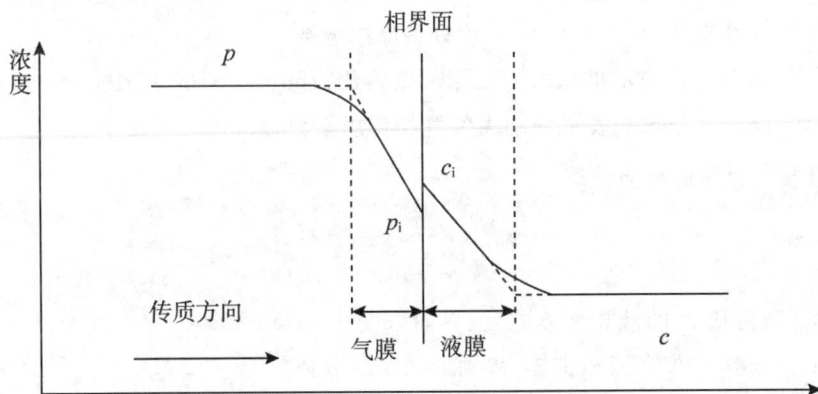

图 7-12　双膜理论示意图

双膜理论的基本论点如下：

（1）在气液两流体相接触处，有一稳定的分界面，叫相界面。在相界面两侧附近各有一层稳定的气膜和液膜。这两层薄膜可以认为是由气、液两流体的滞流层组成的，即虚拟的层流膜层，吸收质以分子扩散方式通过这两个膜层。膜的厚度随流体的流速而变，流速愈大膜层厚度愈小。

（2）在两膜层以外的气液两相分别称为气相主体与液相主体。在气液两相的主体中，由于流体充分湍动，吸收质的浓度基本上是均匀的，即两相主体内的浓度梯度皆为零，全部浓度变化集中在这两个膜层内，即阻力集中在两膜层之中。

（3）无论气液两相主体中吸收质的浓度是否达到相平衡，而在相界面处，吸收质在气液两相中的浓度达成平衡，即界面上没有阻力。

对于具有稳定相界面的系统以及流动速度不高的两流体间的传质，双膜理论与实际情况是相当符合的，根据双膜理论的基本概念所确定的吸收过程的传质速率关系，至今仍是吸收设备设计的主要依据。双膜理论对生产实际具有重要的指导意义。但是对于具有自由相界面的系统，尤其是高度湍动的两流体间的传质，双膜理论表现出它的局限性。针对这一局限性，后来相继提出了一些新的理论，如溶质渗透理论、表面更新理论、界面动力状态理论等。这些理论对于相际传质过程的界面状态及流体力学影响因素等方面的研究都有所前进，但由于其数学模型太复杂，目前应用较少。

7.2.3　吸收速率方程

由吸收机理知，吸收过程的相际传质由气相与界面的对流传质、界面上溶质组分的溶解、液相与界面的对流传质三个过程构成。仿照间壁两侧对流传热过程传热速率的分析思路，现分析对流传质过程的传质速率 N_A 的表达式。

1. 气相与界面的传质速率

$$N_A = k_G(p - p_i) \tag{7-5}$$

或
$$N_A = k_y(y - y_i) \tag{7-6}$$

式中：N_A——单位时间内组分 A 扩散通过单位面积的物质的量，即传质速率，$kmol/(m^2 \cdot s)$；

p、p_i——溶质 A 在气相主体、界面处的分压，kPa；

y、y_i——溶质 A 在气相主体、界面处的摩尔分数；

k_G——以分压差表示推动力的气相传质系数，$kmol/(s \cdot m^2 \cdot kPa)$；

k_y——以摩尔分数差表示推动力的气相传质系数，$kmol/(s \cdot m^2)$。

2. 液相与界面的传质速率

$$N_A = k_L(c_i - c) \tag{7-7}$$

或
$$N_A = k_x(x_i - x) \tag{7-8}$$

式中：c、c_i——溶质 A 的液相主体浓度、界面浓度，$kmol/m^3$；

x、x_i——溶质 A 在液相主体、界面处的摩尔分数；

k_L——以物质的量浓度差表示推动力的液相传质系数，m/s；

k_x——以摩尔分数差表示推动力的液相传质系数，$kmol/(s \cdot m^2)$。

相界面上的浓度 y_i、x_i，根据双膜理论成平衡关系，如图 7-12 所示，但是无法测取。

以上传质速率用不同的推动力表达同一个传质速率，类似于传热中的牛顿冷却定律的形式，即传质速率正比于界面浓度与流体主体浓度之差。将其他所有影响对流传质的因素均包括在气相（或液相）传质系数之中。传质系数 k_G、k_y、k_L、k_x 的数据只能根据具体操作条件由实验测取，其与流体流动状态和流体物性、扩散系数、密度、黏度、传质界面形状等因素有关,类似于传热中对流传热系数的研究方法。对流传质系数也有经验关联式,可查阅有关手册得到。

3. 相际传质速率方程——吸收总传质速率方程

气相和液相传质速率方程中均涉及相界面上的浓度(p_i、y_i、c_i、x_i),由于相界面是变化的,该参数很难获取。工程上常利用相际传质速率方程来表示吸收的速率方程,即

$$N_A = K_G(p - p^*) = \frac{p - p^*}{\dfrac{1}{K_G}} \tag{7-9}$$

$$N_A = K_Y(Y - Y^*) = \frac{Y - Y^*}{\dfrac{1}{K_Y}} \tag{7-10}$$

$$N_A = K_L(c^* - c) = \frac{c^* - c}{\dfrac{1}{K_L}} \tag{7-11}$$

$$N_A = K_X(X^* - X) = \frac{X^* - X}{\dfrac{1}{K_X}} \tag{7-12}$$

式中:c^*、X^*、p^*、Y^*——与液相主体或气相主体组成成平衡关系的浓度;

X、Y——用摩尔比表示的液相主体、气相主体的浓度;

K_L——以液相浓度差为推动力的总传质系数,m/s;

K_G——以气相浓度差为推动力的总传质系数,kmol/(m² · s · kPa);

K_X——以液相摩尔比浓度差为推动力的总传质系数,kmol/(m² · s);

K_Y——以气相摩尔比浓度差为推动力的总传质系数,kmol/(m² · s)。

采用与对流传热过程相类似的处理方法,气液相传质系数与总传质系数之间的关系举例推导如下:

$$N_A = \frac{p - p_i}{\dfrac{1}{k_G}} = \frac{c_i - c}{\dfrac{1}{k_L}} = \frac{\dfrac{c_i}{H} - \dfrac{c}{H}}{\dfrac{1}{k_L H}} = \frac{p_i - p^*}{\dfrac{1}{k_L H}} = \frac{p - p_i + p_i - p^*}{\dfrac{1}{k_G} + \dfrac{1}{k_L H}} = \frac{p - p^*}{\dfrac{1}{k_G} + \dfrac{1}{k_L H}}$$

故

$$\frac{1}{K_G} = \frac{1}{k_G} + \frac{1}{Hk_L} \tag{7-13}$$

$$N_A = \frac{p - p_i}{\dfrac{1}{k_G}} = \frac{H \cdot p - H \cdot p_i}{\dfrac{H}{k_G}} = \frac{c^* - c_i}{\dfrac{H}{k_G}} = \frac{c_i - c}{\dfrac{1}{k_L}} = \frac{c^* - c}{\dfrac{H}{k_G} + \dfrac{1}{k_L}}$$

故

$$\frac{1}{K_L} = \frac{1}{k_L} + \frac{H}{k_G} \tag{7-14}$$

可见,气液两相相际传质总阻力等于分阻力之和,总推动力等于各层推动力之和。

【例7-3】　已知某常压吸收塔某截面上气相主体中溶质 A 的分压 $p_A = 10.13$kPa,液相水溶液中 $c_A = 2.78 \times 10^{-3}$ kmol/m³,而 $k_G = 5.0 \times 10^{-6}$ kmol/(m² · s · kPa),$k_L = 1.5 \times 10^{-4}$ m/s,相平衡关系为 $p_A^* = c_A/H$。当 $H = 0.667$ kmol/(m³ · kPa) 时,求此条件下的 K_G、K_L 和 N_A。

解: $\dfrac{1}{K_G} = \dfrac{1}{k_G} + \dfrac{1}{Hk_L} = \dfrac{1}{5 \times 10^{-6}} + \dfrac{1}{0.667 \times 1.5 \times 10^{-4}} = 2.1 \times 10^5$

$$K_G = 4.76 \times 10^{-6}(kmol/(m^2 \cdot s \cdot kPa))$$

$$p_A^* = c_A/H = \frac{2.78 \times 10^{-3}}{0.667} = 4.17 \times 10^{-3}(kPa)$$

$$N_A = K_G(p_A - p_A^*) = 4.76 \times 10^{-6} \times (10.13 - 4.17 \times 10^{-3})$$

$$= 4.82 \times 10^{-5}(kmol/(m^2 \cdot s))$$

$$\frac{1}{K_L} = \frac{H}{k_G} + \frac{1}{k_L} = \frac{0.667}{5 \times 10^{-6}} + \frac{1}{1.5 \times 10^{-4}} = 1.4 \times 10^5$$

$$K_L = 7.14 \times 10^{-6}(m/s)$$

$$c_A^* = H p_A = 0.667 \times 10.13 = 6.76(kmol/m^3)$$

$$N_A = K_L(c_A^* - c_A) = 7.14 \times 10^{-6} \times (6.76 - 2.78 \times 10^{-3})$$

$$= 4.82 \times 10^{-5}(kmol/(m^2 \cdot s))$$

7.2.4 吸收阻力的控制

1. 难溶气体

对于难溶气体，H 值很小，在 k_G 和 k_L 数量级相同或接近的情况下，存在如下关系：$\frac{H}{k_G} \ll \frac{1}{k_L}$。此时吸收过程阻力的绝大部分存在于液膜之中，气膜阻力可以忽略，因而式 (7-14) 可以化为 $\frac{1}{K_L} \approx \frac{1}{k_L}$ 或 $K_L \approx k_L$，即液膜阻力控制着整个吸收过程，吸收总推动力的绝大部分用于克服液膜阻力。这种吸收称为**液膜控制吸收**。例如，用水吸收氧气、二氧化碳等过程。对于液膜控制的吸收过程，要强化传质过程，提高吸收速率，在选择设备形式及确定操作条件时，应特别注意减小液膜阻力。

2. 易溶气体

对于易溶气体，H 值很大，在 k_G 和 k_L 数量级相同或接近的情况下，存在如下关系：$\frac{1}{Hk_L} \ll \frac{1}{k_G}$。此时吸收过程阻力的绝大部分存在于气膜之中，液膜阻力可以忽略，因而式 (7-13) 可以化为 $\frac{1}{K_G} \approx \frac{1}{k_G}$ 或 $K_G \approx k_G$，即气膜阻力控制着整个吸收过程，吸收总推动力的绝大部分用于克服气膜阻力。这种吸收称为**气膜控制吸收**。例如，用水吸收氨或氯化氢等过程。对于气膜控制的吸收过程，要强化传质过程，提高吸收速率，在选择设备形式及确定操作条件时，应特别注意减小气膜阻力。

3. 中等溶解度的气体

对于具有中等溶解度的气体吸收过程，气膜阻力与液膜阻力均不可忽略。要提高吸收过程速率，必须兼顾气液两膜阻力的降低，方能达到满意的效果。

7.2.5 吸收剂的选择

在吸收操作中，吸收剂性能的优劣，常常是吸收操作是否良好的关键。在选择吸收剂时，应注意考虑以下几方面的问题：

(1) 溶解度。吸收剂对于溶质组分应具有较大的溶解度，或者说，在一定温度与浓度下,溶质组分的气相平衡分压要低。这样从平衡的角度讲,处理一定量的混合气体所需的吸收剂数量较少,吸收尾气中溶质的极限残余浓度也可降低。就传质速率而言,溶解度越大、吸收速率越大,所需设备的尺寸就越小。

(2) 选择性。吸收剂要对溶质组分有良好的吸收能力的同时,对混合气体中的其他组分基本上不吸收,或吸收甚微,否则不能实现有效的分离。

(3) 挥发度。在操作温度下,吸收剂的挥发度要小,因为挥发度越大,则吸收剂损失量越大,分离后气体中含溶剂量也越大。

(4) 黏度。在操作温度下,吸收剂的黏度越小,在塔内的流动性越好,则越有利于提高吸收速率,且有助于降低泵的输送功耗,减小吸收剂的传热阻力。

(5) 再生。吸收剂要易于再生。吸收质在吸收剂中的溶解度应对温度的变化比较敏感,即不仅低温下溶解度要大,而且随着温度的升高,溶解度应迅速下降,这样才比较容易利用解吸操作使吸收剂再生。

(6) 稳定性。吸收剂的化学稳定性要好,以免在操作过程中发生变质。

(7) 其他。吸收剂应无毒,无腐蚀性,不易燃,不易产生泡沫,冰点低,价廉易得。

工业上的气体吸收操作中,很多用水作吸收剂,只有对于难溶于水的吸收质,才采用特殊的吸收剂,如用清油吸收苯和二甲苯;有时为了提高吸收的效果,也常采用化学吸收,例如用铜氨溶液吸收一氧化碳和用碱液吸收二氧化碳等。总之,吸收剂的选用,应从生产的具体要求和条件出发,全面考虑各方面的因素,作出经济合理的选择。

7.3　吸收计算

任务目标	技能要求
• 掌握吸收全塔物料衡算式及吸收操作线方程; • 理解最小液气比,掌握吸收剂用量的确定方法; • 理解传质单元数及其意义,掌握填料层高度的计算方法。	• 能确定吸收塔吸收剂用量及塔底排出液浓度; • 能确定吸收塔的填料层高度。

在填料塔内,气液两相可做逆流也可做并流流动。在两相进出口组成相同的情况下,逆流的平均推动力大于并流。逆流时,下降至塔底的液体与刚刚进塔的混合气体接触,有利于提高出塔液体的组成,可以减少吸收剂的用量;上升至塔顶的气体与刚刚进塔的新鲜吸收剂接触,有利于降低出塔气体的含量,可提高溶质的吸收率。因此,逆流操作在工

业生产中较为多见。

7.3.1 物料衡算与操作线方程

吸收操作流程

1. 物料衡算

某稳定操作下的逆流接触吸收塔如图 7-13 所示,塔底截面用 1—1 表示,塔顶截面用 2—2 表示,塔中任一截面用 $m—n$ 表示。图中各符号意义如下:

V_B——单位时间内通过吸收塔的惰性气体量,kmol(B)/s;

L_S——单位时间通过吸收塔的吸收剂量,kmol(S)/s;

Y_1、Y_2——分别为进塔、出塔气体中溶质组分的摩尔比,kmol(A)/kmol(B);

X_1、X_2——分别为出塔、进塔液体中溶质组分的摩尔比,kmol(A)/kmol(S)。

在稳定操作条件下,V_B 和 L_S 的量没有变化;气相从进塔到出塔,吸收质的浓度是逐渐减小的;而液相从进塔到出塔,吸收质的浓度是逐渐增大的。在无物料损失时,单位时间进塔物料中溶质 A 的量等于出塔物料中 A 的量。或气相中溶质 A 减少的量等于液相中溶质增加的量,即

$$V_B Y_1 + L_S X_2 = V_B Y_2 + L_S X_1$$

图 7-13 逆流吸收塔

或

$$V_B(Y_1 - Y_2) = L_S(X_1 - X_2) \tag{7-15}$$

一般工程上,在吸收操作中进塔混合气的组成 Y_1 和惰性气体流量 V_B 是由吸收任务给定的。吸收剂初始浓度 X_2 和流量 L_S 往往根据生产工艺确定,如果溶质回收率 η 也确定,则气体离开塔时的组成 Y_2 也是定值:

$$Y_2 = Y_1(1 - \eta) \tag{7-16}$$

式中:η——混合气体中溶质 A 被吸收的百分率,称为吸收率或回收率。

$$\eta = \frac{V_B Y_1 - V_B Y_2}{V_B Y_1} = \frac{Y_1 - Y_2}{Y_1} = 1 - \frac{Y_2}{Y_1} \tag{7-17}$$

这样,通过全塔物料衡算式(7-15)便可求得塔底排出吸收液的组成 X_1。

2. 操作线方程与操作线

操作线方程,即描述塔内任一截面上气相组成 Y 和液相组成 X 之间关系的方程。从塔底截面与任意截面 $m—n$ 间作溶质组分的物料衡算,得

$$V_B Y_1 + L_S X = V_B Y + L_S X_1$$

整理得

$$Y = \frac{L_S}{V_B} X + \left(Y_1 - \frac{L_S}{V_B} X_1\right) \tag{7-18}$$

同理,在塔顶截面与任意截面 $m—n$ 间作溶质组分的物料衡算,得

$$V_B Y + L_S X_2 = V_B Y_2 + L_S X$$

整理得

$$Y = \frac{L_S}{V_B} X + \left(Y_2 - \frac{L_S}{V_B} X_2\right) \tag{7-19}$$

式(7-18)和式(7-19)均表明塔内任一截面上气液两相组成之间的关系是一直线关

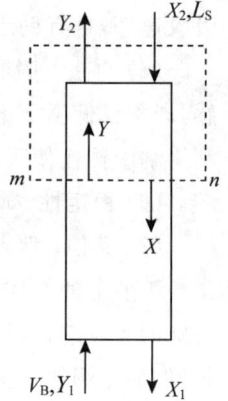

系,都是逆流吸收塔操作线方程。根据全塔物料衡算可以看出,两方程表示的是同一条直线。该直线斜率是 L_S/V_B,通过塔底 $B(X_1、Y_1)$ 及塔顶 $T(X_2、Y_2)$ 两点,见图 7-14。

图 7-14 为逆流吸收塔操作线和平衡线示意图。曲线 OE 为平衡线,BT 为操作线。操作线与平衡线之间的距离决定吸收操作推动力的大小,操作线离平衡线越远,推动力越大。操作线上任意一点 A 代表塔内相应截面上的气、液相浓度 $Y、X$ 之间的关系。在进行吸收操作时,塔内任一截面上,吸收质在气相中的浓度总是要大于与其接触的液相的气相平衡浓度,所以吸收过程操作线的位置在平衡线上方。

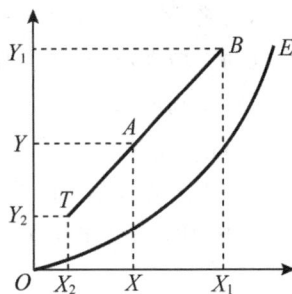

图 7-14　逆流吸收塔操作线

【例 7-4】　填料吸收塔从空气-丙酮的混合气中回收丙酮,用水作吸收剂。已知混合气入塔时丙酮蒸气体积分数为 6%,所处理的混合气量为 1400m³/h,操作温度为 293K,压力为 101.3kPa,要求丙酮的回收率为 98%,吸收剂的用量为 154kmol/h。试问:吸收塔底出口液组成为多少?

解:
$$Y_1 = \frac{y_1}{1-y_1} = \frac{0.06}{1-0.06} = 0.0638$$

$$Y_2 = Y_1(1-0.98) = 0.0638 \times 0.02 = 0.00128$$

$$V_B = \frac{PV_h(1-y_1)}{RT} = \frac{101.3 \times 1400 \times (1-0.06)}{8.314 \times 293} = 54.73(\text{kmol/h})$$

$$X_1 = \frac{V_B(Y_1-Y_2)}{L_S} + X_2 = \frac{54.73 \times (0.0638-0.00128)}{154} + 0 = 0.0222$$

7.3.2　吸收剂用量

在吸收塔的计算中,需要处理的气体流量及气相的初浓度和终浓度均由生产任务所规定。吸收剂的入塔浓度常由工艺条件决定或由设计者选定,吸收剂的用量尚有待于选择。

1. 吸收剂用量对吸收操作的影响

如图 7-15 所示,在混合气体量 V_B、进口组成 Y_1、出口组成 Y_2 及液体进口浓度 X_2 一定的情况下,操作线 T 端一定,若吸收剂量 L_S 减少,操作线斜率变小,点 B 便沿水平线 $Y = Y_1$ 向右移动,其结果是使出塔吸收液组成增大,但此时吸收推动力变小,完成同样吸收任务所需的塔高增大、设备费用增大。当吸收剂量减少到 B 点与平衡线 OE 相交时,即塔底流出液组成与刚进塔的混合气组成达到平衡。这是理论上吸收液所能达到的最高浓度,但此时吸收过程推动力为零,因而需要无限大的相际接触面积,即需要无限高的塔。

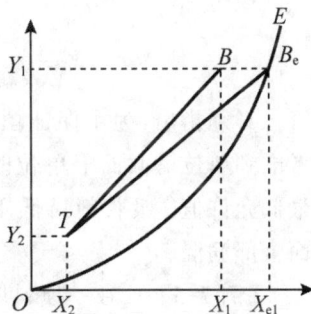

图 7-15　操作线的变化图

在实际生产上是无法实现的,只能用来表示吸收达到了一个极限。此种状况下,吸收操作线 B_eT 的斜率称为**最小液气比**,以 $(L_S/V_B)_{min}$ 表示;相应的吸收剂用量即为**最小吸收剂用量**,以 $L_{S,min}$ 表示。

反之,若增大吸收剂用量,则点 B 将沿水平线向左移动,使操作线远离平衡线,吸收过程推动力增大,有利于吸收操作。但超过一定限度后,吸收剂消耗量、输送及回收等操作费用将急剧增加。

由以上分析可见,应综合考虑吸收剂用量的大小,选择适宜的液气比,使设备费用和操作费用之和最小。根据生产实践经验,一般情况下取吸收剂用量为最小用量的 $1.1 \sim 2.0$ 倍是比较适宜的,即

$$\frac{L_{\mathrm{S}}}{V_{\mathrm{B}}} = (1.1 \sim 2)\left(\frac{L_{\mathrm{S}}}{V_{\mathrm{B}}}\right)_{\min} \tag{7-20}$$

或
$$L_{\mathrm{S}} = (1.1 \sim 2)L_{\mathrm{S},\min} \tag{7-21}$$

2. 最小液气比的求取

求取适宜的液气比,关键在于求取最小液气比。最小液气比可用图解法求得。平衡曲线符合如图 7-14 所示的情况,则需找到水平线 $Y = Y_1$ 与平衡线的交点 B^*,从而读出 X_1^* 的数值,然后用下式计算最小液气比,即

$$\left(\frac{L_{\mathrm{S}}}{V_{\mathrm{B}}}\right)_{\min} = \frac{Y_1 - Y_2}{X_1^* - X_2} \tag{7-22}$$

若平衡关系符合亨利定律,平衡曲线 OE 是直线,可用 $Y^* = mX$ 表示,则直接用下式计算最小液气比,即

$$\left(\frac{L_{\mathrm{S}}}{V_{\mathrm{B}}}\right)_{\min} = \frac{Y_1 - Y_2}{\dfrac{Y_1}{m} - X_2} \tag{7-23}$$

若平衡关系符合亨利定律,且用新鲜吸收剂吸收,即 $X_2 = 0$,则

$$\left(\frac{L_{\mathrm{S}}}{V_{\mathrm{B}}}\right)_{\min} = \frac{Y_1 - Y_2}{\dfrac{Y_1}{m}} = m\eta \tag{7-24}$$

如果平衡曲线如图 7-16 所示,最小液气比求取则应通过 T 点作相平衡曲线的切线交直线 $Y = Y_1$ 于 B' 点,读出 B' 点的横坐标 X_1' 的值,用下式计算最小液气比,即

$$\left(\frac{L_{\mathrm{S}}}{V_{\mathrm{B}}}\right)_{\min} = \frac{Y_1 - Y_2}{X_1' - X_2} \tag{7-25}$$

必须指出,为了保证填料表面能被液体充分润湿,还应考虑到单位塔截面上单位时间流下的液体量不得小于某一最低允许值。吸收剂最低用量要确保传质所需的填料层表面全部润湿。

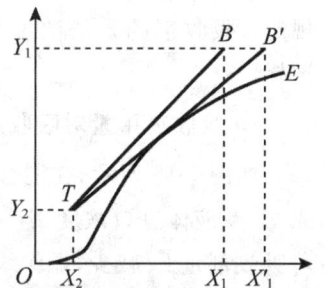

图 7-16　特殊的相平衡曲线

【例 7-5】 在一填料塔中,用洗油逆流吸收混合气体中的苯。已知混合气体的流量为 $1600\mathrm{m}^3/\mathrm{h}$,进塔气体中含苯 5%(摩尔分数,下同),要求吸收率为 90%,操作温度为 $25^\circ\mathrm{C}$,压力为 $101.3\mathrm{kPa}$,洗油进塔浓度为 0.15%,相平衡关系为 $Y^* = 26X$,操作液气比为最小液气比的 1.3 倍。试求:吸收剂用量及出塔洗油中苯的含量。

解:先将摩尔分数换算为摩尔比:

$$y_1 = 0.05, \quad Y_1 = \frac{y_1}{1 - y_1} = \frac{0.05}{1 - 0.05} = 0.0526$$

根据吸收率的定义,有

$$Y_2 = Y_1(1-\eta) = 0.0526 \times (1-0.90) = 0.00526$$

$$x_2 = 0.00015, \quad X_2 = \frac{x_2}{1-x_2} = \frac{0.00015}{1-0.00015} = 0.000150$$

混合气体中的惰性气体量为

$$V_B = \frac{1600}{22.4} \times \frac{273}{273+25} \times (1-0.05) = 62.2 \, (\text{kmol/h})$$

由于气液相平衡关系为 $Y^* = 26X$,则

$$\left(\frac{L_S}{V_B}\right)_{\min} = \frac{Y_1-Y_2}{\dfrac{Y_1}{m}-X_2} = \frac{0.0526-0.00526}{\dfrac{0.0526}{26}-0.000150} = 25.3$$

实际液气比为

$$\frac{L_S}{V_B} = 1.3\left(\frac{L_S}{V_B}\right)_{\min} = 1.3 \times 25.3 = 32.9$$

$$L_S = 32.9V_B = 32.9 \times 62.2 = 2.05 \times 10^3 \, (\text{kmol/h})$$

出塔洗油中苯的含量为

$$X_1 = \frac{V_B(Y_1-Y_2)}{L_S} + X_2 = \frac{62.2}{2.05 \times 10^3} \times (0.0526-0.00526) + 0.00015$$

$$= 1.59 \times 10^{-3} \, (\text{kmol(A)/kmol(S)})$$

7.3.3　填料层高度的计算

在许多工业吸收操作中,当进塔混合气中的溶质含量不高(如小于 10%)时,通常称为低浓度气体吸收。因被吸收的溶质量很少,流经全塔的混合气体量与液体量变化不大,由溶质的溶解热而引起塔内液体温度升高不显著,吸收可认为是在等温下进行的,因而可以不作热量衡算。因气、液两相在吸收塔内的流量变化不大,全塔流动状态基本相同,传质总系数 K_X、K_Y 可认为是常数。

1. 填料层高度的基本计算式

为了使填料吸收塔出口气体达到一定的工艺要求,就需要塔内装填一定高度的填料层以提供足够的气液两相接触面积。若在塔径已经确定的前提下,填料层高度仅取决于完成规定生产任务所需的总吸收面积和每立方米填料层所能提供的气液接触面。其关系如下:

$$Z = \frac{\text{填料层体积}\,V_p}{\text{塔截面积}\,\Omega} = \frac{\text{总吸收面积}\,A}{a\Omega} = \frac{\text{气液两相接触面积}\,A}{a\Omega} \tag{7-26}$$

式中:Z——填料层高度,m;

　　a——单位体积填料层提供的有效比表面积,m^2/m^3。

总吸收面积 A 可表示为

$$A = \frac{\text{吸收负荷}\,G_A}{\text{吸收速率}\,N_A} \tag{7-27}$$

塔的吸收负荷可依据全塔物料衡算关系求出,而吸收速率则要依据全塔吸收速率方程求得。在填料塔中任取一段高度的微元填料层,从以气相浓度差(或液相浓度差)表示

的吸收总速率方程和物料衡算出发，可导出填料层的基本计算式为

$$Z = \frac{V_B}{K_Y a \Omega} \int_{Y_2}^{Y_1} \frac{dY}{Y - Y^*} = H_{OG} \cdot N_{OG} \qquad (7-28)$$

或

$$Z = \frac{L_S}{K_X a \Omega} \int_{X_2}^{X_1} \frac{dX}{X^* - X} = H_{OL} \cdot N_{OL} \qquad (7-29)$$

其中，$H_{OG} = \dfrac{V_B}{K_Y a \Omega}$ 称为气相总传质单元高度（$H_{OL} = \dfrac{L_S}{K_X a \Omega}$ 称为液相总传质单元高度），单位 m，可以理解为一个传质单元所需要的填料层高度，是反映吸收设备效能高低的指标。与操作气液流动情况、物料性质及设备结构有关。在填料塔设计型计算中，选用分离能力强的高效填料及适宜的操作条件以提高传质系数，增加有效气液接触面积，从而减小 $H_{OG}(H_{OL})$。

$N_{OG} = \displaystyle\int_{Y_2}^{Y_1} \frac{dY}{Y - Y^*}$ 称为气相总传质单元数（$N_{OL} = \displaystyle\int_{X_2}^{X_1} \frac{dX}{X^* - X}$ 称为液相总传质单元数），无因次。它与气相进出口浓度及平衡关系有关，反映吸收任务的难易程度。当分离要求高或吸收平均推动力小时，均会使 $N_{OG}(N_{OL})$ 增大，相应的填料层高度也增加。在填料塔设计型计算中，可通过改变吸收剂的种类、降低操作温度或提高操作压力、增大吸收剂用量、减小吸收剂入口浓度等方法，以增大吸收过程的传质推动力，达到减小 $N_{OG}(N_{OL})$ 的目的。

$K_Y a(K_X a)$ 称为体积吸收总系数，单位为 $kmol/(m^3 \cdot s)$。其物理意义为：在推动力为一个单位的情况下，单位时间单位体积填料层内所吸收的溶质的量。一般通过实验测取，也可根据经验公式计算。

2. 传质单元数的求法

计算填料层的高度关键在于计算传质单元数。传质单元数的求法有解析法（适用于相平衡关系服从亨利定律的情况）、对数平均推动力法（适用于相平衡关系是直线关系的情况）、图解积分法（适用于各种相平衡关系）等。这里以 N_{OG} 的计算为例，介绍解析法和对数平均推动力法，其他方法可查阅化学工程手册。

1) 解析法

因为

$$N_{OG} = \int_{Y_2}^{Y_1} \frac{dY}{Y - Y^*} = \int_{Y_2}^{Y_1} \frac{dY}{Y - mY}$$

逆流时的吸收操作线方程可整理为

$$X = X_2 + \frac{V_B}{L_S}(Y - Y_2)$$

联立二式积分整理可得

$$N_{OG} = \frac{1}{1 - \dfrac{mV_B}{L_S}} \ln\left[\left(1 - \frac{mV_B}{L_S}\right) \frac{Y_1 - mX_2}{Y_2 - mX_2} + \frac{mV_B}{L_S} \right]$$

令 $S = \dfrac{mV_B}{L_S}$ 称为脱吸因数，是平衡线斜率与操作线斜率的比值，没有单位，则

$$N_{OG} = \frac{1}{1 - S} \ln\left[(1 - S)\frac{Y_1 - mX_2}{Y_2 - mX_2} + S \right] \qquad (7-30)$$

2）对数平均推动力法

若操作线和相平衡线均为直线,则吸收塔任意一截面上的推动力$(Y-Y^*)$对Y必有直线关系。此时,全塔的平均推动力可由数学方法推得为吸收塔填料层上、下两端推动力的对数平均值,其计算式为

$$\Delta Y_m = \frac{\Delta Y_1 - \Delta Y_2}{\ln \dfrac{\Delta Y_1}{\Delta Y_2}} = \frac{(Y_1 - Y_1^*) - (Y_2 - Y_2^*)}{\ln \dfrac{Y_1 - Y_1^*}{Y_2 - Y_2^*}} \tag{7-31}$$

同理

$$\Delta X_m = \frac{\Delta X_1 - \Delta X_2}{\ln \dfrac{\Delta X_1}{\Delta X_2}} = \frac{(X_1^* - X_1) - (X_2^* - X_2)}{\ln \dfrac{X_1^* - X_1}{X_2^* - X_2}} \tag{7-32}$$

当$\dfrac{\Delta Y_1}{\Delta Y_2} < 2$时,$\Delta Y_m \approx \dfrac{\Delta Y_1 + \Delta Y_2}{2}$;当$\dfrac{\Delta X_1}{\Delta X_2} < 2$时,$\Delta X_m \approx \dfrac{\Delta X_1 + \Delta X_2}{2}$。

全塔平均推动力已推出为ΔY_m或ΔX_m,而低浓度气体吸收时,每个截面的K_Y、K_X相差很小,即K_Y、K_X基本保持不变,则全塔总吸收速率方程为:$N_A = K_Y \Delta Y_m$或$N_A = K_X \Delta X_m$。整个填料层的总吸收负荷为:$G_A = N_A A = K_Y \Delta Y_m a\Omega Z = V_B(Y_1 - Y_2)$。

则$Z = \dfrac{V_B}{K_Y a\Omega} \dfrac{Y_1 - Y_2}{\Delta Y_m}$,与填料层的基本计算式比较后可得

$$N_{OG} = \int_{Y_2}^{Y_1} \frac{dY}{Y - Y^*} = \frac{Y_1 - Y_2}{\Delta Y_m} \tag{7-33}$$

同理

$$N_{OL} = \int_{X_2}^{X_1} \frac{dX}{X^* - X} = \frac{X_1 - X_2}{\Delta X_m} \tag{7-34}$$

【例 7-6】　某蒸馏塔顶出来的气体中含有 3.90%（体积分数）的 H_2S,其余为碳氢化合物,可视为惰性组分。用三乙醇胺水溶液吸收 H_2S,要求吸收率为 95%。操作温度为 300K,压力为 101.3kPa,平衡关系为 $Y^* = 2X$。进塔吸收剂中不含 H_2S,吸收剂用量为最小用量的 1.4 倍。已知单位塔截面上流过的惰性气体量为 0.015kmol/(m²·s),气体体积吸收系数 $K_Y a$ 为 0.040kmol/(m³·s),求所需的填料层高度。

解：　$y_1 = 0.039$,　$Y_1 = \dfrac{y_1}{1 - y_1} = \dfrac{0.039}{1 - 0.039} = 0.0406$,　$X_2 = 0$

$$Y_2 = Y_1(1 - \eta) = 0.0406 \times (1 - 0.95) = 2.03 \times 10^{-3}$$

$$\frac{V_B}{\Omega} = 0.015 \text{ kmol/(m}^2 \cdot \text{s)}$$

最小液气比：$\left(\dfrac{L_S}{V_B}\right)_{min} = \dfrac{Y_1 - Y_2}{\dfrac{Y_1}{m} - X_2} = m\eta = 2 \times 0.95 = 1.9$

液气比：$\dfrac{L_S}{V_B} = 1.4 \times \left(\dfrac{L_S}{V_B}\right)_{min} = 1.4 \times 1.9 = 2.66$

吸收剂量：$\dfrac{L_S}{\Omega} = 2.66 \times \dfrac{V_B}{\Omega} = 2.66 \times 0.015 = 0.0399(\text{kmol/(m}^2 \cdot \text{s)})$

气相总传质单元高度：$H_{OG} = \dfrac{V_B}{K_Y a\Omega} = \dfrac{0.015}{0.040} = 0.375(\text{m})$

脱吸因数：$S = \dfrac{mV_B}{L_S} = \dfrac{2}{2.66} = 0.752$

则 $$\frac{Y_1 - mX_2}{Y_2 - mX_2} = \frac{0.0406}{2.03 \times 10^{-3}} = 20$$

气相总传质单元数：

$$N_{OG} = \frac{1}{1-S}\ln\left[(1-S)\frac{Y_1 - mX_2}{Y_2 - mX_2} + S\right]$$

$$= \frac{1}{1-0.752}\ln\left[(1-0.752)\times 20 + 0.752\right] = 7.03$$

填料层高度：$Z = H_{OG} \times N_{OG} = 0.375 \times 7.03 = 2.64(\text{m})$

7.4 吸收塔的操作

🎓 任务目标	🎯 技能要求
• 知晓吸收塔工艺操作指标的调节； • 熟悉吸收塔操作异常的处理方法。	• 能进行吸收塔操作异常的分析与处理。

7.4.1 吸收操作工艺指标的调节

操作是气液两相之间的传质过程，影响吸收操作的主要因素有操作温度、压力、气体流量、吸收剂用量和吸收剂入塔浓度等。

1. 温度

吸收温度对塔的吸收率影响很大。吸收剂的温度降低，气体的溶解度增大，溶解度系数增大。对于液膜控制的吸收过程，降低操作温度，吸收过程的阻力 $\frac{1}{K_G} \approx \frac{1}{Hk_L}$ 将减小，结果使吸收效果良好，Y_2 降低，传质推动力增大。对于气膜控制的吸收过程，降低操作温度，$\frac{1}{K_G} \approx \frac{1}{k_G}$ 基本不变，但传质推动力增大，吸收效果同样变好。总之，操作温度的降低，改变了相平衡常数，对过程阻力及过程推动力都产生影响，使吸收总效果变好、溶质回收率增大。

2. 压力

提高操作压力，可以提高混合气体中溶质组分的分压，增大吸收的推动力，有利于气体吸收。但压力过高，操作难度和生产费用会增大，因此，吸收操作一般在常压下进行。若吸收后气体在高压下加工，则可采用高压吸收操作，既有利于吸收，又有利于增大吸收塔的处理能力。

3. 气体流量

在稳定的操作情况下,当气速不大时,液体做层流流动,流体阻力小,吸收速率很低;当气速增大为湍流流动时,气膜变薄,气膜阻力减小,吸收速率增大;当气速增大到液泛速度时,液体不能顺畅向下流动,造成雾沫夹带,甚至造成液泛现象。因此。稳定操作流速,是吸收高效、平稳操作的可靠保证。对于易溶气体的吸收,传质阻力通常集中在气侧,气体流量的大小及其湍动情况对传质阻力影响很大。对于难溶气体的吸收,传质阻力通常集中在液侧。此时气体流量的大小及湍动情况虽可改变气侧阻力,但对总阻力影响很小。

4. 吸收剂用量

改变吸收剂用量是调节吸收过程最常用的方法。当气体流量一定时,增大吸收剂用量,吸收速率增大,溶质吸收量增加,气体的出口浓度减小,回收率增大。当液相阻力较小时,增大吸收剂用量,传质总系数变化较小或基本不变,溶质吸收量的增大主要是由传质推动力的增加而引起,此时吸收过程的调节主要靠传质推动力的变化。当液相阻力较大时,增大吸收剂用量,传质系数大幅增加,传质速率增大,溶质吸收量增大。

5. 吸收剂入塔浓度

吸收剂入塔浓度升高,使塔内的吸收推动力减小,气体出口浓度升高。吸收剂的再循环会使吸收剂入塔浓度提高,对吸收过程不利。但有时采用吸收剂再循环可能更有利,例如当新鲜吸收剂量过小以致不能满足良好润湿填料的要求时,采用吸收剂再循环,推动力的降低可由有效比表面积和体积传质系数 K_ya 的增大得到补偿,吸收效果好;某些有显著热效应的吸收过程,吸收剂经塔外冷却后再循环可降低吸收剂的温度,相平衡常数减小,全塔吸收推动力有所提高,吸收效果好。

7.4.2 吸收操作异常的分析与处理方法

1. 吸收塔尾气溶质含量升高

(1)造成吸收塔出口气体溶质含量升高的原因主要有:① 入口混合气中溶质含量增加;② 混合气流量增大;③ 吸收剂流量减小;④ 吸收贫液中溶质含量增加;⑤ 塔性能的变化(填料堵塞、气液分布不均等)。

(2)处理的措施有:① 检查混合气中溶质的流量,如发生变化,调回原值;② 检查进入吸收塔的进气量,如发生变化,调回原值;③ 检查进入吸收塔的吸收剂流量,如发生变化,调回原值;④ 取样分析吸收贫液中溶质的含量,如含量升高,增加解吸塔汽提气流量;⑤ 如上述过程未发现异常,在不发生液泛的前提下,加大吸收剂流量,增加解吸塔汽提气流量,使吸收塔出口气体中溶质含量回到原值,同时,注意观测吸收塔内的气液流动情况,查找吸收塔性能恶化的原因。

2. 解吸塔出口吸收贫液中溶质含量升高

(1)造成吸收贫液中溶质含量升高的原因主要有:① 解吸塔汽提气流量不够;② 塔性能的变化(填料堵塞、气液分布不均等)。

(2)处理的措施有:① 检查进入解吸塔的汽提气流量,如发生变化,调回原值;② 检查解吸塔底的液封,如液封被破坏,则要恢复或增加液封高度,防止解吸气体泄漏;③如上述过程未发现异常,在不发生液泛的前提下,应加大汽提气流量,使吸收贫液中溶质含量回到原值,同时,注意观察解吸塔内气液两相的流动状况,查找塔性能恶化的原因。

7.5 其他吸收操作

任务目标	技能要求
• 了解非等温吸收、化学吸收、多组分吸收的原理及特点。	• 能根据物系的特点,选择合适的吸收方法。

前面学习了低浓度单组分的等温物理吸收的过程与操作,在此基础上,再对其他吸收过程分别作概略的介绍。

7.5.1 非等温吸收

1. 温度升高对吸收过程的影响

温度升高对吸收过程的影响主要有两个方面:

1）改变了气液平衡关系

当温度升高时,气体的溶解度降低,改变了气液平衡关系,对吸收过程不利。因此,对于溶解热很大的吸收过程,比如用水吸收氯化氢等,就必须采取措施移除热量,以控制系统温度。

2）改变吸收速率

吸收系统温度的升高,对气膜吸收系数和液膜吸收系数的影响程度是不同的,因此,温度变化对不同吸收过程吸收速率的影响也是不同的。

一般而言,温度升高使气膜吸收系数下降,故对于由气膜控制的吸收过程,应尽可能在较低的温度下操作。

对于液膜控制的吸收过程,温度的升高将有利于吸收过程的进行。因为,温度升高,液体的黏度减小,扩散系数增大,因此液膜吸收系数增大。

一般情况下,温度对液膜吸收系数的影响程度要比气膜吸收系数大得多,而且对于化学吸收,温度升高还可加快反应速率,所以对于某些由液膜控制的吸收过程及化学吸收过程,适当提高吸收系统的温度,对提高吸收速率是有利的。

2. 实际平衡线的确定

吸收塔内液体温度在沿塔向下流动过程中逐渐上升,特别是流到近塔底处时,气体浓度大、吸收速率快,温度的上升也最明显,这使平衡曲线越来越陡。因此,在热效应较大时,吸收塔内的实际平衡曲线不应按塔顶、塔底的平均温度来计算,而应当从塔顶到塔底逐步地由液体浓度变化的热效应算出其温度,再作出实际平衡线。

如图 7-17 所示为用水绝热吸收氨气时由于系统温度升高而使平衡曲线位置逐渐变化的情况。水在进入塔顶时温度为 20℃,在沿填料表面下降的过程中不断吸收氨气,其组成和温度互相对应地逐渐升高。由氨在水中的溶解热数据便可确定某液相组成下的液相温度,进而可确定该条件下的平衡点,再将各点

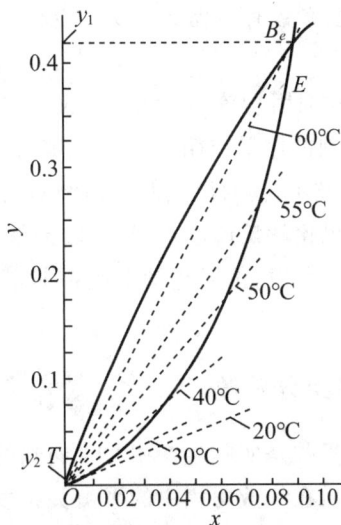

图 7-17　非等温吸收的平衡线及最小液气比时的操作线

连接起来即可得到变温情况下的平衡曲线,如图 7-17 中曲线 OE 所示。

7.5.2　化学吸收

在实际生产中,多数吸收过程都伴有化学反应。伴有显著化学反应的吸收过程称为**化学吸收**。例如用 $NaOH$ 或 $NaCO_3$、$NH_3 \cdot H_2O$ 等水溶液吸收 CO_2 或 SO_2、H_2S,以及用硫酸吸收氨等,都属于化学吸收。

溶质首先由气相主体扩散至气液界面,随后在由界面向液相主体扩散的过程中,与吸收剂或液相中的其他某种活泼组分发生化学反应。因此,溶质的浓度沿扩散途径的变化情况不仅与其自身的扩散速率有关,而且与液相中活泼组分的反向扩散速率、化学反应速率以及反应产物的扩散速率等因素有关。这就使得化学吸收的速率关系十分复杂。总的来说,由于化学反应消耗了进入液相中的溶质,使溶质的有效溶解度增大而平衡分压降低,增大了吸收过程的推动力;同时,溶质在液膜内扩散中途由于发生化学反应而消耗,使传质阻力减小,吸收系数相应增大。所以,发生化学反应总会使吸收速率得到不同程度的提高。但是,提高的程度又依不同情况而有很大差异。

当液体中活泼组分的浓度足够大,而且发生的是快速不可逆反应时,溶质组分进入液相后立即反应而被消耗掉,则界面上的溶质分压为零,吸收过程速率为气膜中的扩散阻力所控制,可按气膜控制的物理吸收计算。例如,硫酸吸收氨的过程即属此种情况。

当反应速率较低致使反应主要在液相主体中进行时,吸收过程中气液两膜的扩散阻力均未有所变化,仅在液相主体中因化学反应而使溶质浓度降低,过程的总推动力较单纯物理吸收为大。例如,碳酸钠水溶液吸收二氧化碳的过程即属此种情况。

当情况介于上述二者之间时的吸收速率计算,目前仍无可靠的一般方法,设计时往往依靠实测数据。

综上所述,化学吸收与物理吸收相比具有以下特点:

(1) 吸收过程的推动力增大。

（2）传质系数有所提高。以上特点使化学吸收特别适用于难溶气体的吸收，即液膜控制系统。

（3）吸收剂用量较小。化学吸收中单位体积吸收剂往往能吸收大量的溶质，故能有效地减少吸收剂的用量或循环量，从而降低能耗及某些有价值的惰性气体的溶解损失。

但是，化学吸收的优点并非是绝对的，主要在于化学反应虽有利于吸收，但往往不利于解吸。如果化学反应不可逆，吸收剂就不能循环使用；此外，反应速率的快慢也会影响吸收的效果。所以，选择化学吸收剂时既要注意有较快的反应速率，又要注意反应的可逆性。

7.5.3 多组分吸收

多组分吸收是实际生产中最常遇到的情况。在多组分吸收过程中，由于其他组分的存在使得溶质在气液两相中的平衡关系发生了变化，所以多组分吸收的计算较单组分吸收过程复杂。但对于喷淋量很大的低浓度气体吸收，可以忽略溶质间的相互干扰，其平衡关系仍可认为服从亨利定律，因而可分别对各吸收质组分进行计算。不同吸收质组分的相平衡常数不相同，在进、出吸收设备的气体中各组分的含量也不相同，因此，每一吸收质组分都有平衡线和操作线。这样，按不同吸收质组分计算出的填料层高度是不相同的。为此，工程上提出了"关键组分"的概念。

关键组分是指在吸收操作中必须首先保证其吸收率达到预定指标的组分。如处理石油裂解气中的油吸收塔，其主要目的是回收裂解气中的乙烯，乙烯即为此过程的关键组分，生产上一般要求乙烯的回收率为 $98\% \sim 99\%$，这是必须保证达到的。因此，此过程虽属多组分吸收，但在计算时，可视为用油吸收混合气中乙烯的单组分吸收过程。

在多组分吸收过程中，为了提高吸收液中溶质的含量，可以采用吸收蒸出流程，如图 7-18 所示为用油吸收分离裂解气，该塔的上部是吸收塔，下部是汽提塔，裂解气由塔的中部进入，用 C_4 馏分作吸收液，吸收裂解气中的 $C_1 \sim C_3$ 馏分，吸收液通过下塔段蒸出 CH_4、H_2 等气体，使塔釜处得到纯度较高的 $C_2 \sim C_3$ 馏分。塔釜处抽出的吸收液进入 $C_2 \sim C_3$ 分离塔，使油分达到分离目的。

在单组分吸收过程中，若惰性气体也稍有溶解，实际上也是多组分吸收过程。例如合成氨厂以加压吸收的方法从变换气中脱除 CO_2 时，N_2、H_2 等气体也稍有溶解，造成了 N_2 和 H_2 的损失以及回收的 CO_2 纯度不高。这些问题有时可用多级减压解吸的方法解决。由于难溶气体的亨利系数大，在减压解吸时优先释放，故可设置中压解吸装置以回收 N_2 和 H_2，然后在低压下解吸回收 CO_2 气体。

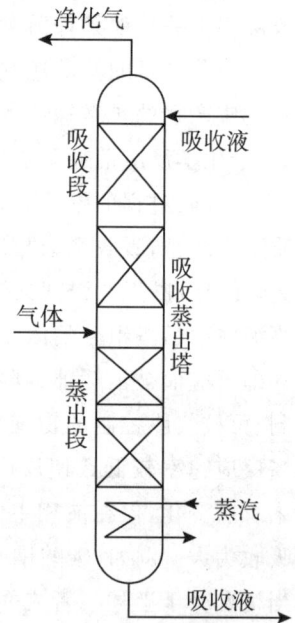

图 7-18 吸收蒸出流程

◆ 习题

一、选择题

1. 下列不属于填料特性的是( )。

A. 比表面积　　　　B. 空隙率　　　　C. 填料因子　　　　D. 填料密度

2. 吸收操作中,气流若达到( ),将有大量液体被气流带出,操作极不稳定。

A. 液泛气速　　　　B. 空塔气速　　　　C. 载点气速　　　　D. 临界气速

3. 对气体吸收有利的操作条件应是( )。

A. 低温＋高压　　　B. 高温＋高压　　　C. 低温＋低压　　　D. 高温＋低压

4. 下述说法错误的是( )。

A. 溶解度系数 H 值很大,为易溶气体　　　B. 亨利系数 E 值越大,为易溶气体

C. 亨利系数 E 值越大,为难溶气体　　　　D. 平衡常数 m 值越大,为难溶气体

5. 当 $X^* > X$ 时,( )。

A. 发生吸收过程　　　　　　　　B. 发生解吸过程

C. 吸收推动力为零　　　　　　　D. 解吸推动力为零

6. 根据双膜理论,用水吸收空气中的氨的吸收过程是( )。

A. 气膜控制　　　　B. 液膜控制　　　　C. 双膜控制　　　　D. 不能确定

7. 吸收过程中一般多采用逆流操作,主要是因为( )。

A. 流体阻力最小　　　　　　　　B. 传质推动力最大

C. 流程最简单　　　　　　　　　D. 操作最方便

8. 最小液气比( )。

A. 在生产中可以达到　　　　　　B. 是操作线斜率

C. 均可用公式进行计算　　　　　D. 可作为选择适宜液气比的依据

9. 传质单元数只与物系的( )有关。

A. 气体处理量　　　　　　　　　B. 吸收剂用量

C. 气体的进口、出口浓度和推动力　D. 吸收剂进口浓度

10. 填料塔以清水逆流吸收空气-氨混合气体中的氨。当操作条件一定时(Y_1、L、V 都一定时),若塔内填料层高度 Z 增加,而其他操作条件不变,则出口气体的浓度 Y_2 将( )。

A. 上升　　　　B. 下降　　　　C. 不变　　　　D. 无法判断

11. 吸收塔尾气超标,可能引起的原因是( )。

A. 塔压增大　　　　　　　　　　B. 吸收剂降温

C. 吸收剂用量增大　　　　　　　D. 吸收剂纯度下降

二、填空题

1. 吸收操作的目的是分离_____。

2. 填料支承装置是填料塔的主要附件之一,要求支承装置的自由截面积应 ＿＿＿＿＿＿＿＿ 填料层的自由截面积。

3. 可改善液体的壁流现象的装置是 ＿＿＿＿＿＿＿＿＿＿＿。

4. 填料吸收塔正常操作时的气体流速必须大于 ＿＿＿＿＿＿＿＿＿ ,小于 ＿＿＿＿＿＿＿＿＿。

5. 吸收的极限是由 ＿＿＿＿＿＿＿＿＿＿＿ 决定的。

6. 溶解度较小时,气体在液相中的溶解度遵守 ＿＿＿＿＿＿＿＿ 定律。

7. 对于难溶气体,如欲提高其吸收速率,较有效的手段是 ＿＿＿＿＿＿＿＿＿＿＿＿＿。

8. 选择适宜的 ＿＿＿＿＿＿＿＿ 是吸收分离高效而又经济的主要因素。

9. 在进行吸收操作时,吸收操作线总是位于平衡线的 ＿＿＿＿＿＿＿＿＿＿。

10. 低浓度的气膜控制系统,在逆流吸收操作中,若其他条件不变,当入口液体组成增高时,则气相出口组成将 ＿＿＿＿＿＿＿＿＿＿。

三、计算题

1. 空气和 SO_2 的混合气,总压为 101.3kPa,其中 SO_2 的分压为 15kPa,试求 SO_2 在该混合气中的摩尔分数、摩尔比及混合气的摩尔质量。

2. 在 25℃ 和常压下,氨水溶液的相平衡关系为 $p^* = 93.90x$ kPa。试求:(1)100g 水中溶解 1g 氨时溶液上方氨气的平衡分压;(2)相平衡常数 m。

3. 设在 101.3kPa、20℃ 下,稀氨水的相平衡方程为 $y^* = 0.94x$,现将含氨摩尔分数为 10% 的混合气体与 $x = 0.05$ 的氨水接触,试判断传质方向,并计算传质推动力。

4. 某逆流吸收塔用纯溶剂吸收混合气体中的可溶组分,气体入塔组成为 0.06(摩尔比),要求吸收率为 90%,操作液气比为 2,求出塔溶液的组成。

5. 吸收塔中用清水吸收空气中含氨的混合气体,逆流操作,气体流量为 5000m³(标准)/h,其中氨含量为 10%(体积分数),回收率为 95%,操作温度为 293K,压力为 101.33kPa。已知操作液气比为最小液气比的 1.5 倍,操作范围内 $Y^* = 26.7X$。试求:用水量为多少?

6. 空气与氨的混合气体,总压为 101.33kPa,其中氨的分压为 1333Pa,用 20℃ 的水吸收混合气中的氨,要求氨的回收率为 99%,每小时的处理量为 1000kg 空气。物系的平衡关系列于表 7-4 中,若吸收剂用量取最小用量的 2 倍。试求:每小时送入塔内的水量。

表 7-4　习题计算题 6 附表

溶液浓度 /(g NH_3/100g H_2O)	2	2.5	3
分压 /Pa	1600	2000	2427

7. 在总压为 101.3kPa、温度为 20℃ 的条件下,在填料塔内用水吸收混合空气中的二氧化碳,塔内某一截面处的液相组成为 $x = 0.00065$,气相组成为 $y = 0.03$(均为摩尔分数),气膜吸收系数 $k_G = 1.0 \times 10^{-6}$ kmol/(m² · s · kPa),液膜吸收系数 $k_L = 8.0 \times 10^{-6}$ m/s,若 20℃ 时二氧化碳溶液的亨利系数为 $E = 3.54 \times 10^3$ kPa。(1)求该截面处的总推动力 Δp、Δy、Δx 及相应的总吸收系数;(2)求该截面处的吸收速率;(3)计算说明该吸

收过程的控制因素；（4）若操作压力提高到 $1013kPa$，求吸收速率提高的倍数。

8. 某填料吸收塔用含溶质 $x_2 = 0.0002$ 的溶剂逆流吸收混合气中的可溶组分，采用液气比为3，气体入口摩尔分数 $y_1 = 0.01$，回收率可达 90%，已知物系的平衡关系为 $y^* = 2x$。今因解吸不良，使吸收剂入口摩尔分数 x_2 升至 0.00035。求：（1）可溶组分的回收率下降至多少？（2）液相出塔摩尔分数升至多少？

9. 流率为 $1.26kg/s$ 的空气中含氨 0.02（摩尔比，下同），拟用塔径 $1m$ 的吸收塔回收其中 90% 的氨。塔顶淋入摩尔比为 4×10^{-4} 的稀氨水。已知操作液气比为最小液气比的 1.5 倍，操作范围内 $Y^* = 1.2X$，$K_Ya = 0.052kmol/(m^3 \cdot s)$。求所需的填料层高度。

10. 某生产车间使用一填料塔，用清水逆流吸收混合气中的有害组分 A，已知操作条件下，气相总传质单元高度为 $1.5m$，进料混合气组成为 0.04（组分 A 的摩尔分数，下同），出塔尾气组成为 0.0053，出塔水溶液浓度为 0.0128，操作条件下的平衡关系为 $Y^* = 2.5X$（X、Y 均为摩尔比）。试求：（1）L_S/V_B 为 $(L_S/V_B)_{min}$ 的多少倍？（2）所需填料层高度。

思考题

1. 吸收和精馏过程的本质区别在哪里？

2. 什么是液泛现象？吸收塔液泛应如何处理？

3. 填料及填料塔各主要部件的功能是什么？

4. 影响填料性质的因素有哪些？

5. 温度和压力对吸收塔操作的影响是什么？

6. 什么是双膜理论？简述双膜理论的三个假设。

7. 什么是气膜控制？什么是液膜控制？气膜控制时，应怎样强化吸收速率？液膜控制时，应怎样强化吸收速率？

8. 如何选择适宜的吸收剂？

9. 什么是最小液气比？什么是操作液气比？若操作液气比小于最小液气比，吸收塔还能否操作？为什么？

10. 简述传质单元高度和传质单元数的物理意义。

11. 某逆流吸收塔，用纯溶剂吸收惰性气体中的溶质组分。若 L_S、V_B、T、P 等不变，进口气体溶质含量 Y_1 增大。问：（1）N_{OG}、Y_2、X_2、η 如何变化？（2）采取何种措施可使 Y_2 达到原工艺要求？

12. 某吸收过程为气膜控制，在操作过程中，若入口气量增加，其他操作条件不变，问 N_{OG}、Y_2、X_2 将如何变化？

13. 已知连续逆流吸收过程中的 y_1、x_2 和平衡常数 m，试用计算式表示出塔底出口溶液最大浓度和塔顶出口气体最低浓度（均指溶质的摩尔浓度）。

主要符号说明

英文字母

符号	意义	计量单位
a	单位体积填料的有效传质面积或填料的润湿面积	m^2/m^3
a_t	填料的比表面积	m^2/m^3
c_A	组分 A 的浓度	$kmol/m^3$
E	亨利系数	kPa
H	溶解度系数	$kmol/(m^3 \cdot kPa)$
H_{OG}、H_{OL}	气相、液相总传质单元高度	m
K	总传质系数	$kmol/(m^2 \cdot s \cdot \Delta)$
K_G、K_y、K_Y	分别以 Δp、Δy 和 ΔY 表示推动力时的气相总传质系数	
K_L、K_x、K_X	分别以 Δc、Δx 和 ΔX 表示推动力时的液相总传质系数	
k	传质分系数	$kmol/(m^2 \cdot s \cdot \Delta)$
k_G、k_y、k_Y	分别以 Δp、Δy 和 ΔY 表示推动力时的气相传质分系数	
k_L、k_x、k_X	分别以 Δc、Δx 和 ΔX 表示推动力时的液相传质分系数	
L_S	单位时间内通过吸收塔的吸收剂量	$kmol/s$
m	相平衡常数	
N_A	组分 A 的分子传质速率	$kmol/(m^2 \cdot s)$
N_{OG}、N_{OL}	气相、液相总传质单元数	
p^*	溶质在气相中的平衡分压	kPa
S	脱吸因数	
u	空塔气速	m/s
u_f	泛点气速	m/s
x、y	溶质在液相、气相中的摩尔分数	

符号	意义	计量单位
x^*、y^*	相平衡时溶质在液相、气相中的摩尔分数	
X、Y	溶质在液相、气相中的摩尔比	
X^*、Y^*	相平衡时溶质在液相、气相中的摩尔比	
ΔX_{m}、ΔY_{m}	以液相、气相摩尔比表示的平均相际传质推动力	
Z	填料层高度	m

希腊字母

符号	意义	计量单位
Ω	塔截面积	m^2
Δ	传质推动力	
φ	填料因子	m^{-1}
ε	空隙率	
η	吸收率	

项目八 液-液萃取技术

利用原料液中各组分在适当溶剂中溶解度的差异而实现混合液中组分分离的过程称为液-液萃取，又称溶剂萃取。液-液萃取是 20 世纪 30 年代出现的一种新的液体混合物分离技术，广泛应用于石油化工、生物化工、精细化工及环保等领域。随着萃取应用领域的不断扩展，近年来又出现了如回流萃取、双溶剂萃取、反应萃取、超临界萃取及液膜分离等技术，使得萃取成为分离液体混合物重要的操作单元之一。

8.1 概述

任务目标	技能要求
• 了解萃取操作的特点及工业应用； • 熟练掌握萃取过程的原理； • 熟练掌握各种萃取操作的基本流程。	• 能辨识常见的萃取操作设备； • 能绘制并说明萃取的工艺流程简图。

在分离混合液的工业操作中，当精馏与萃取均可应用时，其选择的依据主要是经济性。一般在以下情况下，采用萃取方法更为有利：① 混合液中各组分的沸点很接近或形成恒沸混合物；② 分离的组分浓度很低且很难挥发；③ 热敏性很高的混合液组分的分离。

8.1.1 萃取的原理

对于液体混合物的分离，除可采用蒸馏方法外，还可以仿照吸收的方法，即在液体混合物（原料）中加入与其不完全混溶的液体溶剂，形成液-液两相，利用液体混合物中各组分在两液相中溶解度的差异而达到分离的目的，称为液-液萃取，简称萃取。

萃取过程中所用的溶剂，称为萃取剂，以 S 表示；混合液中的溶剂，称为稀释剂，又称原溶剂，以 B 表示；混合液中待分离的组分可以是挥发性物质（混合液称为挥发性混合液）或非挥发性物质（如无机盐类），称为溶质，以 A 表示。相对稀释剂而言，萃取剂应对溶质有较大的溶解能力，同时又与稀释剂不互溶或部分互溶。萃取的结果是萃取剂提取了溶质成为萃取相，然后通过精馏或反萃取等方法进行分离，得到溶质产品和溶剂，萃取剂供循环使用；分离出溶质的混合液称为萃余相，萃取相通常含有少量萃取剂，需用适当的分离方法回收萃取剂后排放。若萃取时萃取剂和原料液中的各组分间无化学反应，则称为物理萃取；否则，称为化学萃取。本章节只讨论三组分、物理、液-液萃取过程。

8.1.2　萃取的工业应用

液-液萃取操作于20世纪初开始实现工业化，1903年用于液态 SO_2 萃取芳烃以精制灯用煤油，随后在1930年又用于精制润滑油。20世纪40年代后期，由于生产核燃料的需要，促进了萃取操作的研究开发。现今液-液萃取已在石油、化工、医药、有色金属冶炼等工业中得到广泛应用，在环保（污水处理）方面也显示出其优越性。其应用范围介绍如下。

1. 分离沸点相近或形成恒沸物的混合液

如在石油化工中，从催化重整和烃类裂解得到的汽油中回收轻质芳烃（苯、甲苯、各种二甲苯），由于轻质芳烃与相近碳原子数的非芳烃沸点相差很小（如苯的沸点为80.1℃，环己烷的沸点为80.74℃，2,2,3-三甲基丁烷的沸点为80.88℃），有时还会形成共沸物，因此不能用普通精馏方法分离。此时可采用二乙二醇醚（二甘醇）、环丁砜等作萃取剂，用液-液萃取方法回收得到纯度很高的芳烃。

2. 分离热敏性混合液

对某些热敏性物料的混合液，用普通蒸馏方法容易受热分解、聚合或发生其他化学变化，可采取液-液萃取方法进行分离。如制药生产中用液态丙烷在高压下从植物油或动物油中萃取维生素和脂肪酸等。

3. 稀溶液中溶质的回收或含量极少的贵重物质的回收

从稀溶液特别是水溶液中回收溶质，若采用蒸馏或蒸发过程，耗热很大，极不经济，因此常选用液-液萃取。例如，用苯作萃取剂从苯甲酸水溶液中萃取苯甲酸，用苯、二甲苯、醋酸丁酯、二烷基乙酰胺等作萃取剂来处理焦化厂、染化厂的含酚废水。又如，铀化物的提取与天然香精的提取等。

4. 多种离子的分离

如矿物浸取液的分离和净制，锆和铪、钽和铌等性质相近、极难分离的金属离子混合物的分离等。

5. 高沸点有机物的分离

有些有机物的沸点很高，若采用高真空蒸馏方法，其技术要求高，能耗也高，因此可选用萃取方法分离。如用乙酸萃取植物油中的油酸。

对于不同情况下的液体混合物进行分离，是采用蒸馏还是液-液萃取，往往要进行详细的技术经济比较。这是因为采用质量分离剂时，质量分离剂（萃取操作中为萃取剂）的再生与溶质的进一步分离都需额外增加设备投资和消耗能量。

8.1.3　工业萃取的流程

1. 单级萃取流程

单级萃取是液-液萃取中最简单的操作形式，一般用于间歇操作，也可以进行连续操作,如图 8-1 所示。原料液 F 与萃取剂 S 一起加入混合器 1 内,并用搅拌器加以搅拌,使两种液体充分混合,然后将混合液 M 引入分离器 2,经静置后分层,萃取相进入分离器 3,经分离后获得萃取剂 S 和萃取液 E′,萃余相 R 进入分离器 4,经分离后获得萃取剂 S 和萃余液 R′,分离器 3 和分离器 4 的萃取剂 S 循环使用。

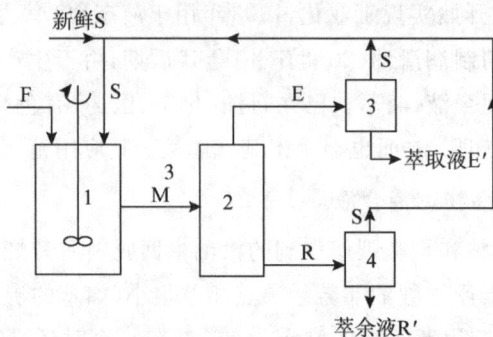

1—混合器；2—分离器；3—萃取相分离器；4—萃余相分离器。

图 8-1　单级萃取流程

单级萃取操作不能对原料液进行较完全的分离,萃取液 E′ 的浓度不高,萃余液 R′ 中仍含有较多的溶质 A。该操作流程简单,可以是间歇式的也可以是连续式的,在化工生产中仍有广泛应用。特别是当萃取剂分离能力大、分离效果好,或工艺对分离要求不高时,采用此种流程更为合适。

2. 多级错流萃取的流程

多级错流萃取的流程如图 8-2 所示。在多级错流萃取操作中,每级都加入新鲜溶剂,前级的萃余相为后级的原料,这种操作方式的传质推动力大,只要级数足够多,最终可得到溶质组成很低的萃余相,但溶剂的用量很多。图 8-2 中,S_1,S_2,$\cdots$,S_n 表示加入每一级的萃取剂用量；X_1,X_2,$\cdots$,X_n 表示每一级中萃余相的溶质组分的浓度(质量比)；Y_1,Y_2,$\cdots$,Y_n 表示每一级中萃取相的溶质组分的浓度(质量比)。

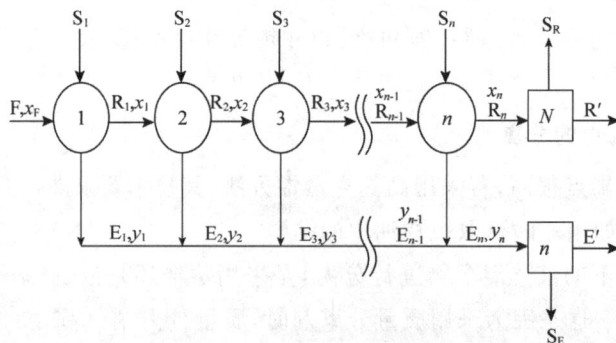

图 8-2　多级错流萃取流程

3. 多级逆流萃取的流程

多级逆流萃取操作一般是连续的,其分离效率高、溶剂用量少,故在工业中得到广泛的应用。图 8-3 为多级逆流萃取操作流程示意图。萃取剂一般是循环使用的,其中常含有少量的组分 A 和 B,故最终萃余相中可达到的溶质最低组成受溶剂中溶质组成的限制,最终萃取相中溶质的最高组成受原料液中溶质组成的制约。

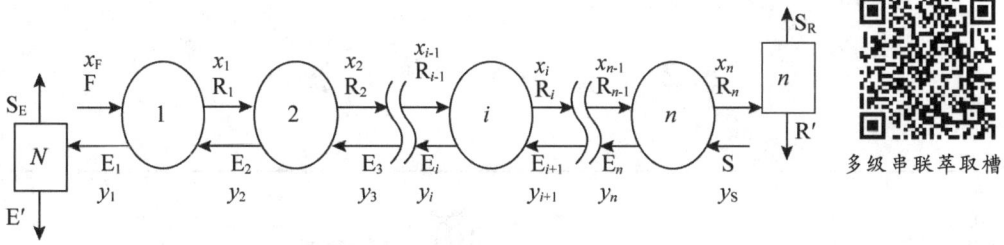

多级串联萃取槽

图 8-3　多级逆流萃取操作流程

多级逆流萃取的特点:料液走向和萃取剂走向相反,只在最后一级中加入萃取剂,和错流萃取相比,萃取剂消耗少,萃取液产物平均浓度高,产物收率最高。在工业上除非有特殊理由,否则应采用多级逆流萃取流程。

4. 微分逆流萃取

微分逆流萃取主要在塔式设备(填料塔、振动筛板塔)内进行。塔式萃取设备内,料液和萃取剂逆流流动,并在连续逆流过程中进行萃取。两相的分离是在塔的两端实现的,如图 8-4 所示。

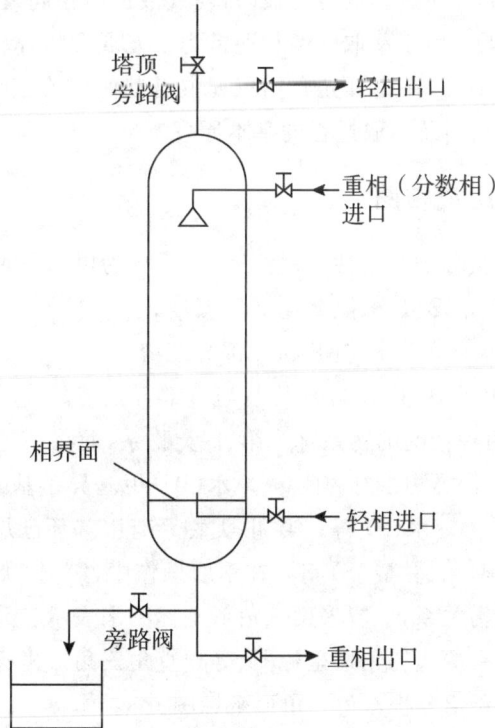

图 8-4　微分逆流萃取

8.2　液-液相平衡关系

<table>
<tr>
<td>

任务目标

- 熟练掌握三元物系组成、液-液平衡关系、萃取过程在三角形相图中的表示方法；
- 掌握萃取剂的选择原则；
- 熟练掌握萃取剂和原溶剂在部分互溶和不互溶两种情况下的单级萃取计算。

</td>
<td>

技能要求

- 能根据三元物系的液-液平衡关系，正确计算相应的选择性系数；
- 能够根据相平衡关系、物质特性等正确选择合适的萃取剂。

</td>
</tr>
</table>

液-液相平衡是萃取传质过程进行的极限，与气液传质相同，在讨论萃取之前，首先要了解液-液的相平衡问题。由于萃取的两相通常为三元混合物，故其组成和相平衡的图解表示法与前述气液传质不同，在此首先介绍三元混合物组成在三角形坐标图上的表示方法，然后介绍液-液平衡相图及萃取过程的基本原理。

8.2.1　三元物系的组成相图

根据萃取操作中各组分的互溶性，可将三元物系分为以下三种情况：

① 溶质 A 可完全溶于 B 及 S，但 B 与 S 不互溶；

② 溶质 A 可完全溶于 B 及 S，但 B 与 S 部分互溶；

③ 溶质 A 可完全溶于 B，但 A 与 S 及 B 与 S 部分互溶。

习惯上，将①、②两种情况的物系称为第 Ⅰ 类物系，而将③情况的物系称为第 Ⅱ 类物系。工业上常见的第 Ⅰ 类物系有丙酮（A）-水（B）-甲基异丁基酮（S）、醋酸（A）-水（B）-苯（S）及丙酮（A）-氯仿（B）-水（S）等；第 Ⅱ 类物系有甲基环己烷（A）-正庚烷（B）-苯胺（S）、苯乙烯（A）-乙苯（B）-二甘醇（S）等。在萃取操作中，第 Ⅰ 类物系较为常见，以下主要讨论这类物系的相平衡关系，一般采用三角形坐标图来表示三元混合物的平衡关系。

三角形坐标图通常有等边三角形坐标图、等腰直角三角形坐标图、非等腰直角三角形坐标图三种。本章主要介绍等腰直角三角形坐标图。

在三角形坐标图中，混合物的组成可以用质量分数、摩尔分数和体积分数表示，常用质量分数表示。习惯上，在三角形坐标图中，AB 边以 A 的质量分数作为标度，BS 边以 B 的质量分数作为标度，SA 边以 S 的质量分数作为标度。三角形坐标图的每个顶点分别代表一个纯组分，即顶点 A 表示纯溶质 A，顶点 B 表示纯原溶剂（稀释剂）B，顶点 S 表示纯萃取剂 S。三角形坐标图三条边上的任一点代表一个二元混合物系，第三组分的组成为零。

例如在图 8-5 中，AB 边上的 E 点，表示由 A、B 组成的二元混合物系，由图可读得：A 的组成为 0.40，则 B 的组成为 $(1.0 - 0.40) = 0.60$，S 的组成为零。

三角形坐标图内任一点代表一个三元混合物系。例如 M 点即表示由 A、B、S 三个组分组成的混合物系。其组成可按下法确定：过点 M 分别作对边的平行线 ED、HG、KF，则由点 E、G、K 可直接读得 A、B、S 的组成分别为：$w_A = 0.4$、$w_B = 0.3$、$w_S = 0.3$；也可由点 D、H、F 读得 A、B、S 的组成。在诸三角形坐标图中，等腰直角三角形坐标图可直接在普通直角坐标纸上进行标绘，且读数较为方便，故目前多采用等腰直角三角形坐标图。在实际应用时，一般首先由两直角边的标度读得 A、S 的组成 w_A 及 w_S，再根据归一化条件求得 w_B。

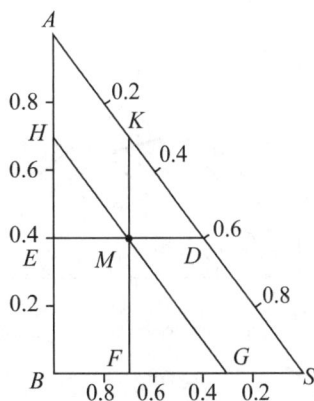

图 8-5　三角形相图

8.2.2　萃取过程的相平衡

1. 溶解度曲线及联结线

以溶质 A 可完全溶于 B 及 S，但 B 与 S 为部分互溶为例，说明其溶解过程。其平衡相图如图 8-6 所示。此图是在一定温度下绘制的，图中曲线 $R_0R_1R_2R_iR_nKE_nE_iE_2E_1E_0$ 称为**溶解度曲线**，该曲线将三角形相图分为两个区域：曲线以内的区域为两相区，以外的区域为均相区。位于两相区内的混合物分成两个互相平衡的液相，称为共轭相，联结两共轭液相相点的直线称为联结线，如图中的 R_iE_i 线 $(i = 0, 1, 2, \cdots, n)$。显然萃取操作只能在两相区内进行。

溶解度曲线可通过下述实验方法得到：在一定温度下，将组分 B 与组分 S 以适当比例相混合，使其总组成位于两相区，设为 M，则达平衡后必然得到两个互不相溶的液层，其相点为 R_0、E_0。在恒温下，向此二元混合液中加入适量的溶质 A 并充分混合，使之达到新的平衡，静置分层后得到一对共轭相，其相点为 R_1、E_1，然后继续加入溶质 A，重复上述操作，即可以得到 $n+1$ 对共轭相的相点 R_i、$E_i(i = 0, 1, 2, \cdots, n)$，当加入 A 的量使混合液恰好由两相变为一相时，其组成点用 K 表示，K 点称为混溶点或分层点。联结各共轭相的相点及 K 点的曲线即为实验温度下该三元物系

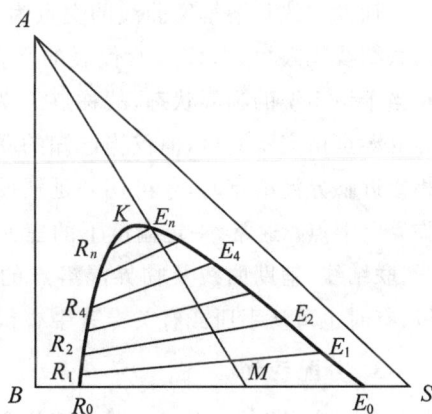

图 8-6　溶解度曲线和联结线

的溶解度曲线。一定温度下，第 Ⅱ 类物系的溶解度曲线和联结线见图 8-7。

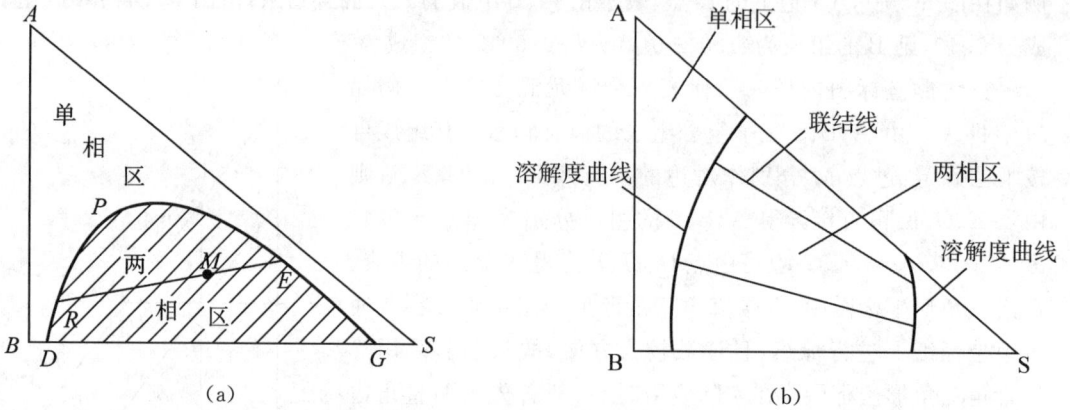

图 8-7　第 Ⅱ 类物系的溶解度曲线

2. 辅助曲线和临界混溶点

一定温度下,测定体系的溶解度曲线时,实验测出的联结线的条数(即共轭相的对数)总是有限的,此时为了得到任意已知平衡液相的共轭相的数据,常借助辅助曲线(亦称共轭曲线)。

辅助曲线的作法如图 8-8 所示,通过已知点 R_1,R_2,… 分别作 BS 边的平行线,再通过相应联结线的另一端点 E_1,E_2,… 分别作 AB 边的平行线,各线分别相交于点 F,G,… 联结这些交点所得的平滑曲线即为**辅助曲线**。利用辅助曲线可求任意已知平衡液相的共轭相。如图 8-8 所示,设 R 为已知平衡液相,自点 R 作 BS 边的平行线交辅助曲线于点 J,自点 J 作 AB 边的平行线,交溶解度曲线于点 E,则点 E 即为 R 的共轭相点。

辅助曲线与溶解度曲线的交点为 P,显然通过 P 点的联结线无限短,即该点所代表的平衡液相无共轭相,相当于该系统的临界状态,故称点 P 为**临界混溶点**。临界混溶点由实验测得,但仅当已知的联结线很短即共轭相接近临界混溶点时,才可用外延辅助曲线的方法确定临界混溶点。通常,一定温度下的三元物系的溶解度曲线、联结线、辅助曲线及临界混溶点的数据均由实验测得,有时也可从手册或有关专著中查得。

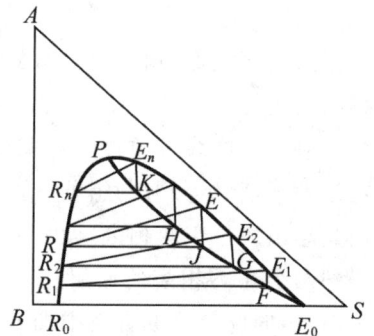

图 8-8　辅助曲线的做法图

3. 分配系数

在一定温度下,当三元混合液的两个液相达平衡时,溶质 A 在 E 相与 R 相中的组成之比称为分配系数,以 k_A 表示。同样,对于组分 B 也可写出相应的表达式,即

$$k_A = \frac{\text{组分 A 在 E 相中的组成}}{\text{组分 A 在 R 相中的组成}} = \frac{w_{EA}}{w_{RA}} = \frac{y}{x} \tag{8-1}$$

式中:$y = w_{EA}$——萃取相 E 中组分 A 的质量分数;

$x = w_{RA}$——萃余相 R 中组分 A 的质量分数。

式(8-1)中的分配系数表达了组分在两个平衡液相中的分配关系。显然,k_A 愈大,萃取分离的效果愈好。k_A 值与联结线的斜率有关,不同物系具有不同的 k_A 值;同一物系 k_A

值随温度而变,在恒定温度下,k_A 值随溶质 A 的组成而变。只有在温度变化不大或恒温条件下,k_A 值才可近似视为常数。

4. 分配曲线

如图 8-9 所示,若以 $w_{RA}(x_i)$ 为横坐标,以 $w_{EA}(y_i)$ 为纵坐标,则可在 x-y 直角坐标图上得到表示这一对共轭相组成的点 N。每一对共轭相可得一个点,将这些点联结起来即可得到曲线 ONP,称为分配曲线。曲线上的 P 点即为临界混溶点。分配曲线表达了溶质 A 在互成平衡的 E 相与 R 相中的分配关系。若已知某液相组成,则可由分配曲线求出其共轭相的组成。

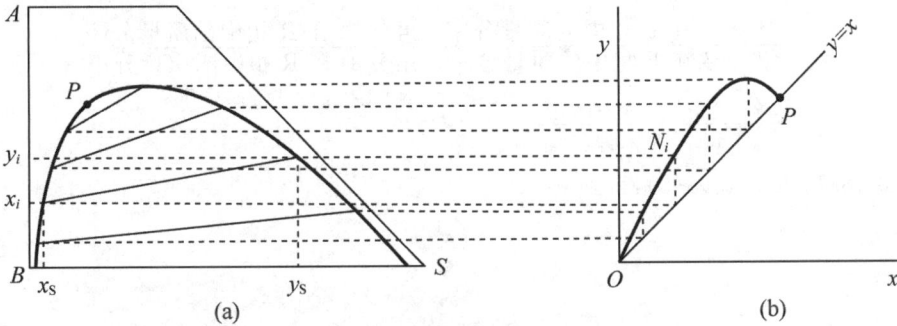

图 8-9　联结线与分配曲线对应图($k_A > 1$)

5. 萃取杠杆原理

萃取操作可在分级接触式或连续接触式设备中进行。在级式接触萃取过程计算中,无论是单级还是多级萃取操作,均假设各级为理论级,即离开每级的 E 相和 R 相互为平衡。

在萃取操作计算中,经常需要确定平衡各相之间的相对数量,这就需要利用杠杆规则。如图 8-10 所示,将质量为 r kg,组成为 w_{RA}、w_{RB}、w_{RS} 的混合物系 R,与质量为 e kg,组成为 w_{EA}、w_{EB}、w_{ES} 的混合物系 E 相混合,得到一个质量为 m kg,组成为 w_{MA}、w_{MB}、w_{MS} 的新混合物系 M,其在三角形坐标图中分别以点 R、E 和 M 表示。M 点称为 R 点与 E 点的和点,R 点与 E 点称为差点。点 M 与差点 E、R 之间的关系可用杠杆规则描述,即根据杠杆规则,若已知两个差点,则可确定和点;若已知和点和一个差点,则可确定另一个差点,即

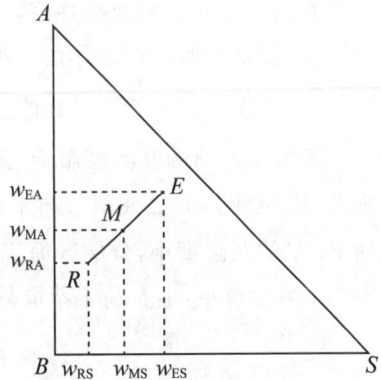

图 8-10　杠杆原理

$$\frac{E}{M} = \frac{\overline{MR}}{\overline{ER}} \tag{8-2}$$

杠杆规则是物料衡算的图解表示方法,是以后将要讨论的萃取操作中物料衡算的基础。

8.2.3 萃取剂的选择

萃取剂是衡量萃取操作分离效果和经济性的关键。萃取剂的性能主要从以下几个方面进行衡量。

1. 萃取剂的选择和选择性系数

选择性是指萃取剂 S 对原料液中两组分溶解能力的差异。若 S 对溶质 A 的溶解能力比对稀释剂 B 的溶解能力大得多，即萃取相中 w_{EA} 比 w_{EB} 大得多，萃余相中 w_{RB} 比 w_{RA} 大得多，那么该萃取剂的选择性就好。

萃取剂的选择性可用选择性系数 β 表示，即：

$$\beta = \frac{\text{组分 A 在 E 相中的质量分率}}{\text{组分 B 在 E 相中的质量分率}} \Big/ \frac{\text{组分 A 在 R 相中的质量分率}}{\text{组分 B 在 R 相中的质量分率}}$$

$$= \frac{w_{EA}/w_{EB}}{w_{RA}/w_{RB}} = \frac{w_{EA}/w_{RA}}{w_{EB}/w_{RB}} \tag{8-3}$$

将式(8-1)代入式(8-3)，得到

$$\beta = \frac{k_A w_{RB}}{w_{EB}} \tag{8-3a}$$

或

$$\beta = \frac{k_A}{k_B} \tag{8-3b}$$

β 值直接与 k_A 有关，k_A 值愈大，β 值也愈大。凡是影响 k_A 的因素（如温度、浓度等）也同样影响 β 值。

一般情况下，B 在萃余相中总是比萃取相中多，所以萃取操作中，β 值均应大于 1。β 值越大，越有利于组分的分离；若 $\beta = 1$，由式(8-3b)可知 $k_A = k_B$，萃取相和萃余相在脱溶剂 S 后，将具有相同的组成，并且等于原料液组成，故无分离能力，说明所选择的萃取剂是不适宜的。萃取剂的选择性高，对溶质的溶解能力大，对于一定的分离任务，可减少萃取剂用量，降低回收溶剂操作的能量消耗，并且可获得高纯度的产品 A。

2. 萃取剂 S 与稀释剂 B 的互溶度

组分 B 与 S 的互溶度影响溶解度曲线的形状和分层区面积。图 8-11 表示了在相同温度下，同一种 A-B 二元料液与不同性能萃取剂 S_1、S_2 所构成的相平衡关系图。图 8-11 表明 B、S_1 的互溶度小，分层区面积大，可能得到的萃取液的最高浓度 E'_{max} 较高。所以说，B、S 的互溶度愈小，愈有利于萃取分离。

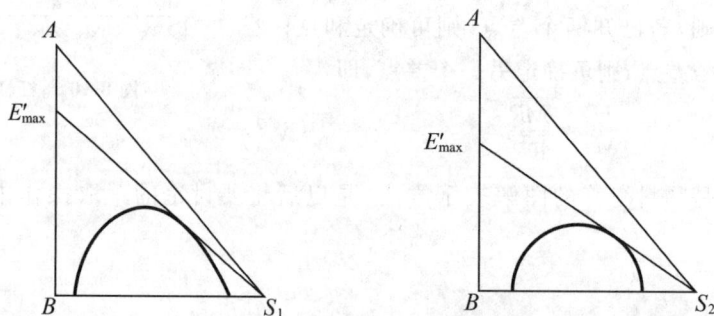

图 8-11 萃取剂稀释剂的互溶度

3. 萃取剂回收的难易与经济性

萃取后的 E 相和 R 相，通常以蒸馏的方法进行分离。萃取剂回收的难易直接影响萃取操作的费用，在很大程度上决定萃取过程的经济性。因此，要求溶剂 S 与原料液组分的相对挥发度要大，不应形成恒沸物，并且最好是组成低的组分为易挥发组分。当被萃取的溶质不挥发或挥发度很低，而 S 为易挥发组分时，则 S 的汽化热要小，以节省能耗。被分离体系相对挥发度 α 大，可用蒸馏方法分离；若 α 接近 1，则可用反萃取、结晶分离等方法。

溶剂的萃取能力大，可减少溶剂的循环量，降低 E 相中溶剂回收的费用；溶剂在被分离混合物中的溶解度小，也可减少 R 相中溶剂回收的费用。

4. 萃取剂的其他物性

为使 E 相和 R 相能较快地分层，要求萃取剂与被分离混合物有较大的浓度差，特别是对没有外加能量的萃取设备来说，较大的浓度差可加速分层，以提高设备的生产能力。

两液相间的张力对分离效果也有重要影响。物系界面张力较大，分散相液滴易聚结，有利于分层，但界面张力太大，液体不易分散，导致接触不良，从而降低分离效果；若界面张力过小，易产生乳化现象，使两相难以分层。所以界面张力要适中，首要考虑的还是满足分层的要求，一般不选界面张力过小的萃取剂。

此外，选择萃取剂时还应考虑其他因素，诸如：萃取剂与被分离混合物应有较大的密度差，萃取剂应具有较低的黏度，具有化学稳定性和热稳定性，不易聚合、分解，有足够的热稳定性，具有抗氧化的稳定性，对设备腐蚀性小，无毒，来源充分，价格低廉等。

一般来说，很难找到满足上述所有要求的溶剂，因此在选用萃取剂时要根据实际情况加以权衡，以满足要求。

5. 常见萃取剂

萃取剂的种类繁多，至今没有统一的分类方法。通常根据质子理论按酸碱性进行划分，分为中性萃取剂、酸性萃取剂和碱性萃取剂。醇、醚、酮、酯、酰胺、硫醚、亚砜和冠醚等中性有机化合物属中性萃取剂，其中，酯还包括羧酸酯（如乙酸乙酯）和磷酸酯（如磷酸三丁酯）；羧酸、磺酸和有机磷（膦）酸等属酸性萃取剂；伯胺、仲胺、叔胺和季胺等属碱性萃取剂。

水是最廉价、最易得的萃取剂。常见的萃取剂还包括：苯、四氯化碳、酒精、煤油、直馏汽油、正己烷、环己烷等，这些萃取剂主要为物理萃取剂。在工业生产中，特别是冶金工业中，大量使用的是化学萃取剂，其广泛应用于除杂净化、分离、产品制备等过程。

工业中的萃取剂，大多溶解于有机溶剂，常见的有机溶剂是磺化煤油。因为它易得廉价，并且对萃取剂有协萃作用，因为里面含有少量的芳香烃。溶于有机溶剂还能提高萃取剂的萃取能力、增强其金属萃合物的溶解性、降低黏度，降低其挥发性能、降低其在水中溶解性。萃取剂主要在有色金属湿法冶金行业应用广泛，比如铜、锌、钴镍、镉、金银、铂系金属、稀土等行业。

常用的工业萃取剂如下：

醇类：异戊醇、仲辛醇、取代伯醇；

醚类：二异丙基醚、乙基己基醚；

酮类:甲基异丁基酮、环己酮;

酯类:乙酸乙酯、乙酸戊酯、乙酸丁酯;

磷酸酯类:二(2-乙基己基)磷酸酯、磷酸三丁酯;

亚砜类:二辛基亚砜、二苯基亚砜、烃基亚砜;

羧酸类:肉桂酸、月桂酸、环烷酸;

磺酸类:十二烷基苯磺酸、三壬基萘磺酸;

有机胺类:三烷基胺、二癸胺、三辛胺、三壬胺。

8.2.4 萃取过程的计算

以单级萃取过程的计算为例,对连续萃取过程仅作简要介绍。单级萃取操作可以是连续式的,也可以是间歇式的。图 8-12 所示为单级接触萃取操作的图解。

下面以常见的第 Ⅱ 类物系为例介绍计算步骤。

(1) 由已知相平衡数据在三角相图中作出溶解度曲线及辅助曲线。

(2) 已知原料液 F 的组成 w_F,在三角相图的 AB 边上确定点 F。根据萃取剂的组成确定点 S(若萃取剂是纯溶剂,则点 S 为三角形的顶点)。连接点 F、S,则代表原料液与萃取剂的三元混合液的组成点 M 必在 FS 线上。

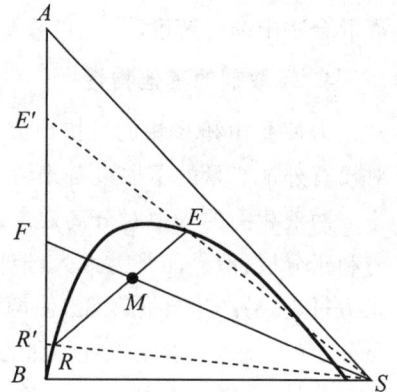

图 8-12　单级萃取操作图解

(3) 由已知的萃余相的组成 w_R,在相图上确定点 R,再由点 R 利用辅助曲线求出点 E,读出萃取相 E 的组成 w_E,连接点 R、E,RE 线与 FS 线的交点即为三元混合液的组成点 M。

(4) 由物料衡算和杠杆规则求出 F、E、S 的量。

由总物料衡算得:

$$F + S = E + R = M$$

按照杠杆规则得:

$$\frac{S}{F} = \frac{\overline{MF}}{\overline{MS}} \quad 即 \quad S = F\frac{\overline{MF}}{\overline{MS}}$$

$$E = M\frac{\overline{RM}}{\overline{RE}}, \quad R = M - E$$

若从萃取相 E 和萃余相 R 脱除全部萃取剂 S,则得到萃取液 E 和萃余液 R'。其组成点分别为 SE、SR 的延长线与 AB 边的交点 E'、R',其组成可由相图中读出。E' 和 R' 的量也可由杠杆规则求得:

$$E' = F\frac{\overline{FR'}}{\overline{E'R'}}, \quad R' = F - E'$$

【例 8-1】　25℃时,从丙酮-水溶液中萃取丙酮。若原料液总量为 100kg,其中丙酮的质量分数为 45%,萃取后所得萃余相中丙酮的质量分数为 10%。(1) 选择合适萃取剂,并说明理由;(2) 若萃取剂为三氯乙烷,所需三氯乙烷的量以及加入萃取剂后得到的三元混合液中水和丙酮的质量分数;(3) 所得萃取相 E 的量及其含丙酮的质量分数;(4) 若将萃取相 E 中的萃取剂 S 全部回收,所得萃取液 E′ 的量及其含丙酮的质量分数。已知:25℃

时,丙酮-水-三氯乙烷系统的联结线数据见表 8-1。

表 8-1　丙酮-水-三氯乙烷联结线数据

水相质量分数 /%			三氯乙烷相质量分数 /%		
三氯乙烷(S)	水(B)	丙酮(A)	三氯乙烷(S)	水(B)	丙酮(A)
0.44	99.56	0	99.89	0.11	0
0.52	93.52	5.96	90.93	0.32	8.75
0.60	89.40	10.00	84.40	0.60	15.00
0.68	85.35	13.97	78.32	0.90	20.78
0.79	80.16	19.05	71.01	1.33	27.66
1.04	71.33	27.63	58.21	2.40	39.39
1.60	62.67	35.73	47.53	4.26	48.21
3.75	50.20	46.05	33.70	8.90	57.40

解:依据题中给的数据绘出溶解度曲线和辅助曲线,如图 8-13 所示。

(1) 丙酮-水溶液:根据萃取剂的要求,可选取的萃取剂有乙醚、异丙醚、三氯乙烷、三正辛胺、乙酸乙酯、苯等,最终需要根据生产要求、投资费用、生产设备等来确定。

(2) 求三氯乙烷的量及混合液 M 的组成:在图 8-13 上根据原料液的组成在 AB 边上标绘出 F 点,连接 SF。再依据萃余相中丙酮的质量分数为 10%,在溶解度曲线上标出 R 点(R 点与 R′点可视为重合)。由 R 点利用辅助曲线作出 E

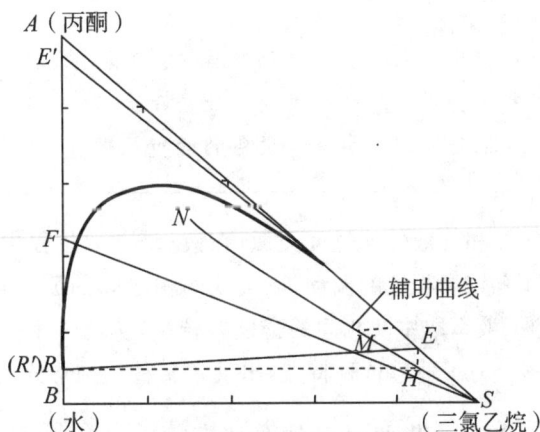

图 8-13　丙酮 - 三氯乙烷 - 水溶解度曲线图

点。连接 E、R 两点的直线与 SF 点交于 M 点,点 M 即为混合液的组成点。

由 $\dfrac{S}{F} = \dfrac{\overline{FM}}{\overline{MS}}$,可得

$$S = F\frac{\overline{FM}}{\overline{MS}} = 100 \times \frac{15.2}{6.85} = 222(\text{kg})$$

由图读出混合液中水的含量为 84%,丙酮的含量为 15%。

(3) 求萃取相 E 的量及其丙酮的含量:

由 $M = F + S = E + R$,得

$$M = F + S = 100 + 222 = 322(\text{kg})$$

$$E = M\frac{\overline{RM}}{\overline{RE}} = 322 \times \frac{13.6}{16.9} = 259.1(\text{kg})$$

(4) 求萃取液 E′的量及其丙酮的含量:

连接点 S、E 并延长与 AB 边交于 E′点,在图中可读出萃取液 E′中丙酮的含量。

$$E' = F \frac{\overline{FR'}}{\overline{E'R'}} = 100 \times \frac{7}{17} = 41.2 \text{(kg)}$$

$$R' = F - E' = 100 - 41.2 = 58.8 \text{(kg)}$$

在实际生产中,由于萃取剂一般是循环使用的,其中会含有少量的组分 A 与 B,萃取液 E′ 和萃余液 R′ 中也会有少量的萃取剂 S。此时图解计算的原则仍然适用,但点 S、E′、R′ 的位置均在三角相图中的均相区内。

8.3 液-液萃取设备

任务目标	技能要求
• 了解萃取设备的结构及特点; • 掌握萃取塔的分类及工业应用; • 熟练掌握各类萃取设备的运行原理。	• 能对液-液萃取设备进行合理选用; • 能够辨识萃取塔的主要部件及附属设备。

和气液传质过程类似,在液-液萃取过程中,要求在萃取设备内能使两相密切接触并伴有较高程度的湍动,以实现两相之间的质量传递;而后,又能较快地分离。但是,由于液-液萃取中两相间的密度差较小,实现两相的密切接触和快速分离要比气液系统困难得多。为了适应这种特点,出现了多种结构形式的萃取设备。

8.3.1 萃取设备的分类

萃取设备系溶剂萃取过程中实现两相接触与分离的装置。早在 20 世纪 30—40 年代,在煤焦油脱酚及铀的分离和富集等领域就使用简单的混合-澄清器、填料塔、无搅拌多层塔。自 50 年代起,采取多种形式的机械搅拌来提高传质速率的萃取设备,如脉冲塔、搅拌塔、泵混式混合-澄清器,也都获得了显著发展。近十年来一批效率高、能力大、节省溶剂的大型萃取设备正在一些国家开发应用。根据两相接触方式的不同,萃取设备可分为逐级接触式和微分接触式两类。根据操作方式不同,萃取设备可分为间歇式和连续式两类。根据设备和操作级数不同,萃取设备可分为单级和多级两类。根据有无外加机械能输入,萃取设备又可分为有外加能量和无外加能力两类。目前工业上常用设备的分类如表 8-2 所示,在此仅介绍一些典型设备。

表 8-2 萃取设备的分类

搅拌形式	逐级接触萃取设备	连续接触萃取设备
无搅拌装置(两相靠密度差逆向流动)	筛板塔	喷雾塔 填料塔

续表

搅拌形式	逐级接触萃取设备	连续接触萃取设备
有旋转式搅拌装置或靠离心力作用	单级混合-澄清槽 多级混合-澄清槽 离心萃取塔	转盘塔 偏心转盘塔 希贝尔塔 库尼塔 波德式离心萃取塔 路威斯特离心萃取塔
有往复式搅拌装置		往复筛板塔
有产生脉动装置	脉冲混合-澄清槽	脉冲填料塔 液体脉动筛板塔

液-液萃取设备应包括三个部分：混合设备、分离设备和溶剂回收设备。混合设备是真正进行萃取的设备，它要求料液与萃取剂充分混合形成乳浊液，欲分离的生物产品自料液转入萃取剂中。分离设备是将萃取后形成的萃取相和萃余相进行分离。溶剂回收设备需要把萃取液中的生物产品与萃取溶剂分离并加以回收。

1. 混合-澄清萃取桶

混合-澄清萃取桶是最简单的混合-澄清器形式（见图 8-14），在混合-澄清萃取桶设备内，混合和澄清两个过程按先后顺序间歇进行。为改善两相接触状况，桶底多做成盘形和半球形，使之在搅拌过程中没有死角，并且多在桶壁上装置挡板。在处理腐蚀性液体时，容器可以用有机玻璃、聚氯乙烯或玻璃钢等材料制成。

向桶内加入进行萃取的水相和有机相，开动搅拌桨，即可进行两相的混合传质。接近和达到萃取平衡后，停止搅拌，静置分相，然后分别放出两相即可。

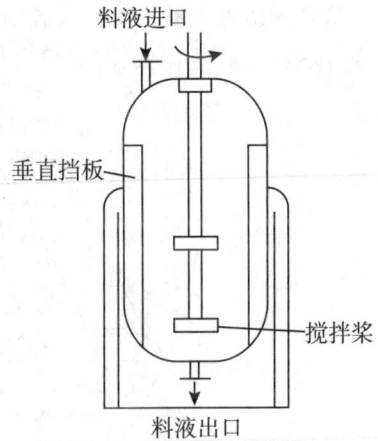

图 8-14　混合-澄清萃取桶

2. 混合-澄清器

为了实现多级逆流萃取的连续操作过程，在单级混合-澄清桶的基础上，发展了多级的混合-澄清设备。最原始的形式就是把多组混合槽和澄清槽串联起来操作，各级之间用管线连接，液流输送一相可借助重力，另一相则需要用泵输送，或者两相都用泵输送。

1) 箱式混合-澄清器

混合-澄清器是最早应用而且目前仍广泛使用于工业生产的一种萃取设备。它把混合室和澄清室连成一个整体，从外观来看，就像一个长长的箱子，内部用隔板分隔成一定数目的进行混合和澄清的小室，即混合室和澄清室。

在箱式混合-澄清器中，利用水力平衡关系并借助于搅拌器的抽吸作用，水相由次一级澄清室经过重相口进入混合室，而有机相由上一级澄清室自行流入混合室，在混合室

机械搅拌混合槽工作原理

中,经搅拌使两相充分接触而进行传质,然后两相混合液进入该级澄清室,在澄清室中轻重两相依靠密度差进行重力沉降,并在界面张力的作用下进行分相(见图8-15),形成萃取相和萃余相进行分离。就混合-澄清槽的同一级而言,两相是并流的,但是就整个箱式混合-澄清器来讲,两相是逆流的。混合-澄清器可以单独使用,也可以多级串联使用。

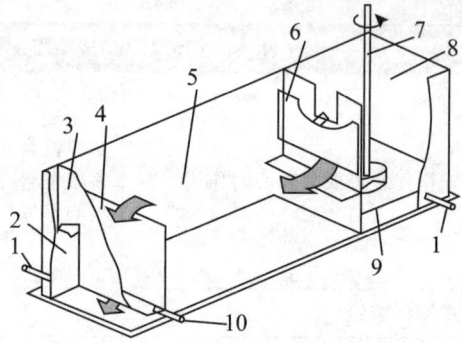

1—水相出口;2—水相堰;3—水相室挡板;
4—有机相堰;5—澄清室;6—混合相挡板;7—搅拌器;
8—混合室;9—假底;10—有机相出口。

图8-15　箱式混合-澄清器的结构

2) 全逆流混合-澄清萃取器

全逆流混合-澄清萃取器是由付子忠等人研制的,其结构和操作特点是混合室开有两个相口,上相口用于进有机相和出混合相(出混合相的目的是出水相),下相口用于进水相和出混合相(出混合相的目的是出有机相),从而两相在混合室与澄清室中是全逆流流动的。此种装置的结构和物流走向如图8-16所示,特点是结构简单、设备紧凑、级效率高、能耗低、溶剂损失少、污物不积累、操作简单、运行稳定。

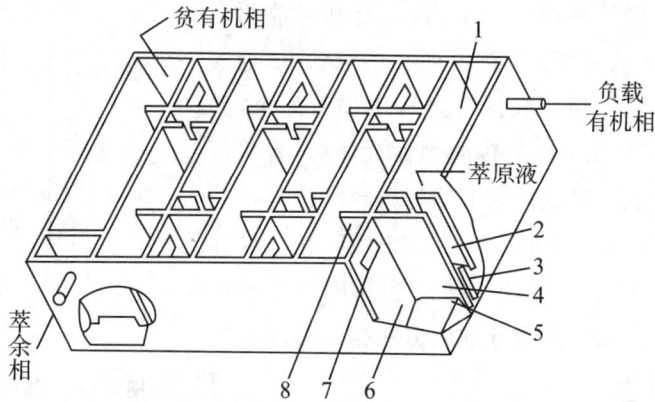

1—澄清室;2—轻相堰;3—重相堰;4—隔板;5—下相口;6—混合室;7—上相口;8—挡流板。

图8-16　全逆流混合-澄清萃取器结构

3. 萃取塔

萃取塔可分为无搅拌塔、机械搅拌塔和脉冲塔三类。

1) 无搅拌塔

无搅拌塔主要包括喷雾塔、填料塔和筛板塔(见图8-17)等形式。

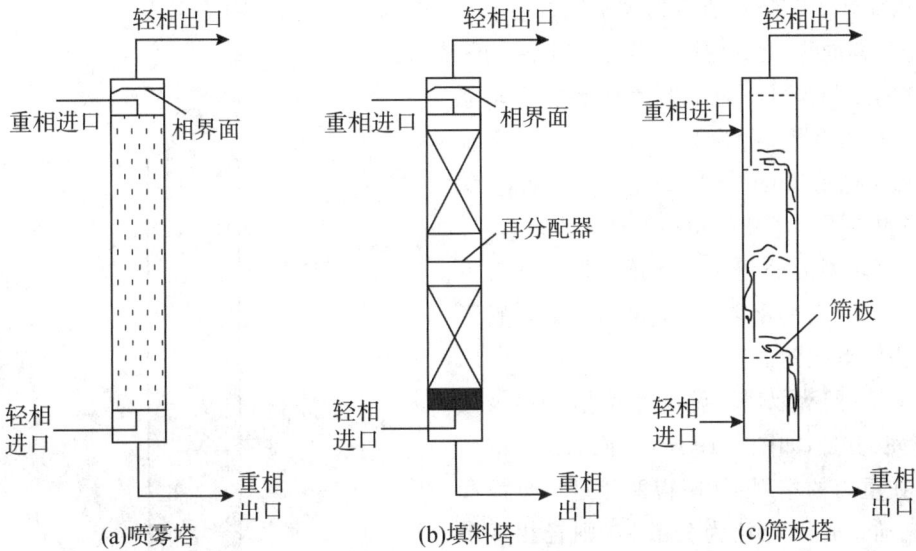

图 8-17　无搅拌塔

(1) 喷雾萃取塔。喷雾萃取塔是结构最简单的一种萃取设备,塔内无任何部件,运转时,塔内先充满连续相(轻相),而后喷入分散相(重相),实现相的接触(见图 8-17(a))。喷雾塔操作简单,但是效率非常低,通常 1 ~ 2 个理论级就需要 6 ~ 15m 的塔高。目前最大的喷雾塔直径 2m,高 24m,只有 3 ~ 3.5 个理论级,用于丙烷脱沥青工艺中。喷雾塔由于结构简单,几十年来一直用于工业生产,不过多用于一些简单的操作过程,如洗涤、净化与中和,因为这些单元过程只需要 1 ~ 2 个理论级就可以了。近年来,喷雾塔还用在液-液热交换过程中。轻、重两相分别从塔的底部和顶部进入。其中一相经分散装置分散为液滴后沿轴向流动,流动中与另一相接触进行传质。分散相流至塔另一端后凝聚形成液层排出塔。

(2) 填料萃取塔。填料萃取塔的结构与气液传质过程所用填料塔的结构一样,如图 8-17(b)所示。塔内充填适宜的填料,塔两端装有两相进、出 U 形管。重相由上部进入、下端排出,而轻相由下端进入、顶部排出。连续相充满整个塔,分散相由分布器分散成液滴进入填料层,在与连续相逆流接触中进行萃取。在塔内,流经填料表面的分散相液滴不断地破裂与再生。当离开填料时,分散相液滴又重新混合,促使表面不断更新。此外,还能抑制轴向返混。

常用的填料有拉西环和弧鞍等,材料有陶瓷、塑料和金属等,以易为连续相湿润而不为分散相润湿为宜。

填料萃取塔的结构简单(见图 8-18)、造价低廉、操作方便,故在工业中仍有一定的应用。虽然填料塔不宜处理含固体的流体,但适用于处理腐蚀性流体。在处理量比较小的物系时,应用仍比较广泛。与喷雾塔相比,由于填料增进了相际接触,减少了轴向混合,因而提高了传质速率。填料萃取塔的效率仍较低,工业萃取塔高度一般为 20 ~

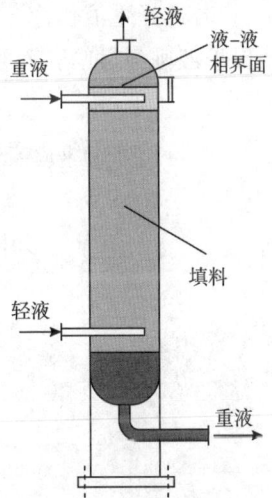

图 8-18　填料萃取塔

30m,因而在工艺条件所需的理论级数小于 3 的情况下,仍可以考虑选用。

对于标准的工业填料,在液-液萃取中有一个临界的填料尺寸。对于大多数液-液萃取系统,其填料的临界直径为 12mm 或更大些。工业上,一般可选用 15mm 或 25mm 直径的填料,以保证适当的传质速率和两相的流通能力。

各种填料的处理能力和传质性能各有不同,对于一个新的萃取过程,最适宜的填料形式,应由实验决定。

(3)筛板萃取塔。筛板萃取塔是逐级接触式萃取设备,如图 8-19 所示,依靠两相的密度差,在重力的作用下,使得两相进行分散和逆向流动。若以轻相为分散相,则轻相从塔下部进入。轻相穿过筛板分散成细小的液滴进入筛板上的连续相——重相层。液滴在重相内浮升过程中进行液-液传质过程。穿过重相层的轻相液滴开始合并凝聚,聚集在上层

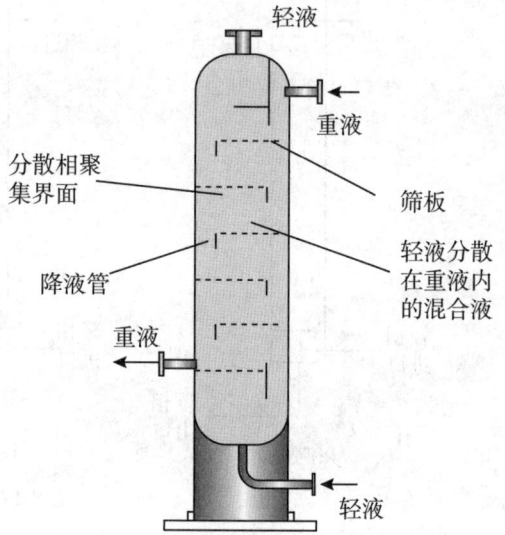

图 8-19　筛板萃取塔

筛板的下侧,实现轻、重两相的分离,并进行轻相的自身混合。当轻相再一次穿过筛板时,轻相再次分散,液滴表面得到更新。这样分散、凝聚交替进行,直至塔顶澄清、分层、排出。而连续相重相进入塔内,则横向流过塔板,在筛板上与分散相(即轻相)液滴接触和萃取后,由降液管流至下一层板。这样重复以上过程,直至塔底与轻相分离形成重液相层排出。筛板萃取塔适于所需理论级数较少、处理量较大,而且物系具有腐蚀性的场合。国内在芳烃抽提中应用筛板塔获得良好的效果。

若选择重液作为分散相,则需使塔身倒转,即降液管位于筛板之上作为轻液的升液管,重液则经过筛孔而被分散,如图 8-20 所示。

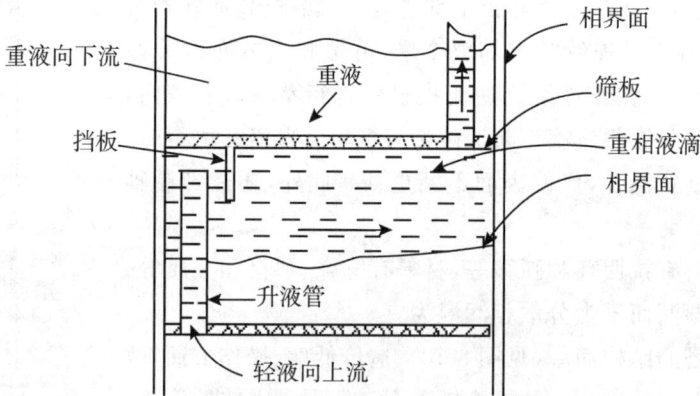

图 8-20　重液为分散相的筛板

筛孔直径一般为 3 ～ 6mm,对界面张力较大的物系宜取小值;空间距为孔径的 3 ～ 4 倍;塔板间距 150 ～ 600mm。筛板萃取塔结构简单,生产能力大,在工业上有广泛应用。

2）机械搅拌塔

机械搅拌塔根据机械运动的形式可分为旋转搅拌塔和往复（或振动）筛板塔典型形式（见图 8-21）。由于旋转搅拌的许多优点，现代的微分萃取器大多采用这种结构，它可以增加塔内单位容积的界面积，提高两相接触效率，而且在塔内安装隔板，使返混的不良影响减至最小。在众多的旋转搅拌塔中，最有名的是希贝尔（Scheibel）塔、转盘塔和奥尔德舒-拉什顿（Oldshue-Rushton）塔，它们已为许多工业部门所应用。

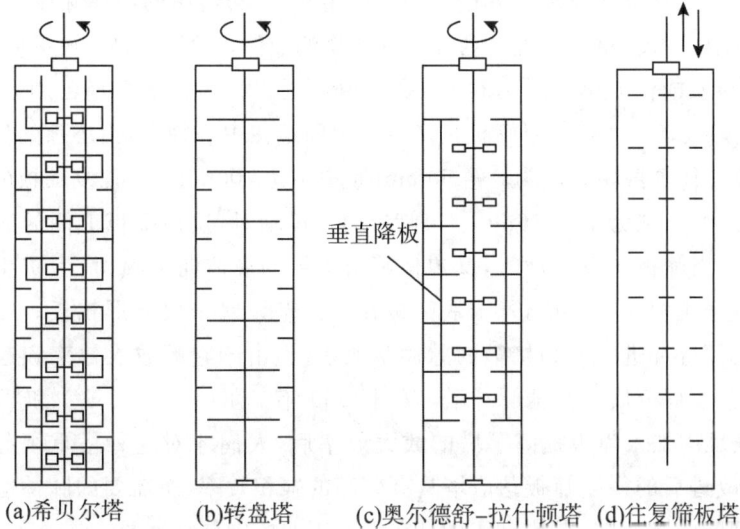

垂直降板

(a)希贝尔塔　(b)转盘塔　(c)奥尔德舒-拉什顿塔　(d)往复筛板塔

图 8-21　几种典型的机械搅拌塔

（1）希贝尔塔。希贝尔塔有几种设计类型。第一种是 1948 年出现的。这种塔由只有涡轮叶片搅拌器的混合室与孔隙率为 97% 的多孔波纹网充填室交错排列组成，是化学工业中广泛应用的第一种搅拌塔。这种塔的处理能力与所处理溶液体系的性质有关，处理能力范围是 $14 \sim 24 \mathrm{m^3/(m^2 \cdot h)}$。

（2）转盘塔（RDC）。转盘塔是 1951 年勒曼（Reman）在欧洲发展起来的，利用旋转转盘产生的剪切作用力使相分散。在圆柱形的塔体内装有多层固定环形挡板，称为定环。定环将塔隔成多个空间，两定环之间均装一转盘。转盘固定在中心转轴上，转轴由塔顶的电机驱动。转盘的直径应小于定环的内径，使环、盘之间留有自由空间，以便安装和检修，增加塔内流通能力，提高萃取传质效率。塔两端留有一定的空间作为澄清室，并以栅型挡板与中段萃取段隔开，以减少萃取段扰动对澄清室内两相分层的影响。

重相由塔上部进入，轻相由塔下部进入。两相在塔内可以做逆向流动也可做并向流动。当转盘以较高转速旋转时，转盘带动其附近的液体一起转动，使液体内部形成速度梯度，产生剪应力。在剪应力的作用下，使连续相产生涡流，处于湍动的状态，而使分散相液滴变形，以致破裂或合并，以增加相际传质面积，促进表面更新。而其定环则将旋涡运动限制在由定环分割的若干个小空间内，抑制了轴向返混。由于转盘及定环均较薄而光滑，不至于使局部的剪应力过高，避免了乳化现象，有利于两相的分离，因此转盘塔传质效率较高。转盘塔已广泛用在石油化工上，如用于糠醛萃取、丙烷脱沥青、己内酰胺提纯以及镍钴分离等。目前已有直径 4.8m 的转盘塔在生产中使用。

（3）奥尔德舒-拉什顿塔。奥尔德舒-拉什顿塔也称Mixco塔、奥氏塔，是20世纪50年代初发展起来的旋转搅拌塔。工业塔体由金属焊接而成，内衬橡胶、聚酯纤维或其他耐腐蚀涂料，以防止液体的腐蚀。塔芯的结构比较简单，主要由两部分组成。一是沿塔高方向有一些环形隔板，呈水平状固定在四根垂直降板上，将塔体分隔成若干个隔室；二是固定在旋转轴上的若干个平桨油轮分别位于每个隔室的中央，搅拌轴由安装在塔顶的电机驱动。从根本上说，奥氏塔就像单个平桨搅拌容器堆叠成的多室萃取器。

奥氏塔主要用在液体黏度低或中等黏度的生产场合，适用的液体黏度可达0.5Pa·s，密度差至少要有$50kg/m^3$。它可以处理有悬浮物的液体。除用作液-液萃取外，还可作气体吸收、固体传质或作为化学反应器用。据报道，直径2.7m的奥氏塔已用于萃取生产。

（4）往复筛板塔。将若干层筛板按一定间距固定在中心轴上，由塔顶的传动机构驱动而做往复运动。往复振幅一般为$3 \sim 50mm$，频率可达$100min^{-1}$。往复筛板的孔径要比脉动筛板的孔径大，一般为$7 \sim 16mm$。当筛板向上运动时，迫使筛板上侧的液体经筛孔向下喷射；反之，当筛板向下运动时，又迫使筛板下侧的液体向上喷射，为防止液体沿筛板与塔壁间的缝隙走短路，应每隔若干块筛板在塔内壁设置一块环形挡板。虽然往复筛板塔是第一个利用脉冲进行两相接触的脉冲萃取塔，但由于它的放大效率和运动部件的腐蚀问题，而使其发展落后于其他脉冲塔，直到1959年卡尔（Karr A. E.）和罗德城（Lo T. C.）等人在板堆中加入障板提高了塔的放大效率后，人们才对这种塔重视起来。大量研究工作表明，改进后的往复筛板萃取塔具有较高的容积效率，所需要的脉冲能量低于通过液体传送脉冲能的脉冲塔，它的这些优点在大型工业塔中更加明显。

目前在工业中广泛使用的往复筛板塔主要有两种形式，其差别在于塔板的形状和功能。第一种板为多孔型结构，具有大孔径、大孔隙度（约58%）；第二种板为小孔径结构，其有效面积相对较小，此外，该板型可能设有带孔板的排液管，或者干脆没有排液管设计。往复筛板塔的应用范围正在扩大，主要用于制药、石油化工、化学工业、湿法冶金和工业废水处理等领域，这种塔特别适用于容易乳化的体系和处理含有固体悬浮物的溶液。

3）脉冲塔

脉冲塔由于采用脉冲发生器输入正弦脉冲，改善了塔内流体的流动特性，增加了湍流和相界面积从而大大地提高了塔的传质效率。脉冲塔的轴向混合比机械旋转塔小，因此可以较大幅度地降低理论级当量高度。

脉冲塔的设想是由范·迪杰克（van Dijck）提出来的，并于1935年取得专利权。当时的脉冲塔是将筛板固定在垂直往复轴上，由轴的往复运动产生脉冲，后来发展了多种脉冲发生器，这些脉冲发生器在塔外产生脉冲能，传输入塔内。现在的脉冲塔内大多无运动部件，特别适合于防护和耐腐蚀要求较高的原子能工业和强硬介质的萃取体系。近年来脉冲塔的应用在明显增加。

（1）脉冲筛板塔。脉冲筛板塔亦称液体脉动筛板塔，是指由于外力作用使液体在塔内产生脉冲运动的筛板塔，其结构与气-液传质过程中无降液管的筛板塔类似（见图8-22）。塔两端直径较大部分为上澄清段和下澄清段，中间为两相传质段，其中装有若干层具有小孔的筛板，板间距较小，一般为50mm。在塔的下澄清段装有脉冲管，萃取操作时，由脉冲发生器提供的脉冲使塔内液体做上下往复运动，迫使液体经过筛板上的小孔使分散相破碎成较小的液滴分散在连续相中,并形成强烈的湍动,从而促进传质过程的进行。

脉冲发生器的类型有多种,如活塞型、膜片型、风箱型等。

在脉冲萃取塔内,一般脉冲振幅的范围为 $9 \sim 50$mm,频率为 $30 \sim 200$min^{-1}。实验研究和生产实践表明,萃取效率受脉冲频率影响较大,受振幅影响较小。一般认为频率较高、振幅较小时,萃取效果较好。如脉冲过于激烈,将导致严重的轴向返混,传质效率反而下降。该塔的优点是结构简单,传质效率高,但其生产能力一般有所下降,在化工生产中的应用受到一定限制。

(2)脉冲填料塔。脉冲填料塔的构造与无搅拌填料塔相似,都由垂直塔体和充填料组成。填料可以用各种各样的普通材料,但所选

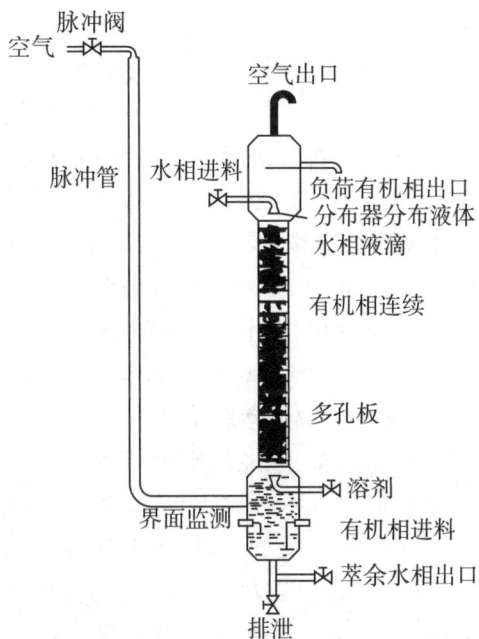

图 8-22 脉冲筛板塔

择的填料必须是为连续相所润湿的材料,以保证分散相的液滴不会在充填段内发生聚结。两相逆流通过塔体,分别从塔的两端排出。相界面位于分散相的澄清区,当水相为连续相、有机相为分散相时,澄清区就在塔的顶部;反之,相界面位于塔底。塔内液体的上、下湍动是由脉冲发生器输入脉冲能产生的。脉冲发生器的脉冲管与塔的底部连接。

荷兰的 DSM 公司发展了直径大于 2.7m 的脉冲填料塔,并用于石油化工工业上,这是唯一用旋转阀作为脉冲机构的塔。

4. 离心萃取器

离心萃取器由于转速高、混合效果好,所以能大大缩短混合停留时间。又因为离心萃取器以离心力取代重力作用,因而又可加速两相的分离。其操作原理见图 8-23。离心萃取器结构紧凑,单位容积通量大,所以特别适用于化学稳定性差(如抗生素)、要求接触时间短、产品保留时间短、易于乳化、分离困难等体系的萃取。缺点是因其精密的结构,造价和维修费用都比其他类型萃取器高。

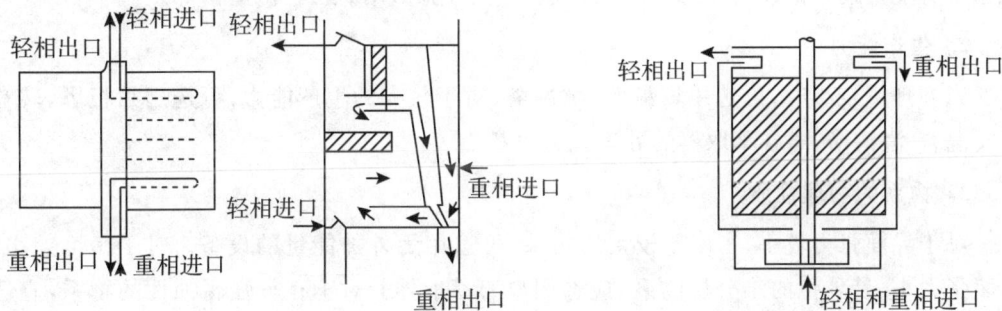

(a)微分离心萃取器   (b)多级离心萃取器

图 8-23 离心萃取器作用原理

1) 转筒式离心萃取器

转筒式离心萃取器为单级接触式萃取器,重液和轻液由底部的三通管并流进入混合室,在搅拌桨的剧烈搅拌下,两相充分混合进行传质,然后共同进入高速旋转的转筒。在转筒中,混合液在离心力的作用下,重相被甩向转鼓外缘,而轻相则被挤向转鼓的中心。两相分别经轻、重相堰,流至相应的收集室,并经各自的排出口排出。其特点是:结构简单,效率高,易于控制,运行可靠。

2) 路威斯特(Luwcsta)离心萃取器

路威斯特离心萃取器是一种多级逆流萃取器,为立式逐级接触式,如图 8-24 所示。其主体是固定在壳体上并随之做高速旋转的环形盘。壳体中央有固定不动的垂直空心轴,轴上也装有圆形盘,盘上开有若干个喷出孔。空心轴由一个固定机壳和一根有通道的转轴组成,轴内的流通通道与固定在轴上的分配器和集液环相连。分配器和集液环分别装在轴和机壳的斜盘和挡板上,使两相离心分离,两相均在压力下从顶部给入,轻相与重相一起流入分

图 8-24　路威斯特离心萃取器

配器,排出的混合相呈放射状运动,分成两相。各相的入口都有集液环,使其流下或流上至相邻的分配器,直至两相都从顶部排出。路威斯特离心萃取器主要用于制药工业,处理能力为 $7 \sim 49 m^3 / h$,在一定条件下,级效率可达 100%。

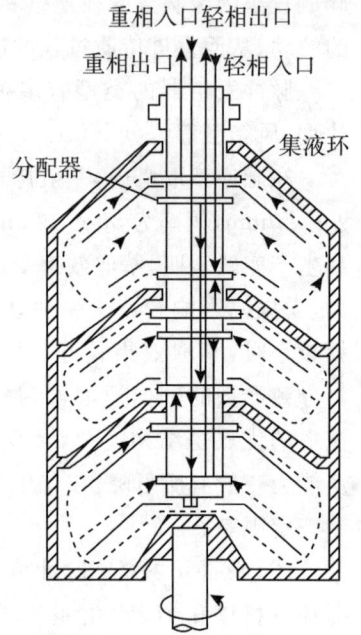

8.3.2　萃取设备的选择

各种不同类型的萃取设备具有不同的特性,萃取过程中物系性质对操作的影响错综复杂。对于具体的萃取过程选择适宜设备的原则是:首先满足工艺条件和要求,然后进行经济核算,使设备费和操作费总和趋于最低。萃取设备的选择,应考虑如下因素。

1. 所需的理论级数

当所需的理论级数不大于2级(或3级)时,各种萃取设备均可满足要求;当所需的理论级数较多(如大于4级)时,可选用筛板塔;当所需的理论级数再多(如 $10 \sim 20$ 级)时,可选用有能量输入的设备,如脉冲塔、转盘塔、往复筛板塔、混合-澄清槽等。

2. 生产能力

当处理量较小时,可选用填料塔、脉冲塔,对于较大的生产能力,可选用筛板塔、转盘塔及混合-澄清槽,离心萃取器的处理能力也相当大。

3. 物系的物理性质

对于界面张力较小、密度差较大的物系,可选用无外加能量的设备。对于密度差小、界面张力小、易乳化的难分层物系,应选用离心萃取器。对于有较强腐蚀性的物系,宜选用结构简单的填料塔或脉冲填料塔。对于放射性元素的提取,脉冲塔和混合-澄清槽用得较多。若物系中有固体悬浮物或在操作过程中产生沉淀物,需周期停工清洗,一般可采用

转盘萃取塔或混合-澄清槽。另外,往复筛板塔和液体脉动筛板塔有一定的自清洗能力,在某些场合也可考虑选用。

4. 物系的稳定性和液体在设备内的停留时间

对于生产时要考虑物料的稳定性,要求在萃取设备内停留时间短的物系,如抗生素的生产,用离心萃取器合适;反之,若萃取物系中伴有缓慢的化学反应,要求有足够的反应时间,选用混合-澄清槽较为适宜。

5. 其他因素

在选用设备时,还需考虑其他一些因素。例如,能源供应状况,在缺电的地区应尽可能选用依重力流动的设备;当厂房地面受到限制时,宜选用塔式设备;当厂房高度受到限制时,应选用混合-澄清槽。

习题

一、选择题

1. 萃取操作包括若干步骤,除了(　　)。

A. 原料预热　　　　　　　　　　　　B. 原料与萃取剂混合

C. 澄清分离　　　　　　　　　　　　D. 萃取剂回收

2. 与精馏操作相比,萃取操作不利的是(　　)。

A. 不能分离组分相对挥发度接近于 1 的混合液

B. 分离低浓度组分消耗能量多

C. 不易分离热敏性物质

D. 流程比较复杂

3. 三角形相图内任一点,代表混合物的(　　)个组分含量。

A. 一　　　　　　　B. 二　　　　　　　C. 三　　　　　　　D. 四

4. 萃取中当出现(　　)时,说明所选萃取剂不适宜。

A. $k_A < 1$　　　　　B. $k_A = 1$　　　　　C. $\beta > 1$　　　　　D. $\beta \leqslant 1$

5. 萃取剂的选用,首要考虑的因素是(　　)。

A. 萃取剂回收的难易　　　　　　　　B. 萃取剂的价格

C. 萃取剂溶解能力的选择性　　　　　D. 萃取剂的稳定性

6. 萃取操作中,选择混合-澄清槽的优点有多个,除了(　　)。

A. 分离效率高　　　B. 操作可靠　　　C. 动力消耗低　　　D. 流量范围大

二、填空题

1. 萃取操作的依据是＿＿＿＿＿＿＿＿＿＿＿。

2. 将具有热敏性的液体混合物加以分离,常采用＿＿＿＿＿＿＿＿＿方法。

3. 萃取剂的选择性系数越大,说明该萃取操作越＿＿＿＿＿＿＿。

4. 分配系数 k 值越大,对萃取越＿＿＿＿＿＿＿。

5. 萃取剂S与稀释剂B的互溶度愈＿＿＿＿＿＿＿,分层区面积愈＿＿＿＿＿＿＿,

可能得到的萃取液的最高浓度愈高。

三、计算题

1. 以异丙醚为萃取剂,从浓度为 0.5(质量分数)的乙酸-水溶液中萃取乙酸。在单级萃取器中,用 600kg 异丙醚萃取 500kg 乙酸-水溶液,相关数据见表 8-3。试求:(1)首先在三角形相图上绘出溶解度曲线与辅助线;(2)确定原料液与萃取剂混合后,混合液 M 的坐标位置;(3)此混合液分为两个平衡液层 E 与 R 后,两液层的组成与量;(4)两平衡液层 E 与 R 中溶质(乙酸)的分配系数及溶剂的选择性系数。

表 8-3　习题计算题 1 附表

萃余相(水相)质量分数 /%			萃取相(异丙醚相)质量分数 /%		
乙酸	水	异丙醚	乙酸	水	异丙醚
0.7	98.1	1.2	0.2	0.5	99.3
1.4	97.1	1.5	0.4	0.7	98.9
2.9	95.5	1.6	0.8	0.8	98.4
6.4	91.7	1.9	1.9	1.0	97.1
13.3	84.4	2.3	4.8	1.9	93.3
25.5	71.1	3.4	11.4	3.9	84.7
36.7	58.9	4.4	21.6	6.9	71.5
44.3	45.1	10.6	31.1	10.8	58.1
46.4	37.1	16.5	36.2	15.1	48.7

2. 用 1000kg 水为萃取剂,从乙酸与氯仿的混合液中萃取乙酸。若原料的量也为 1000kg,其中乙酸的质量分数为 0.35。在操作条件下平衡线的数据如表 8-4 所示。(1)经单级萃取后萃余相 R 中乙酸的质量分数为 0.07,试求萃取相 E 中乙酸的含量;(2)求萃取相 E 与萃余相 R 的量;(3)E、R 两相均脱除萃取剂后,试求萃取液 E′ 与萃余液 R′ 的组成及量。

表 8-4　习题计算题 2 附表

氯仿层质量分数 /%		水层质量分数 /%		氯仿层质量分数 /%		水层质量分数 /%	
乙酸	水	乙酸	水	乙酸	水	乙酸	水
0.00	0.99	0.00	99.16	27.65	5.2	50.56	31.11
6.77	1.38	25.1	73.69	32.08	7.93	49.41	25.39
17.72	24.28	44.12	48.58	34.16	10.03	47.87	23.28
25.72	4.15	50.18	34.71	42.5	16.5	42.5	16.5

◇ 思考题

1. 萃取操作的依据是什么?它与精馏、吸收过程的差别主要有哪些?

2. 萃取剂的必要条件是什么?萃取相、萃取液、萃余相、萃余液各指什么?

3. 萃取剂选择考虑的因素有哪些方面?

4. 液-液萃取工艺流程有哪几种?试比较之。

5. 何谓分配系数 β? 试由 β 值的大小分析它的含义。

6. 液-液萃取设备分类及主要技术性能有哪些?

主要符号说明

英文字母

符号	意义	计量单位
A	溶质质量或其流量	kg 或 kg/h
B	原溶剂(稀释剂)质量或其流量	kg 或 kg/h
E	萃取相质量或其流量	kg 或 kg/h
E'	萃取液质量或其流量	kg 或 kg/h
F	原料液质量或其流量	kg 或 kg/h
k_A、k_B	分配系数	
M	混合物质量或其流量	kg 或 kg/h
R	萃余相质量或其流量	kg 或 kg/h
R'	萃余液质量或其流量	kg 或 kg/h
S	萃取剂质量或其流量	kg 或 kg/h
w_{ij}	组分 j 在混合物流 i 中的质量分数	kg j/kg i
x	组分 A 在萃余相 R 中的质量分数	
y	组分 A 在萃取相 E 中的质量分数	

希腊字母

符号	意义	计量单位
β	选择性系数	

项目九　干燥技术

干燥是指在化学工业中,借助热能使物料中的水分或溶剂气化,并通过干燥介质带走水分或溶剂的过程。例如固体干燥时,水分或溶剂从固体内部扩散到表面,再从固体表面气化。干燥的方法主要有:① 机械法,即利用重力或离心力实现干燥的过程,如沉降、过滤、离心分离等,这种方法虽然能耗低,但除湿效果有限;② 热能法,即借助热能使物料中的水分汽化并及时排除,该方法又称为干燥法。由于干燥过程消耗的能量较多,工业上一般先用机械方法除去湿物料中的大部分水汽,然后再通过干燥方法进一步脱除剩余的水汽,以获得符合要求的产品。

9.1　概述

任务目标	技能要求
• 了解干燥的基本概念以及干燥操作的基础知识; • 了解常用的去湿方法。	• 掌握干燥的基本原理; • 掌握常用的去湿方法。

化学工业中通常采用对流干燥的方法,所用的干燥介质主要是热空气,而湿物料中又多为水分,故本章即以此为介绍对象。本章论及的空气,是由干空气与水蒸气混合而成,称为湿空气。当然,除空气以外,干燥介质也可以是烟道气或其他惰性气体,被除去的湿分可以是水以外的其他组分,这些物系与空气-水系统具有相同的特性。

9.1.1　固体去湿方法

干燥的目的是使物料便于运输、加工处理、贮藏和使用。例如,聚氯乙烯的含水量必须控制在 0.2% 以下,否则在制品加工过程中将产生气泡;抗生素必须保持较低的含水量,否则会缩短其使用期限等。常用的去湿方法有下面三种:

(1)机械去湿。当固体湿物料中含液体较多时,可先采用沉降、过滤、离心分离等机械分离的方法。这类方法虽能耗较低,但去湿效果不彻底。

(2)物理化学去湿。将干燥剂(如无水硫酸镁、干燥硅胶、石灰等)与湿物料共存,使湿物料中的湿分转入干燥剂内。这种方法干燥效果好,但费用较高,只适用于实验室低湿分固体物料或工业气体的去湿。

(3)加热去湿。向湿物料加热,使其中湿分汽化并转移走,这种方法又称为物料的干燥。它是化工生产中一种重要的单元操作,在食品、医药、轻工、纺织、农产品加工以及建材等领域有广泛应用。例如,合成树脂加工前必须进行干燥以防止制品中产生气泡;谷物、蔬菜经干燥处理后可延长贮存期限;纸张、木材经干燥后以更好地使用。

9.1.2　干燥的基本原理

干燥是一个消耗时间和能量并脱除水分的过程。研究干燥的基本原理主要是为了提高干燥速率,降低能量消耗。

1. 水分迁移原理

水分迁移原理是指在物体干燥过程中,水分从内部向表面迁移并去除的过程。这个过程受到温度、湿度和空气流动等因素的影响。当温度升高时,水分从内部向表面迁移的速度会加快;当湿度降低或者空气流动时,水分从表面蒸发的速度会加快。

2. 水汽压差原理

水汽压差原理是指在干燥过程中,将物体置于低湿环境中使其失去水分。这个过程温度和湿度对干燥效果有显著影响。当处于低湿环境中,物体表面的水分会向四周迁移并蒸发。

3. 湿空气吸收原理

湿空气吸收原理是指在干燥过程中,将湿空气通过物体表面,使其失去水分的过程。这个过程温度和相对湿度对干燥效果有显著影响。当湿空气通过物体表面时,物体表面的水分会被转移至空气中。

9.1.3　干燥操作分类

1. 按操作压强分

主要有常压干燥、真空干燥和加压干燥。真空干燥时温度较低,蒸气不易外泄,适宜于处理热敏性、易氧化、易爆或有毒物料以及产品要求含水量较低、要求防止污染及湿分蒸气需要回收的情况。加压干燥是指在一定温度和压力下突然减压,水分瞬间汽化,使物料发生破碎或膨化的过程,加压干燥只在特殊情况下使用。

2. 按操作方式分

分为连续干燥和间歇干燥。工业生产中以连续干燥为主,优点是生产能力大,品控好,热效率高;间歇干燥投资费用较低,操作控制灵活方便,适用于小批量、多品种或要求干燥时间较长的物料。

3. 按加热方式分

根据加热方式不同,干燥操作可分为以下几种:

(1)热传导干燥法。利用热传导将热量通过干燥器的壁面传递给湿物料,使物料表面湿分汽化。

（2）对流传热干燥法。以对流方式将热空气或热烟道气等干燥介质与湿物料接触，向物料传递热量，使湿分汽化并去除湿分。

（3）红外线辐射干燥法。红外线辐射器中有金属氧化物涂层、发热体和热源。涂层用于保证在一定温度下能发射出具有所需的波段宽度和一定辐射功率的红外线。发热体是指电热式电阻发热体，热源是指水蒸气、燃气等，它们向涂层提供热源，以保证红外线正常发射所需的温度。

（4）微波加热干燥法。微波发生器中的微波管将电能转换为微波能量，再传输到微波干燥器中，对物料加热干燥。其原理是湿物料中水分子的偶极子在微波能量的作用下发生激烈的旋转运动而产生热能，这种加热属于物料内部加热方式，具有干燥时间短、干燥均匀等优点。常用的微波频率为 2450MHz。

（5）冷冻干燥法。物料冷冻后，将干燥器抽成真空，并使载热体循环，对物料提供必要的升华热，使冰升华为水汽，水汽通过真空泵排出。冰的蒸气压很低，0℃时为 6.11Pa，所以冷冻干燥需要很高的真空条件。物料中的水分通常以液态或结合状态存在，必须使物料冷却到 0℃以下，以保持固态。冷冻干燥法常用于医药品、生物制品及食品的干燥。

9.2　湿空气的性质及湿度图

任务目标	技能要求
• 了解湿度和相对湿度的定义； • 了解湿空气的湿球温度和绝热饱和温度的概念； • 了解空气湿度图中各曲线的含义。	• 能熟练计算湿度与相对湿度； • 能根据 $H\text{-}I$ 图查看空气各个参数； • 能利用 $H\text{-}I$ 图描述湿空气的状态变化。

湿空气是指湿度较大的空气。湿空气可以看成是干空气和水汽的混合状态，在干燥操作中通常可作为理想气体来处理。在干燥过程中，湿空气的温度、水汽含量、比焓等都将发生变化，而干空气的质量是恒定的。因此，在讨论湿空气性质和干燥过程计算中通常以单位质量干空气作为物料基准。

9.2.1　湿空气的性质

1. 湿空气中的水汽分压 p_w

作为干燥介质的湿空气应是不饱和空气，即湿空气是干空气和水汽的混合物，因此，空气中水汽分压低于同温下水的饱和蒸气压。根据道尔顿分压定律，有

$$P = p_\text{g} + p_\text{w} \tag{9-1}$$

式中：P——湿空气的总压强，Pa；

p_g——湿空气中干空气的分压，Pa；

p_w——湿空气中水汽的分压，Pa。

当总压一定时，湿空气中水汽分压 p_w 越大，表明空气中水汽的含量越高。当 p_w 达到最大值时，则表明此时湿空气已被水汽饱和。

2. 湿度 H

湿空气的湿度又称为比湿度或绝对湿度，其定义为：

$$H = \frac{\text{湿空气中水汽的质量 } M_\text{v}}{\text{湿空气中干空气的质量 } M_\text{g}} \quad (\text{单位：kg 水 /kg 干空气})$$

湿度实际上是以干空气量为基准的水汽质量比。由于气体的质量等于气体的千摩尔数×千摩尔质量，则有

$$H = \frac{n_\text{w} M_\text{w}}{n_\text{g} M_\text{g}} \tag{9-2}$$

式中：n_w、n_g——湿空气中水汽、干空气的千摩尔数，kmol；

M_w、M_g——水汽和干空气的千摩尔质量，kg/kmol。

根据分压定律，混合物中各组分的摩尔比等于分压比，故有以下关系：

$$\frac{n_\text{w}}{n_\text{g}} = \frac{p_\text{w}}{p_\text{g}} = \frac{p_\text{w}}{P - p_\text{w}} \tag{9-3}$$

将式(9-3)代入式(9-2)可得：

$$H = \frac{p_\text{w}}{P - p_\text{w}} \times \frac{M_\text{w}}{M_\text{g}} \tag{9-2a}$$

对于空气 - 水系统，$M_\text{w} \approx 18\text{kg/kmol}$，$M_\text{g} \approx 29\text{kg/kmol}$，将它们的准确值代入式(9-2a)得：

$$H = 0.622 \times \frac{p_\text{w}}{P - p_\text{w}} \tag{9-4}$$

式(9-4)表明，湿度 H 是湿空气总压 P 和水汽分压 p_w 的函数；当总压 P 一定时，H 只与 p_w 有关，且随 p_w 增加而增加，H 仅代表湿空气中水汽的含量，不能衡量其吸湿能力。

当水汽分压 p_w 等于湿空气在该温度下水的饱和蒸气压 p_s 时，表明湿空气被水汽饱和，此时的湿度称为**饱和湿度**，用 H_s 表示，即有

$$H_\text{s} = 0.622 \times \frac{p_\text{s}}{P - p_\text{s}} \tag{9-5}$$

式中：H_s——湿空气的饱和湿度，kg 水 /kg 干空气；

p_s——湿空气在温度 t 下水的饱和蒸气压，Pa。

式(9-5)说明，在一定总压 P 下，空气的饱和湿度 H_s 只取决于其温度。

3. 相对湿度

当总压 P 一定时，干燥介质中的水汽分压与同温度下水的饱和蒸气压之比称为**相对湿度**，用 φ 表示，其定义为

$$\varphi = \frac{p_\text{w}}{p_\text{s}} \times 100\% \tag{9-6}$$

相对湿度 φ 体现了干燥介质的吸湿能力，φ 值越小，表明该湿空气越干燥，也就是说它的吸湿能力越强；当 $\varphi = 1$ 或 100% 时，即 $p_w = p_s$，则表明该湿空气已达到饱和状态，不具备吸湿能力。显然，干燥介质 φ 值愈小，干燥介质用量越少、传质推动力越高。由式(9-6)可知，在一定总压 P 下，$p_w = \varphi p_s$，代入式(9-4)得：

$$H = 0.622 \times \frac{\varphi p_s}{P - \varphi p_s} \tag{9-7}$$

式(9-7)表明，当总压 P 一定时，湿空气的湿度 H 随空气的相对湿度 φ 和空气的温度 t 而变化。

【例 9-1】 已知湿空气中水汽分压为10kPa，总压为100kPa。试求该空气成为饱和湿空气时的温度和湿度。

解：(1)当 $\varphi = 1$ 时，$p_w = p_s = 10$kPa，通过查询附录，得到该饱和湿空气的温度 $t = 45.3℃$。

(2)该饱和湿空气的湿度(饱和湿度)为

$$H = H_s = 0.622 \times \frac{p_s}{P - p_s} = 0.622 \times \frac{10}{100 - 10} = 0.0691(\text{kg 水 /kg 干空气})$$

4. 湿空气的比容 v_H

湿空气的比容也称为湿容积，它指 1kg 干空气及其所含有的 H kg 水汽所占的总体积，其单位为 m³ 湿气 /kg 干空气(以 1kg 干空气为基准)。

根据理想气体定律，在总压 P(kPa)、温度 t(℃)下，湿空气的比容可表示为

$$v_H = v_g + H v_w = (0.773 + 1.244H) \times \frac{273 + t}{273} \times \frac{101.33}{P} \tag{9-8}$$

即在总压 P 一定时，不饱和湿空气的比容 v_H 随其 t、H 的升高而升高。

【例 9-2】 试计算总压为 101.33kPa、20℃下，湿度为 0.01kg/kg 的湿空气的水汽分压和以质量流量为 1.5kg/s 进入风机时的体积流量(m³/s)。

解：已知 $H = 0.01$kg/kg，$t = 20℃$，$P = 101.33$kPa。

由式(9-4)可知：

$$p_w = \frac{HP}{0.622 + H} = \frac{0.01 \times 101.33}{0.622 + 0.01} = 1.603(\text{kPa})$$

1.5kg/s 的湿空气中干空气的质量流量为

$$\frac{1.5}{1 + H} = \frac{1.5}{1 + 0.01} = 1.485(\text{kg 干空气 /s})$$

由式(9-8)可知，湿空气的比容为

$$v_H = (0.773 + 1.244H) \times \frac{273 + t}{273} = (0.773 + 1.244 \times 0.01) \times \frac{273 + 20}{273}$$

$$= 0.843(\text{m³/kg 干空气})$$

所以，进入风机时的湿空气的体积流量为

$$v_s = 1.485 \times 0.843 = 1.25(\text{m³/s})$$

5. 湿空气的比热容 c_H

常压下，湿空气的比热容是指以 1kg 干空气为基准的湿空气(湿度为 H)在温度升高

或降低 1℃时所吸收或释放的热量,其单位为 kJ/(kg 干空气·℃),即

$$c_H = c_g + c_v \times H \tag{9-9}$$

式中:c_g——干空气的平均等压比热容,kJ/(kg 干空气·℃);

c_v——水汽的平均等压比热容,kJ/(kg 水汽·℃)。

在工程计算中,在 0~120℃ 范围内,c_g 和 c_v 通常视为常数,即 $c_g = 1.01$kJ/(kg 干空气·℃),$c_v = 1.88$kJ/(kg 水汽·℃),所以湿空气的比热容(kJ/(kg 干空气·℃))为

$$c_H = 1.01 + 1.88H \tag{9-9a}$$

即湿空气的比热容只随空气湿度 H 而变化。

6. 湿空气的焓 I

湿空气的焓是以 1kg 干空气为基准的干空气的焓及其所含有的 H kg 水汽的焓之和,其单位为 kJ/kg 干空气,即

$$I = I_g + HI_v \tag{9-10}$$

式中:I_g——干空气的焓,kJ/kg 干空气;

I_v——水汽的焓,kJ/kg 水汽。

由于焓为相对值,在计算时通常取 0℃ 液态水和 0℃ 干空气为基准态,即有

$$I_g = c_g t \tag{9-11}$$

$$I_v = r_0 + c_v t \tag{9-12}$$

式中:r_0——0℃时水的比汽化热,其值为 2492kJ/kg。

因此,式(9 10)可改写为

$$I = (1.01 + 1.88H)t + 2492H \tag{9-13}$$

7. 湿空气的露点 t_d

将不饱和湿空气在总压 P 和湿度 H 不变的情况下进行冷却,当出现第一颗液滴,即正好冷却至饱和状态时的温度,称为该空气的露点 t_d。此时,原湿空气的湿度 H 就是其露点温度 t_d 下的饱和湿度 H_s,原湿空气的水汽分压 p_w 就是其露点温度 t_d 下的饱和蒸气压。显然,一定总压 P 下,湿空气的露点 t_d 越高,相应的饱和蒸气压也越高,其湿度也就越大,所以湿空气的露点是反映湿空气湿度的一个特征温度。

8. 湿空气的湿球温度 t_w

如图 9-1 所示,将温度计 A 和 B 置于一定温度 t 与湿度 H 的空气流中。温度计 A 的感温球在湿空气流中测得的空气温度即为该湿空气的干球温度,用 t 表示,它是湿空气的实际温度。若将温度计 B 的感温球部分用湿纱布的一端包裹住,湿纱布的另一端浸没于水中,用水使其表面始终维持充分润湿的状态,经过一定时间后,感温球在湿空气流中的显示值会趋于稳定,不再变化,此时测得的平衡温度称为该湿空气的湿球温度,用 t_w 表示。不饱和湿空气的湿球温度 t_w 恒低于其干球温度 t。

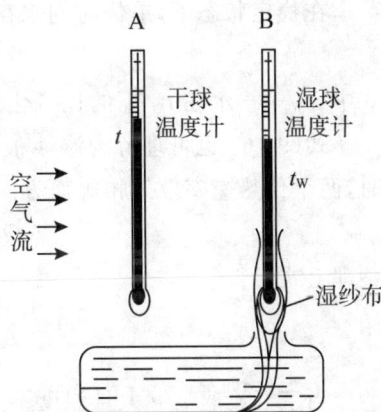

图 9-1　干湿球温度计

测定湿球温度的机理如下:温度为 t、湿度为 H(或水汽分压为 p_w)的不饱和湿空气以一定流速流过湿球温度计的湿纱布表面时,若开始时湿纱布表面的温度也为 t,则湿纱布表面在温度 t 下的平衡水蒸气分压 p_s 必大于湿空气的 p_w,其相应的饱和湿度 H_s 必大于湿空气的 H,即有

$$\Delta p = (p_s - p_w) > 0, \quad \Delta H = (H_s - H) > 0$$

这时,在传质推动力 Δp 或 ΔH 的作用下,湿纱布表面的水分必然需要汽化,而水汽化所需的热量首先来自湿纱布本身温度降低而放出的热量,相应地,温度计 B 的显示值也将下降。水温下降后,由于与空气间存在温差,因湿纱布温度开始低于空气流温度 t,此时必将引起空气流向湿纱布传递热量,直至单位时间内空气流传给湿纱布的热量恰好等于湿纱布表面水汽化所需的热量时,该过程达到动态平衡,此时湿纱布的温度及温度计 B 的显示值将保持恒定,该恒定温度即为湿空气的湿球温度 t_w。

由于流过湿球温度计的空气流量大,而从湿纱布表面汽化的水分量相对很少,可以认为湿空气的 t 和 H 并不变化。尽管前面假设湿空气温度和湿纱布水汽初始温度相同,事实上,不论湿纱布的初始温度如何,最后总会达到与湿球温度一样的动态平衡温度,只是达到平衡的时间有所差异。因此,湿球温度 t_w 也是湿空气的一个特征温度。

由上可知,在达到湿球温度 t_w 时,空气向湿纱布表面的传热量为

$$Q = \alpha A (t - t_w) \tag{9-14}$$

式中:Q——传热量,kW;

α——空气与湿纱布表面间的对流传热系数,$kW/(m^2 \cdot ℃)$;

A——湿纱布的表面积,m^2。

湿纱布表面水分向空气中汽化的传质速率为

$$W = k_H (H_w - H) \tag{9-15}$$

式中:W——水分的传质速率,$kg/(m^2 \cdot s)$;

k_H——以湿度差为推动力的传质膜系数,$kg/(m^2 \cdot s \cdot \Delta H)$;

H_w——湿空气在温度为 t_w 下的饱和湿度,kg 水 /kg 干空气;

H——湿空气的湿度,kg 水 /kg 干空气。

在稳定状态下,单位时间水自湿纱布表面汽化所需的热量为

$$Q = W A r_w \tag{9-16}$$

式中:r_w——水在 t_w 下的比汽化热,kJ/kg。

式(9-16)也可理解为湿纱布表面以潜热方式向空气主体传热的速率。达到动态平衡时,两个传热速率数值相等而方向相反。联立式(9-14)至式(9-16)可得

$$\alpha A (t - t_w) = k_H A (H_w - H) r_w$$

整理上式可得

$$t_w = t - \frac{k_H r_w}{\alpha} (H_w - H) \tag{9-17}$$

当空气流速足够大且温度不太高时,可以认为湿空气流与湿纱布表面间的热量、质量反向传递均以对流方式为主,故 k_H 和 α 为通过同一气膜的传质系数与对流传热系数。实验表明,在一定范围内,k_H 与 α 都与气流的雷诺数的 0.8 次幂成正比,因而可认为 k_H 与 α

的比值与气流速度无关,只与物性有关。对于空气-水系统,经实验测定,当气流速度大于 5m/s 时,$\alpha/k_H \approx 1.09\text{kJ}/(\text{kg} \cdot \text{℃})$。

在一定总压下,H_w 由 t_w 决定,故由式(9-17)可知,湿球温度 t_w 是湿空气的温度 t 与湿度 H 的函数,这就定量地说明了湿球温度也是空气的一种状态参数或特征温度。当湿空气的温度一定时,其温度与相对湿度越低,即偏离饱和程度越远时,湿球温度 t_w 也越低,而当空气的湿度越高时,湿球温度 t_w 越接近于干球温度;而对于饱和空气,其湿球温度则与干球温度相等。反之,若气流的干球温度与湿球温度的差值越大,则其湿度与相对湿度也越低,生产上常通过对干、湿球温度的测量来确定该空气的湿度。

9. 绝热饱和温度 t_{as}

绝热饱和温度是湿空气降温、增湿直至饱和时的温度。如图 9-2 所示,若一定温度 t 和湿度 H 的不饱和湿空气在空气绝热增湿塔内与塔顶喷淋而下的大量水逆流充分接触后,空气从塔顶排出,水由塔底排出后经泵输送至塔顶循环使用,塔内水温始终保持均匀恒定,假设设备与周围环境绝热良好,则热量只在气液两相间进行传递。若截面上的水的饱和湿度高于空气湿度,则水分将会不断汽化进入空气中,从而使空气温度降低。根据热量衡算关系,空气温度下降所放出的热量只能全部用于水汽化所需要的热量,并且水汽化时又会将这部分热量重新带回到空气中。由于是理想绝热条件,对空气而言,其焓值不会发生变化,因此,空气绝热增湿过程近似可看作是等焓过程。如果空气与水接触时间足够长,最终空气出口时将被水汽所饱和,此时空气的出口温度就等于循环水的温度,且不再下

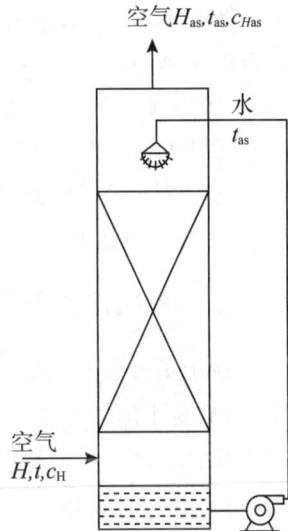

图 9-2　空气绝热增湿塔

降,这个温度称为该初始湿空气的**绝热饱和温度**,用 t_{as} 表示,其对应的湿度称为**绝热饱和湿度**,以 H_{as} 表示,循环水的温度也恒定为 t_{as}。操作中,循环水不断汽化被空气带至塔外,因此为了保证循环水量不变,需要向塔内不断加入温度为 t_{as} 的水以补充水在塔中汽化损失的量。

以温度 t_{as} 为基准对如图 9-2 所示空气绝热增湿塔作热量衡算,则进入绝热增湿塔的湿空气的焓为

$$I = c_H(t - t_{as}) + H r_{as} \tag{9-18}$$

离开绝热增湿塔的饱和湿空气的焓为

$$I_{as} = c H_{as}(t - t_{as}) + H_{as} r_{as} = H_{as} r_{as} \tag{9-19}$$

式中:r_{as}——在 t_{as} 时水的比汽化热,kJ/kg;

H_{as}——在 t_{as} 下空气的饱和湿度,kg 水 /kg 干空气。

对于 1kg 进塔的干空气,水在塔内的汽化量为 $H_{as} - H$,即为需要补充的水量。由于补充水的温度也为 t_{as},因此,以温度 t_{as} 为基准的热量衡算中补充水的焓值为 0,故有

$$I = I_{as} \tag{9-20}$$

将式(9-18)和式(9-19)代入式(9-20),整理可得

$$t_{as} = t - \frac{r_{as}}{c_H}(H_{as} - H) \tag{9-21}$$

式(9-21)表明,在一定的总压下,原始湿空气的t、H一定,c_H即为一定值,H_{as}由t_{as}而定,则空气绝热饱和温度t_{as}也只取决于空气的t和H值,因此t_{as}也是空气的一个特征温度或状态参数。

实验测定表明,对湍流状态下的空气-水系统,空气流速在$3.8 \sim 10.2\text{m/s}$的范围内,$\alpha/k_H \approx c_H$,这样,对比式(9-17)和式(9-21)可得,在一定的温度t和湿度H下,$t_{as} \approx t_w$。

需要注意的是,湿空气的湿球温度t_w和绝热饱和温度t_{as}是两个完全不同的概念。湿空气的湿球温度是由温度差引起的传热速率与由湿度差引起的汽化传质速率达到动平衡时的结果,是湿感温球表面达到的温度;绝热饱和温度则是在一定条件下,空气经历绝热冷却增湿过程时,对进出状态变化进行热量衡算的结果。但当总压一定时,它们都是空气t、H的函数,且只是对空气-水系统而言,两者在数值上近似相等。如果物系不是空气-水系统,其$\alpha/k_H \neq c_H$,t_w也不再等于t_{as}。但湿球温度相对比较容易测定。

由上可知,表示湿空气性质的特征温度有干球温度t、露点t_d、湿球温度t_w和绝热饱和温度t_{as}。对于空气-水系统,它们之间的关系如下:

不饱和湿空气:$t > t_w \approx t_{as} > t_d$; 饱和空气:$t = t_w \approx t_{as} = t_d$

9.2.2 空气湿度图及应用

在干燥过程中,预热器将湿空气加热升温后进入干燥器,与湿物料发生传热和传质过程,然后从干燥器排出。整个过程中空气的各项性质参数都在动态变化,因此,无论是干燥的设计型或操作型计算,空气状态的确定都是非常重要的。

1. 空气湿度图

与干燥过程有关的湿空气状态参数有P、p_w、H、t_d、t、I等11个。由相律可知,只要确定其中三个相互独立的状态参数,不饱和湿空气的状态和其余的状态参数的值将完全被确定。通常干燥过程的总压P是一定的,因此,只要再规定两个相互独立的状态参数,例如$\{t, H\}$、$\{I, H\}$、$\{p_w, t\}$等,湿空气的其他各项状态参数都可通过前述公式逐一确定。需要注意的是,有些空气状态参数间并不相互独立,例如$\{p_w, H\}$、$\{p_w, t_d\}$等,因为这些组合内的两个参数可以相互推导出来,它们是等价但彼此不独立的。由于公式计算过程相对烦琐,有的还需要采用试差法求解,因此工程常将各状态参数之间的关系制作成湿空气的湿度图,以简化计算。通过湿度图还可以进一步了解这些状态参数之间的相互关系以及湿空气作为干燥介质在干燥操作中的状态变化过程。

根据选用的坐标参数的不同,湿度图有好几种形式,工程上常用的空气湿度图是焓-湿度(I-H)图。如图9-3所示,在总压$P = 101.33\text{kPa}$下,以湿空气的焓I为纵坐标、湿度H为横坐标所构成的湿度图,即为湿空气的I-H图。为避免图中曲线过于密集,从而影响正确读数,通常将纵轴I和横轴H之间的夹角取为$135°$;又为了方便读取H的数值,将横轴上的H值投影到水平辅助轴(与I轴正交)上。图上任意一点均表示一定温度和湿度的湿空气的状态。

湿度图由5种线型构成。

(1) 等湿度线(等H线):是一组平行于纵轴I的直线,在同一条等湿度线上的不同点都具有相同的H值,其值可在水平辅助轴上读出。

（2）等焓线（等 I 线）：是一组平行于横轴 H 的直线，在同一条等焓线上的不同点都具有相同的 I 值，其值可在纵轴上读出，读数范围为 $0 \sim 680 \text{kJ/kg}$ 干空气。

（3）等温线（等 t 线）：式（9-13）可以改写为

$$I = 1.01t + (1.88t + 2492)H \tag{9-13a}$$

由式（9-13a）可知，当温度 t 不变时，I 与 H 成直线关系，且直线的斜率为（$1.88t + 2492$），因此，等温线是一组直线，不同的 t 将对应多条等温线，且直线的斜率随 t 升高而增大，故等温线相互之间不平行。温度值也在纵轴上读出，读数范围为 $0 \sim 250℃$。

（4）水汽分压线 p_w：式（9-4）可改写为：

$$p_w = \frac{PH}{0.622 + H} \tag{9-4a}$$

在图上绘制 p_w-H 间的相互关系曲线，p_w 的坐标位于右端的纵轴上（kPa）。这个关系说明，在总压 P 一定时，水汽分压 p_w 随湿度 H 的变化而变。

（5）等相对湿度线（等 φ 线）：总压一定时，饱和蒸气压 p_s 是温度 t 的单值函数，因此，式（9-7）实际上也表明 φ、t、H 之间的相互关系。

当 φ 值一定，在不同 t 下求出 H 值，将各（H，t）点连接起来就可以画出一条等 φ 线。显然，在每一条等 φ 线上，随 t 升高 p_s 增加，H 也增加，而且 t 越高，p_s 和 H 增加越快。图中的等 φ 线为 $\varphi = 5\% \sim 100\%$ 的一簇曲线。

由图9-3可见，当湿空气的 H 一定时，随温度 t 升高，φ 值降低，则去湿能力越强。对于干燥介质，既要求其作为载热体具有适当的温度，又要求其具有较高的载湿能力。因此，常将进入干燥器前的湿空气预热以提高其温度并且降低相对湿度。

图9-3中 $\varphi = 100\%$ 的等 φ 线为饱和空气线，线上任意点的空气状态均为一定温度下被水汽所饱和的饱和空气，曲线上的点对应的湿度也就是该温度下的饱和湿度。此线以上的区域称为不饱和区，作为干燥介质的空气状态点应落在此区域内。

2. 空气湿度图的应用

1）根据 I-H 图上空气的状态点，确定空气的其他性能参数

图9-4为 I-H 图的应用。已知空气的状态点为 A，通过 A 点的等 t 线、等 H 线、等 I 线可确定 A 点的温度、湿度和焓。由于露点是在湿空气湿度 H 不变的条件下冷却至饱和时的温度，因此等 H 线与 $\varphi = 100\%$ 的饱和空气线的交点所对应的等 t 线所示的温度为露点温度 t_d，由等 H 线与水汽分压线的交点读出湿空气中的水汽分压值。对于水蒸气-空气系统，湿球温度 t_W 与绝热饱和温度 t_{as} 近似相等，因此由通过空气状态点 A

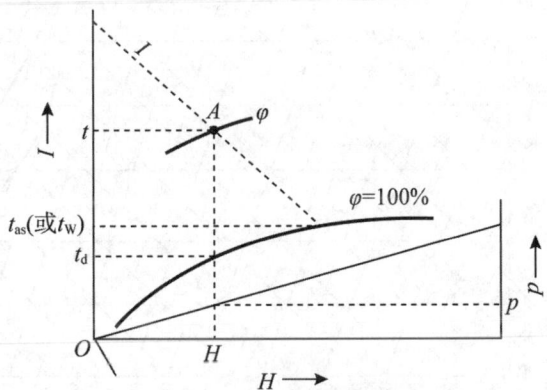

图 9-4　I-H 图的应用

的等 I 线与 $\varphi = 100\%$ 的饱和空气线交点的等 t 线所示的温度即为 t_W 或 t_{as}。图中显示对于不饱和空气，$t > t_{as}$（或 t_W）$> t_d$。

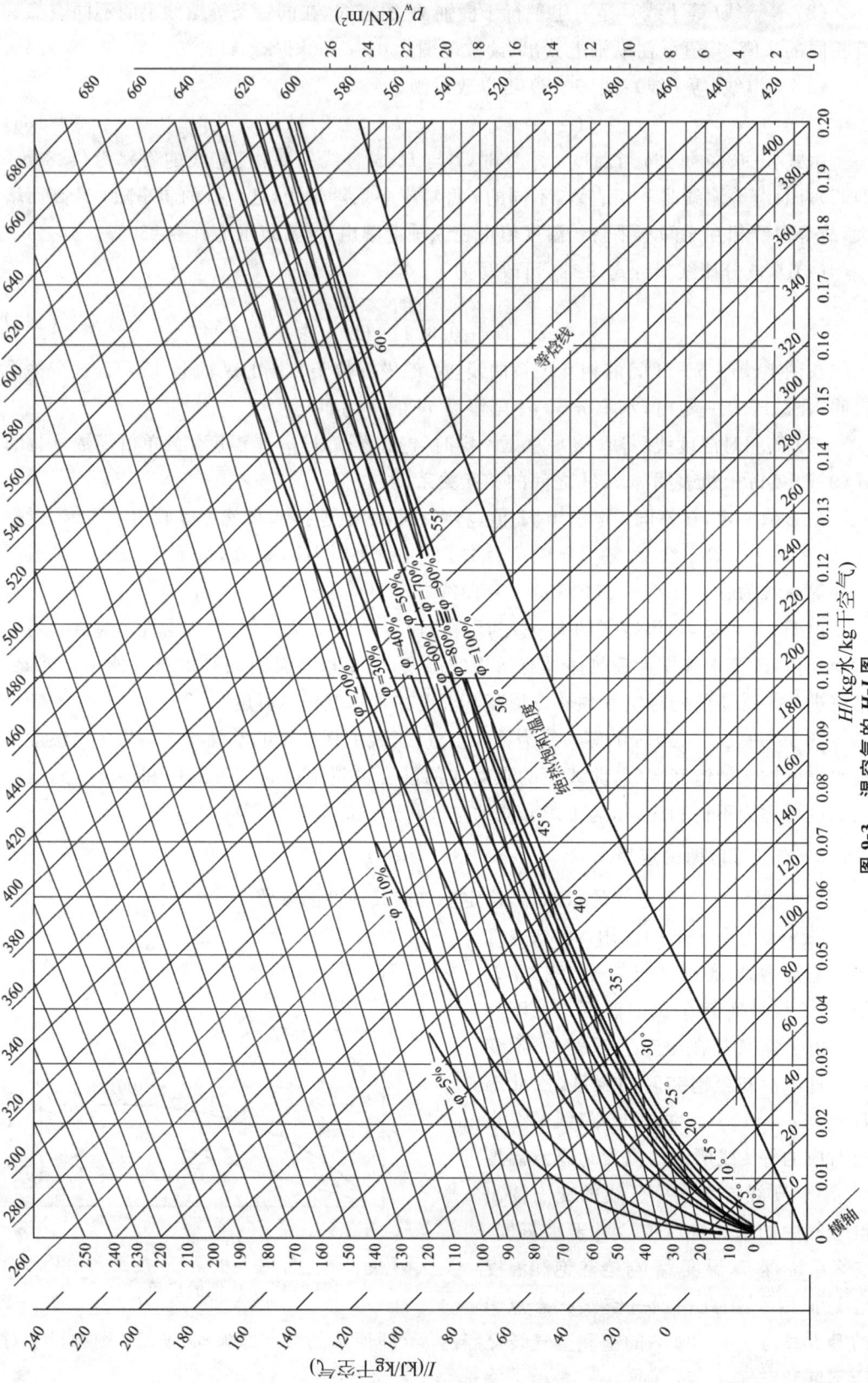

图 9-3 湿空气的 H-I 图

2) 由湿空气任意两个独立参数确定空气的其他参数

先用两个已知参数在 $I\text{-}H$ 图上确定该空气的状态点,然后查出空气的其他性质。若已知湿空气的两个独立参数分别为 $\{t,t_w\}$、$\{t,t_d\}$ 和 $\{t,\varphi\}$,湿空气的状态点 A 的确定方法分别示意于图 9-5(a)、(b) 和(c) 中。

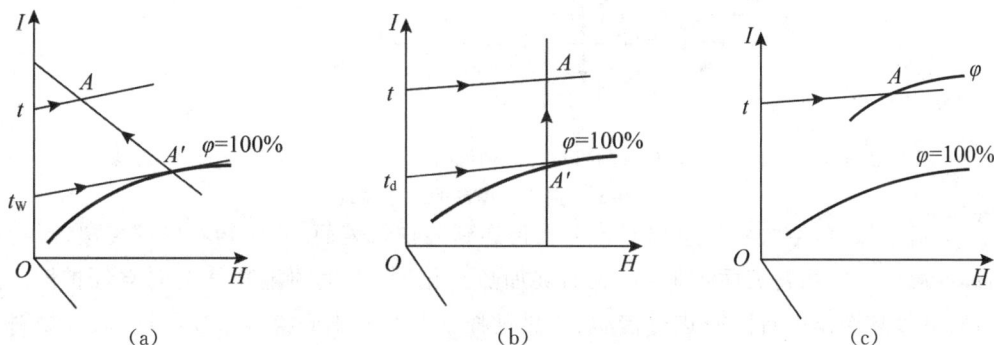

（a）　　　　　　　　（b）　　　　　　　　（c）

图 9-5　湿空气状态在 $I\text{-}H$ 图上的确定

应注意,必须是两个相互独立的参数才能确定空气的状态。而 $\{t_d,H\}$、$\{P,H\}$、$\{t_d,P\}$、$\{t_w,I\}$、$\{t_{as},I\}$ 等都不是相互独立的,它们必然在等 H 线或者等 I 线上,因此根据上述各组数据不能在 $I\text{-}H$ 图上确定空气状态点。

3) 描述湿空气的状态变化

如湿空气的加热、冷却、混合以及在干燥器内的状态变化,均可在 $I\text{-}H$ 图上表述。

9.3　干燥过程的物料衡算及热量衡算

任务目标	技能要求
• 了解湿物料中含水率的表示方法; • 了解提高干燥过程热效率的途径。	• 掌握干燥系统物料衡算方法; • 掌握干燥系统热量衡算方法。

空气干燥器是一种应用热空气作为干燥介质的干燥设备,属于典型的对流干燥,图9-6 是一种连续式空气干燥器的工作原理图。湿物料由进料口 1 送入干燥室 2,借助输送装置在干燥室内移动,干燥后的物料经卸料口 3 卸出。冷空气由抽风机 4 抽入,经空气预热器 5 到达一定温度后,通入干燥器中与湿物料相接触,使物料表面的水分汽化并将水汽带走。蒸发所需的热量全部或部分由空气供给,在干燥室中设置补充加热器 6 以供给其余所需热量。除干燥室及空气预热器以外,干燥装置中还设有抽风机械、进料器、卸料器和除尘器等。

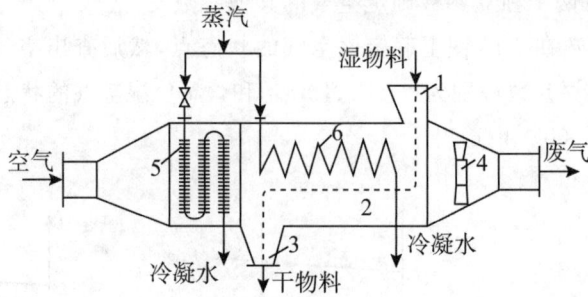

1—进料口；2—干燥室；3—卸料口；4—抽风机；5—空气预热器；6—补充加热器。

图 9-6　空气干燥器的工作原理

对流干燥时，空气将热量以对流方式传递到湿物料表面，并向物料内部传递，湿物料内部的湿分则向物料表面扩散，在表面被加热汽化后，产生的湿蒸气会向空气扩散。因此，对流传热操作中将同时进行传质、传热过程。为了保证干燥得以顺利进行，湿物料表面的水汽分压 p_s 必大于空气中的水汽分压 p_w，传质推动力为 $\Delta p = p_s - p_w$，若保持其他条件不变，Δp 越大，干燥速率越大。

在干燥过程的计算中，物料衡算和热量衡算计算湿物料水分蒸发量、空气消耗量、需提供的热量，以及干燥设备选型的基础。

9.3.1　湿物料中含水率的表示方法

湿物料中所含水分的量通常用以下两种方法表达。

（1）湿基含水量：以湿物料为基准的含水率，用符号 ω 表示，其定义为

$$\omega = \frac{湿物料中水分的质量}{湿物料的总质量} \times 100\% \tag{9-22}$$

（2）干基含水量：以绝对干料为基准的含水率，用符号 X 表示，其定义为

$$X = \frac{湿物料中水分的质量}{湿物料中绝对干物料的质量} \times 100\% \tag{9-23}$$

其单位为：kg 水 /kg 干物料。

上述两种含水率之间的换算关系为

$$X = \frac{\omega}{1-\omega} \quad 或 \quad \omega = \frac{X}{1+X} \tag{9-24}$$

工业生产上习惯用湿基含水量表示物料中的含水率，但在干燥器的物料衡算中，由于干物料在干燥过程中质量始终不变，因此采用干基含水量较为方便。

9.3.2　干燥过程的物料衡算

图 9-7 为连续干燥器的物料衡算示意图，通过干燥器的物料衡算可确定物料水分汽化量和空气消耗量。

1. 干燥中的水分汽化量

对进、出物料作衡算，得干燥器中水分的汽化量为

$$W = G_1 - G_2 \tag{9-25}$$

或

$$W = G_c(X_1 - X_2) \tag{9-26}$$

式中：W——物料在干燥器中失去的水分质量流量，kg/h；

　　G_1、G_2——进入、离开干燥器的湿物料质量流量，kg/h；

　　G_c——湿物料中绝干物料的质量流量，kg/h；

　　X_1、X_2——干燥前、后物料中的干基含水量，kg 水/kg 干物料。

干燥器中的绝干物料量为

$$G_c = G_1(1 - \omega_1) = G_2(1 - \omega_2) \tag{9-27}$$

式中：ω_1、ω_2——干燥前、后物料中的湿基含水量，质量分数。

由式（9-26）和式（9-27）可得

$$W = G_1 - G_2 = \frac{G_1(\omega_1 - \omega_2)}{1 - \omega_2} = \frac{G_2(\omega_1 - \omega_2)}{1 - \omega_1} \tag{9-28}$$

图 9-7　干燥器的物料衡算

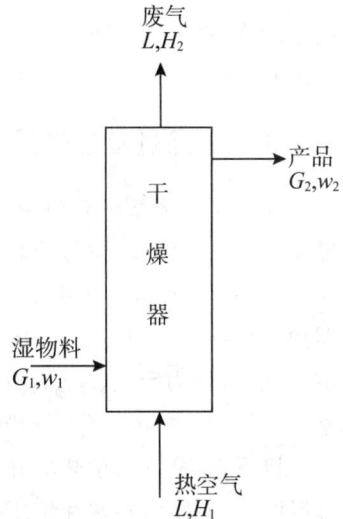

【例 9-3】　聚氯乙烯树脂的湿基含水量为 6%，干燥后产品中的湿基含水量为 0.3%。干燥产品量为 5000kg/h。试求该树脂在干燥器中蒸发的水分量（kg/h）。

解：已知 $\omega_1 = 6\%$，$\omega_2 = 0.3\%$，则

$$X_1 = \frac{\omega_1}{1 - \omega_1} = \frac{0.06}{1 - 0.06} = 0.0638（kg 水 /kg 干物料）$$

$$X_2 = \frac{\omega_2}{1 - \omega_2} = \frac{0.003}{1 - 0.003} = 0.003（kg 水 /kg 干物料）$$

按式（9-27）得

$$G_c = G_2(1 - \omega_2) = 5000 \times (1 - 0.003) = 4985（kg/h）$$

由式（9-26）可知，蒸发的水分量为

$$W = G_c(X_1 - X_2) = 4985 \times (0.0638 - 0.003) = 303（kg/h）$$

2. 空气用量的计算

湿物料蒸发的水分量都被空气带走，因此，对进、出干燥器的空气作水分衡算得

$$L(H_2 - H_1) = W \tag{9-29}$$

或

$$L = \frac{W}{H_2 - H_1} \tag{9-29a}$$

式中：L——干空气的质量流量，kg/h；

　　H_1、H_2——进、出干燥器的空气湿度，kg 水 /kg 干空气。

令 $L/W = l$，称为单位空气消耗量，其意义是从湿物料中汽化 1kg 水分所需的干空气量，则

$$l = \frac{L}{W} = \frac{1}{H_2 - H_1} \tag{9-30}$$

空气通过预热器的前、后湿度是不变的，因此以 H_0 表示进入预热器时的空气湿度，式（9-30）可写为

$$l = \frac{1}{H_2 - H_1} = \frac{1}{H_2 - H_0} \tag{9-30a}$$

式中,l 的单位为 kg 干空气 /kg 水。由式(9-30a)可知,单位空气消耗量只与空气的初始和终了湿度有关,而与干燥过程所经历的途径无关。l 为干空气量,实际的单位空气消耗量为 $l(1+H)$。

9.3.3 干燥过程的热量衡算

通过干燥系统的热量衡算可以确定干燥物料所消耗的热量、加热剂的用量以及干燥器出口废气的湿度、焓值等状态,据此还可计算预热器的传热面积。

图 9-8 为对流干燥系统的热量衡算示意图。常压下的原始湿空气(t_0、H_0、I_0)经预热器加热后(t_1、H_1、I_1)进入干燥器与湿物料逆流接触,该过程中原始湿空气温度降低,湿度增加,然后作为废气(t_2、H_2、I_2)由干燥器出口排出;湿物料(质量流量为 G_1、温度为 t_1'、湿基含水量为 ω_1、焓为 I_1')与热空气接触后使水分蒸发得到干燥产品(G_2、t_2'、ω_2、I_2')。

接下来,分别对预热器和干燥器全系统进行热量衡算,以 1s 为衡算基准,以 0℃ 为基准温度,以 0℃ 液态水和绝干物料的焓为零。

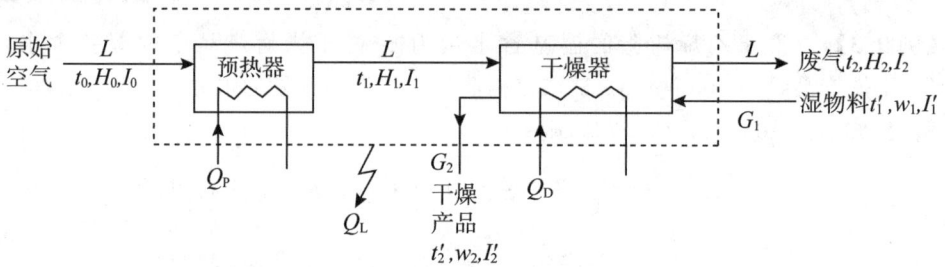

图 9-8 对流干燥系统的热量衡算

1. 预热器的热量衡算

若忽略预热器的热损失,其热量衡量可以表示为

$$Q_P + LI_0 = LI_1 \qquad (9-31)$$

或
$$Q_P = L(I_1 - I_0) \qquad (9-31a)$$

式中:Q_P——预热器的供热量,kW;

L——干空气流量,kg 干空气 /s。

2. 干燥器全系统的热量衡算

首先,令 Q_D 为干燥器内补充加热量,kW;Q_L 为干燥系统损失的热量,kW;I_1'、I_2' 分别为以 1kg 绝干物料为基准的进、出干燥器的物料的焓,kJ/kg 干物料,则物料焓 I' 的计算公式为

$$I' = c_C t' + X c_W t' = (c_C + X c_W) t' = c_m t' \qquad (9-32)$$

式中:t'——物料的温度,℃;

c_C——绝干物料的平均比热容,kJ/(kg 干物料 · ℃);

c_W——液态水的平均比热容,4.187kJ/(kg 水 · ℃);

c_m——以 1kg 绝干物料为基准的湿物料的平均比热容,kJ/(kg 干物料 · ℃);

X——物料的干基含水量,kg 水 /kg 干物料。

对包括预热器和干燥器在内的全系统(图 9-8 虚线范围内)进行热量衡算,可得:

$$LI_0 + G_C I_1' + Q_P + Q_D = LI_2 + G_C I_2' + Q_L \qquad (9-33)$$

或 $$Q = Q_P + Q_D = L(I_2 - I_0) + G_C(I_2' - I_1') + Q_L \tag{9-33a}$$

式中：Q——干燥系统所需加入的总热量，kW。

式(9-33)或式(9-33a)称为**干燥系统总热量衡算式**。

将式(9-33a)中等式右侧的第一、第二项作如下简化：

$$L(I_2 - I_0) = L[(1.01 + 1.88H_2)t_2 + 2492H_2] - L[(1.01 + 1.88H_0)t_0 + 2492H_0]$$

$$= 1.01L(t_2 - t_0) + \frac{W}{H_2 - H_0}[(1.88t_2 + 2492)H_2 - (1.88t_0 + 2492)H_0]$$

假设 $1.88t_0 + 2492 \approx 1.88t_2 + 2492$，则得

$$L(I_2 - I_0) \approx 1.01L(t_2 - t_0) + W(1.88t_0 + 2492)$$

$$G_C(I_2' - I_1') = G_C(c_{m2}t_2' - c_{m1}t_1')$$

假设 $c_C + X_1c_W \approx c_C + X_2c_W$，即 $c_{m1} \approx c_{m2}$，则得

$$G_C(I_2' - I_1') \approx G_C c_{m2}(t_2' - t_1')$$

由于上述两项假设所引起的误差可以互相抵消一部分，故式(9-33a)可改写为

$$Q = Q_P + Q_D = 1.01L(t_2 - t_0) + W(1.88t_2 + 2492) + G_C c_{m2}(t_2' - t_1') + Q_L \tag{9-34}$$

可见，向干燥系统输入的总热量主要用于：加热空气、蒸发水分、加热物料和补偿系统热损失。

【例 9-4】　用热空气干燥某湿物料，要求干燥产品量为 0.1kg/s，进干燥器时湿物料温度为 15℃，含水量为 13%（湿基）。出干燥器的产品温度为 40℃，含水量为 1%（湿基）。原始空气的温度为 15℃，湿度为 0.0073kg/kg，在预热器中加热至 100℃ 进入干燥器，出干燥器的废气温度为 50℃，湿度为 0.0235kg/kg。已知：绝干物料的平均比热容为 1.25kJ/(kg·℃)，干燥器内不补充热量。试求：(1) 当预热器中采用 200kPa（绝压）的饱和水蒸气作热源时，每小时需消耗的蒸汽量为多少千克？(2) 干燥系统的热损失量为多少千瓦？

解：根据题意画出该对流干燥系统的示意图（见图 9-8），取 1s 为基准。

(1) 要求计算预热器中的蒸汽用量，应先通过物料衡算求出水分蒸发量和空气消耗量。将物料的湿基含水量换算为干基含水量：

$$X_1 = \frac{\omega_1}{1 - \omega_1} = \frac{0.13}{1 - 0.13} = 0.149(\text{kg 水}/\text{kg 干物料})$$

$$X_2 = \frac{\omega_1}{1 - \omega_2} = \frac{0.01}{1 - 0.01} = 0.0101(\text{kg 水}/\text{kg 干物料})$$

由式(9-27)、式(9-26)、式(9-29a) 得

$$G_c = G_2(1 - \omega_2) = 0.1 \times (1 - 0.01) = 0.099(\text{kg/s})$$

$$W = G_c(X_1 - X_2) = 0.099 \times (0.149 - 0.0101) = 0.01375(\text{kg/s})$$

$$L = \frac{W}{H_2 - H_0} = \frac{0.01375}{0.0235 - 0.0073} = 0.849(\text{kg/s})$$

由式(9-31a) 得

$$Q_P = L(I_1 - I_0) = L(1.01 + 1.88H_0)(t_1 - t_0)$$

$$= 0.849 \times (1.01 + 1.88 \times 0.0073) \times (100 - 15) = 73.9(\text{kW})$$

当采用 $200kPa$（绝压）的饱和水蒸气作热源时，查附录得其比汽化热 $r = 2205kJ/kg$，则蒸汽消耗量为

$$D = \frac{Q_P}{r} = \frac{73.9}{2205} = 0.0335(kg/s) = 120.6(kg/h)$$

（2）由题意知 $Q_D = 0$，则可由式（9-34）得

$$Q_L = Q_P - [1.01L(t_2 - t_0) + W(1.88t_2 + 2492) + G_C c_{m2}(t_2' - t_1')]$$

再由式（9-32）可得

$$c_{m2} = c_C + X_2 c_W = 1.25 + 0.0101 \times 4.187 = 1.292(kJ/(kg \cdot ℃))$$

所以

$$Q_L = 73.9 - [1.01 \times 0.849 \times (50 - 15) + 0.01375 \times (1.88 \times 50 + 2492) +$$
$$0.099 \times 1.292 \times (40 - 15)]$$
$$= 73.9 - [30.0 + 35.6 + 3.2] = 5.1(kW)$$

9.3.4　干燥系统的热效率

干燥系统的热效率 η 定义为蒸发水分所消耗的热量与加入干燥系统的总热量之比，即

$$\eta = \frac{干燥系统中蒸发水分所消耗的热量 Q_1}{加入干燥系统的总热量(Q_P + Q_D)} \times 100\% \tag{9-35}$$

η 值的大小反映了干燥系统热量利用程度。由于水分是由温度为 t_1'（湿物料入口温度）的液态水变为温度为 t_2' 的水汽的，故有

$$Q_1 = W(1.88t_2 + 2492 - c_W t_1') \tag{9-36}$$

提高干燥操作的热效率的方法有：① 将出口废气中的热量回收，用于预热冷空气或湿物料；② 减少干燥设备和管道的热量损失；③ 适当增加出口废气的湿度、降低其温度，减少空气消耗量，从而减少热损耗。

9.4　干燥速率和干燥时间

任务目标	技能要求
• 了解水分与物料的结合方式； • 熟悉恒定干燥条件下的干燥速率曲线； • 了解干燥过程中恒速干燥阶段与降速干燥阶段的区别。	• 掌握恒定干燥条件下干燥速率的计算； • 掌握恒定干燥条件下干燥时间的计算； • 掌握干燥过程中的热量衡算。

通过物料衡算和热量衡算，可以确定从湿物料中除去的水分量，计算出所需的空气量

和热量,这通常称为干燥静力学,可以为选择适合的风机和预热器提供依据。至于干燥器的尺寸,则需通过干燥速率和干燥时间的计算来确定,这通常称为干燥动力学。干燥过程中所除去的水分,是从物料内部移动到表面,然后再汽化进入干燥介质。因此,干燥速率不仅取决于空气的性质和操作条件,也取决于水分在空气与物料间的平衡关系。

9.4.1　水分在空气与物料间的平衡关系

物料中所含水分的性质与相平衡有关。首先根据相律来分析水-空气-固体物料体系的独立变量数:组分数 $C=3$,相数 $\phi=3$(气、水、固体),故自由度 $F=C-\phi+2=2$。在温度固定时,只有一个独立变量,即气-固间的水分平衡关系,可在平面上用一条曲线表示,如图9-9所示。与吸收中的气-液平衡关系一样,图9-9既是空气中水汽分压 p_w 与湿物料的平衡含水量 X^* 的关系曲线(p_w-X^* 线),也是物料中含水率 X 与空气中与之平衡的水汽分压 p_w^* 之间的关系曲线(p_w^*-X 线)。下面对这种平衡关系进行讨论。

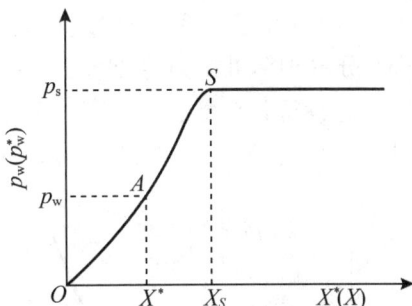

图 9-9　p_w-X^*（p_w^*-X）关系示意图

1. 结合水分与非结合水分

先从 p_w^*-X 关系考虑,当物料的含水量 X 大于或等于图9-9中 X_s 时,空气中的平衡水蒸气分压恒等于系统温度下纯水的蒸气压 p_s。这表明对应于 $X \geqslant X_s$ 的那一部分水分,主要是以机械方式附着在物料上,与物料没有结合力,因此其汽化与纯水相当,这类水分称为非结合水分。当 $X < X_s$ 时,平衡水汽分压低于同温度下纯水的蒸气压,表明这类水分与物料间有结合力而较难除去,称为结合水分。

2. 平衡水分与自由水分

从 p_w 与 X^* 的关系中看到,与空气中某一水汽分压 p_w($< p_s$)相对应,就有一个平衡含水量 X^*。干燥过程中,只要空气的温度和水汽分压 p_w 一定,物料中的含水量只能下降到与 p_w 平衡的 X^*,这一含水量称为物料在特定空气状态下的平衡水分。平衡水分除与空气状态有关,还与物料的种类和温度有关。

平衡水分代表物料在一定空气状态下的干燥极限。在干燥过程中能除去的水分,只是物料中超出平衡水分的那一部分,即($X-X^*$),称为自由水分。物料中的总水分为自由水分与平衡水分之和。

每种物料对应于不同的温度都有一条如图9-9所示的平衡曲线 OAS,该曲线受温度的影响较大。但如果用相对湿度 $\left(\varphi = \dfrac{p_w}{p_s}\right)$ 对平衡含水量 X^* 作图,则在温度变化时,p_w 和 p_s 都随之相应地变化,温度对 φ 的影响就很小了,因而 φ-X^* 平衡曲线随温度的变化不甚明显。不少物料在一定温度范围内,可以忽略温度对 φ-X^* 曲线的影响。图9-10所示为某些物料在室温下的 φ-X^* 曲线。由图可9-10见,不同物料的平衡水分差异很大,而同一种物料的平衡水分亦随湿空气状态而变化。

根据上述定义,结合水分与非结合水分的区别,仅取决于物料本身的性质;而平衡水分与自由水分的区别则还取决于干燥介质的状态(如相对湿度)。以图 9-10 所示的曲线 3(硝化纤维的平衡线)为例,在图 9-11 中表示了这些水分间的关系。此曲线的外延线与 100% 相对湿度轴相交的点 B 示出结合水分为 19%,对于含水分 25% 的硝化纤维,除结合水分以外,还含非结合水分 6%。如将此样品置于相对湿度为 60% 的空气中干燥,由曲线上点 A 可读出其平衡水分为 10.5%,自由水分为 14.5%;此 14.5% 的自由水分中,非结合水分占 6%,其余为结合水分。又如,将该样品置于相对湿度为 30% 的空气中干燥,由图 9-11 读得其平衡水分为 7%,而自由水分为 18%;此自由水分中,非结合水分亦占 6%。以此可见,干燥介质状况改变时,平衡水分和自由水分的数值随之改变。

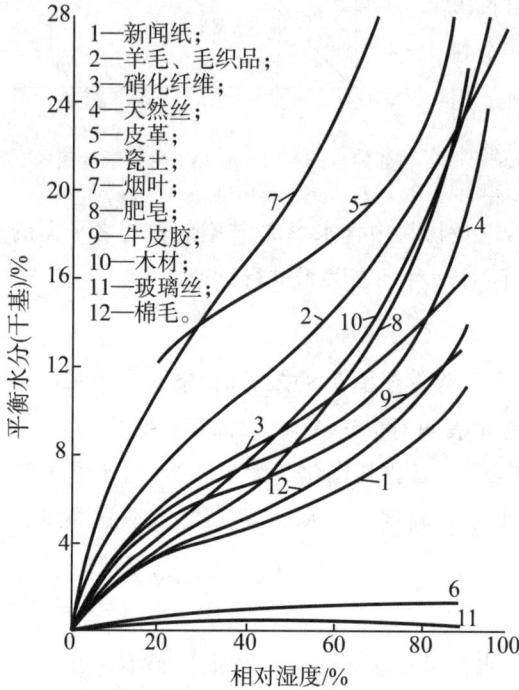

图 9-10　某些物料的平衡水分

1—新闻纸;
2—羊毛、毛织品;
3—硝化纤维;
4—天然丝;
5—皮革;
6—瓷土;
7—烟叶;
8—肥皂;
9—牛皮胶;
10—木材;
11—玻璃丝;
12—棉毛。

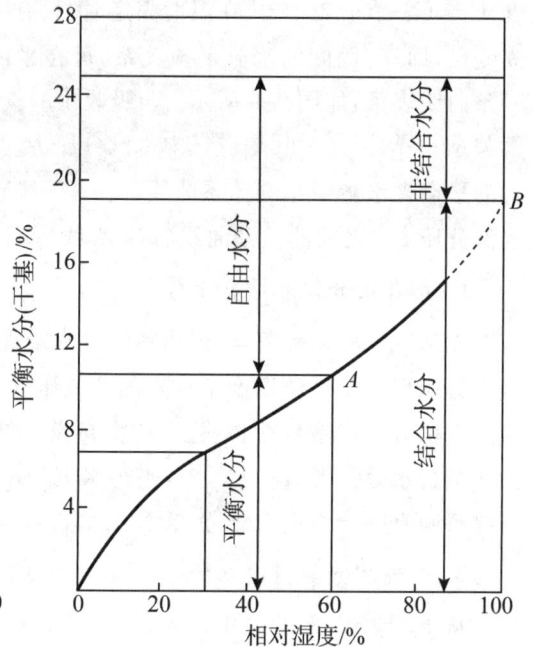

图 9-11　水分的种类

3. 水分与物料的结合方式

水分与物料结合的方式对干燥速率有显著的影响,通常将其区分为附着水分、毛细管水分和溶胀水分。

(1)附着水分,指物料表面上附着的水分。其蒸气压等于纯水在同温度下的蒸气压。

(2)毛细管水分,指湿物料内毛细管中所含的水分。毛细管存在于由颗粒或纤维所组成的多孔性、复杂网状结构的物料中。毛细管的孔道大小不一,孔道在物料表面上开口的大小也各不相同。直径 $< 1\mu m$ 的毛细管中所含的水分,受凹表面曲率的影响较为明显,其饱和蒸气压低于纯水的蒸气压。直径较大的孔道中的水分则与附着水相同。

(3)溶胀水分,指物料细胞壁或纤维皮壁内的水分。其蒸气压低于纯水的蒸气压。

干燥操作中较易除去的非结合水分通常是物料表面的附着水分及大孔隙中的水分;干燥操作中较难除去的结合水分通常是物料细胞壁或纤维皮壁及细孔隙中所含的水分。

9.4.2　恒定干燥条件下的干燥过程

1. 恒定干燥条件下的干燥曲线与干燥速率曲线

由于物料的干燥过程较为复杂,为简化过程的影响因素,假定测定物料干燥速率的实验是在恒定干燥条件下进行的,也就是干燥介质的湿度、温度、流过物料表面的速度、与物料的接触方式、物料的尺寸等都是恒定的,如用大量空气干燥少量湿物料的情况就符合此假设。

1) 干燥速率 u

干燥速率 u 是指单位时间内在单位干燥面积上汽化的水分量,用微分式表示为

$$u = \frac{\mathrm{d}W}{A\mathrm{d}\tau} \tag{9-37}$$

式中:u——干燥速率,$\mathrm{kg/(m^2 \cdot h)}$;

　　W——汽化的水分量,kg;

　　A——物料的干燥表面积,$\mathrm{m^2}$;

　　τ——干燥所需时间,h。

而　　　　　　　　　　　　$\mathrm{d}W = -G_\mathrm{c}\mathrm{d}X$

于是,式(9-37)可写为

$$u = \frac{-G_\mathrm{c}\mathrm{d}X}{A\mathrm{d}\tau} \tag{9-38}$$

式中:G_c——湿物料中绝干物料量,kg;

　　X——湿物料的干基含水量,kg 水 /kg 干物料;

　　负号——物料含水量随干燥时间的增加而减少。

2) 干燥曲线与干燥速率曲线

鉴于干燥过程和机理的复杂性,目前对其研究还不够充分,干燥速率通常都是由实验测定的。在上述恒定干燥条件下,测定物料的干基含水量 X 和物料表面温度 t' 随干燥时间 τ 的变化关系并绘成曲线,称为干燥曲线。图 9-12 定性地表示湿物料在恒定干燥条件下的比较典型的 X-τ、t'-τ 曲线关系。

根据干燥曲线,测出不同 X 下的斜率 $\mathrm{d}X/\mathrm{d}\tau$,再用式(9-38)可计算出干燥速率 u,将一系列的 X 和 u 绘制成曲线即为干燥速率曲线。图 9-13 即是由图 9-12 的 X-τ 曲线转化而来的干燥速率曲线(u-X 曲线)。

由图 9-12 和图 9-13 可以得到如下结论:

AB 段:湿物料的初始状态点为 A,干燥开始时,若物料温度低于热空气温度,则热空气提供的热量主要用于物料的预热,物料的表面温度逐渐升高,从而传热速率降低而传质速率增高,含水量 X 降低,称为预热段,一般此过程时间很短。

BC 段:自 B 点起,传热速率与传质速率达到动平衡,物料的表面温度趋于恒定,空气传给物料的热量均用于水分的汽化,其表面温度即为该空气的湿球温度 t_w。此阶段中空气与物料表面的温差一定,故传热速率恒定;相应的物料表面的饱和湿度与空气的湿度差可视为恒定,即传质速率也恒定,故 X-τ 曲线中的 BC 段的斜率不变,u-X 线中的 BC 段为一近乎水平线。在此阶段中,干燥速率不随 X 减小而变,因此 BC 段称为恒速干燥阶段。

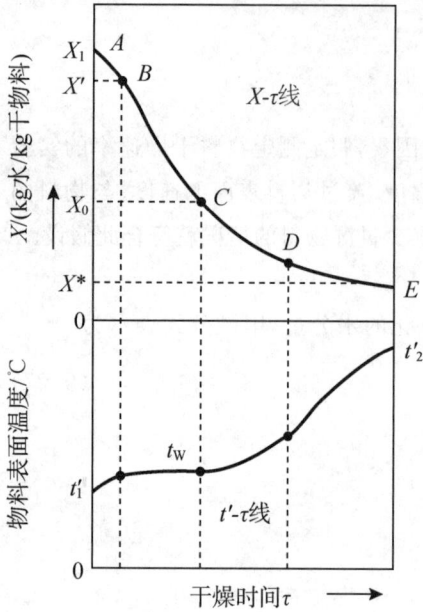

图 9-12　恒定干燥条件下物料干燥曲线

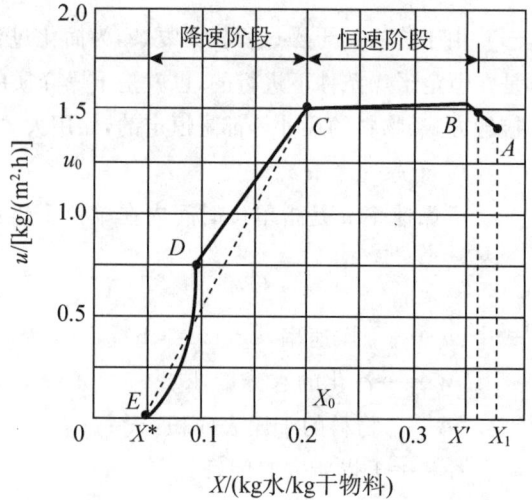

图 9-13　恒定干燥条件下物料干燥速率曲线

CDE 段：C 点以后，X-τ 线的斜率不断变小，即含水量的减少越来越慢，与此同时，t'-τ 曲线的斜率逐渐增加，物料表面温度逐渐升高，在 u-X 线上表现出随 X 降低干燥速率 u 也不断减小的趋势；当物料的含水量达到该空气条件下的平衡水分 X^*（即 E 点）时，干燥速率 u 为零。此阶段称为降速干燥阶段，其中 C 点为恒速阶段转为降速阶段的临界点，对应的湿物料的含水量为临界水分或临界含水量，用 X_0 表示。值得注意的是，降速干燥阶段的干燥曲线的形状随物料结构与水分存在形态不同而异，某些湿物料的干燥曲线有一转折点 D，将降速干燥阶段分为第一降速阶段（CD 段）和第二降速阶段（DE 段），后者比前者随 X 减小降速更快；有些湿物料则不出现此点，降速干燥曲线为一条平滑的曲线。

2. 恒速干燥阶段与降速干燥阶段

在恒定干燥条件下，干燥过程主要包括两个阶段：恒速干燥阶段和降速干燥阶段。

（1）恒速干燥阶段。此阶段中物料表面充满着非结合水分，物料内部水分向表面的扩散速率大于表面水分的汽化速率，从而使物料表面始终被非结合水分充分浸润，物料表面的温度近似于热空气的湿球温度，汽化的水分全部为非结合水分。因此，恒速干燥阶段的干燥速率只取决于干燥介质的性质，即取决于物料外部的干燥条件，与物料的种类、性质和含水量均无关，因而恒速干燥阶段又称为表面汽化控制阶段。

（2）降速干燥阶段。当物料的含水量降至临界点 C 点（对应的含水量为 X_0）之后，便转入降速阶段，此时水分自物料的内部向表面的扩散速率开始小于物料表面水分的汽化速率，物料表面逐渐出现"干区"，结合水分开始发生汽化，物料的温度也随之上升，随着物料内部含水量的不断减少，水分向表面的扩散速率也不断降低，于是，汽化表面逐渐向物料内部移动，干燥速率也就越来越低。在此阶段中，外界空气条件不是影响干燥速率的主要因素，干燥速率的大小取决于物料本身的结构、形状和尺寸等。因此，降速干燥阶段又称为物料内部扩散控制阶段，此阶段除去的水分为剩余的非结合水分和一部分结合水分。

（3）临界水分 X_0。前述干燥过程的两个阶段是以物料的临界水分 X_0 来区分的，X_0 值越大，干燥过程将较早地转入降速阶段，使在相同的干燥任务下所需的干燥时间越长。X_0 的值不仅与物料的性质、尺寸大小或堆积厚度有关，还与干燥介质条件（t、H、流速等）及干燥器类型有关。在一定的干燥条件下，物料层越厚，物料内部水分的扩散阻力越大，X_0 也越高；干燥介质的温度或流速越高，湿度越低，则恒速阶段的干燥速率越大，进入降速干燥阶段越早，即 X_0 越大。

综上所述，影响恒速干燥阶段和降速干燥阶段的因素是不一样的，强化干燥过程时，应先确定恒定干燥条件下湿物料的临界水分 X_0，再确定干燥处于哪个阶段，进而采取相应的强化措施。

9.4.3　恒定干燥条件下干燥时间的计算

1. 恒速干燥阶段

恒速干燥阶段的干燥速率为常数，且等于临界水分 X_0 下的干燥速率 u_0。故恒速干燥阶段干燥速率可表示为

$$u_0 = -\frac{G_c \mathrm{d}X}{A \mathrm{d}\tau} \tag{9-39}$$

将上式分离变量后积分得

$$\int_0^{\tau_1} \mathrm{d}\tau = -\frac{G_c}{A u_0} \int_{X_1}^{X_0} \mathrm{d}X$$

则

$$\tau_1 = \frac{G_c}{A u_0}(X_1 - X_0) \tag{9-40}$$

2. 降速干燥阶段

降速干燥阶段的干燥速率 u 随物料中的瞬时自由水分量 $(X - X^*)$ 的变化而变化，自由水分越少，干燥速率相应地越小，故 u 可表示为 $(X - X^*)$ 的函数，即有

$$u = -\frac{G_c \mathrm{d}X}{A \mathrm{d}\tau} = f(X - X^*)$$

若要求物料的最终含水量为 X_2，则降速干燥阶段所需的干燥时间 τ_2 为

$$\tau_2 = -\frac{G_c}{A} \int_{X_0}^{X_2} \frac{\mathrm{d}X}{f(X - X^*)} = \frac{G_c}{A} \int_{X_2 - X^*}^{X_0 - X^*} \frac{\mathrm{d}(X - X^*)}{f(X - X^*)} \tag{9-41}$$

如果已经获得了干燥速率曲线，则可采用图解法求解式（9-41）的积分式。而当缺乏干燥速率曲线时，也可采用近似计算处理，即降速阶段的干燥速率 u 与物料中自由水分含量 $(X - X^*)$ 成正比，此时可将式（9-41）积分得到

$$\tau_2 = \frac{G_c}{KA} \ln \frac{X_0 - X^*}{X_2 - X^*} \tag{9-41a}$$

式中：K——比例系数，$\mathrm{kg/(m^2 \cdot h \cdot \Delta X)}$，即直线 CE 的斜率。

干燥湿物料所需的时间 τ 为

$$\tau = \tau_1 + \tau_2 \tag{9-42}$$

9.5　干燥器

任务目标	**技能要求**
• 了解不同干燥器的结构与优缺点。	• 能根据干燥需求选择合适的干燥器; • 能理解不同干燥器的干燥原理。

工业生产中被干燥物料的性状和干燥要求是多样的。例如,物料的形状有块状、片状、饼状、颗粒状、粉状、纤维状、悬浮液、浆状、膏糊状、连续薄层或某种定型体等;物料的结构有多孔疏松的、结构紧密的;有的物料主要含有非结合水分,有的物料含有较多的结合水分,有的物料容易结团、收缩、变形、龟裂等。

对于干燥产品,首先要保证干燥的物料各部分达到工艺要求的最终含水量,同时根据物料的情况又有不同的质量要求。有的要求保证化学组成和几何形状保持不变,颗粒物料要求有一定的堆积密度和一定的粒度、流动性或易溶性,有的必须防止干燥中的污染,有的湿分还需要回收利用等。

物料和产品质量要求的多样性,带来了干燥器的多样性。每一类型的干燥器也都各有其适应性和局限性。总体来说,对干燥器有以下要求:① 适应性强,能满足各种干燥产品的质量要求;② 设备生产强度高;③ 热效率高;④ 设备系统的流体阻力小,以节约流体输送的能耗;⑤ 本体结构和附属设备比较简单,投资费用低;⑥ 操作控制方便。

对一种干燥设备要同时满足上述各项要求是较困难的,但这些要求可以作为干燥设备的评价依据。

9.5.1　干燥器的主要类型

1. 厢式干燥器

图 9-14 为常压厢式干燥器,又称盘架式干燥器。湿物料置于厢内支架上的浅盘内,浅盘装在小车上推入厢内。空气由入口进入干燥器与废气混合后进入风扇,出来的混合气一部分由废气出口放空,大部分经加热器加热后沿挡板尽量均匀地流过各层湿物料表面,增湿降温后的废气再循环进入风扇。湿物料经干燥一定时间达到产品质量要求后由干燥器中取出。

厢式干燥器的主要优点是:结构简单,制造较容易,设备投资少,适应性较强,可以同时干燥多种不同物料;适用于干燥小批量的粒状、片状、膏状物料和较贵重的物料,或易碎、脆性物料;干燥程度可以通过改变干燥时间和干燥介质状态来调节。其缺点是:由于料层是静止的,气流并行流过各层表面,故产品的干燥程度不均匀,生产能力低,装卸物料劳动强度大，操作条件较差。为提高干燥的均匀性和干燥速率，可改成穿流式，即在浅盘底部开出许多通气小孔，使干燥介质穿过料层，但结构相对较复杂。

2. 直接式回转圆筒干燥器

图 9-15 为一种连续操作的对流回转式干燥器，主要用于干燥块状或粒状物料。其主体是与水平面稍成倾斜的慢速旋转圆筒，直径一般为 $0.3 \sim 6m$，长径比通常为 $4 \sim 8$。物料自高处加入，低处排出。为使物料均匀分散并与干燥介质密切接触，也使物料向排出口逐渐移动，在筒壁装有各种形式的抄板，用以升举和撒落物料。

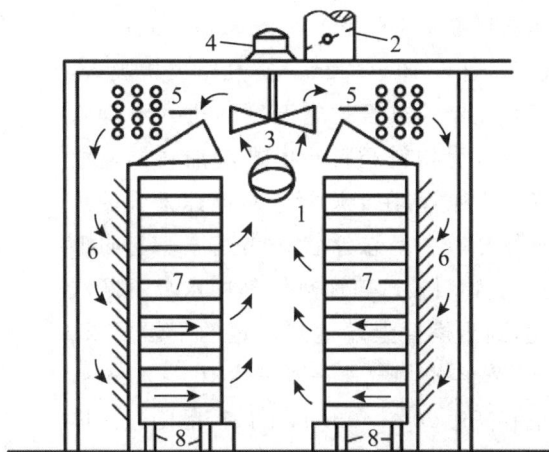

1—空气入口；2—废气出口；3—风扇；4—电动机；5—加热器；6—挡板；7—盘架；8—移动轮。

图 9-14　厢式干燥器

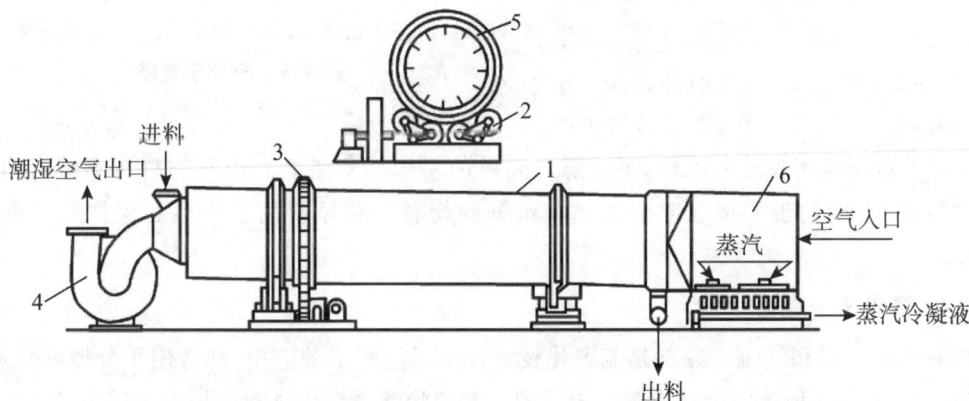

1—圆筒；2—支架；3—驱动齿轮；4—风机；5—抄板；6—蒸汽加热器。

图 9-15　热空气直接加热的逆流操作转筒干燥器

转筒干燥器常用的干燥介质是热空气，也可用烟道气或其他气体。干燥介质与物料在筒内并向或逆向流动。气流速度通常较低，以减少随气流带出的粉尘。若物料粒径在 $1mm$ 左右，气速以 $0.3 \sim 1.0m/s$ 为宜；物料粒径为 $5mm$，气速以小于 $3m/s$ 为宜。

物料在干燥器内的停留时间可通过调节转筒的转速而改变，以保证产品的含水量降至要求值。通常转筒转速为 $0.5 \sim 4r/min$，物料在干燥器内的停留时间为 $5 \sim 120min$。

转筒干燥器的主要优点是：生产能力和生产强度大，操作稳定可靠，流体阻力小，产品质量均匀。其缺点是：结构复杂，设备笨重，金属消耗大，热利用率低，传动与密封部分安装维修比较复杂，占地面积大，物料在筒内上下起落易于破碎，并使出口气体带尘等。为保证产品洁净，避免受到介质污染，也可设计成通过壁面传导的间壁加热方式。

3. 气流干燥器

气流干燥器是并流操作的连续对流干燥器，主要用于分散状物料的干燥，如图 9-16 所

示。其主体为直径 0.2～0.85m 的直立干
燥管,管长 10～20m。空气由风机吸入,
经预热器预热至指定温度后进入干燥管
底部。湿物料经料斗由螺旋加料器连续
送入干燥管,在干燥管中被高速上升的热
气流分散并呈悬浮状和热气流一起向上
运动,物料被迅速加热使其中水分不断汽
化,到干燥管上端达到规定的干燥要求。
干燥管空截面气速一般可达 10～20m/s,
也有高达 20～40m/s,干燥产品随气流进
入旋风分离器与废气分离后被收集。主
要适用于并流干燥的晶体或小颗粒物料,
如聚氯乙烯、硫酸铵、氯化钾等。

气流干燥器的主要优点是:生产强度
高,热能利用较好,结构简单,设备紧凑,
操作连续稳定、方便,造价低,占地面积
小。其缺点是:由于气流速度与气固混合
物流动阻力大,输送动力消耗较高;物料
对器壁的磨损比较严重,物料易被破碎或

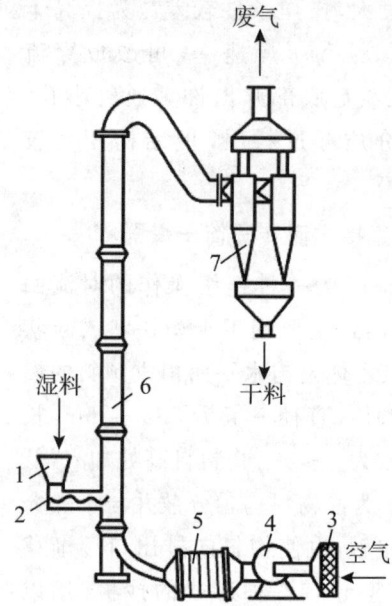

1—料斗;2—螺旋加热器;3—空气过滤器;
4—风机;5—预热器;6—干燥管;7—旋风分离器。

图 9-16　气流干燥器

粉化;细粉物料回收较为困难,要求配置高效的粉尘捕集装置;由于物料在干燥器内停
留时间短,不适用于需要去除较多结合水分的物料;对原料的适应性和操作调节性能
较差。

4. 沸腾床干燥器

沸腾床干燥和气流干燥都是流态化技术在干燥过程中的应用,都适用于分散状物料。
图 9-17 所示是一种单层圆筒沸腾床干燥器。散粒状湿物料由进料器加入到筒内多孔分布
板上方,空气由风机抽入经加热后自下而上通过分布板与物料层接触。当气流速度较低
时,颗粒层静止堆积于分布板上,气流在颗粒间的空隙中通过,这样的颗粒层称为**固定床**。
当气速继续增大时,颗粒开始松动,床层略有膨胀,但颗粒间仍保持接触。当气速超过某
一定值时,颗粒开始在床层中悬浮,此时形成的气固两相混合床层称为**流化床**。在流化床
中,颗粒做剧烈的不规则运动,大体是在中央上升而沿器壁流下,但并不脱离床层,因此床
层有一个起伏的上界面,床层内部除有较均匀的气固混合相外还有含固体量很少的气泡
穿过床层,这些都与液体沸腾情况有些类似,故又称为**沸腾床**。由固定床转为流化床时的
空截面气速称为**临界流化速度**。气速增大,流化床层随之膨胀增高。若气速再增至与颗
粒间的相对速度等于颗粒的自由沉降速度,颗粒即同气流一起向上运动而转变为相当于
气流干燥的状态,此时的空截面气速称为**带出速度**。可见沸腾床干燥器中的适宜气速应
在临界流化速度与带出速度之间,这时颗粒在热气流中上下翻动、互相混合和碰撞,与热
气流间进行迅速的热、质传递使物料干燥。流化床层宏观地具有类似液体的流动性,因
此,经干燥后的颗粒产品可由床层侧面出料管溢流卸出,气流则由顶部排出,经旋风分离

器回收其中夹带的粉尘。

沸腾床干燥器的主要优点是:颗粒在器内平均停留时间比在气流干燥器内长,而且进出物料的速度、气流的温度和速度调节都比较方便,因而产品的最终含水量可较低,对物料适应性较好;由于气固两相间接触良好,床内温度比较均匀,其单位体积对流传热系数与气流干燥器中相仿,但气体流速比气流干燥器中低得多,因此器壁的磨损和物料的破碎程度较轻,除尘负荷和流体阻力较小;结构简单、紧凑、造价低,可动部件少、维修费用较低,便于连续操作,也可以间歇操作。其缺点是:物料的干燥程度不够均匀,这是由于在沸腾床中可能出现局部物料的短路和返混,使物料在床内的停留时间有较大的区别。

5. 喷雾干燥器

喷雾干燥是用特制的喷雾器将料液(溶液、乳浊液、悬浮液、浆料等)喷成细雾滴分散于热气流中,使水分迅速蒸发而得到粉状干燥产品。图 9-18 所示为一种喷雾干燥的示意图。干燥介质可用热空气或烟道气,温度可达 500～1000K。

喷雾干燥的主要优点是:① 由料液直接得到粉粒状产品,通常可用于处理含水量在 40%～60% 甚至更高的物料,可省去如蒸发、结晶、分离、粉碎等某些中间过程,生产流程较为简单。② 干燥时间很短。物料以极细雾滴分散在气流中,干燥表面积很大(1L 料液如雾化成 $50\mu m$ 的细液滴,其表面积可达 $120m^3$),因而干燥速度很快,一般只需几秒至几十秒。③ 干燥过程中液滴的温度不高,产品质量好。这是由于液

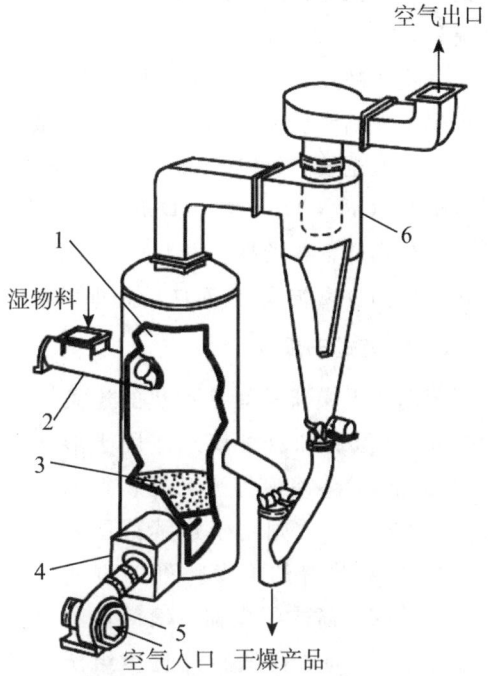

1—沸腾室；2—进料器；3—分布板；
4—加热器；5—风机；6—旋风分离器。

图 9-17　单层圆筒沸腾床干燥器

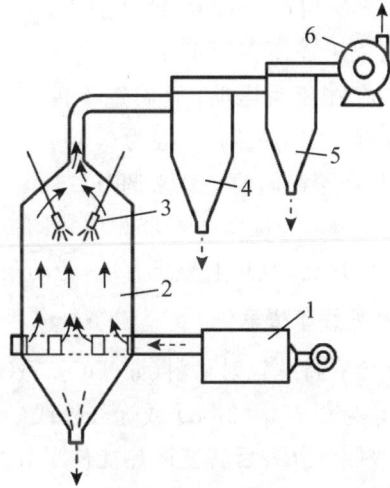

1—热风炉；2—喷雾干燥器；3—压力喷嘴；
4——次旋风分离器；5—二次旋风分离器；6—排风机。

图 9-18　喷雾干燥流程图

滴在高温气流中表面温度仍接近气流的湿球温度,因而适用于热敏性物料的干燥。④ 可调节喷雾器与气流参数,改变雾滴的大小、汽化速度快慢与停留时间长短,得到一定大小的空心或实心的具有良好的分散性、流动性和易溶性的干燥颗粒。⑤ 操作过程控制方便,适宜于连续化、自动化的大规模生产。⑥ 能改善生产环境和劳动条件。喷雾干燥是在密

闭的干燥塔内进行的,可以避免粉尘飞扬,对有毒气、臭气的物料,还可采用封闭循环的生产流程,防止对大气的污染。

其主要缺点如下:① 设备庞大,单位体积对流传热系数小。为避免液滴喷到干燥器壁上产生物料黏壁现象,一般干燥室直径较大(可达数米),为保证物料在器内的停留时间,干燥室一般也较高(可达 $4 \sim 10m$),所以其容积汽化强度小,单位体积对流传热系数为 $23 \sim 93W/(m^3 \cdot ℃)$。② 干燥介质用量大,热效率低,输送能耗也较大。③ 回收物料微粒的废气分离装置要求高。当生产粒径很小的产品时,废气中将会夹带 20% 左右的粉尘,需用高效的分离装置,因而使后处理设备结构较复杂、投资费用增加。

6. 滚筒式干燥器

滚筒式干燥器是间接加热的连续干燥器,单滚筒和双滚筒式适用于溶液、悬浮液、胶体溶液等流动性物料的干燥,而多滚筒式则用于连续薄层物料如纸张、织物等的干燥。图 9-19 所示为一种双滚筒式干燥器。滚筒内通有加热蒸汽,通过筒壁将热量传给湿物料。两滚筒旋转方向相反,图中湿物料由上部加入,随滚筒的缓慢旋转,被干燥物料呈薄膜状附着于滚筒外而被干燥,干燥后的产品由刮刀刮下。滚筒转速视干燥所需时间而定,由于湿物料不存在相对运动,故筒壁上的料层厚度有一定的限制,一般为 $0.3 \sim 5mm$,可用两滚筒间的空隙来调节。

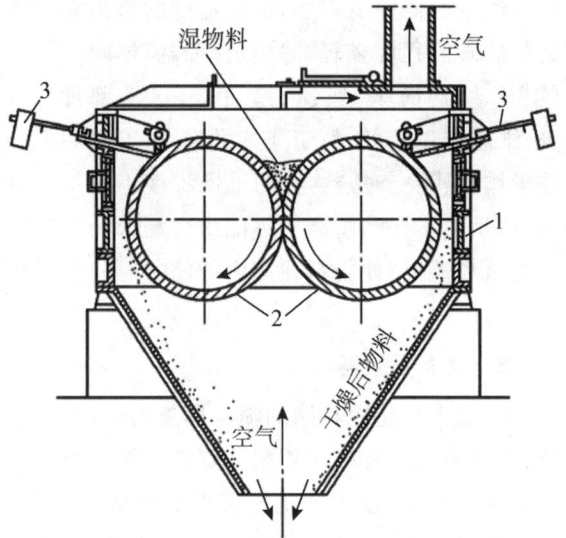

1—外壳;2—滚筒;3—刮刀。

图 9-19 双滚筒干燥器

滚筒干燥器与喷雾干燥器相比,具有动力消耗低、投资少、维修费用低、干燥温度和时间易调节等优点,但其生产能力小,劳动条件较差。

7. 红外线干燥器

表面涂有特殊辐射材料(如 TiO_2、ZrO 和 Fe_2O_3 等金属氧化物)的辐射器可发出近红外线(波长为 $0.76 \sim 3\mu m$)或远红外线(波长为 $3 \sim 1000\mu m$),直接投射在被干燥的物料上,物料吸收红外线后转变成热能使湿分汽化。不同物料对红外线的吸收能力也不同,如氢、氮、氧等双原子分子不吸收红外线,而水、溶剂、树脂等有机物则能较好地吸收红外线。此外,红外线辐射能首先在物料表层被吸收,转化的热能以传导等方式向物料内部传递。因此,红外线干燥器主要用于薄层物料或物料表层的干燥,如油漆表面的干燥,并可与其他加热方式结合使用。

红外线干燥器的设备简单,操作方便灵活,可以适应干燥物品几何形状的变化(如沿物料表面不同位置设置红外辐射源);能保持干燥系统的密闭性,以避免干燥过程中溶剂或毒物挥发对人体的危害以及避免空气中的尘粒污染。因此,广泛应用于化工产品、药品、食品加工以及机械、印染等行业。

9.5.2　干燥器的选用

在化工生产中,为完成一定的干燥任务,需要选择适宜的干燥器类型。目前干燥器的选型还带有很大的经验性,通常应考虑以下几个方面:

(1) 物料和产品的特点。如物料的形态和性质、颗粒的粒度和强度、初始含水量及水分存在形式;物料是否有毒、易燃、易氧化;产品要求的最终含水量;最高允许温度;产品是否允许污染等。

(2) 与生产过程有关的条件。如物料处理量、生产能力、干燥要求以及干燥操作前后工序的情况、除去的湿分是否需要回收等。

(3) 干燥器的操作性能和经济指标。

经上述三方面的综合考虑,对各类干燥器进行比较筛选,然后进行小试或中试,寻找最适宜的操作条件,最后根据设备投资费用和操作费用进行经济核算,从中选出最适宜的干燥器类型,并确定其规格和尺寸。

习题

一、选择题

1. 干燥得以进行的必要条件是(　　　)。

A. 物料内部温度必须大于物料表面温度

B. 物料内部水蒸气压力必须大于物料表面水蒸气压力

C. 物料表面水蒸气压力必须大于空气中的水蒸气压力

D. 物料表面温度必须大于空气温度

2. (　　　)越小,湿空气吸收水汽的能力越大。

A. 湿度　　　　B. 绝对湿度　　　　C. 饱和湿度　　　　D. 相对湿度

3. 将水喷洒于空气中而使空气减湿,应该使水温(　　　)。

A. 等于湿球温度　B. 低于湿球温度　　C. 高于露点　　　　D. 低于露点

4. 对于一定水分蒸发量而言,空气的消耗量与(　　　)无关。

A. 空气的最初湿度　　　　　　　　B. 空气的最终湿度

C. 空气的最初和最终湿度　　　　　D. 经历的过程

5. 以下关于对流干燥特点的描述,不正确的是(　　　)。

A. 对流干燥过程是气固两相热、质同时传递的过程

B. 对流干燥过程中气体传热给固体

C. 对流干燥过程中湿物料的水被汽化进入气相

D. 对流干燥过程中湿物料表面温度始终恒等于空气的湿球温度

6. (　　　)是根据在一定的干燥条件下物料中所含水分能否用干燥的方法加以除去来划分的。

A. 结合水分和非结合水分　　　　　B. 结合水分和平衡水分

C. 平衡水分和自由水分　　　　　　D. 自由水分和结合水分

7. 利用空气作介质干燥热敏性物料,且干燥处于降速阶段,欲缩短干燥时间,则可采取的最有效措施是(　　)。

A. 提高介质温度　　　　　　　　　　B. 增大干燥面积,减薄物料厚度

C. 降低介质相对湿度　　　　　　　　D. 提高介质流速

8. 欲从液体料浆直接获得固体产品,则最适宜的干燥器是(　　)。

A. 气流干燥器　　B. 流化床干燥器　　　　C. 喷雾干燥器　　　　D. 厢式干燥器

二、填空题

1. 干燥过程是_____过程。

2. 若湿物料的湿基含水量为 20%,其干基含水量为_____。

3. 饱和空气在恒压下冷却,温度由 t_1 降至 t_2,则其相对湿度 φ_____,绝对湿度 H_____,露点 t_d_____。

4. 对于不饱和空气,其干球温度 t、湿球温度 t_w 和露点 t_d 之间的关系为_____。

5. 将不饱和空气在恒温、等湿条件下压缩,其干燥能力将_____。

6. 在干燥操作中,湿空气经过预热器后,相对湿度将_____。

7. 影响干燥速率的主要因素除了湿物料、干燥设备外,还有一个重要因素是:_____。

8. 在_____阶段中,干燥速率的大小主要取决于物料本身的结构、形状和尺寸,而与外部的干燥条件关系不大。

三、计算题

1. 已知空气中水汽的分压为 5kPa,总压力为 101.3kPa,试求此空气的湿度。

2. 湿空气的总压为 101.3kPa,试计算 40℃、相对湿度 $\varphi = 60\%$ 的空气的湿度和焓。

3. 空气的总压为 101.3kPa,干球温度为 30℃,相对湿度 $\varphi = 70\%$,试计算该空气的下列参数:(1)湿度 H;(2)饱和湿度 H_s;(3)水汽分压 p_w;(4)露点 t_d;(5)湿球温度 t_w;(6)焓 I;(7)湿空气比容 v_H。

4. 空气的总压为 101.3kPa,干球温度为 25℃,湿球温度为 15℃,经预热器温度升高至 50℃ 后送入干燥器,空气在干燥中经历等焓降温过程,离开干燥器时温度为 27℃。试计算:(1)原始空气的湿度 H_0 和焓 I_0;(2)空气离开预热器的湿度 H_1 和焓 I_1;(3)100m³ 原空气在预热器加热所增加的热量;(4)离开干燥器时空气的湿度 H_2 和焓 I_2;(5)100m³ 原空气在干燥器中等焓降温增湿过程中物料所蒸发的水分量。

5. 某连续常压干燥器的湿物料处理量为 100kg/h,含水量由 50% 干燥至 10%(均为湿基含水量),试计算所需蒸发的水分量。

6. 某湿物料在常压气流干燥器内进行干燥,湿物料的处理量为 1000kg/h,其含水量由 30% 干燥至 5%(均为湿基含水量)。空气的初始温度为 20℃,湿度为 0.006kg 水/kg 干空气,空气离开预热器时温度为 140℃。空气在干燥过程均为等焓过程。若废气出口温度为 80℃,且系统热损失可忽略,试求预热器所需提供的热量和干燥过程的热效率。

思考题

1. 何谓干燥操作?干燥过程得以进行的条件是什么?

2. 表示湿空气性质的参数有哪些?如何确定空气的状态?

3. 表示湿空气性质的特征温度有哪几种?分别有什么含义?对于水-空气系统,它们的大小关系如何?

4. 物料中的水分按能否用干燥操作去除分为哪几种?按除去的难易程度又可分为哪几种?

5. 什么是干燥速率?受哪些因素的影响?

6. 干燥过程分为哪几个阶段?各受什么控制?

7. 常见的干燥器有哪些?分别适用于什么情形?

主要符号说明

英文字母

符号	意义	计量单位
A	传热面积	m^2
c_H、c_v、c_W	湿空气、水汽、液态水的平均比热容	$kg/(kg \cdot ℃)$
D	预热器中饱和水蒸气用量	kg/h
H	湿度	kg 水 /kg 干空气
H_W、H_{as}	t_W、t_{as} 时空气的饱和湿度	kg 水 /kg 干空气
I	湿空气的比焓	kJ/kg 干空气
I_V	水蒸气的比焓	kJ/kg
L	干空气用量	kg 干空气 /h
l	单位空气消耗量	kg 干空气 /kg 水
p_w	空气中的水汽分压	kPa
Q_D	干燥器内的补充热量	kW
Q_L	干燥系统的热损失	kW
Q_P	预热器的供热量	kW
Q_l	用于蒸发水分所需要的热量	kW
r_0	0℃ 水的比汽化热	kJ/kg
r_{as}	t_{as} 下水的比汽化热	kJ/kg

续表

符号	意义	计量单位
r_W	t_W 下水的比汽化热	kJ/kg
t_{as}	湿空气的绝热饱和温度	℃
t_d	湿空气的露点	℃
t_W	湿空气的湿球温度	℃
u	干燥速率	kg/(m² · s)
u_0	恒速阶段干燥速率	kg/(m² · s)
v_H	湿空气的比容	m³/kg 干空气
v_W	水汽的比容	m³/kg 干空气
W	干燥过程中湿物料蒸发的水分量	kg
w	物料的湿基含水量	
X	物料的干基含水量	kg 水 /kg 干物料
X_0	临界含水量（或临界水分）	kg 水 /kg 干物料
X^*	平衡含水量（或平衡水分）	kg 水 /kg 干物料

希腊字母

符号	意义	计量单位
φ	空气的相对湿度	%
η	干燥过程的热效率	%

项目十 膜分离技术

膜分离技术是一类新型的分离、浓缩、提纯和净化技术,近几十年来发展迅速。目前,膜分离技术已广泛应用于食品、医药、生物、环保、化工、冶金、能源、石油、水处理、电子、仿生等领域,产生了巨大的经济效益和社会效益,已成为当今分离科学中最重要的手段之一,是解决当代能源、资源和环境问题的重要高新技术和可持续发展技术的基础。

10.1 概述

任务目标	技能要求
• 了解膜分离技术的基础知识; • 了解分离膜的分类与特点; • 掌握膜组件常见的类型及特点; • 了解膜分离典型设备。	• 了解膜分离技术的分类; • 能认识常见的分离膜类型; • 能识别各膜组件的主要构造; • 能说出多种膜分离技术及其分离原理。

在化工生产过程中,常常需要将原料、中间产物或粗产物进行分离,以获得符合工艺要求的化工产品或中间产品。传统的分离方法包括蒸馏、吸收、萃取、干燥及结晶等,在现代化工领域中,膜分离技术作为一种高效、经济且广泛适用的分离工艺日益受到重视。膜分离技术基于膜的选择透过性,通过选择透过性膜将混合物中的组分分离出来,以实现分离和纯化的目的。膜分离技术在石油炼制、石油化工、有机化工、高分子化工、精细化工、医药、食品及环保等领域中被广泛应用。膜分离技术为化学工业提供了可持续发展的解决方案,具有操作简便、能耗低、产率高、占地面积小等优势,成为现代化工分离领域的重要工艺之一。

10.1.1 膜分离过程基本原理

1. 膜分离技术的发展概况

膜分离技术是一种重要的分离和纯化技术,在过去几十年中取得了显著的发展。膜分离技术的起源可以追溯到 20 世纪中叶。起初,膜被用于基本的过滤和分离任务,如过滤纸和陶瓷膜。而后,随着合成材料和聚合物膜的开发,膜分离技术逐渐得到广泛应用。

在过去几十年中,膜分离技术经历了快速的发展和创新,新型的膜材料、膜结构和膜分离过程的设计不断涌现。膜材料包括聚合物膜(如聚醚酯、聚丙烯、聚醚酰亚胺等)、陶瓷膜和金属有机框架膜等。膜分离技术在众多领域得到了广泛应用,它被应用于水处理、海水淡化、废水处理、气体分离、药物纯化、食品加工、生物工艺和能源领域等。膜分离技术在解决环境问题、提高工业效率和实现可持续发展方面发挥着重要作用。

随着研究和技术的进步,膜分离技术的分离效率和选择性得到了显著提高。新型膜材料和膜结构的开发,以及对膜分离过程的优化,使得更多的物质可以被高效地分离和纯化。膜分离技术不断与其他分离和处理技术进行整合,如吸附、离子交换、萃取等,以实现更高效、更灵活的分离过程。此外,膜分离技术还与其他领域的创新技术,如纳米技术和生物技术等相结合,开辟了新的应用领域和可能性。

总体而言,膜分离技术经历了从早期的简单过滤到如今的高效分离和纯化的发展过程。随着技术的不断进步和应用的不断扩展,膜分离技术在工业和科学领域中发挥着越来越重要的作用,并为解决许多实际问题提供了可行方案。

2. 膜分离过程基本原理

膜分离过程是以对组分具有选择性透过功能的膜为分离介质,通过在膜两侧施加(或存在)一种或多种推动力,使原料中的膜组分选择性地优先透过膜,从而达到混合物分离,并实现产物提取、浓缩、纯化等目的的一种新型分离过程。其推动力可以为压力差(也称跨膜压差)、浓度差、电位差、温度差等。膜分离过程有多种,不同的过程采用的膜及施加的推动力通常也不同。通常称进料流侧为上游、透过液流侧为下游。微滤、超滤、纳滤与反渗透都是以压力差为推动力的膜分离过程,当膜上游施加一定的压力时,可使一部分溶剂及小于膜孔径的组分透过膜,而大于膜孔径的组分被膜截留下来,从而达到分离的目的。四者的主要区别在于被分离物(离子或分子)的大小和所采用膜的结构与性能。

膜分离过程的核心原理在于溶质在膜上的传递及其选择性渗透特性,这一过程可简要概括为以下几个方面:

(1)渗透。膜具有选择透过性,这种特性源于其内部的孔隙、多孔结构以及纳米孔等精细构造。混合物通过膜时,根据溶质分子或离子的大小、形状、电荷、亲疏水性等特性,不同组分能以不同的速率通过膜。

(2)选择性。膜对不同组分的选择性渗透是膜分离的关键。根据混合物的特性和所需分离的组分,可以选择合适的膜材料和膜结构。例如,纳滤膜能够分离较大的分子和悬浮物,反渗透膜可以用于去除溶解在水中的离子或小分子。

(3)压力驱动。膜分离通常需要应用外部压力或差异以推动混合物通过膜。例如,在反渗透过程中,通过对混合物施加高压,使溶剂分子通过半透膜,而离子和其他溶质则被拦截在膜上。

(4)浓缩与纯化。膜分离可以用于浓缩混合物中的特定组分,使其浓度增加。此外,膜分离还可以用于纯化,即将混合物中的目标组分与其他杂质分离开来,以获得高纯度的产物。

常见的膜分离技术包括纳滤、超滤、微滤、反渗透和气体分离等。不同的膜分离过程根据应用需求和分离目标选择适当的膜材料、膜孔径和操作条件,以实现高效的组分分离和纯化。

3. 膜分离过程的特点

膜分离过程相较于传统的化工分离方法，如过滤、蒸发、蒸馏、萃取等，具有以下特点：

（1）低能耗。膜分离过程大多数情况下不涉及相态变化，因此能耗较低。避免了潜热变化，而且通常可在常温下进行，减少了对被处理物料的加热或冷却能耗。

（2）适应热敏性物质。膜分离过程通常在常温下进行，非常适合热敏性物质和生物制品（如汁液、蛋白质、酶、药品等）的分离、分级、浓缩和富集。例如，在抗生素生产中，采用膜分离技术进行脱水浓缩可以避免因局部过热而导致抗生素破坏和产生有毒物质。在食品工业中，使用膜分离技术替代传统的蒸馏除水可以保持产品的营养和风味。

（3）操作简单。膜分离过程主要通过压力驱动，使得分离装置简单、占地面积小、操作方便，有利于连续生产和自动化控制。

（4）分离系数大，应用范围广泛。膜分离技术适用于广泛的分离范围，从病毒、细菌到微粒的有机物和无机物。它也适用于许多特殊溶液体系的分离，如大分子与无机盐的分离、共沸点物系或近沸点物系的分离等。

（5）工艺适应性强。膜分离技术的处理规模可根据用户要求进行灵活调整，适应性强。

（6）便于回收。膜分离过程中，分离和浓缩同时进行，便于回收有价值的物质。

（7）无二次污染。膜分离过程无须引入外部物质，既节省了原材料，又避免了二次污染。

综上所述，膜分离过程在能耗低、适应性强、分离效率高、无二次污染等方面具有显著优势，成为化工领域中的重要分离和纯化技术。

10.1.2　分离膜及膜组件

1. 分离膜

分离膜是一种用于分离或过滤混合物中组分的薄膜，通常根据其选择性或孔径大小来实现特定的分离过程。这些薄膜通常用于水处理、气体分离、食品加工、制药等领域。

膜材料是用于制造分离膜的原材料，其性能和特点直接影响膜的分离效率、稳定性和适用范围。各种膜分离过程所需的常用膜材料如表 10-1 所示，可分为天然高分子、有机合成高分子和无机材料等三大类。

表 10-1　各种膜分离过程常用的膜材料

膜分离过程	膜材料
微滤	聚四氟乙烯、聚偏二氟乙烯、聚丙烯、聚乙烯、聚碳酸酯、聚（醚）砜、聚（醚）酰亚胺、聚醚醚酮等 氧化铝、氧化锆、氧化钛、碳化硅
超滤	聚（醚）砜、磺化聚砜、聚偏二氟乙烯、聚丙烯腈、聚（醚）酰亚胺、聚脂肪酰胺、醚酮、纤维素类等 氧化铝、氧化锆
纳滤	聚酰（亚）胺

续表

膜分离过程	膜材料
反渗透	二醋酸纤维素、三醋酸纤维素、芳香聚酰胺、聚苯并咪唑(酮)、聚酰(亚)胺、聚酰胺酰肼、聚醚脲等
电渗析	含有离子基团的聚电解质:磺酸型、季铵型等
膜电解	四氟乙烯和含磺酸或羧酸的全氟单体共聚物
渗透气化	弹性态或玻璃态聚合物:聚丙烯腈、聚乙烯醇、聚丙烯酰胺
气体分离	弹性态聚合物:聚二甲基硅氧烷、聚甲基戊烯 玻璃态聚合物:聚酰亚胺、聚砜
膜接触器	疏水聚合物:聚四氟乙烯、聚丙烯、聚乙烯、聚偏二氟乙烯
渗析	亲水聚合物:再生纤维素、醋酸纤维素、乙烯 - 乙烯醇共聚物、乙烯 - 醋酸乙烯酯共聚物

天然高分子膜材料主要有醋酸纤维素和再生纤维素等及其衍生物。醋酸纤维素常用于制备反渗透膜,也可用于制备微滤膜和超滤膜。醋酸纤维素膜操作温度范围窄,推荐最大操作温度为 30℃,为防止膜水解,一般推荐 pH 控制在 3 ~ 6 范围内,耐氯性较差,连续运行时要求料液中的游离氯浓度低于 1mg/L。

有机合成高分子膜材料主要有聚烯烃、聚砜、聚酰胺类等。这类材料成膜性能较好,一般能承受 70 ~ 80℃ 的温度,某些可高达 125℃,具有很好的 pH 稳定性,使用寿命较长,常用于制备反渗透膜;而聚砜膜耐压性能较差,承受的操作压力在 0.5 ~ 1.0MPa 范围内,常用于制备超滤膜。

无机膜材料以氧化铝、氧化锆为主。目前商品化的陶瓷膜有截留相对分子质量在 1 万以上的超滤膜和孔径在 0.1μm 以上的微滤膜。无机膜的优点是有一定的机械强度,耐高温、耐有机溶剂;其缺点是不易加工,造价较高。

2. 膜组件

商品化的膜组件主要有板框式、中空纤维式、卷式、管式等。各种膜组件有如下共同特点:尽可能大的膜表面积;可靠的支撑装置;可引出透过液;膜表面浓差极化达到最小。

1) 板框式膜组件

板框式膜组件类似于常规的板框式压滤装置,有长方形、椭圆形或圆盘形等。膜被放置在多孔支撑板上,中间可夹隔板以增强稳定性。两块带膜的支撑板叠压形成约 1mm 的料液流通,多层交替重叠并压紧。相邻两层可选择并联或串联连接,优化分离效率和操作灵活性(见图 10-1)。隔板上的沟槽用作料液流道,支撑板上的连通多孔可作为透

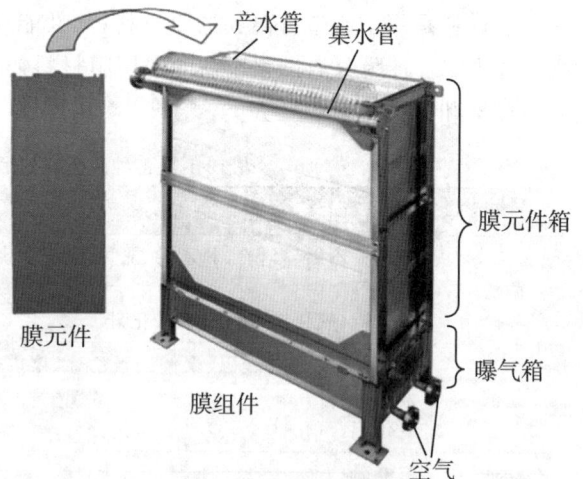

图 10-1 板框式膜组件

过液的通道。除了压紧式外,还有系紧螺栓式及耐压容器式两种。

2) 中空纤维式膜组件

中空纤维式膜组件由数千至几十万根外径为 $80\sim400\mu m$、内径为 $80\sim400\mu m$ 的中空纤维束弯成 U 形,在纤维束的中心轴装有一支原料分布管,纤维束的一端或两端用环氧树脂铸成管板或封头,装入圆筒形耐压容器内构成(见图 10-2)。中空纤维式膜组件大多为外压式,耐压性能较好。该组件的排列方式有轴流型、径流型及纤维卷筒型等。

图 10-2　中空纤维式膜组件

3) 卷式膜组件

卷式膜组件是采用平板膜制成信封状密封膜袋,将多孔性支撑材料夹在膜袋之内,半透膜的开口与中心管密封,再在膜袋上下衬以料液隔网,然后连在一起滚压卷绕在空心管上,再将其装入圆柱形压力容器内,构成膜组件(见图 10-3)。组件内膜袋的数目称为叶数,叶数增多,膜面积可增加,但原料流程变短。

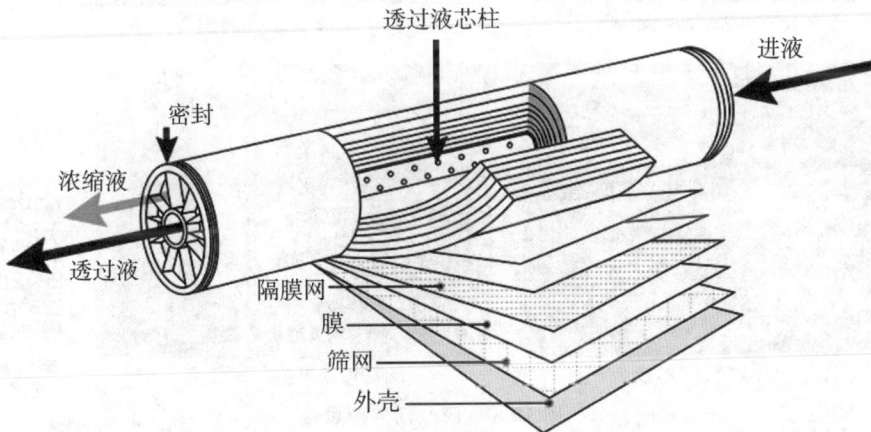

图 10-3　卷式膜组件

4) 管式膜组件

管式膜组件有无机膜和有机膜组件两大类:管式有机膜组件是将制膜液直接涂布在

内径10～25mm的多孔支撑管上制成的,常将10～20根管并联组装成类似于换热器的膜组件,也可制成套管式(见图10-4);管式无机膜组件可由多支单流管道或多流道管组装而成。多流道管的流道数可以为7、19及37个不等。毛细管式膜组件是由管径为80～400μm的非对称管式膜束构成,耐压性能不及中空纤维式膜组件。

| （a）管式膜组件全貌 | （b）组件的一端 | （c）其他二维截面案例 |

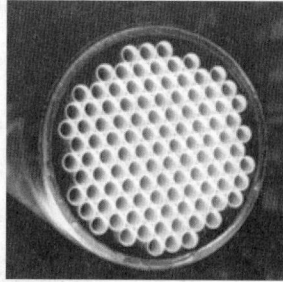

图 10-4　管式膜组件

10.1.3　膜分离典型设备

根据膜分离原理和规模的不同,膜分离设备有各种形式,图10-5展示了一些典型的膜分离设备。

| （a）超滤膜分离设备 | （b）反渗透膜分离设备 |

| （c）膜生物反应器设备 | （d）电渗析膜分离设备 |

膜分离工艺
实验流程

图 10-5　膜分离典型设备

10.2　典型膜分离过程简介

![] 任务目标	![] 技能要求
• 理解典型膜分离过程的基本概念； • 掌握典型膜分离工艺的基本原理； • 了解典型膜分离过程在不同领域的应用。	• 能描述典型膜分离过程的驱动力； • 能列举不同膜分离过程的特点； • 能匹配典型的膜分离过程与应用场景。

10.2.1　反渗透

1. 概述

反渗透(Reverse Osmosis,简称 RO)是一种以压力差为推动力,从溶液中分离出溶剂的膜分离操作,孔径范围在 $0.0001 \sim 0.001\mu m$ 之间。由于分离的溶剂分子往往很小,不能忽略渗透压的作用,故而称为反渗透。

人类最早发现渗透现象是在 1748 年,但直到 1953 年美国 C. E. Reid 教授在佛罗里达大学发现醋酸纤维素类具有良好的半透性,反渗透才作为一项新型膜分离技术问世。同年,在 Reid 的建议下,反渗透被列入美国国家计划。1960 年,加利福尼亚大学的 Loeb 和 Sourirajan 等采用氯酸镁水溶液作为添加剂,首次研制出具有高脱盐率(98.6%)和高通量($259L \cdot m^{-2} \cdot d^{-1}$)的非对称醋酸纤维素反渗透膜,使得反渗透膜分离技术进入实用阶段。目前,反渗透已成为海水和苦咸水淡化最经济的技术,成为超纯水和纯水制备的优选技术。反渗透膜分离技术在料液的分离、纯化和浓缩,锅炉水的软化,废液的回收利用以及微生物、细菌和病毒的分离方面都发挥着巨大的作用。

2. 基本原理

如图 10-6 所示,当溶液与纯溶剂被半透膜隔开,半透膜两侧压力相等时,纯溶剂通过半透膜进入纯溶液侧使溶液浓度变低的现象称为**渗**

反渗透原理

透。此时,单位时间内从纯溶剂侧通过半透膜进入溶液侧的溶剂分子数目多于从溶液侧通过半透膜进入溶剂侧的溶剂分子数目,使得溶液浓度降低。当单位时间内,从两个方向通过半透膜的溶剂分子数目相等时,渗透达到平衡。如果在溶液侧加上一定的外压,恰好能阻止纯溶剂侧的溶剂分子通过半透膜进入溶液侧,此外压称为渗透压。渗透压取决于溶液的系统及其浓度,且与温度有关,如果加在溶液侧的压力超过了渗透压,则使溶液中的溶剂分子进入纯溶剂内,此过程称为反渗透。

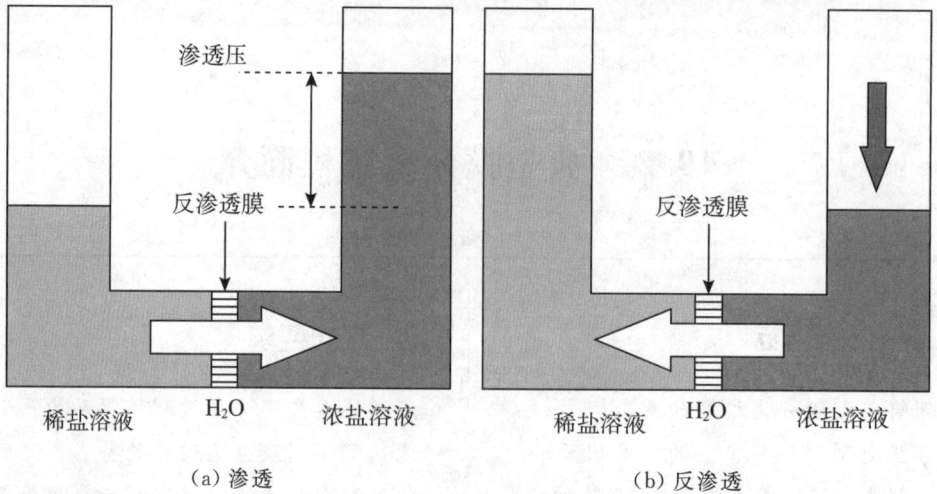

图 10-6　渗透及反渗透原理图

反渗透膜分离过程是利用反渗透膜选择性地透过溶剂(通常是水)而截留离子物质的性质,以膜两侧的静压差为推动力,克服溶剂的渗透压,使溶剂通过反渗透膜而实现对液体混合物进行分离的过程。因此,反渗透膜分离过程必须具备两个条件:一是具有高选择性和高渗透性的半透膜;二是操作压力必须高于溶液的渗透压。

反渗透膜分离过程在常温下进行,无相变、能耗低,可用于热敏性物质的分离、浓缩;可有效地去除无机盐和有机小分子杂质;具有较高的脱盐率和较高的水回用率;膜分离装置简单,操作简便,便于实现自动化;分离过程要在高压下进行,因此需配备高压泵和耐高压管路;反渗透膜分离装置对进水指标有较高的要求,需对源水进行一定的预处理;分离过程中,易产生膜污染,为延长膜使用寿命和提高分离效果,要定期对膜进行清洗。

3. 反渗透膜材料和分类

在反渗透膜分离技术中,膜材料的研究是一个重要课题。反渗透膜一般要具备以下性能:高脱盐率;高透水率;具有高机械强度和良好的柔韧性;化学稳定性好,耐氯以及酸、碱腐蚀,抗微生物侵蚀;抗污染性能强,适用 pH 范围广;制备简单,造价低,原料充足,便于工业化生产;耐压性和密封性好,可在较高温度下使用。

目前主要的反渗透膜材料有醋酸纤维素类、芳香族聚酰胺类和聚哌嗪酰胺类。醋酸纤维素反渗透膜为非对称膜,尽管在耐碱性、耐细菌性、产水量等方面不如聚酰胺膜,但因其具有优良的耐氯性、耐污染性至今仍在使用。芳香族聚酰胺膜可分为线性芳香族聚酰胺膜与交联芳香族聚酰胺膜,前者为非对称膜,后者为复合膜。这类膜因具有高交联密度和高亲水性的特点,以及优良的脱盐率、产水量、耐氧化性、有机物去除率和二氧化硅去除率等特点,可用于对去除溶质性能要求高的超纯水制造、海水淡化等方面。聚哌嗪酰胺膜可分为线性聚哌嗪酰胺膜与交联聚哌嗪酰胺膜,后者已有产品上市。该膜具有产水量大、耐氯、耐过氧化氢的特点,可用于对脱盐性能要求高的净水处理和食品等方面。

4. 反渗透的应用

反渗透膜分离技术除在苦咸水和海水淡化领域应用外,在食品、医药、电子工业、电厂锅炉用水、环保等领域的应用日益扩大,在浓缩、分离、净化等方面的潜力也在逐步挖掘。

该分离技术不仅显示了技术上的可行性,也显示了经济上的优越性。

(1)海水脱盐。反渗透膜分离装置已成功地应用于海水脱盐,并达到饮用级的质量。但海水脱盐成本较高,目前主要用于特别缺水的中东产油国。用 RO 进行海水淡化时,因海水含盐量较高,除特殊高脱盐膜以外,一般均需要采用二级 RO 系统脱盐。海水经 Cl_2 杀菌、$FeCl_3$ 凝聚处理及双层过滤器过滤后,调节 pH 值至 6 左右。对耐氯性能差的膜组件,在进 RO 装置之前还需用活性炭脱氯,或用 $NaHSO_3$ 进行还原处理。

(2)苦咸水淡化。苦咸水含盐量一般比海水低很多,通常是指含盐量为 $1500 \sim 5000mg/L$ 的天然水、地表水和自流井水,在世界许多干燥贫瘠、水源匮乏的地区,苦咸水通常是可利用水的主要部分。反渗透膜法处理苦咸水发展迅速,已用于向居民区提供饮用水。

(3)超纯水生产。反渗透膜分离技术已被普遍用于电子工业纯水及医药工业无菌纯水等超纯水制备系统。采用反渗透膜分离装置可有效地去除水中的小分子有机物、可溶性盐类,可有效地控制水的硬度。半导体电子工业所用的高纯水,以往主要是采用化学凝集、过滤、离子交换等制备方法,这些方法的最大缺点是流程复杂,再生离子交换树脂的酸碱用量大,成本高。随着电子工业的发展,对生产中所用纯水水质提出了更高的要求。采用膜分离技术与离子交换法结合的方法所生产的纯水中杂质的含量已接近理论纯水值。

(4)工业污水的处理。工业污水是水、化学药品以及能量的混合物,污水的各个组分可视作污染物,同时,也可视作资源,其所含组分常常具有可利用价值,因此工业污水的处理在考虑降低排放量的同时,还要考虑资源的重复利用。工业污水的处理过程,不但可以回收有价值的物料,如镍、铬及氰化物等,还可以解决污水排放问题。

(5)电镀行业污水处理。在电镀行业中,一般会排放含有大量有害重金属离子的废水。由于反渗透膜对高价金属离子具有良好的去除效果,而且重金属的价数越高越容易分离,所以它不仅可以回收废液中几乎全部的重金属,而且还可以将回收水再利用。因而,采用反渗透法处理电镀废水是比较经济的,具有广阔的应用前景。

(6)电厂污水处理。燃煤电厂从锅炉到涡轮机环路所需的水质要求各不相同,用量最大的是用于冷却循环的中等水质的水;冷却塔的排放污水是电厂最大的污水源,采用反渗透法处理冷却塔污水,再将处理过的不同水质的水用于循环系统,可大大降低能耗、节约资源。

(7)纸浆及造纸工业废水处理。反渗透膜分离装置可以在造纸工业中用于处理大量废水,降低造纸厂排放水的色度、化学需氧量以及其他有害杂质,并使部分水得以循环利用。在处理污水的同时,还可以提取有用的物质。

(8)放射性废水的浓缩。原子能发电站的废水的特点是水量大、放射性密度低。反渗透膜分离技术很适合处理这种废水,而且金属盐类是否具有放射性对分离率没有影响。另外,核电站加压水反应堆操作中的蒸汽发生器的排污经反渗透膜分离装置处理后,其排污量可以降至 1/10 以下。

(9)奶制品加工。采用反渗透与超滤结合的方法可对分出奶酪后的乳浆进行加工,将其中所含的溶质进行分离,得到主要含有蛋白质、乳糖以及乳酸的浓缩组分,同时对含盐乳清进行脱盐处理,可有效减少环境污染。

(10)果汁和蔬菜汁加工。采用蒸发法浓缩果汁会造成各种挥发性醇、醛和酯的损失,造成浓缩汁的质量降低,采用反渗透膜分离装置可在常温下对果汁及蔬菜汁进行浓缩加工,可保持原有营养成分和口味特性。

(11) 油水乳液的分离。在金属加工中,要用油水乳液润滑及冷却工具与工作台。采用超滤与反渗透结合的方法处理废油水乳液时,将超滤的透过水再经反渗透膜做深度处理,这样不仅使排放水达标,还可以得到浓缩的油相。油相既可以焚烧掉也可以进一步精炼制得可回用的油,既减小了环境污染,又提高了材料的利用率。

10.2.2　纳滤、超滤和微滤

1. 概述

纳滤(Nanofiltration,简称 NF)、超滤(Ultrafiltration,简称 UF)和微滤(Microfiltration,简称 MF)是膜分离技术中不同孔径范围的膜过滤过程。它们根据膜的孔径大小,可以实现对不同大小组分的分离和过滤。

纳滤膜的过滤孔径为 $0.001 \sim 0.002 \mu m$。纳滤膜可以有效分离离子、小分子有机物和微小胶体颗粒,而较大的分子、胶体和悬浮物质则无法通过膜孔径。纳滤广泛应用于水处理、食品浓缩、色素分离等领域,用于脱除多价离子、部分一价离子和相对分子质量 $200 \sim 1000$ 的有机物。

纳滤膜介于反渗透膜和超滤膜之间,是十多年来发展较快的膜品种。纳滤膜的研究始于 20 世纪 70 年代中,人们发现一些品种的芳香族聚酰胺复合膜有优异的纳滤性能,80 年代中期实现商品化,发展至今已有多种材料和型号的纳滤膜。其截留分子量在百量级,再加上荷电的影响,因在水软化、不同价阴离子分离、高/低分子量有机物分级、中/低分子量有机物除盐等方面有独特优点而广泛应用。

超滤膜的过滤孔径为 $0.002 \sim 0.02 \mu m$,介于微滤膜和纳滤膜之间。超滤膜可以有效分离大分子、胶体、蛋白质、细菌等,而小分子、离子和溶解性盐类可以通过膜孔径而不被拦截。近年来,超滤在食品、医药、工业废水处理、超纯水制备及生物技术等领域得到了广泛的应用,也可用于某些含有各种小分子量可溶性溶质和高分子物质(如蛋白质、酶、病毒等)溶液的浓缩、分离、提纯和净化。

微滤膜的过滤孔径为 $0.02 \sim 10 \mu m$。微滤可以有效分离悬浮物、胶体、大颗粒物质和微生物等,而较小的分子、离子和溶解性物质则可以通过膜孔径而不被拦截。微滤广泛应用于医药、饮料、饮用水、水处理、食品、电子、石油化工、分析检测和环保等领域。

这些膜过滤技术在不同领域和应用中发挥着重要作用,通过选择不同孔径范围的膜,可以实现对混合物中不同大小组分的高效分离和过滤。

2. 基本原理

1) 纳滤的基本原理

纳滤膜制备过程中的特殊处理,如复合化和荷电化等,导致纳滤膜的表面或膜材料中存在着带电基团。这种电荷特性为纳滤技术引入了更复杂的作用机制,进一步丰富了分离的原理。纳滤分离的基本原理主要包括筛分原理和道南效应。

膜分离实验原理

纳滤膜的孔径大小与分布是其性能的关键决定因素,它决定了哪些溶质分子或颗粒能够通过膜。基于筛分原理,纳滤膜能够有效地阻挡大分子、胶体和微粒,同时允许小分子和水分子通过。这使得纳滤膜在多种应用中表现出色,特别是在需要精确控制分子或离子通过的情况下。

然而,纳滤膜的性能不仅仅取决于其孔径。许多纳滤膜是经过特殊处理的,其表面或内部存在带电基团。这些带电基团对纳滤膜的性能有重要影响,它们能够与溶液中的离子发生静电相互作用,从而影响离子的传输和分离。这种由带电基团引起的离子与膜之间的相互作用,被称为道南效应。因此,通过调控膜表面的电荷特性,可以影响不同离子在膜中的传输速率,从而实现对离子的选择性分离。这种选择性分离使得纳滤膜在环境保护、食品工业、药物制造等领域具有广泛的应用前景。

2) 超滤的基本原理

超滤以压力差为驱动力,分离分子量范围为几百至几百万的溶质和微粒的过程。超滤膜基于筛分原理,在一定压力作用下,含有不同大小分子溶质的溶液通过超滤膜表面时,溶剂和小分子物质(如无机盐)能够透过膜,被收集为透过液;而大分子溶质(如有机胶体)则被膜截留,并形成浓缩液以便回收利用。

在超滤过程中,膜对溶质的分离机制主要包括以下几个方面:

(1) 膜表面和微孔内吸附(一次吸附):溶质在膜表面或微孔内可能发生吸附,影响其传输。

(2) 孔内停留而被去除(阻塞):一些大分子溶质可能会在膜孔内停留,从而降低其透过膜的能力。

(3) 膜面的机械截留(筛分):膜的选择性表面层形成了一定大小和形状的孔,通过这种物理筛分作用来实现分子的分离。

超滤膜的选择性表面层起着关键作用,形成了特定大小和形状的孔,其分离机制主要依靠物理筛分作用。然而,实际应用中发现,膜表面的化学特性对大分子溶质的截留也具有重要影响。因此,在考虑超滤膜的分离性能时,必须同时考虑膜表面的化学属性。

3) 微滤的基本原理

微滤又称微孔过滤,它属于精密过滤,以压力差为驱动力,可以截留溶液中的砂砾、淤泥、黏土等颗粒和贾第虫、隐孢子虫、藻类和一些细菌等,而大量溶剂、小分子及少量大分子溶质都能透过膜的分离过程。

微滤的基本原理是筛分过程,原料液在静压差作用下,透过一种过滤材料。过滤材料可以分为多种,比如折叠滤芯、熔喷滤芯、布袋式除尘器、微滤膜等。透过纤维素或高分子材料制成的微孔滤膜,利用其均一孔径,来截留水中的微粒、细菌等,使其不能通过滤膜而被去除。决定膜的分离效果的是膜的物理结构、孔的形状和大小等。

3. 常见膜分离问题

1) 浓差极化

浓差极化是膜分离过程中的一种常见现象,随着被截留的杂质在膜表面不断积累,会产生该效应。这种现象指的是分离过程中,在压力的作用下,料液中的溶液透过膜,而溶质(包括离子或不同分子量的溶质)则被截留。这导致在膜与溶液界面或膜附近的区域,溶质的浓度逐渐升高。由于浓度梯度的作用,溶质会从膜表面向溶液中扩散,形成所谓的边界层。这个过程增加了流体阻力,同时提高了局部渗透压,最终导致溶剂透过膜的通量下降。

(1)浓差极化可能带来的危害有以下几点:① 增加膜表面溶质浓度,引起渗透压增大,降低传质驱动力;② 当膜表面溶质浓度达到饱和浓度时,可能在膜表面形成沉积物或凝胶层,增加透过阻力;③ 膜表面沉积层或凝胶层的形成会改变膜的分离特性;④ 当有机溶质在膜表面达到一定浓度时,可能导致膜的溶胀或溶解,从而损害膜性能;⑤ 严重的浓差极化可能导致结晶物析出,阻塞流道,使系统性能恶化。

(2)针对浓差极化,可以采取以下方法来缓解其影响:① 加强进料预处理,减少杂质的含量;② 选择适当的膜组件和结构,可以考虑加入紊流器、设计横向切流的料液流动方式,或采用螺旋流结构;③ 优化过程设计,例如尝试料液脉冲流动、提高流速等;④ 调整操作参数,如适度提高进料液温度以降低黏度,从而增大传质系数等。

2)膜污染

膜污染是指在膜分离过程中,膜表面或孔道被各种物质积聚、附着或吸附,导致膜通量降低、分离效果减弱,甚至影响膜的寿命和性能。

(1)膜污染的类型涵盖了以下几个方面:① 沉积性污染,悬浮颗粒、胶体、有机物等在膜表面沉积,妨碍流体通过膜孔道,导致通量降低;② 吸附性污染,溶解物质在膜表面吸附,形成附着层,影响膜性能和分离效果;③ 胶体污染,胶体物质在膜表面聚集,形成胶体层,妨碍流体通过膜孔道,导致通量下降;④ 生物污染,微生物、细菌、藻类等生物在膜表面繁殖,形成生物层,影响膜性能和水质。

(2)膜污染的管理和控制至关重要,以确保膜分离始终保持高效性能。一些方法可以用于减轻或预防膜污染,包括:① 物理清洗,利用物理力量(如液流、气流等)清洗膜表面,消除沉积物和颗粒;② 化学清洗,利用酸碱溶液、氧化剂等化学物质,清洗膜表面,去除吸附物和附着物;③ 超声清洗,利用超声波的振动力量,将附着在膜表面的污染物剥离;④ 预处理,通过适当的预处理方法,如沉淀、过滤等,减少进料中的悬浮颗粒和污染物浓度;⑤ 表面改性,修改膜表面性质,降低对某些污染物的吸附或亲和力;⑥ 后处理,在膜分离后,进行额外的处理步骤,如后续的过滤、离心等,以进一步清除残留的污染物。

总之,膜污染是影响膜分离效果的关键问题,必须通过适当的管理和控制方法来确保膜分离的稳定和高效运行。

10.2.3 电渗析

1. 概述

电渗析(Electrodialysis,简称 ED)是一种基于直流电场作用的膜分离技术,溶液中的荷电离子在电场的引导下有选择性地迁移,透过离子交换膜而被去除。这种技术借助电位差作为动力,利用离子交换膜的选择透过性,从溶液中去除或富集电解质。

在水处理领域,电渗析技术起初用于苦咸水淡化,随后拓展至海水淡化、饮用水和工业纯水的制备。其应用范围逐步扩展至金属废水处理、放射性废水处理等工业废水处理领域,如今已成为备受重视的关键膜分离技术之一。

电渗析的基本概念研究始于 19 世纪初,但长时间内一直使用动物皮、膀胱膜或人造纤维、羊皮纸等进行实验研究,这些膜并未具备实际工业应用价值。直到合成树脂的发展,1950 年,美国科学家 Juda 成功制备出高选择性的阴、阳离子交换膜,才为电渗析技术的实际应用奠定了基础。1954 年,美国、英国等国首次将电渗析技术用于生产实践,用于淡化苦咸水、制备工业用水和饮用水。此后,电渗析技术逐步传入中东和北非。苏联于 1959 年开始研究和推广应用该技术。日本则主要利用电渗析法浓缩食盐,1969 年,日本国内 30% 的食盐是通过离子交换膜电渗析法生产的,1970 年,电渗析技术才应用于苦咸水淡化,此时电渗析技术在水处理领域逐渐获得认可,为后续的研究和发展奠定了基础。电渗析技术成功应用于海水淡化、苦咸水处理以及食盐浓缩等领域,不仅为解决水资源短缺问题提供了新的途径,也为电渗析技术的全球传播和持续创新创造了有利的环境。通过这一系列的发展和应用实践,电渗析技术从探索阶段逐渐进入实际应用,并在不同领域展现出其巨大的潜力。

2. 基本原理

电渗析过程的原理如图 10-7 所示,在正、负两电极之间交替地平行放置阳离子和阴离子交换膜,依次构成浓缩室和淡化室,当两层离子交换膜形成的隔室中充入含离子的溶液并接上直流电源后,溶液中带正电荷的阳离子在电场力作用下向阴极方向迁移,穿过带负电荷的阳离子交换膜(简称阳膜),而被带正电荷的阴离子交换膜(简称阴膜)挡住。同理,溶液中带负电荷的阴离子在电场力作用下向阳极运动,透过带正电荷的阴膜,而被阻于阳膜。其结果是浓缩室的水中离子浓度增加,而与其相间的淡化室的浓度减少。

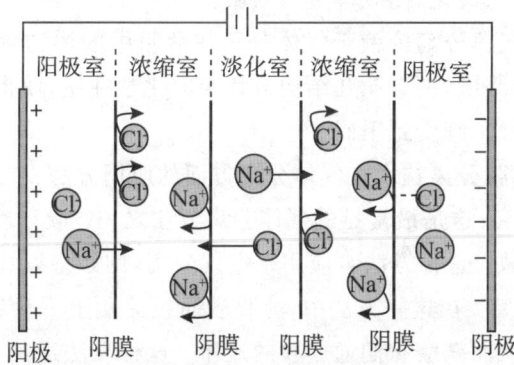

图 10-7　电渗析原理图

电渗析器,就是利用多层隔室中的电渗析过程以达到除盐的目的。电渗析器由隔板、离子交换膜、电极、夹紧装置等主要部件组成。电渗析器中,阴、阳离子交换膜交替排列是最常见的一种形式,事实上,对一定的分离要求,电渗析器也可单独由阴离子或阳离子交换膜组成。

电渗析脱盐过程与离子交换膜的性能有关,具有高选择性渗透率、低电阻力、优良的化学稳定性和热稳定性以及一定的机械强度是离子交换膜的关键。

3. 常见应用

电渗析常常被用于水处理、食品工业、药品制造等领域。以下是电渗析的一些常见应用:

（1）水处理。电渗析常被用来去除水中的离子污染物,例如去除盐分、金属离子、硫酸根离子等,在海水淡化、饮用水处理、工业废水处理等方面都有应用。

（2）食品工业。电渗析在食品加工中常被用来去除液体中的盐分,或调整酸碱度等。例如,它可以用于脱盐或浓缩果汁、乳制品、啤酒等。

（3）药品制造。在药品制造过程中,有时需要纯化药物成分,电渗析可以用来分离和纯化药物中的离子成分,从而提高药物的纯度。

（4）环境保护。电渗析可以用来处理工业废水、污水和废液,去除其中的有害离子,从而减少对环境的影响。

（5）电解质生产。在一些工业过程中,需要纯化或分离电解质溶液中的不同离子。电渗析可以用来实现这些分离过程,例如电解质生产中的溶液浓缩和纯化。

（6）能源领域。电渗析也可以用于一些能源相关的应用,如电池生产中的离子分离,以及某些电化学过程中的溶液处理等。

总之,电渗析在处理离子分离、液体浓缩和纯化等方面具有广泛的应用,特别是在涉及水处理、食品工业、药品制造等领域,它能够有效地分离和处理不同离子成分,提高产品质量或减少环境污染。

10.2.4 气体分离

气体分离（Gas Separation,简称 GS）是一种基于气体分子在薄膜中传输速率差异原理的技术,用于实现不同气体的有效分离。这一技术在广泛的工业和环境应用中发挥着重要作用,涵盖气体分离、纯化、回收等多个领域。

在膜分离技术中,气体分离依赖于气体分子在薄膜中的渗透性差异。薄膜通常由聚合物、陶瓷、金属等材料制成,拥有微孔结构或特定的化学性质,使得某些气体分子更容易穿透薄膜,而其他气体分子则受到阻碍。

以下是一些常见的膜分离技术在气体分离方面的应用方法:

（1）气体渗透膜分离:这是最常见的气体分离方法之一。膜材料允许特定气体分子通过,而较大分子则被拦截。这种方法常应用于空气分离,例如将氧气和氮气分离。

（2）气体吸附膜分离。在这一方法中,薄膜表面被涂覆上一种吸附材料,能够选择性地吸附某些气体分子,从而减缓它们通过膜的速率。这种方法适用于分离可吸附气体,如二氧化碳和甲烷。

（3）气体分子筛膜分离。这种膜具有微孔结构,只允许小分子气体通过,而较大分子则无法穿过。氢气和其他气体的分离通常采用这种方法。

（4）膜表面改性分离。通过对膜表面进行化学改性或添加特殊的功能材料,可以增强膜的选择性,使其更适用于特定气体的分离。

（5）气体吸附分离。通过将气体暴露在特定吸附材料上,使特定气体成分被吸附,然后通过调节条件如温度或压力,将吸附的气体分离出来。

需要注意的是,不同气体之间的分离效率取决于膜材料的选择、操作条件、压力差等因素。根据具体的应用需求,可以选择适合的膜分离方法来实现气体分离,这些方法为气体分离领域提供了多样化的解决方案。

10.2.5   渗透气化和蒸汽渗透

1. 概述

渗透气化(Pervaporation,简称PV)是一种利用液体混合物中组分蒸气压差的驱动作用,实现分离的过程。在这个过程中,不同组分的溶解和扩散速率不同,通过膜实现分离。如图 10-8(a) 所示,混合物原料液在常压下送入膜分离器与膜接触,通过在膜的下游维持低压,渗透物组分在膜两侧的蒸气分压差(或化学位梯度)作用下透过膜,并在膜的下游汽化、冷凝成液体并被去除。不能透过膜的截留物保留在膜分离器中。渗透气化依赖于不同组分在特定聚合物膜中溶解和扩散能力的差异,从而实现分离。

蒸汽渗透(Vapor Permeation,简称VP)则是利用致密膜对蒸汽混合物或蒸汽与不凝性气体混合物中不同组分的溶解度和扩散速率的差异,实现分离的过程。如图 10-8(b) 所示,与渗透气化不同,蒸汽渗透过程中膜只与蒸汽接触,从而减少了膜的溶胀。这使得蒸汽渗透既保留了渗透气化的优点,同时也克服了某些局限性。通过控制致密膜中不同组分的溶解度和扩散速率,蒸汽渗透可以实现混合蒸汽中的有效分离。

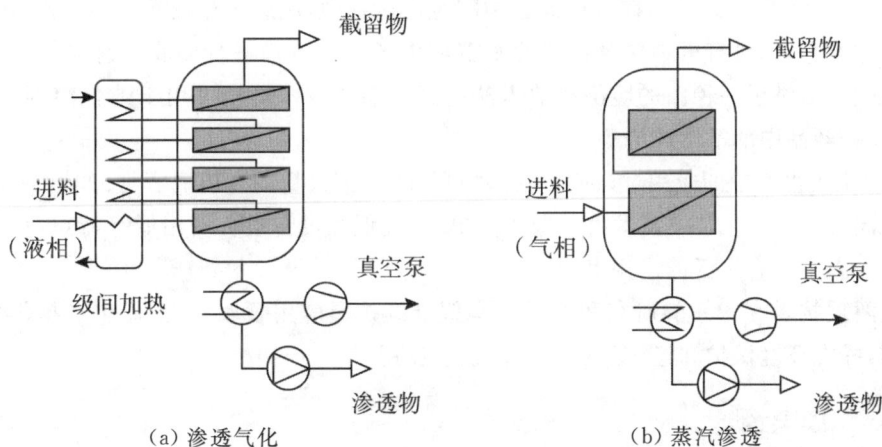

(a) 渗透气化　　　　　　　　　　(b) 蒸汽渗透

图 10-8   渗透气化与蒸汽渗透原理示意图

2. 基本原理

用于渗透气化的膜也可以用于蒸汽渗透膜分离过程,PV 和 VP 膜分离过程的主要区别如下:

(1)VP 的处理物料为蒸汽,气体在膜组件中的流动状况较液体好,分布均匀,物质在气相中的扩散系数大,浓差极化的影响小。

(2)PV 过程中渗透物有相变,渗透物的相变热靠料液的显热来供给,因此 PV 过程中料液的温度不断下降,从而导致渗透通量下降,通常采用级间加热的方式来维持料液的温度;VP 过程中渗透物无相变,加料温度基本不变,过程沿等温线进行,VP 的平均渗透通量比 PV 大,所以完成相同的分离任务,VP 所需的膜面积小。

(3)VP 的操作温度通常比 PV 高,渗透通量大,所需膜面积小。

(4)VP 的蒸汽加料比 PV 的液体加料杂质含量少,膜受加料中杂质损害的危险小。

3. 常见应用

渗透气化和蒸汽渗透技术在化工和相关领域中都扮演着重要角色,特别是在气体和蒸汽分离领域。以下是这两种技术在不同领域的具体应用情况:

(1)气体和蒸汽分离:渗透气化技术在化工生产中广泛应用,主要用于有机溶剂的脱水、水中少量有机溶剂的去除,以及有机/有机混合物的分离。首个渗透气化的中试装置用于发酵乙醇产品的脱水。目前,渗透气化已被广泛用于醇类、酮类、醚类、酯类、胺类等有机水溶液的脱水,为这类有机溶剂的生产提供了经济高效的方法。此外,用于有机水溶液脱水,特别是含少量水的有机溶剂中的水的去除,渗透气化技术也具有潜在市场。蒸汽渗透技术则可被用于气体分离和纯化,尤其是在含有有机组分的混合气体中,例如将乙醇与水混合物进行分离,或将醇类与酮类等气体分离。

(2)环保与废水处理:渗透气化技术广泛用于从废水中去除少量有机物,以解决环境污染问题。它可以处理苯、甲苯、酚、氯仿、三氯乙烷、丙酮、甲基乙基酮、醋酸乙酯等污染物。通过使少量有机物透过膜而使水中有机物含量达到排放标准,整个过程的能耗很低。蒸汽渗透技术也可用于挥发性有机物的去除,特别是在化工生产中用以净化废气。

(3)溶剂回收与纯化。在有机混合物的生产过程中,渗透气化技术可用于回收有机水溶液中的溶剂,如对有机物含量较低的水溶液中的有机溶剂进行回收。这项技术为有机溶剂的生产提供了一种新的经济有效方法。蒸汽渗透技术同样可用于纯化溶剂,如食品中的香料、药品中的活性成分等。

(4)化工生产中的应用:渗透气化技术可用于分离大量的有机混合物,如恒沸物、近沸物以及同分异构物。这项技术由于操作简单、能耗低和设备投资费用低等特点,故在有机混合物分离中具有广泛的应用潜力。

这两项技术在未来的研究和发展中有望继续扩展应用领域,为工业生产提供更多解决方案,并在环境保护和经济发展中发挥积极作用。

10.2.6 膜蒸馏

1. 概述

膜蒸馏(Membrane Distillation,简称 MD)是一种利用疏水性微孔膜,依赖于膜两侧蒸气压力差作为传质推动力的膜分离方法。尽管在1967年,美国科学家Findley就已经提出了膜蒸馏的概念,但直到20世纪80年代,随着疏水性微孔膜材料如聚丙烯、聚四氟乙烯、聚偏氟乙烯的开发,膜蒸馏的理论和应用研究才迎来重要突破。

在膜蒸馏的操作过程中,系统中存在着两侧温度的差异,分别被称为暖侧和冷侧。在暖侧,热的待处理水溶液与膜直接接触,其中的水分子汽化并穿过微孔膜,然后传递到冷侧,在那里被冷却并凝结成纯水。膜蒸馏是一种膜不直接参与分离作用的膜过程,膜的唯一作用是作为两相间的屏障,选择性完全由气-液平衡决定。这意味着蒸气分压最高的组分渗透速率也最快。

膜蒸馏具有以下显著特点:

(1)操作条件温和。在膜蒸馏过程中,尽管涉及相变,但操作温度相对较低,远低于沸腾点,因此可以在温和的条件下进行操作,仅需膜两侧维持适当的温度差即可产生足够的蒸气压力,从而实现水分子的传递。这使得废热、地热、太阳能等低温能源可以有效地用于蒸馏过程。

(2)在膜蒸馏中,仅水蒸气可以通过微孔膜到达冷侧,因此冷侧可以收集纯净的水,同时还可以实现热侧溶液的浓缩。

综上所述,膜蒸馏技术利用微孔膜实现了在温和条件下的分离,不仅节能,还使纯水和浓缩液的生产变得更加高效。

2. 基本原理

膜蒸馏是一种用于处理水溶液的新型膜分离过程。膜蒸馏中所用的膜是多孔的、不被料液润湿的疏水膜,膜的一侧是与膜直接接触的待处理的热水溶液,另一侧是低温的冷水或是其他气体。由于膜的疏水性,水不会从膜孔中通过,但膜的两侧由于水蒸气压差的存在,而使水蒸气通过膜孔,从高蒸气压侧传递到低蒸气压侧。这种传递过程包括三个步骤:

(1)水在料液(高温)侧膜表面汽化;

(2)汽化的水蒸气通过疏水膜的膜孔进行传递;

(3)水蒸气在膜的低温侧冷凝为水。

膜蒸馏过程的推动力是膜两侧的水蒸气压差,一般是通过膜两侧的温度差来实现,所以膜蒸馏属于热推动膜过程。根据蒸气冷凝方式不同,膜蒸馏可分为直接接触式、气隙式、真空式和气扫式四种形式,如图10-9所示。直接接触式膜蒸馏是热料液和冷却水与膜两侧直接接触;气隙式膜蒸馏是用空气间隙使膜与冷却水分开,水蒸气需要通过一层气隙到达冷凝板上才能冷凝下来;真空式膜蒸馏中,透过膜的水蒸气被真空泵抽到冷凝器中冷凝;气扫式膜蒸馏是利用非凝聚的吹扫气将水蒸气带入冷凝器中冷凝。在具体应用中,选用哪一种膜蒸馏要视具体情况而定,比如原料液的成分、挥发性以及对通量的要求等。通常直接接触式膜蒸馏所需要的设备最少、操作最简单,其适用范围主要包括海水淡化、溶液的浓缩等,在这些过程中水作为主要的透过成分;气扫式膜蒸馏和真空式膜蒸馏在脱除溶液中的挥发性有机物和溶解气体方面应用较多;气隙式膜蒸馏是一种应用范围较广泛的膜蒸馏形式。

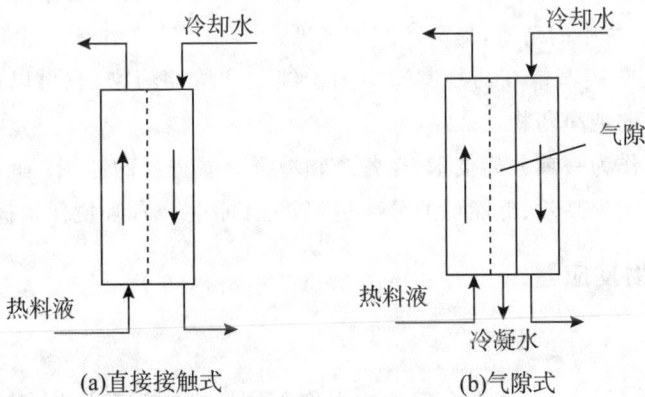

(a)直接接触式　　　　(b)气隙式

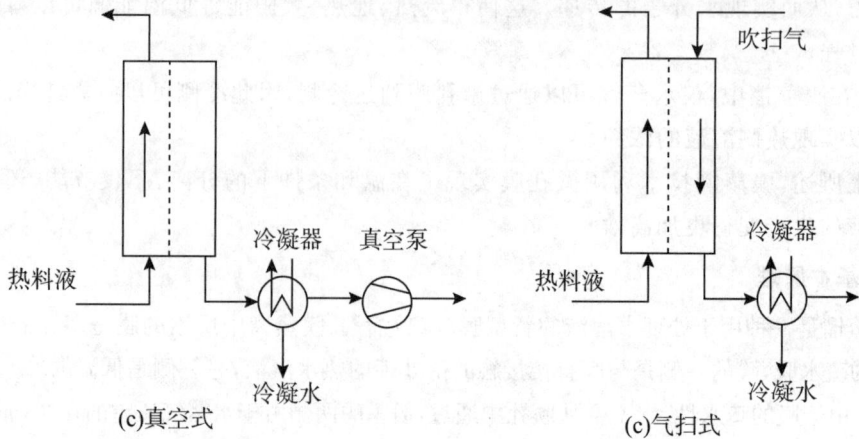

图 10-9　膜蒸馏类型

3. 常见应用

膜蒸馏在多个领域具有广泛的应用,其核心原理是利用半透膜来分离液体混合物。这种技术在许多工业过程中发挥着重要作用,以下将探讨膜蒸馏的几个常见应用。

(1)海水淡化。膜蒸馏被广泛应用于海水淡化领域,以解决淡水短缺问题。通过将海水暴露在半透膜的一侧,由于膜对水分子通透,水蒸气可以通过膜进入另一侧,从而实现淡水的提取。这种方法相比传统的热蒸馏,能耗更低,适用于能源敏感型地区。

(2)食品与饮料工业。膜蒸馏在浓缩果汁、乳制品、酒精饮料等领域中得到应用。它可以通过选择性地分离水分子,实现对液体中溶解物质的浓缩,从而提高产品的浓度和保存期限。

(3)化学品生产。在化学工业中,膜蒸馏用于分离和纯化化学品。通过调整膜的孔径和特性,可以选择性地分离不同组分,从而在反应中获得更纯净的产物。

(4)环境保护。膜蒸馏可以用于处理废水和工业废液,从中分离出有用的物质或减少污染物的排放。这有助于减少环境污染并实现资源的有效回收利用。

(5)石油与天然气工业。膜蒸馏在石油提炼和天然气处理中也有应用,它可以用于去除液体和气体混合物中的杂质,提高产物的纯度。

(6)药物制造。膜蒸馏在药物制造中用于纯化和浓缩药物,它可以帮助分离不同组分,从而获得所需的纯净药物。

总之,膜蒸馏作为一项分离技术,在各个领域都有着重要的应用。通过调整膜的性质和工艺参数,可以实现高效、低能耗的分离过程,为工业生产和环境保护提供有力支持。

10.2.7　膜生物反应器

1. 概述

膜生物反应器(Membrane Bioreactor,简称 MBR)技术被誉为 21 世纪最有发展前途的水处理新技术,它不仅能有效控制水体污染,还能实现水资源的可持续利用。该技术将膜分离技术与污水处理工程中的生物反应器相融合,将生物降解与膜分离相结合,充分发挥双重优势。

在全球范围内,膜生物反应器自20世纪60年代末问世以来便迅速得到广泛应用。在我国,MBR 技术的研究始于20世纪90年代,然而其发展迅猛。面对日益匮乏的水资源、严峻的水污染形势、不断增强的环保意识以及我国水质标准和法规的日益严格,MBR 技术在污水处理领域引起了前所未有的关注。如今,凭借其显著的优势,MBR 技术已成为污水再生回用和废水资源化领域一项备受瞩目的竞争力强大的新技术。这一技术正以其卓越的表现,为实现水资源的可持续利用作出积极贡献。

2. 基本原理

膜生物反应器(MBR)是一种创新的高效污水处理工艺,将高效的膜分离技术与传统的活性污泥法相融合。该工艺的核心在于在曝气池中放置了具有独特结构的 MBR 膜组件,通过好氧曝气和生物处理后的水经过泵抽出,通过滤膜进行过滤。这种膜分离设备能够截留活性污泥和大分子有机物质,从而取代了传统的二沉池。这使得活性污泥浓度显著提高,同时可以分别控制水力停留时间和污泥停留时间,并促使难降解物质在反应器内持续发生反应和降解。

MBR 膜的存在极大增强了系统的固液分离能力,使得系统的出水水质和容积负荷都得到了显著提升。经过膜处理的水在高水质标准(甚至超过国家一级 A 标准)下出水,经过消毒处理后,最终生成高质量的再生水,具备良好的水质和生物安全性,可以直接用作新的水源。膜的过滤作用使得微生物完全保留在 MBR 内,实现了水力停留时间与活性污泥泥龄的完全分离,从而解决了传统活性污泥法中污泥膨胀的问题。

膜生物反应器具有多重优势,包括高效的污染物去除能力、出色的硝化、反硝化和脱氮效果、稳定的出水水质、低剩余污泥产量、紧凑的设备布局、小占地面积(仅为传统工艺的 1/3 ~ 1/2)、方便的增量扩容、高度自动化程度以及简化的操作等。然而,尽管其具有许多优势,但仍需克服膜污染和高运行成本等问题,这需要深入研究以促进其进一步发展。

3. 常见应用

膜生物反应器在多个领域都有广泛的应用。

(1)生活污水处理。MBR 广泛应用于城市和生活污水处理领域,通过将膜技术与生物反应器相结合,实现了高效的污水处理。通过 MBR 技术,水中的有机污染物、氨氮等得以高效去除,使出水水质达到高标准要求。这项技术不仅在处理效率上表现出色,还具有稳定的运行特性以及简单的操作和管理,因此在城市和生活污水处理中发挥着关键作用。

(2)化工医药废水处理。MBR 技术在处理化工和医药废水方面具有独特优势。这些废水通常含有复杂的有机成分和难降解的物质,传统的废水处理方法难以有效去除。MBR 技术的高效固液分离能力以及在活性污泥中保留微生物的特性,使其在化工和医药废水的处理中得到了广泛应用,能有效去除有机物质、改善水质。

(3)垃圾渗滤液处理。垃圾渗滤液是一个具有挑战性的废水来源,MBR 技术在这一领域的应用取得了重要进展。由于垃圾渗滤液中存在着高浓度的难降解有机物质,MBR 技术的高效分离和降解能力使其成为处理这类复杂废水的有效手段。通过 MBR 技术,垃圾渗滤液中的有机污染物、悬浮物等得以高效去除,从而降低了污染物的排放风险。

(4)高浓度氨氮废水处理。高浓度氨氮废水是一类难以处理的废水,但 MBR 技术在这方面也有广泛应用。氨氮的高浓度对传统活性污泥法产生抑制作用,而 MBR 技术通过其优越的微生物保留特性,使得在高浓度氨氮废水处理中表现出色。通过调控 MBR 反应器的运行条件,可以实现对氨氮的高效去除。

综上所述,膜生物反应器在生活污水、化工医药废水、垃圾渗滤液、高浓度氨氮废水等多个领域都发挥着重要作用,通过其高效的分离和降解能力,为废水处理提供了可靠的技术手段。

◆ 习题

一、选择题

1. 下列不属于膜分离技术的是( )。

A. 生物膜　　　　B. 反渗透　　　　C. 超滤　　　　D. 电渗析

2. 下列不是高分子有机膜的是( )。

A. 聚砜膜　　　　B. 聚酰胺膜　　　　C. 多孔玻璃膜　　　　D. 醋酸纤维素膜

3. 下列膜分离技术的推动力中,属于不同类型的是( )。

A. 纳滤　　　　B. 反渗透　　　　C. 渗透气化　　　　D. 超滤

4. 下列关于超滤描述错误的是( )。

A. 在常温和低压下进行分离　　　　B. 设备体积小、结构简单

C. 超滤过程中未发生相变　　　　D. 超滤是一种化学方法的过滤

5. 下列离子中无法被纳滤膜截留的是( )。

A. Al^{3+}　　　　B. K^+　　　　C. Mg^{2+}　　　　D. Ca^{2+}

6. 下列情形无法用渗透气化分离的是( )。

A. 近沸点、恒沸点混合物的分离

B. 对废水中少量金属离子的回收

C. 有机溶剂及混合溶剂中微量水的脱除

D. 对废水中少量有机物的回收

二、填空题

1. 膜分离技术需要有推动力,而推动力可以是＿＿＿＿＿＿＿＿＿、＿＿＿＿＿＿＿＿＿、＿＿＿＿＿＿＿＿＿、＿＿＿＿＿＿＿＿＿等不同形式。

2. 分离膜按照膜材料分,包括＿＿＿＿＿＿＿＿＿和＿＿＿＿＿＿＿＿＿。

3. 膜组件的形式多样,有＿＿＿＿＿＿＿＿＿、＿＿＿＿＿＿＿＿＿、＿＿＿＿＿＿＿＿＿、＿＿＿＿＿＿＿＿＿等。

4. 电渗析过程中,溶液中的阳离子朝＿＿＿＿移动(请填"阳极"或"阴极"),阳离子能透过＿＿＿＿(请填"阳膜"或"阴膜")。

5. 微滤、超滤、纳滤与反渗透都是以＿＿＿＿＿＿＿＿＿＿＿＿＿＿＿＿＿＿＿＿为推动力的膜分离过程。

6. MF、UF、NF、RO 的膜表面孔径大小通常是＿＿＿＿＿＿＿＿＿＿＿。

7. ＿＿＿＿＿＿＿＿＿＿＿＿＿＿＿＿＿是指将膜以某种形式组装在一个基本单元设备内,在一定驱动力作用下,可完成混合物中各组分分离的装置。

思考题

1. 简述膜分离技术的优缺点。
2. 简述膜分离技术中的技术难题。
3. 简述气体分离和液体分离膜的差别。
4. 膜分离过程的基本原理是什么?
5. 膜分离的典型设备有哪些?
6. 膜污染的防治方法有哪些?

主要符号说明

英文字母

符号	意义	计量单位
RO	反渗透	
NF	纳滤	
UF	超滤	
MF	微滤	
GS	气体分离	
PV	渗透气化	
VP	蒸汽渗透	
MD	膜蒸馏	
MBR	膜生物反应器	
ED	电渗析	

附　录

附录1　化工常用法定计量单位及单位换算

1. 常用单位

基本单位			具有专门名称的导出单位				允许并用的其他单位			
物理量	单位名称	单位符号	物理量	单位名称	单位符号	与基本单位关系式	物理量	单位名称	单位符号	与基本单位关系式
长度	米	m	力	牛[顿]	N	$1N = 1kg \cdot m/s^2$	时间	分	min	$1min = 60s$
质量	千克（公斤）	kg	压强、压力	帕[斯卡]	Pa	$1Pa = 1N/m^2$		时	h	$1h = 3600s$
时间	秒	s	能、功、热量	焦[耳]	J	$1J = 1N \cdot m$		日	d	$1d = 86400s$
热力学温度	开[尔文]	K	功率	瓦[特]	W	$1W = 1J/s$	体积	升	L(l)	$1L = 10^{-3}m^3$
物质的量	摩[尔]	mol	摄氏温度	摄氏度	℃	$1℃ = 1K$	质量	吨	t	$1t = 10^3 kg$

2. 常用十进倍数单位及分数单位的词头

词头符号	M	k	d	c	m	μ
词头名称	兆	千	分	厘	毫	微
表示因数	10^6	10^3	10^{-1}	10^{-2}	10^{-3}	10^{-6}

3. 单位换算表

说明：单位换算表中，各单位名称上的数字代表所属的单位制：①CGS 制；② 法定单位制；③ 工程制；④ 英制。没有标志的是制外单位。

1) 质量

① g 克	② kg 千克	③ kgf·s²/m 千克（力）·秒²/米	④ lb 磅
1	10^{-3}	1.02×10^{-4}	2.205×10^{-3}

① g　克	② kg　千克	③ kgf·s²/m　千克(力)·秒²/米	④ lb　磅
1000	1	0.102	2.205
9807	9.807	1	—
453.6	0.4536	—	1

2）长度

① cm　厘米	②③ m　米	④ ft　英尺	④ in　英寸
1	10^{-2}	0.03281	0.3937
100	1	3.281	39.37
30.48	0.3048	1	12
2.54	0.0254	0.08333	1

注：其他长度换算关系为 1 埃(Å) $= 10^{-10}$ 米(m)，1 码(yd) $= 0.9144$ 米(m)。

3）力

② N　牛顿	③ kgf　千克力	④ lbf　磅力	① dyn　达因
1	0.102	0.2248	10^5
9.807	1	2.205	9.807×10^5
4.448	0.4536	1	4.448×10^5
10^{-5}	1.02×10^{-6}	2.248×10^{-6}	1

4）压强（压力）

② Pa(帕斯卡) $= N/m^2$	① bar(巴) = $10^6 dyn/cm^2$	③ kgf/cm² 工程大气压	atm 物理大气压	mmHg(0℃) 毫米汞柱	③ mmH₂O (毫米水柱) $= kgf/m^2$	④ lbf/in² 磅力／英寸²
1	10^{-5}	1.02×10^{-5}	9.869×10^{-6}	0.0075	0.102	1.45×10^{-4}
10^5	1	1.02	0.9869	750.0	1.02×10^4	14.50
9.807×10^4	0.9807	1	0.9678	735.5	10^4	14.22
1.013×10^5	1.013	1.033	1	760	1.033×10^4	14.7
133.3	0.001333	0.001360	0.001316	1	13.6	0.0193
9.807	9.807×10^{-5}	10^{-4}	9.678×10^{-5}	0.07355	1	1.422×10^{-3}
6895	0.06895	0.07031	0.06804	51.72	703.1	1

5）运动黏度、扩散系数

① cm²/s 厘米²/秒	② ③ m²/s 米²/秒	④ ft²/s 英尺²/秒
1	10^{-4}	1.076×10^{-3}
10^4	1	10.76
929	9.29×10^{-2}	1

6）动力黏度（通称黏度）

① P(泊) = g/(cm·s)	① cP 厘泊	② Pa·s = kg/(m·s)	③ kgf·s/m² 千克力·秒/米²	④ lbf/(ft·s) 磅力/(英尺·秒)
1	10^2	10^{-1}	0.0102	0.06720
10^{-2}	1	10^{-3}	1.02×10^{-4}	6.720×10^{-4}
10	10^3	1	0.102	0.6720
98.1	9810	9.81	1	6.59
14.88	1488	1.488	0.1519	1

7）能量、功、热量

② J(焦耳) = N·m	③ kgf·m 千克力·米	kW·h 千瓦时	马力·时	③ kcal 千卡	④ B.t.U. 英热单位
1	0.102	2.778×10^{-7}	3.725×10^{-7}	2.39×10^{-4}	9.486×10^{-4}
9.807	1	2.724×10^{-6}	3.653×10^{-6}	2.342×10^{-3}	9.296×10^{-3}
3.6×10^6	3.671×10^5	1	1.341	860.0	3413
2.685×10^6	2.738×10^5	0.7457	1	641.3	2544
4.187×10^3	426.9	1.162×10^{-3}	1.558×10^{-3}	1	3.968
1.055×10^3	107.58	2.930×10^{-4}	3.926×10^{-4}	0.2520	1

注：其他换算关系为 1erg(尔格) = 1dyn·cm = 10^{-7}J。

8）功率、传热速率

② W 瓦	③ kgf·m/s 千克力·米/秒	马力	③ kcal/s 千卡/秒	④ B.t.U./s 英热单位/秒
1	0.102	1.341×10^{-3}	2.389×10^{-4}	9.486×10^{-4}
9.807	1	0.01315	2.342×10^{-3}	9.296×10^{-3}
745.7	76.04	1	0.17803	0.7068
4187	426.9	5.614	1	3.968
1055	107.58	1.415	0.252	1

注：其他换算关系为 1erg/s(尔格/秒) = 10^{-7}W(J/s) = 10^{-10}kW。

9) 比热容

② kJ/(kg・K) 千焦/(千克・开)	① cal/(g・℃) 卡/(克・摄氏度)	③ kcal/(kgf・℃) 千卡/(千克力・摄氏度)	④ B.t.U./(lb・℉) 英热单位/(磅・华氏度)
1	0.2389	0.2389	0.2389
4.187	1	1	1

10) 热导率

② W/(m・K) 瓦/(米・开)	③ kcal/(m・h・℃) 千卡/(米・时・摄氏度)	① cal/(cm・s・℃) 卡/(厘米・秒・摄氏度)	④ B.t.U./(ft・h・℉) 英热单位/ (英尺・时・华氏度)
1	0.86	2.389×10^{-3}	0.5779
1.163	1	2.778×10^{-3}	0.6720
418.7	360	1	241.9
1.73	1.488	4.134×10^{-3}	1

11) 传热系数

② W/(m²・K) 瓦/(米²・开)	③ kcal/(m²・h・℃) 千卡/(米²・时・摄氏度)	① cal/(cm²・s・℃) 卡/(厘米²・秒・摄氏度)	④ B.t.U./(ft²・h・℉) 英热单位/(英尺²・时・华氏度)
1	0.86	2.389×10^{-5}	0.176
4.187×10^4	3.60×10^4	1	7374
1.163	1	2.778×10^{-5}	0.2048
5.678	4.882	1.356×10^{-4}	1

12) 表面张力

① dyn/cm 达因/厘米	② N/m 牛/米	③ kgf/m 千克力/米	④ lbf/ft 磅力/英尺
1	10^{-3}	1.02×10^{-4}	6.852×10^{-5}
10^3	1	0.102	6.852×10^{-2}
9807	9.807	1	0.6720
14592	14.592	1.488	1

13) 温度

② K　开(尔文)	① ℃　摄氏度	°R　列氏度	④ ℉　华氏度
1	K－273.16	1.8	K×9/5 －459.7

续表

② K　开(尔文)	① ℃　摄氏度	°R　列氏度	④ ℉　华氏度
℃ + 273.16	1	℃ × 9/5 + 459.7	℃ × 9/5 + 32
5/9	(°R − 459.7) /1.8	1	°R − 459.7
(℉ + 459.7) /1.8	(℉ − 32) /1.8	℉ + 459.7	1

14) 标准重力加速度

$g = 9.807 \text{m/s}^2$ [②③] $= 980.7 \text{cm/s}^2$ [①] $= 32.17 \text{ft/s}^2$ [④]

15) 通用气体常数

$R = 8.314 \text{kJ/(kmol·K)}$ [②] $= 1.987 \text{kcal/(kmol·K)}$ [①] $= 848 \text{kgf·m/(kmol·K)}$ [③] $= 82.06 \text{atm·cm}^3/(\text{mol·K}) = 0.08206 \text{atm·m}^3/(\text{kmol·K}) = 1.987 \text{B.t.U./(lbmol·°R)}$ [④] $= 1544 \text{lbf·ft/(lbmol·°R)}$ [④]

16) 斯蒂芬-玻尔兹曼常数

$\sigma_0 = 5.67 \times 10^{-8} \text{W/(m}^2·\text{K}^4)$ [②] $= 5.71 \times 10^{-5} \text{erg/(s·cm}^2·\text{K}^4)$ [①] $= 4.88 \times 10^{-8} \text{kcal/(h·m}^2·\text{K}^4)$ [③] $= 0.173 \times 10^{-8} \text{B.t.U./(ft}^2·\text{h·°R}^4)$ [④]

附录 2　某些液体的重要物理性质

名称	分子式	密度 ρ (20℃) /(kg·m⁻³)	沸点 T_b (101.3kPa) /℃	汽化焓 Δh_v (760mmHg) /(kJ·kg⁻¹)	比热容 c_p (20℃) /(kJ·kg⁻¹·℃⁻¹)	黏度 μ(20℃) /(mPa·s)	导热系数 λ (20℃)/(W·m⁻¹·℃⁻¹)	体积膨胀系数 (20℃) $\beta\times10^4$/℃⁻¹	表面张力 (20℃)$\sigma\times10^3$ /(N·m⁻¹)
水	H_2O	998	100	2258	4.183	1.005	0.599	1.82	72.8
氯化钠盐水(25%)	—	1186(25℃)	107	—	3.39	2.3	0.57(30℃)	(4.4)	
氯化钙盐水(25%)	—	1228	107	—	2.89	2.5	0.57	(3.4)	
硫酸	H_2SO_4	1831	340(分解)	—	1.47(98%)	23	0.38	5.7	
硝酸	HNO_3	1513	86	481.1	—	1.17(10℃)	0.42		
盐酸(30%)	HCl	1149			2.55	2(31.5%)			
二硫化碳	CS_2	1262	46.3	352	1.005	0.38	0.16	12.1	32
戊烷	C_5H_{12}	626	36.07	357.4	2.24(15.6℃)	0.229	0.113	15.9	16.2
己烷	C_6H_{14}	659	68.74	335.1	2.31(15.6℃)	0.313	0.119		18.2
庚烷	C_7H_{16}	684	98.43	316.5	2.21(15.6℃)	0.411	0.123		20.1
辛烷	C_8H_{18}	703	125.67	306.4	2.19(15.6℃)	0.540	0.131		21.8
三氯甲烷	$CHCl_3$	1489	61.2	253.7	0.992	0.58	0.138(30℃)	12.6	28.5(10℃)
四氯化碳	CCl_4	1594	76.8	195	0.85	1.0	0.12		26.8
1,2-二氯乙烷	$C_2H_4Cl_2$	1253	83.6	324	1.26	0.83	0.14(50℃)		30.8
苯	C_6H_6	879	80.10	393.9	1.704	0.737	0.148	12.4	28.6
甲苯	C_7H_8	867	110.63	363	1.7	0.675	0.138	10.9	27.9
邻二甲苯	C_8H_{10}	880	144.42	347	1.74	0.811	0.142		30.2

续表

名称	分子式	密度 ρ(20℃)/(kg·m⁻³)	沸点 T_b(101.3kPa)/℃	汽化焓 Δh_v(760mmHg)/(kJ·kg⁻¹)	比热容 c_p(20℃)/(kJ·kg⁻¹·℃⁻¹)	黏度 μ(20℃)/(mPa·s)	导热系数 λ(20℃)/(W·m⁻¹·℃⁻¹)	体积膨胀系数(20℃) $\beta\times10^4$/℃⁻¹	表面张力(20℃)$\sigma\times10^3$/(N·m⁻¹)
间二甲苯	C_8H_{10}	864	139.10	343	1.7	0.611	0.167	0.1	29
对二甲苯	C_8H_{10}	861	138.35	340	1.704	0.643	0.129		28.0
苯乙烯	C_8H_9	911(15.6℃)	145.2	(352)	1.733	0.72	0.14(30℃)		
氯苯	C_6H_5Cl	1106	131.8	325	1.298	0.85	0.15		32
硝基苯	$C_6H_5NO_2$	1203	210.9	396	1.47	2.1	0.15		41
苯胺	$C_6H_5NH_2$	1022	184.4	448	2.07	4.3	0.17	8.5	42.9
酚	C_6H_5OH	1050(50℃)	181.8(融点40.9℃)	511		3.4(50℃)			
萘	$C_{10}H_8$	1145(固体)	217.9(融点80.2℃)	314	1.80(100℃)	0.59(100℃)			
甲醇	CH_3OH	791	64.7	1101	2.48	0.6	0.212	12.2	22.6
乙醇	C_2H_5OH	789	78.3	846	2.39	1.15	0.172	11.6	22.8
乙醇(95%)	C_2H_5OH	804	78.2			1.4			
乙二醇	$C_2H_4(OH)_2$	1113	117.6	780	2.35	23			47.7
甘油	$C_3H_5(OH)_3$	1261	290(分解)	—		1499	0.59	5.3	63
乙醚	$(C_2H_5)_2O$	714	34.6	360	2.34	0.24	0.140	16.3	18
乙醛	CH_3CHO	783(18℃)	20.2	574	1.9	1.3(18℃)			21.2
糠醛	$C_5H_4O_2$	1168	161.7	452	1.6	1.15(50℃)			43.5
丙酮	CH_3COCH_3	792	56.2	523	2.35	0.32	0.17		23.7
甲酸	$HCOOH$	1220	100.7	494	2.17	1.9	0.26		27.8
乙酸	CH_3COOH	1049	118.1	406	1.99	1.3	0.17	10.7	23.9
乙酸乙酯	$CH_3COOC_2H_5$	901	77.1	368	1.92	0.48	0.14(10℃)		
煤油		780~820				3	0.15	10.0	
汽油		680~800				0.7~0.8	0.19(30℃)	12.5	

附录3　常用固体材料的密度和比热容

名称	密度 ρ /(kg·m⁻³)	比热容 c_p /(kJ·kg⁻¹·℃⁻¹)	名称	密度 ρ /(kg·m⁻³)	比热容 c_p /(kJ·kg⁻¹·℃⁻¹)
(1)金属			(3)建筑材料、绝热材料、耐酸材料及其他		
钢	7850	0.461	干砂	1500～1700	0.796
不锈钢	7900	0.502	黏土	1600～1800	0.754 (－20～20℃)
铸铁	7220	0.502	锅炉炉渣	700～1100	—
铜	8800	0.406	黏土砖	1600～1900	0.921
青铜	8000	0.381	耐火砖	1840	0.963～1.005
黄铜	8600	0.379	绝热砖(多孔)	600～1400	—
铝	2670	0.921	混凝土	2000～2400	0.837
镍	9000	0.461	软木	100～300	0.963
铅	11400	0.1298	石棉板	770	0.816
(2)塑料			石棉水泥板	1600～1900	
酚醛	1250～1300	1.26～1.67	玻璃	2500	0.67
脲醛	1400～1500	1.26～1.67	耐酸陶瓷制品	2200～2300	0.75～0.80
聚氯乙烯	1380～1400	1.84	耐酸砖和板	2100～2400	—
聚苯乙烯	1050～1070	1.34	耐酸搪瓷	2300～2700	0.837～1.26
低压聚乙烯	940	2.55	橡胶	1200	1.38
高压聚乙烯	920	2.22	冰	900	2.11
有机玻璃	1180～1190				

附录 4 干空气的重要物理性质(101.33kPa)

温度 T/℃	密度 ρ /(kg·m^{-3})	比热容 c_p /(kJ·kg^{-1}·℃$^{-1}$)	热导率 $\lambda \times 10^2$ /(W·m^{-1}·℃$^{-1}$)	黏度 $\mu \times 10^5$ /(Pa·s)	普朗特数 Pr
−50	1.584	1.013	2.035	1.46	0.728
−40	1.515	1.013	2.117	1.52	0.728
−30	1.453	1.013	2.198	1.57	0.723
−20	1.395	1.009	2.279	1.62	0.716
−10	1.342	1.009	2.360	1.67	0.712
0	1.293	1.005	2.442	1.72	0.707
10	1.247	1.005	2.512	1.77	0.705
20	1.205	1.005	2.591	1.81	0.703
30	1.165	1.005	2.673	1.86	0.701
40	1.128	1.005	2.756	1.91	0.699
50	1.093	1.005	2.826	1.96	0.698
60	1.060	1.005	2.896	2.01	0.696
70	1.029	1.009	2.966	2.06	0.694
80	1.000	1.009	3.047	2.11	0.692
90	0.972	1.009	3.128	2.15	0.690
100	0.946	1.009	3.210	2.19	0.688
120	0.898	1.009	3.338	2.29	0.686
140	0.854	1.013	3.489	2.37	0.684
160	0.815	1.017	3.640	2.45	0.682
180	0.779	1.022	3.780	2.53	0.681
200	0.746	1.026	3.931	2.60	0.680
250	0.674	1.038	4.268	2.74	0.677
300	0.615	1.047	4.605	2.97	0.674
350	0.566	1.059	4.908	3.14	0.676
400	0.524	1.068	5.210	3.30	0.678
500	0.456	1.093	5.745	3.62	0.687
600	0.404	1.114	6.222	3.91	0.699
700	0.362	1.135	6.711	4.18	0.706
800	0.329	1.156	7.176	4.43	0.713
900	0.301	1.172	7.630	4.67	0.717
1000	0.277	1.185	8.071	4.90	0.719
1100	0.257	1.197	8.502	5.12	0.722
1200	0.239	1.206	9.153	5.35	0.724

附录5　水的重要物理性质

温度 $T/℃$	饱和蒸气压 p/kPa	密度 ρ /(kg·m^{-3})	焓 H /(kJ·kg)	比热容 c_p /(kJ·kg^{-1}·℃$^{-1}$)	热导率 $\lambda \times 10^2$/(W·m^{-1}·℃$^{-1}$)	黏度 $\mu \times 10^5$ /(Pa·s)	体积膨胀系数 $\beta \times 10^4$/℃$^{-1}$	表面张力 $\sigma \times 10^3$ /(N·m^{-1})	普朗特数 Pr
0	0.608	999.9	0	4.212	55.13	179.2	−0.63	75.6	13.67
10	1.226	999.7	42.04	4.191	57.45	130.8	+0.70	74.1	9.52
20	2.335	998.2	83.90	4.183	59.89	100.5	1.82	72.6	7.02
30	4.247	995.7	125.7	4.174	61.76	80.07	3.21	71.2	5.42
40	7.377	992.2	167.5	4.174	63.38	65.60	3.87	69.6	4.31
50	12.31	988.1	209.3	4.174	64.78	54.94	4.49	67.7	3.54
60	19.92	983.2	251.1	4.178	65.94	46.88	5.11	66.2	2.98
70	31.16	977.8	293	4.178	66.76	40.61	5.70	64.3	2.55
80	47.38	971.8	334.9	4.195	67.45	35.65	6.32	62.6	2.21
90	70.14	965.3	377	4.208	68.04	31.65	6.95	60.7	1.95
100	101.3	958.4	419.1	4.220	68.27	28.38	7.52	58.8	1.75
110	143.3	951.0	461.3	4.238	68.50	25.89	8.08	56.9	1.60
120	198.6	943.1	503.7	4.250	68.62	23.73	8.64	54.8	1.47
130	270.3	934.8	546.4	4.266	68.62	21.77	9.19	52.8	1.36
140	361.5	926.1	589.1	4.287	68.50	20.10	9.72	50.7	1.26
150	476.2	917.0	632.2	4.312	68.38	18.63	10.3	48.6	1.17
160	618.3	907.4	675.3	4.346	68.27	17.36	10.7	46.6	1.10
170	792.6	897.3	719.3	4.379	67.92	16.28	11.3	45.3	1.05
180	1003.5	886.9	763.3	4.417	67.45	15.30	11.9	42.3	1.00
190	1225.6	876.0	807.6	4.460	66.99	14.42	12.6	40.8	0.96
200	1554.8	863.0	852.4	4.505	66.29	13.63	13.3	38.4	0.93
210	1917.7	852.8	897.7	4.555	65.48	13.04	14.1	36.1	0.91
220	2320.9	840.3	943.7	4.614	64.55	12.46	14.8	33.8	0.89
230	2798.6	827.3	990.2	4.681	63.73	11.97	15.9	31.6	0.88
240	3347.9	813.6	1037.5	4.756	62.80	11.47	16.8	29.1	0.87
250	3977.7	799.0	1085.6	4.84	61.76	10.98	18.1	26.7	0.86
260	4693.8	784.0	1135.0	4.949	60.43	10.59	19.7	24.2	0.87
270	5504.0	767.9	1185.3	5.070	59.96	10.20	21.6	21.9	0.88
280	6417.2	750.7	1236.3	5.229	57.45	9.81	23.7	19.5	0.90
290	743.3	732.3	1289.9	5.485	55.82	9.42	26.2	17.2	0.93
300	8592.9	712.5	134.8	5.736	53.96	9.12	29.2	14.7	0.97

附录6　水在不同温度下的黏度

温度 $T/℃$	黏度 $\mu/cP(mPa \cdot s)$	温度 $T/℃$	黏度 $\mu/cP(mPa \cdot s)$	温度 $T/℃$	黏度 $\mu/cP(mPa \cdot s)$
0	1.7921	27	0.8545	55	0.5064
1	1.7313	28	0.8360	56	0.4985
2	1.6728	29	0.8180	57	0.4907
3	1.6191	30	0.8007	58	0.4832
4	1.5674	31	0.7840	59	0.4759
5	1.5188	32	0.7679	60	0.4688
6	1.4728	33	0.7523	61	0.4618
7	1.4284	34	0.7371	62	0.4550
8	1.3860	35	0.7225	63	0.483
9	1.3462	36	0.7085	64	0.418
10	1.3077	37	0.6947	65	0.4355
11	1.2713	38	0.6814	66	0.4293
12	1.2363	39	0.6685	67	0.4233
13	1.2028	40	0.6560	68	0.4174
14	1.1709	41	0.6439	69	0.4117
15	1.1404	42	0.6321	70	0.4061
16	1.1111	43	0.6207	71	0.4006
17	1.0828	44	0.6097	72	0.3952
18	1.0559	45	0.5988	73	0.3900
19	1.0299	46	0.5883	74	0.3849
20	1.0050	47	0.5782	75	0.3799
20.2	1.0000	48	0.5683	76	0.3750
21	0.9810	49	0.5588	77	0.3702
22	0.9579	50	0.5494	78	0.3655
23	0.9359	51	0.5404	79	0.3610
24	0.9142	52	0.5315	80	0.3565
25	0.8937	53	0.5229	81	0.3521
26	0.8737	54	0.5146	82	0.3478

温度 T/℃	黏度 μ/cP(mPa·s)	温度 T/℃	黏度 μ/cP(mPa·s)	温度 T/℃	黏度 μ/cP(mPa·s)
83	0.3436	90	0.3165	97	0.2930
84	0.3395	91	0.3130	98	0.2899
85	0.3355	92	0.3095	99	0.2868
86	0.3315	93	0.3060	100	0.2838
87	0.3276	94	0.3027		
88	0.3239	95	0.2994		
89	0.3202	96	0.2962		

附录 7　饱和水蒸气表(按温度排列)

温度 T/℃	绝对压强 p/kPa	蒸汽密度 ρ /(kg·m^{-3})	比焓 h/(kJ·kg^{-1})		比汽化热 r/(kJ·kg^{-1})
			液体	蒸汽	
0	0.6082	0.00484	0	2491	2491
5	0.8730	0.00680	20.9	2500.8	2480
10	1.226	0.00940	41.9	2510.4	2469
15	1.707	0.01283	62.8	2520.5	2458
20	2.335	0.01719	83.7	2530.1	2446
25	3.168	0.02304	104.7	2539.7	2435
30	4.247	0.03036	125.6	2549.3	2424
35	5.621	0.03960	146.5	2559.0	2412
40	7.377	0.05114	167.5	2568.6	2401
45	9.584	0.06543	188.4	2577.8	2389
50	12.34	0.0830	209.3	2587.4	2378
55	15.74	0.1043	230.3	2596.7	2366
60	19.92	0.1301	251.2	2606.3	2355
65	25.01	0.1611	272.1	2615.5	2343
70	31.16	0.1979	293.1	2624.3	2331
75	38.55	0.2416	314.0	2633.5	2320
80	47.38	0.2929	334.9	2642.3	2307
85	57.88	0.3531	355.9	2651.1	2295
90	70.14	0.4229	376.8	2659.9	2283
95	84.56	0.5039	397.8	2668.7	2271
100	101.33	0.5970	418.7	2677.0	2258
105	120.85	0.7036	40.0	2685.0	2245
110	143.31	0.8254	461.0	2693.4	2232
115	169.11	0.9635	482.3	2701.3	2219
120	198.64	1.1199	503.7	2708.9	2205
125	232.19	1.296	525.0	2716.4	2191
130	270.25	1.494	546.4	2723.9	2178

温度 $T/℃$	绝对压强 p/kPa	蒸汽密度 ρ /(kg·m^{-3})	比焓 h/(kJ·kg^{-1})		比汽化热 r/(kJ·kg^{-1})
			液体	蒸汽	
135	313.11	1.715	567.7	2731.0	2163
140	361.47	1.962	589.1	2737.7	2149
145	415.72	2.238	610.9	274.4	2134
150	476.24	2.543	632.2	2750.7	2119
160	618.28	3.252	675.8	2762.9	2087
170	792.59	4.113	719.3	2773.3	2054
180	1003.5	5.145	763.3	2782.5	2019
190	1255.6	6.378	807.6	2790.1	1982
200	1554.8	7.840	852.0	2795.5	194
210	1917.7	9.567	897.2	2799.3	1902
220	2320.9	11.60	942.4	2801.0	1859
230	2798.6	13.98	988.5	2800.1	1812
240	3347.9	16.76	1034.6	2796.8	1762
250	3977.7	20.01	1081.4	2790.1	1709
260	4693.8	23.82	1128.8	2780.9	1652
270	5504.0	28.27	1176.9	2768.3	1591
280	6417.2	33.47	1225.5	2752.0	1526
290	743.3	39.60	1274.5	2732.3	1457
300	8592.9	46.93	1325.5	2708.0	1382

附录 8　饱和水蒸气表（按压强排列）

绝对压强 p /kPa	温度 T/℃	蒸汽密度 ρ /(kg·m^{-3})	比焓 h/(kJ·kg^{-1}) 液体	蒸汽	比汽化热 r/(kJ·kg^{-1})
1.0	6.3	0.00773	26.5	2503.1	2477
1.5	12.5	0.01133	52.3	2515.3	2463
2.0	17.0	0.01486	71.2	2524.2	2453
2.5	20.9	0.01836	87.5	2531.8	24
3.0	23.5	0.02179	98.4	2536.8	2438
3.5	26.1	0.02523	109.3	2541.8	2433
4.0	28.7	0.02867	120.2	2546.8	2427
4.5	30.8	0.03205	129.0	2550.9	2422
5.0	32.4	0.03537	135.7	2554.0	2418
6.0	35.6	0.04200	149.1	2560.1	2411
7.0	38.8	0.04864	162.4	2566.3	2404
8.0	41.3	0.05514	172.7	2571.0	2398
9.0	43.3	0.06156	181.2	2574.8	2394
10.0	45.3	0.06798	189.6	2578.5	2389
15.0	53.5	0.09956	224.0	2594.0	2370
20.0	60.1	0.1307	251.5	2606.4	2355
30.0	66.5	0.1909	288.8	2622.4	2334
40.0	75.0	0.2498	315.9	2634.1	2312
50.0	81.2	0.3080	339.8	264.3	2304
60.0	85.6	0.3651	358.2	2652.1	2394
70.0	89.9	0.4223	376.6	2659.8	2283
80.0	93.2	0.4781	390.1	2665.3	2275
90.0	96.4	0.5338	403.5	2670.8	2267
100.0	99.6	0.5896	416.9	2676.3	2259
120.0	104.5	0.6987	437.5	2684.3	2247
140.0	109.2	0.8076	457.7	2692.1	2234
160.0	113.0	0.8298	473.9	2698.1	2224

绝对压强 p /kPa	温度 T/℃	蒸汽密度 ρ /(kg·m^{-3})	比焓 h/(kJ·kg^{-1}) 液体	比焓 h/(kJ·kg^{-1}) 蒸汽	比汽化热 r/(kJ·kg^{-1})
180.0	116.6	1.021	489.3	2703.7	2214
200.0	120.2	1.127	493.7	2709.2	2205
250.0	127.2	1.390	534.4	2719.7	2185
300.0	133.3	1.650	560.4	2728.5	2168
350.0	138.8	1.907	583.8	2736.1	2152
400.0	143.4	2.162	603.6	2742.1	2138
450.0	147.7	2.415	622.4	2747.8	2125
500.0	151.7	2.667	639.6	2752.8	2113
600.0	158.7	3.169	676.2	2761.4	2091
700.0	164.7	3.666	696.3	2767.8	2072
800.0	170.4	4.161	721.0	2773.7	2053
900.0	175.1	4.652	741.8	2778.1	2036
1×10^3	179.9	5.143	762.7	2782.5	2020
1.1×10^3	180.2	5.633	780.3	2785.5	2005
1.2×10^3	187.8	6.124	797.9	2788.5	1991
1.3×10^3	191.5	6.614	814.2	2790.9	1977
1.4×10^3	194.8	7.103	829.1	2792.4	1964
1.5×10^3	198.2	7.594	843.9	2794.5	1951
1.6×10^3	201.3	8.081	857.8	2796.0	1938
1.7×10^3	204.1	8.567	870.6	2797.1	1926
1.8×10^3	206.9	9.053	883.4	2798.1	1915
1.9×10^3	209.8	9.539	896.2	2799.2	1903
2×10^3	212.2	10.03	907.3	2799.7	1892
3×10^3	233.7	15.01	1005.4	2798.9	1794
4×10^3	250.3	20.10	1082.9	2789.8	1707
5×10^3	263.8	25.37	1146.9	2776.2	1629
6×10^3	275.4	30.85	1203.2	2759.5	1556
7×10^3	285.7	36.57	1253.2	2740.8	1488
8×10^3	294.8	42.58	1299.2	2720.5	1404
9×10^3	303.2	48.89	1343.5	2699.1	1357

附录9　液体黏度共线图

温度

°C　°F

黏度/cP(mPa·s)

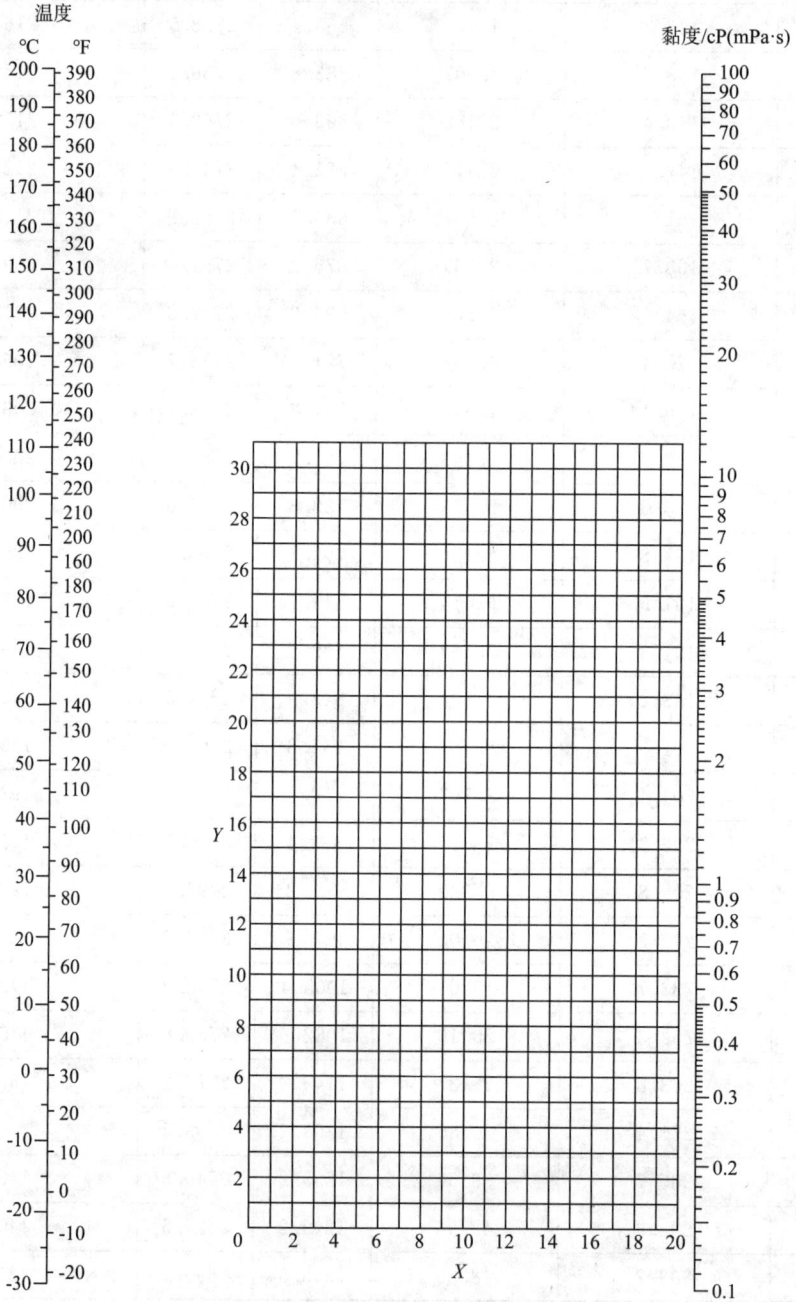

液体黏度共线图坐标值

序号	名称	X	Y	序号	名称	X	Y
1	水	10.2	13.0	36	氯苯	12.3	12.4
2	盐水(25%NaCl)	10.2	16.6	37	硝基苯	10.6	16.2
3	盐水(25%CaCl₂)	6.6	15.9	38	苯胺	8.1	18.7
4	氨	12.6	2.0	39	酚	6.9	20.8
5	氨水(26%)	10.1	13.9	40	联苯	12.0	18.3
6	二氧化碳	11.6	0.3	41	萘	7.9	18.1
7	二氧化硫	15.2	7.1	42	甲醇(100%)	12.4	10.5
8	二氧化氮	12.9	8.6	43	甲醇(90%)	12.3	11.8
9	二硫化碳	16.1	7.5	44	甲醇(40%)	7.8	15.5
10	溴	14.2	13.2	45	乙醇(100%)	10.5	13.8
11	汞	18.4	16.4	46	乙醇(95%)	9.8	14.3
12	硫酸(60%)	10.2	21.3	47	乙醇(40%)	6.5	16.6
13	硫酸(98%)	7.0	24.8	48	乙二醇	6.0	23.6
14	硫酸(100%)	8.0	25.1	49	甘油(100%)	2.0	30.0
15	硫酸(110%)	7.2	27.4	50	甘油(50%)	6.9	19.6
16	硝酸(60%)	10.8	17.0	51	乙醚	14.5	5.3
17	硝酸(95%)	12.8	13.8	52	乙醛	15.2	14.8
18	盐酸(31.5%)	13.0	16.6	53	丙酮(35%)	7.9	15.0
19	氢氧化钠(50%)	3.2	25.8	54	丙酮(100%)	14.5	7.2
20	戊烷	14.9	5.2	55	甲酸	10.7	15.8
21	己烷	14.7	7.0	56	乙酸(100%)	12.1	14.2
22	庚烷	14.1	8.4	57	乙酸(70%)	9.5	17.0
23	辛烷	13.7	10.0	58	乙酸酐	12.7	12.8
24	氯甲烷	15.0	3.8	59	乙酸乙酯	13.7	9.1
25	氯乙烷	14.8	6.0	60	乙酸戊酯	11.8	12.5
26	三氯甲烷	14.4	10.2	61	甲酸乙酯	14.2	8.4
27	四氯化碳	12.7	13.1	62	甲酸丙酯	13.1	9.7
28	二氯乙烷	13.2	12.2	63	丙酸	12.8	13.8
29	氯乙烯	12.7	12.2	64	丙烯酸	12.3	13.9
30	苯	12.5	10.9	65	氟利昂11(CCl₃F)	14.4	9.0
31	甲苯	13.7	10.4	66	氟利昂12(CCl₂F₂)	16.8	5.6
32	邻二甲苯	13.5	12.1	67	氟利昂21(CHCl₂F)	15.7	7.5
33	间二甲苯	13.9	10.6	68	氟利昂22(CHClF₂)	17.2	4.7
34	对二甲苯	13.9	10.9	69	氟利昂113(CCl₂F·CClF₂)	12.5	11.4
35	乙苯	13.2	11.5	70	煤油	10.2	16.9

用法举例:求苯在50℃时的黏度。

从液体黏度共线图坐标值表中查得苯的两个坐标值分别为 $X=12.5$, $Y=10.9$,在共线图上可找到这两个坐标值所对应的点,将此点与图中左方温度标尺上的50℃点连成一直线,延长交于右方黏度标尺上,即可读得苯在50℃时的黏度为0.4cP(mPa·s)。

附录 10　气体黏度共线图(常压下用)

用法同附录 9(液体黏度共线图)。

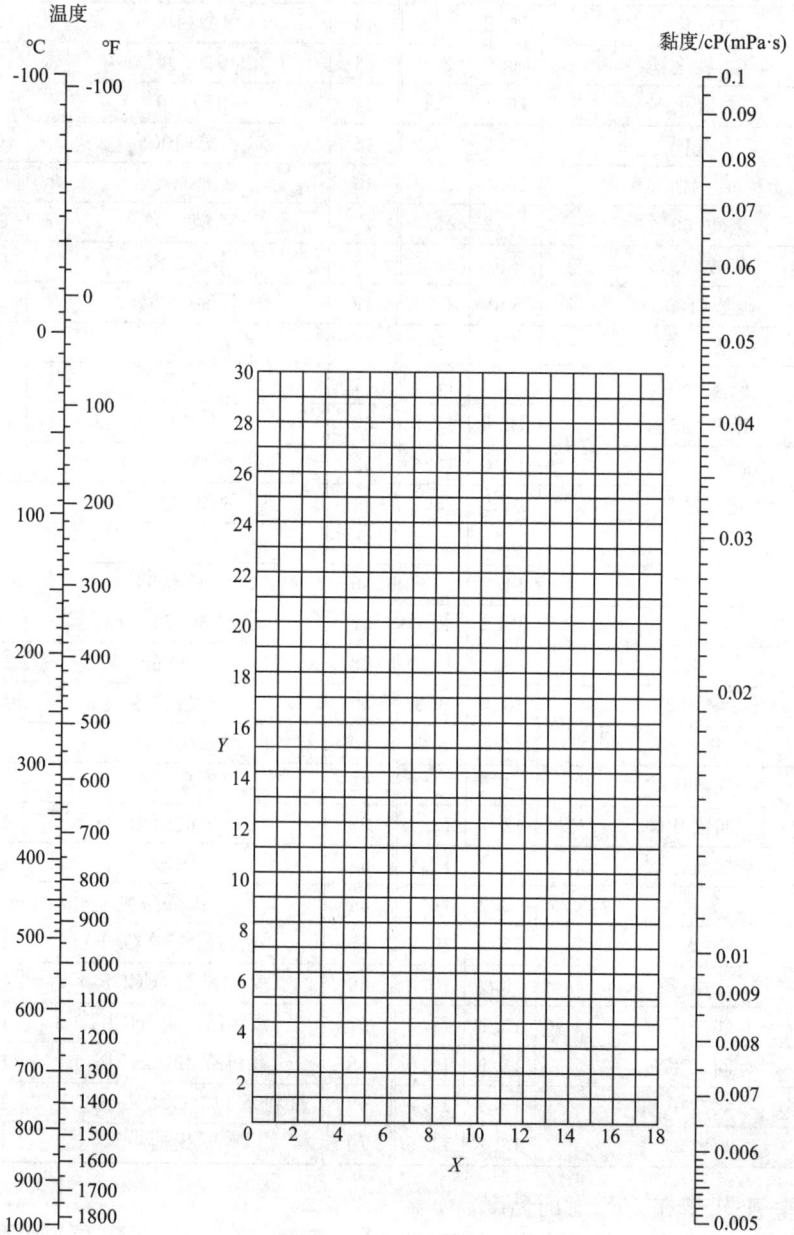

温度

℃　　℉　　　　　　　　　　　　　　黏度/cP(mPa·s)

气体黏度共线图坐标值(常压下用)

序号	名称	X	Y	序号	名称	X	Y
1	空气	11.0	20.0	24	氨	8.4	16.0
2	氧	11.0	21.3	25	汞	5.3	22.9
3	氮	10.6	20.0	26	氟	7.3	23.8
4	氢	11.2	12.4	27	氯	9.0	18.4
5	$3H_2 + N_2$	11.2	17.2	28	氯化氢	8.8	18.7
6	水蒸气	8.0	16.0	29	溴	8.9	19.2
7	一氧化碳	11	20.0	30	溴化氢	8.8	20.9
8	二氧化碳	9.5	18.7	31	碘	9.0	18.4
9	一氧化二氮	8.8	19.0	32	碘化氢	9.0	21.3
10	二氧化硫	9.6	17.0	33	硫化氢	8.6	18.0
11	二硫化碳	8.0	16.0	34	甲烷	9.9	15.5
12	一氧化氮	10.9	20.5	35	乙烷	9.1	14.5
13	乙烯	9.5	15.1	36	乙醇	9.2	14.2
14	乙炔	9.8	14.9	37	丙醇	8.4	13.4
15	丙烷	9.7	12.9	38	醋酸	7.7	14.3
16	内烯	9.0	13.8	39	丙酮	8.9	13.0
17	丁烯	9.2	13.7	40	乙醚	8.9	13.0
18	戊烷	7.0	12.8	41	乙酸乙酯	8.5	13.2
19	己烷	8.6	11.8	42	氟利昂11	10.6	15.1
20	三氯甲烷	8.9	15.7	43	氟利昂12	11.1	16.0
21	苯	8.5	13.2	44	氟利昂21	10.8	15.3
22	甲苯	8.6	12.4	45	氟利昂22	10.1	17.0
23	甲醇	8.5	15.6	46	氟利昂113	11.3	14.0

附录 11　液体比热容共线图

比热容/(kcal·kgf⁻¹·℃⁻¹或
4.187kJ·kg⁻¹·K⁻¹)

温度

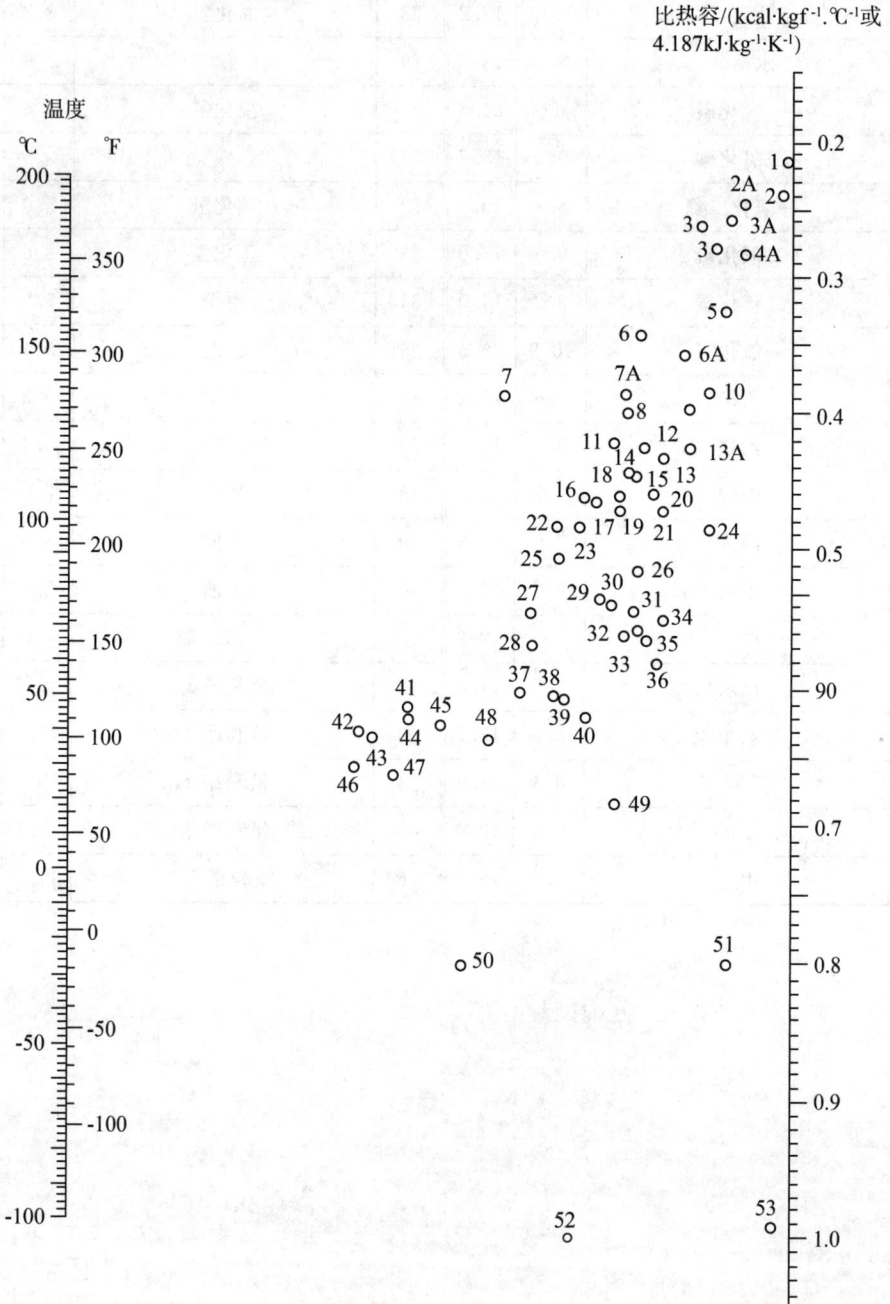

使用方法:用本图求液体在指定温度下的比热容时,可连接温度标尺上的指定温度与物料编号所对应的点,延长在比热容标尺上读得所需数据乘以 4.187 即得以 kJ/(kg·℃)为单位的比热容值。

液体比热容共线图中的编号

编号	名称	温度范围/℃	编号	名称	温度范围/℃	编号	名称	温度范围/℃
53	水	$10 \sim 200$	6A	二氯乙烷	$-30 \sim 60$	47	异丙醇	$-20 \sim 50$
51	盐水(25%NaCl)	$-40 \sim 20$	3	过氯乙烯	$-30 \sim 40$	4	丁醇	$0 \sim 100$
49	盐水(25%CaCl₂)	$-40 \sim 20$	23	苯	$10 \sim 80$	43	异丁醇	$0 \sim 100$
52	氨	$-70 \sim 50$	23	甲苯	$0 \sim 60$	37	戊醇	$-50 \sim 25$
11	二氧化硫	$-20 \sim 100$	17	对二甲苯	$0 \sim 100$	41	异戊醇	$10 \sim 100$
2	二硫化碳	$-100 \sim 25$	18	间二甲苯	$0 \sim 100$	39	乙二醇	$-40 \sim 200$
9	硫酸(98%)	$10 \sim 45$	19	邻二甲苯	$0 \sim 100$	38	甘油	$-40 \sim 20$
48	盐酸(30%)	$20 \sim 100$	8	氯苯	$0 \sim 100$	27	苯甲醇	$-20 \sim 30$
35	己烷	$-80 \sim 20$	12	硝基苯	$0 \sim 100$	36	乙醚	$-100 \sim 25$
28	庚烷	$0 \sim 60$	30	苯胺	$0 \sim 130$	31	异丙醚	$-80 \sim 200$
33	辛烷	$-50 \sim 25$	10	苯甲基氯	$-20 \sim 30$	32	丙酮	$20 \sim 50$
34	壬烷	$-50 \sim 25$	25	乙苯	$0 \sim 100$	29	醋酸	$0 \sim 80$
21	癸烷	$-80 \sim 25$	15	联苯	$80 \sim 120$	24	醋酸乙酯	$-50 \sim 25$
13A	氯甲烷	$-80 \sim 20$	16	联苯醚	$0 \sim 200$	26	醋酸戊酯	$0 \sim 100$
5	二氯甲烷	$-40 \sim 50$	16	联苯-联苯醚	$0 \sim 200$	20	吡啶	$-50 \sim 25$
4	三氯甲烷	$0 \sim 50$	14	萘	$90 \sim 200$	2A	氟利昂11	$-20 \sim 70$
22	二苯基甲烷	$30 \sim 100$	40	甲醇	$-40 \sim 20$	6	氟利昂12	$-40 \sim 15$
3	四氯化碳	$10 \sim 60$	42	乙醇(100%)	$30 \sim 80$	4A	氟利昂21	$-20 \sim 70$
13	氯乙烷	$-30 \sim 40$	46	乙醇(95%)	$20 \sim 80$	7A	氟利昂22	$-20 \sim 60$
1	溴乙烷	$5 \sim 25$	50	乙醇(50%)	$20 \sim 80$	3A	氟利昂113	$-20 \sim 70$
7	碘乙烷	$0 \sim 100$	45	丙醇	$-20 \sim 100$			

附录 12　气体比热容共线图(常压下用)

使用方法同附录 11(液体比热容共线图)。

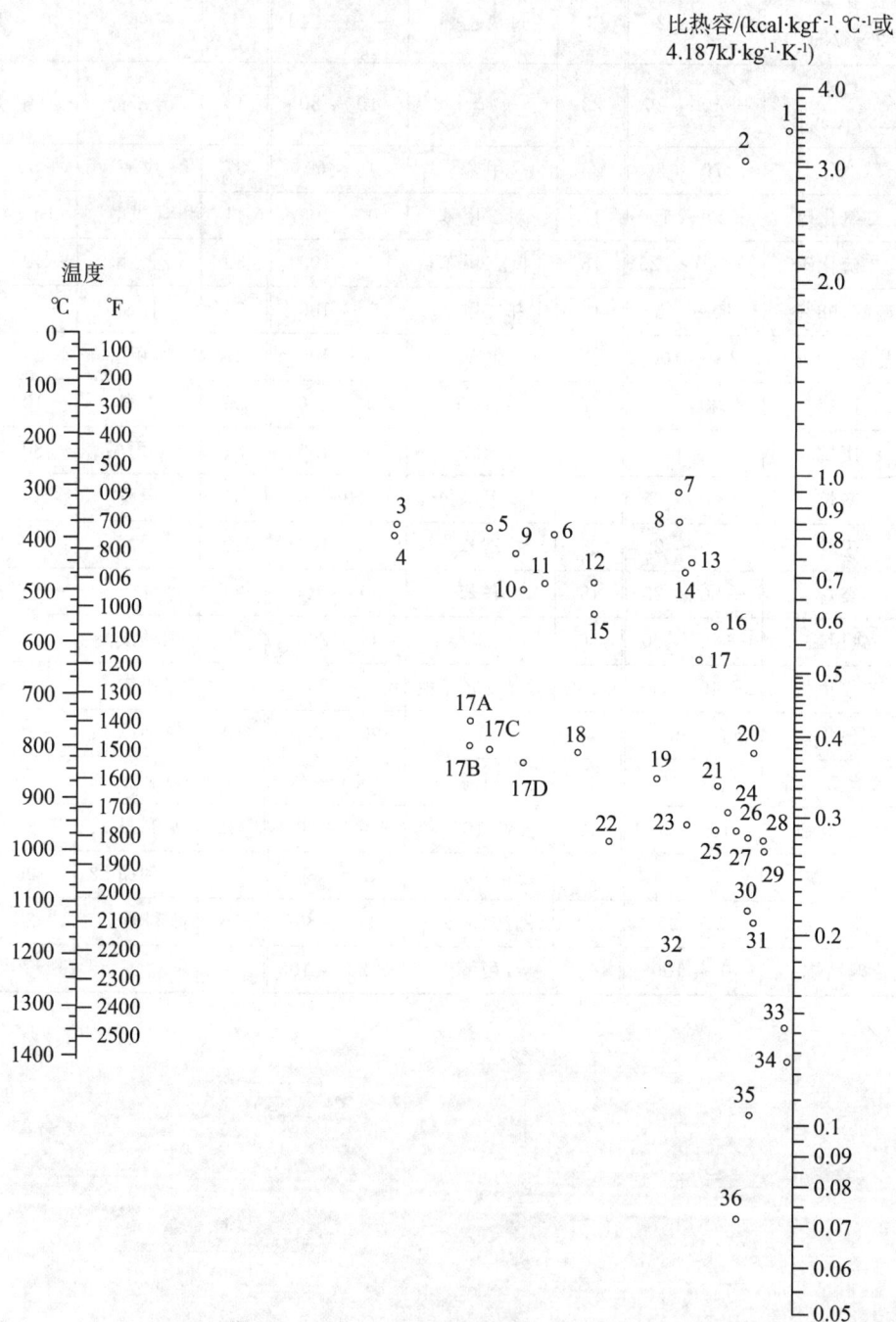

比热容/(kcal·kgf⁻¹·℃⁻¹或
4.187kJ·kg⁻¹·K⁻¹)

气体比热容共线图中的编号（常压下用）

编号	名称	温度范围/℃	编号	名称	温度范围/℃	编号	名称	温度范围/℃
27	空气	0～1400	24	二氧化碳	400～1400	9	乙烷	200～600
23	氧	0～500	22	二氧化硫	0～400	8	乙烷	600～1400
29	氧	500～1400	31	二氧化硫	400～1400	4	乙烯	0～200
26	氮	0～1400	17	水蒸气	0～1400	11	乙烯	200～600
1	氢	0～600	19	硫化氢	0～700	13	乙烯	600～1400
2	氢	600～1400	21	硫化氢	700～1400	10	乙炔	0～200
32	氯	0～200	20	氟化氢	0～1400	15	乙炔	200～400
34	氯	200～1400	30	氯化氢	0～1400	16	乙炔	400～1400
33	硫	300～1400	35	溴化氢	0～1400	17B	氟利昂11	0～500
12	氨	0～600	36	碘化氢	0～1400	17C	氟利昂21	0～500
14	氨	600～1400	5	甲烷	0～300	17A	氟利昂22	0～500
25	一氧化氮	0～700	6	甲烷	300～700	17D	氟利昂113	0～500
28	一氧化氮	700～1400	7	甲烷	700～1400			
18	二氧化碳	0～400	3	乙烷	0～200			

附录 13　气体热导率共线图(常压下用)

用法同附录 9(液体黏度共线图)。

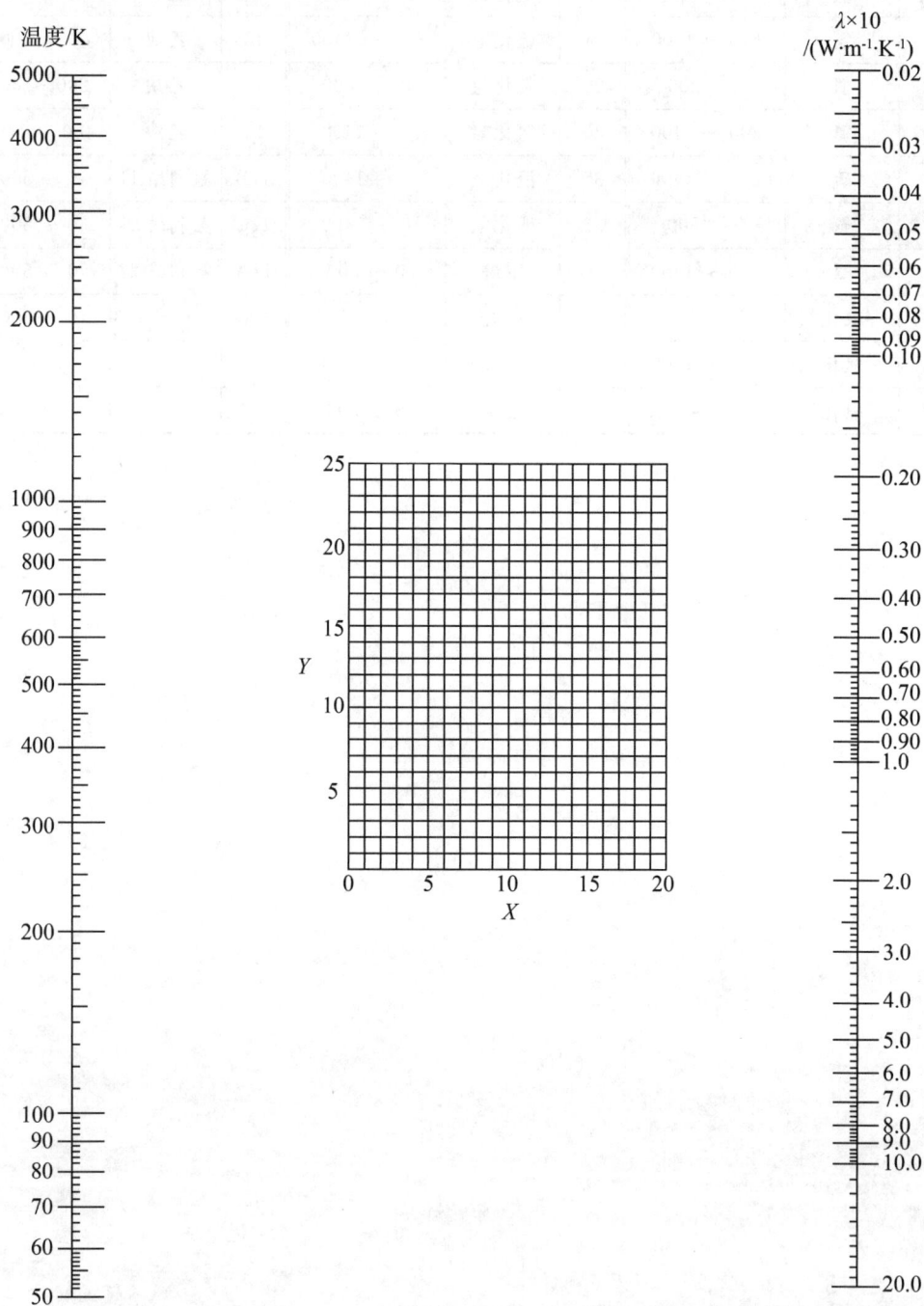

温度/K

$\lambda \times 10$
/(W·m^{-1}·K^{-1})

气体热导率共线图坐标值(常压下用)

气体或蒸气	温度范围/K	X	Y	气体或蒸气	温度范围/K	X	Y
丙酮	250～500	3.7	14.8	氟利昂22	250～500	6.5	18.6
乙炔	200～600	7.5	13.5	氟利昂113	250～400	4.7	17.0
空气	50～250	12.4	13.9	氦	50～500	17.0	2.5
空气	250～1000	14.7	15.0	氦	500～5000	15.0	3.0
空气	1000～1500	17.1	14.5	正庚烷	250～600	4.0	14.8
氨	200～900	8.5	12.6	正庚烷	600～1000	6.9	14.9
氩	50～250	12.5	16.5	正己烷	250～1000	3.7	14.0
氩	250～5000	15.4	18.1	氢	50～250	13.2	1.2
苯	250～600	2.8	14.2	氢	250～1000	15.7	1.3
三氟化硼	250～400	12.4	16.4	氢	1000～2000	13.7	2.7
溴	250～350	10.1	23.6	氯化氢	200～700	12.2	18.5
正丁烷	250～500	5.6	14.1	氪	100～700	13.7	21.8
异丁烷	250～500	5.7	14.0	甲烷	100～300	11.2	11.7
二氧化碳	200～700	8.7	15.5	甲烷	300～1000	8.5	11.0
二氧化碳	700～1200	13.3	15.4	甲醇	300～500	5.0	14.3
一氧化碳	80～300	12.3	14.2	氯甲烷	250～700	4.7	15.7
一氧化碳	300～1200	15.2	15.2	氖	50～250	15.2	10.2
四氯化碳	250～500	9.4	21.0	氖	250～5000	17.2	11.0
氯	200～700	10.8	20.1	氧化氮	100～1000	13.2	14.8
氘	50～100	12.7	17.3	氮	50～250	12.5	14.0
氘	100～400	14.5	19.3	氮	250～1500	15.8	15.3
乙烷	200～1000	5.4	12.6	氮	1500～3000	12.5	16.5
乙醇	250～350	2.0	13.0	一氧化二氮	200～500	8.4	15.0
乙醇	350～500	7.7	15.2	一氧化二氮	500～1000	11.5	15.5
乙醚	250～500	5.3	14.1	氧	50～300	12.2	13.8
乙烯	200～450	3.9	12.3	氧	300～1500	14.5	14.8
氟	80～600	12.3	13.8	戊烷	250～500	5.0	14.1
氟	600～800	18.7	13.8	丙烷	200～300	2.7	12.0
氟利昂11	250～500	7.5	19.0	丙烷	300～500	6.3	13.7
氟利昂12	250～500	6.8	17.5	二氧化硫	250～900	9.2	18.5
氟利昂13	250～500	7.5	16.5	甲苯	250～600	6.4	14.8
氟利昂21	250～450	6.2	17.5	氙	150～700	13.3	25.0

附录 14 　液体比汽化热(汽化潜热) 共线图

用法举例:求水在 $t = 100℃$ 时的比汽化热(汽化潜热)。

从编号表中查得水的编号为 30,又查得水的临界温度 $t_c = 374℃$,则 $t_c - t = 374 - 100 = 274℃$,在图中的 $t_c - t$ 标尺上定出 274℃点,并与编号 30 的圆圈中心点连成一直线,延长交于比汽化热标尺上,可得交点读数为 540kcal/kgf 或 2260kJ/kg,即为水在 100℃温度下的比汽化热(汽化潜热)。

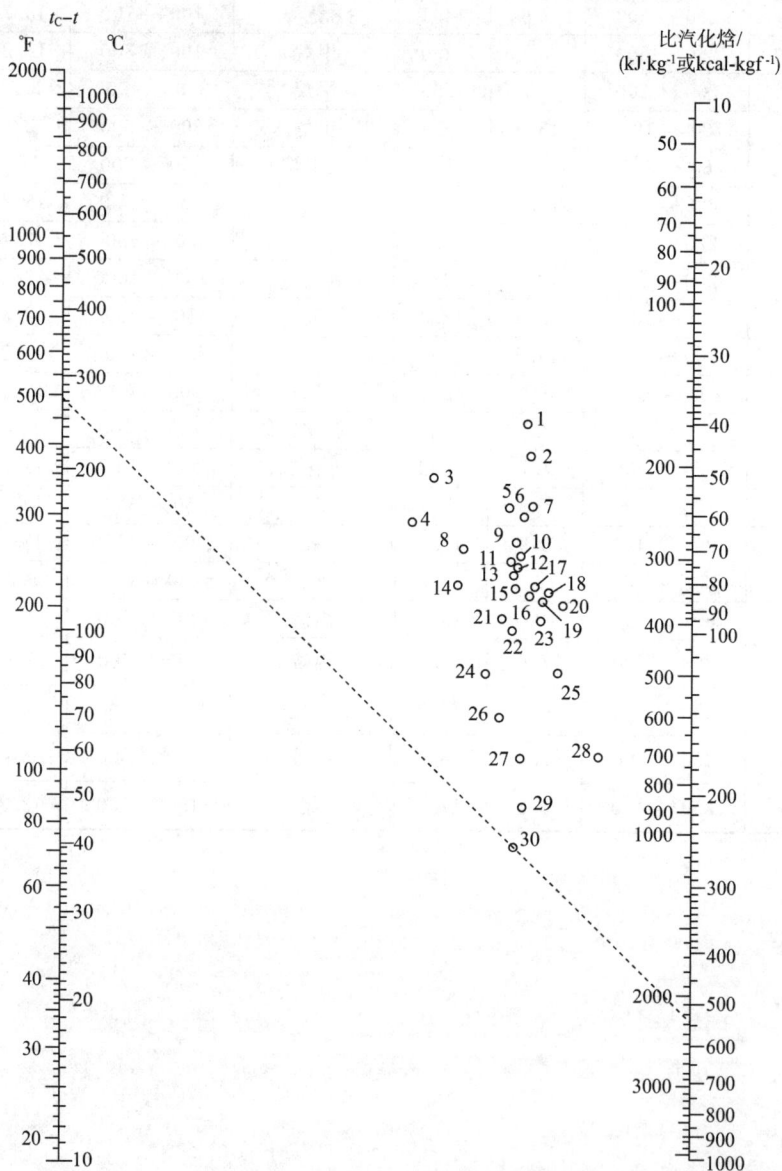

液体比汽化热共线图中的编号

编号	名称	$t_c/℃$	t_c-t 范围 $/℃$	编号	名称	$t_c/℃$	t_c-t 范围 $/℃$
30	水	374	100~500	25	乙烷	32	25~150
29	氨	133	50~200	23	丙烷	96	40~200
19	一氧化氮	36	25~150	16	丁烷	153	90~200
21	二氧化碳	31	10~100	15	异丁烷	134	80~200
2	四氯化碳	283	30~250	12	戊烷	197	20~200
17	氯乙烷	187	100~250	11	己烷	235	50~225
13	苯	289	10~400	10	庚烷	267	20~300
3	联苯	527	175~400	9	辛烷	296	30~300
4	二硫化碳	273	140~275	20	氯甲烷	143	70~250
14	二氧化硫	157	90~160	8	二氯甲烷	216	150~250
7	三氯甲烷	263	140~270	18	醋酸	321	100~225
27	甲醇	240	40~250	2	氟利昂 11	198	70~225
26	乙醇	243	20~140	2	氟利昂 12	111	40~200
28	乙醇	243	140~300	5	氟利昂 21	178	70~250
24	丙醇	264	20~200	6	氟利昂 22	96	50~170
13	乙醚	194	10~400	1	氟利昂 113	214	90~250
22	丙酮	235	120~210				

附录 15　液体表面张力共线图

用法同附录 9（液体黏度共线图）。

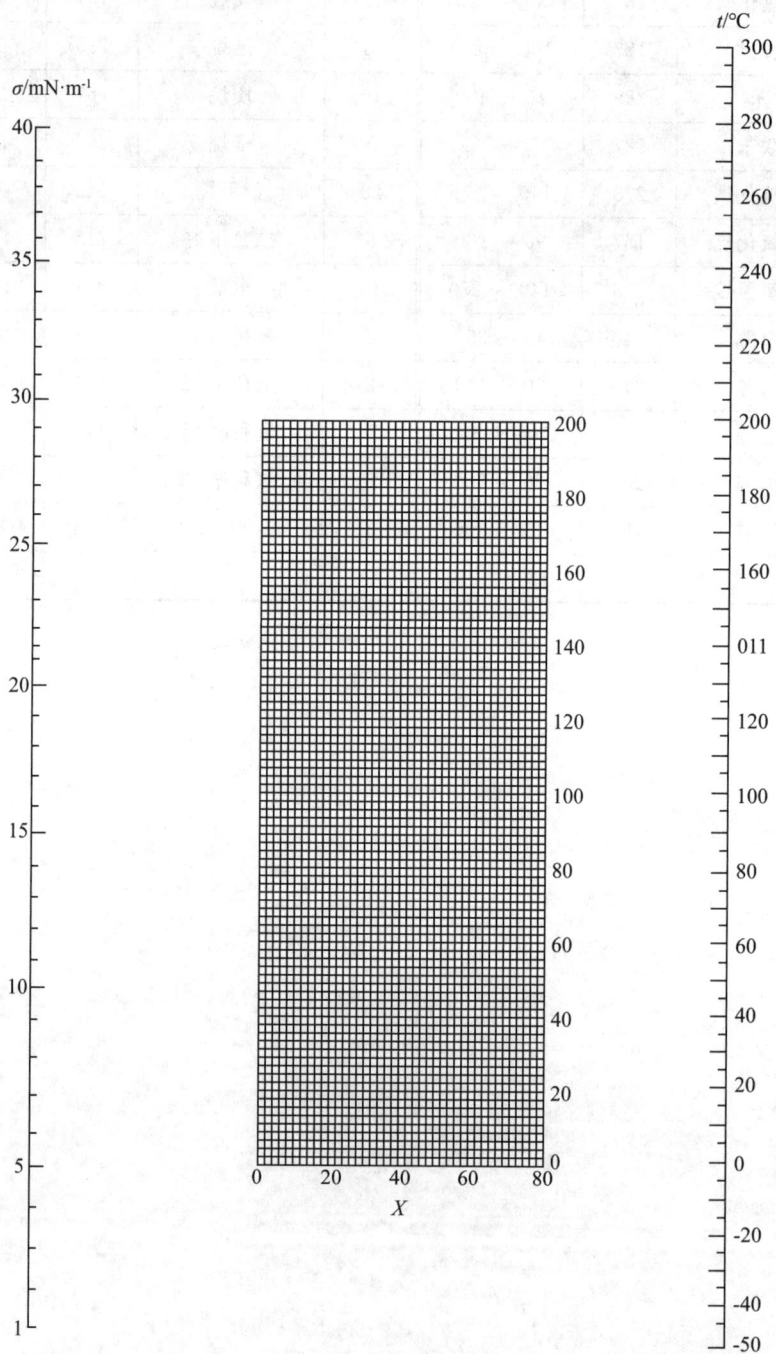

<h3 style="text-align:center">液体表面张力共线图坐标值</h3>

序号	名称	X	Y	序号	名称	X	Y
1	环氧乙烷	42	83	33	甲胺	42	58
2	乙苯	22	118	34	间甲酚	13	161.2
3	乙胺	11.2	83	35	对甲酚	11.5	160.5
4	乙硫醇	35	81	36	邻甲酚	20	161
5	乙醇	10	97	37	甲醇	17	93
6	乙醚	27.5	64	38	甲酸甲酯	38.5	88
7	乙醛	33	78	39	甲酸乙酯	30.5	88.8
8	乙醛肟	23.5	127	40	甲酸丙酯	24	97
9	乙酰胺	17	192.5	41	丙胺	25.5	87.2
10	乙酰乙酸乙酯	21	132	42	对丙(异丙)基甲苯	12.8	121.2
11	二乙醇缩乙醛	19	88	43	丙酮	28	91
12	间二甲苯	20.5	118	44	丙醇	8.2	105.2
13	对二甲苯	19	117	45	丙酸	17	112
14	二甲胺	16	66	46	丙酸乙酯	22.6	97
15	二甲醚	4	37	47	丙酸甲酯	29	95
16	二氯乙烷	32	120	48	戊酮-3	20	101
17	二硫化碳	35.8	117.2	49	异戊醇	6	106.8
18	丁酮	23.6	97	50	四氯化碳	26	104.5
19	丁醇	9.6	107.5	51	辛烷	17.7	90
20	异丁醇	5	103	52	苯	30	110
21	丁酸	14.5	115	53	苯乙酮	18	163
22	异丁酸	14.8	107.4	54	苯乙醚	20	134.2
23	丁酸乙酯	17.5	102	55	苯二乙胺	17	142.6
24	丁(异丁)酸乙酯	20.9	93.7	56	苯二甲胺	20	149
25	丁酸甲酯	25	88	57	苯甲醚	24.4	138.9
26	三乙胺	20.1	83.9	58	苯胺	22.9	171.8
27	1,3,5-三甲苯	17	119.8	59	苯甲胺	25	156
28	三苯甲烷	12.5	182.7	60	苯酚	20	168
29	三氯乙醛	30	113	61	氨	56.2	63.5
30	三聚乙醛	22.3	103.8	62	氧化亚氮	62.5	0.5
31	己烷	22.7	72.2	63	氯	45.5	59.2
32	甲苯	24	113	64	氯仿	32	101.3

续表

序号	名称	X	Y	序号	名称	X	Y
65	对氯甲苯	18.7	134	80	溴苯	23.5	145.5
66	氯甲烷	45.8	53.2	81	碘乙烷	28	113.2
67	氯苯	23.5	132.5	82	对甲氧基苯丙烯	13	158.1
68	吡啶	34	138.2	83	乙酸	17.1	116.5
69	丙腈	23	108.6	84	乙酸甲酯	34	90
70	丁腈	20.3	113	85	乙酸乙酯	27.5	92.4
71	乙腈	33.5	111	86	乙酸丙酯	23	97
72	苯腈	19.5	159	87	乙酸异丁酯	16	97.2
73	氰化氢	30.6	66	88	乙酸异戊酯	16.4	103.1
74	硫酸二乙酯	19.5	130.5	89	乙酸酐	25	129
75	硫酸二甲酯	23.5	158	90	噻吩	35	121
76	硝基乙烷	25.4	126.1	91	环己烷	42	86.7
77	硝基甲烷	30	139	92	硝基苯	23	173
78	萘	22.5	165	93	水（查出之数×2）	12	162
79	溴乙烷	31.6	90.2				

附录 16　无机溶液在大气压下的沸点

无机溶液的浓度（质量分数）/%

溶液 ＼ 温度/℃	101	102	103	104	105	107	110	115	120	125	140	160	180	200	220	240	260	280	300	340
CaCl₂	5.66	10.31	14.16	17.36	20.00	24.24	29.33	35.68	40.83	54.80	57.89	64.91	68.73	68.94	72.64	75.76	75.85	78.95	81.63	86.18
KOH	4.49	8.51	11.96	14.82	17.01	20.88	25.65	31.97	36.51	40.23	48.05	54.89	60.41							
KCl	8.42	14.31	18.96	23.02	26.57	32.62	36.47		（近于108.5℃）											
K₂CO₃	10.31	18.37	24.24	28.57	32.24	37.69	43.97	50.86	56.04	60.40	66.94					（近于133.5℃）				
KNO₃	13.19	23.66	32.23	39.20	45.10	54.65	65.34	79.53												
MgCl₂	4.67	8.42	11.66	14.31	16.59	20.23	24.41	29.48	33.07	36.02	38.61									
MgSO₄	14.31	22.78	28.31	32.23	35.32	42.86							（近于108℃）							
NaOH	4.12	7.40	10.15	12.51	14.53	18.32	23.08	26.21	33.77	37.58	48.32	60.13	69.97	77.53	84.03	88.89	93.02	95.92	98.47	（近于314℃）
NaCl	6.19	11.03	14.67	17.69	20.32	25.09	28.92							（近于108℃）						
NaNO₃	8.26	15.61	21.87	27.53	32.43	40.47	49.87	60.94	68.94											
Na₂SO₄	15.26	24.81	30.73	31.83	（近于103.2℃）															
Na₂CO₃	9.42	17.22	23.72	29.18	33.86															
CuSO₄	26.95	39.98	40.83	44.47	45.12								（近于104.2℃）							

化工原理

续表

无机溶液的浓度（质量分数）/%

溶液 温度/℃	101	102	103	104	105	107	110	115	120	125	140	160	180	200	220	240	260	280	300	340
ZnSO₄	20.00	31.22	37.89	42.92	46.15															
NH₄NO₃	9.09	16.66	23.08	29.08	34.21	42.52	51.92	63.24	71.26	77.11	87.09	93.20	69.00	97.61	98.89					
NH₄Cl	6.10	11.35	15.96	19.80	22.89	28.37	35.98	46.94												
(NH₄)₂SO₄	13.34	23.41	30.65	36.71	41.79	49.73	49.77	53.55			(近于 108.2℃)									

注：括号内指饱和溶液的沸点。

附录17　管子规格

1. 低压流体输送用焊接钢管（GB/T 3091—2015）

公称口径 /m	外径 /mm	壁厚 /mm		公称口径 /m	外径 /mm	壁厚 /mm	
		普通管	加厚管			普通管	加厚管
6	10.2	2.0	2.5	50	60.3	3.8	4.5
8	13.5	2.5	2.8	65	76.1	4.0	4.5
10	17.2	2.5	2.8	80	88.9	4.0	5.0
15	21.3	2.8	3.5	100	114.3	4.0	5.0
20	26.9	2.8	3.5	125	139.7	4.0	5.5
25	33.7	3.2	4.0	150	165.1	4.5	6.0
32	42.4	3.5	4.0	200	219.1	6.0	7.0
40	48.3	3.5	4.5				

注:① 本标准适用于水、空气、采暖蒸汽、燃气等低压流体输送用焊接钢管。
② 中的公称口径系近似内径的名义尺寸,不表示外径减去两个壁厚所得的内径。

2. 输送流体用无缝钢管（GB/T 8163—2018）

GB/T 8163—2018 适用于输送流体用一般无缝钢管。钢管的外径和壁厚应符合 GB/T 17395—2008 的规定。GB/T 17395—2008 规定了普通钢管、精密钢管和不锈钢管的外径和壁厚,其系列 1 为通用系列,系列 2 为非通用系列,系列 3 为特殊系列。

1) 普通钢管（系列 1）（摘录）

外径 /mm	壁厚范围 /mm	外径 /mm	壁厚范围 /mm	外径 /mm	壁厚范围 /mm
34	0.4 ～ 8.0	114	1.5 ～ 30	356	9.0 ～ 100
42	1.0 ～ 10	140	3.0 ～ 36	406	9.0 ～ 100
48	1.0 ～ 12	168	3.5 ～ 45	457	9.0 ～ 100
60	1.0 ～ 16	219	6.0 ～ 55	508	9.0 ～ 100
76	1.0 ～ 20	273	6.5 ～ 85	610	9.0 ～ 120
89	1.0 ～ 24	325	7.5 ～ 100		

2) 精密钢管
精密钢管的外径变化范围为 4 ～ 200mm,壁厚变化范围为 0.5 ～ 25mm。

3) 不锈钢管
不锈钢管的外径变化范围为 6 ～ 400mm,壁厚变化范围为 0.5 ～ 28mm。

4) 石油裂化用无缝钢管
GB/T 9948—2013 规定了石油化工用的锅炉管、热交换器管和压力管道用无缝钢管。钢管的外径和壁厚应符合 GB/T 17395—2008 的规定。

附录18 泵规格(摘录)

1. IS 型单级单吸离心泵

泵型号	流量 /(m³·h⁻¹)	扬程 /m	转速 /(r·min⁻¹)	气蚀余量 /m	泵效率 /%	功率 /kW	
						轴功率	电机功率
IS50-32-125	7.5	22	2900	2.0	47	0.96	2.2
	12.5	20	2900	2.0	60	1.13	2.2
	15	18.5	2900	2.5	60	1.26	2.2
	3.75	5.4	1450	2.0	43	0.13	0.55
	6.3	5	1450	2.0	54	0.16	0.55
	7.5	4.6	1450	2.5	55	0.17	0.55
IS50-32-160	7.5	34.3	2900	2.0	44	1.59	3
	12.5	32	2900	2.0	54	2.02	3
	15	29.6	2900	2.5	56	2.16	3
	3.75	8.5	1450	2.0	35	0.25	0.55
	6.3	8	1450	2.0	48	0.28	0.55
	7.5	7.5	1450	2.5	49	0.31	0.55
IS50-32-200	7.5	52.5	2900	2.0	38	2.82	5.5
	12.5	50	2900	2.0	48	3.54	5.5
	15	48	2900	2.5	51	3.84	5.5
	3.75	13.1	1450	2.0	33	0.41	0.75
	6.3	12.5	1450	2.0	42	0.51	0.75
	7.5	12	1450	2.5	44	0.56	0.75
IS50-32-250	7.5	82	2900	2.0	28.5	5.67	11
	12.5	80	2900	2.0	38	7.16	11
	15	78.5	2900	2.5	41	7.83	11
	3.75	20.5	1450	2.0	23	0.91	15
	6.3	20	1450	2.0	32	1.07	15
	7.5	19.5	1450	2.5	35	1.14	15

泵型号	流量 /(m³·h⁻¹)	扬程 /m	转速 /(r·min⁻¹)	气蚀余量 /m	泵效率 /%	功率 /kW	
						轴功率	电机功率
IS65-50-125	15	21.8	2900	2.0	58	1.54	3
	25	20	2900	2.0	69	1.97	3
	30	18.5	2900	2.5	68	2.22	3
	7.5	5.35	1450	2.0	53	0.21	0.55
	12.5	5	1450	2.0	64	0.27	0.55
	15	4.7	1450	2.5	65	0.30	0.55
IS65-50-160	15	35	2900	2.0	54	2.65	5.5
	25	32	2900	2.0	65	3.35	5.5
	30	30	2900	2.5	66	3.71	5.5
	7.5	8.8	1450	2.0	50	0.36	0.75
	12.5	8.0	1450	2.0	60	0.45	0.75
	15	7.2	1450	2.5	60	0.49	0.75
IS65-40-200	15	53	2900	2.0	49	4.42	7.5
	25	50	2900	2.0	60	5.67	7.5
	30	47	2900	2.5	61	6.28	7.5
	7.5	13.2	1450	2.0	43	0.63	1.1
	12.5	12.5	1450	2.0	55	0.77	1.1
	15	11.8	1450	2.5	57	0.85	1.1
IS65-40-250	15	82	2900	2.0	37	9.05	15
	25	80	2900	2.0	50	0.89	15
	30	78	2900	2.5	53	12.02	15
IS65-40-315	15	127	2900	2.5	28	18.5	30
	25	125	2900	2.5	40	21.3	30
	30	123	2900	3.0	44	22.8	30
IS80-65-125	30	22.5	2900	3.0	64	2.87	5.5
	50	20	2900	3.0	75	3.63	5.5
	60	18	2900	3.5	74	3.93	5.5
	15	5.6	1450	2.5	55	0.42	0.75
	25	5	1450	2.5	71	0.48	0.75
	30	4.5	1450	3.0	72	0.51	0.75

续表

泵型号	流量 /(m³·h⁻¹)	扬程 /m	转速 /(r·min⁻¹)	气蚀余量 /m	泵效率 /%	功率 /kW	
						轴功率	电机功率
IS80-65-160	30	36	2900	2.5	61	4.82	7.5
	50	32	2900	2.5	73	5.97	7.5
	60	29	2900	3.0	72	6.59	7.5
	15	9	1450	2.5	66	0.67	1.5
	25	8	1450	2.5	69	0.75	1.5
	30	7.2	1450	3.0	68	0.86	1.5
IS80-50-200	30	53	2900	2.5	55	7.87	15
	50	50	2900	2.5	69	9.87	15
	60	47	2900	3.0	71	10.8	15
	15	13.2	1450	2.5	51	1.06	2.2
	25	12.5	1450	2.5	65	1.31	2.2
	30	11.8	1450	3.0	67	1.44	2.2
IS80-50-250	30	84	2900	2.5	52	13.2	22
	50	80	2900	2.5	63	17.3	22
	60	75	2900	3.0	64	19.2	22
IS80-50-310	30	128	2900	2.5	41	25.5	37
	50	125	2900	2.5	54	31.5	37
	60	123	2900	3.0	57	35.3	37
IS100-80-125	60	24	2900	4.0	67	5.86	11
	100	20	2900	4.5	78	7.00	11
	120	16.5	2900	5.0	74	7.28	11
IS100-80-160	60	36	2900	3.5	70	8.42	15
	100	32	2900	4.0	78	11.2	15
	120	28	2900	5.0	75	12.2	15
	30	9.2	1450	2.0	67	1.12	2.2
	50	8.0	1450	2.5	75	1.45	2.2
	60	6.8	1450	3.5	71	1.57	2.2

续表

泵型号	流量 /(m³·h⁻¹)	扬程 /m	转速 /(r·min⁻¹)	气蚀余量 /m	泵效率 /%	功率 /kW 轴功率	电机功率
IS100-65-200	60	54	2900	3.0	65	13.6	22
	100	50	2900	3.5	78	17.9	22
	120	47	2900	4.8	77	19.9	22
	30	13.5	1450	2.0	60	1.84	4
	50	12.5	1450	2.0	73	2.33	4
	60	11.8	1450	2.5	74	2.61	4
IS100-65-250	60	87	2900	3.5	61	23.4	37
	100	80	2900	3.8	72	30.3	37
	120	74.5	2900	4.8	73	33.3	37
	30	21.3	1450	2.0	55	3.16	5.5
	50	20	1450	2.0	68	4.00	5.5
	60	19	1450	2.5	70	4.44	5.5
IS100-65-315	60	133	2900	3.0	55	39.6	75
	100	125	2900	3.5	66	51.6	75
	120	118	2900	4.2	67	57.5	75

2. D、DG 多级分段式离心泵

泵型号	流量 /(m³·h⁻¹)	扬程 /m	转速 /(r·min⁻¹)	气蚀余量 /m	泵效率 /%	功率 /kW 轴功率	电机功率
D/DG 12-25×3	7.5	84.6	2950	2.0	44	3.93	7.5
	12.5	75	2950	2.0	54	4.73	7.5
	15.0	69	2950	2.5	53	5.32	7.5
D/DG 12-25×4	7.5	112.8	2950	2.0	44	5.24	11
	12.5	100	2950	2.0	54	6.30	11
	15.0	92	2950	2.5	53	7.09	11
D/DG 25-30×3	15	102	2950	2.2	50	8.33	15
	25	90	2950	2.2	62	9.88	15
	30	82.5	2950	2.6	63	10.7	15
D/DG 25-30×4	15	136	2950	2.2	50	11.11	18.5
	25	120	2950	2.2	62	13.10	18.5
	30	110	2950	2.6	63	14.26	18.5

续表

泵型号	流量 /(m³·h⁻¹)	扬程 /m	转速 /(r·min⁻¹)	气蚀余量 /m	泵效率 /%	功率 /kW 轴功率	功率 /kW 电机功率
D/DG 46-30×3	30	102	2950	2.4	64	13.02	22
	46	90	2950	3.0	70	16.11	22
	55	81	2950	4.6	68	17.84	22
D/DG 46-30×4	30	126	2950	2.4	64	17.36	30
	46	120	2950	3.0	70	21.48	30
	55	108	2950	4.6	68	23.79	30
D/DG 46-50×3	28	172.5	2950	2.5	53	24.8	37
	46	150	2950	2.8	63	29.9	37
	50	144	2950	3.0	63.2	31.0	37
D/DG 46-50×4	28	230	2950	2.5	53	33.1	45
	46	200	2950	2.8	63	39.8	45
	50	192	2950	3.0	63.2	41.3	45
D/DG 85-67×3	55	222	2950	3.3	54	61.5	90
	85	201	2950	4	65	71.5	90
	100	183	2950	4.4	65	76.6	90
D/DG 85-67×4	55	296	2950	3.3	54	82.1	110
	85	268	2950	4	65	95.4	110
	100	244	2950	4.4	65	102.2	110

3. S型单级双吸离心泵

泵型号	流量 /(m³·h⁻¹)	扬程 /m	转速 /(r·min⁻¹)	气蚀余量 /m	泵效率 /%	功率 /kW 轴功率	功率 /kW 电机功率
100S90	60	95	2950	2.5	61	23.9	37
	80	90	2950	2.5	65	28	37
	95	82	2950	2.5	63	31.2	37
100S90A	50	78	2950	2.5	60	16.9	30
	72	75	2950	2.5	64	21.6	30
	86	70	2950	2.5	63	24.5	30
150S50	130	52	2950	3.9	72.9	25.3	37
	160	50	2950	3.9	80	27.3	37
	220	40	2950	3.9	77.2	31.1	37

泵型号	流量 /(m³·h⁻¹)	扬程 /m	转速 /(r·min⁻¹)	气蚀余量 /m	泵效率 /%	功率 /kW	
						轴功率	电机功率
150S50A	112	44	2950	3.9	72	18.5	30
	144	40	2950	3.9	75	20.9	30
	180	35	2950	3.9	70	24.5	30
150S50B	108	38	2950	3.9	65	17.2	22
	133	36	2950	3.9	70	18.6	22
	160	42	2950	3.9	72	19.4	22
200S42	216	48	2950	6	81	34.8	45
	280	42	2950	6	84.2	37.8	45
	342	35	2950	6	81	40.2	45
200S42A	198	43	2950	6	76	30.5	37
	270	36	2950	6	80	33.1	37
	310	31	2950	6	76	34.4	37
200S63	216	60	2950	5.8	74	55.1	75
	280	63	2950	5.8	82.7	50.4	75
	351	50	2950	5.8	72	67.8	75
250S24	360	27	1450	3.5	80	33.1	45
	485	24	1450	3.5	85.8	35.8	45
	576	19	1450	3.5	82	38.4	45
250S65	360	71	1450	3	75	92.8	160
	485	65	1450	3	78.6	108.5	160
	612	56	1450	3	72	129.6	160

4. Y型离心油泵(摘录)

泵型号	流量 /(m³·h⁻¹)	扬程 /m	转速 /(r·min⁻¹)	允许气蚀余量 /m	泵效率 /%	功率 /kW	
						轴功率	电机功率
50Y60	13.0	67	2950	2.9	38	6.24	7.5
50Y60A	11.2	53	2950	3.0	35	4.68	7.5
50Y60B	9.9	39	2950	2.8	33	3.18	4
50Y60×2	12.5	120	2950	2.4	34.5	11.8	15
50Y60×2A	12	105	2950	2.3	35	9.8	15
50Y60×2B	11	89	2950	2.52	32	8.35	11
65Y60	25	60	2950	3.05	50	8.18	11

续表

泵型号	流量 /(m³·h⁻¹)	扬程 /m	转速 /(r·min⁻¹)	允许气蚀余量 /m	泵效率 /%	功率 /kW	
						轴功率	电机功率
65Y60A	22.5	49	2950	3.0	49	6.13	7.5
65Y60B	20	37.5	2950	2.7	47	4.35	5.5
65Y100	25	110	2950	3.2	40	18.8	22
65Y100A	23	92	2950	3.1	39	14.75	18.5
65Y100B	21	73	2950	3.05	40	10.45	15
65Y100×2	25	200	2950	2.85	42	35.8	45
65Y100×2A	23	175	2950	2.8	41	26.7	37
65Y100×2B	22	150	2950	2.75	42	21.4	30
80Y60	50	58	2950	3.2	56	14.1	18.5
80Y100	50	100	2950	3.1	51	26.6	37
80Y100A	45	85	2950	3.1	52.5	19.9	30
80Y100×2	50	200	2950	3.6	53.5	51	75
80Y100×2A	47	175	2950	3.5	50	44.8	55
80Y100×2B	43	153	2950	3.35	51	35.2	45
80Y100×2C	40	125	2950	3.3	49	27.8	37

5. F型耐腐蚀泵

泵型号	流量 /(m³·h⁻¹)	扬程 /m	转速 /(r·min⁻¹)	气蚀余量 /m	泵效率 /%	功率 /kW	
						轴功率	电机功率
25F16	3.6	16	2960	4.3	30	0.523	0.75
25F-16A	3.27	12.5	2960	4.3	29	0.39	0.55
40F-26	7.2	25.5	2960	4.3	44	1.14	1.5
40F-26A	6.55	20	2960	4.3	42	0.87	1.1
50F40	14.4	40	2900	4	44	3.57	7.5
50F-40A	13.1	32.5	2900	4	44	2.64	7.5
50F-16	14.4	15.7	2900	4	62	0.99	1.5
50F-16A	13.1	12	2900	4	62	0.69	1.1
65F16	28.8	15.7	2900	4	52	2.37	4
65F-16A	26.2	12	2900	4	52	1.65	2.2
100F-92	94.3	92	2900	6	64	39.5	55
100F-92A	88.6	80	2900	6	64	32.1	40
100F-92B	100.8	70.5	2900	6	64	26.6	40

泵型号	流量 /(m³·h⁻¹)	扬程 /m	转速 /(r·min⁻¹)	气蚀余量 /m	泵效率 /%	功率 /kW	
						轴功率	电机功率
150F-56	190.8	55.5	2900	6	67	43	55
150F-56A	170.2	48	2900	6	67	34.8	45
150F-56B	167.8	42.5	2900	6	67	29	40
150F-22	190.8	22	2900	6	75	15.3	30
150F-22A	173.5	17.5	2900	6	75	11.3	17

注:电机功率应根据液体的密度确定,表中值仅供参考。

附录19 4-72-11型离心通风机规格(摘录)

机号	转速 /(r·min⁻¹)	全压 /Pa	流量 /(m³·h⁻¹)	效率 /%	所需功率 /kW
6C	2240	2432.1	15800	91	14.1
	2000	1941.8	14100	91	10
	1800	1569.1	12700	91	7.3
	1250	755.1	8800	91	2.53
	1000	480.5	7030	91	1.39
	800	294.2	5610	91	0.73
8C	1800	2795	29900	91	30.8
	1250	1343.6	20800	91	10.3
	1000	863	16600	91	5.52
	630	343.2	10480	91	1.51
10C	1250	2226.2	41300	94.3	32.7
	1000	1422	32700	94.3	16.5
	800	912.1	26130	94.3	8.5
	500	353.1	16390	94.3	2.3
6D	1450	1020	10200	91	4
	960	441.3	6720	91	1.32
8D	1450	1961.4	20130	89.5	14.2
	730	490.4	10150	89.5	2.06
16B	900	2942.1	121000	94.3	127
20B	710	2844	186300	94.3	190

传动方式:A—电动机直联;B,C,E—皮带轮传动;D—联轴器传动。

附录 20　热交换器系列标准（摘录）

1. 固定管板式（摘自 GB/T 28712.2—2023）

1）换热管为 ϕ 19mm 的换热器基本参数

公称直径 DN/mm	公称压力 PN/MPa	管程数 N	管子根数 n	中心排管数	管程流通面积 /m²	换热面积 A/m² 换热管长度 L/mm					
						1500	2000	3000	4500	6000	9000
168		1	19	5	0.0034	1.6	2.1	3.3	—	—	—
219		1	33	7	0.0058	2.8	3.7	5.7	—	—	—
273		1	65	9	0.0115	5.4	7.4	11.3	17.1	22.9	—
		2	56	8	0.0049	4.7	6.4	9.7	14.7	19.7	—
325		1	99	11	0.0175	8.3	11.2	17.1	26.0	34.9	—
		2	88	10	0.0078	7.4	10.0	15.2	23.1	31.0	—
		4	68	11	0.0030	5.7	7.7	11.8	17.9	23.9	—
400	≤ 6.40	1	174	14	0.0307	14.5	19.7	30.1	45.7	61.3	—
		2	164	15	0.0145	13.7	18.6	28.4	43.1	57.8	—
		4	146	14	0.0065	12.2	16.6	25.3	38.3	51.4	—
450		1	237	17	0.0419	19.8	26.9	41.0	62.2	83.5	—
		2	220	16	0.0194	18.4	25.0	38.1	57.8	77.5	—
		4	200	16	0.0088	16.7	22.7	34.6	52.5	70.4	—
500		1	275	19	0.0486	—	31.2	47.6	72.2	96.8	—
		2	256	18	0.0226	—	29.0	44.3	67.2	90.2	—
		4	222	18	0.0098	—	25.2	38.4	58.3	78.2	—
600		1	430	22	0.0760	—	48.8	74.4	112.9	151.4	—
		2	416	23	0.0368	—	47.2	72.0	109.3	146.5	—
		4	370	22	0.0163	—	42.0	64.0	97.2	130.3	—
		6	360	20	0.0106	—	40.8	62.3	94.5	126.8	—

续表

公称直径 DN/mm	公称压力 PN/MPa	管程数 N	管子根数 n	中心排管数	管程流通面积 /m²	换热面积 A/m²					
						换热管长度 L/mm					
						1500	2000	3000	4500	6000	9000
700	≤6.40	1	607	27	0.1073	—	—	105.1	159.4	213.8	—
		2	574	27	0.0507	—	—	99.4	150.8	202.1	—
		4	542	27	0.0239	—	—	93.8	142.3	190.9	—
		6	518	24	0.0153	—	—	89.7	136.0	182.4	—
800		1	797	31	0.1408	—	—	138.0	209.3	280.7	—
		2	776	31	0.0686	—	—	134.4	203.8	273.3	—
		4	722	31	0.0319	—	—	125.0	189.8	254.3	—
		6	710	30	0.0209	—	—	122.9	186.5	250.0	—
900		1	1009	35	0.1783	—	—	174.7	265.0	355.3	536.0
		2	988	35	0.0873	—	—	171.0	259.5	347.9	524.9
		4	938	35	0.0414	—	—	162.4	246.4	330.3	498.3
		6	914	34	0.0269	—	—	158.2	240.0	321.9	485.6
1000		1	1267	39	0.2239	—	—	219.3	332.8	446.2	673.1
		2	1234	39	0.1090	—	—	213.6	324.1	434.6	655.6
		4	1186	39	0.0524	—	—	205.3	311.5	417.7	630.1
		6	1148	38	0.0338	—	—	198.7	301.5	404.3	609.9

注:计算换热面积按式 $A = \pi d(L - 2\delta - 0.006)n$ 确定。式中，d 为换热管外径；L 为管长；n 为换热管排管数；δ 为管板厚度(假定为0.05m)。

2) 换热管为 $\phi 25mm$ 的换热器基本参数

公称直径 DN/mm	公称压力 PN/MPa	管程数 N	管子根数 n	中心排管数	管程流通面积 /m²		换热面积 A/m²					
							换热管长度 L/mm					
					$\phi 25\times2$	$\phi 25\times2.5$	1500	2000	3000	4500	6000	9000
325	≤6.40	1	57	9	0.0197	0.0179	6.3	8.5	13.0	19.7	26.4	—
		2	56	9	0.0097	0.0088	6.2	8.4	12.7	19.3	25.9	—
		4	40	9	0.0035	0.0031	4.4	6.0	9.1	13.8	18.5	—
400		1	98	12	0.0339	0.0308	10.8	14.6	22.3	33.8	45.4	—
		2	94	11	0.0163	0.0148	10.3	14.0	21.4	32.5	43.5	—
		4	76	11	0.0066	0.0060	8.4	11.3	17.3	26.3	35.2	—
450		1	135	13	0.0468	0.0424	14.8	20.1	30.7	46.6	62.5	—
		2	126	12	0.0218	0.0198	13.9	18.8	28.7	43.5	58.4	—
		4	106	13	0.0092	0.0083	11.7	15.8	24.1	36.6	49.1	—

续表

公称直径 DN /mm	公称压力 PN/MPa	管程数 N	管子根数 n	中心排管数	管程流通面积 /m²		换热面积 A/m² 换热管长度 L/mm					
					$\phi 25 \times 2$	$\phi 25 \times 2.5$	1500	2000	3000	4500	6000	9000
500	≤6.40	1	174	14	0.0603	0.0546	—	26.0	39.6	60.1	80.6	—
		2	164	15	0.0284	0.0257	—	24.5	37.3	56.6	76.0	—
		4	144	15	0.0125	0.0113	—	21.4	32.8	49.7	66.7	—
600		1	245	17	0.0849	0.0769	—	36.5	55.8	84.6	113.5	—
		2	232	16	0.0402	0.0364	—	34.6	52.8	80.1	107.5	—
		4	222	17	0.0192	0.0174	—	33.1	50.5	76.7	102.8	—
		6	216	16	0.0125	0.0113	—	32.2	49.2	74.6	100.0	—
700		1	355	21	0.1230	0.1115	—	—	80.0	122.6	164.4	—
		2	342	21	0.0592	0.0537	—	—	77.9	118.1	158.4	—
		4	322	21	0.0279	0.0253	—	—	73.3	111.2	149.1	—
		6	304	20	0.0175	0.0159	—	—	69.2	105.0	140.8	—
800		1	467	23	0.1618	0.1466	—	—	106.3	161.3	216.3	—
		2	450	23	0.0779	0.0707	—	—	102.4	155.4	208.5	—
		4	442	23	0.0383	0.0347	—	—	100.6	152.7	204.7	—
		6	430	24	0.0248	0.0225	—	—	97.9	148.5	119.2	
900		1	605	27	0.2095	0.1900	—	—	137.8	209.0	280.2	422.7
		2	588	27	0.1018	0.0923	—	—	133.9	203.1	272.3	410.8
		4	554	27	0.0480	0.0435	—	—	126.1	191.4	256.6	387.1
		6	538	26	0.0311	0.0282	—	—	122.5	185.8	249.6	375.9
1000		1	749	30	0.2594	0.2352	—	—	170.5	258.7	346.9	523.3
		2	742	29	0.1285	0.1165	—	—	168.9	256.3	343.7	518.4
		4	710	29	0.0615	0.0557	—	—	161.6	245.2	328.8	496.0
		6	698	30	0.0403	0.0365	—	—	158.9	241.1	323.3	487.7
1100		1	931	33	0.3225	0.2923	—	—	—	321.6	431.2	650.4
		2	894	33	0.1548	0.1404	—	—	—	308.8	414.1	624.6
		4	848	33	0.0734	0.0666	—	—	—	292.9	392.8	592.5
		6	830	32	0.0479	0.0434	—	—	—	286.7	384.4	579.9

续表

公称直径 DN /mm	公称压力 PN/MPa	管程数 N	管子根数 n	中心排管数	管程流通面积 /m²		换热面积 A/m²					
					φ25×2	φ25×2.5	换热管长度 L/mm					
							1500	2000	3000	4500	6000	9000
1200	≤6.4	1	1115	37	0.3862	0.3501	—	—	—	385.1	516.4	779.0
		2	1102	37	0.1908	0.1730	—	—	—	380.6	510.4	769.9
		4	1052	37	0.0911	0.0826	—	—	—	363.4	487.2	735.0
		6	1026	36	0.0592	0.0537	—	—	—	354.4	475.2	716.8

3) 固定管板式换热器折流板间距 mm

公称直径 DN	管长 L	折流板间距 BP					
≤500	≤3000	100	200	300	450	600	—
	4500～6000						
600～800	1500～6000	150	200	300	450	600	—
900～1300	≤6000		200	300	450	600	—
	7500,9000						750
1400～1600	6000			300	450	600	750
	7500,9000				450	600	750
1700～1800	6000～9000				450	600	750

2. 浮头式换热器（摘自 GB/T 28712.1—2023）

1) 型号及其表示方法

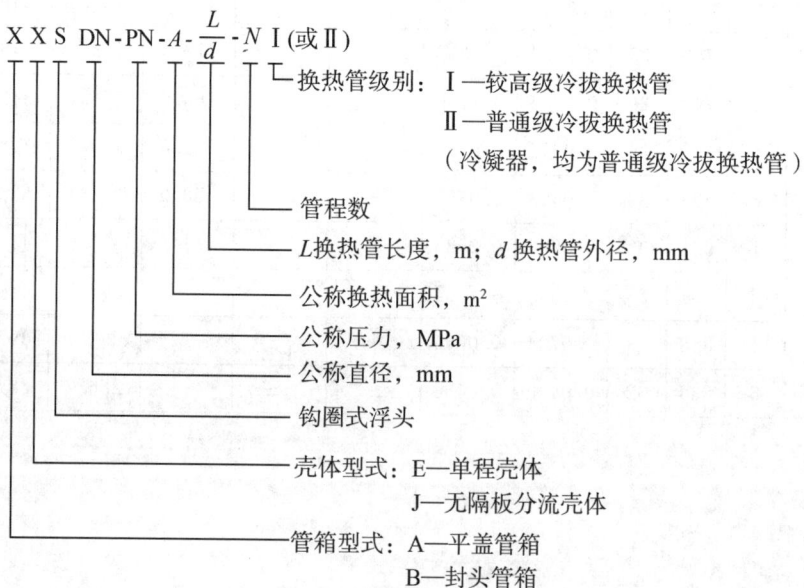

$$\text{X X S DN-PN-A-}\frac{L}{d}\text{-}N\ \text{I(或II)}$$

换热管级别：I—较高级冷拔换热管
II—普通级冷拔换热管
（冷凝器，均为普通级冷拔换热管）

管程数

L 换热管长度，m；d 换热管外径，mm

公称换热面积，m²

公称压力，MPa

公称直径，mm

钩圈式浮头

壳体型式：E—单程壳体
J—无隔板分流壳体

管箱型式：A—平盖管箱
B—封头管箱

举例如下。

(1) 浮头式内导流换热器：

平盖管箱，公称直径 500mm，管、壳程压力均为 1.6MPa，公称换热面积 55m²，较高级冷拔换热管，外径 25mm，管长 6m，4 管程，单壳程的浮头式内导流换热器，其型号为 AES500-1.6-55-6/25-4Ⅰ。

封头管箱，公称直径 600mm，管、壳程压力均为 1.6MPa，公称换热面积 55m²，普通级冷拔换热管，外径 19mm，管长 3m，2 管程，单壳程的浮头式内导流换热器，其型号为 BES600-1.6-55-3/19-2Ⅱ。

(2) 浮头式冷凝器：

封头管箱，公称直径 600mm，管、壳程压力均为 1.6MPa，公称换热面积 55m²，普通级冷拔换热管，外径 19mm，管长 3m，2 管程，单壳程的浮头式冷凝器，其型号为 BES600-1.6-55-3/19-2Ⅱ。

2) 浮头式换热器折流板（支持板）间距 BP

管长 /m	公称直径 DN/mm	间距 BP/mm					
3	≤700	100	150	200	—		
4.5	≤700	100	150	200	—	—	—
	800～1200	—	150	200	250	300	—	450（或 480）
6	400～1100	—	150	200	250	300	350	450（或 480）
	1200～1800	—	—	—	250	300	350	450（或 480）
9	1200～1800	—	—	—	—	300	350	450	600

注：冷凝器折流板（支持板）间距为 450mm（或 480mm）、600mm。

3) 内导流换热器和冷凝器的主要参数

DN/mm	N	n①		中心排管数		管程流通面积 /m²			A②/m²							
		d/mm				d×δ₁			L=3m		L=4.5m		L=6m		L=9m	
		19	25	19	25	19×2	25×2	25×2.5	19	25	19	25	19	25	19	25
325	2	60	32	7	5	0.0053	0.0055	0.0050	10.5	7.4	15.8	11.1	—	—	—	—
	4	52	28	6	4	0.0023	0.0024	0.0022	9.1	6.4	13.7	9.7	—	—	—	—
(426) 400	2	120	74	8	7	0.0106	0.0126	0.0116	20.9	16.9	31.6	25.6	42.3	34.4	—	—
	4	108	68	9	6	0.0048	0.0059	0.0053	18.8	15.6	28.4	23.6	38.1	31.6	—	—
500	2	206	124	11	8	0.0182	0.0215	0.0194	35.7	28.3	54.1	42.8	72.5	57.4	—	—
	4	192	116	10	9	0.0085	0.0100	0.0091	33.2	26.4	50.4	40.1	67.6	53.7	—	—
600	2	324	198	14	11	0.0286	0.0343	0.0311	55.8	44.9	84.8	68.2	113.9	91.5	—	—
	4	308	188	14	10	0.0136	0.0163	0.0148	53.1	42.6	80.7	64.8	108.2	86.9	—	—
	6	284	158	14	10	0.0083	0.0091	0.0083	48.9	35.8	74.4	54.4	99.8	73.1	—	—

续表

DN/mm	N	n① (19)	n① (25)	中心排管数 (19)	中心排管数 (25)	管程流通面积/m² 19×2	管程流通面积/m² 25×2	管程流通面积/m² 25×2.5	A②/m² L=3m (19)	L=3m (25)	L=4.5m (19)	L=4.5m (25)	L=6m (19)	L=6m (25)	L=9m (19)	L=9m (25)
700	2	468	268	16	13	0.0414	0.0464	0.0421	80.4	60.6	122.2	92.1	164.1	123.7	—	—
	4	448	256	17	12	0.0198	0.0222	0.0201	76.9	57.8	117.0	87.9	157.1	118.1	—	—
	6	382	224	15	10	0.0112	0.0129	0.0116	65.6	50.6	99.8	76.9	133.9	103.4	—	—
800	2	610	366	19	15	0.0539	0.0634	0.0575	—	—	158.9	125.4	213.5	168.5	—	—
	4	588	352	18	14	0.0260	0.0305	0.0276	—	—	153.2	120.6	205.8	162.1	—	—
	6	518	316	16	14	0.0152	0.0182	0.0165	—	—	134.9	108.3	181.3	145.5	—	—
900	2	800	472	22	17	0.0707	0.0817	0.0741	—	—	207.6	161.2	279.2	216.8	—	—
	4	776	456	21	16	0.0343	0.0395	0.0353	—	—	201.4	155.7	270.8	209.4	—	—
	6	720	426	21	16	0.0212	0.0246	0.0223	—	—	186.9	145.5	251.3	195.6	—	—
1000	2	1006	606	24	19	0.0890	0.105	0.0952	—	—	260.6	206.6	350.6	277.9	—	—
	4	980	588	23	18	0.0433	0.0500	0.0462	—	—	253.9	200.4	341.6	269.7	—	—
	6	892	564	21	18	0.0262	0.0326	0.0295	—	—	231.1	192.2	311.0	258.7	—	—
1100	2	1240	736	27	21	0.1100	0.1270	0.1160	—	—	320.3	250.2	431.3	336.8	—	—
	4	1212	716	26	20	0.0536	0.0620	0.0562	—	—	313.1	243.4	421.6	327.7	—	—
	6	1120	692	24	20	0.0329	0.0399	0.0362	—	—	289.3	235.2	389.6	316.7	—	—
1200	2	1452	880	28	22	0.1290	0.1520	0.1380	—	—	374.4	298.6	504.3	402.2	764.2	609.4
	4	1424	860	28	22	0.0629	0.0745	0.0675	—	—	367.2	291.8	494.6	393.1	749.5	595.6
	6	1348	828	27	21	0.0396	0.0478	0.0434	—	—	347.6	280.9	468.2	378.4	709.5	573.4
1300	4	1700	1024	31	24	0.0751	0.0887	0.0804	—	—	—	—	589.3	467.1	—	—
	6	1616	972	29	24	0.0476	0.0560	0.0509	—	—	—	—	560.2	443.3	—	—
1400	4	1972	1192	32	26	0.0871	0.1030	0.0936	—	—	—	—	682.6	542.9	1035.6	823.6
	6	1890	1130	30	24	0.0557	0.0652	0.0592	—	—	—	—	654.2	514.7	992.5	780.8
1500	4	2304	1400	34	29	0.1020	0.1210	0.1100	—	—	—	—	795.9	636.3	—	—
	6	2252	1332	34	28	0.0663	0.0769	0.0697	—	—	—	—	777.9	605.4	—	—
1600	4	2632	1592	37	30	0.1160	0.1380	0.1250	—	—	—	—	907.6	722.3	1378.7	1097.3
	6	2520	1518	37	29	0.0742	0.0876	0.0795	—	—	—	—	869.0	688.8	1320.0	1047.2
1700	4	3012	1856	40	32	0.1330	0.1610	0.1460	—	—	—	—	1036.1	840.1	—	—
	6	2834	1812	38	32	0.0835	0.0981	0.0949	—	—	—	—	974.9	820.2	—	—
1800	4	3384	2056	43	34	0.1490	0.1780	0.1610	—	—	—	—	1161.3	928.4	1766.9	1412.5
	6	3140	1986	37	30	0.0925	0.1150	0.1040	—	—	—	—	1077.5	896.7	1639.5	1364.4

注:① 排管数按正方形旋转 45°排列计算。

② 计算换热面积按光管及公称压力 2.5MPa 的管板厚度确定,$A = \pi d(L - 2\delta - 0.006)n$。

3. U 形管式换热器(摘自 GB/T 28712.3—2023)

1) 型号及其表示方法

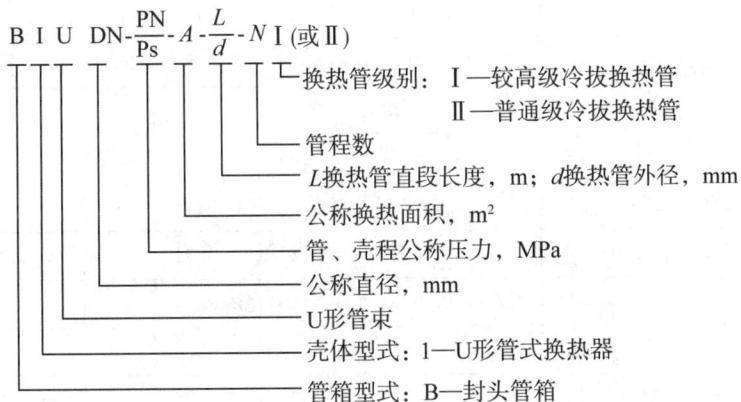

$$\text{B I U} \ DN\text{-}\frac{PN}{Ps}\text{-}A\text{-}\frac{L}{d}\text{-}N \ \text{I}(或 \text{II})$$

- 换热管级别:I—较高级冷拔换热管
  - II—普通级冷拔换热管
- 管程数
- L 换热管直段长度,m;d 换热管外径,mm
- 公称换热面积,m²
- 管、壳程公称压力,MPa
- 公称直径,mm
- U 形管束
- 壳体型式:1—U 形管式换热器
- 管箱型式:B—封头管箱

举例如下。

(1) 封头管箱,公称直径 800mm,管、壳程压力均为 2.5MPa,公称换热面积 245m²,较高级冷拔换热管,外径 19mm,管长 6m,4 管程,单壳程的 U 形管式换热器,其型号为:BIU800-2.5-245-6/19-4 I 。

(2) 封头管箱,公称直径 600mm,管、壳程压力均为 1.6MPa,公称换热面积 90m²,普通级冷拔换热管,外径 25mm,管长 6m,2 管程,单壳程的 U 形管式换热器,其型号为:BIU600-1.6-90-6/25-2 II 。

2)U 形管式换热器折流板(支持板)间距 BP

管长 /m	DN/mm			BP/mm				
3	≤600	150	200	—	—	—	—	—
6	≤600	150	200	—	300	—	—	
	700～900	150	200	—	300	—	450	
	1000～1200	—	200	250	300	350	450	

3)U 形管换热器基本参数

DN/mm	N	n[①]		中心排管数		管程流通面积 /m²			A[②]/m²			
		d/mm				$d \times \delta_t$			L = 3m		L = 6m	
		19	25	19	25	19×2	25×2	25×2.5	19	25	19	25
(325) 300	2	38	13	11	6	0.0067	0.0045	0.0041	13.4	6.0	27.0	12.1
	4	30	12	5	5	0.0027	0.0021	0.0019	10.6	5.6	21.3	11.2
(426) 400	2	77	32	15	8	0.0136	0.0111	0.0100	26.5	14.7	54.5	29.8
	4	68	28	8	7	0.0060	0.0048	0.0044	23.8	12.9	48.2	26.1

续表

DN/mm	N	$n^{①}$		中心排管数		管程流通面积/m²			$A^{②}$/m²			
		d/mm				$d \times \delta_t$			$L=3$m		$L=6$m	
		19	25	19	25	19×2	25×2	25×2.5	19	25	19	25
500	2	128	57	19	10	0.0227	0.0197	0.0179	44.6	26.1	90.5	53.0
	4	114	56	10	9	0.0101	0.0097	0.0088	39.7	25.7	80.5	52.1
600	2	199	94	23	13	0.0352	0.0326	0.0295	69.1	42.9	140.3	87.2
	4	184	90	12	11	0.0163	0.0155	0.0141	63.9	41.1	129.7	83.5
700	2	276	129	27	15	0.0492	0.0453	0.0411	—	—	194.1	119.4
	4	258	128	12	13	0.0228	0.0221	0.0201	—	—	181.4	118.4
800	2	367	182	31	17	0.0650	0.0630	0.0571	—	—	257.7	168.0
	4	346	176	16	15	0.0306	0.0304	0.0276	—	—	242.8	162.5
900	2	480	231	35	19	0.0850	0.0800	0.0725	—	—	336.2	212.8
	4	454	226	16	17	0.0402	0.0391	0.0355	—	—	317.8	208.2
1000	2	603	298	39	21	0.1067	0.1032	0.0936			421.5	273.9
	4	576	292	20	19	0.0210	0.0505	0.0458			402.4	268.4
1100	2	738	363	43	24	0.1306	0.1257	0.1140	—	—	514.6	332.9
	4	706	356	20	21	0.0625	0.0616	0.0559	—	—	492.2	326.5
1200	2	885	436	47	26	0.1566	0.1510	0.1369	—	—	615.8	399.0
	4	852	428	24	21	0.0754	0.0741	0.0672	—	—	592.6	391.7

注:① 排管数 n 系指 U 形管的数量,ϕ19 的换热管按正三角形排列,ϕ25 的换热管按正方形旋转 45° 排列。

② 计算换热面积系按光管及管、壳程公称压力 4.0MPa 的管板厚度确定,$A = \pi d(L - \delta - 0.003)n$。

附录 21　双组分溶液的气液相平衡数据

1. 甲醇 - 水(101.325kPa)

温度 /℃	液相中甲醇的摩尔分数(x)	气相中甲醇的摩尔分数(y)	温度 /℃	液相中甲醇的摩尔分数(x)	气相中甲醇的摩尔分数(y)
100	0.00	0.00	75.3	0.40	0.729
96.4	0.02	0.134	73.1	0.50	0.779
93.5	0.04	0.234	71.2	0.60	0.825
91.2	0.06	0.304	69.3	0.70	0.87
89.3	0.08	0.365	67.6	0.80	0.915
87.7	0.10	0.418	66.0	0.90	9.958
84.4	0.15	0.517	65	0.95	0.979
81.7	0.20	0.579	64.5	1.00	1.00
78	0.30	0.665			

2. 丙酮 - 水(101.325kPa)

温度 /℃	液相中丙酮的摩尔分数(x)	气相中丙酮的摩尔分数(y)	温度 /℃	液相中丙酮的摩尔分数(x)	气相中内酮的摩尔分数(y)
100	0.00	0.00	60.4	0.40	0.839
92.7	0.01	0.253	60.0	0.50	0.849
86.5	0.02	0.425	59.7	0.60	0.859
75.8	0.05	0.624	59.0	0.70	0.874
66.5	0.10	0.755	58.2	0.80	0.898
63.4	0.15	0.793	57.5	0.90	0.935
62.1	0.20	0.815	57.0	0.95	0.963
61.0	0.30	0.83	56.13	1.0	1.0

3. 乙醇 - 水(101.325kPa)

温度 /℃	液相中乙醇的摩尔分数(x)	气相中乙醇的摩尔分数(y)	温度 /℃	液相中乙醇的摩尔分数(x)	气相中乙醇的摩尔分数(y)
100	0.00	0.00	81.5	32.73	58.26
95.5	1.90	17.00	80.7	39.65	61.22
89.0	7.21	38.91	79.8	50.79	65.64
86.7	9.66	43.75	79.7	51.98	65.99
85.3	12.38	47.04	79.3	57.32	68.41
84.1	16.61	50.89	78.74	67.63	73.85
82.7	23.37	54.45	78.41	74.72	78.15
82.3	26.08	55.80	78.14	89.43	89.43

参考文献

[1] 柴诚敬,张国亮. 化工原理(上册):化工流体流动与传热[M]. 3版. 北京:化学工业出版社,2020.

[2] 何灏彦,刘绚艳,禹练英. 化工单元操作[M]. 3版. 北京:化学工业出版社,2020.

[3] 华平,朱平华. 化工原理[M]. 2版. 南京:南京大学出版社,2020.

[4] 贾绍义,柴诚敬. 化工原理(下册):化工传质与分离过程[M]. 3版. 北京:化学工业出版社,2020.

[5] 陆美娟,张浩勤,张婕. 化工原理(上册)[M]. 4版. 北京:化学工业出版社,2022.

[6] 谭天恩,窦梅. 化工原理(上)[M]. 4版. 北京:化学工业出版社,2022.

[7] 谭天恩,窦梅. 化工原理(下)[M]. 4版. 北京:化学工业出版社,2022.

[8] 王欣,陈庆,葛彩霞. 化工单元操作[M]. 北京:化学工业出版社,2022.

[9] 王志魁. 化工原理[M]. 5版. 北京:化学工业出版社,2022.

[10] 杨祖荣. 化工原理[M]. 3版. 北京:高等教育出版社,2020.

[11] 杨祖荣. 化工原理[M]. 4版. 北京:化学工业出版社,2021.

[12] 张浩勤,陆美娟,张婕. 化工原理(下册)[M]. 4版. 北京:化学工业出版社,2023.

[13] 邓麦村,金万勤. 膜技术手册(上、下册)[M]. 2版. 北京:化学工业出版社,2020.